Apollonius
Conics
Books Ⅴ to Ⅶ

圆锥曲线论

（卷Ⅴ—Ⅶ）

[古希腊] 阿波罗尼奥斯 著
[美] G. J. 图默 编辑、英译及注释
朱恩宽 冯汉桥 郝克琦 译

陕西新华出版传媒集团

西 安

图书在版编目（CIP）数据

圆锥曲线论（卷Ⅴ－Ⅶ）/（古希腊）阿波罗尼奥斯 著；朱恩宽 冯汉桥 郝克琦 译. —西安：陕西科学技术出版社，2014.6（2023.6 重印）
ISBN 978-7-5369-5281-2

Ⅰ. ①圆…　Ⅱ. ①阿…　②朱…　③冯…　④郝…　Ⅲ. ①圆锥曲线　Ⅳ. ①O123.3

中国版本图书馆 CIP 数据核字（2014）第 031359 号

Translation from English language edition:
Apollonius Conics Books V to VII.
The Arabic Translation of the Lost Greek Original in the Version of the Banū Mūsā by Gerald J. Toomer

圆锥曲线论（卷Ⅴ－Ⅶ）

责任编辑　杨　波　常丽娜
封面设计　郑晓都

出 版 者　陕西新华出版传媒集团　陕西科学技术出版社
西安市曲江新区登高路 1388 号陕西新华出版传媒产业大厦 B 座
电话（029）81205187　传真（029）81205155　邮编 710061
http://www.snstp.com
发 行 者　陕西新华出版传媒集团　陕西科学技术出版社
电话（029）81205180　81206809
印　　刷　西安市久盛印务有限责任公司
规　　格　787mm×1092mm　16 开本
印　　张　24
字　　数　511 千字
版　　次　2014 年 6 月第 1 版
2023 年 6 月第 4 次印刷
书　　号　ISBN 978-7-5369-5281-2
定　　价　68.00 元

ʼΑπολλώνιοζ

阿波罗尼奥斯

（约262B.C.-约190B.C.）

画像选自《文明之光—图说数学史》李文林主编

山东教育出版社 2005

Apollonius

Conics

Books V to VII

The Arabic Translation of the
Lost Greek Original
in the Version of the Banū Mūsā

Volume I: Introduction, Text, and Translation

Edited
with Translation and Commentary by
G.J. Toomer

In Two Volumes
With 288 Figures

Springer-Verlag
New York Berlin Heidelberg
London Paris Tokyo Hong Kong

《Apollonius Conics Books V to VII》（施普林格出版社 1990）第一册扉页

Apollonius

Conics

Books V to VII

The Arabic Translation of the
Lost Greek Original
in the Version of the Banū Mūsā

Volume II: Commentary, Figures, and Indexes

Edited
with Translation and Commentary by
G.J. Toomer

In Two Volumes
With 288 Figures

Springer-Verlag
New York Berlin Heidelberg
London Paris Tokyo Hong Kong

《Apollonius Conics Books V to Ⅶ》（施普林格出版社 1990）第二册扉页

بسم الله الرحمن الرحيم
المقالة الخامسة من كتاب ابلونيوس
فى المخروطات
نقل ثابت بن قرّة واصلاح بنى موسى

5 من ابلونيوس الى أطالوس   سلام عليك   إنّى قد وضعتُ فى هذه المقالة
الخامسة اشكالاً فى الخطوط الكبار والصغار   وينبغى ان تعلم انّ مَن
تقدّمنا ومَن فى عصرنا هذا إنّما شاموا النظر فى الصغار منها مشامةً
يسيرةً وبذلك بيّنوا ایّ الخطوط المستقيمة تماسّ القطوع وعكس ذلك
ايضاً اعنى ایّ شیء يعرض للخطوط التى تماسّ القطوع فاذا عرض
10 كانت الخطوط مماسّة ∴ فاما نحن فقد بيّنّا هذه الاشياء فى المقالة الأولى
من غير ان نستعمل فى تبيين ذلك امر الخطوط الصغار ورمنا ان نجعل
مرتبتها قريباً من موضع ذكرنا لحدوث القطوع الثلثة لنبيّن بذلك انّه
قد يكون منها فى كلّ واحد من القطوع ما لا نهاية لعدده لما يعرض
ويلزم فيها كما عرض فى الاقطار الأول   واما الاشكال التى تكلّمنا فيها
15 فى الخطوط الصغار فإنّا افردناها وعزلناها على حدة من بعد فحص
كثير وضمّنّا القول فيها الى القول فى الخطوط الكبار التى ذكرنا آنفاً

1 الرحيم: وما توفيقى إلاّ بالله add. O   4 نقل...موسى om. H، اصلاح بنى موسى
واخراج هلال T   5 من...وضعت: قال ابلونيوس انّى وضعت يا يوقراطيس T؛ سلام:
سلم H   5-6 إنّى...اشكالاً: قد وجّهت اليك بالمقالة ه من كتاب المخروطات مع رسالتى
هذه وفى هذه المقالة اشكال .H, O mg   6 الخامسة om. T؛ مَن: مَن قد T
7 فى الصغار: بالصغار T   9 للخطوط: للخطوط المستقيمة H   10 الاولى: آ HT
12 لحدوث: الحدوث T   13 لما: اما T   14 فيها: فيه T   16 وضمّنّا: وضممنا H

《Apollonius Conics Books Ⅴ to Ⅶ》（施普林格出版社 1990）中
阿拉伯文卷Ⅴ第1页

陕西科学技术出版社前言

阿波罗尼奥斯的《圆锥曲线论》卷Ⅰ—Ⅳ汉译本是根据［美］绿狮出版社（Green Lion Press）2000年出版的《Apollonius of Perga Conics Books Ⅰ—Ⅲ》英译本（R. Caresby Taliafro 译）（修订本）和2002年出版的该书卷Ⅳ的英译本（Michael N. Fried 译）为底本合译而成（朱恩宽　张毓新　张新民　冯汉桥译，陕西科学技术出版社2007年12月出版）.

阿波罗尼奥斯的《圆锥曲线论》共有八卷，其中第八卷已失传.

希腊文的卷Ⅴ－Ⅶ已经不复存在，但是阿拉伯的译文却保留了下来.

阿波罗尼奥斯的《圆锥曲线论》卷Ⅴ－Ⅶ的汉译本是根据施普林格出版社（Springer-verlag）1990年出版的《Apollonius Conics Books Ⅴ to Ⅶ》的英文和阿拉伯文对照本（G. J. Toomer 译）为底本进行翻译的（朱恩宽　冯汉桥　郝克琦译）. 2012年6月18日我出版社与施普林格出版社签订了版权转让合同. 复旦大学数学科学学院图书馆提供了该底本的复印本，陕西师范大学数学与信息科学学院和陕西师范大学图书馆对该汉译本的出版都给予了大力的支持和帮助.

在此我们向以上单位，以及英译者、汉译者、校对者、制图者和参与该书出版的工作人员表示感谢.

陕西科学技术出版社

APOLLONII Conica legat. Videbit, esse quasdam materias, quae nulla ingenii felicitate ita tradi possint, ut cursoria lectione comprehendantur. Meditatione opus est, et creberrima ruminatione dictorum.

Kepler, Astronomia Nova, p. 376

请阅读阿波罗尼奥斯的《圆锥曲线论》，人们会看到其中有些东西不是很巧妙的，但是成功的. 虽然人们可以粗略地理解它，但是人们应当深思，并且反复地思考书中所说的内容.

开普勒（Johannes Kepler 1571—1630）
《新天文学》p. 376

目 录

汉译者序

一、阿波罗尼奥斯及其著作

阿波罗尼奥斯（Apollonius 约公元前 262—前 190）① 出生于小亚细亚南部的一个小城市佩尔格（Perga）. 他年轻时去亚历山大向欧几里得的后继者学习数学，嗣后他居住该地和当地的大数学家合作研究. 他的巨著《圆锥曲线论》（Conics）是在门奈赫莫斯（Menaechmus，公元前 4 世纪）、阿里斯泰奥斯（Aristaeus，约公元前 340）、欧几里得（Euclid，约公元前 330—前 275）和阿基米德（Archimedes，公元前 287—前 212）等前人研究的基础上，加上他自己所独创的成果，以全新的方式，并以欧几里得《几何原本》为基础写出，他把综合几何发展到最高水平. 这一著作将圆锥曲线的性质网罗殆尽，几乎使将近 20 个世纪的后人在这方面也未增添多少新内容. 直到 17 世纪笛卡儿（Descartes，1596—1650）、费马（Fermat，1601—1665）创立坐标几何，用代数方法重现了圆锥曲线（二次曲线）的理论；德扎格（Desargues，1591—1661）、帕斯卡（Pascal，1623—1662）创立射影几何，研究了圆锥曲线的仿射性质和射影性质，才使圆锥曲线理论有所突破，发展到一个新的阶段. 然而这两大领域的基本思想也可从阿波罗尼奥斯的《圆锥曲线论》中找到它们的萌芽.

阿波罗尼奥斯在天文方面研究也很有名，他的其他著作还有：

1.《截取线段成定比》（On the Cutting-off of a Ratio）；

2.《截取面积等于已知面积》（On the Cutting-off of an Area）；

3.《论接触》（On Contacts 或 Tangencies）；

4.《平面轨迹》（Plane Loci）；

5.《倾斜》（Vergings 或 Inclinations）；

6.《内接于同一球的十二面体与二十面体对比》（A work comparing the dodecahedron and icosahedron inscribed in the sphere）.

此外还有《无序无理量》（Unordered Irrationals）、圆周率计算以及天文学方面的著述等.

《圆锥曲线论》共有八卷，前四卷是基础部分，后四卷是拓广的内容，卷Ⅷ已失传. 前四卷（卷Ⅰ－Ⅳ）有希腊文、拉丁文、阿拉伯文、法文和英文等多种文本，后三卷(卷Ⅴ－Ⅶ）有拉丁文、阿拉伯文、英文、法文和德文等多种文本. 我们的汉译本是采用近期美国的三部英文译本作为底本进行翻译的，它们分别是：

C. 托利弗（Catesby Taliaferro）的英译本《Apollonius of Perga Conics Books Ⅰ－Ⅲ》2000 年 Green Lion Press（绿狮出版社）出版；

---

① 数学家传略辞典，主编梁宗巨，山东教育出版社，1989，p. 3.

M. N. 夫莱德（Michael N. Fried）的英译本《Apollonius Conics Book Ⅳ》2002 年 Green Lion Press（绿狮出版社）出版；

G. J. 图默（G. J. Toomer）的《Apollonius of Perga Conics Books Ⅴ—Ⅶ》英文和阿拉伯文对照本. 1990 年 Springer-Verlag（施普林格出版社）出版.

［美］绿狮出版社 2000 年出版的《Apollonius of Perga Conics Books Ⅰ—Ⅲ》是 1952 年不列颠百科全书出版社出版的托利弗所译《Apollonius of Perga Conics Books Ⅰ—Ⅲ》的修订版，这本书采用了一些数学符号和缩写式，并在第Ⅰ卷前一页有“对本书所用的缩写式和符号的说明”，在修订本中将此内容略去了，我们为了使读者阅读方便，还是把它添加在卷Ⅰ的前一页. 另外，我们没有采用原英文译本中图形翻页再出现的方式，而是采用图形在命题中只出现一次.

［美］绿狮出版社 2002 年出版的由 M. N. 夫莱德所译的第Ⅳ卷，命题的证明是用文字叙述的，我们为了与前三卷统一，方便读者阅读，将该卷也依前三卷的方式（使用了数学符号和缩写式）进行了改写.

［德］施普林格 1990 年出版的卷Ⅴ—Ⅶ是英文和阿拉伯文对照的译本，它也引进了数学符号和缩写式，汉译本只依据英译的内容进行翻译.

汉译本阿波罗尼奥斯《圆锥曲线论》分两册出版，前四卷合为一册，后三卷合为一册.

二、阿波罗尼奥斯写作的时代背景

在阿波罗尼奥斯之前，圆锥曲线的研究已有一百多年的历史，它与三大几何作图问题之一——“倍立方”有关. 希波克拉底（Hippocrates of Chios，公元前 460 年前后）指出倍立方问题可以归结为求线段 a 与 $2a$ 之间的两个等比中项. 这是因为，若设其中比例中项为 x、y，则有

$$a:x=x:y=y:2a,$$

可得 $$x^2=ay,\ y^2=2ax,$$

于是有 $$xy=2a^2,\ 以及\ x^4=a^2y^2=2a^3x\ 或\ x^3=2a^3.$$

如果 a 是已知立方体的边长，那么 x 便是所求立方体的边长.

为此，有人利用两个直角三角形或木工用的直角拐尺去实现它（图 1）.

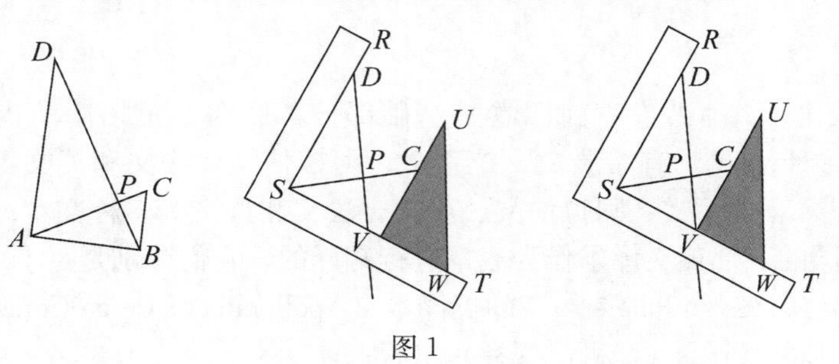

图 1

对于两个直角三角形 ABC 和 ABD，$\angle ABC$ 和 $\angle DAB$ 都是直角，且 AC 与 BD 垂直相交于 P，从 $\triangle CPB$、$\triangle BPA$ 和 $\triangle APD$ 彼此相似，得知

$$PC:PB=PB:PA=PA:PD.$$

因此，PB 和 PA 是 PC 和 PD 的两个比例中项. 从而，如果能从一个图形，使 $PD=2PC$，问题就解决了. 可以考虑作两条交于 P 的垂线，使 $PC=a$，$PD=2a$，然后在图形上放上木工用的直角拐尺，其内边为 RST，使得 SR 过点 D，并且直角顶 S 处于 CP 的延长线上. 让直角三角形 UVW 的直角边 VW 在 ST 上滑动，而直角边 VU 过 C 点. 最后调整两工具的位置，使 V 落在 DP 的延长线上①，PV 就是所求的 x.

这种“机械的作图”没有遵从欧几里得尺规的限制，我们知道它最终证明不可能只用圆规、直尺求解. ②

根据欧托基奥斯（约公元 480）的记载，门奈赫莫斯（约公元前 4 世纪中叶）曾用两种方法：(i) 找出曲线 $x^2=ay$ 和 $y^2=2ax$ 的交点；(ii) 找出曲线 $y^2=2ax$ 和 $xy=2a^2$ 的交点. 找出其两个线段之间的两个等比中项，他发现了圆锥曲线，解决了“倍立方”问题.

门奈赫莫斯如何通过圆锥的截线而得到圆锥截线的性质，以及它们的作图，这是数学史家们关心的问题. 但是他的方法已失传，所以后人就只能根据一些史料来进行分析.

根据盖米诺斯（Geminus，约公元前 70）的记载，古代数学家是用旋转直角三角形（围绕着一条直角边）来产生圆锥面的，不动的直角边叫做轴，斜边叫做母线. 通过轴的平面与圆锥相交所成的三角形叫做轴三角形. 以轴三角形的顶角为锐角、直角或钝角，分别称圆锥为“锐角圆锥”、“直角圆锥”或“钝角圆锥”. 门奈赫莫斯用垂直于一条母线的平面去截这三种锥面，得到三种不同的截线：“锐角圆锥截线”（椭圆）、“直角圆锥截线”（抛物线）和“钝角圆锥截线”（双曲线）③（图 2）.

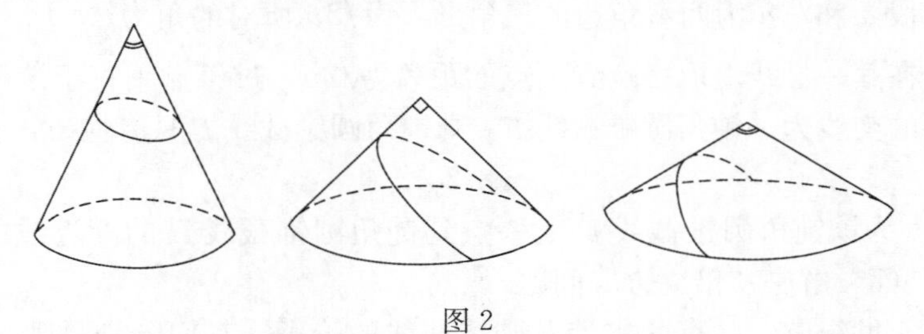

图 2

对于这三种圆锥截线的性质，可用几何证明而得到.

现证明直角圆锥截线的性质.

设直角圆锥的轴三角形 VBC 是等腰直角三角形（图 3），顶角 V 是直角，过母线 VB 上一点 A 用垂直于 VB 的平面截锥面，其交线 QAR 为直角圆锥截线.

过交线 QAR 上任一点 P 作平面垂直于轴 VO，它与轴截面 VBC 交于 DE，与圆锥

① 数学史概论（修订本）. [美] H. 伊夫斯著，欧阳绛译. 山西经济出版社，1993，p. 985.

② 1837 年旺策尔（P. L. Wantzel，1814—1848）首先证明了倍立方和三等分任意角不可能只用尺规作图.

③ 世界数学通史（上册）. 梁宗巨著. 辽宁教育出版社，2001，p. 283－284.

交于以 DE 为直径的圆 DPE，由于平面 DPE 和 AQR 均垂直于平面 BVC，故交线 $PN\perp DE$. 于是

$$NP^2=DN\cdot NE.$$

作 $AF/\!/DE$，$FG\perp DE$，如图.

因为 $\triangle AFG\backsim\triangle NAD$，

于是 $FA\cdot ND=AG\cdot AN$，

又 $NE=AF$，

于是 $NP^2=DN\cdot NE=DN\cdot AF=AG\cdot AN.$

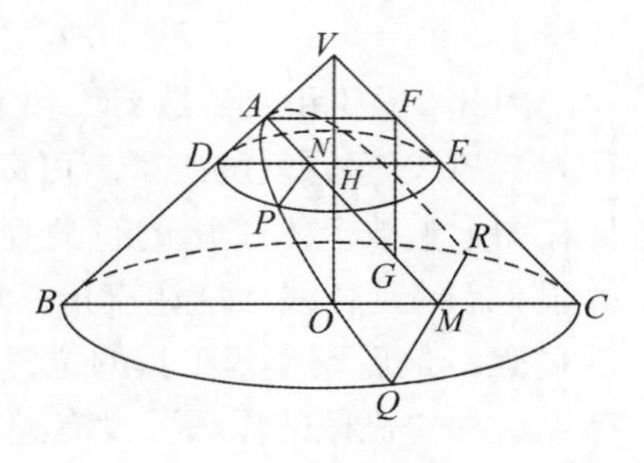

图 3

记 $AN=x$，$NP=y$，AG 是与点 A 位置有关的定线段记为 b. 于是上式可写为

$$y^2=bx.$$

用解析几何的说法便是：曲线上任意一点的纵坐标的平方等于相应的横坐标乘上一个正数（正焦弦），这正是抛物线的性质.

若设 $VA=a$，那么 $AG=\sqrt{2}AF=\sqrt{2}\cdot\sqrt{2}VA=2a$. 这样就得到

$$y^2=2ax,$$

这也正是解决“倍立方”问题所需的曲线之一.

若取 $VA=\frac{1}{2}a$，类似地，可得出直角圆锥截线是具有性质 $x^2=ay$ 的曲线.

若设有横、竖交于点 O 的直线，从点 O 向横、竖直线分别作截线具有性质 $y^2=2ax$ 和 $x^2=ay$ 的图形. 设交点为 P，则线段 OP 在横、竖直线上的垂直射影 OX 和 OY 就是所求的 a 与 $2a$ 之间的两个比例中项，OX 就是所求立方体的边长，这样依（i）就解决了“倍立方”问题.

若作以线段 a 和 $\sqrt{2}a$ 为两直角边的三角形，设 $\sqrt{2}a$ 所对的角为 φ，取一个钝角为 2φ 的钝角圆锥，在其一母线上取一点到顶点的距离为 $\sqrt{2}a$，过该点垂直于该母线的平面与该钝角圆锥面的交线为一钝角圆锥截线 Γ，则钝角圆锥截线 Γ 具有性质：

$$xy=2a^2.$$

其中 x、y 为该钝角圆锥截线 Γ 上一点到钝角圆锥截线 Γ 的渐近线的距离①. 这样，也可以由（ii）解决“倍立方”问题.

到公元前 4 世纪末，已有两本涉及圆锥曲线的论著，它们分别是阿里斯泰奥斯的五卷本《立体轨迹》(Solid Loci）和欧几里得的四卷本《圆锥曲线论》，这两本著作已失传，而阿基米德有关圆锥截线的研究却保留了下来. ②

阿基米德在他的《劈锥曲面体与旋转椭圆体》中证明任一椭圆都可看作一个圆锥的截线，该圆锥不一定是直圆锥，其顶点的选择有很大的任意性. 阿基米德还知道，与斜圆锥的所有母线都相交的平面可在其上截出椭圆. 但是，阿波罗尼奥斯是第一个

---

① 见阿波罗尼奥斯《圆锥曲线论》(卷Ⅰ－Ⅳ）的“汉译者附录”. 陕西科学技术出版社，2007，12.

② 见《阿基米德全集》(修订版). T. L. 希思编，朱恩宽，常心怡等译，叶彦润，冯汉桥等校. 陕西科学技术出版社，2010，12.

根据同一个（直的或斜的）圆锥被各种位置的截面所截来研究圆锥截线系统理论的人.他在前人的基础上把圆锥截线研究得既全面又深入，他的《圆锥曲线论》是古希腊继《几何原本》、《阿基米德的著作》之后又一部经典的著作，他被称为“伟大的几何学家”.

欧几里得、阿基米德和阿波罗尼奥斯合称为亚历山大前期的三大数学家.

阿波罗尼奥斯从一个一般圆锥面（斜的或直的）上用平面截得三种曲线，他称其为齐曲线、超曲线和亏曲线①，同时在对顶的两个圆锥面上截得两个曲线（两个超曲线）称为相对截线，它们分别就是抛物线、双曲线、椭圆和相对截线. 在汉文译本阿波罗尼奥斯《圆锥曲线论》（卷Ⅰ－Ⅳ）正文中，圆锥截线的名称采用了阿波罗尼奥斯的命名.

三、《圆锥曲线论》的内容概述

卷Ⅰ有两组共 11 个定义和 60 个命题②. 它包含了三种截线和相对截线的生成以及它们的主要性质.

在定义 1 中给出了圆锥曲面的定义：如果从一点到一个与它不在同一平面内的圆的圆周连一直线，这直线向两个方向延长，又若这个点保持固定，而这直线沿着这个圆的圆周旋转，直到它回到开始的位置，于是形成一个由两个对顶的锥面组成的曲面.这两个锥面的每一支随着生成直线的无限延长都将无限地延展扩大，我们称这一曲面为圆锥曲面，这个固定点称为顶点，从顶点到这个圆的圆心连成的直线称为轴，该圆称为圆锥的底.

在首批 8 个定义后，有 10 个预备命题. 其中命题 8 证明了圆锥截线平行弦中点的连线在一直线上，该直线叫做圆锥截线的直径. 命题 11－14 给出了一个平面的圆锥曲面一支上截得的三种截线，即抛物线、双曲线、椭圆以及一个平面同时在圆锥曲面对顶二支上截得的相对截线，并给出了它们的基本性质.

阿波罗尼奥斯把截线为圆的图形，看作是不同于前三种截线的另一种截线，显然平行于圆锥底的平面在圆锥面上截得一个圆（Ⅰ.4）；另外，若一平面垂直于过圆锥轴且垂直于底面的平面，而且该平面在轴三角形上截出一个与其反相似的三角形，则该平面在圆锥面上也截得一个圆（Ⅰ.5），该平面叫做底平面的反位面，仅此而已（Ⅰ.9).

现在我们从命题 13（即Ⅰ.13）来了解阿波罗尼奥斯证明该命题的思路.

设有以 A 为顶点，以 S 为圆心的圆为底的斜圆锥（图 4)，任作一个不过圆锥顶点、不平行于圆锥底面，也不是底面的反位面且与圆锥所有母线都相交的平面. 它与圆锥交出一个封闭的图形，设它与圆锥底交于直线 TF. 过圆心 S 作直线垂直于 TF，交圆于 B、C，交 TF 于 G. 设轴三角形 ABC 与截线交于 E、D. 且 ED 为该截线的直径（Ⅰ.6).

---

① 见［美］莫利斯·克莱因著《古今数学思想》中译本（第二版). 张理京，张锦炎译. 上海科学技术出版社，2002，p.104.

② 卷Ⅰ－Ⅳ的定义和命题选自阿波罗尼奥斯《圆锥曲线论》（卷Ⅰ－Ⅳ). 陕西科学技术出版社，2007，12.

在圆锥截线上任取一点 L，作 $ML /\!/ GF$，交 ED 于 M，过 M 作 $PR /\!/ BC$，则 PR 与 ML 所确定的平面与底平面平行（Eucl. Ⅺ. 15），因此它与圆锥面的交线是一圆（图中未画出）. P、L 和 R 是该圆上的点，且 PR 是直径，而 $ML \perp PR$.

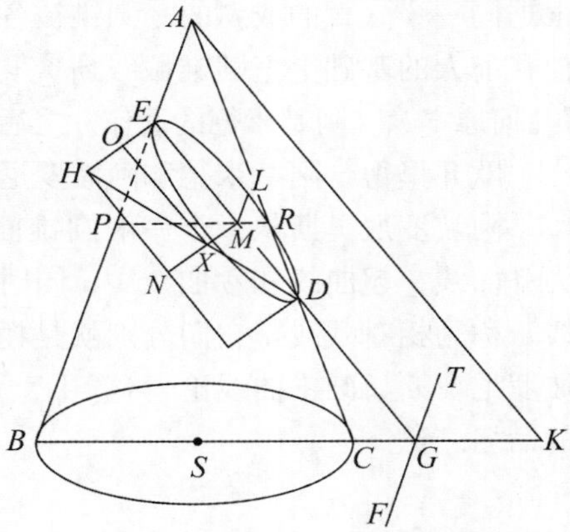

图 4

于是
$$LM^2 = PM \cdot MR. \tag{1}$$

在轴三角形平面内作 $AK /\!/ EG$，交 BC 的延长线于 K.

因为
$$\triangle EPM \backsim \triangle ABK,$$

故有

$$\frac{PM}{EM} = \frac{BK}{AK}, \tag{2}$$

又
$$\triangle MRD \backsim \triangle ACK,$$

所以
$$\frac{MR}{MD} = \frac{CK}{AK}, \tag{3}$$

(2)、(3) 两式相乘，得
$$\frac{PM \cdot MR}{EM \cdot MD} = \frac{BK \cdot KC}{AK^2}. \tag{4}$$

于是圆锥及截平面给定后，ED 即已被确定，且（4）的右端也是常数，记 $ED = 2a$，设 p 满足 $\frac{BK \cdot KC}{AK^2} = \frac{p}{2a}$，则 p 也是常数，

设 $EM = x$，$ML = y$，由（1）、（4）式可写成
$$y^2 = \frac{p}{2a} \cdot x\ (2a - x). \tag{5}$$

过 E 作 $EH \perp EG$，使 $EH = p$，连接 DH，作 $MN \underline{/\!/} EH$，交 HD 于 X，作 $XO \perp EH$，于是在 $\triangle EHD$ 中有
$$\frac{EO}{EH} = \frac{MX}{EH} = \frac{MD}{ED} = \frac{2a - x}{2a},$$

即
$$EO = \frac{p}{2a}\ (2a - x),$$

代入（5），
$$y^2 = EO \cdot x \tag{6}$$

又因为
$$\triangle HOX \backsim \triangle HED,$$

于是
$$\frac{OH}{OX} = \frac{EH}{ED} = \frac{p}{2a} \tag{7}$$

将（6）、（7）代入（5），就有
$$y^2 = EO \cdot x = px - \frac{p}{2a} \cdot x \cdot x = px - \frac{OH}{OX} \cdot x \cdot x,$$

或
$$y^2 = EO \cdot x = p \cdot x - OH \cdot x. \tag{8}$$

直径 ED 上的线段 EM（x）与对应的半弦 ML（y）分别叫做横标（abscissa）和

纵标（ordinate）①．而参量（常数）p 叫做截线的正焦弦（latus rectum），ED（$2a$）叫做横截直径（transverse diameter）．

阿波罗尼奥斯得到了该曲线的基本性质（5）或（8）．即以横标（EM）为一边作矩形（$EMXO$）“贴合”② 到正焦弦（EH）上去，使其面积等于纵标（ML）上正方形（ML^2），且此矩形（$EMXO$）比以横标（EM）和正焦弦（EH）所夹的矩形（$EMNH$）缺少一个与横截直径（ED）和正焦弦（p）所夹的矩形相似的矩形（OX-NH）．

由于等于纵标上正方形的矩形另一边 EO 小于正焦弦 EH，阿波罗尼奥斯把该截线称为亏曲线（ellipse），也就是本书称为椭圆的曲线．

Ⅰ．11 是截平面与圆锥的一条母线平行，而从圆锥上截得的截线为

$$y^2 = px. \tag{9}$$

此截线性质为以横标为一边作矩形贴合到正焦弦上去，使其面积等于纵标上正方形，而此矩形的另一边与正焦弦重合（相等）．阿波罗尼奥斯把该截线称为齐曲线（parabola），即本书称为抛物线的曲线．

Ⅰ．12 是截平面与对顶圆锥曲面的**两支**都相交，且和底圆相交，而从该圆锥面上截得的截线为

$$y^2 = px + \frac{p}{2a}x^2. \tag{10}$$

此截线性质为，以横标为一边作矩形贴合到正焦弦上去，使其面积等于对应的纵标上正方形，且此矩形比以横标和正焦弦所夹的矩形超出一个与横截直径和正焦弦所夹的矩形相似的矩形，由于所得矩形的另一边大于正焦弦，阿波罗尼奥斯把两支截线的任一支称为超曲线（hyperbole），即本书称为双曲线的曲线．

Ⅰ．14 是用同一截面在圆锥曲面的两个对顶圆锥面上同时截得具有**两个**相对的超曲线的所谓“相对截线”（opposite sections）．

对上述（5）、（9）和（10），若以圆锥曲线的轴为 x 轴，以纵标方向为 y 轴建立坐标系，它们就是坐标系下的曲线方程，也可以说阿波罗尼奥斯从坐标几何的二次方程的几何等价关系中导出了圆锥曲线大量的几何性质，因此可以说阿波罗尼奥斯的圆锥曲线论在两千多年前已隐含坐标几何的基本精神．

在推导出了圆锥截线的性质（即（5）、（9）、（10））后就不再利用圆锥曲面而直接从这些性质推出曲线的其他性质．

这一卷还论述了圆锥截线的切线．

Ⅰ．33 设 PM 是抛物线的一条直径，而 QV 是它一个对应半弦，在直径延长到曲线

---

① ordinate n.〔数〕纵标；纵坐标．见《新英汉数字词汇》．科学出版社，2002，p.474．横标和纵标在坐标系产生后，分别演变为横坐标和纵坐标．

② 所谓把一图形贴合到某一线段上，且满足某些条件．就是在已知线段上作出符合这些条件的图形，且使其图形的一边在已知线段上，并且有同一端点．这是欧几里得常用的作图方法，如求作平行四边形，贴合到已知线段上去，使其满足某种条件（如有一角等于已知角，或与某图形相似），且面积等于已知面积（Eucl. Ⅰ．44，Ⅵ．29 等）．

外取一点 T，使 $TP=PV$，则 TQ 与抛物线相切（图 5）.

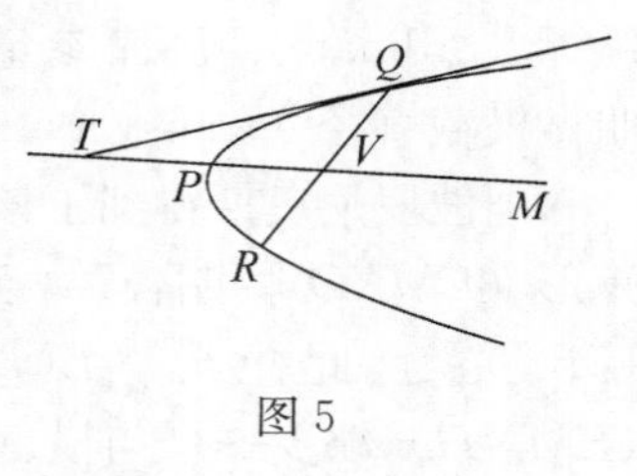

图 5

对于双曲线和椭圆也有类似的命题（Ⅰ.34）.

在本卷的最后作图命题（Ⅰ.52—58）中，给定平面上一直径、直径和纵标的夹角（纵标方向）和正焦弦，来作出圆锥曲线. 它是先作出有关的圆锥面而被已知平面截得所需的圆锥曲线，可以说Ⅰ.52—58 是Ⅰ.11—13 的逆命题，于是圆锥曲线完全由它的直径、纵标方向和正焦弦完全确定.

卷Ⅱ有 53 个命题，包含着圆锥截线的直径、轴、切线以及渐近线的性质.

本卷一开头就是双曲线渐近线的作法和性质.

Ⅱ.1 设有双曲线，其直径为 AB，中心为 C，其正焦弦为 p，又设在端点 B 的切线段为 EBD，且有

$$BD^2=BE^2=\frac{1}{4}AB\cdot p\text{，其中 }BC=CA.$$

则 CE 和 CD 不会与这截线相遇，把这两条直线叫做双曲线的渐近线（图 6）.

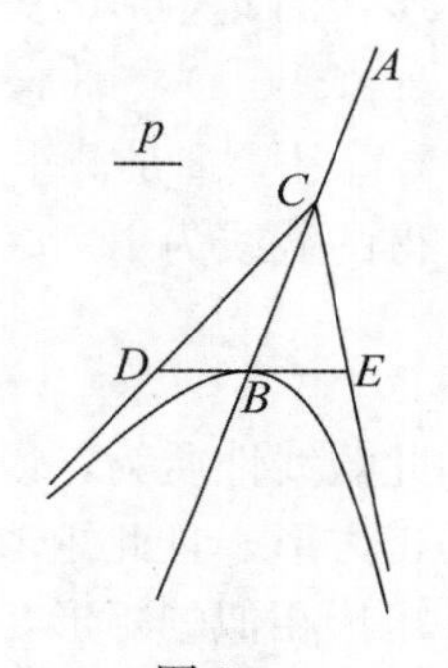

图 6

Ⅱ.14 给出了渐近线的又一个重要性质，“若渐近线和双曲线都无限延伸，则它们将彼此靠近，而且它们的距离可以小于任何给定的距离.”接着证明了“相对截线的二支有共同的渐近线.”“共轭的两相对截线的渐近线是共同的.”

卷Ⅱ的其余命题包括如何求圆锥截线的直径和轴，求有心圆锥截线的中心，还有求满足某种条件的切线等.

卷Ⅲ有 56 个命题，开始的一些命题是关于面积的，它指出由各种线段如直径、对称轴、弦、渐近线、切线等所构成的三角形、四边形、矩形等之间的相等、和、差、比例的关系.

Ⅲ.17 若 OP 与 OQ 是圆锥截线的切线，且若 RS 是平行于 OP 的任一弦，EF 是平行于 OQ 的任一弦，又若 RS 与 EF 交于 J（在圆锥的内部或外部）（图 7），则有

$$\frac{RJ\cdot JS}{EJ\cdot JF}=\frac{OP^2}{OQ^2}.$$

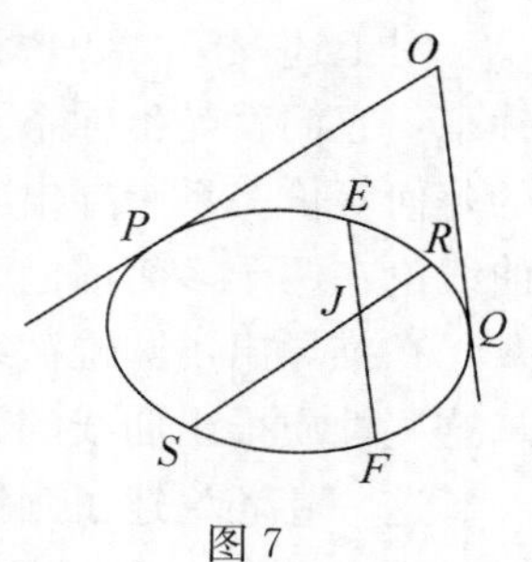

图 7

这定理是初等几何里一个熟知定理的推广：圆内两弦相交，每个弦被交点所分两段的乘积相等，因为在圆的情形下 $OP^2/OQ^2=1$.

卷Ⅲ一部分命题论述极点和极线的所谓调和性质.

Ⅲ.37 若 TP 与 TQ 是圆锥截线的切线，过 T 的直线交该截线于 R、S，交两切点连线 PQ 于 I（图 8），则

$$\frac{TR}{TS}=\frac{IR}{IS}.$$

就是说，T 外分 RS 的比等于 I 内分 RS 的比，PQ 线叫做点 T 处的极线，T、R、I、S 形成一组调和点.

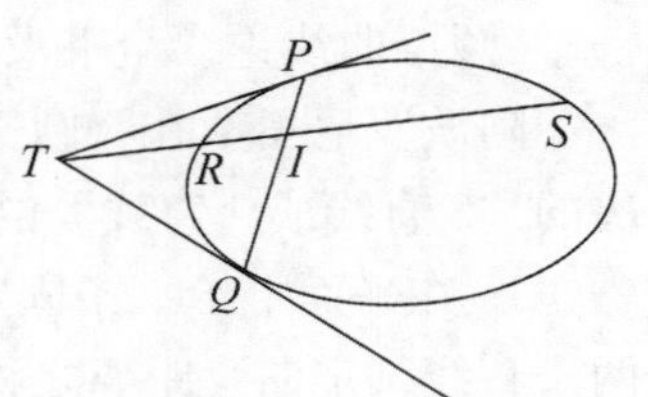

图 8

Ⅲ.45 以后的几个命题是关于椭圆与相对截线或双曲线的焦点的性质，但没有给出“焦点”(focus)的专门名词，而把焦点说成是“由贴合产生的”(the pionts out of the application)，我们把它称为“贴合点”.

Ⅲ.45 给出了“贴合点”（焦点）的作法，设圆锥截线与直径交于两点 A、B. 对于椭圆，在 AB 上贴合一个矩形 $ADEF$ 等于$\frac{1}{4}$图形①，且缺少一个正方形 $DBGE$（图 9）. D 点即为椭圆的贴合点（焦点），同样对称的可得另一贴合点 C. 即由 $(AB-BD)BD=\frac{1}{4}p\cdot AB$ 来确定出贴合点(焦点)D.

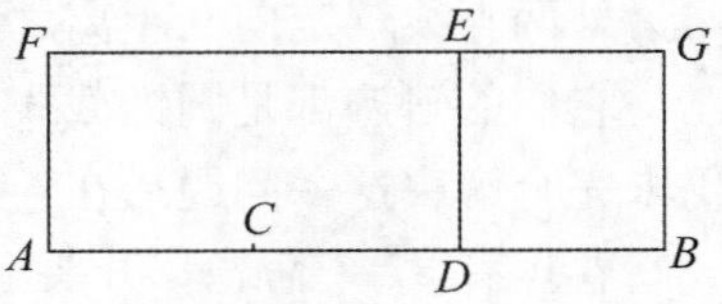

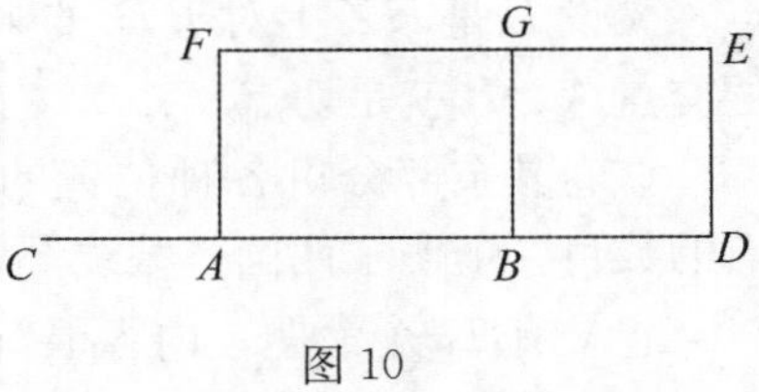

图 9

对于相对截线或双曲线，在 AB 上贴合一个矩形 $ADEF$ 等于$\frac{1}{4}$图形，且超过一个正方形 $BDEG$，D 点即为相对截线或双曲线的贴合点（焦点），同样对称的可得另一贴合点（焦点）C（图 10）. 即由$(AB+BD)BD=\frac{1}{4}p\cdot AB$ 来确定贴合点(焦点)D.

图 10

Ⅲ.48 设 C、D 为圆锥截线的贴合点（焦点），EF 为截线上一点 P 的切线，则对于椭圆有角 CPE＝角 DPF（图 11）；对于相对截线或双曲线有角 CPE＝角 DPE（图 12）.

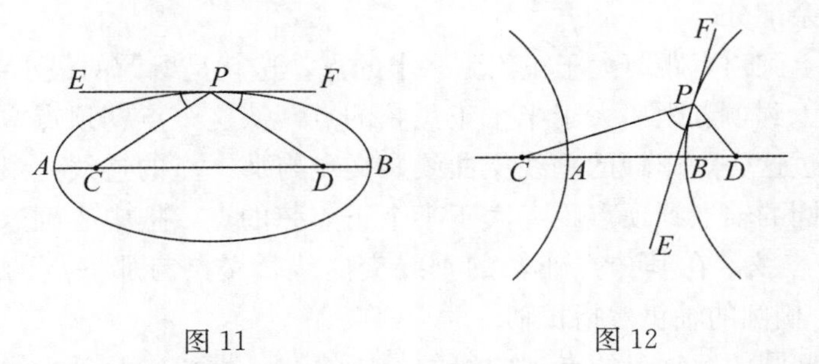

图 11　　图 12

Ⅲ.52 设 C、D 是椭圆的贴合点(焦点)，长轴为 AB，P 为截线上一点，则有 $CP+DP=AB$.

对于双曲线和相对截线可在轴上取其贴合点(焦点)C 和 D，对于上述截线上一点 P 有

$$DP-CP=AB，或 CP-DP=AB.$$

对于椭圆和相对截线的这个性质正是现在的教材中这两种曲线的标准定义.

---

① 图形是指以圆锥截线的横截直径和正焦弦所夹的矩形.

《圆锥曲线论》全书没有提到抛物线的焦点.

阿波罗尼奥斯在《圆锥曲线论》的序言中说，他在卷Ⅲ解决了欧几里得曾部分解决的“3直线或4直线”的轨迹问题. 即：

1. 在平面上给三条固定直线，一动点与一直线（定向）距离的平方正比于与另外两条直线（定向）距离之积，求动点的轨迹.

2. 在平面上给了4条固定直线，一动点与其中两条直线（定向）距离之积正比于与另外两直线（定向）距离之积，求动点的轨迹.

它们的轨迹都是圆锥截线，但是帕波斯（Pappus 约300－350）认为阿波罗尼奥斯仍未完全解决这一问题. 在卷Ⅲ后的“英译者附录A”① 中，进一步阐述了这个问题.

卷Ⅳ有57个命题，开头继续讨论圆锥截线的极点和极线的其他性质. 例如，Ⅳ.9给出了从圆锥截线外一点D向其作切线的方法(图13). 从点D作已知圆锥截线的两割线，且分别交其于Q、E和H、Z，设K是QE上对于D的第四调和点，又设L是HZ上对于D的第四调和点. 直线LK与截线的交点A、B就是切点.

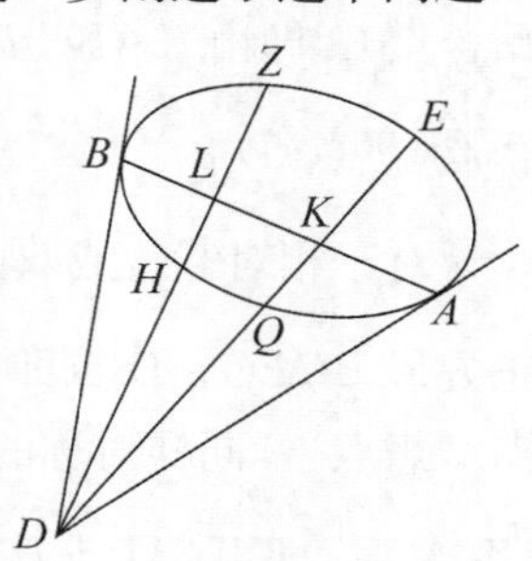

图13

该卷其余部分讲各种位置的两圆锥截线可能的切点、交点的数目，证明了两圆锥截线至多有4个交点.

卷Ⅴ有77个命题，内容很新颖，它的天才表现臻于顶点，它论述如何作出从一个点到圆锥曲线的最小线和最大线以及连线由最小线和最大线位置离开时的变化情况.

卷Ⅴ首先证明了从轴上到顶点距离小于或等于正焦弦一半的点到曲线的最小线是该点到顶点的线段（Ⅴ.4－6），对椭圆来说，轴指长轴，并且从这一点到椭圆的最大线是长轴上的其余部分.

其次讨论轴上到顶点距离大于正焦弦一半的点，这就是所谓的最小线的基本定理. 关于抛物线的轴上到顶点距离大于半个正焦弦的点，从这个点朝顶点方向取等于半个正焦弦的一点，过这一点作轴的垂线交曲线，交点与那一点的连线是最小线（Ⅴ.8）；关于双曲线和椭圆的轴上到顶点距离大于半个正焦弦的点，把中心到这一点的线段分成横截直径比正焦弦，在其分点作轴的垂线交曲线，交点与那一点的连线是最小线（Ⅴ.9、Ⅴ.10）. 椭圆的轴仍然指长轴.

后面讨论了椭圆的短轴上的点到曲线的最小线和最大线以及最小线与最大线的性质和关系.

一般情况讨论在Ⅴ.51－52中，给出了从轴下一点画出0、1或2条最小线的判别条件. 阿波罗尼奥斯使用辅助双曲线，用双曲线与原曲线的交点个数来判定最小线的个数.

卷Ⅵ有33个命题，前面部分论述两圆锥截线相等、相似的有关命题. 如任何两不同类的截线是不能相似的（Ⅵ.14－15），而相对截线的二支是相似相等的（Ⅵ.16），两平行平面在同一圆锥曲面上截得相似但不全等的二圆锥截线（Ⅵ.26）等.

---

① 见阿波罗尼奥斯《圆锥曲线论》(卷Ⅰ－Ⅳ). 陕西科学技术出版社，2007，12，p.239－249.

后面部分是作图命题，是如何从一个直圆锥用平面截出一个圆锥截线与已知圆锥曲线相等（Ⅵ.28—30）. 如Ⅵ.28设已知正圆锥的轴三角形为ABC，已知抛物线DE，其轴和竖直边为DM和DF（图14）.

在AB上取一点H，使得

$$DF:AH=BC^2:(AB\cdot AC).$$

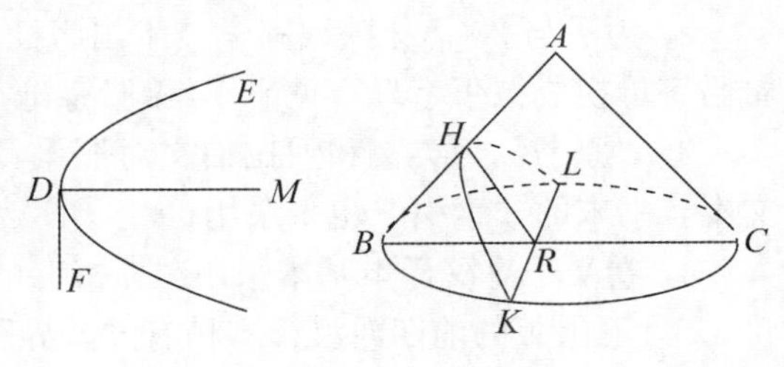

图14

过H作$HR/\!/AC$交BC于R，作过HR的平面垂直于ABC面，则此平面与圆锥面截得的截线KBL为其所求.

卷Ⅶ共有51个命题，是关于有心截线的共轭直径的有关性质的论述，以及共轭直径与其正焦弦有关的内在关系的讨论.

Ⅶ.12证明了在椭圆中，任一对共轭直径上的正方形之和等于两个轴上的正方形之和.

Ⅶ.13证明了在双曲线中，任一对共轭直径上的正方形之差等于两个轴上正方形之差.

Ⅶ.31是要证明与命题“在椭圆和双曲线中，由平行于任一对共轭直径的四条切线围成的平行四边形等于由两个轴构成的矩形”的等价命题.

Ⅶ.38—40给出了在双曲线中，使得横截直径与其正焦弦之和为最小的条件.

Ⅶ.41证明了在椭圆中，横截直径与其正焦弦之和关于长轴最小，关于短轴最大. 并且讨论了它们之间连续变化的情况.

关于失传的卷Ⅷ，从卷Ⅶ的序言中，可以看出它大概是卷Ⅶ的继续或补充. 哈雷（Halley约1656—1742）根据帕波斯所提供的线索，进行了复原.

《圆锥曲线论》是一部经典巨著，卷Ⅰ—Ⅶ就有387个命题，而如此深奥的内容却完全是用文字表达的（没有使用符号和公式），命题叙述相当冗长，言辞有时是含混的，在希腊的著作中，这是很难读的. 作为综合几何最高水平的《圆锥曲线论》是世界数学史的一座丰碑，它的数学内容、数学思想在人类文化史上占有重要的地位.

四、关于阿波罗尼奥斯的《圆锥曲线论》（卷Ⅴ—Ⅶ）汉译本的说明

希腊文的卷Ⅴ—Ⅶ已经不复存在，但是阿拉伯文的译本却保留了下来. 卷Ⅴ—Ⅶ的汉译本是依据1990年施普林格出版社（Springer-Verlag）出版的《Apollonius Conics Books Ⅴ—Ⅶ》英文和阿拉伯文对照本（以下简称**“原书”**）为底本，以英文内容翻译而成的. 该底本的译者G. J. 图默（［美］G. J. Toomer 1934年11月23日生于英格兰，美国布朗（Bown）大学数学史教授）依据班鲁·穆萨（Banū Mūsā，9世纪）主持翻译及校订的《圆锥曲线论》(卷Ⅴ—Ⅶ) 阿拉伯文译本译成英文并详加注释.

“原书”是以两本书出版的：第一本书的内容包括“引论”和这三卷的命题及其证明；第二本书的内容包括这三卷命题的注释和全部图形（其中包括这三卷命题的图形）以及“附录”.

我们经过与施普林格出版社和英译者G. J. 图默协商并得到他们的同意，我们对汉译本作以下处理：

1. 将每个命题与它的图形和注释放在一起；

2. 为了与2007年陕西科学技术出版社出版的前四卷汉译本相一致，我们将图上的希腊字母换成拉丁字母（见 p. 13 希腊字母与拉丁字母对照表①）；

3. “原书”为英文和阿拉伯文对照本，我们在汉译本中没有录用原书中的阿拉伯文本，书末的“索引”也未录用；

4. 卷Ⅴ－Ⅶ汉译本基本采用“原书”的名词和表达式，此与陕西科技出版社2007年12月已出版的前四卷汉译本稍有“差异”. 现将其“差异”对照表述如下：

a. 前四卷中四种圆锥截线的名称为齐曲线（parabola）、超曲线（hyperbola）、亏曲线（ellipse）和二相对截线（opposite sections），后三卷中四种圆锥截线的名称为抛物线（parabola）、双曲线②（hyperbola）、椭圆（ellipse）和相对截线（opposite sections）.

b. 前四卷中的纵线（ordinate）、横截边（transverse side）和竖直边（upright side）. 后三卷中上述三名词分别为纵标（ordinate）、横截直径（transverse diameter）和正焦弦（latus rectum）.

c. 前四卷中四个量 a、b、c、d 成比例写为“$a:b::c:d$”，后三卷中四个量 a、b、c、d 成比例写为“$a:b=c:d$”.

在翻译阿波罗尼奥斯的《圆锥曲线论》（卷Ⅴ－Ⅶ）的搜集资料和翻译过程中，得到了李珍焕教授（1915－2008）、梁宗巨教授（1924－1995）、兰纪正教授（1930－2004）、李文林教授、莫德教授、赵万怀研究员、张新民教授和杜鸿科教授等的支持和帮助，年近九旬的张毓新教授还翻译了部分“引论”供参考. 复旦大学数学科学学院图书馆、陕西师范大学图书馆和陕西师范大学数学与信息科学学院给予了大力的支持和帮助. 我们向这些教授和单位以及关心、支持和协助出版的同志表示感谢！

冯汉桥翻译引论、卷Ⅴ和附录，校阅卷Ⅵ－Ⅶ；朱恩宽翻译卷Ⅵ－Ⅶ，校阅引论、卷Ⅴ和附录；郝克琦翻译引论§4－§7、卷Ⅴ－Ⅶ和附录；赵生久复制了全部图形并绘制了新增添的图形.

到此，我们翻译的古希腊三部经典数学著作：欧几里得的《几何原本》、《阿基米德全集》和阿波罗尼奥斯的《圆锥曲线论》已全部由陕西科学技术出版社出版发行. 在此我们代表三部书的译、校者向陕西科学技术出版社的社长、总编、责任编辑和全体工作人员表示感谢！

译　者

2013年10月

---

① 此表参照《Apollonius of Perga Conics Books Ⅳ》. Green Lion Press，2002，p. xxxl.

② 本书上的“双曲线”是指现在所称双曲线的一支；“相对截线”是指现在所称双曲线的二支.

希腊字母与拉丁字母对照表

Α	α	A	a
Β	β	B	b
Γ	γ	G	g
Δ	δ	D	d
Ε	ε	E	e
Ζ	ζ	Z	z
Η	η	H	h
Θ	θ	Q	q
Ι	ι	I	i
Κ	κ	K	k
Λ	λ	L	l
Μ	μ	M	m
Ν	ν	N	n
Ξ	ξ	C	c
Ο	ο	O	o
Π	π	R	r
Ρ	ρ	P	p
Σ	σ	S	s
Τ	τ	T	t
Υ（ϒ）	υ	Y	y
Φ	φ	F	
Χ	χ	X	x
Ψ	ψ	V	v
Ω	ω	W	w

希腊字母ϙ、ϡ和ϛ分别与
拉丁字母 U、J 和 f 对照。

VXORI CARISSIMÆ JANET

primâ dicta mihi，summâ dicenda Camenâ

献给爱妻珍妮特（JANET）

我把第一个作品直到最后一个作品都献给你

序

出版班鲁·穆萨（Banū Mūsā，9世纪）的阿波罗尼奥斯的《圆锥曲线论》使得我们偿还了在纪念一位古代伟大数学家方面长期所欠下的债务，这个版本是最接近“已失传”的阿波罗尼奥斯的《圆锥曲线论》的原本的. 直到现在只有哈雷（Halley）的1710年的拉丁文译本是可以接受的（其他语言的译本完全依赖于它）. 但是我不能恭维《圆锥曲线论》的哈雷版本，它远远不能满足现代学术的要求. 特别地，它没有包含阿拉伯文的原文. 我希望现在这个版本不仅能弥补这些缺陷，而且能作为研究《圆锥曲线论》在中世纪的伊斯兰世界影响的基础.

我衷心感谢一些机构和人员的帮助. John Simon Guggenheim 纪念基金会给予我1985—1986会员基金，使我得以不间断地专心于这个项目，并在牛津（Oxford）Bodleian图书馆及巴黎（Paris）国家藏书处（the Bibliothèque Nationale）查阅重要资料. 1988年剑桥（Cambridge）的Corpus Christi College聘我为三一学院的访问学者，使我能使用剑桥大学图书馆和Bodleian图书馆的丰富资料. 我也感谢后一机构的管理人员提供该馆中手抄本的照片. 感谢布朗（Brown）大学慷慨地不断地支持我的工作. 感谢斯普林格出版社（Springer-Verlag）关心和照顾这个项目. 感谢A. Aaboe教授、J. Hamadanizadeh博士、J. P. Hogendijk博士，我以前的学生J. Sesiano博士、J. van Maanen博士，特别是Fuat Sezgin教授，感谢他们帮助我得到许多珍贵的难得的书籍及手稿的复印资料.

全书的排版（除了页码编排）是我用Macintosh和IBM XT个人计算机完成的. 在克服由此出现的许多困难时，我得到一些专家的帮助. 我特别感谢Jonathan Sachs，以及我以前的学生Alexander Jones博士，他编制了计算机程序“Euclid”，我使用其修改了的形式来绘制图形.

我要特别感谢我以前的同事J. P. Hogendijk，他阅读了全书的草稿，改正了一些错误，提出了一些改进的建议，并且提供了一些原始的稿件，所有这些我已经用在书内，不用说所有遗留下来的不足之处都是我的责任.

我难于用语言表达对我的爱妻Janet Sachs-Toomer的亏欠. 她不仅以她的熟练的校对改善了本书，而且由于她的经久不衰的热情、支持和鼓励使整个项目得以贯彻始终. 我谨以本书献给她，以表达我的感情.

G. J. 图默（Gerald James Toomer）

阿波罗尼奥斯

圆锥曲线论

卷Ⅴ—Ⅶ

遗失的希腊原文的阿拉伯文译本

班鲁·穆萨（Banū Mūsā）版本

图默（G. J. Toomer）编辑、英译及注释

引论

§1 阿波罗尼奥斯的生平

关于阿波罗尼奥斯的生平的可信赖的证据只能由他自己的《圆锥曲线论》的各卷的前言来提供，特别是卷Ⅰ－Ⅱ的前言.① 在《科学家传记词典》（the Dictionary of Scientific Biography②）中，我已详述了阿波罗尼奥斯，这里只是一些结论的摘要.

他大约在240B.C. 生于Pamphylia的佩尔格（Perge，小亚细亚南岸的一个重要的希腊城市），发表成名的著作《圆锥曲线论》大概在200B.C. 后不久，这个日期可由阿波罗尼奥斯在卷Ⅱ中的一句话来证实："菲洛尼底斯（Philonides），几何学家，我在以弗所（Ephesus）给你［欧德莫斯（Eudemus）］介绍过". 这位菲洛尼底斯后来作为Epicurean哲学家和政治家而出名，我们知道他是从幸存的写在纸莎草纸上的残缺不全的传记③及两个碑文④中得到的，他在成年时与Seleucid的最高统治者Antiochus Ⅳ Epiphanes（在位于175B.C.－163B.C.）和Demetrius Ⅰ Soter（162B.C.－150B.C.）相识. 因为欧德莫斯（阿波罗尼奥斯曾将《圆锥曲线论》的卷Ⅰ－Ⅱ送给他）是菲洛尼底斯的启蒙教师，所以《圆锥曲线论》必定在公元前第二世纪早期发表. 并且阿波罗尼奥斯在卷Ⅱ的前言中告知欧德莫斯，这本书是由他的儿子（也叫阿波罗尼奥斯）送交给他的，可见《圆锥曲线论》是阿波罗尼奥斯成年时的著作，由此，他的出生日期就可以大体确定.

我们从卷Ⅰ的前言得知，阿波罗尼奥斯曾经居住在亚历山大里亚（Alexandria). 当时他写成了《圆锥曲线论》原文. 由此推断他曾与亚历山大里亚的"数学学派"（school of mathematics）或那里的博物馆（Museum）有联系，这只是一种猜测，仅由帕普斯（Pappus）的《汇编》（Collection）中的一段话得到支持，这一段是作者关于他自己那个时代到前五百年不同情景的回顾.⑤ 我们从阿波罗尼奥斯本人得知，他在另一

---

① Apollonius (Heiberg) Ⅰ pp. 2－4，192. 希思（Heath）译，Apollonius p. lxix ff.

② Toomer "Apollonius of Perga" pp. 179－180. 关于生平的差不多所有的证据都是由Fraser在Ptolemaic Alexandria Ⅱ pp. 600－605（239－257中的译注）中逐字逐句引述的. 但是Fraser自己的描述（Ⅰ pp. 415－418）是含糊不清的，这是由于他采用了Pappus（见p. 17 n. ⑤）的可疑的证据.

③ 由Crönert出版的"Der Epikureer Philonides". Gallo的修正版Frammenti Biografici da Papiri Ⅱ pp. 23－166对Crönert有若干改进. 又见Toomer "The Mathematician Zenodorus".

④ Köhler注意到这些与纸莎草纸中的传记的关系，"Ein Nachtrag Zum Lebenslauf des Epikureers Philonides". 更多的传记见Fraser，Ptolemaic Alexandria Ⅱ pp. 601－602，n. 320.

⑤ Pappus（Hultsch）Ⅱ p. 678，9－15；（Jones） Ⅰ p. 121，6－12. Jones（Ⅱ pp. 402－403）似可解释帕普斯关于阿波罗尼奥斯跟随欧几里得在亚历山大里亚的学生学习的故事，这个故事完全是对阿波罗尼奥斯在《圆锥曲线论》中的陈述的误解得出来的. 进一步的说明见关于古希腊世界的数学研究《Diocles》p. 2.

时期居住在以弗所（Ephesus）和帕加马（Pergamum），必须承认，我们不知道何处（如果有的话）是他的永久住处．像大多数古希腊时代的知识人（我们至少知道他们的一些背景），阿波罗尼奥斯可能具有自己从事研究的独立手段，我们不必假设他依赖于官方的庇护，譬如亚历山大里亚博物馆的会员．把《圆锥曲线论》的后几卷送给那个阿塔罗斯（Attalus）是帕加马的国王阿塔罗斯一世（Attalus Ⅰ）的说法肯定也是错误的．①

§2 《圆锥曲线论》以外的其他著作

帕普斯在他的《汇编》的卷Ⅶ中给出了《圆锥曲线论》以外的六种其他著作和引理的概要②．其中只有一部《截线段成定比》（Cutting off of a Ratio）以阿拉伯文译本的形式幸存下来③．而其他的（《截取面片等于已知面片》（Cutting off of an Area）、《判别截线》（Determinate Section）、《论倾角》（Inclinations）、《论接触》（Tangencies）、《平面轨迹》（Plane Loci））只是出现在类似于帕普斯论述《截取线段成定比》的一些问题的特例之中．尽管这些著作没有一个是直接涉及圆锥截线的．但是人们可以看出，某些问题的根源在《圆锥曲线论》中④．

古代作家们提及的关于阿波罗尼奥斯的失传的其他数学著作⑤还有：一种表示很大数目的以10000为基底的位值记数法，论柱面螺旋线，论内接于同一球面的正十二面体与正二十面体的比，论“无序无理数”，一篇可能是讨论几何基础的“普通论文”（general treatise），一篇名叫“快速孵化”（rapid hatching）的著作，在其中他计算的π的范围比阿基米德所得结果更接近．

在古代阿波罗尼奥斯也被认为是一位天文学家⑥，但是我们知道的关于他的天文学活动只是一个关于找出行星轨道的不动辐射点（the stationary point）的重要定理，不

---

① 缺少称号“国王”见Toomer，“Apollonius of Perga” p. 179及Fraser，Ptolemaic Alexandria I pp. 417－418．我推测，阿波罗尼奥斯所致书的对象是Rhodes的数学家Attalus（主要从Hipparchus关于Aratus的评论得知）．但是，除了时代的困难之外，Attalus作为人名确实是太常见了．我注意到，“Rhodes的Attalus”和“几何学家阿波罗尼奥斯”两者同时出现在Maass，Aratea p. 12.

② 更多的细节见希思（Heath）HGMⅡ pp. 175－192及Toomer，“Apollonius of Perga” pp. 187－189．完整的描述见Jones的Pappus Ⅶ．也见他的论文“The Minor Works of Apollonius” ibid. pp. 510－546.

③ 仍未付印．关于它的大多数现代论述基于Halley的拉丁文译本（Apollonius，Cutting off of a Ratio）．也有一本不太好的由Macierowski直接从阿拉伯文译出的英译本．所有6种著作显然都有阿拉伯文的译本：见Hogendijk，“Arabic Traces of Lost Works of Apollonius”.

④ 作为例子，见Zeuthen，Kegelschnitte pp. 343 ff. 其内容是《圆锥曲线论》Ⅲ．41－43与著作《截取线段成定比》及《截取面片等于已知面片》之间的联系．

⑤ 关于这些见Heath HGM Ⅱ pp. 192－194，Toomer，“Apollonius of Perga” p. 189. Heron认为Stereometrica p. 114，11－12中至少有3卷中的计算归于阿波罗尼奥斯，但是并不清楚这些计算工作是否与此处提到的著作中的第一个相同．

⑥ 参见p. 18 n. ①.（意思是第18页注解①，n是note的第一字母）

动辐射点是从一简单本轮（a simple epicyclic）或不正圆的（eccentric）模型得出的，托勒密（Ptolemy）在《Almagest》Ⅻ1中把此归功于他①. 尽管这是在希腊天文学中用来验证本轮及不正圆理论的第一个方法，但是没有充足的理由认为阿波罗尼奥斯发明了这些模型. 从这个例子判断，阿波罗尼奥斯研究天文学的方法是数学的和理论的，而不是实践的和预言的（地球和月球间的距离的准确值是归于他的）②. 把在许多现代著作中发现的月球表归于阿波罗尼奥斯的论断其实是由于一个古代的笔误造成的，把一位很晚出现的作者 Apollinarius 当作他的名字③. 类似地，古代的晚期有一处提到阿波罗尼奥斯写过一本著作《取火镜》（On the Burning-Mirror），这肯定是把 Diocles 的尚存的论著错误地归属于他的④.

§3 圆锥曲线论

a. 写作与内容

关于《圆锥曲线论》的创始和内容的最好的简述是阿波罗尼奥斯自己在卷Ⅰ的前言中述说的⑤. 我从中译出下述一段：

"在我与你（欧德莫斯）都在帕加马的时候，我看到你渴望得到已写出的《圆锥曲线论》的一个抄本，于是我把已改正过的第一卷送给你，并将其余几卷在我改到满意时也送给你，我想你不会忘记我给你说过的，当几何学家诺克拉底斯（Naucrates）来到亚历山大里亚与我们一起度假时，我是如何答应他的要求来书写这部书，并且如何努力完成这八卷，由于他要远游，我便仓促地把未加修改的抄本给予他；当时我只是把我想到的一切写了下来，并打算在结尾之后再回来修改它. 现在机会来到了，我发表了修改后的每一部分. 由于有些人与我接触时曾得到尚未修改的第一卷和第二卷，因而，当你碰到不同形式的尚未修改的第一卷和第二卷时，请不要诧异.

关于这八卷，前四卷是基础引论. 第一卷包含三种截线和（双曲线的）相对分支的生成方法及它们的基本性质，比其他（关于圆锥曲线作者的）著作叙述得更全面更一般；第二卷包含截线的直径，轴和渐近线的性质，以及在判别问题中的典型的和重要的应用⑥；第三卷包含许多惊人的定理，对综合证明立体轨迹和判别问题十分有用，其中大部分是新发现的. 正是这些发现使我注意到欧几里得没有完全解决的三线和四

---

① Heibery Ⅱ pp. 450－464，Toomer pp. 555－562. 详细的叙述见 Toomer，"Apollonius of Perga" pp. 189－190，Neugebauer，"The Equivalence of Eccentric and Epicyclic Motion According to Apollonius".

② Hippolytus，Refutatio omnium haeresium Ⅳ8（p. 41).

③ 证明见 Jones，"The Development and Transmission of 248 Day Schemes" pp. 30－33. 关于 Apollinarius，除了 Jones 的文章，见 Toomer，"Galen on the Astronomers and Astrologers" p. 203.

④ Diocles p. 20.

⑤ Heiberg Ⅰ pp. 2－4.

⑥ 关于这个术语见 pp. 84－85.

线轨迹问题①，而且是其中重要的部分，因为没有我的新发现的补充，就不可能完成其综合证明. 第四卷论述圆锥截线彼此之间以及和一个圆的圆周相交的次数以及其他问题；关于下述这两个问题，没有一个曾被我们的前辈论述过，即一条圆锥截线或一个圆的圆周可以与相对分支相交多少点以及相对分支与相对分支相交多少点②. 其他各卷更为特殊：卷Ⅴ论述最小线和最大线问题，卷Ⅵ论述相等和相似圆锥截线，卷Ⅶ论述与判别有关的定理，卷Ⅷ论述判别圆锥曲线的问题.”

这里不是给“基础引论”的内容作详细描述的地方③. 说明下面一点已足够了，卷Ⅰ到Ⅳ的许多内容在阿波罗尼奥斯之前就是已知的④，而他论述这个理论的方法基本上是新的，并且比他的前辈更一般⑤. 前四卷是一个系统的论述，后四卷本质上是三个特殊主题的专论⑥：卷Ⅴ详述最小线和最大线问题，卷Ⅵ是关于相等和相似圆锥曲线以及在给定的直角锥面上找出一个给定的截线的，卷Ⅶ是关于直径和在它之上所作出的“图形”⑦（其实只有椭圆和双曲线）之间的关系的，由此导出在卷Ⅷ中提出的各种问题的边界条件的判别. 由于卷Ⅴ到Ⅶ的内容在下面的数学概要（pp. 45－97）中详细叙述，这里只须考虑卷Ⅷ. 而这一卷根本没有幸存下来，对它的了解只限于阿波罗尼奥斯在卷Ⅰ和Ⅶ的前言中所说的以及帕普斯在他的《汇编》卷Ⅶ中所给出的一些引理⑧. 基于这些，Halley 在他编辑的《圆锥曲线论》中提供了一个卷Ⅷ的“重建”，这一问题由 Hogendijk⑨ 重新检查过，他正确地判定，Halley 的重建充其量只是卷Ⅷ的一个很小的和相对来说不重要的部分，除了阿波罗尼奥斯自己提供的信息以外，我们对该卷的实际内容了解得很少，它是由卷Ⅶ中提出的关于解的范围的判别问题构成的.

---

① 见 Zeuthen，Kegelschnitte p. 126 ff.，Jones，edition of Pappus Ⅶ，pp. 587－591.

② 对此意义完全必要的补充语句（as noted by Heath p. lxxi，Jones，Pappus p. 402）只出现在 Pappus 关于这一段引述中（ed. Hultsch p. 676，13－15；ed. Jones p. 119，10－11). 在《圆锥曲线论》中的省略完全是习惯性的，这种失误也是旧有的，因为这也见于阿拉伯文版.

③ 为此，也为了阿波罗尼奥斯的著作在关于圆锥曲线研究中的地位，读者可参考 Zeuthen，《Kegelschnitte》，一个多世纪以后，这仍然是仅有的关于整个事情的认真严肃的学术论著. Heath 关于《圆锥曲线论》的译本的序之所以是有价值的，主要是由于吸收了 Zeuthen 的论述. 简短的摘要见 Heath，HGM Ⅱ pp. 126－175，以及 Toomer，“Apollonius of Perga” pp. 180－187.

④ 圆锥曲线的研究，早在阿波罗尼奥斯的专著发表之前 150 年，从 Menaechmus 的时代便开始了，但是关于早期的知识非常少. 大多是从阿基米德（Archimedes）尚存的论著得到的. 关于圆锥曲线的早期历史的简短论述见 Toomer，“Apollonius of Perga” pp. 180－181；更详细的论述见 Heath，《Apollonius》pp. xvii－lxvii. Zeuthen 的《Kegelschnitte》仍然是基本的，尽管这需要按近期的发现加以修订，值得注意的是关于阿基米德的方法（Archimedes，Method)，特别是 Diocles 的论著. 见我的评语 pp. 3－17.

⑤ 见下面的 pp. 31－33.

⑥ 见阿波罗尼奥斯自己的序 pp. 2－4，262，382.

⑦ 关于这个术语见下面的 p. 34.

⑧ Hultsch pp. 990－1004，Jones pp. 353－361. 帕普斯（Pappus）没有区分卷Ⅶ的引理和卷Ⅷ的引理. 关于卷Ⅷ的引理 7 到 14 见 Hogendijk，Ibn al-Haytham p. 45.

⑨ Hogendijk，Ibn al-Haytham pp. 41－51.

b. 阿波罗尼奥斯以后的历史

ⅰ. 在古代

阿波罗尼奥斯在卷Ⅰ－Ⅳ中关于圆锥曲线理论的论述是权威性的．因此，关于这个主题的早期著作就不再被研究且终于丢失了．追踪这一过程是困难的，由于《圆锥曲线论》发表之后的500年的数学文献非常贫乏．早在公元第四世纪，帕普斯还能参阅Aristaeus（约公元前300年）的著作①，但是，显然没有见到欧几里得关于圆锥曲线的论著，他可能只是从阿波罗尼奥斯的论述中知道一些②．在公元第六世纪，欧托基奥斯（Eutocius）从Menaechmus③（公元前第四世纪中叶）关于圆锥曲线研究的开头处引用了一个定理，然而，他可能是从某个中间渠道知道的．很清楚，阿波罗尼奥斯的专著在帕普斯之前是圆锥曲线的标准著作．也许在很久以前它已取得这一地位，但我们没有关于这个的证据．我所知道的与这一问题有关的细节是Galen对他的时代（公元第二世纪后期）数学研究衰落的谴责．他关于圆锥曲线的一般性的论述④并未提及阿波罗尼奥斯或者任何其他的作者．

除了帕普斯的引理（见p. 20 n. ⑧）之外，已知的关于《圆锥曲线论》的评注是由Serenus⑤（不知日期，但可确定从晚古开始）以及Hypatia⑥（死于公元415年）给出的．《圆锥曲线论》的命运中一个重要的阶段是欧托基奥斯（Eutocius）（公元第六世纪早期）的活动⑦．他编辑过前四卷，已成为标准的留传给我们的唯一版本．这些卷中的一些命题附有评注，但大多价值不大，不像他对阿基米德的评注，差不多没有提供有历史价值的东西．在这种情况下，猜测Eutocius的版本与阿波罗尼奥斯的原著或与别的不同版本有什么不同是困难的⑧，但是，Eutocius自己认为有重要差别，他认为他的版本更清楚⑨，这种差别也可以由它对班鲁·穆萨理解《圆锥曲线论》提供的帮助所证

---

① 《汇编》(Collection)，Hultsch pp. 634，672－676；Jones pp. 83，115－119. 更多的见Jones pp. 577－584.

② 引自上面p. 19. 帕普斯的确陈述过欧几里得写了“圆锥曲线的四卷书”，而且结合着阿基米德在“圆锥曲线原理”中证明的一些定理（见Diocles p. 5)，这是欧几里德关于圆锥曲线的一个基本论著的现代观点的基础．有关疑点见Tones pp. 399－400.

③ Eutocius，《Commentary on Archimedes》pp. 78－80.

④ Toomer，“Galen on the Astronomers and Astrologes” pp. 199，202－203. 这一段话被Banū Mūsā引用（见下面p. 349).

⑤ Serenus，《Section of the Cylinder》，ed. Heiberg p. 52.

⑥ Suidas s. v. γπατια，ed. Adler Ⅳ p. 644.

⑦ 关于他的活动的日期和地点（大概是亚历山大里亚）见我的注，Diocles p. 18，n. 2.

⑧ Eutocius，《Commentary on Apollonius》p. 314，提到“古人”的关于卷Ⅲ的“各种版本”．关于他处理各种评注的方法（选择“较清楚的”而把其他的记在页边的空白处）见ibid，p. 176，17－22. 关于Eutocius的版本见Heiberg，“Ueber Eutocios” pp. 360－363及他对《圆锥曲线论》所写的前言，Ⅱ pp. LⅦ－LXⅧ.

⑨ Ibid，p. 354.

明. 毫无疑问 Eutocius 版本的成功是《圆锥曲线论》后四卷失踪的一个重要因素①，然而这或许是晚古时代和拜占庭时期（Byzantine period）关心高等教育的那些人对数学不感兴趣的不可避免的结果. 全部八卷，帕普斯和 Eutocius 是可以见到的，他们不仅引用了卷Ⅵ②，而且答应他的朋友 Anthemius，如果他有兴趣的话，也会编辑后四卷.③ 显然，这并未实现，由于在拜占庭时期在西方后四卷存在的仅有的痕迹是卷Ⅰ到Ⅶ的手抄本，这也是班鲁·穆萨所能见到的（见 p. 23）.

ⅱ. 在伊斯兰世界

在第八世纪后期及第九世纪期间，通过手抄本的收藏家及翻译家的活动，伊斯兰世界可以很容易地得到大量的希腊哲学和科学著作④. 天文学家 Mūsā b. shākir 的儿子们：Banū Mūsā⑤——Muhammad（穆罕默德）、Ahmad（艾哈迈德）及 al-Hasan（哈桑）起了重要的作用，他们的父亲是后来成为政教合一的领袖 al-Ma'mūn（813－833在位）的同事. 这些儿子们在 al-Ma'mūn 建于巴格达（Baghdad）的“知识宫”（House of Knowledge）受教育，并且被 al-Ma'mūn 和他的继承人任用去完成科学的⑥和政治的任务，从而使他们获得了财富和影响. 他们利用这些资源推动了科学发展，特别是收集希腊的手抄本和承担希腊科学著作的翻译工作. 在这些翻译者当中，Thābit b. Qurra（塔比·库拉）及 Hunayn b. Ishāq 最有名. 班鲁·穆萨他们知道多少希腊语不清楚，但是他们确实是有造诣的数学家.

关于他们获取、理解并把阿波罗尼奥斯的《圆锥曲线论》译成阿拉伯文的故事叙述在阿拉伯文译本的序言中，此处作为附录 A 发表. 不幸地，其中省略了我们极感兴趣的信息，特别是他们找到的《圆锥曲线论》后几卷手抄本的特点以及来源的信息. 我们知道班鲁·穆萨曾派遣考察队去拜占庭地区去搜寻手抄本⑦. 显然，可能从这个来

---

① 见附录 A，p. 351.

② 《Commentary on Apollonius》p. 284，26（参考Ⅵ定义 7）；286，4（参考Ⅵ. 11）及 280，18（参考Ⅵ. 19）.

③ 《Commentary on Apollonius》p. 356.

④ 关于这个主题的最好的介绍见 Rosenthal《The Classical Heritage in Islam》. 简单概要见 Toomer，“Lost Greek Mathematical Works in Arabic Translation”.

⑤ 关于他们的生平和著作见 Hill 的优秀概要《The Book of Ingenious Devices》pp. 3－6. 详细的参考资料见 Ruska，“Banū Mūsā”. 对 Hill 的论述我所能增加的信息包含在 Banū Mūsā 给《圆锥曲线论》所写的序言中（作为附录 A，pp. 384－394）. 某些特殊的天文观测归功于 Muhammad 及 Ahmad，见 al-Birūni《Tahdid al-Amākin》pp. 37，64，and the peculiar story of the mission of Muhammad to find the “Seven Sleepers” recounted by，amongst othens，al-Mas'ūdi，Tanbih pp. 186，202－204，ibn Khordâdhbeh，pp. 78－79 of the translation，and al-Birūni，Chronology p. 285（according to whom the caliph who sent Muhammad b. Mūsā was not al-Wāthiq but al-Mu'tasim）.

⑥ 其中最著名的是他们参加测量地球表面的 1°来决定地球的大小. 见 Nallino，“Il valore metrico...”，特别是 pp. 420－435.

⑦ 见 Fihrist，ed. Flügel I p. 271，tr. Dodge Ⅱ p. 645.

源也可能从以前的拜占庭的一个省，现在由 Caliph①（伊斯兰教国家政教合一的领袖的称号）统治的地方，获得了一个《圆锥曲线论》的手抄本，这个手抄本早于 Eutocius 的版本并且包含了卷Ⅰ－Ⅶ②．根据他们自己的记述，他们不能理解这个，但是 al-Hasan 在他的过早的死亡之前在圆锥曲线的研究中作出某些独立的进展．后来 Ahmad 在叙利亚（Syria）的一个行政职位上时，设法找到了 Eutocius 编辑的一个手抄本（显然也包含他对《圆锥曲线论》的卷Ⅰ－Ⅳ的评注）．这给予他理解全部的钥匙．前四卷由 Hilal b. abi Hilal al-Himsi（希姆斯）在 Ahmad 监督下译出，而后面的卷Ⅴ－Ⅶ由 Thābit b. Qurra（塔比・库拉）译出．班鲁・穆萨作为编辑者增加了内部参考（参见 p. 628，n. 16）．他们对卷Ⅴ－Ⅶ作过哪些改变和“改进”我们只能猜测，由于他们的版本是这几卷传给我们的唯一版本．可能存在另一个阿拉伯文版本，署名为“Ishāq”（可能是 Ishāg b. Hunayn）出现在阿拉伯文的数学文献中③，甚至这个版本还可能包含着卷Ⅷ的一部分④，尽管如此，但它已失传了．

《圆锥曲线论》在伊斯兰世界里曾被热烈地研究过，并且后来的作者还发表过几种改写的论著⑤．我未曾见过有人对这些做过较深入的研究：现在这个版本对这样一个研究是不可缺少的基础，它是书写阿拉伯数学发展中有关圆锥曲线的历史的一个必不可少的部分：那也是后代人的一个任务⑥．一些个人的研究和原文版本的出版对研究圆锥曲线的历史学家是重要的；但迄今为止我们只看到一个令人满意的论述，它表明一个阿拉伯数学家至少已达到对阿波罗尼奥斯的《圆锥曲线论》某些部分的深刻理解．这就是 ibn al-Haytham（965－约 1041）的《Completion of the Conics》，在 Hogendijk 的版本中可以看到．尽管这部著作并未完成宣称的重建阿波罗尼奥斯的《圆锥曲线论》卷Ⅷ的目的，但它确实表现了 ibn al-Haytham 对阿波罗尼奥斯的技巧的熟悉⑦，以及他在使用这些技巧来解决某些困难问题的智慧（特别是在卷Ⅶ中）．

ⅲ. 在中世纪的西方

在拜占庭时期关于《圆锥曲线论》的研究没有多少可说的⑧．拜占庭的希腊人在圆

---

① 叙利亚（Syria）（下面提到）或埃及（Egypt）．

② 班鲁・穆萨所说的一切（p. 349）是：“我们得到阿波罗尼奥斯所写的八卷中的七卷...”．我推测他们只找到八卷中的七卷的一个手抄本，从这个事实强烈地提示，他们的独一无二的手抄本的确是损坏了的，把尾部丢失了．一个可比较的情形是 Ptolemy 的《光学》，它被译成阿拉伯文本，但整个第一卷和最后一卷的尾部却丢失了（参考 Lejeune，L'Optique de Claude Ptolémée pp. 17*－18*）．卷Ⅵ的损坏见下面的 pp. 73 及 74．

③ 详情见 Hogendijk，Ibn al-Haytham p. 49，n. 15.

④ Ibn al-Nadim，Fihrist，ed. Flügel I p. 267，tr. Dodge Ⅱ p. 637 断言卷Ⅷ的四个命题已传到他的时代，但没有其他的证据．

⑤ 关于这些的详情见 Sezgin，GAS V pp. 140－142.

⑥ Youschkevitch，《Les Mathématiques Arabes》pp. 90－100，123－131 已涉及某些方面．

⑦ 关于在 ibn al-Haytham 手中的《圆锥曲线论》的幸存的手抄本见下面的 pp. 102－104.

⑧ 我没有什么添加到 Heiberg 的简短论述 Prolegomena to Apollonius，Ⅱ pp. LXⅧ－LXX.

锥曲线方面的主要成就是保存了 Eutocius 的卷Ⅰ—Ⅳ的版本的一个复制的手抄本. 这一活动表明在研究这部著作方面的一些兴趣，特别是在 13 和 14 世纪，但是迄今为止，还未发现在拜占庭数学中有关应用圆锥曲线的证据.

在说拉丁语的欧洲，实际上不知道《圆锥曲线论》①. 尽管许多科学著作（通常具有希腊根源）在 12 世纪和 13 世纪的西欧是容易得到的，它们是从阿拉伯文译成的拉丁文译本，但是《圆锥曲线论》并不在其中，确实存在一些拉丁文的手抄本，其中有一个片断②包含卷Ⅰ定义的翻译，以及班鲁·穆萨③加上去的一段解释，那是 Cremona 的 Gerard（12 世纪后期）在他翻译的 al-Haytham 关于取火镜④的论著的前言中，但是没有指出他或任何其他人曾从阿拉伯文译出《圆锥曲线论》的更多部分，并且尽管有证据证明中世纪后期的作者使用了这个片断，但是没有多少重要性.

在中世纪说拉丁语的西方其他著作中，直接显示《圆锥曲线论》的知识的唯一作家是 Witelo，他的有影响的关于光学的论著《Perspectiva》大约在 1270 年写成⑤. 尽管他关于阿波罗尼奥斯的大部分信息来自 ibn al-Haytham 的关于光学和取火镜以及后者前言中的片断，但是他好像也接触过希腊原著（可能是 Eutocius 的评注）. 然而，他应用的《圆锥曲线论》局限在卷Ⅰ和Ⅱ的命题，这些都是 ibn al-Haytham 已经用到过的，而他引用阿波罗尼奥斯的主要意义表明在 13 世纪后期的意大利就有《圆锥曲线论》Ⅰ—Ⅳ的希腊文手抄本，比第一次证实的转移早了 150 年以上⑥. Witelo（他不懂希腊文）能够查阅希腊文的《圆锥曲线论》的一个可信的办法是通过他的密友及同事 Moerbeke 的 William 来为他翻译所选的段落⑦.

---

① Clagett 的《Archimedes in the Middle Ages》Vol. Ⅳ是论述中世纪后期关于圆锥曲线理论的历史的：Clagett 指出，尽管大量的关于圆锥曲线的知识来到拉丁语的西方是借助于 Moerbeke 的 William 的从希腊语翻译的关于阿基米德的著作，以及由 ibn al-Haytham 和其他人从阿拉伯语翻译的著作（这些著作也间接地传送了阿波罗尼奥斯的《圆锥曲线论》的某些知识），但是没有迹象表明除了 Witelo 的《Perspectiva》（关于这个见下面）之外，还有关于《圆锥曲线论》的直接知识.

② 由 Heiberg 付印的《Prolegomena to Apollonius》，Ⅱ pp. LXXV—LXXX，以及（带有评注）Clagett 的《Archimedes in the Middle Ages》Ⅳ pp. 4—13.

③ 关于这个的原文见 Bodleian 的手抄本，O，ff. 6^v—7^r. 参考 Clagett 的《Archimedes in the Middle Ages》Ⅳ p. 7，n. 18.

④ 关于这个著作的文献见 Clagett 的《Archimedes》Ⅳ p. 3，n. 2.

⑤ Witelo 用到的阿波罗尼奥斯的著作是由 16 世纪的编辑家 Risner 识别的（Opticae Thesaurus, In Vitellonis Opticam Praefatio f. *3)，并且上面叙述的主要事实可以在 Heiberg 的《Prolegomena to Apollonius》Ⅱ pp. LXXⅢ—LXXV 中找到. 整个事情由 Clagett 彻底地认真地评论过，见《Archimedes in the Middle Ages》Ⅳ Ch. 3.

⑥ 见 Francesco Filelfo，1427. 见 Heiberg《Prolegomena》Ⅱ pp. LXXX ff.

⑦ 作为 Pappus 的《Collection》的可比较的情形. Witelo 所使用的卷Ⅵ部分，见 Jones Ⅰ pp. 42—45. Clagett 在《Archimedes in the Middle Ages》Ⅳ p. 75 的猜测 William 和 Witelo 使用的阿波罗尼奥斯的手抄本是 Vat. gr. 203 不是正确的，见 Jones，"William of Moerbeke" p. 21 n. (20).

ⅳ. 在文艺复兴时期

在15世纪，意大利兴起研究希腊的高潮①，阿波罗尼奥斯的希腊文本的手抄本被找到并且被复制②. 有关内容的知识要花时间才能传播，并且这部著作的重要性被文艺复兴时期的数学先驱Regiomontanus（雷格蒙塔努斯）所认识③. 尽管他自己关于圆锥曲线的论著仍然保留着中世纪的传统，但他在意大利确实找到《圆锥曲线论》的一个手抄本（大约在1461年以后），并且大约在1475年④在他的位于Nuremberg的出版社的介绍中提议出版这部著作. 他的早死使此以及许多雄心勃勃的方案未能实现，并且由他的朋友Bernard Walther从他的手抄本译成的《圆锥曲线论》⑤ 的拉丁译本也消失得无影无踪.

最早印出的《圆锥曲线论》的各部分的正文都出现在学者Giorgio Valla的百科全书著作《De expetendis et fugiendis opus》（1501年在威尼斯（Venice）出版）中. 在这部书中，Valla把阿波罗尼奥斯的带有Eutocius评注的一本希腊文手抄本的一些段落⑥译成了拉丁文. 第一个关于卷Ⅰ－Ⅳ的完整译本是由Giovanni Battista Memmo在威尼斯于1537年出版的，但是这个译本有很多毛病. 它被Federico Commandino的版本所取代. 它对古代数学的重建的贡献只有Heiberg的版本可以与之相比. 1566年出现于Bologna的他的译本不仅为《圆锥曲线论》Ⅰ－Ⅳ提供了带有Eutocius的评注的一个拉丁文译本，而且基于对原文的深刻理解，在他的注释中给出了许多改正. 它是其后150年研究《圆锥曲线论》的主要著作. 在此期间，它对职业数学家的影响可能是最大的. 作为一个例子，我要提及开普勒（Kepler）在他的《Astronomia Nova》⑦ 中使用了《圆锥曲线论》，在他的关于火星轨道的椭圆率的证明中起了基础性的作用.

c. 在欧洲后几卷的修复

由于从阿波罗尼奥斯的《圆锥曲线论》的卷Ⅰ的前言中得知，《圆锥曲线论》原有八卷本，故在17世纪的欧洲对恢复失传的卷Ⅴ－Ⅷ产生了极大的兴趣. 正如我们所说(p. 23)，卷Ⅴ－Ⅶ幸存于阿拉伯，既有由Thābit为班鲁·穆萨所做的原始译本，也有各种不同的重译本. 欧洲研究阿拉伯在16世纪后期展开，并且在17世纪经历了一段

① 关于文艺复兴时期古代数学教科书的重建，Rose的书《The Italian Renaissance of Mathematics》提供了大量的信息，但是，是一个病态整理的形式并且有许多实质性错误.

② 从1427年往前（参考n. 2).

③ 关于Regiomontanus的圆锥曲线的论著见Clagect《Archimedes in the Middle Ages》Ⅳ pp. 174－184.

④ 重印的Regiomontanus的《Opera Collectanea》p. 533.

⑤ 在Walther的1512和1522的书目中，见Zinner《Leben und Wirken des... Regiomontanus》p. 328 n. 62.

⑥ 重新复制并讨论于Clagett《Archimedes in the Middle Ages》Ⅳ pp. 236－245.

⑦ LIX章，ed. Caspar pp. 367－376.

繁荣昌盛期①.《圆锥曲线论》的一个阿拉伯文版本的手抄本于1578年到达意大利，而其他的在1629年以后来到北欧. 但是，直到1661年没有关于后几卷②的著作出版，并且没有最接近于阿波罗尼奥斯的原著的版本的译本，直到1710年才出现了班鲁·穆萨的译本. 在那个时间以前，它的意义主要是历史的，由于它出现在伟大的17世纪的数学家，如笛卡尔（Descartes）、费马（Fermat）、德扎格（Desargues）以及牛顿（Newton）（所有这些人全都彻底通晓《圆锥曲线论》Ⅰ－Ⅳ）的著作之前而不是之后，故它可能影响了那个世纪的数学的发展.

它的出版为什么拖延得这么长久，那是一件颇为有趣的事情，这个故事太错综复杂了，在此只能做一个概要③.

1578年，Antioch的主教Ignatius Ni'matallāh（"Neama"，"Nehama"）给红衣主教Ferdinando dei Medici（后来的Tuscany的大公爵以及在罗马的第一个阿拉伯文出版社，Medicean印刷出版社的创建者）的东方手稿之中有一本由Abū'l-Fath Mahmūd al-Isfahānī写出的《圆锥曲线论》纲要④. 其重要性被印刷厂的主管Giambattista Raimondi所认可，他打算出版一个版本，但直到他1614年逝世一直未能做到. 在伽利略（Galileo）⑤ 的通讯中有出版该著作的一段话，但后来兴趣便冷淡下来，直到1645年，我们才从Michelangelo Ricci致Torricelli⑥ 的一封信得知，一位以欧洲人名叫Abraham Ecchellensis⑦ 的天主教马龙派副主祭（Maronite deacon）打算根据这个手稿出版《圆锥曲线论》失传的几卷的一个译本. 事实上这一项目在1658年前一直未进行，这是由于对恢复所遗失几卷感兴趣的数学家Giovanni Borelli对王子Leopold，即Tuscany的大公爵的兄弟的态度造成的：让他与Abranham联系，他们合作的结果便是1661年的出版成功⑧. 虽然这个版本保持了阿波罗尼奥斯的论著的绝大部分精髓，但

---

① 关于在欧洲阿拉伯研究的最好的指导书，仍然是Fück的《Die Arabischen Studien in Europa》，尽管对这个可以加上更近代的专题论著.

② 企图重建卷Ⅴ的Viviani的《De Maximis et Minimis》(1659)，Maurolycus的卷Ⅴ和Ⅵ（1547年完成，但直到1654年出版，见Clagett的《Archimedes in the Middle Ages》Ⅳ p. 314）以及Richard的卷Ⅴ－Ⅷ都与此无关，由于它们是在完全没有阿拉伯资料的帮助下作出的.

③ 在我的即将发表的专题论文"Arabic studies in England"中将详细说明并且带有尚未发表的资料. 有一个很好的简述，Itard，"L'angle de contingence chez Borelli" pp. 201－207. 在意大利的情况的详细论述见Giovannozzi，"La Versione Borelliana di Apollonio"；也见Bortolotti，"Quando，come e da chi vennero ricuperati i sette libri" ecc.

④ 这个手抄本仍然保留在Florence的Laurentian图书馆，书号是CCXCⅥ（118），根据Giovannozzi，"La Versione Borelliana di Apollonio" p. 28.

⑤ Galileo，Opere Vol. Ⅻ nos. 977，979，980，1016，1028.

⑥ 由Bortolotti引用"Quando，come e da chi ci vennero ricuperati i sette libri" ecc. pp. 124－125.

⑦ Ibrāhīm b. Dāwūd al-Hāqilī（或者al-Hāqilānī，来自黎巴嫩（Lebanon）的Hāqil），1605－1664. 关于他在意大利和法国的生涯见Graf的《Geschichteder Christlichen Arabischen Litteratur》Ⅲ pp. 354－359.

⑧ 见Apollonius（Ecchellensis）.

不幸地没有保持其应有的形式，由于阿拉伯的编者随意地把各别命题的论证合并成一个，这样以来正文被掐头去尾，并且造成了一个比希思（Heath）版本早200多年的阿波罗尼奥斯原著的滥用本.

与此同时，另外两个《圆锥曲线论》的阿拉伯文手抄本被带到欧洲. 1629年，Jacobus Golius① 从在东方一次长期访问后回到Leiden（荷兰西岸城市）时带回大量阿拉伯文、波斯文和其他语言的手抄本，其中就有阿波罗尼奥斯的《圆锥曲线论》的杰出的抄本. 由班鲁·穆萨委托制作的版本，现存Bodleian图书馆（见下面关于手稿**O**所作的描述pp. 100－102). 这是他的同乡David Leleu de Wilhem"为了公众的利益"（For the public good）② 给予他的. 存在这个手抄本（或者从卷Ⅴ－Ⅶ的手稿形成的一本书）的消息由Golius存放在Leiden图书馆的手抄本的书目迅速传播开来，1630年有事业心的Gassendi在巴黎出版了它③. Golius承诺出版这些修复的几卷，而且他似乎是理想地适合做这个的人，由于他既是一个有造诣的阿拉伯文专家，又是一个有才能的数学家（就在他从东方回来后不久，他被任命为Leiden的阿拉伯文和数学教授).

然而，他不仅自己未曾出版失传了的阿波罗尼奥斯的著作，而且巧妙地耍花招，成功地防止了任何其他人在他后半生（他死于1667年）去做这件事，心怀妒忌地防止别人接近他的手抄本及存放在Leiden的部分抄本，并且设法威慑想要以一试身手的其他人，例如，他声称只有他本人才能读懂那些困难的手稿的笔迹（其实字迹是清楚的）. 在1644－1646这两三年他曾担心英国数学家John Pell会抢在他之前根据Ravius的手稿（关于这个手稿见下面）出版卷Ⅴ－Ⅶ，他曾假装将要发行他自己的版本来劝阻他④. 对Golius未曾出版阿波罗尼奥斯的著作这件事可以得到原谅，原因是这些年中他并未闲着，而是从事别的事情，其中之一是忙于巨大的阿拉伯文－拉丁文词典（Leiden，1653). 但他对待别人要接近这部著作或出版另一个版本的努力抱着占着茅坑不拉屎的态度导致⑤遍及欧洲及他的同事不断增长的失望和憎恨，这可从1630年到1640年10年期间在Mersenne的通讯中查出来.

同时还有另一个包含着《圆锥曲线论》的阿拉伯手抄本被带到欧洲，这是由基督

---

① 关于他研究阿拉伯的重要性见Fück《Die Arabischen Studien in Europa》pp. 79－84.

② Constantijn Huygens致Mersenne的信，Dec. 23，1646，Mersenne《Correspodence》Vol. XⅣ no. 1577，p. 718. 根据Huygens，他的姊妹与Leleu de Wilhem结婚，后者从东方为Golius带回手抄本. 但是，Golius自己在手抄本中说（见p. lxxxvi），Leleu de Wilhem于1627年在Aleppo（叙利亚一城市）将它给予他.

③ Catalogus rarorum Iibrorum，quos ex Oriente nuper advexit... Jacobus Golius，p. 3："Appollonii Pergaei Conicarum Sectionum libri Ⅲ. postremi，hactenus desiderati，ex Graeco in Arabicum translati".

④ 关于Golius与Pell之间在这件事上的谈判的叙述已由Van Maanen发表："The refutation of Longomontanus' quadrature by John Pell"，特别是pp. 329，342－343，这基于Pell的未发表的信. 更多的将加入在p. 26，n. ③提及的论著之中.

⑤ 见在p. 27，n. ③中提及的Constantijn Huygens的信，在信中他抱怨Golius做了17年的空洞的允诺. 注意Huygens早就崇拜Golius：他写了一首拉丁文诗，赞美Golius从东方带到荷兰的手抄本的宝藏.

教徒 Ravius（Christian Rau，在英格兰也写为 Ravis）从君士坦丁堡（Constantinople）带回的大约 300 个东方抄本之一①．这是由 Abū'l-Husayn' Abd al-Malik al-Shīrāzī改写的著作②．关于此书存在的消息立即在欧洲传播开来，大部分是通过 Ravius 不厌倦的自我推销促成的．许多学者表示有兴趣，包括法兰西人 Claude Hardy，他提出要购买它．Ravius 在 1642 到 1647 期间住在 Utrecht，Amsterdam 以及荷兰其他地方．在此之间，Golius 借用了这个手稿并根据它作出阿波罗尼奥斯的一个复本③．看来他似乎没有用这个做什么，但是 Pell 却对 Ravius 的手稿做了认真的工作，从 1643 年到 1652 年，他在 Amsterdam 及 Breda 都有职位．从 Pell 给 Charles Cavendish④ 的信看来，显然 Pell 从 Ravius 借用了手抄本并且从 1644 年到 1645 年用它做出《圆锥曲线论》Ⅴ－Ⅶ的一个译本，并且提议出版它．正如我们说到的（p. 27），他被 Golius 所劝阻，Pell 译本的所有痕迹终于消失了⑤．过了很久，Ravius 才出版了他自己的《圆锥曲线论》某些部分的拉丁文译本．在序言中说，他在 1646 年从他的手稿中译出这个译本，但这个手稿现在（1669）被某个不知道姓名的人所扣押⑥，因此，他不能修改他的译本和提供插图．Ravius 的书是一部可怜的作品，它的确提供了卷Ⅴ－Ⅶ的绝大部分的译文⑦，以及前面几卷的一些章节；但是由于缺少插图以及许多不妥当的表述使得它在理解阿波罗尼奥斯的原著方面毫无用处，因此，看来它未产生什么影响．

当 Golius 死于 1667 年时，他的宝贵的手稿收藏品，包括阿波罗尼奥斯的著作在内（见 p. 27）并未归于 Leiden 大学，而是归于他个人的继承人．他们与剑桥大学之间为了手稿的买卖谈判像一串泡影消失了，它们仍在继承人手中，难以接近，为时近 30 年．然而，Golius 毕竟不再处于限制他人接近已移交给 Leiden 图书馆的关于《圆锥曲线论》的部分手稿的地位，1668 年，Edward Bernard⑧，牛津圣约翰学院研究员（Fellow of St. Johns College Oxford），后来是天文学 Savilian 教授，访问 Leiden 并根据其

---

① 这个奇怪的人物到处游历，在他的本土德国以外，在荷兰、英格兰和瑞典等地都有职位，他的名字至少在 3 个国家的传记里出现．这些之中最好的是 18 世纪的 Moller's Cimbria Literata Ⅱ pp. 680－688．关于 300 个手抄本，见 Ravius，Discourse p. 69（同一本书包含着他的作为卷首的照片）．

② 见 Seygin，GAS V p. 141．那里给出的 12 世纪后半期的日期是靠不住的．

③ Ravius，Apollonius（Ravius）f. 7*，抱怨说，Golius 给他看了他自己的《圆锥曲线论》的手抄本，但拒绝借给他，反而借走了 Ravius 的手抄本，而且为抄下它还扣押了一年又三分之一的时间．

④ 在 BL Add. 4280 中，参考 van Maanen，"The refutation of Longomontanus' quadrature by John Pell" p. 329 n. 19．但是，van Maanen 说 Ravius 把手稿出卖给 pell 是错误的．

⑤ 事实上，除非 Ravius 在他自己的出版了的译本中剽窃了它．

⑥ Apollonius（Ravius）f. 6*："nullo same debiti mei practextu"．以此我们可能断言，他实际上作为债务的保证物给出了这个手抄本．这是用手抄本前面的评注加厚了的（现存 Bodleian 图书馆 Thurston 3），它是牛津 Lincon 学院院长 Thomas Marshall 从一位阿姆斯特丹书商 Ratelband 买来的（大约在 1672 年前）．

⑦ Halley 关于这个的刻划（Apollonius（Halley）p.（ii））由"Magis quam facile existimari potest，barbare traductus"所证实．

⑧ 关于他的生涯见 Smith《Life of Bernard》．

中一个手稿写出了他的关于卷Ⅴ－Ⅶ的一个范本（exemplar of Books Ⅴ－Ⅶ）①. Bernard 想要出版这三卷书的正文和译本，并朝着这一目标勤奋地工作②，但是被许多其他的兴趣所分心，特别是出版关于古代数学家论著的巨大项目③. 他的大部头著作很少被印出，但他的确对介绍阿波罗尼奥斯做出了重大贡献 . 1696 年 Golius 的继承人终于决定拍卖他的手稿 . Bernard 说服 Narcissus Marsh（那时是都柏林（Dublin）的大主教），一位伟大的奖学金的赞助者和对东方文化感兴趣的人，给予他签好名的空白支票去购买拍卖品. 尽管有病，他于 1696 年 10 月为了购买旅行到 Leiden，为 Marsh 买来了大量令人感兴趣的手稿. 其中包括有名的阿波罗尼奥斯的著作. 但是他受到冬季航行的影响，一直不能康复，在他回来不久，于 1697 年 1 月 12 日在牛津逝世. 年仅 58 岁，他的许多雄心勃勃的计划，包括出版《圆锥曲线论》在内都未能完成. 然而，这个手抄本现在放在为阿波罗尼奥斯的著作付出巨大努力的人 Edmond Halley 容易得到的地方.

d. 《圆锥曲线论》的现代版和译本

哈雷（Halley）的阿波罗尼奥斯的《圆锥曲线论》的巨大版本于 1710 年在牛津出版. 它是希腊文的第一版，而且是基于原阿拉伯文版本（由班鲁・穆萨监制的）的卷Ⅴ－Ⅶ的直至目前出版的唯一译本：所有后来的关于这几卷的译本都是来自 Halley 的拉丁版本. 出版这本书的原计划是 David Gregory 作出的，他是天文学 Savilian 教授 Bernard 的继承人，在某种程度上也是他的出版计划的继承人，而 Halley 是负责翻译卷Ⅴ－Ⅶ的阿拉伯文的.（Halley 是几何学的 Savilian 教授，是 Gregory 的同事，他在阿拉伯文方面的能力已由他在 1704 年出版的阿波罗尼奥斯的《截取线段成定比》(Gutting off of a Ratio)④ 的拉丁文译本所证明，这个译本是 Bernard 遗留下来的未完成的译本的继续，并且把这个译本与阿拉伯文本作了对照，作为学习阿拉伯语言之用.)⑤ Gregory 死于 1708 年，Halley 承担了全部项目的任务. 另外，不仅对卷Ⅰ－Ⅳ的希腊文本，而且对全书也提供了一个非常好的拉丁文译本，还包括了卷Ⅷ的一个“修复”⑥，以及 Pappus 的引理⑦和 Eutocius 的评注⑧（插在正文中）. 关于所用的阿拉

① Bcrnard 的抄本现在 Bodleian 图书馆 ms. Thurston l.

② 在 Bodleian 图书馆有 Ecchellensisl Borelli 译文的一个抄本，并带有大量的出自 Bernard 之手的与 Thābit 译本及 al-Shīrāyī 版本对照的评注（显然取自 Ravius 的手抄本).

③ 关于这个的细节见他的“Veterum Mathematicorum, Graecorum, Latinorum, et Arabum, Synopsis”，刊在 Smith 的《Life of Bernard》. 经过 Heiberg 和其他人的努力，书中计划的大部分内容直到 19 世纪末和 20 世纪才发表，而有些直到今日也未发表.

④ 见 p. 17 及 n. ③.

⑤ 见 Halley 自己关于这个的论述，在他对阿波罗尼奥斯的《Cutting off of a Ratio》的序 f. a2 中 . Halley 是否为 Bernad 的《圆锥曲线论》译本作了什么尚需确定.

⑥ 关于这个见 p. 20.

⑦ 见 p. 20，n. ⑧.

⑧ 见 p. 21.

伯文本，他原来使用的是 Bernard 的 Leiden 手稿①中的一个，但是，他最终使用的是 Marsh 从爱尔兰（Ireland）送来的 Colius 的原有手稿②．此外，他与 Abū'l-Fath 的版本做了比较，这个版本是他从 Ecchellensisl Borelli 的译本③知道的，并且他还与 al-Shī-rāzī的版本作了比较，这个版本是他在 Bodleian 图书馆的 Ravius 的手稿中看到的④.

Halley 的版本是学术上的一个里程碑，值得作者奉献一生．在《圆锥曲线论》的所有编者中，Halley 是一位对阿波罗尼奥斯的数学理解最好的人．然而，从语言学观点来看，却很难令人满意．这个希腊文本基于在牛津（Oxford）可见到的手稿，而它远远不是最好的．卷Ⅴ－Ⅶ的译本只是基于 Golius 的手稿（是第一手或是第三手不清楚)．尽管那个手稿是幸存下来的最佳本，但是并不是未改动过的．Halley 的目标是出版一个数学上“正确的”的文本，也就是按照他的观点来“修补”阿波罗尼奥斯．为此目的，在他读到手稿中没有意义的地方时，他就动手改变它，用他自己的话来补充，但不总是用斜体字来表明．他作的某些改动只是改正笔误，在许多情形是在纠正阿拉伯译者，而有时则是大胆地改动阿波罗尼奥斯的原文⑤．Halley 的做法可能在一百多年前《圆锥曲线论》仍是正使用中的数学时有意义，而在 1710 年前它的意义纯粹是历史的．此外，Halley 对纯数学文章以外的阿拉伯文的掌握也是不可靠的．尽管如此，每个认真学习《圆锥曲线论》的学生都大大地受惠于 Halley，我也不例外，当我写作这个版本时，在理解疑难段落方面我经常得到他的版本的帮助.

Halley 的版本作为标准的译本保持了 180 年之久，并且以此为基础，Balsam 在 1861 年译出全部七卷（以及 Halley 对卷Ⅷ的“修复”）的德译本．这个译本与其说是一个翻译，不如说是一种意译，它优于 Cywalina 的卷Ⅰ－Ⅳ的德译本（1926)，后者尽管有采用 Heiberg 的改进过的希腊文本的优点，但却有许多生硬和不准确的东西.

1889 年 Ludwig Nix 写出他在莱比锡（Leipzig）大学的“升级作品”（Promotionsschrift)《圆锥曲线论》卷Ⅴ的德文版．他出版了这个译本的很小的一部分⑥，并带有一个简短的介绍及卷Ⅰ的“定义”的阿拉伯和希腊原文．这个著作的其余部分从未出版，也不清楚他是否想出版阿拉伯文本的整个版本，尽管他在年轻时去世，但他却出版了 Heron 的《力学》(Mechanics）的阿拉伯文本的正文及译本（1900)，并且带病为阿拉伯文的《Planetary Hypotheses》的译本作了部分准备，在他死后出版在海伯格（Heiberg）编辑的托勒密（Ptolemy）的小天文学著作（minor astronomical works)（1907）内．也可能 Nix 并未完成他的著作：这不仅是因为它只是基于 Halley 用过的同一个牛津的手稿，而且还因为他印出的三十多页正文和译文有许多错误和误解.

---

① 见 p. 29，n. ①.

② 后来以 Marsh 遗赠的一部分归于 Bodleian 图书馆.

③ 见 p. 27.

④ 见 p. 28，p. 28，n. ⑥．参考 Appendix C.

⑤ 关于这个的一个例子是 V 的命题 1－3，它是对斜交的共轭的论证，Halley 的译本把它们换成正交的共轭，可能由于这是它们产生的唯一形式.

⑥ 阿波罗尼奥斯（Nix)．这个包含着直到 V. 8 末尾的译文及直到 V. 6 中部的正文（此处 p. 23，4).

海伯格（Heiberg）的 1891—1893 的 Teubner 版本首次把《圆锥曲线论》的希腊文本放置在一个坚实的学术基础之上，因为它基于的主要手稿都是校对过的，并且由于 Heiberg 的可靠的语言修养．除了《圆锥曲线论》卷Ⅰ—Ⅳ之外，它包含着 Eutocius 的评注，二者都伴有很好的拉丁文的逐字的直译本以及阿波罗尼奥斯的希腊原文的（不是阿拉伯文的）失传的“片断”，并且在卷Ⅱ的前言中有关于《圆锥曲线论》的手稿及正文历史的一个出色的讨论．

希思（Heath）的《圆锥曲线论》的英译本（1896）基于 Heiberg 的前四卷的版本和 Halley 的后三卷的版本．它的优点是希思完全掌握了这个著作的数学内容，其插图比 Heiberg 的清晰得多，并且关于历史的引论，在讨论《圆锥曲线论》方面在英语中是最好的，尽管大多抄自 Zeuthen. 不幸地，希思有一个错误的观念，他要把阿波罗尼奥斯的专著作为现代的教科书．这不可避免地不仅要在所有的命题中应用统一的记号（例如，共轭直径总是记为 PP'、DD'），而且把阿波罗尼奥斯的不同的命题合成一个（为了达到一个更“一般的”表述），改变命题的顺序，并且甚至省略去整个几节①．其结果是，不论作为阿波罗尼奥斯的译文还是作为圆锥曲线理论的表述都是不能令人满意的．但是，它仍然是整个《圆锥曲线论》的唯一的英译本，因为 Taliaferro 的逐字直译本只包括卷Ⅰ—Ⅲ．用现代语言作出的最好的全译本是 Ver Eecke 的法译本（1923），它也提供了有用的注释．

自从 Nix 以来，关于《圆锥曲线论》的阿拉伯文本的信息有所增加，这是由于 N. Terzioḡlu 的两个出版物：一个是伊斯坦布尔手稿（the Istanbul ms.）Süleymaniye，Aya Sofya 4832 所载的班鲁·穆萨的《圆锥曲线论》的引论的摹真本②；另一个是手稿 Süleymaniye，Aya Sofya 2762 的摹真本，它是 ibn al-Haytham 手写的《圆锥曲线论》的班鲁·穆萨版本③．这两个手抄本由 Max Krause 于 1935 年验证是同一个④，他的早死对用阿拉伯文研究希腊数学著作是一个大损失．Terzioḡlu 的关于第一个著作的“译文”没有什么价值，而他对第二个著作的序言，包含着有用的信息，但有许多错误，然而，两个摹真本是极好的，令人遗憾地，第二个摹真本的复制品只有极少数在流通中．

§4　数学概要

我不打算为卷Ⅴ—Ⅶ提供一个详细的数学分析，而只是给出各命题的概述，阐明一些感兴趣的内容，并指出在同一卷中的不同命题之间的联系．由于阿波罗尼奥斯在这几卷中使用了他在卷Ⅰ和Ⅱ中所得到的结果，我给出其中有关命题的简要的概述，并给出阿波罗尼奥斯的圆锥曲线理论的一般方法的一些评论．

---

① 作为卷Ⅶ中的一个例子，见我的注记 p. 310，n. ⑤.

② Terzioḡlu [1].

③ Terzioḡlu [2]. 见我的关于手稿 **H** 的描述，pp. 102—103.

④ Krause,“Stambuler Handschriften islamischer Mathematiker”，pp. 119—210.

a. 阿波罗尼奥斯以前圆锥曲线的生成方法

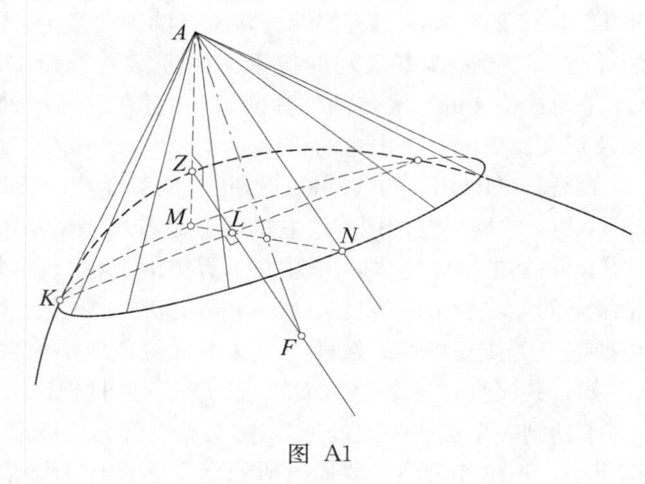

图 A1

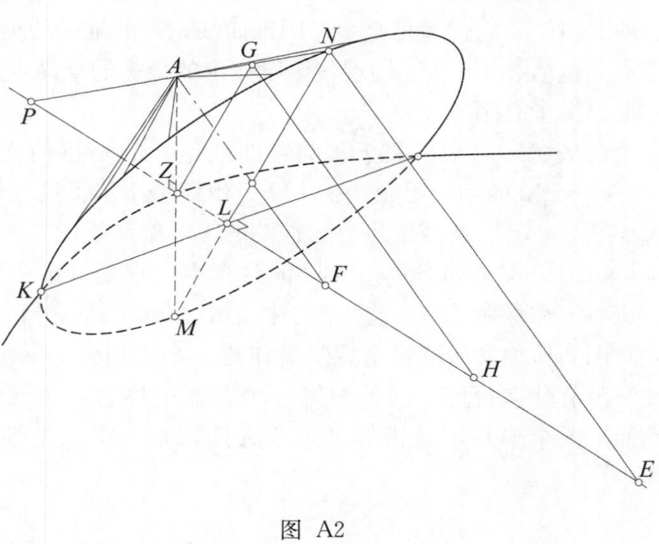

图 A2

为了使后面的论述清楚起见，有必要谈谈阿波罗尼奥斯以前的方法（在幸存的作者中，最好的是阿基米德的）①. 在这里（见图 A1－A3）三种截线都是以一平面与一直圆锥 AKN 的一条母线交成直角去截该圆锥生成的. 如果圆锥顶点处的角是直角（图 A1），结果是一抛物线；如果是钝角（图 A2），结果是一双曲线；如果是锐角（图 A3），结果是一椭圆. 因此，这三曲线分别称为“直角圆锥截线”、“钝角圆锥截线”和“锐角圆锥截线”（这是阿基米德的术语）. 从这些图形容易看出关于每一种截线的希腊人称为的关系（συ'μπτωμα）（随着曲线上的点的位置变化的量之间的不变的关系）：在抛物线中（图 A1），对于任意点 K，

$$KL^2=2ZF\cdot ZL. \quad (1)$$

由于 $2ZF$ 是一常量（从截线的顶点到圆锥的轴的距离的两倍），这对应于抛物线的笛卡尔方程

$$y^2=px.$$

对于双曲线和椭圆（图 A2 和 A3），

$$\frac{KL^2}{ZL\cdot PL}=\frac{2ZF}{PZ} \quad (2)$$

其中 $2ZF$ 和 PZ 是常量，这对应于笛卡尔方程

① 此处我所说的是我在 Toomer 的“Apollonius of Perga”中的评注的一个概要 pp. 180－185，以及 Diocles pp. 5－15 和前面论文中 p. 13，n. 3 的一个粗心大意的错误的改正.

$$\frac{y^2}{x_1x_2}=\frac{P}{a}.$$

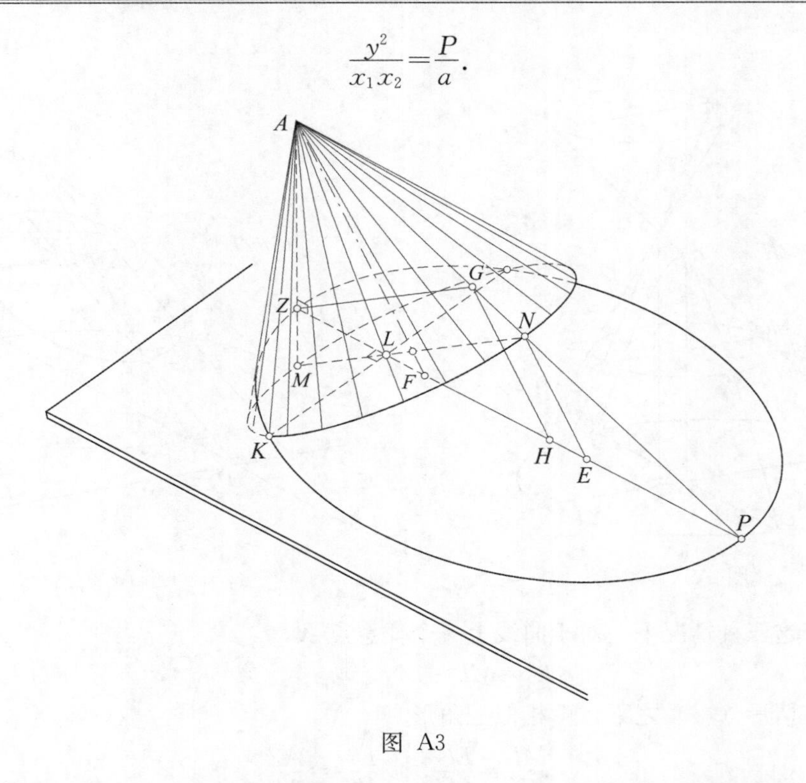

图 A3

在这个生成体系中，ZL 总是位于截线的轴上，而 KL 总是与它成直角，因此（在现代）称为“正交共轭”体系.

b. 阿波罗尼奥斯的截线生成的方法

在《圆锥曲线论》中，阿波罗尼奥斯为了定义这三种截线引用了一种新的体系：他用一个平面截一个双侧斜圆锥来生成所有的截线，见图 A4、图 A5 和图 A6，在每种情况下，截面都是 ZDE. 如果这个圆锥被另一个过圆锥的轴且与 ZDE 直交的平面所截（这就产生“轴三角形”ABG），则它截圆锥的底于一直径 BG，这个直径与平面 ZDE 和圆锥的底的交线直交（在图 A6 中，交在它的延长线上）. 这样，除了平凡情形，存在三种可能性：

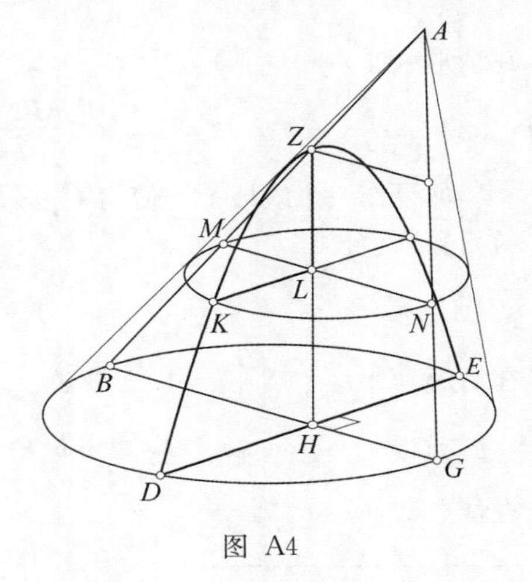

图 A4

（ⅰ）截面与轴三角形的交线 ZH 只与轴三角形的两边 AB、AG 之一相交，也就是说它与另一边平行（图 A4）.

（ⅱ）ZH 与轴三角形的一边相交于顶点 A 之下，与另一边相交于 A 之上（图 A5）.

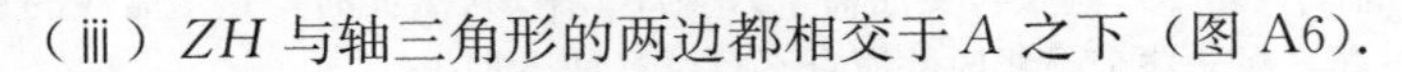

（ⅲ）ZH 与轴三角形的两边都相交于 A 之下（图 A6）.

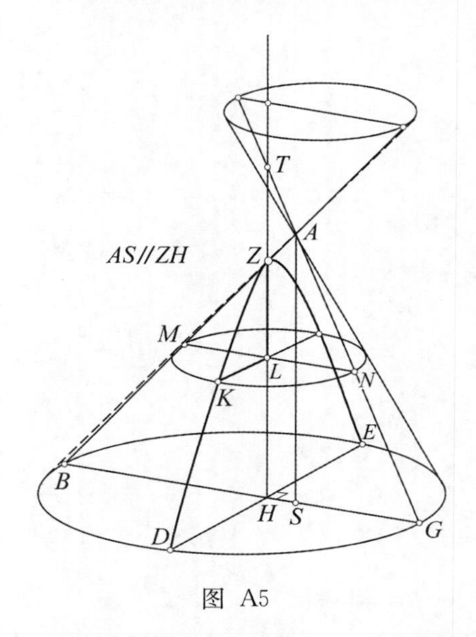

图 A5

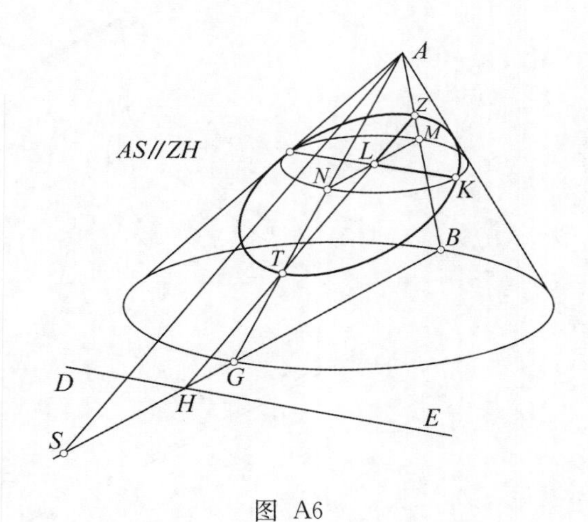

图 A6

在所有这三种情况下，对于曲线上一个任意点 K，

$$KL^2=ML\cdot LN. \tag{1}$$ ①

并且在情形（ⅰ）之下，由相似三角形

$$\frac{ML}{LZ}=\frac{BG}{AG},\quad \frac{LN}{BG}=\frac{AZ}{AB}. \tag{2}$$

如果作一个线段 Q，使得 $Q:AZ=BG^2:(AB\cdot AG)$，那么 Q 是一常量，并且由（1）和（2）推出

$$KL^2=LZ\cdot Q, \tag{3}$$

对抛物线来说，对应笛卡尔方程

$$y^2=px$$

在情形（ⅱ）和（ⅲ）之下，

$$\frac{ML}{LZ}=\frac{BS}{AS},\quad \frac{LN}{LT}=\frac{SG}{AS}. \tag{4}$$

如果作一个线段 C，使得 $C:ZT=(BS\cdot SG):AS^2$，那么 C 是一常量，并且由（1）和（4），

$$KL^2=C\cdot\frac{LZ\cdot LT}{ZT},$$

在情形（ⅱ）

$$KL^2=C\cdot\frac{LZ\cdot(LZ+ZT)}{ZT}, \tag{5}$$

在情形（ⅲ）

---

① 阿波罗尼奥斯在 17 中证明，若 KL 延长再交曲面于 K' 则 $KL=LK'$. 此时，这个截线的一条直径定义为一条直线，像 ZL 一样，平分这个截线内的所有平行弦（如 KK'）.

$$KL^2=C\cdot\frac{LZ\cdot(LZ-ZT)}{ZT}. \tag{6}$$

这些分别对应于双曲线和椭圆的笛卡尔方程

$$y^2=x\{p+(p/a)\cdot x\}=px+(p/a)\cdot x^2$$

和

$$y^2=x\{p-(p/a)\cdot x\}=px-(p/a)\cdot x^2.$$

阿波罗尼奥斯所说的关系（συμπτω′ματα）是用欧几里得几何中熟悉的“面积的贴合”（application of areas）的方法导出的.

在情形（ⅰ）（图 A7）中，一个边为 x（等于横标 LZ）的矩形贴于（παραβα′λλεται）线段 p（等于上面所定义的 Q），使得这个矩形的面积等于纵标 y（KL）上的正方形. 因此，这截线称为抛物线（齐曲线）（παραβολη′，“（正好）贴合”（（exact）application））①.

在情形（ⅱ）（图 A8）中，有一贴于 p 的边为 x 的矩形，等于 y^2，并且有一个超过（ὑπερβάλλον）p 的一个相似于 $p\cdot a$ 的矩形，因此，这截线称为双曲线（超曲线）（υ′περβολη′，“超过”（excess））.

在情形（ⅲ）（图 A9）中，有一贴于 p 的边为 x 的矩形，等于 y^2，并且缺少（ἐλλεῖπον）p 上的一个相似于 $p\cdot a$ 的矩形，因此，这个截线称为椭圆（亏曲线）（ε″λλειψιζ，“缺少”（falling short））.

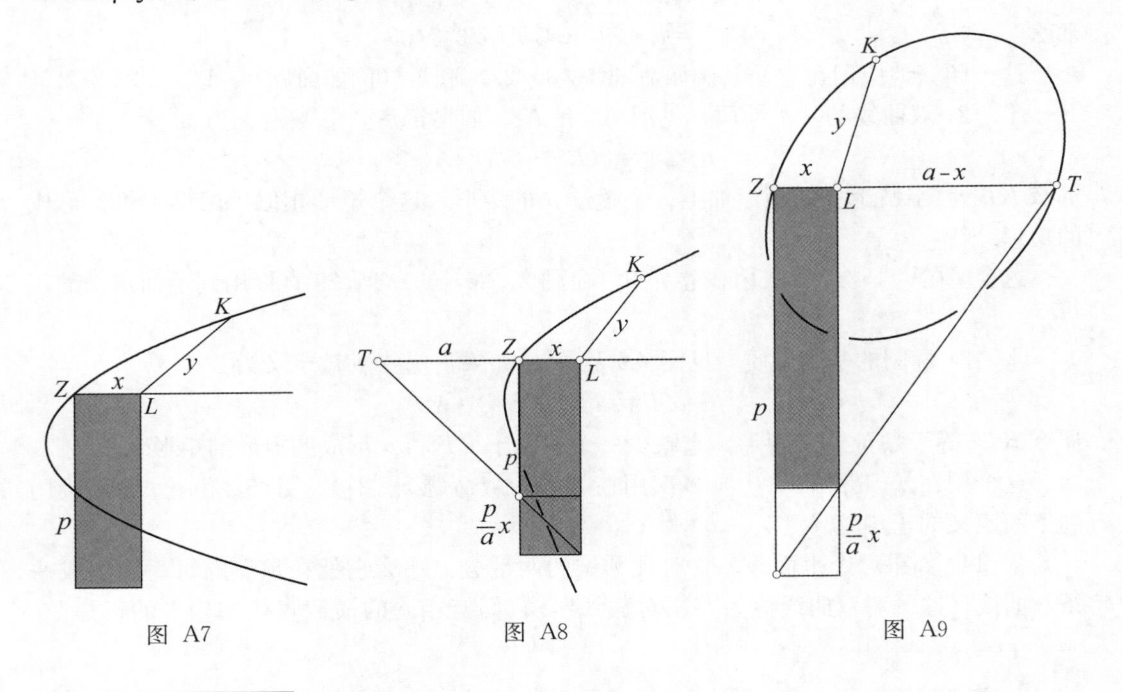

图 A7　　图 A8　　图 A9

① 大家公认术语“齐曲线（抛物线）、超曲线（双曲线）和亏曲线（椭圆）”是由阿波罗尼奥斯引入的. 然而，这可能是真的，老的方法至少也适用于“面积的贴合”，因而有理由认为这些术语可能比阿波罗尼奥斯更早，见 Diocles pp. 10—15.

在所有情形中，量 p 称为正焦弦（latus rectum）（ο'ρθiαπλευρα'），即矩形的“竖直边”(erect side). 然而，在椭圆和双曲线的情形中，这个矩形指的是这样一个图形（εἶ δος），它的一条边是由线 p 构成的，而另一边是由 ZT（或者 a）构成的. 后者称为“横截边”（transverse side）（πλαγι'α πλευρα'）或者“横截直径”（transverse diameter)，由于它是一条直径①. 这个“图形”决定这个矩形的形状，这个贴于横标的矩形超过或不足这个纵标（τεταγμε'νωζ κατηγμε'νη，字面上“依纵标方向画出”）上的正方形. 这个正焦弦也称为“参量”（η'παρ'η"ν δυ'νανται，或更详细地ἡπαρ'ἣν δύνανται αἱ καταγόμεναι τεταγμένως，“一个面积等于纵标上的正方形的矩形贴于其上的那个线段”).

这个生成方法比老的方法更一般，不仅是由于它使用一个单一型的圆锥于所有截线，而且主要地由于它产生一个关系（συ'μπτωμα），不只适用于圆锥曲线的轴，而且也适用于任一直径（和它的末端的切线)，从这一直径可以变换到任何别的直径②. 并且，它还立即展示了椭圆与双曲线的两支之间的对应关系③. 因为用这个生成方法，纵标一般不与直径交成直角，所以它便称为一种“斜交共轭”（oblique conjugation）体系.

c. 在卷Ⅴ—Ⅶ中所使用的《圆锥曲线论》卷Ⅰ和Ⅱ中的命题

Ⅰ.11 抛物线的基本性质，见图 A4. 如果正焦弦 p 被定义为

$$p:ZA=BG^2:(AB\cdot AG),$$

那么 $$KL^2=p\cdot ZL\text{（参见 p. 34 (3)）}.$$

这个频繁地应用在卷Ⅴ（例如命题 4、8、27）和Ⅵ（例如命题 1、11、28、31).

Ⅰ.12 双曲线的基本性质，见图 A5 和 A8. 如果正焦弦 p 被定义为

$$p:ZT=(BS\cdot SG):AS^2,$$

那么 KL^2 等于贴于 p 的矩形加上一个超过 p 的矩形，这个矩形相似于由 ZT 和 p 形成的矩形.

这个用在Ⅴ.1 中，多次用在卷Ⅵ中（命题 2、26、32). Ⅵ.29 直接用到上面定义的正焦弦.

Ⅰ.13 椭圆的基本性质，见图 A6 及 A9. 如果正焦弦 p 被定义为

$$p:ZT=(BS\cdot SG):AS^2,$$

那么 KL^2 等于贴于 p 的矩形，它缺少一个相似于 ZT 和 p 形成的矩形的矩形.

这个用在Ⅴ.1 和Ⅴ.2 中，多次用在卷Ⅵ中（命题 2、27)；Ⅵ.30 和Ⅵ.33 直接用到上面定义的正焦弦.

Ⅰ.14 如果一个平面截一个对顶圆锥的两部分，那么它就在顶点的每一侧生成一条双曲线；这一对双曲线称为“相对截线”，它们有相同的横截直径和相等的正焦弦，

---

① 在双曲线里点 T 位于相对的一支，正如图 A5 显示的.

② 这在Ⅰ.51 后面的推论中会变得清晰.

③ 阿波罗尼奥斯对这些一直使用不同的术语，称它们为“相对截线”（opposite sections）（τομαι' α'υτικει'μευαι)，但是，他的论述表明他是充分地意识到其对应关系.

见图 A5，从它明显地看出两个分支共享横截直径 ZT，正焦弦的相等可由说明圆锥上方的三角形与圆锥下方对应的三角形的相似来证实.

这个用在Ⅵ.16 中.

Ⅰ.15 椭圆的共轭直径的基本命题①. 见图 1.15. AB 是椭圆中的一条直径，AN 是正焦弦，DGE 通过中心 G，并且等于到 AB 的纵坐标的二倍. 如果 DZ 被定义为

$$DE:AB=AB:DZ,$$

那么阿波罗尼奥斯证明了 DZ 是对应于直径 DE 的正焦弦；或者说，如果一条直径平分所有平行于第二条直径的弦，那么第二条直径就平分平行于第一条直径的所有弦. 两条具有这一关系的直径称为"共轭直径". 于是，如果我们使用我们的标准记号（见 p.108），共轭直径为 $\boldsymbol{d}$、$\hat{\boldsymbol{d}}$，对应的正焦弦为 $\boldsymbol{r}$、$\hat{\boldsymbol{r}}$，那么，阿波罗尼奥斯把共轭直径定义为

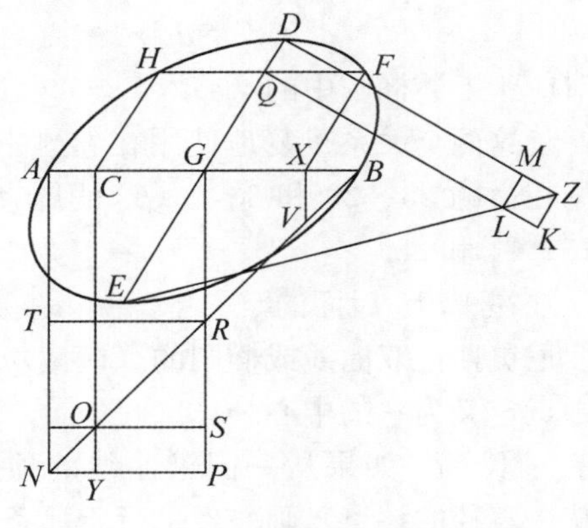

图 1.15

$$\boldsymbol{d}^2=\hat{\boldsymbol{d}}\cdot\hat{\boldsymbol{r}}. \tag{1}$$

他也证明了这个关系可以翻过来，即

$$\hat{\boldsymbol{d}}^2=\boldsymbol{d}\cdot\boldsymbol{r}. \tag{2}$$

这个可以由中间步骤

$$\boldsymbol{d}^2:\hat{\boldsymbol{d}}^2=\boldsymbol{d}:\boldsymbol{r} \tag{3}$$

来证明.

所有这三个关系用在卷Ⅶ中：（1）用在命题 24、30 和 43；（2）用在命题 4；（3）用在命题 12、命题 31（4a（i））和命题 41 后面的小结之中.（1）也隐含地用在Ⅴ.11 中. 此外，从（1）和（2）推出首末比（ex aequali）（参考 p.298，n.③）.

$$\hat{\boldsymbol{r}}:\hat{\boldsymbol{d}}=\boldsymbol{d}:\boldsymbol{r}. \tag{4}$$

这个用在Ⅴ.23、Ⅶ.37 和Ⅶ.47.

Ⅰ.16 双曲线的共轭直径的基本命题. 见图 1.16*. HA、QB 是双曲线的具有共同横截直径 AB 的相对分支. 如果通过中心 G 引一条平行于直径 AB 的纵标的直线 CGD，这条线就是共轭于 AB 的直径. 这个可用证明它平分平行于原来的直径的任意线段 HQ 来证实. 然后，阿波罗尼奥斯定义②双曲线的共轭直径（他称为"第二直径"）的长度为

$$\hat{\boldsymbol{d}}^2=\boldsymbol{d}\cdot\boldsymbol{r}, \tag{5}$$

① 见 Zeuthen，《Kegelschnitte》pp.88—90.

② 在Ⅰ.16 后面的"第二组定义"中（而在阿拉伯版本中是Ⅰ.16 的一部分），Heiberg p.66，23—26，直到Ⅰ.60 阿波罗尼奥斯实际上并未引入"共轭相对截线"（conjugate opposite sections），这个第二直径属于共轭相对截线.

即它与上面的椭圆中的关系式（2）相似．由此容易推出（尽管阿波罗尼奥斯并未在此做这个），

$$\boldsymbol{d}^2 : \hat{\boldsymbol{d}}^2 = \boldsymbol{d} : \boldsymbol{r} \qquad (6)$$

对应于上述椭圆中的（3）．

这两个关系重复地使用在卷Ⅶ中：（5）用在命题 23、29 和 33，（6）用在命题 6、13、21 和 22．

在Ⅰ.16 后面的定义中（见 n.1），阿波罗尼奥斯把双曲线或椭圆的（横截）直径的中点定义为它的**中心**．

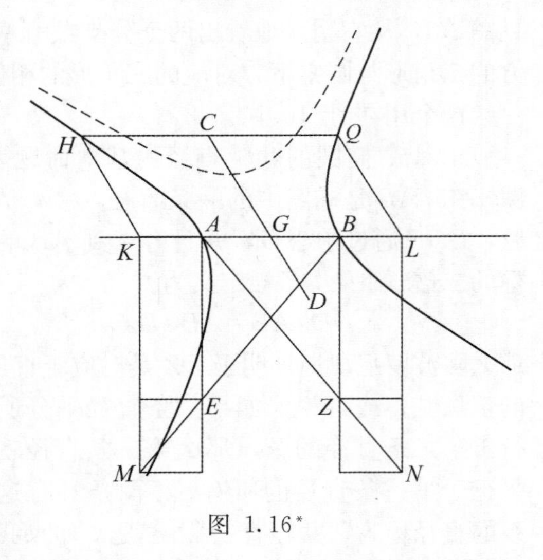

图 1.16*

Ⅰ.17　如果从一圆锥曲线的顶点（即从一直径的端点）画一条平行于那条直径的纵标的直线，那么，它必然落在截线的外面（它是这截线的切线，直到Ⅰ.32 并未完全证明）．可用反证法证明．

这个引用在Ⅴ.64 中，但是事实上是它的逆命题（Ⅰ.32）用在那儿，见 p.39．

Ⅰ.20　在抛物线中，任意两个纵标上的正方形之间的比等于对应的横标的比．这个可由Ⅰ.11 抛物线的基本性质立即推出（见 p.36）．它用在Ⅵ.36 和 14 中．

Ⅰ.21　在有心圆锥曲线（椭圆和双曲线）中，一个纵标上的正方形与以纵标的足到横截直径的两个端点的两个距离之积的比等于正焦弦与横截直径的比①；并且两个纵标上的两个正方形的比等于两个边是从纵标的足到横截直径的两个端点的距离形成的矩形的比．见图 1.21A 和 1.21B，其中横截直径是 AB，正焦弦是 AG，两个纵标是 DE、ZH．由基本性质

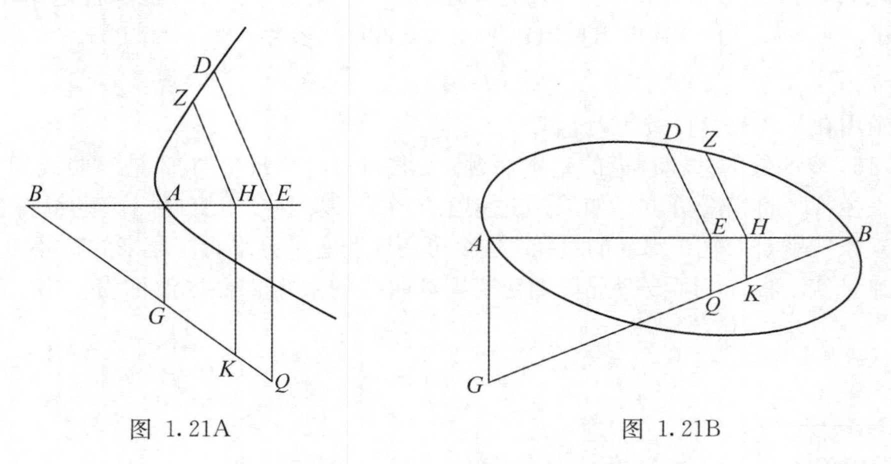

图 1.21A　　　　图 1.21B

$$ZH^2 = KH \cdot HA,\ DE^2 = QE \cdot EA,$$

① 阿波罗尼奥斯对于圆也证明了相应的定理，正如他对许多涉及中心圆锥曲线所做的那样．

阿波罗尼奥斯证明了

$$ZH^2 : (AH \cdot HB) = AG : AB, ① \quad (1)$$

因而

$$ZH^2 : DE^2 = (AH \cdot HB) : (AE \cdot EB). \quad (2)$$

这些多次用在卷Ⅵ和卷Ⅶ：（1）用在Ⅵ.12（对这两种截线）、Ⅶ.2（对双曲线）和Ⅶ.3（对椭圆）；（2）用在Ⅵ.36（对双曲线）、Ⅵ.14、Ⅵ.15 和Ⅵ.18②（对这两种截线），以及Ⅶ.24（对椭圆）.

Ⅰ.27 如果一直线截一个抛物线的直径，那么它就与这个直径两侧的截线相交，这个命题并不是平凡的，阿波罗尼奥斯给出一个冗长的证明，但是它被希思（Heath）略去. 它用在Ⅴ.41 中.

Ⅰ.30 在椭圆或双曲线的两支中，通过中心③的弦被中心所平分.

这个用在关于椭圆的Ⅴ.71 中.

Ⅰ.32 如果一条直线通过圆锥截线的顶点并平行于一个纵坐标，那么它就与这个截线相切（参考Ⅰ.17 p.38），并且在它和截线之间没有可能画出其他直线. 由反证法证明.

这个用在关于抛物线的Ⅴ.64 中，关于椭圆的Ⅴ.73 中和（隐含地）关于所有三种截线的Ⅵ.6 中.

Ⅰ.35 抛物线的直径在顶点和一个纵标的足之间被截出的部分等于顶点到这条直径（向截物外面延长）与切线的交点之间的距离，切线是从纵标的端点引出的④. 见图 1.35*. 阿波罗尼奥斯在Ⅰ.33 中证明若 GB 是直径 HB 的一个纵标，并且 $AH=HB$，则 AG 是一条切线. 他用反证法证明了这个逆命题.

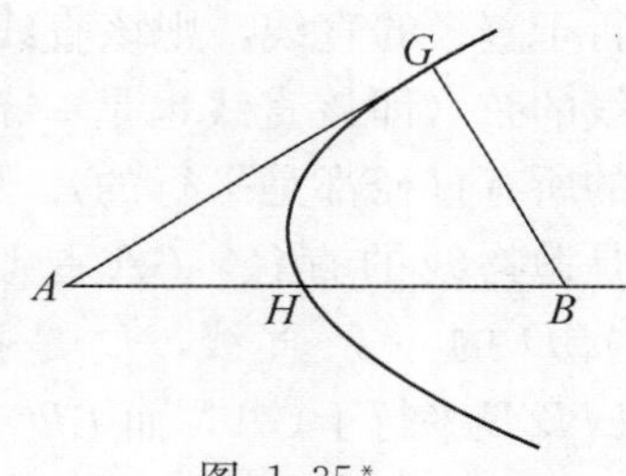

图 1.35*

这个用在Ⅴ.27 和Ⅶ.5 中.

Ⅰ.37 如果从双曲线或椭圆⑤的一个纵标的端点画一条切线与直径相交，并取两条线段：（1）由交点到中心的线段；（2）由纵标的足到中心的线段，那么由此二线段所形成的矩形等于半个直径上的正方形. 再取两条线段：（1）由交点到纵标足的线段；（2）由纵标足到中心的线段，则由此二线段所形成的矩形与纵标上的正方形之比等于横截直径与正焦弦之比. 见图 1.37A 和 1.37B，其中 DG 是切线，GE 是纵标，而 AB 是横截直径，中心是 Z. 阿波罗尼奥斯证明了

$$DZ \cdot ZE = ZB^2, \quad (1)$$

和

$$(DE \cdot ZE) : EG^2 = \boldsymbol{d} : \boldsymbol{r}. \quad (2)$$

---

① 这与§4a 中的（2）等价（p.31），这个结果由老的生成体系得出（但只在正交共轭中）.

② 见 p.144，n.②，这个提示阿波罗尼奥斯的原文是基于（1）.

③ 这条弦当然也是这个截线的一条直径.

④ 这是阿波罗尼奥斯以前关于圆锥曲线研究的有名的定理，见 Diocles，p.150，n.40.

⑤ 阿波罗尼奥斯也把这个定理推广到圆，见 p.38，n.①.

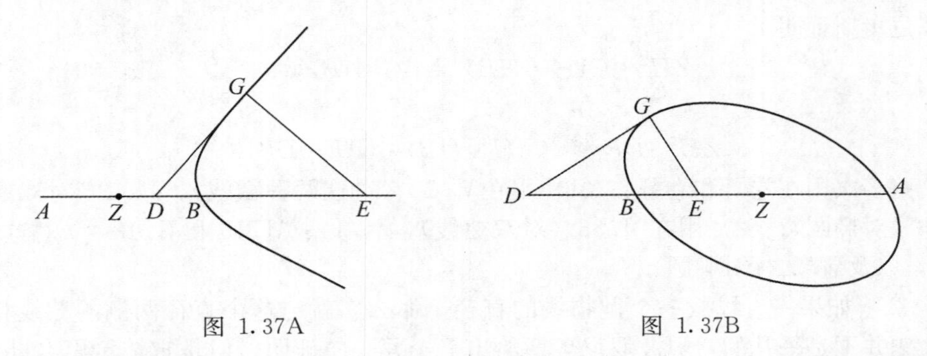

图 1.37A　　　　图 1.37B

根据共轭直径的性质（见 pp.37－38 的方程（3）和（6）），后面的比等于两个共轭半直径上的正方形的比，即

$$(DE\cdot ZE):EG^2=\left(\frac{\boldsymbol{d}}{2}\right)^2:\left(\frac{\hat{\boldsymbol{d}}}{2}\right)^2. \tag{3}$$

阿波罗尼奥斯在Ⅰ.38 中证明了上述关系.

所有三个关系用在下面几卷：（1）用在Ⅶ.8；（2）用在Ⅵ.13、Ⅵ.18、Ⅵ.22 和Ⅵ.23 以及Ⅶ.31；（3）也用在Ⅶ.31.

Ⅰ.46　给定抛物线的一条切线，从切点引平行于直径的直线，则该直线平分所有平行于该切线的弦（即该直线也是一条直径：因此，抛物线的所有直径都是平行的）. 见图 1.46，其中 ABD 是抛物线的直径，GA 是切线，QGM 是平行于 ABD 的一条直线，L 是抛物线上的任一点，$LNZE$ 平行于 GA，而 LD、KH、QB "依纵标方向画出". 则由Ⅰ.42，

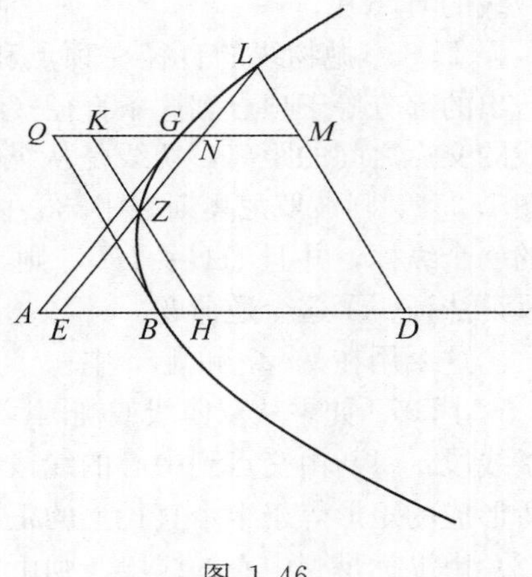

图 1.46

$$\triangle ELD=\text{平行四边形 } BM,$$

并且

$$\triangle EZH=\text{平行四边形 } BK,$$

因此，由减法

$$\triangle KZN=\triangle LNM,$$

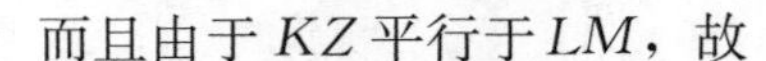

而且由于 KZ 平行于 LM，故

$$ZN=LN.$$

其逆（若通过平行于一条切线的弦的中点及切点画一条直线，则这条直线平行于直径）用在Ⅵ.17 中.

Ⅰ.47　给定椭圆、双曲线或圆的一条切线，若从切点引直线通过中心，则这条直线平分所有与切线平行的弦（即它本身是一直径）. 见图 1.47A 和 1.47B，其中 AB 是横截直径，G 是中心，DE 是一切线，N 是曲线上任一点，QNH 平行于 DE，而 BL、ZC、KH "依纵标方向画出". 于是，由Ⅰ.43，

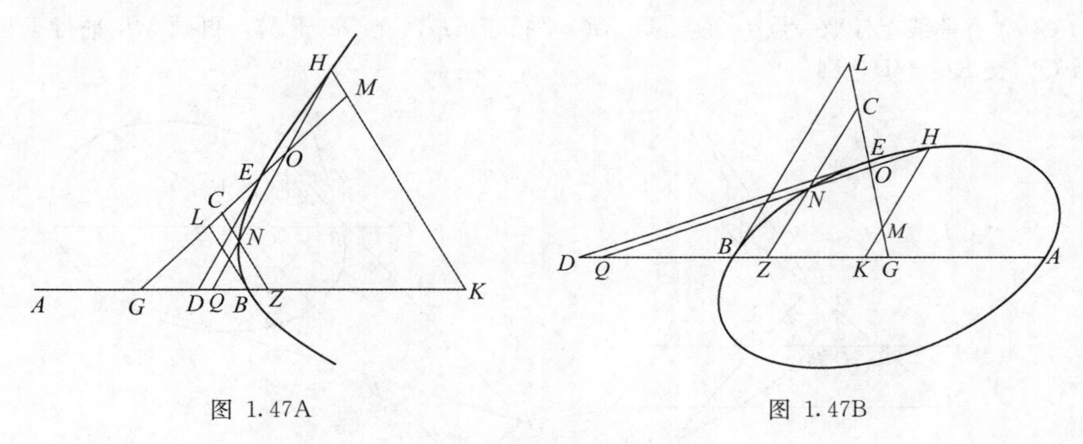

图 1.47A　　　　图 1.47B

$$\triangle QNZ = \text{梯形 } LBZC,$$

并且

$$\triangle HQK = \text{梯形 } LBKM,$$

因此可证明

$$\triangle OMH = \triangle NCO.$$

而且这两个三角形也相似，由于 NC 平行于 MH. 所以

$$NO = OH.$$

这个定理用在关于椭圆和双曲线的Ⅵ.23 中，并且（隐含地）用在Ⅵ.22.

Ⅰ.49　在抛物线中关于坐标变换的主要定理. 见图 1.49，其中 BM 是抛物线的原有直径. 我们画任一切线 GD，再画一条通过切点 D 的直线平行于直径，交顶点处的切线 BZ 于 Z，并且从曲线上任一点 K 画一条直线 $KLOR$ 平行于 GD，交 ZN 于 L；于是，如果作出一个线段 H，使得

$$H : 2GD = ED : DZ,$$

阿波罗尼奥斯证明了

$$KL^2 = H \cdot DL,$$

即 H 是新直径 DLN 的正焦弦. 使用在Ⅵ.17 和Ⅶ.5.

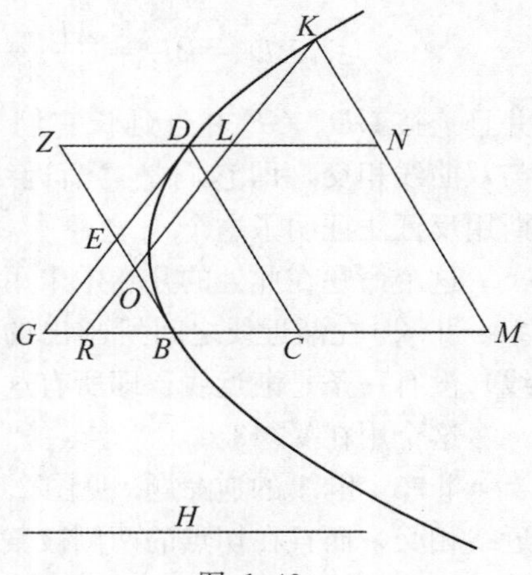

图 1.49

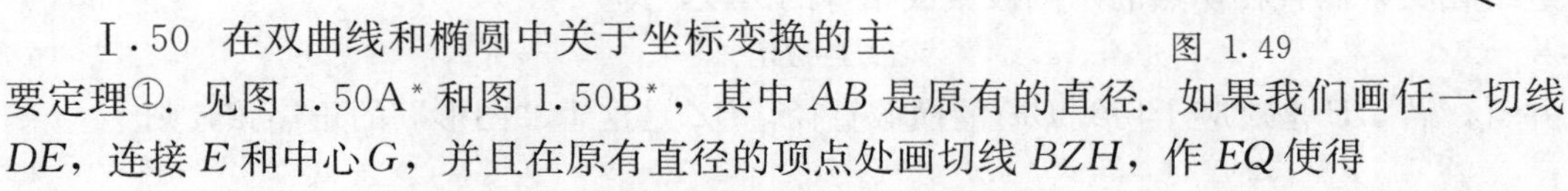

Ⅰ.50　在双曲线和椭圆中关于坐标变换的主要定理①. 见图 1.50A* 和图 1.50B*，其中 AB 是原有的直径. 如果我们画任一切线 DE，连接 E 和中心 G，并且在原有直径的顶点处画切线 BZH，作 EQ 使得

$$EQ : 2ED = ZE : EH,$$

则 EQ 是新直径 EG 的正焦弦，即如果作 EQ 垂直 GE，延长 EG 于 K，使得 $GK=$

① 阿波罗尼奥斯也应用于圆，见 p.38，n.①.

EG①，在曲线上任取一点 L 并且画 LMC 平行于 ED，交 GE 于 M，再画 MR 平行于 EQ，交 KQ 于 R，则

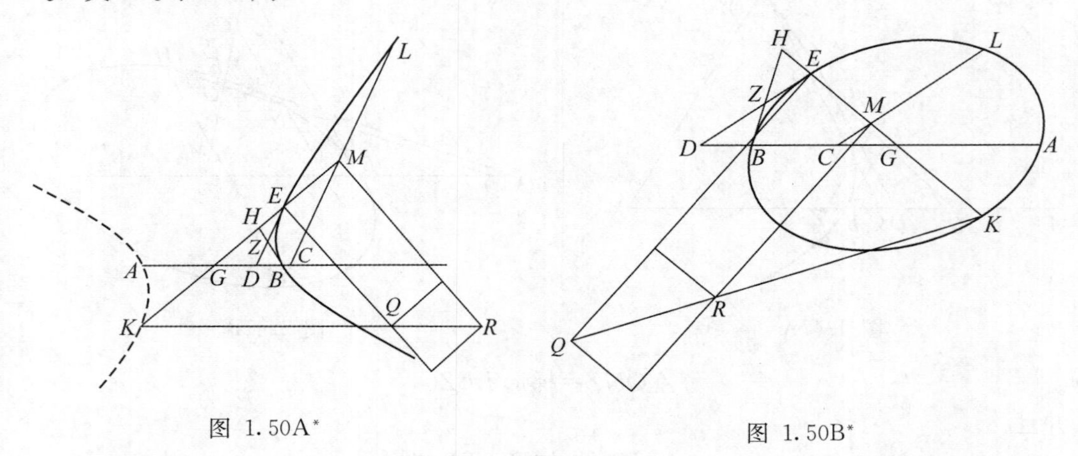

图 1.50A*　　图 1.50B*

$$LM^2=EM\cdot MR.$$ ②

这个用在两种截线中，Ⅵ.18 和Ⅶ.4.

Ⅱ.1　在双曲线中引入渐近线的命题. 见图 2.1*，其中 AB 是双曲线的直径，BZ 是对应的正焦弦，G 是中心. 如果在顶点 B 的切线上的每一侧划出一个长度，其平方等于这个"图形"的四分之一，即使得

$$BD^2=BE^2=\frac{AB\cdot BZ}{4},$$

并且连接 GD、GE 并且延长它们，则这两条线将不与双曲线相交，即它们是"渐近线"③. 阿波罗尼奥斯用反证法证明了这个.

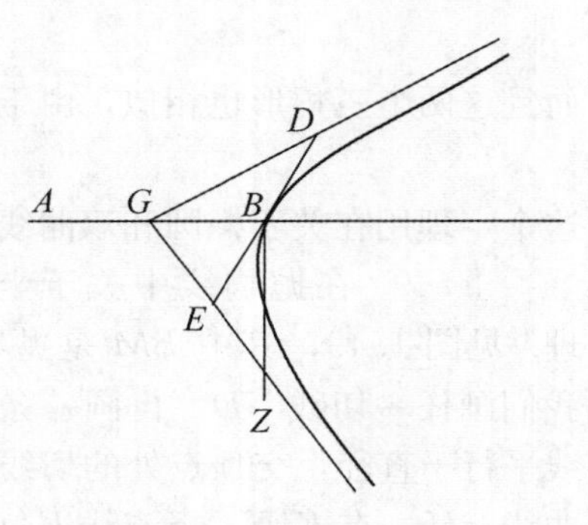

图 2.1*

这个命题在此处的几卷中未用到，但是渐近线的定义用在它们之中.

Ⅱ.2　在渐近线之间所画出的通过中心的直线（即图 2.1* 中位于 $\angle DGE$ 内的直线）没有一条是渐近线，即所有这样的直线将切割双曲线.

这个用在Ⅴ.43.

Ⅱ.3　Ⅱ.1 的逆命题. 见图 2.1*，如果 DBE 是双曲线的任一条切线，它将与二渐近线相交，而且在切点的两侧被截成相等的两段，即

$$DB=BE. \tag{1}$$

并且，若 AB 是对应于切线 BE 的横截直径，BZ 是这个"图形"的正焦弦，则

① 于是 K 在椭圆上或双曲线的另一分支上.

② 参考Ⅰ.12 和Ⅰ.13.

③ 当然有许多其他的通过中心的直线与图 2.1* 中画出的这个双曲线的这个分支不相交. 但是，渐近线是唯一的一对通过中心与这个双曲线的两个分支都不相交的直线.

$$BD^2=BE^2=\frac{AB\cdot BZ}{4}. \quad (2)$$

这个用在Ⅴ.37和Ⅴ.42.

Ⅱ.4　问题：给定双曲线的渐近线及曲线上一点，求作这双曲线. 见图2.4. 给定的渐近线是GA和AB，给定的点是D.

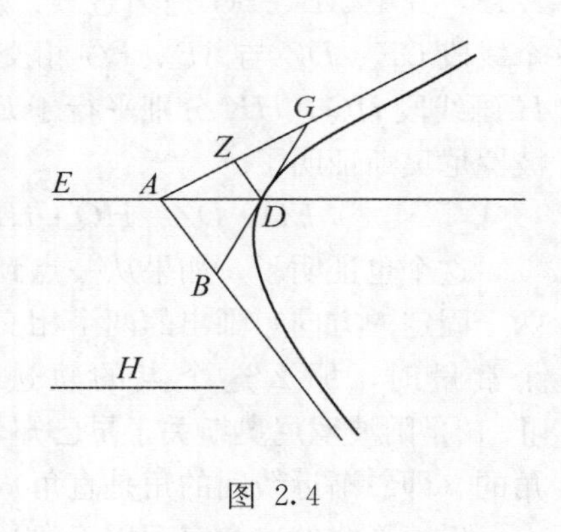

图 2.4

解法：连接DA并延长到E，使$AE=DA$. 画DZ平行于BA，交AG于Z，截$ZG=AZ$，连接GD并延长它，交AB于B. 然后，作H使得

$$H\cdot DE=GB^2,$$

H是所求双曲线的正焦弦，并且ED是横截直径.

这是因为，由于$GZ=ZA$，$GD=DB$，

因此$GD^2=DB^2=\frac{1}{4}GB^2=\frac{1}{2}H\cdot DE$，

由此，从Ⅱ.1推出AB和AG是这个双曲线的渐近线.

这个多次用在卷Ⅴ：命题51、52、55、58和59，每当作出一个辅助双曲线时都可引用它.

Ⅱ.5－6　这两个命题与Ⅰ.46和Ⅰ.47密切相关（见pp.40－41），其中，阿波罗尼奥斯证明，如果一个圆锥曲线的直径平分这个截线的一条弦，那么这个直径端点的切线就平行于这条弦. 对于抛物线和双曲线在Ⅱ.5中证明，对于椭圆和圆在Ⅱ.6中证明.

Ⅱ.5被班鲁·穆萨用在Ⅶ.31（p.309及n.①），但是似乎是错误的，因为那个命题涉及的是椭圆（Ⅱ.6适用于它）和双曲线的"相对截线".

Ⅱ.7　如果画一个弦平行于一个圆锥截线的切线，那么从切点到弦的中点的连线是这个截线的一条直径. 这个由Ⅱ.5－6及阿波罗尼奥斯关于直径的定义推出.

用在Ⅵ.6.

Ⅱ.8　双曲线的任何一条弦，在延长之后，将与二渐近线相交，并且其上的位于曲线和渐近线之间的两个截线相等. 见图2.8，其中渐近线是ED、DZ，而AG是任意弦. 如果AG被H平分，并且连接DH，那么DH是这个截线的一条直径，因此，在B处的切线KBQ就平行于AG. 于是，因为切线与渐近线相交（Ⅱ.3），所以

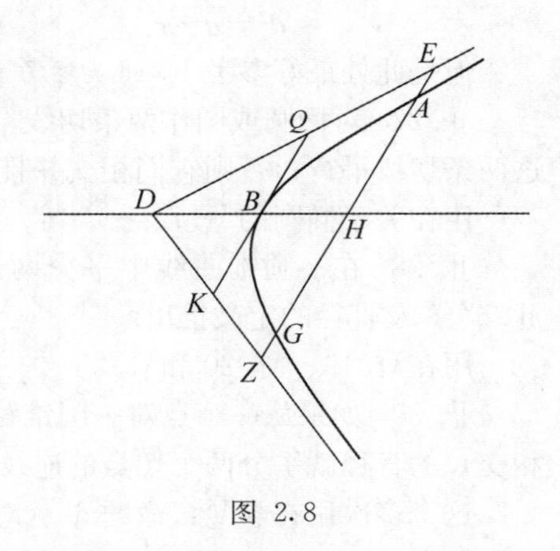

图 2.8

AG就与渐近线相交，　　(1)

并且因为$QB=BK$（原文误为BZ——中译者注），所以由相似三角形，$EH=HZ$，因而，由减法

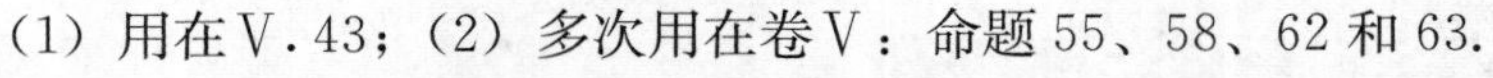

$$EA=GZ. \quad (2)$$

（1）用在Ⅴ.43；（2）多次用在卷Ⅴ：命题55、58、62和63.

Ⅱ.12　如果从双曲线上一个点画两条线段到两个渐近线，并且从截线上任意另外

一个点画两条到渐近线且平行于前面两条的线段，那么由两组线段构成的两个长方形相等. 见图 2.12，其中 AB、BG 是渐近线. 从任一点 D 画两个线段 DE、DZ 与 AB、BG 相交，并且从另一点 H 画线段 HQ、HK 分别平行于 DE、DZ. 于是阿波罗尼奥斯证明了

$$ED \cdot DZ = HQ \cdot HK.$$

这个也证明了，如果从一点到二相交直线（按两个固定的方向）画出的两个相交线段的乘积是一个常量时，那么这个点的轨迹是一条双曲线.

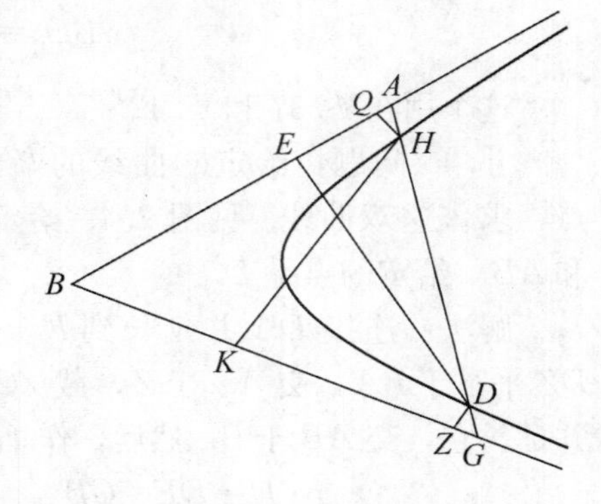

图 2.12

Ⅱ.12是阿波罗尼奥斯关于早已知名的定理①的推广，在早先这个定理中，双曲线是直角的（即二渐近线间的角是直角），而且两个截距与渐近线垂直.

后面形式的这个定理用于卷Ⅴ：命题 51、52 和 56.

Ⅱ.20 见图 2.20*. 给定共轭双曲线，其共轭的横截直径是 AB、GD，及中心 X，如果从一支上的任一个点 E 引直线 EXC 通过中心，并且对共轭支引直线 HXO 通过中心且平行于 E 处的切线 ET，再作 H 处的切线 HQ，那么，

XE 平行于 QH，并且 HO、EC 是共轭直径，

即双曲线上任一点处的切线平行于通过那个点的直径的共轭直径.

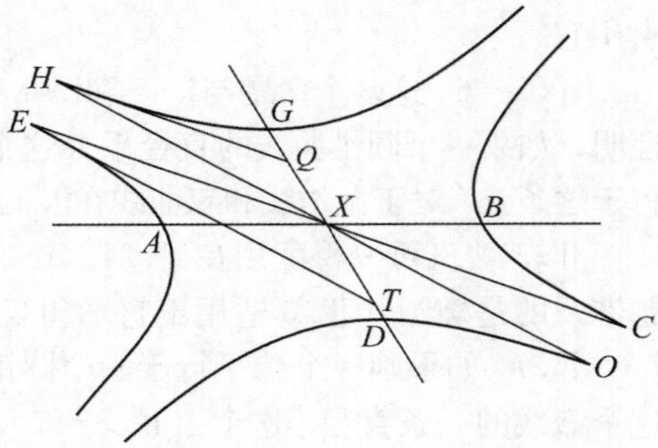

图 2.20*

这个用在 Ⅶ.31. 也可用于 Ⅶ.4（见 p.279，n.①），这是因为在证明过程中，阿波罗尼奥斯证明了

$$\hat{d}^2 = d \cdot r.$$

但是此处最好参考Ⅰ.16（参考 p.37 (5)）.

Ⅱ.27 对椭圆或圆作两条切线，如果连接二切点的直线通过这截线的中心，那么这两条切线平行；否则它们相交并且其交点与二切点的连线在中心的同一侧.

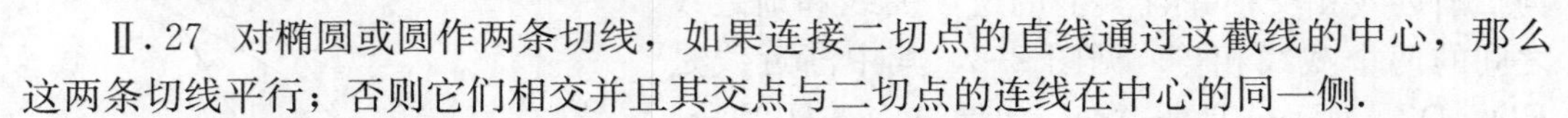

用在关于椭圆的Ⅴ.71.

Ⅱ.28 在一圆锥曲线中平分两条平行弦的直线是该截线的一条直径. 这个可由Ⅱ.5－6 及直径的定义推出.

用在Ⅵ.19、Ⅵ.20 和Ⅵ.25.

Ⅱ.30 如果从一个点对一圆锥截线作两条切线，那么通过这个点（两条切线在此相交）的直径就平分两个切点的连线.

这个多次用在卷Ⅴ：命题 68（对抛物线）、69（对双曲线）、70 和 71（对椭圆）.

① 由 Menaechmus 所证实，见 Heath，HGM I pp. 253－254.

Ⅱ.48① 双曲线或椭圆的轴不可能多于两个. 其证明不是平凡的，使用反证法. 用在Ⅵ.25.

d. 卷Ⅴ

为了对卷Ⅴ的中心主题（在命题 51 及 52 达到顶点）作深入的分析，读者应参阅 Zeuthen 的《Kegelschnitte》pp. 284－309，它是从现代观点出发的一个非常好的讨论. 这里我只给出各个命题的内容和它们之间联系的一个简要分析. 本卷中所解决的一般问题可陈述如下. 对一个给定的圆锥截线和一个给定的点 P：(1) 作出从 P 到圆锥截线的最小线或最大线；(2) 决定点 P 和圆锥曲线上一个动点 X 之间的距离如何在 PX 由最小线或最大线位置处离开时的变化.

正如阿波罗尼奥斯在他的引言（p. 2）中所指出的，本卷的主题是讨论到圆锥曲线的最小线和最大线问题，而不是到圆锥曲线的法线（该术语在 Heath 版本中常常被误用）. 阿波罗尼奥斯确实证明了（命题 27－33）从一点到圆锥曲线的最小线或最大线垂直于那一点的切线（即现代术语所说的法线），但对他来说，这显然是次要的. 在这方面他与他的前辈们不同，从卷Ⅴ的引言判断，他的前辈们似乎已讨论到最小线，他们在“圆锥曲线原理”中一直是把它们与切线放在一起讨论的，即主要把它们作为法线考虑. 关于有关切线的定理如何可以从最小线②的理论发展而成，J. P. Hogendijk 提出了下面一个例子. 见图 5.8*. 从阿波罗尼奥斯在Ⅴ.8 和Ⅴ.31 中所证明的抛物线的最小线的性质，它是切线的法线，并且次法线等于正焦弦的一半③. 由此可以推出，对于在轴上距顶点 A 大于一半正焦弦（p）的点 G，画出等于$\frac{1}{2}p$ 的 NG，作垂线 NP 交截线于 P，连接 GP，并作 PT 垂直于 GP 交轴于 T，那么 PT 就是 P 点的切线. 因此

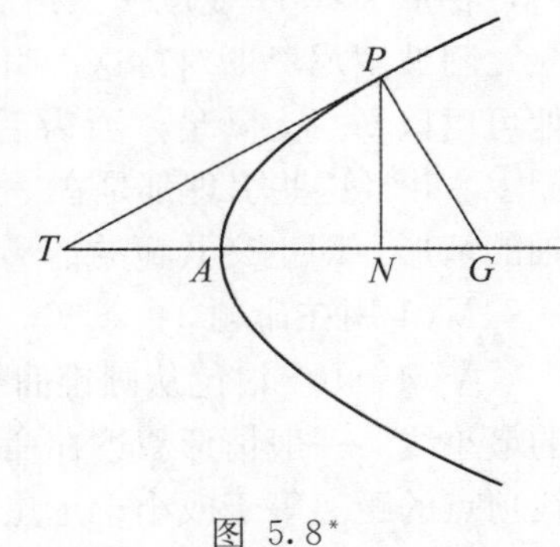

图 5.8*

$$PN^2=NT\cdot NG=NT\cdot\frac{1}{2}p,$$

或者

$$NA=AT.$$

这就是阿波罗尼奥斯在Ⅰ.35 中证明的关于抛物线的切线的定理④. 正如他说（p. 2）“我们已在卷Ⅰ中证明了这些事情，而没有使用最小线”.

阿波罗尼奥斯一直想对最小线和最大线问题给以详尽系统的讨论，并且实际上卷Ⅴ不只是这部书中最长的，而且也是从古代以来对圆锥曲线中单一主题进行的最详尽的讨论.

---

① 在阿拉伯译本中编号为Ⅱ.50，故班鲁·穆萨如此引用（p. 255）.

② 参考阿波罗尼奥斯的话（p. 2）“我们的前辈很少注意最小线：因而他们证明了那些直线是截线的切线”.

③ 这两个定理都在阿波罗尼奥斯之前的圆锥曲线论中：见 Diocles，§41 的注（pp. 150—151），以及此处的 p. 119，n. ③.

④ 见 p. 42，n. ③.

Ⅴ.1—3 是证明双曲线和椭圆的最小线的基本公式的预备引理，在图 5.1A 和 5.1B 中，AZ 是直径 BG 的任一纵标. 如果 BH 等于相应的正焦弦的一半，并且 BHE 和 ZK 分别在顶点 B 和纵标端点 Z 垂直于直径，从中心 D 引直线 DH 交 ZK 于 Q，形成梯形 $BZQH$，那么

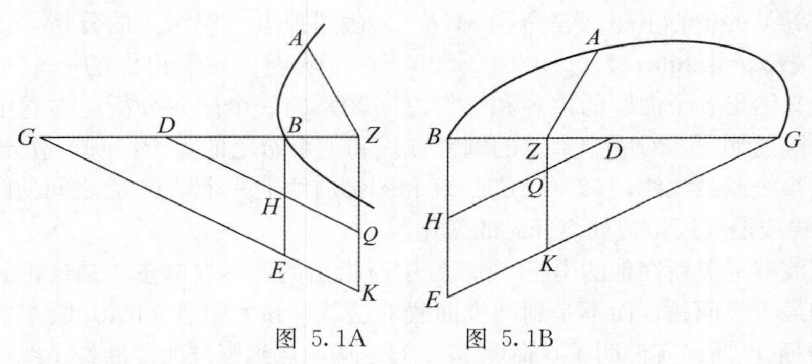

图 5.1A　　图 5.1B

$$AZ^2 = 2\text{ 四边形 } BZQH.$$

这个容易从双曲线和椭圆的基本性质推出（分别见Ⅰ.12 和Ⅰ.13）.

命题 2 和 3 是对椭圆的特殊情形，其中纵标分别落在中心或在中心的另一侧. 此时，梯形 $BZQH$ 变成一三角形或两个三角形之差.

阿波罗尼奥斯对待这一引理的细致之处表现了他在卷Ⅴ中的彻底性的特征：本来他可以以Ⅴ.1为满足，因为后面不用Ⅴ.2，而Ⅴ.3 容易用Ⅴ.1 代替，尽管要绕一个圈①，并且这些引理都是在一般情况，即斜共轭的情况下证明的，而它们只用在 BG 是轴的情形，即正交共轭的情形②.

Ⅴ.1 用在命题 3、5、6、9、10、16 和 20，而Ⅴ.3 用在命题 16、17 和 18.

Ⅴ.4—10 讨论从圆锥曲线的轴上的点到圆锥曲线的最小线. 一般情形叙述在命题 8—10 中，但对于距截线顶点的距离等于或小于正焦弦一半的点的特殊情形分别在命题 4—6 和命题 7 中讨论.

Ⅴ.4 在抛物线中（图 5.4），如果点 Z 在距顶点 G 等于正焦弦一半的轴上，那么

ZG 是从 Z 到抛物线的最小线. (1)

从 Z 到曲线的线段距 ZG 越远越大. (2)

最小线与到曲线上另一点的线段，例如 ZH 之间的大小差异可用下式表达

$$ZH^2 - ZG^2 = GK^2, \tag{3}$$

即其平方的差等于顶点与另一点到轴的垂线的足之间的

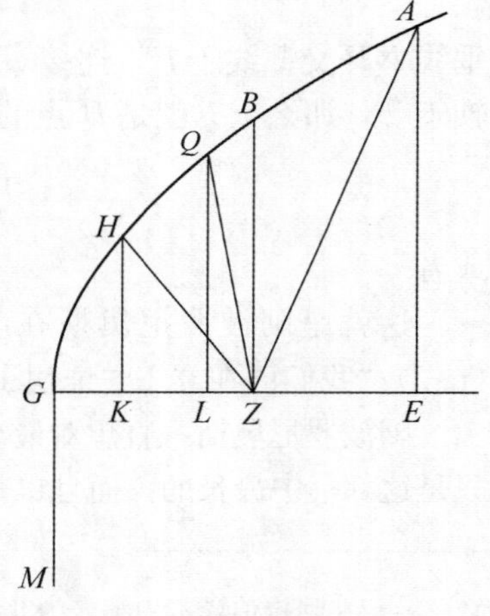

图 5.4

① 正如阿波罗尼奥斯在Ⅴ.6 所做的：见 p. 117 及 p. 117，n. ②.

② 正如 p. 31，n. ③指出的，Halley（因而除了 Nix 之外的所有其他译本）错误地把这些命题变成正交共轭的情形.

线段的平方.

阿波罗尼奥斯首先证明了(3),而后利用抛物线的基本性质(Ⅰ.11)推出(2)和(1).

用在命题7和13.

Ⅴ.5 是与抛物线的命题4对应的关于双曲线的定理,在图5.5中,GZ 沿着轴距顶点等于正焦弦的一半. 则

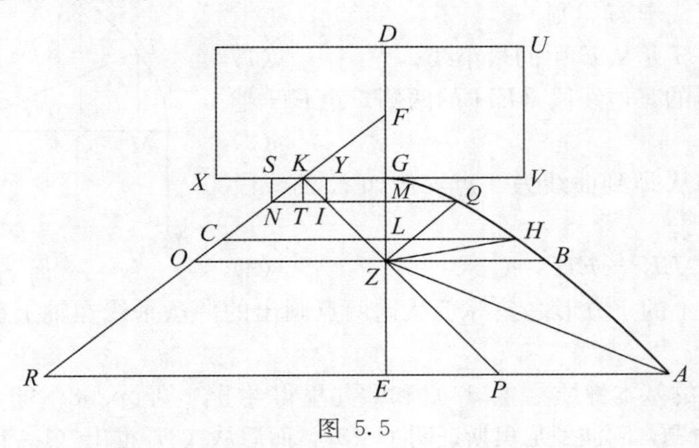

图 5.5

ZG 是从点 Z 到曲线的最小线; (1)

线段 ZQ、ZH、ZB 等距 G 越远越大; (2)

并且最小线与从 Z 到截线上另一点,例如 Q 的线段之间的差可表示为

$$QZ^2-GZ^2=\square YINS, \tag{3}$$

其中 $YINS$ 等于 GM(在轴上的顶点与从 Q 到轴的垂线的足之间的线段)上的矩形,它相似于其一边等于横截直径(图5.5中的 DG)而另一边等于横截直径与正焦弦的和(XV)的矩形,即

$$QZ^2-GZ^2=GM^2\cdot\left(\frac{\boldsymbol{D}+\boldsymbol{R}}{\boldsymbol{D}}\right).① \tag{3a}$$

用在命题7和16.

Ⅴ.6 类似于命题5的关于椭圆的定理,只是(3a)中的 $\boldsymbol{D}+\boldsymbol{R}$ 变为 $\boldsymbol{D}-\boldsymbol{R}$. 用在命题7.

Ⅴ.7 对于任一圆锥截线(见图5.7),如果在轴上有一个距顶点小于正焦弦一半的点 Z,那么从这一点引的最小线是到顶点的线 ZD,并且从这一点到曲线的线段 ZG、ZB、ZA 离 ZD 越远越大.

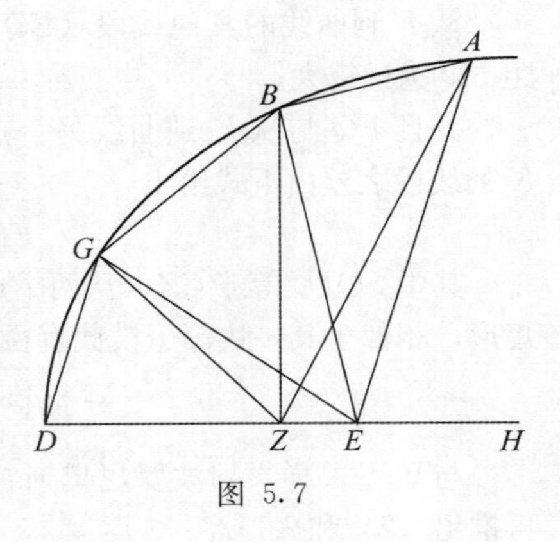

图 5.7

如果 DE 等于正焦弦一半,那么从命题4—6,显然 $ED<EG<EB$,等等. 考查三角形 GED 和

① 如 Heath(Apollonius p.141)指出,表达式 $(\boldsymbol{D}+\boldsymbol{R})/\boldsymbol{D}$ 等于 e^2,其中 e 是(现代的)曲线的离心率,对Ⅴ.6中的椭圆也同样.

GZD 的角，可以推出 $ZG>ZD$；从三角形 BEG 和 BZG 的角，可以推出 $ZB>ZG$，等等.

这个定理间接地用在命题15.

Ⅴ.8 关于抛物线的最小线的基本定理．见图5.8．对于轴上的点 E（$EG>\frac{1}{2}\boldsymbol{R}$），其最小线可如下找到，朝顶点的方向画出正焦弦一半 EZ，并且从 Z 作垂线 ZH 交截线于 H，则

$$EH\text{ 是从 }E\text{ 引的最小线；}\tag{1}$$

从 E 到曲线的其他线段（EH 的两侧）距 EH 越远越大；（2）

并且 EH 与从 E 到曲线另一点，例如 K 的线段之差由下式给出

$$EK^2-EH^2=CZ^2.\tag{3}$$

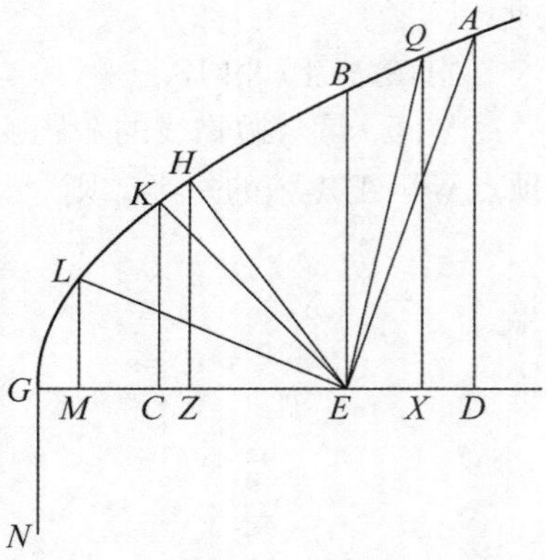

图 5.8

即这两条线上的正方形之差等于从这两点画出的两条垂线在轴上截出的线段上的正方形.

利用抛物线的基本性质（Ⅰ.11）和欧几里得卷Ⅱ（见 pp.98－99）中早已熟悉的“几何代数”的命题，阿波罗尼奥斯证明了（3），而后从（3）推出（1）和（2）.

这个用在命题13、49、51、58和62.

Ⅴ.9 关于双曲线的最小线的基本定理．见图5.9．对于轴上一点 E（$EG>\frac{1}{2}\boldsymbol{R}$），其最小线可如下找到，若 H 是中心，朝顶点方向找到一点 Z，使得比（$HZ:ZE$）等于横截直径与正焦弦的比，并且从 Z 作垂线 ZQ 交截线于 Q．则

$$EQ\text{ 是从 }E\text{ 到曲线的最小线；}\tag{1}$$

从 E 到曲线的其他线段（EQ 的两侧）距 EQ 越远越大；（2）

并且 EQ 与从 E 到曲线另一点，例如 K 的线段之差由下式给出

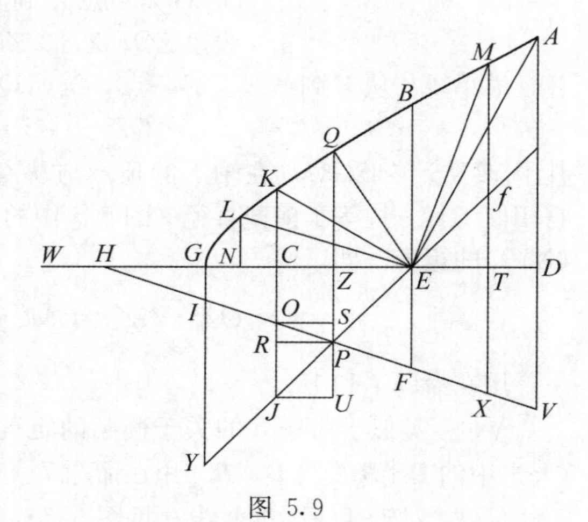

图 5.9

$$EK^2-EQ^2=\square SOJU.\tag{3}$$

其中 $SOJU$ 等于 CZ（从两个点 K 和 Q 到轴的两条垂线在轴上截出的线段）上的矩形，相似于其一边等于横截直径而另一边等于横截直径与正焦弦之和的矩形，即

$$EK^2-EQ^2=CZ^2\cdot\left(\frac{\boldsymbol{D}+\boldsymbol{R}}{\boldsymbol{D}}\right).\tag{3a}$$

与Ⅴ.5一样，阿波罗尼奥斯首先证明了（3），使用引理Ⅴ.1再证了（3a），而后再推出（2）和（1）.

用在命题14、43、45、50、59、60、61和（隐含地）63.

Ⅴ.10 关于椭圆的最小线的基本定理．这完全与双曲线的最小线定理（Ⅴ.9）对

应，除了（3a）中的符号不同．见图5.10；若 D 是中心，则从 E 到椭圆的最小线 EH 可如下找到，作

$DZ:ZE=$横截直径：正焦弦.

再在 Z 作垂线．对于另一点 Q，最小线与 EQ 之差由下式给出

$$EQ^2-EH^2=ZP^2\cdot\left(\frac{\boldsymbol{D}-\boldsymbol{R}}{\boldsymbol{D}}\right).\tag{3a}$$

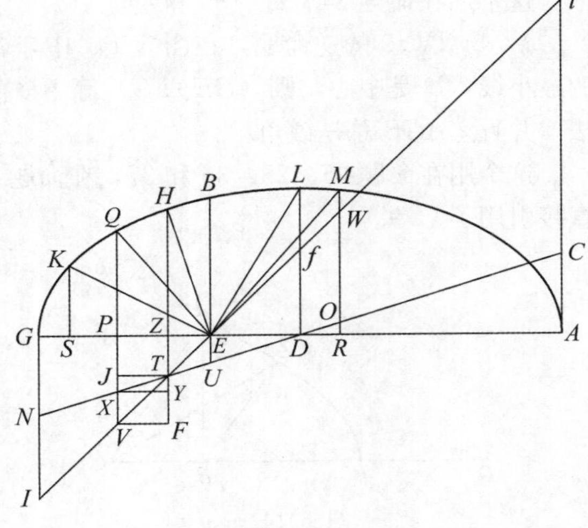

图 5.10

这个定理用在命题15、23、45、50、53、54、55、59及（隐含地）63.

Ⅴ.11　这是Ⅴ10的一个特殊情形，其中轴上的这个点是椭圆的中心．用Ⅴ.10中相同的推理容易证明最小线是半短轴（图5.11中的 EB），并且最大线是半长轴 EG，否则，Ⅴ.10成立.

这个用在命题15、22、54、70（隐含地）和71，有趣的是阿波罗尼奥斯没有把它用在Ⅶ.24中，他可以用此来缩短证明：见p. 302，n. ⑦.

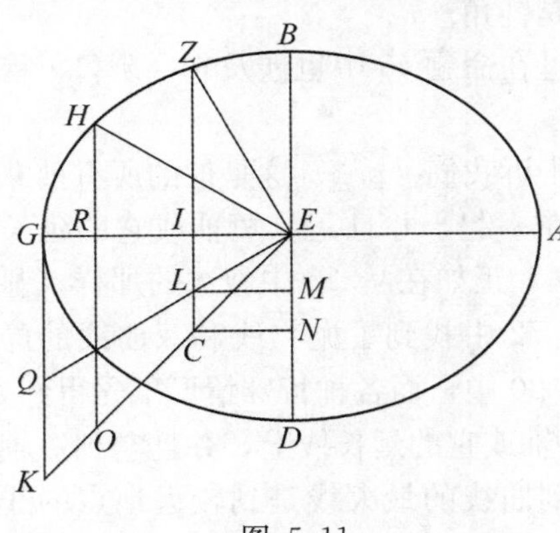

图 5.11

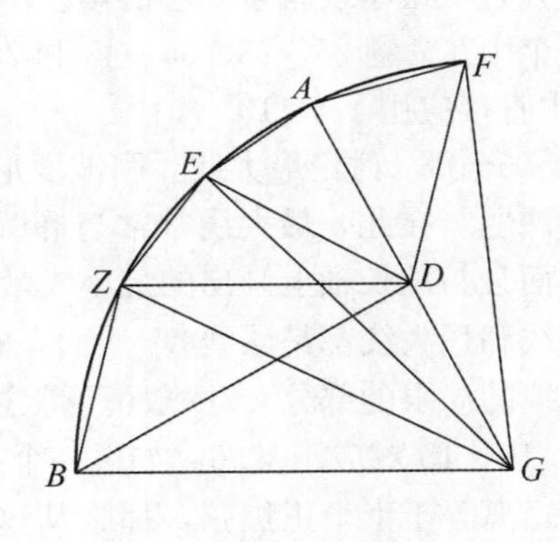

图 5.12

Ⅴ.12　如果 GA 是从任一圆锥曲线的轴上画出的最小线（图5.12），那么从这条线上的任一点 D 到曲线的最小线是原来最小线的那一部分 DA，并且从 D 到曲线的其他线（在 DA 的两侧）离 DA 越远越大.

证明可考虑两对三角形△DEA、△GEA 及△DZE、△GZE 中的角.

插入这个命题可能是为了完备起见．它是本卷中唯一的讨论从轴的上面的点引最小线的命题，因此它没有再用.

Ⅴ.13　Ⅴ.8的逆命题．在图5.13* 中，如果 GA 是从抛物线 AB 的轴上的点到截线的最小线，那么 DG 等于正焦弦的一半．证明用反证法及Ⅴ.8，并且∠AGD 总是锐角.

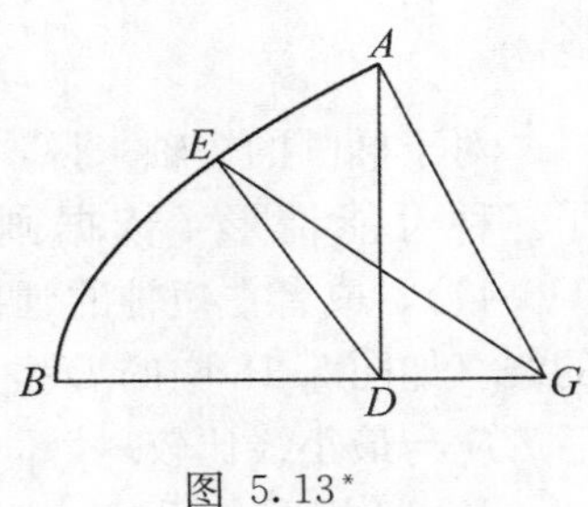

图 5.13*

这个用在命题 24、27、35 和 44.

V.14 V.9 的逆命题，在图 5.14* 中，若 GA 是从双曲线 AB 的轴上一点到截线的最小线，D 是中心，则（$DE:EG$）等于横截直径与正焦弦的比，证明用V.9 及反证法，并且$\angle AGB$ 总是锐角.

这个用在命题 25、28、36 和 37，在命题 45 中也涉及它，班鲁·穆萨在命题 45 中直接引用了V.9.

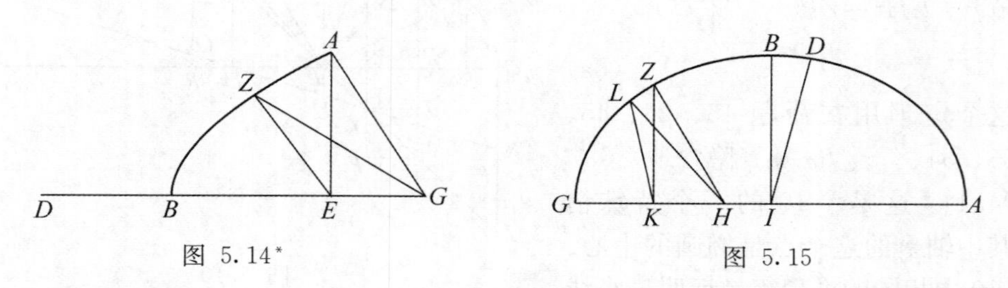

图 5.14*　　图 5.15

V.15 是V.11 和V.10 的逆命题. 在图 5.15 中，若 I 是椭圆 ABG 的中心，则从点 I 引的最小线 IB 是轴 AG 的垂线；并且若从轴上的另一点引最小线 HZ，从 Z 作轴的垂线 ZK，则（$IK:KH$）等于横截直径与正焦弦的比. 证明用V.11 和V.10 及反证法，并且从最小线朝着中心的角$\angle ZHI$ 总是钝角.

这个用在命题 25、28、36、47 和 75. 并且在命题 45 中也涉及它，班鲁·穆萨在命题 45 中直接应用了V.10.

V.16—23 讨论最大线，阿波罗尼奥斯告诉我们（p.2）这是他的所有前辈未曾讨论过的课题. 在此，最大线常常与椭圆联系在一起，并且是从短轴或它的延长线上画出的，而且与从长轴上画出的最小线紧密相联，正如在V.23 中叙述的那样（显然，由于最小线和最大线都是法线）. 然而，在命题 72 中找到了抛物线和双曲线的局部最大线（曲线的局限的部分）. 一般情形叙述在V.20 中，而各种特殊情形事先得到处理.

V.16—18 对应于V.6，如果一个点在短轴或它的延长线上，并且它到短轴的较远顶点的矩离等于半个正焦弦，那么从这一点到曲线的最大线是到较远顶点的线，最小线是到较近顶点的线，从最大线到最小线之间的线逐渐减小，并且从这一点画出的最大线与其他线之间的差由类似于V.6 中的关于最小线的公式给出（见V.6 的（3a)). 例如，在图 5.16 中，若 D 是该点，则 DG 是最大线，DA 是最小线，并且对任意其他点，譬如说 Z，

$$DG^2-DZ^2=GQ^2\cdot(\frac{\boldsymbol{R}-\boldsymbol{D}}{\boldsymbol{D}}).$$

对于椭圆的短轴来说，由于相应的正焦弦超过横截直径，阿波罗尼奥斯分别讨论了三种可能情形：依据画出最大线的点在短轴上（V.16），与另一个顶点重合（V.17），或者在短轴的延长线上（V.18). 在最后一种情形，必须区分到截线的远端的线（如图 5.18 中的 DZ、DE）与近端的线（如 DT、DF），前者应与最大线比较，后者应与最小线比较.

V.16 用在命题 17、18（隐含地）、19、20 和 22；V.17 和V.18 用在命题 19 和 22.

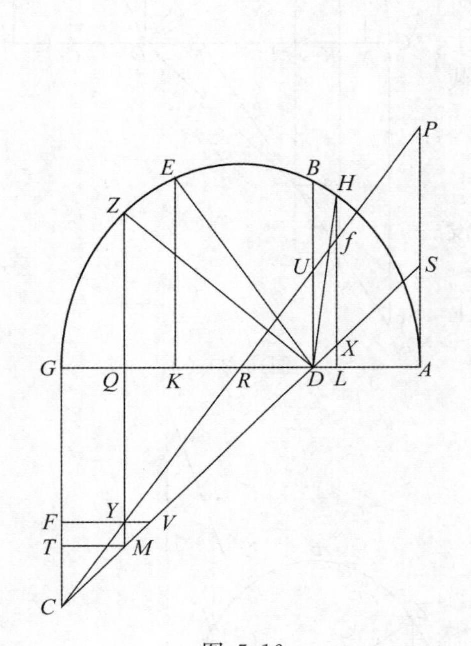

图 5.16

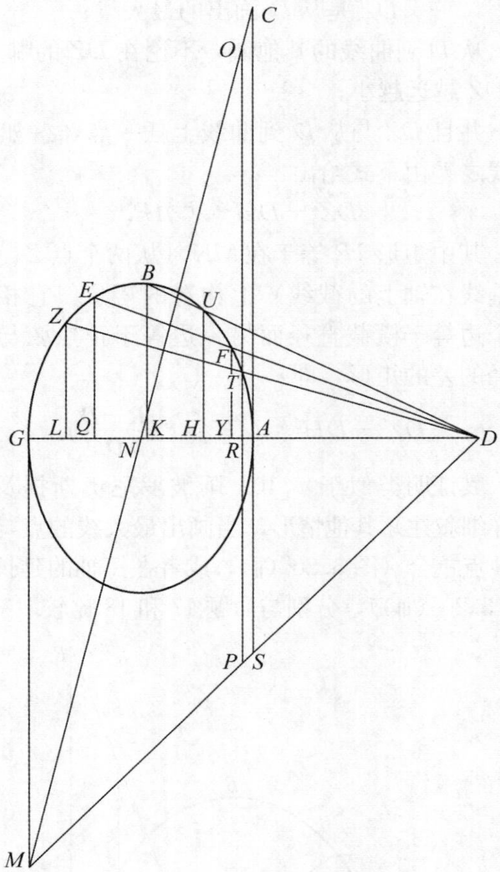

图 5.18

Ⅴ.19 对应于Ⅴ.7 中的最小线，并且其证明类似，见图 5.19. 如果点 D 在短轴上，并且到较远顶点的距离 DG 大于半个正焦弦，那么 DG 是最大线，并且从 D 到截线的其他线离 DG 越远越小. 阿波罗尼奥斯在此并未区分可能的情形. 这个定理只用在命题 22 中.

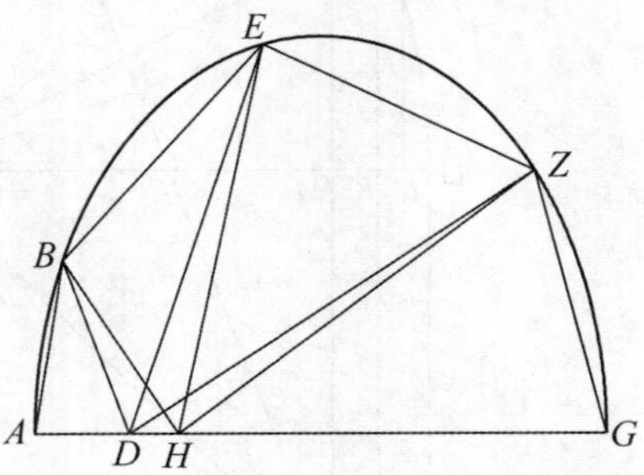

图 5.19

Ⅴ.20 对应于Ⅴ.10 中的最小线. 在图 5.20（ⅰ）中，D 是短轴上一点，DG 小于半个正焦弦（但是大于半个横截直径，即从 G 看，D 超越了中心 E）. 那么从 D 到曲线的最大线可以这样找到：在轴上画点 M，使得比（EM∶MD）等于横截直径与正焦弦的比①，并且从 M 作垂线 MZ 交截线于 Z. 则

① M 在 E 与 G 之间，由于 $DG<\frac{1}{2}\boldsymbol{R}$.

DZ 是从 D 画出的最大线；　　　　(1)

从 D 到曲线的其他线，不论在 DZ 的哪一侧，离 DZ 越远越小；　　　　(2)

并且 DZ 与从 D 到曲线上任一点，譬如说 H 的线之差由下式给出

$$DZ^2 - DH^2 = \square IP. \tag{3}$$

其中矩形 IP 等于在 MK（从两个点 Z、H 所作垂线在轴上的截线）上构造的矩形，它相似于一个边等于横截直径而另一边等于正焦弦与横截直径的差的矩形，即

$$DZ^2 - DH^2 = MK^2 \cdot \left(\frac{\boldsymbol{R}-\boldsymbol{D}}{\boldsymbol{D}}\right). \tag{3a}$$

其证明类似于Ⅴ.10. 阿波罗尼奥斯提及（没有详细叙述）其他情形，当画出最大线的点与另一个顶点重合（图 5.20（ⅱ））或者在短轴的延长线上（图 5.20（ⅲ）），分别与命题 17 和 18 比较.

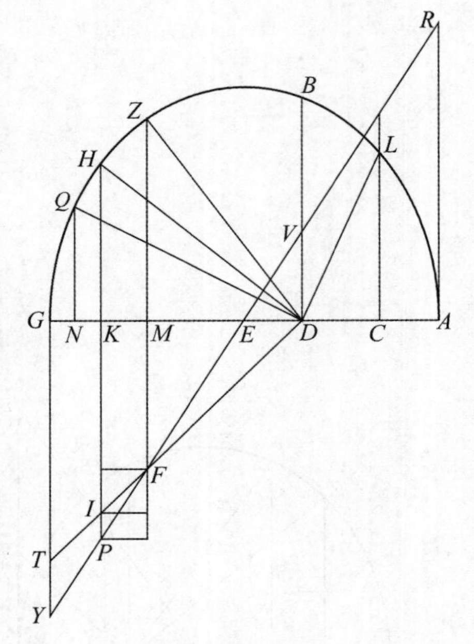

图 5.20（ⅰ）

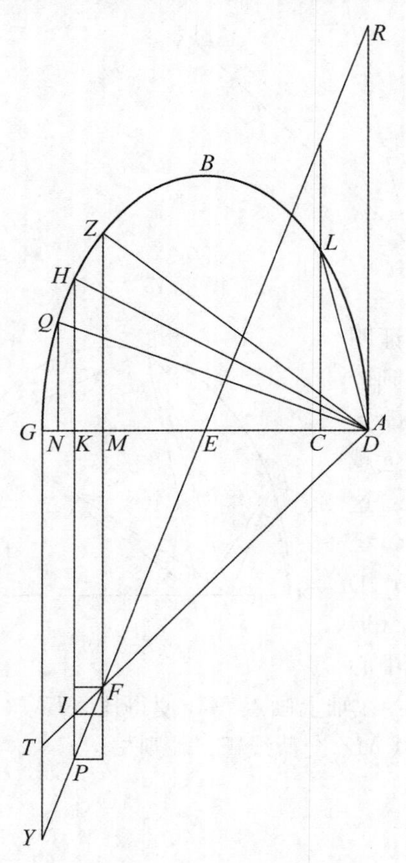

图 5.20（ⅱ）

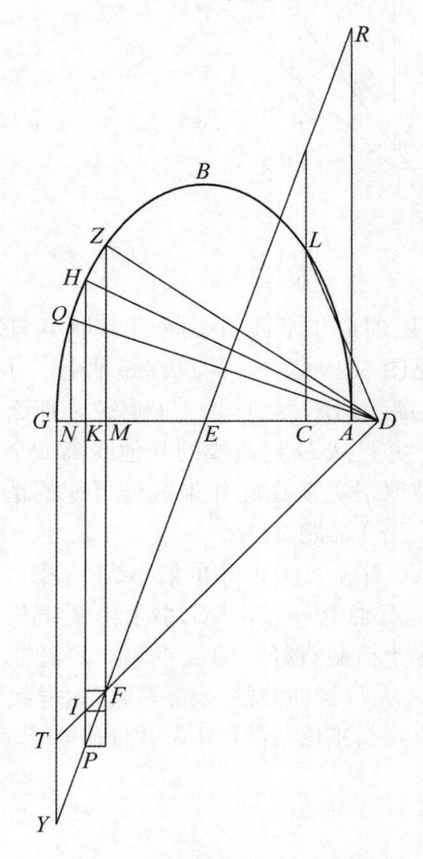

图 5.20（ⅲ）

这个定理后面未用到，而它的逆（Ⅴ.22）用在后面.

Ⅴ.21 对应于Ⅴ.13 的最小线，其证明也类似. 如果延长最大线（图 5.21 中的 DB），从其延线上的任一点 E 画出的最大线是 EB，即与原来的最大线重合，并且从 E 到曲线的其他线离 EB 越远越小. 其他讨论从不在轴上的点画出的最大线的定理是Ⅴ.73—77.

Ⅴ.21 后面未用到.

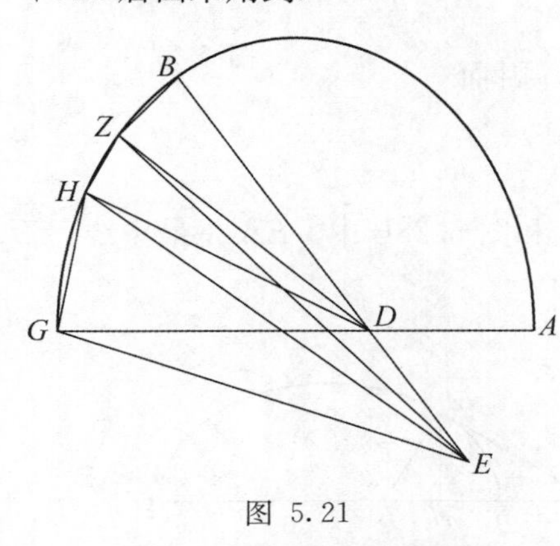

图 5.21

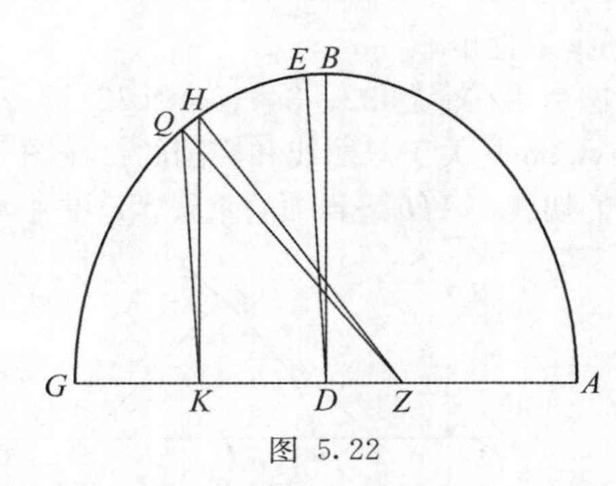

图 5.22

Ⅴ.22 是Ⅴ.20 的逆. 在图 5.22 中，如果 ZH 是从短轴上的点 Z 画出的最大线，并且 HK 是从 H 画的垂线，D 是中心，那么（$DK:ZK$）等于横截直径与正焦弦的比. 并且最大线和短轴之间的角（朝向中心）是锐角. 阿波罗尼奥斯还讨论了，从中心画出的最大线的特殊情形：最大线与半长轴重合，并且其夹角是直角. 证明用Ⅴ.16—20 并用反证法.

这个用在命题 23、36 和 39.

Ⅴ.23 如果最大线是从椭圆的短轴上画出的，那么它在长轴与曲线之间的部分是最小线. 在图 5.23 中，KE 是最大线. 因此

$$LH:HK=\hat{\boldsymbol{D}}:\hat{\boldsymbol{R}}.$$

但是 $\hat{\boldsymbol{D}}:\hat{\boldsymbol{R}}=\boldsymbol{R}:\boldsymbol{D}$，由Ⅰ.15（见 p.37（4）），并且由相似三角形，$LH:HK=QZ:QL$.

因而 $QZ:QL=\boldsymbol{R}:\boldsymbol{D}$，由Ⅴ.10，$ZE$ 是最小线.

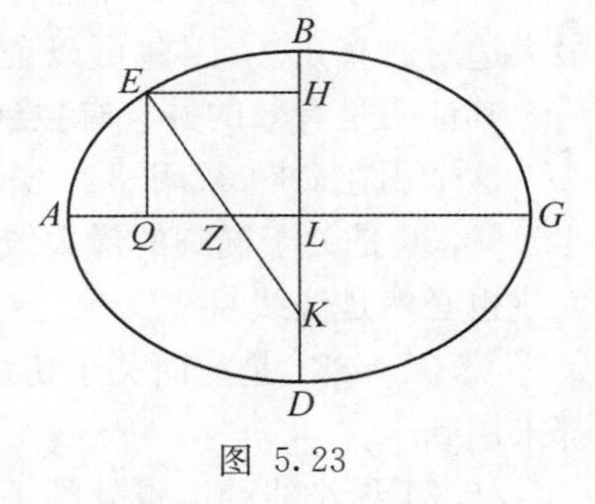

图 5.23

这个用在命题 30、40 和 48.

Ⅴ.24—26 从圆锥截线上一点到它的轴只能画一条最小线或最大线. 阿波罗尼奥斯用反证法分别证明了抛物线的最小线的情形（Ⅴ.24），双曲线或椭圆的最小线的情形（Ⅴ.25）以及椭圆的最大线的情形（Ⅴ.26）.

Ⅴ.24 用在命题 44、49 和 51，Ⅴ.25 用在命题 45 和 50（两种曲线）以及命题 50 和 57（对于椭圆），Ⅴ.26 后面未曾用到.

Ⅴ.27—30 证明了最小线或最大线的端点处的圆锥截线的切线垂直于最小线或最大线（用现代术语，最小线或最大线是法线）. 阿波罗尼奥斯分别讨论了抛物线的情

形，双曲线或椭圆的最小线的情形以及椭圆的最大线的情形.

Ⅴ.27 是关于抛物线的：在图 5.27 中，GA 是最小线，DA 是 A 处的切线，AH 是到轴的垂线. 那么，若正焦弦是 $\boldsymbol{R}$，则

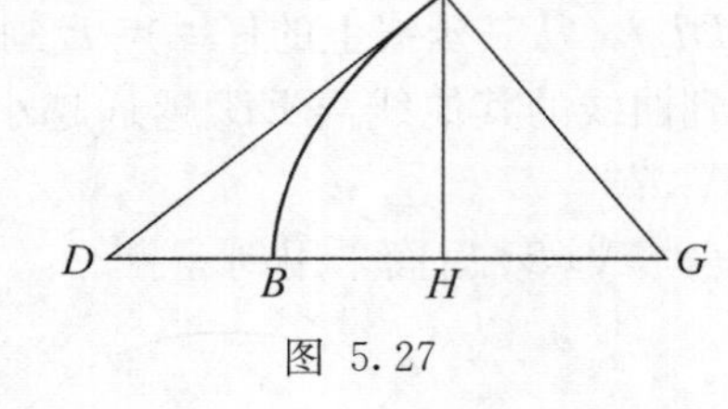

图 5.27

$GH=\frac{1}{2}\boldsymbol{R}$（Ⅴ.13），并且 $DB=BH$（Ⅰ.35).

又 $AH^2=BH\cdot\boldsymbol{R}$（Ⅰ.11).

由此推出 $AH^2=GH\cdot 2BH=GH\cdot HD$，因而 $\angle DAG$ 是直角.

这个用在命题 32、34、64 和 72.

Ⅴ.28 是关于双曲线和椭圆的：在图 5.28A 和图 5.28B 中，EA 是最小线，ZA 是 A 处的切线，AH 是到轴的垂线，D 是中心.

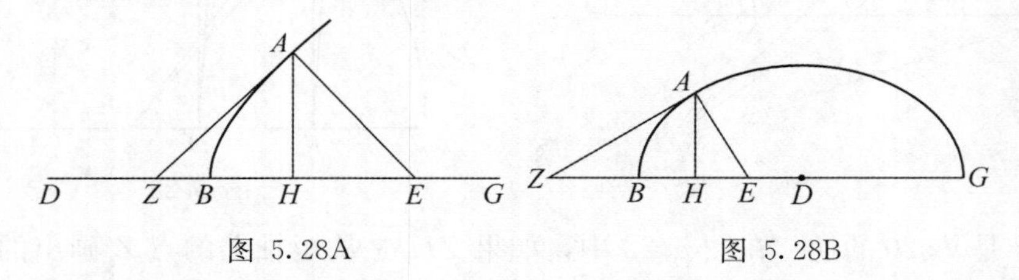

图 5.28A　　图 5.28B

那么 $DH:HE=\boldsymbol{D}:\boldsymbol{R}$（Ⅴ.14 和Ⅴ.15).

又 $(DH\cdot HZ):AH^2=\boldsymbol{D}:\boldsymbol{R}$（Ⅰ.37).

因而 $AH^2=HE\cdot HZ$，故 $\angle ZAE$ 是直角.

这个用在命题 32 和 34（对于两种截线)、72（对于双曲线）和 73（对于椭圆).

Ⅴ.29 另一个证明. 它隐含地出现在欧几里得Ⅰ.19 的推论中（在直角三角形中，最大边对着直角). 因此可以证明，若假定任一非最小线的线与切线成直角将导致矛盾. 其证明是有效的并且有独到之处，但是我怀疑它是否属于阿波罗尼奥斯.

这个用在命题 32 和 34，并且可以在Ⅴ.27 或Ⅴ.28 应用的地方都可以引用.

Ⅴ.30 是关于椭圆的最大线的，因为由Ⅴ.23，最大线总是与最小线重合，所以最大线也必然是法线.

Ⅴ.31—33 是前面关于切线的一般命题的各种逆命题，全都用反证法证明，后面都未用到.

Ⅴ.31 最小线的端点处的垂线是圆锥截线的切线.

Ⅴ.32 切线的垂线与轴相交的部分是最小线.

Ⅴ.33 最大线的端点处的垂线是椭圆的切线.

Ⅴ.34 如果在圆锥截线的外部，在最大线或最小线的延长线上取一点（图 5.34 中的

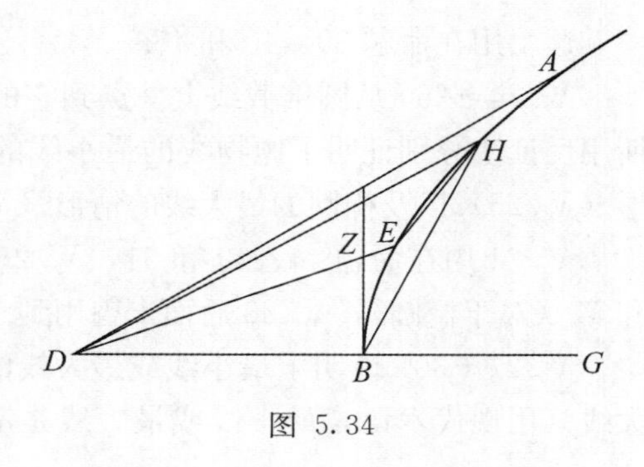

图 5.34

D)，那么从这一点到曲线的最小线是原来的最大线或最小线的外面部分（DB）. 并且从这一点到曲线的线（DE、DH、DA）离 DB 越远越大. 因为切线（BZ）与线 DBG 交成直角，所以容易证明角 DEH 等等逐渐增大并且大于直角，由此可推出所述定理. 这个未曾再用，主要是为了完整起见（参考命题 12）. 然而，它的一个特殊情形引用在卷Ⅶ中（例如，命题 25 和 28）. 如果 DBG 是双曲线的轴，并且 D 是中心，那么由Ⅴ.34 立即推出，双曲线的横截直径的长度离横截轴越远越大. 阿波罗尼奥斯隐含地和明显地应用这个于卷Ⅶ中（见 p.304，n.①），但是班鲁·穆萨并未引用这个命题.

Ⅴ.35—40　讨论最小线的相关问题，这些是Ⅴ.44 及其后继（讨论从轴的对面一个点引出的最小线）的必要条件，虽然在那里认为是当然的而不是明白地引用这个定理.

Ⅴ.35—36 论述最小线与轴之间的夹角，最小线离顶点越远其夹角越大. 这个分别对抛物线（Ⅴ.35）和双曲线或椭圆（Ⅴ.36）来证明，这个是最小线的基本定理（Ⅴ.8—10）的直接推论，而不是它们的逆（Ⅴ.13—15）的推论. 这个定理用在命题 38 和（对于双曲线）命题 43.

Ⅴ.37 在双曲线中，最小线与轴之间的夹角小于顶点处的切线与渐近线之间的夹角. 见图 5.37，其中 DA 是最小线，GZ、GH 是渐近线. 则 $\angle ADG < \angle GZH$. 证明使用最小线的基本定理Ⅱ.3（若 BQ 等于半个正焦弦，则 $ZB^2 = GB \cdot BQ$）及相似三角形.

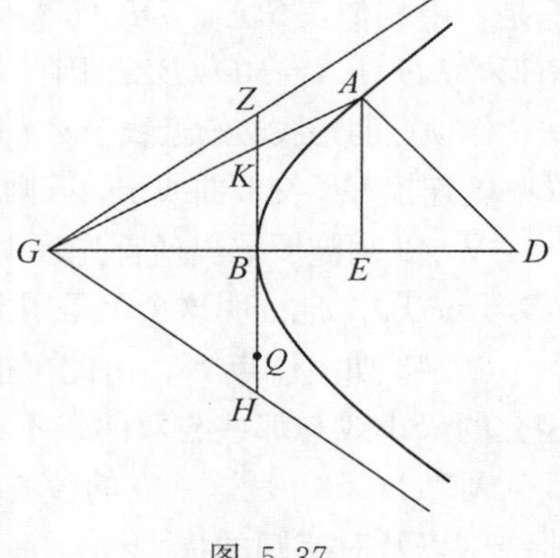

图 5.37

这个定理是证明（在Ⅴ.42 中）双曲线的最小线是否与曲线再次相交的引理. 它只用在此处，其他地方没有应用.

Ⅴ.38 从圆锥截线的轴引出的两条最小线相交于轴的另一侧. 这是命题 35 和 36 的直接推论.

它明显地应用只在命题 40 中，但是如上提及，它隐含地应用在本卷的核心定理Ⅴ.44 及其后继.

阿波罗尼奥斯没有讨论圆锥截线的两条最小线的交点在其内部还是外部的一般问题；然而，他在Ⅴ.39 和Ⅴ.40 中对椭圆的情形作了讨论，并且只是作为Ⅴ.46 和Ⅴ.47 中判别在椭圆中从一个点能作的最小线的个数的引理.

Ⅴ.39 椭圆中的两条最大线相交在画出它们的短轴的那一侧，证明依据最大线的基本定理（Ⅴ.20）而不是的逆（Ⅴ.22），并用反证法.

这个是Ⅴ.40 的预备引理，并且它只用在此处.

Ⅴ.40 在椭圆的同一象限中的两条最大线相交在椭圆的内部，并且在长轴的另一侧，而在短轴的同一侧，这个由Ⅴ.23（关于到长轴的最小线与到短轴的最大线重合的定理）及Ⅴ.39 直接推出.

这个用在命题 46 和 47.

Ⅴ.41—43　讨论到轴的最小线是否在轴的另一侧与圆锥截线再次相交的问题. 这个问题只在双曲线的情形有意义，由于对椭圆和抛物线是显然的，这可由Ⅰ.27 直接看出（Ⅴ.41）. 对于双曲线来说，某些最小线与曲线再次相交，而某些不再相交. 阿波罗尼奥斯确定了相交发生的条件（这是判别（διορισμο'ζ）的一个好例子）. 像通常一样，他只给出了这个问题的综合证明. 重述这个问题的分析具有启发性，其界限位置显然是平行于渐近线（DH）的最小线（图 5.43 中的 AE）. 此时，由Ⅱ.8，AE 不可能再与曲线相交；再由Ⅴ.36，到 B 和 E 之间的点的最小线与轴形成的角小于$\angle AEB$（因此与渐近线 DH 或曲线不再相交），而从顶点 B 向前超过 E 的点画出的最小线与轴的角大于$\angle AEB$（因此与渐进线 DH 及曲线相交）. 在这个界限位置，$\angle AEB=\angle BDH$，因而，$\triangle ALE$ 相似于$\triangle HBD$ 和$\triangle ZBD$. 又因为 AE 是最小线，所以 $DL:LE=\mathbf{D}:\mathbf{R}$，现在 DB 是半个横截直径，于是，若在顶点处的切线（ZBH）上取长为半个正焦弦的 BQ，则 $LE:DL=BQ:BD$. 但是，由相似三角形，$DL:LA=DB:BK$，因此，由 $LE:LA=BQ:BK$. 而由相似三角形，$LE:LA=BD:BZ$. 因此，$BK:BQ=BZ:BD$. 这个给出了界限最小线 AE 的作法：作顶点的切线交渐近线于 Z，作 BQ 等于半个正焦弦并且作 BK，使得 $BK:BQ=BZ:BD$,① 连接 DK 交双曲线于 A，则界限最小线通过 A.

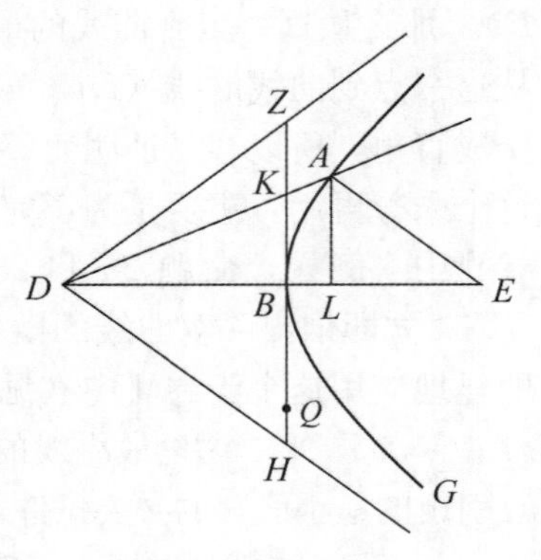

图 5.43

Ⅴ.42 阿波罗尼奥斯首先证明了若横截直径等于或小于正焦弦，则相交不可能出现（参考 n.①）. 他证明这个不是用上述分析，而是直接由前面的命题（Ⅱ.3 和Ⅴ.37）.

Ⅴ.43 如上作点 K，由此可推出 AE 平行于 DH，并且这提供了那些与双曲线再次相交的最小线与那些与双曲线不再相交的最小线的界限.

Ⅴ.44－52　是这一卷的核心，它们讨论从一个圆锥截线的轴的下方一点可作的最小线（以及对椭圆的最大线）的个数.② 如果我们在椭圆中把最小线局限在到同一个长半轴引出的那些最小线，那么可以证明对于所有三种截线，从一个点作出的最小线的个数可以是 0、1 或者 2.③ 问题的关键是判别最小线个数的条件.④ 最简单的方法是画出这样一条曲线，它是满足最小线的必要条件的所有点的轨迹. 让我们看一下对抛物线的最简单的情形（见图 5.51）.

已知抛物线 ABG，轴为 GZ，点 E 在轴的下面. 点 M 与 E 的连线以及点 M 到轴的垂线在轴上截取的部分（即 NI）等于这个抛物线的半个正焦弦，那么所有这样的点 M 的轨迹是什么？其答案是这样一条直角双曲线，它的一条渐近线是轴 GZ，而另一条渐近线是轴的一条垂线（图 5.51 中的 HT），这条垂线的垂足到 Z（E 到轴的垂线的垂

① 对这个问题来说，K 必然在 Z 和 B 之间，因此这个等式隐含着 $BZ:BQ>BZ:BD$，或者 $BD>BQ$，即横截直径必然大于正焦弦.

② 像通常一样，这些最小线是曲线和轴之间的部分，而不是从这一点到曲线的整个线段.

③ 在从点 P 到圆锥截线只有一条法线 PQ 的情形，PQ 的长就是现代的圆锥截线在 Q 的“曲率半径”，而 P 是 Q 处的“曲率中心”.

④ 即我们再次讨论“判别”（διορισμο'ζ）.

足）的距离等于半个正焦弦；并且这个双曲线的另一支必然通过点 E. 直接可以看出这个双曲线与这个抛物线相交于两点（见图 5.51），此时正好有两条最小线 MI 和 AP 相交于 E，并且随着距离 ZE 的增大，这条双曲线将与这条抛物线相切于一点，① 此时只有一条过 E 的最小线，并且随着 ZE 再增大，双曲线和抛物线就没有交点，此时就没有从 E 引出的最小线. 对于双曲线和椭圆来说，情况更为复杂，但是其轨迹仍然是直角双曲线，它与原来的曲线相交、相切或者不交. 阿波罗尼奥斯仅在命题 51 和 52 中对有两个交点的情形画出了判别双曲线，并且显然是首先由分析②，这个分析也是解决这个问题的基础.

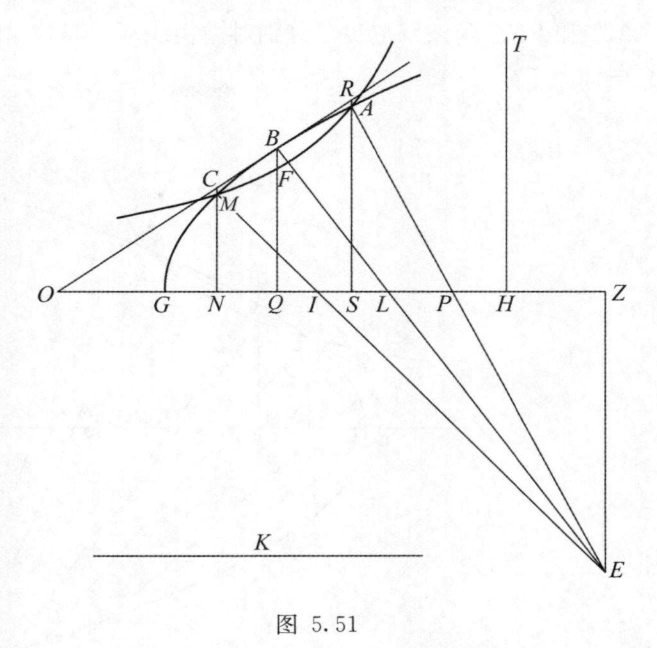

图 5.51

Ⅴ.44 和Ⅴ.45 证明了若到圆锥截线的两条最小线延长后相交于一点，则没有从这一点画出的其他线使得轴和曲线之间的部分是最小线. 为了简单起见，我们以抛物线为例，见图 5.44*. 若 GE、BZ 是到截线 ABG（轴是 DH）的两条最小线，并且相交于 O，则没有从 O 到截线的其他线截出最小线；并且对于截线上 G 与 B 之间的点，譬如说 S，从这一点画出的最小线比 OS 更接近顶点（即它在轴上的截线小于 TY），而对其他点，譬如 K 和 A，其最小线离顶点比 OK、OA 更远（即它们在轴上的截线大于 ML、PF），阿波罗尼奥斯用综合方法证明了这个，主要使用了已建立的最小线的基本定理，但是如果我们预先有了Ⅴ.51 和Ⅴ.52，那么容易看出它是真的：相应于图 5.51 中画出的双曲线通过图 5.44* 中的点 B 和 G，这条双曲线由渐近线 DH（轴）和 aQb 所确定，aQb 是过 Q（HQ 等于半个正焦弦）到轴的垂线，并且它的另一支通过 O. 因而，由Ⅱ.12可推出 $OH \cdot HQ = BR \cdot RQ = GN \cdot NQ$（参考 p.156 [1]），而对截线 ABG 上的其他点，到轴的垂线和垂足到点 Q 的距离的乘积不等于（$OH \cdot HQ$），例如，$KM \cdot MQ < OH \cdot HQ$. 由此可以推出，截线 ML 小于 HQ，因而 KL 不是最小线. 换句话说，由于这个双曲线是所有这样的点的轨迹，当与已知点连接时，在（抛物线的）轴上截出半个正焦弦，故我们可以看出对于两条最小线之间的点，譬如说 S，在轴上的截线等于半个正焦弦是连接 O 与 z（S 到轴的垂线与双曲线的交点）得到的，因为它在 S 的下面，所以其截线小于 TY；相反地，对于抛物线上不在两条最小线之间的点（譬如 K 和 A），双曲线与垂线相交在抛物线之上，因此，等于半个正焦弦的截线分别大于

① 若那个点是 B，则由Ⅱ.12，相切的条件是 $BQ \cdot QH = EZ \cdot ZH$.

② 重建这个分析，见 Zeuthen，《Kegelschnitte》pp. 288－293.

ML 和 PF. 阿波罗尼奥斯分别对抛物线（Ⅴ.44）和双曲线与椭圆（Ⅴ.45）证明了这些命题.

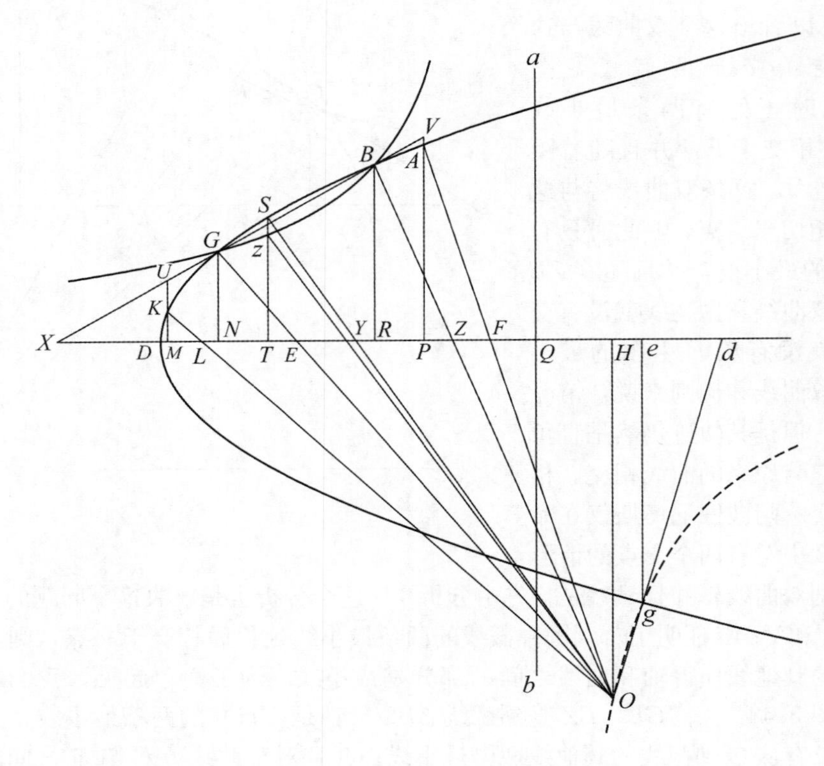

图 5.44*

Ⅴ.44 已在上面作了充分的讨论. 它用在命题 51.

Ⅴ.45 对双曲线与椭圆（后者的两条最小线必须在同一个象限并且是到长轴的）的同一个命题. 在图 5.45A 和图 5.45B 中，两条最小线 BE、GZ 相交于 Q，中心是 N. 由Ⅴ.9 和Ⅴ.10，$NW:WE=NH:HZ=$横截直径与正焦弦的比. 我们以相同的比分割到轴的垂线 QM 及从垂线到中心的距离 MN，即 $QP:PM=NO:OM$①. 阿波罗尼奥斯主要使用最小线的基本定理并用综合方法做证明，其证明冗长且烦琐，若应用辅助双曲线②，则证明中的许多步骤就成为明显的. 对于图 5.45 来说，其双曲线通过点 B 和 G，并且由渐近线 OT、TY 所决定，它也通过中心 N 以及已知点 Q.③ 此时，由Ⅱ.12，$Bs\cdot sT=Gd\cdot dT=NO\cdot OT$（参考 p.161 的［3a］和［3b］）；并且 $NO\cdot OT=QP\cdot PT$，

① 这个比等于（$\boldsymbol{D}:\boldsymbol{R}$），见下面.

② 这个辅助双曲线是所有这样的点的轨迹，当连接到图 5.45 中的 Q 时，在 TY 上截出的长等于 OM，其中 $NO:OM=QP:PM=\boldsymbol{D}:\boldsymbol{R}$. 比较上面 p.1 关于抛物线的辅助双曲线的定义.

③ 在双曲线中（图 5.45A），其相对分支通过 Q，并且通过 B 和 G 的分支也通过 N，而在椭圆中（图 5.45B），其相对分支通过 Q 和 N.

即矩形 NT=矩形 PS（参考 p. 159）.① 因此，$QP:Bs=sT:PT$，由此并用比例的运算及相似三角形容易证明 $qN:BW$（$=Cq:Bs$）$=CN:NR$. 因此，$NE:WE=CN:NR$，并且（由合分比）$NW:WE=CR:NR=QP:PM$，所以，仅当（$QP:PM$）等于横截直径与正焦弦的比时，BE 是最小线. 若 $QP:PM=NO:OM=\mathbf{D}:\mathbf{R}$，则线 BE 和 GZ 是最小线，并且没有通过 Q 的其他线是最小线. 对于 G 与 B 之间的点，譬如 J，其辅助双曲线在它们下面通过，因而，$Jc\cdot cT>QP\cdot PT$（参考 p. 163 的下面），用上述完全相同的分析，有 $Nm:mV<\mathbf{D}:\mathbf{R}$. 对于 GB 之外的点，譬如 K，其辅助双曲线由上面通过，因而，$Kg\cdot gT<QP\cdot PT$（参考 p. 159），并且 $NF:FL>\mathbf{D}:\mathbf{R}$.

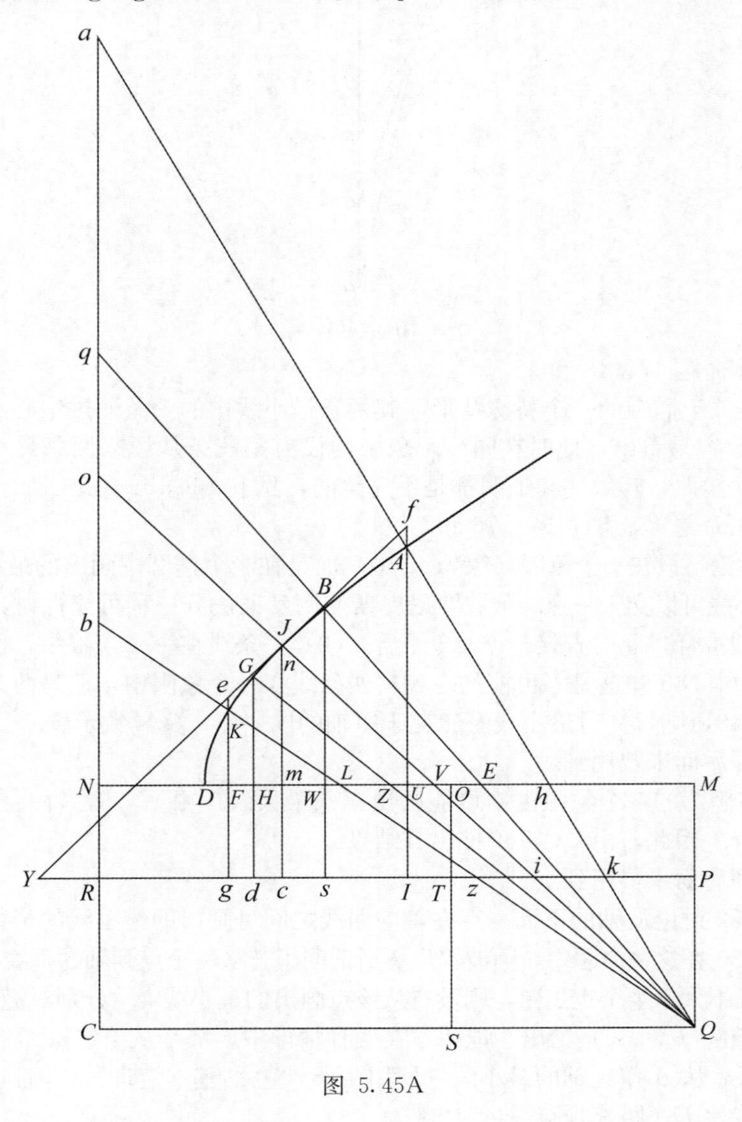

图 5.45A

① $dY=sT$（参考 p. 161 [4]）由Ⅱ. 8 推出.

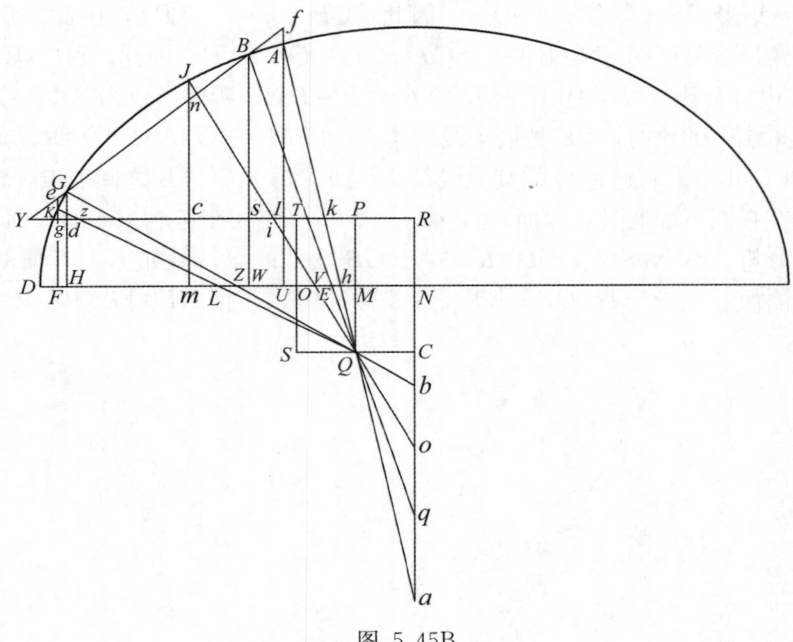

图 5.45B

这个用在命题 47、48 和 52.

Ⅴ.46 是关于椭圆的一个特殊情形，其两条最小线中的一条通过中心（即与短轴重合）. 由Ⅴ.40 容易看出，此时在同一个象限内没有第三条从原来两条最小线的交点画出的最小线，然而，其叙述和证明都是不完整的，见 p.166，n.①.

这个用在命题 47、54、57、76 和 77.

Ⅴ.47 讨论不只在一个象限（像Ⅴ.45 中）而是在半个椭圆中画出的最小线. 定理说没有四条最小线可以交于一点. 阿波罗尼奥斯使用反证法分三种可能性讨论：(1) 其中一条线与短轴重合，此时直接与Ⅴ.46 矛盾. (2) 一条线在一个象限中，而三条在另一个象限中，由Ⅴ.45 知这是不可能的. (3) 两条线在一个象限中，而另两条在另一个象限中. 由Ⅴ.40，则每一对最小线必然交于短轴的同一侧，又导致矛盾.

这个定理后面未曾用到.

Ⅴ.48 在椭圆的一个象限内不可能画出三条最大线. 由Ⅴ.23，每一条最大线与一条最小线重合. 因此，由Ⅴ.45 可推出其结果.

这个定理后面未曾用到.

Ⅴ.49—52 讨论从轴的下面一点在轴与曲线之间可画出的最小线的个数.

Ⅴ.49—50 在这些命题中，阿波罗尼奥斯证明了若从一个点到轴的垂线在轴上截出的到顶点的线段不大于半个正焦弦，则没有从该点画出的最小线①. 分别对抛物线（Ⅴ.49）和双曲线及椭圆（Ⅴ.50）给出了证明，在两种情形中，都是从给定点 D 作到曲线的任一线 DA，而后从 A 作到轴的最小线（使用Ⅴ.8—10 的基本定理），并且证明在所有情况下其最小线比 DA 距离顶点更远.

① 这个直接由应用于判别的辅助双曲线的定义推出：见 p.58 和 p.58，n.③.

Ⅴ.49 用在命题 64 和 67，Ⅴ.50 用在命题 65 和 67（对于双曲线）以及 66 和 74（对于椭圆）.

Ⅴ.51－52 讨论从轴下一点画出 0、1 或 2 条最小线的判别条件. 正像我们在上面（p.1）看到的，阿波罗尼奥斯使用辅助双曲线，用双曲线与原来曲线的交点个数来判别最小线的个数，他在此处使用综合方法，分别处理可画出 0、1 或 2 条最小线的情形，并且只在最后一种情形下引入了辅助双曲线（此时它与原来曲线交于两点）. 其界限情形是辅助双曲线正好与原曲线相切（因而只能画出一条最小线），并且我局限于讨论这一情况. 阿波罗尼奥斯分别对抛物线和双曲线、椭圆进行了讨论.

Ⅴ.51 关于抛物线，见图 5.51. E 是给定点，EZ 是到轴 GZ 的垂线. 向顶点方向截取 ZH 等于该抛物线的半个正焦弦. 此时 TH 和轴 HG 是辅助双曲线的渐近线（双曲线的另一支通过 E），为了使得这个双曲线切于抛物线，分割轴 GH 于 Q，使得 $GQ=\frac{1}{3}GH$①. 此时，因为双曲线通过点 B，由Ⅱ.12，$QB\cdot QH=EZ\cdot ZH$，这个判别出在界限位置的 EZ 的长度（参考 p.169，1－2：阿波罗尼奥斯画这条线为 K）. 显然，若 EZ 大于这个长度，则抛物线和双曲线不相交，并且没有从 E 画出的最小线. 反之，若 EZ 小于 K，则就有两个交点，从 E 到每个定点可画一条最小线.

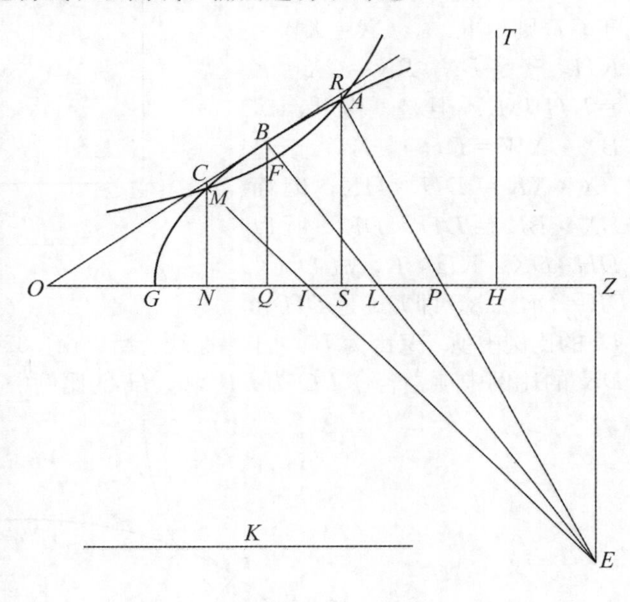

图 5.51

这个定理用在命题 64、67 和 72.

Ⅴ.52 关于双曲线和椭圆：见图 5.52A 和图 5.52B. Z 是给定点，ZE 是到轴 DG 的垂线，D 是中心，分割 DE 于 H，使得 $DH:HE=\boldsymbol{D}:\boldsymbol{R}$，并且以同样的比例分割 ZE 于 N. 此时，其辅助双曲线的渐近线是 CW（过 N 平行于轴的直线）和 WH（过 H 平行于 ZE 的直线），并且这个双曲线或其另一支通过点 Z 和中心 D. 为了使得这个双曲线正好与原来曲线相切，分割轴 DE 于 K，使得 $HD:QD=QD:DK=DK:DG$，② 并且作垂线 KB 交截线于 B. 此时，由Ⅱ.12，$BX\cdot XW=DH\cdot HW$，因而 $BX:XK=DH:KH$，并且 $BK:XK=DK:KH$（参考 p.178［8］）. 但是 $XK=EN$，并且 $ZE:EN=(\boldsymbol{D}\pm\boldsymbol{R}):\boldsymbol{R}$. 因此 $ZE:KB=\{KH:DK\}\cdot\{(\boldsymbol{D}\pm\boldsymbol{R}):\boldsymbol{R}\}$. 这个判别出在界限位置的 ZE 的长度（参考 p.176［1］，阿波罗尼奥斯画这条线为 L）.

---

① 见 Zeuthen 的分析，《Kegelschnitte》pp. 288－289，证明了这确实是界限位置.

② 阿波罗尼奥斯要求在 HD 和 DG 之间“取两条线作比例”，但是没有说明如何做它. 这个问题（它等于解一个三次方程）在古代是众所周知的：见 p.176，n.①.

界限位置是上述定义的点 K，由 Zeuthen 证明，《Kegelschnitte》pp. 290－292. 下述分析属于 J. P. Hogendijk. 图 5.52A* 画出了界限位置，其中辅助双曲线（以 HW、WX 为渐近线）切原曲线于 B，若作 BsC 切于这个曲线，交 WX 于 C，则由Ⅱ.3，$CX=XW=KH$，于是 $BX:BK=CX:sK=KH:sK$. 但是，由Ⅱ.12，$BX\cdot XW=DH\cdot HW$，于是 $BX:XK=DH:HK$，因而 $BX:BK=DH:DK$. 所以 $DH:DK=KH:sK$，故 $DH:DK=DK:Ds$，即 DK 是 DH 和 Ds 的比例中项. 又因为 Bs 切于原曲线，所以由Ⅰ.37 $Ds:DG=DG:DK$，即 DG 是 Ds 和 DK 的比例中项. 若令 DQ 为 DK 和 DH 的比例中项，则

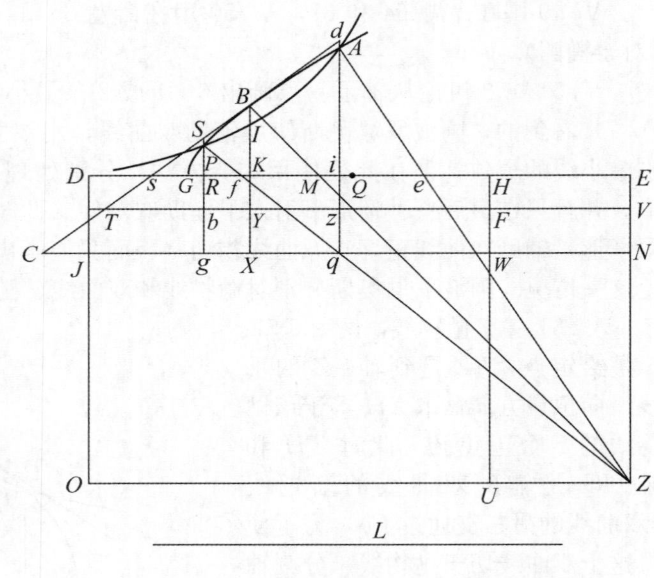

图 5.52A

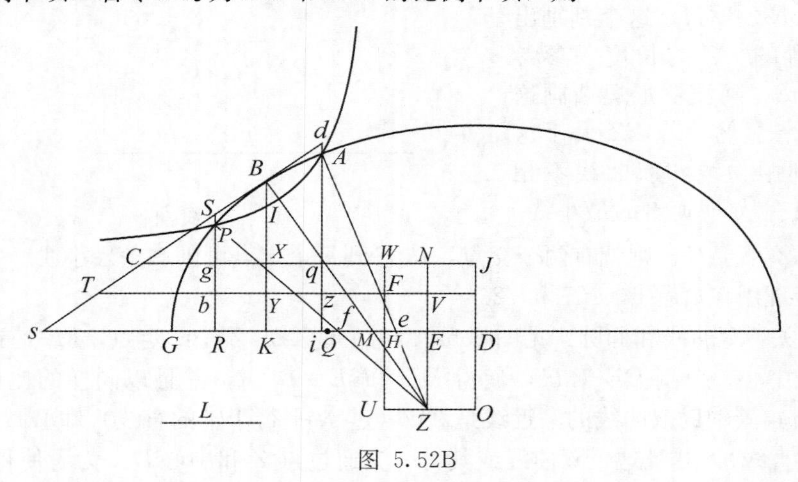

图 5.52B

$$Ds:DG=DG:DK=DK:DQ=DQ:DH,$$

于是 DK、DQ 是 DG 和 DH 的两个比例中项.

如上面的注释（p. 56，n. ③），在界限情形，从它画出唯一一条最小线的点是该截线在点 B 的曲率中心. Zeuthen（Heath 跟随他）注意到阿波罗尼奥斯的作图可以使人们发现该截线上不同点的曲率中心的轨迹：这个轨迹是一条高阶曲线，现代称为圆锥曲线的“渐屈线”（evolute）.① 由Ⅴ.4－6，人们期望渐屈线与圆锥曲线的轴的交点距

① Heath 说明了如何由阿波罗尼奥斯的作图导出抛物线的渐屈线（阿波罗尼奥斯 p. 181）和双曲线，椭圆的渐屈线（pp. 182－183）的笛卡尔方程.

离顶点的距离是半个正焦弦，但是没有明显的证据说明阿波罗尼奥斯注意研究这个轨迹.

这个用在命题 65、67 和 72（双曲线）以及 66 和 74（椭圆）.

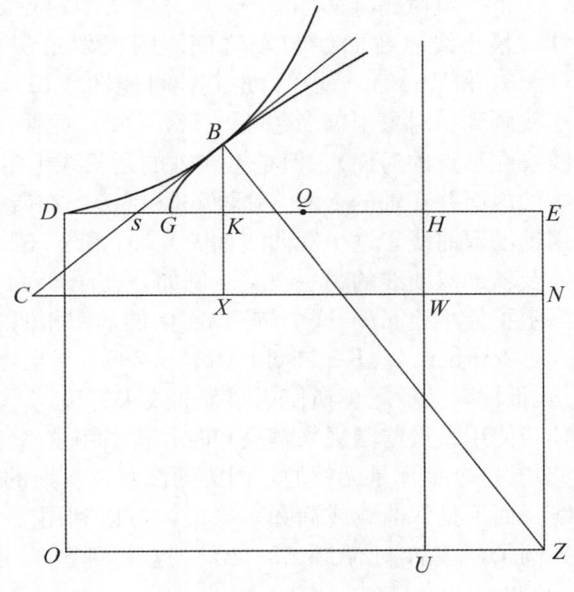

图 5.52A*

Ⅴ.53—54 讨论Ⅴ.52 的特殊情形，此时画出最小线的点在椭圆的短轴的延长线上. 此时，一条最小线总是与短轴重合. 剩下来是要确定在什么条件下另一条最小线可以画到这两个象限中的一个或另一个. 在图 5.54 中，D 是轴下面给定的点，E 是中心，EA 是短轴，阿波罗尼奥斯认为画出另一条最小线的条件是比（$DA:AE$）小于横截直径与正焦弦的比. 若我们分析另一条最小线可以画出的情形（Ⅴ.54），则这个条件如上所述. 若 LQ 是最小线，则由Ⅴ.10，$EK:KL=\mathbf{D}:\mathbf{R}$. 若作到短轴的垂线 QH，则由相似三角形，$EK:KL=DH:HE$. 因此，为了使得该问题有解，必须在短轴上找到一点 H，使得 $DH:HE=\mathbf{D}:\mathbf{R}$. 但是 $DH:HE>DA:AE$. 因此，后面的比必须小于（$\mathbf{D}:\mathbf{R}$）.

Ⅴ.53 阿波罗尼奥斯首先证明了若 $DA:AE\geqslant\mathbf{D}:\mathbf{R}$，则不可能画出另一条最小线. 在图 5.53 中，若连接任一点 K 与 D，交轴于 Q，则 KQ 不可能是最小线，这是因为由上述分析 $EH:HQ=DZ:ZE>\mathbf{D}:\mathbf{R}$. 因此，从 K 引出的最小线 KL 总是比 KQ 离这个象限的顶点 B 更远. 这个用在命题 74 和 76.

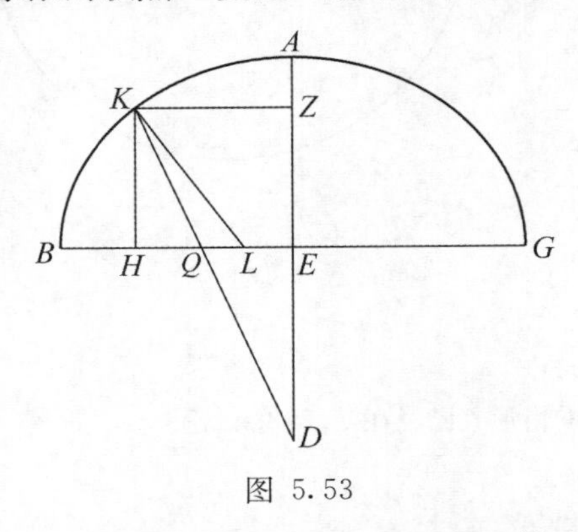

图 5.53

图 5.54

Ⅴ.54 讨论 $DA:AE<\mathbf{D}:\mathbf{R}$ 的情形. 上述分析（见图 5.54）说明此时可以画另一条最小线，在短轴上取 H，使得 $DH:HE=\mathbf{D}:\mathbf{R}$，并从 H 作垂线 QH 交截线于 Q，若连接 QD，交长轴于 L，则 QL 是最小线，再由Ⅴ.46（如上所述，见 p. li）没有从 D 画出的其他最小线，并且从 Q 和 B 之间的点画出的最小线比从 D 画出的最小线离顶点 B 更远（并且从 Q 与 A 之间的点画出的最小线刚好相反）. 这个用在命题 74.

下一组命题（Ⅴ.55－63）讨论从给定点到圆锥曲线的最小线的作图．像通常一样，最小线取在曲线与轴之间．阿波罗尼奥斯已经讨论了当点在轴的下面的情形（Ⅴ.51 和Ⅴ.52）．现在讨论其他可能性．（1）对于椭圆，给定点在长轴的下面，而最小线画到相对象限（命题 55－57）．（2）对所有圆锥曲线，给定点在截线的外面（从曲线看在顶点的对面），但是不在轴的延长线上①（命题 58－61）．（3）给定点在圆锥截线的内面并在轴的上面（命题 62 和 63）．在所有情况下，除了Ⅴ.60，其解答仍然是利用辅助双曲线，这个双曲线如图Ⅴ.51 和Ⅴ.52 中的方法定义，但是在这些命题中常常涉及辅助双曲线的另一支②．例如，在图 5.44* 中，辅助双曲线过给定点 O 的那一支决定了最小线 gd．这个与Ⅴ.61 中的作图相似．

Zeuthen（《Kegelschnitte》p. 286）指出，当 Pappus（Hultsch p. 270，28－272，1）批评阿波罗尼奥斯使用圆锥曲线来解决“平面问题”（这个问题可以用欧几里得的技巧使用直尺与圆规来解决）时，曾引用这一组命题中涉及抛物线的定理（命题 58 和 62）．这个批评是无效的，因为阿波罗尼奥斯的优美作图是普遍适用的，并且对于抛物线（而不是双曲线或椭圆）来说，可以利用一个圆来作出通过一给定点的最小线．作为例子，我针对命题 62，给出这个问题的分析；这是从 Zeuthen 的讨论导出的，pp. 286－288.③

在图 5.62* 中，AB 是抛物线，G 是它内面的给定点．要求：作通过 G 的从曲线到轴的最小线．假设已经作成，并令最小线是 AGH．作到轴的垂线 AZ、GD，由Ⅴ.13，$ZH=\frac{1}{2}\boldsymbol{R}$，再由Ⅰ.11，$AZ^2=BZ\cdot\boldsymbol{R}$．平分 GD 于 L，连接 AB、HL，并延长 HL 交 AZ 于 M．

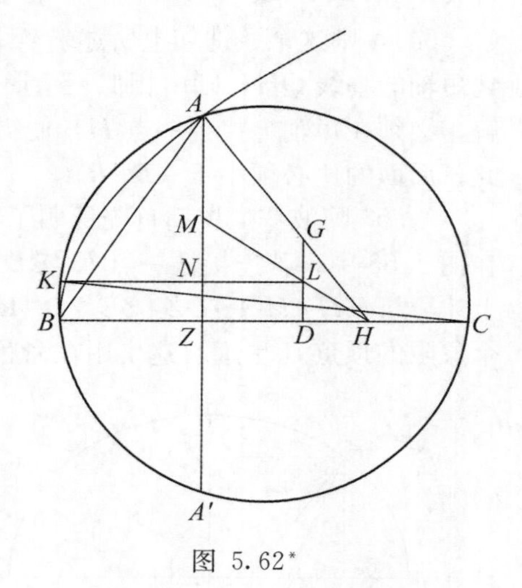

图 5.62*

则 $AZ:BZ=\boldsymbol{R}:AZ=ZH:\frac{1}{2}AZ=DH:LD$

$\therefore AZ\cdot LD=BZ\cdot DH$

令 $DC=ZH=\frac{1}{2}\boldsymbol{R}$

则 $DH=BZ+ZH+DC-BC$

$\therefore AZ\cdot LD=BZ^2+BZ\cdot 2DC-BZ\cdot BC$

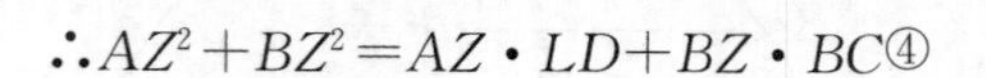

$\therefore AZ^2+BZ^2=AZ\cdot LD+BZ\cdot BC$④

① 此处这个问题的退化或（对于最小线在曲线外的情形）已经在Ⅴ.34 中讨论.

② Ⅴ.61 例外.

③ 关于 Huygens 的解答，见附录 D，pp. 361－362.

④ 这就确定了过 A、B、C、K 的一个圆，其中 K 如下确定．因为

$$AZ\cdot ZA'=BZ\cdot ZC,$$

并且 $AZ=BK+ZA'$

（证明由连接 $A'K$ 并且说明三角形 ABZ、$A'KN$ 全等）

可推出 $AZ^2=AZ\cdot BK+AZ\cdot ZA'=AZ\cdot BK+BZ\cdot ZC$.

$\therefore AZ^2+BZ^2=AZ\cdot BK+BZ\ (ZC+BZ)\ =AZ\cdot BK+BZ\cdot BC$.

通过 B、A、C 作一个圆，并延长 AZ 再次交圆于 A'. 作 LK 平行于 DB，交圆于 K. 连接 BK，则 $\angle KBZ$ 是直角，因而 KC 是圆的直径，并且 $KB=LD=\frac{1}{2}GD$. 这给我们如下作图：在 B 作 $BK=\frac{1}{2}GD$ 并垂直于抛物线的轴，沿着轴从 D 作 $DC=\frac{1}{2}\boldsymbol{R}$，并在直径 KC 上作圆，这个圆交抛物线于 B 及另一点 A. AG 是要求的最小线.

这个综合的完成是由于上述 A 点的作图，令 $ZH=\frac{1}{2}\boldsymbol{R}$，连接 AG、GH. 而后要求证明 AGH 是直线.

现在 $AZ^2+BZ^2=AZ\cdot\frac{1}{2}GD+BZ\cdot BC$（参考 n. 1）.

但是 $AZ^2=BZ\cdot\boldsymbol{R}$，所以 $BZ^2=\frac{1}{2}GD\cdot AZ+BZ\cdot(BD-\frac{1}{2}\boldsymbol{R})$，

因此 $BZ\cdot(BZ+\frac{1}{2}\boldsymbol{R}-BD)=\frac{1}{2}GD\cdot AZ$，或者 $2BZ:AZ=GD:(BZ+\frac{1}{2}\boldsymbol{R}-BD)$.

并且 $BZ+\frac{1}{2}\boldsymbol{R}-BD=BZ+ZH-BD=DH$.

但是 $AZ^2=BZ\cdot\boldsymbol{R}=BZ\cdot 2ZH=2BZ\cdot ZH$.

$\therefore AZ:ZH=2BZ:AZ=GD:DH$.

因为 AZ 平行于 GD，所以 AGH 是直线.

Ⅴ.55－57 证明从椭圆的长轴下面任一点正好可以作一条到相对象限的最小线. 这个被分为三个命题，但是可能只有一种是原始的. 中间的（Ⅴ.56）好像是（古代的?）一个学派证明了辅助双曲线与这个椭圆的相关象限相交. 在图 5.55 中，给定点是 E,① 而中心是 D. 要求画一条通过 E 的线，使得在这个椭圆的长轴与相对象限 BG 之间形成最小线. 解答：若 EZ 是到轴的垂线，作 $EH:HZ$ 等于 $\boldsymbol{D}:\boldsymbol{R}$，并且在轴上同样地作 $DQ:QZ$ 等于 $\boldsymbol{D}:\boldsymbol{R}$，并且过 H 作平行于轴的直线，过 Q 作平行于 EZ 的直线，以这两条线为渐近线作通过 E 的双曲线.② 这个双曲线交相对象限于 N. 连接 EN，则轴与曲线之间的部分 NC 是最小线. 由Ⅱ.8，双曲线与渐近线之间的截线 KN 和 EM 相等. 因此，$RO=ZQ$，并可证明 $DO:OC=ZR:RC$；但是（由相似三角形），$ZR:RC=EH:HZ=\boldsymbol{D}:\boldsymbol{R}$，因而 $DO:OC=\boldsymbol{D}:\boldsymbol{R}$，再由Ⅴ.10，$CN$ 是最小线.

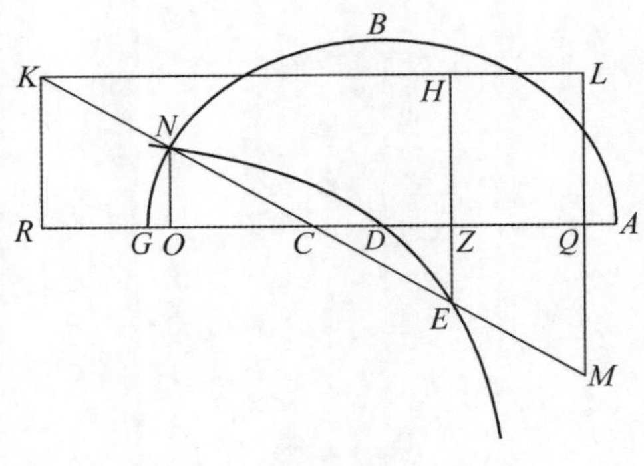

图 5.55

Ⅴ.56 证明了辅助双曲线与椭圆的象限 BG 相交，在这个象限的顶点作切线 GU，并证明（由Ⅱ.12）双曲线必然在 G 与 U 之间与切线相交. Ⅴ.57 作为Ⅴ.46 的直接推

① E 不在短轴上，其特殊情况在命题 53－54 中讨论.

② 这个双曲线通过中心 D：见 p. 148，n. ①.

论，证明了从给定点到相对象限只可能有一条最小线.

这一小组定理用在命题 66 和 73. 在这一组（Ⅴ.58—63）中的其他定理后面未曾用到.

Ⅴ.58 给定点（图 5.58 中的 D）在曲线的外面（不在轴上），截线是抛物线. 解答：作 DE 垂直于轴，在轴上远离顶点截取 EZ 等于半个正焦弦，作垂线 ZH，以轴和 ZH 为渐近线，过 D 作双曲线，辅助双曲线与抛物线交于 A，这就确定了过 D 的最小线. 再由Ⅱ.8，$AG=HD$，因而 $KG=EZ=\frac{1}{2}\boldsymbol{R}$，于是 AG 是最小线.

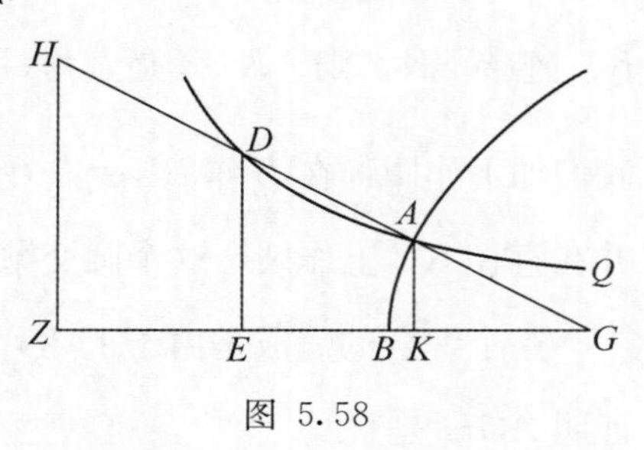

图 5.58

Ⅴ.59 给定点（图 5.59A 和图 5.59B 中的 E）在曲线的外面，并且截线是双曲线或椭圆（中心 G）. 解答：作到轴的垂线 EZ，并作 $EQ:QZ=GH:HZ=\boldsymbol{D}:\boldsymbol{R}$. 以过 H 和 Q 分别平行于 EZ 和轴的直线为渐近线，作过 E 的双曲线，① 则与原来圆锥截线的交点 A 确定了过 E 的最小线. 其证明用Ⅱ.8 并类似于Ⅴ.55.

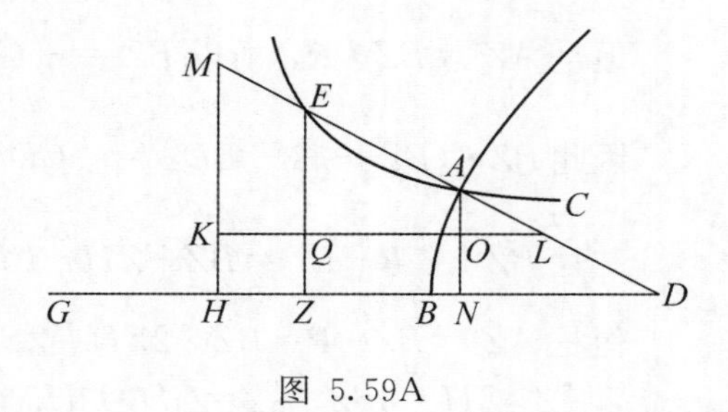

图 5.59A

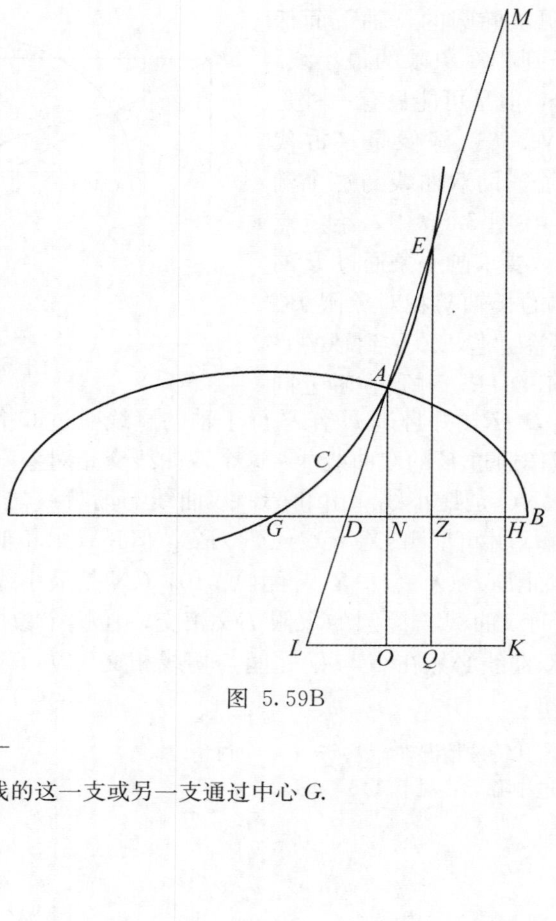

图 5.59B

① 这个辅助双曲线的这一支或另一支通过中心 G.

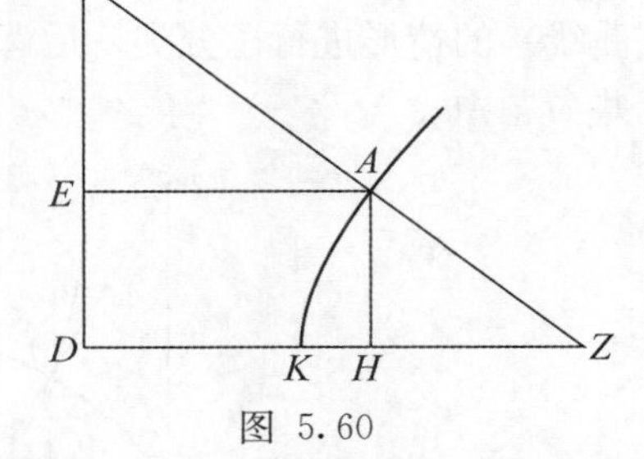

图 5.60

V.60 是关于双曲线V.59 的一个特殊情形，其中过给定点的垂线通过中心（即 E 在共轭轴上：对椭圆的类似情形在V.53 和V.54 中已讨论）. 此时辅助双曲线压缩成过给定点及最小线与曲线的交点的直线（图 5.60 中的 GA），于是阿波罗尼奥斯给出了一个简单的作图：在垂线上作 $GE:ED=\boldsymbol{D}:\boldsymbol{R}$，并且作 EA 平行于轴，交曲线于判别点 A.

V.61 是关于双曲线V.59 的另一个特殊情形，其中给定点（图 5.61 中的 G）与曲线在中心 E 的两侧. 此时辅助双曲线不通过给定点，而通过中心 E,① 并且其证明不同于V.59 的证明，使用（像V.52）Ⅱ.12 代替Ⅱ.8.

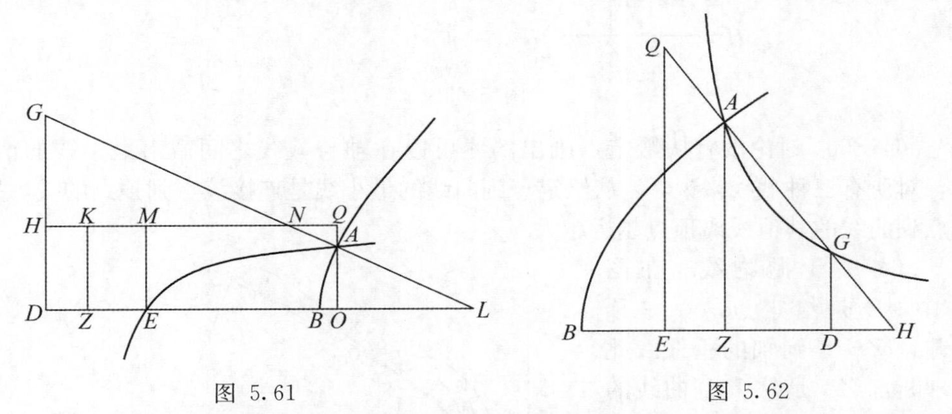

图 5.61　　图 5.62

V.62 给定点（图 5.62 中的 G）在截线的内面并在轴的上面，并且截线是抛物线. 其解答和证明与V.58 相同，除了此处的距离 DE（$=\frac{1}{2}\boldsymbol{R}$）是从垂线的足朝向截线的顶点的. ②

V.63 给定点（在图 5.63A 和图 5.63B 中的 D）在截线的内面并在轴的上面，而截线是双曲线及椭圆. 其解答完全与V.59 相同，并且其证明类似，只是在比例的运算方面有某些必要的改变.

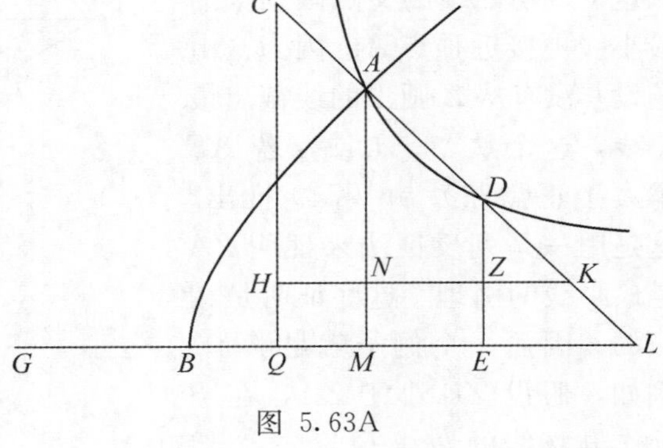

图 5.63A

本卷的其余部分讨论从轴下面的而不是从轴上的点度量的最小线和最

① 此时双曲线的另一支通过 G（参考 p.189，n.①），阿波罗尼奥斯肯定知道这一点，但他并未提及.

② 若 E 在截线的外面（参考 p.190，n.⑤），并且若 G 在曲线的外面（但是在轴的上面并且与曲线在顶点的同侧）时，这个证明仍然有效，后面这一种情形的例子见图 5.44* 中的最小线 gd.

大线.① 阿波罗尼奥斯把各种情形按过该点可以画 0、1 或 2 条最小线（度量是从轴到曲线）的情形进行了分类，后者的条件已经在Ⅴ.51 和Ⅴ.52 中确定（频繁地引用在这些命题中）.

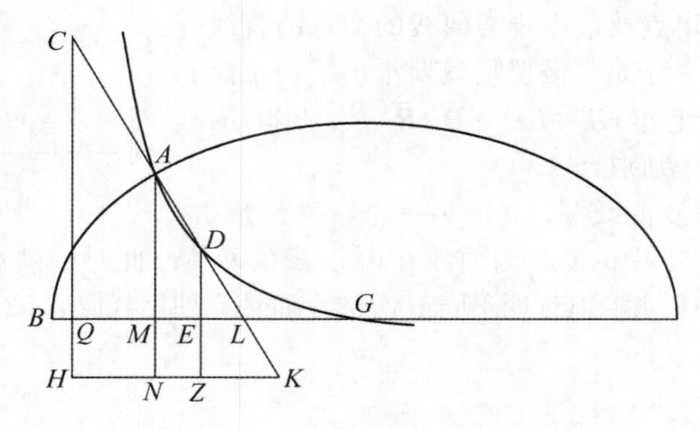

图 5.63B

Ⅴ.64—66 讨论没有从给定点画出的线可以在轴与截线之间截出最小线的情形. 此时，对所有三种截线来说，② 从给定点到曲线的最小线是连接该点到顶点的线，并且从该点到曲线的其他线离顶点越远越大.

Ⅴ.64 关于抛物线. 在图 5.64 中，Z 是给定点，A 是顶点，并且 ZE 是到轴的垂线. 此时定理断言 ZA 是从 Z 到曲线的最小线，并且 ZB、ZG 比 ZA 大并且逐渐增大. 阿波罗尼奥斯首先证明了从 Z 到曲线的任意线比从这个线与曲线的交点画到轴的最小线更接近顶点 A. 因为（由题设）没有从 Z 画出的线截出最小线，这个从Ⅴ.51 或（若 AE 不大于正焦弦）从Ⅴ.49 推出. 这是用一系列反证法来证明 ZA 是最小线的引理. 这些证明是相似的，因而一个例子就足够了. 例如，假设 ZB 小于 ZA，在 B 处作抛物线的切线 BC，这个切线垂直于在 B 处的最小线，并且

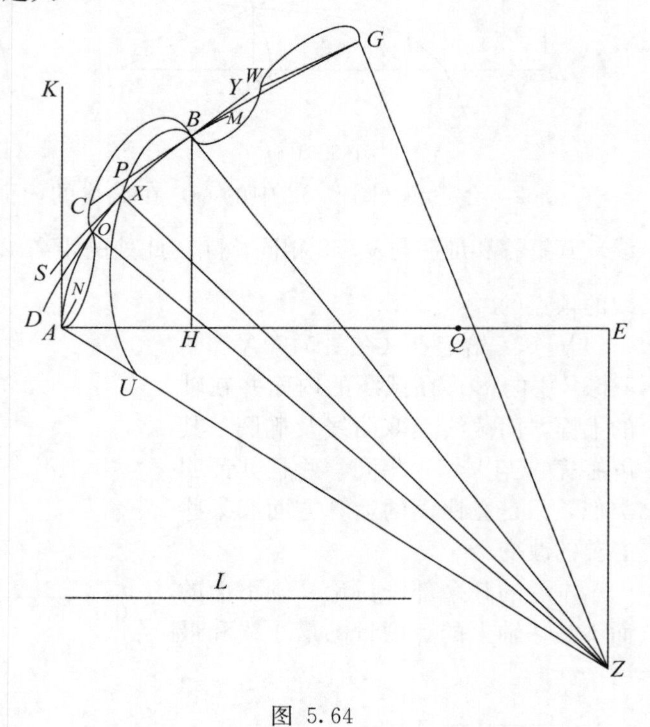

图 5.64

① 从轴上面的点画的最小线见Ⅴ.12（p.105 的上面）.

② 对于椭圆，与前面一样局限在一个象限，并且给定点在长轴的下面.

因为这个最小线比 ZB 离顶点更远，所以$\angle ZBC$是锐角. 此时若以 Z 为中心，以 ZB 为半径画一个圆弧 BXU，则它与 ZC 相交（因为$\angle ZBC$是锐角），又因为它必然与 ZA 在 Z 和 A 之间相交，譬如说 U，所以它也与抛物线在 B 与 A 之间相交，譬如说 X. 在 X 处作截线的切线 XS. 这个线必然落在这个圆的从 X 到 S 的外面，由于这个圆整个在从 X 到 U 的截线内面. 但是由上述引理，$\angle ZXC$是锐角，因此 XC 交这个圆，并且它的一部分在这个圆的内面，它与前述矛盾. 这个用在命题 67、72、73 和 74，并且这个方法出现在命题 65 和 66.

Ⅴ.65－66 对双曲线与椭圆证明了同样的结果，证明的方法已概述在上述关于抛物线的情形.

Ⅴ.65 用在命题 67 和 72. Ⅴ.66 后面未用到.

Ⅴ.67 讨论正好有一条最小线可以画出的情形，此时从给定点画出的最小线也是到顶点的线. 尽管这个结论适用于所有三种截线，但是阿波罗尼奥斯在Ⅴ.67 中只是对抛物线和双曲线作了证明，因为对椭圆的等价定理要求局限在一个象限内，所以他在Ⅴ.74 中在更一般的情形，即在两个象限中讨论它. 在图 5.67 中，Z 是给定点，ZE 是到轴的垂线（由Ⅴ.49 和Ⅴ.50，AE 必然大于半个正焦弦），并且 D 是中心（对于双曲线）. ZB 是唯一的最小线，此时，用命题 64 的同样方法，可以证明 ZA 是从 Z 到弧 AB（到 B 但不包括点 B，

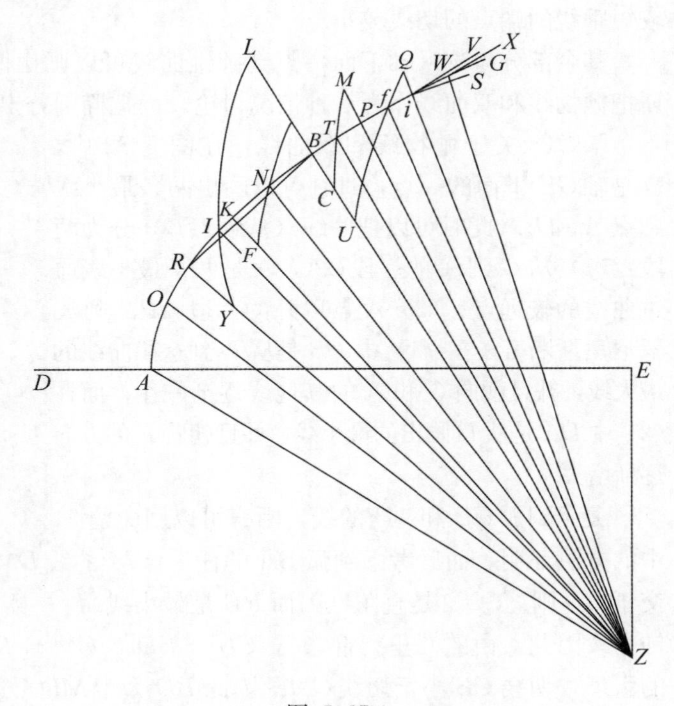

图 5.67

此点处的截线的切线与到 Z 的线成直角），并且线 ZO、ZR 等等离 ZA 越远越大，而后阿波罗尼奥斯证明了 ZB 也大于更接近 ZA 的线，例如 ZR. 其证明使用了反证法，并且可以作为这一组定理使用的技巧的范例. 假定 ZR 大于 ZB，则在 ZR 上可以截取 ZY，使得 $ZR>ZY>ZB$. 若以 Z 为中心，以 ZY 为半径作圆弧 YIL，它就与 ZR 交于曲线内的 Y，而与 ZB 交于曲线外的 L，于是它必然交曲线在 R 与 B 之间的点 I. 此时，使用Ⅴ.64 中的方法，有 $ZI>ZR$. 但是 $ZI=ZY<ZR$，矛盾.

而后阿波罗尼奥斯讨论了 ZB 另一侧的线，譬如 Zi、ZW. 用Ⅴ.64 中的方法，可以证明这些线离 ZA 越远越大；并且用上述刚刚概述的方法，可以证明它们中的任一个大于 ZB.

这个定理后面不曾用到.

Ⅴ.68－71 是证明命题 72 和 73 所要的引理，若从一点向一个截线画两条切线，则距顶点较近者较小. 其证明分别对三种截线给出（命题 68 对抛物线、69 对双曲线、70 对椭圆），但是其原则对所有三种情形是相同的，作连接两个切点的弦以及过画出切线的点的直径. 这就产生两个等底三角形（由Ⅱ.30），但是其底角不相等，因此这些角的对边（即两条切线）不相等，较小者是离顶点较近者.

在椭圆的情形，其顶点当然是长轴的端点，并且要在一个象限内（事实上引理不能使用到多于一个象限）. 然而，阿波罗尼奥斯想要在完全一般的情况下讨论这一问题，于是在Ⅴ.71 中，他讨论了画到不同象限的切线的情形. 此时接近顶点不再是充分条件，并且必须限定从两个切点到轴的垂线之一较短，此时用类似的方法可以证明到较短垂线的端点的切线较小.

其余部分讨论从轴下面一点到圆锥曲线可以画出两条最小线的情形. 阿波罗尼奥斯把抛物线和双曲线作为一种情况讨论，而把椭圆分出来，并且细分为几种情况讨论.

Ⅴ.72 关于抛物线和双曲线，在图 5.72 中，D 是轴 GE 下面的一点，过它可以画出两条最小线到点 A 和 B. 此时可以把曲线（从顶点 G）分为两段：(1) 从 G 到 A 的一段 GA，A 是两条最小线通过曲线的较远点；(2) A 点以外的一段 AP. 阿波罗尼奥斯断言，在 (1) 中 DB 是从 D 到这段曲线的最大线，并且朝向 G 和 A 的其他线逐渐减小；而在 (2) 中 DA 是从 D 画出的最小线，并且朝着 P 的方向逐渐增大.

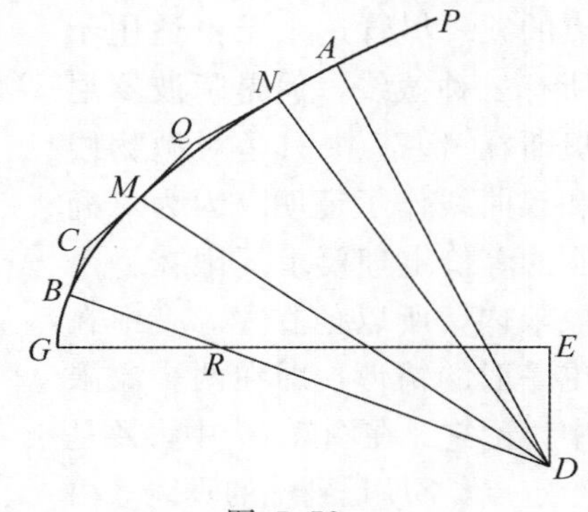

图 5.72

关于到弧 GB 和 AP 的线，断言可以用命题 64 中的方法证明，而后考虑到弧 BA 的任一点 M 的线 DM，作曲线在 M 和 B 的切线，相交于 C，则 $\angle CBD$ 是直角（因而 RB 是最小线），并且（由Ⅴ.51 和Ⅴ.52）$\angle CMD$ 是钝角. 因此，由欧几里得Ⅱ.12，$CB^2+BD^2>CM^2+MD^2$. 但是，由命题 68 和 69 中的引理，切线 CB 小于切线 CM. 因此 BD 大于 MD. 这个方法可以扩张到所有线，譬如 DN，直到 DA.

这个定理中的方法用在命题 74、75 和 76.

本卷其余命题讨论椭圆，但不是局限在只考虑一个象限（此时就产生与抛物线和双曲线完全相似的情况），阿波罗尼奥斯讨论从长轴下面画到半个椭圆的线. 此时细分为如下情形. (A) 给定点在长轴的下面而不是在半短轴的延长线上. (1) 没有从这一点画出到同侧象限的最小线，但是到相对象限有一条最小线（Ⅴ.73）. (2) 到同侧象限可画一条最小线，到相对象限也有一条最小线（Ⅴ.74）. (3) 到同侧象限可画两条最小线，到相对象限可画一条最小线（Ⅴ.75）. 这些命题分别对应关于抛物线和双曲线的命题Ⅴ.64 和Ⅴ.65、Ⅴ.67 以及Ⅴ.72. (B) 给定点在半短轴的延长线上. (1) 没有其他过这一点到两个象限的最小线（Ⅴ.76）. (2) 从这一点到两个象限可以画出另一条最小线（Ⅴ.77）.

Ⅴ.73　见图 5.73，只有一条最小线 HQ 可以画到相对象限，此时线 ZQ 是从给定点 Z 到曲线的最大线，并且从 Z 到曲线的其他线离 ZQ 越远越小，最小线是 ZA（到较近顶点的线）.

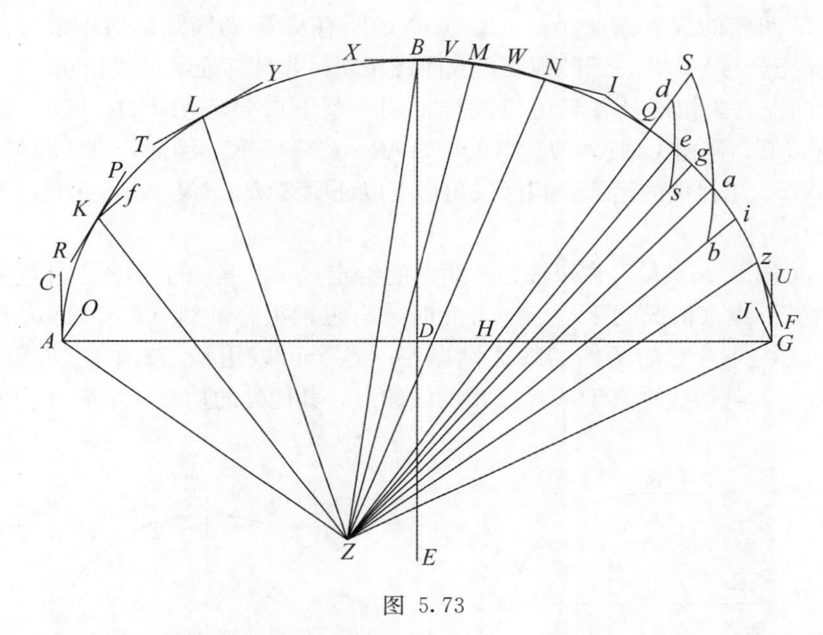

图 5.73

对于从 A 到 B（短轴的端点）的弧，可以使用Ⅴ.64 的方法. 对于从 B 到 Q 的弧可以使用Ⅴ.72 中的切线的方法. 对于从 Q 到 G 的弧可以使用Ⅴ.67 中的反证法.

这个引用在命题 74.

Ⅴ.74　见图 5.74. 到相对象限可以画一条最小线（ZQ），到同侧象限也可以画一条最小线（ZH）. 此时叙述如同命题73，即 ZQ 是最大线，ZA 是最小线，并且从 Z 到 ZQ 两侧的线逐渐变小. 对于从 A 到 H 的弧，线 ZO、ZR 等增大，其证明用Ⅴ.64 中的方法. 而后用Ⅴ.67 的方法证明 ZH 大于 ZR. 对于弧 HB，用Ⅴ.64 中的方法可以证明 ZB 大于 ZS，等等. 而后用Ⅴ.67 中的方法证明 ZH 小于 ZS. 对于剩余的象限 BG，其情况完全与Ⅴ.73 相同.

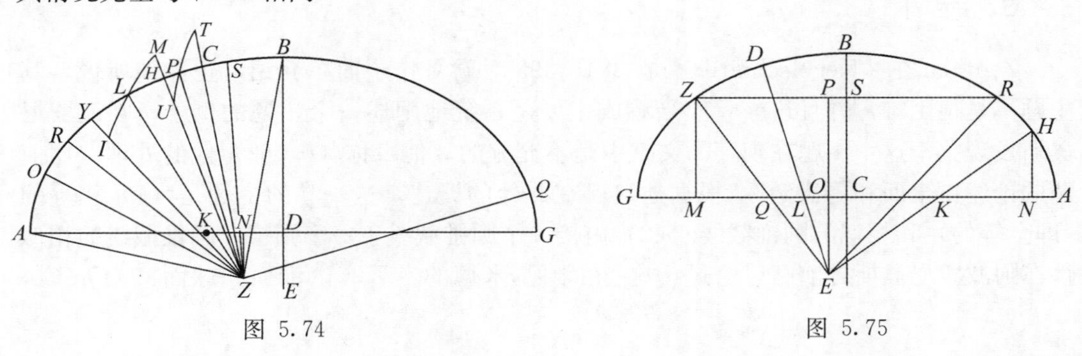

图 5.74　　图 5.75

这个定理引用在命题 75.

Ⅴ.75 见图 5.75. E 是给定点，过它一条最小线（KH）可以画到相对象限，而两条最小线（QZ、LD）可以画到同侧象限. 此时，(1) 对于弧 AD 来说，线 EH 是 E 引出的最大线，而它的两侧的线逐渐减小；(2) 对于弧 DG 来说，EZ 是从 E 引出的最大线，而它的两侧的线逐渐减小；(3) EH 是所有从 E 到椭圆的线中最大的. 对于 (2)，其情况完全与Ⅴ.72 关于抛物线，双曲线相同，并且其证明过程相同. 对于 (1)，其情况完全与Ⅴ.73 相同，并且可以同样证明. 剩下来要证明 $EH>EZ$. 若作垂线 ZM、HN 和 BC，则由Ⅴ.15，$MC:MQ=\mathbf{D}:\mathbf{R}=CN:NK$. 因此，$OM:MQ<CN:NK<ON:NK$，用比例的运算及相似三角形可以证明 $ZM>HN$，由此可以容易地推出 $EZ<EH$.

Ⅴ.76 见图 5.76. E 是在短轴延长线上的给定点，并且除了 DB 之外没有其他到半个椭圆的最小线（情况同于Ⅴ.53）. 此时，与短轴重合的线（EB）是从 E 到半个椭圆的最大线，并且它的两侧的线逐渐减小. 这个可以用Ⅴ.72 中的切线的方法证明.（B 是唯一的其切线垂直于从 E 画出的线的点，其他处的切线与从 E 画出的线形成钝角）.

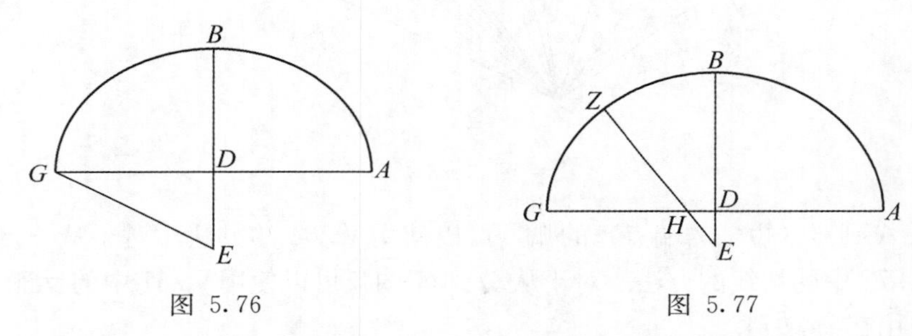

图 5.76　　图 5.77

Ⅴ.77 见图 5.77. E 是短轴延长线上的给定点，并且过它到象限 GB 可以画出一条最小线 ZH（情况同于Ⅴ.54）. 此时，EZ 是从 E 到象限 GB 的最大线，并且它的两侧的线（到 EG 和 EB）逐渐变小.（Z 仍然是唯一的其切线垂直于从 E 画出的线的点）.

Ⅴ.75—77 后面未曾用到.

e. 卷Ⅵ

Zeuthen 在《Kegelschnitte》pp. 384—393 对卷Ⅵ作了简单介绍，正如他所说，其主题不是很困难，并且这一卷应当看成主要是系统地阐述一个主题的例子，阿波罗尼奥斯发现关于这个主题在现存的文献中是不充分的，他声称（p. 262）他的处理“比前辈的论述更全面和更清楚”. 根据他自己在此处的概述，这一卷的主题是 (1) 相等的（即全等的）和相似的圆锥截线. (2) 内接一个圆锥截线于一个圆锥. 圆锥截线的相似性在阿波罗尼奥斯之前已讨论过，这可由阿基米德的专著《论锥面和球面》（On Conoids and Spheroids）知道，例如，在其引论中可以找到这样的论述①："所有直角锥面（旋转抛物面）是相似的，关于钝角锥面（旋转双曲面）的相似是指它们包含在相似的圆锥中".② 因此，我们确认Ⅵ.11（所有抛物线是相似的）早在阿波罗尼奥斯之前就知道，类似地，在阿基米德的同一个专著中包含这样的命题③，它所论及寻找包含一个给定的椭圆的圆锥. 这个提示我们，虽然卷Ⅵ的内容多半不是新的，但其论述更系统，更附合于阿波罗尼奥斯定义圆锥截线的新方法，并且更严格.

这一卷分为两段，前面（到Ⅵ.27）讨论相等和相似圆锥曲线，后面（Ⅵ.28－33）讨论内接一个给定的圆锥曲线于一个圆锥. 后面部分与前面有关的只有定义圆锥曲线"相等"的有关性质，以便解答这样的问题"在给定的直角圆锥中找一个抛物线，使其等于给定的抛物线"（命题28）. 这一部分的主题与卷Ⅰ的后面部分（命题52－60）有关，它们讨论从一些数据作圆锥曲线（并要求母圆锥被画出）.

这一卷有许多明显的失误，某些还相当大：见我的注释 p.221，n.⑧和 p.222，n.①，p.223，n.③和 p.228，n.①，p.239，n.①和 p.244，n.①. 这可能与阿拉伯译本依据的希腊手稿本身的损坏有关.④ 几个地方出现的错误证明也是由于译者阅读损坏部分的困难造成的，参考 p.250，n.⑤.

卷Ⅵ开始于一系列的定义. 两个截线或两段截线的"相等"是由直观的概念定义的，把一个拿起来"吻合"在另一个上，所有部分必须正好重合. 相似性是用纵标与横标的比以及横标彼此之间的比定义的. 在图6a* 中，两个截线 $ACEGH$ 与 $acegh$ 被定义为相似的，若下述两条是真的：

$CB:AB=cb:ab$，$ED:DA=ed:da$，$GF:FA=gf:fa$，以及 $AB:ab=AD:ad=AF:af$，等等.

这个定义与阿基米德的定义不同，⑤ 后者定义为（在同一个图形中）

$$CB^2:(AB\cdot BH)=cb^2:(ab\cdot bh).$$

Ⅵ.1－10 讨论相等的两个截线和相等的两段截线，两段在同一个截线或两个不同的截线内.

Ⅵ.1 有相等正焦弦的两个抛物线是相等的，并且若两个抛物线相等，则它们的正焦弦相等. 证明由反证法并且使用想象的一个截线在另一个截线上的重叠，以及抛物线的基本性质（Ⅰ.11）. 这个命题只适用于轴的正焦弦（即正交共轭：见 p.217 n.④）. 它用在命题28和31.

---

① Ed. Heiberg I p.250，21－24. 关于相似的椭圆和双曲线见命题Ⅺ，《ibid》p.236.

② 相似圆锥被欧几里得（Ⅺ定义24）定义为"它们的轴和底面的直径有相同的比". 显然这个定义只适用于直角圆锥. 参考阿波罗尼奥斯的《圆锥曲线论》Ⅵ定义（9），p.217.

③ 命题Ⅶ和Ⅷ，ed. Heiberg Ⅰ p.284－296.

④ 参考 p.23，n.②.

⑤ 《On Conoids and Spheroids》命题 XIV 末尾，ed. Heiberg I p.318，25－27.

Ⅵ.2 轴上的“图形”相等①，并且相似（即横截轴等于横截轴并且对应的正焦弦相等）的两个双曲线或两个椭圆是相等的，并且反之亦真，证明类似于命题 1，使用了这些截线的基本性质（Ⅰ.12 和Ⅰ.13).

这个用在关于双曲线的命题 26、29 和 32，以及关于椭圆的命题 8（隐含地）、27、30 和 33.

Ⅵ.3a 其纵标与它们的直径交成的角相等并且具有相等正焦弦的两个抛物线相等；其图形相等并且相似，以及其纵标与它们的直径交成的角相等的两个双曲线或两个椭圆相等. 这是对应命题 1 和 2（在正交共轭下）的一般定理（在斜交共轭下). 其证明遗失（“其证明如同关于轴的证明”这句话是一个明显的借口). 因为“命题 3”的其余部分是关于一个完全不同的主题，并且遗失了它的阐述（是下面的Ⅵ.3b)，所以显然原文在此处缺失. 其原因几乎肯定是阿拉伯译文所依据的希腊原稿遗失了一页或几页. 我认为至少遗失了Ⅵ.3a 的其余部分和Ⅵ.3b 的开始部分，但是没有证据.

Ⅵ.3b 三种截线中没有一种等于另外不同类型的截线. 显然闭曲线的椭圆不能等于抛物线或双曲线. 剩下来只要证明抛物线不能等于双曲线. 证明由反证法，使用Ⅰ.20 和Ⅰ.21，这两个命题给出了两个纵标上的正方形的比的不同公式.

Ⅵ.3a 或Ⅵ.3b 后面未曾用到.

Ⅵ.4—5 在椭圆中，任一个直径截椭圆为相等的两部分. 此处并且在这一卷中，“相等”总是意味着“全等”，即一部分与另一部分“吻合”. 这个定理分别对当直径是轴（Ⅵ.4）和直径不是轴（Ⅵ.5）的情形证明. 在这两种情形中，其证明都使用对称推理.

Ⅵ.4 用在命题 8，而Ⅵ.5 后面未曾用到.

Ⅵ.6 若一个圆锥截线的一部分可以与另一个圆锥截线的一部分重合，则这两个截线相等，即完全重合. 证明用反证法. 在图 6.6 中，AB 段可以“吻合”在截线 GDE 的 GD 段上. 若这个定理不是真的，则在 AB 与 GD 重合之后，这两条截线就分开为两条曲线 DGN、DGM. 作公共弦 DNQ，通过这两个分开的曲线，并且作外面曲线 DGM 的直径 KL，由定义，这个直径通过 DQ 的中点 L，若作另一个弦 ZG，平行于 DNQ，并且对两个截线公用，则它也被 KL 平分，因此，KL 也是内面曲线 DGN 的直径，于是 L 是 DN 的中点，矛盾.

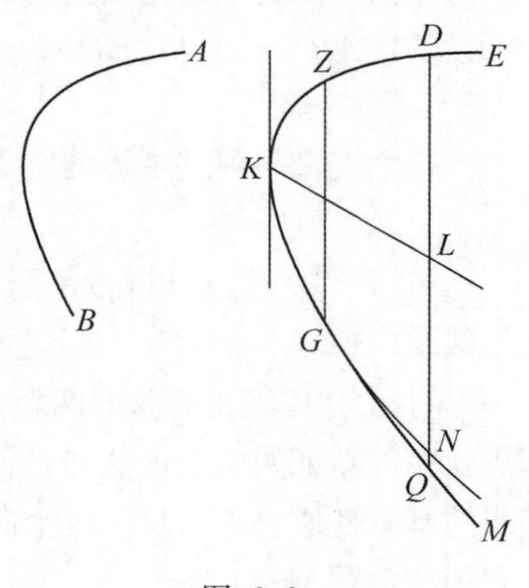

图 6.6

这个用在命题 7 和 10.

Ⅵ.7—8 圆锥曲线的轴的两条垂线截出的两个截线段是相等的，但是不等于任何其他的截线段（关于抛物线和双曲线），或者只等于距中心有同样距离，在对侧的截线段

① 指面积相等.

(关于椭圆). 证明分别对抛物线和双曲线（Ⅵ.7）以及对椭圆（Ⅵ.8）进行，使用对称推理及反证法，其反证法将导致抛物线和双曲线有两条轴，椭圆多于两条轴，这是不可能的（在Ⅱ.46 和Ⅱ.48 中证明).

Ⅵ.7 用在命题 8、9 和 19，Ⅵ.8 用在命题 9 和 20.

Ⅵ.9 在相等的两个截线中，到顶点有相等距离的两截线段相等，而到顶点有不相等距离的两截线段不相等. 这是Ⅵ.7—8 的直接推论.

Ⅵ.10 在不相等的两个截线中，没有一部分与另一个的一部分吻合. 这是Ⅵ.6 的逆.

Ⅵ.9 和Ⅵ.10 后面都未曾用到.

Ⅵ.11—12 讨论相似截线和相似截线段，两段在同一个截线中或者在两个不同的截线中.

Ⅵ.11 所有抛物线是相似的. 在图 6.11 中，抛物线 AB、GD 分别有正焦弦 AR、GP. 若把两个轴分开，使得 $AK:AR=GO:GP$，以及 $AK:AQ:AZ=GO:GC:GM$，则由抛物线的基本性质（Ⅰ.11），$BK^2=AK\cdot AR$，以及 $DO^2=GO\cdot GP$，即 BK、DO 分别是 AK、AR 和 GO、GP 的比例中项，因而，$BK:AK=DO:GO$. 类似地，可以证明所有对应的一对纵标和横标之间的比是相等的，于是，由定义 p.216 定义 2a，这两个抛物线相似.

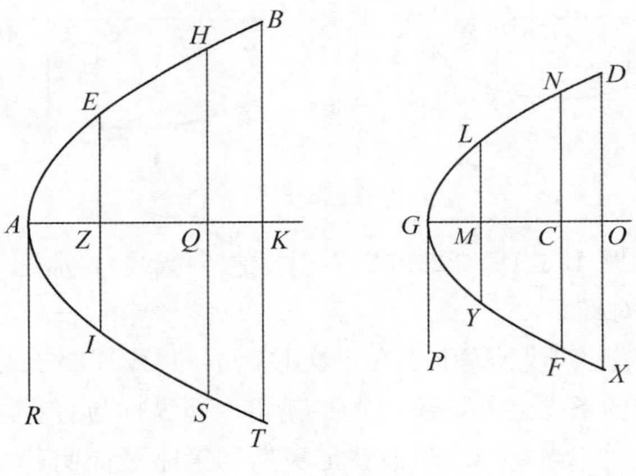

图 6.11

这个用在命题 17 和 21.

Ⅵ.12 一个双曲线相似于另一个双曲线，或者一个椭圆相似于另一个椭圆，若这两个截线在轴上构造的图形是相似的（即若在一个截线中的横截轴与正焦弦的比等于在另一个截线中的横截轴与正焦弦的比). 证明类似于对抛物线的证明（命题 11)，但是使用了Ⅰ.21，即在图形 6.12A 和图 6.12B 中，对于纵标 BK、DO，$BK^2:(RK\cdot AK)=DO^2:(PO\cdot GO)$，由于这些比中的每一个等于正焦弦与横截直径的比. 由此正如在抛物线中，容易证明 $BK:AK=DO:GO$. 并且其逆也是真的，即若两个有心圆锥曲线是相似的，则在它们的轴上构造的图形是相似的. 证明用上述的逆.

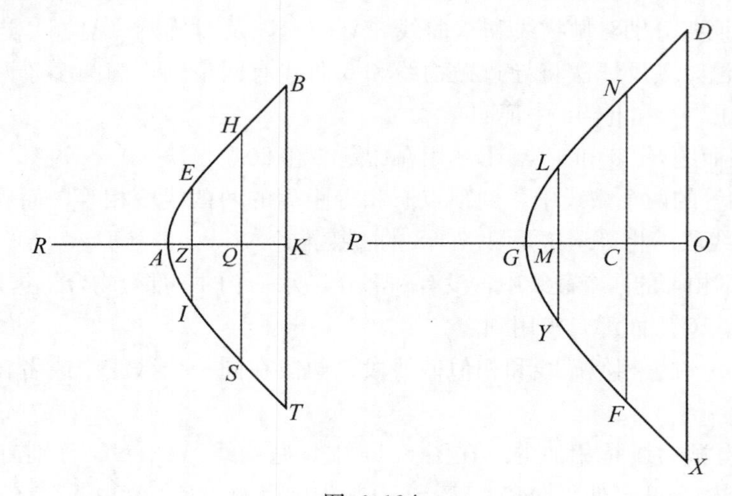

图 6.12A

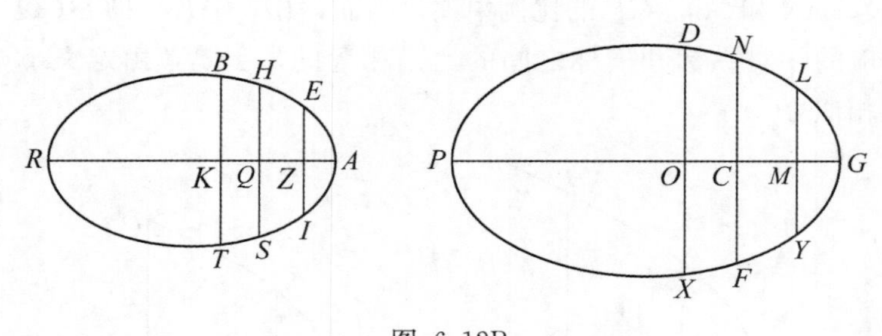

图 6.12B

这个定理用在命题 13、18、22 和 23（对于两个截线），命题 16 和 26（对于双曲线），以及命题 27（对椭圆）.

Ⅵ.13　是在斜共轭情形下等价于在正交共轭下的Ⅵ.12 的命题，但是，此时除了在直径上的图形相似的条件之外，还规定共轭角（即纵标与直径之间的角）在两种情形中是相同的. 其证明相当复杂. 阿波罗尼奥斯的策略是证明若在两个直径上的图形是相似的，则直径与轴交成相等角，并且因此在轴上的图形是相似的，因而（由命题 12）这两个截线是相似的. 为了达到这个目的，他作了顶点处的切线，并构造了一个辅助圆，通过这个切线与原来直径的交点，圆锥曲线的中心以及顶点，而后使用Ⅰ.37. 尽管如此，他的证明还是比一个古代和一个中世纪的评注者的证明简单，后两个使用了辅助引理：见 p. 233，n. ②.

这个定理后面未曾用到.

Ⅵ.14　一个抛物线不能相似于一个双曲线或一个椭圆. 类似于对应的定理Ⅵ.3b，关于抛物线和双曲线不可能相等. 其证明由反证法，使用Ⅰ.20 和Ⅰ.21，这两个命题给出了两个纵标上的正方形的比的不同公式.

这个用在命题 15 和 24.

Ⅵ.15　一个双曲线不能与一个椭圆相似．证明仍然用反证法，使用Ⅰ.21，此时使用了关于双曲线和椭圆的轴的两个端点的不同位置的纵标．

这个用在命题24.

Ⅵ.16　双曲线的两个相对分支是相似的和相等的．由于它们具有相等的正焦弦（由Ⅰ.14）和公用的横截轴，这是显然的．

这个定理后面未曾用到．

Ⅵ.17－18　讨论在两个圆锥曲线中判别两个相似的截线段．见图6.17、图6.18A和图6.18B．在两个圆锥曲线上的两点G、M处的切线与轴ZA、OK交成相等的角GZA、MOK．若作过G、M的直径GE、MC，并且使其上的点E和C有$EG:GZ=CM:MO$（即在两种情况下直径与在切线上的截取部分的比相等），而后作平行于切线并且过E和C的弦DB、NL，则这两个弦截出两个截线段BGD、LMN，它们是相似的并且有相似的位置（即到相关截线的顶点有相似的距离）．其逆也真：若两个截线段相似并且有相似的位置，则截线段的直径与这个直径端点处的切线上截取部分的比相等，并且切线与轴的夹角相等．阿波罗尼奥斯分别对抛物线（Ⅵ.17）和双曲线/椭圆（Ⅵ.18）证明了这个定理，但是在两种情况下的证明方法是类似的．命题17和18与Ⅵ.11和Ⅵ.12对应，前者适用于任意的直径和相应的切线，而后者只适用于整个截线的主直径，即轴．于是阿波罗尼奥斯援引了共轭纵标的变换的基本定理Ⅰ.49（关于抛物线）和Ⅰ.50（关于双曲线和椭圆）：他作了一个线段SG，使得$SG:2GZ=QG:GH$，则由上述命题，SG是直径GE的正焦弦．若用同样的方法作另一个截线的正焦弦MT，则可以证明$SG:GE=MT:MC$（对于双曲线和椭圆，还有$SG:GF=MT:MU$，即在两个直径上的“图形”相似）．于是就有命题11和12中完全相同的情况，除了在此处纵标与直径之间的角不再是直角；然而，因为$\angle GZA=\angle MOK$，所以在两个截线中它是相等的．因此，用Ⅵ.11－12中的同样的推理可以证明这两个截线段相似．其逆可以用相反的推理证明．

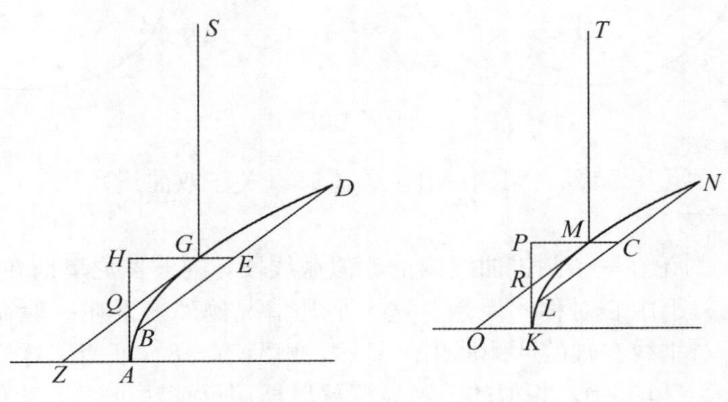

图 6.17

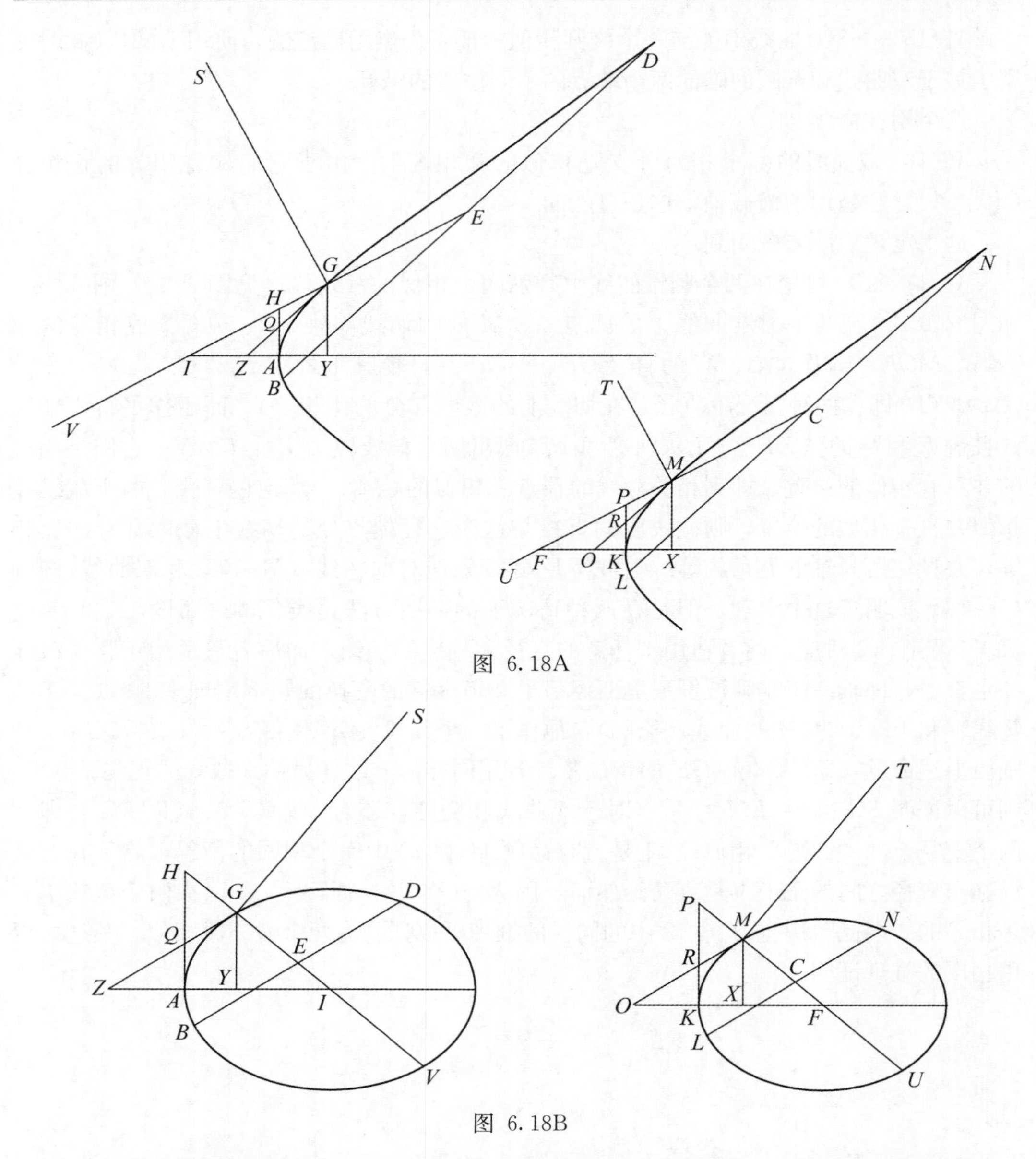

图 6.18A

图 6.18B

Ⅵ.17 用在命题 19 和 21，Ⅵ.18 用在命题 19（关于双曲线）、20（关于椭圆）以及 22 和 23（关于二者）.

Ⅵ.19－20 讨论在一个圆锥曲线内的相似截线段，阿波罗尼奥斯在Ⅵ.20 中讨论了椭圆，这个截线关于中心对称. 但是（这个平凡情况例外）下述一般命题是真的：相似段只能由同一对垂线在轴的两侧截出. 显然，由Ⅵ.7－8（证明了这样的两段是相等的），它们是先天（fortiori）相似的. 阿波罗尼奥斯用反证法证明了没有其他的截线段可以相似于如此截出的截线段. 例如，在图 6.19 中，假定截线段 QK 不只相似于 BG，而且也相似于 DE，则 BG 相似于 DE. 因此，由Ⅵ.17－18，弦 BG 和 DE 与轴有同样的角，于是它们平行，并且过它们的中点的线 MNC 是直径（由Ⅱ.28），而对应的切线

是 MI，是从 M 到轴平行于它们的线．因此，由Ⅵ.17—18，$MI : MN = MI : MC$，这是荒谬的．关于对椭圆的证明（图 6.20）直到最后一步完全相同，而在最后一步中，阿波罗尼奥斯令人难以理解地使用了不同的推理：代替作切线，他说，因为 MNC 是到两个相似段的直径，所以 $GB : MC = DE : MN$，它是不可能的（由于它隐含着 GDM 是直线）．

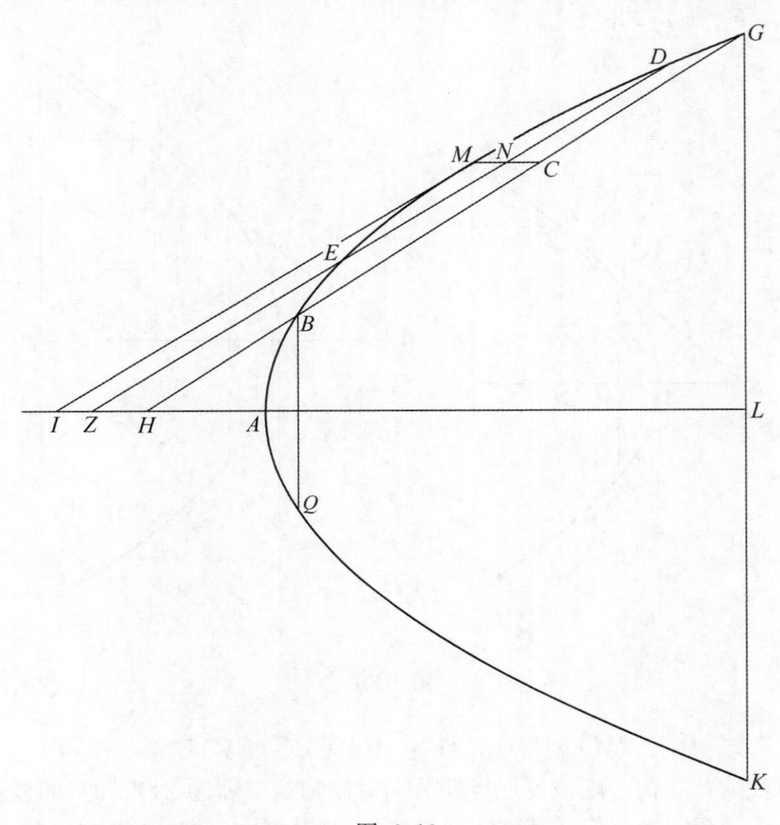

图 6.19

图 6.20

Ⅵ.19 用在命题 21 和 22，Ⅵ.20 用在命题 22. 卷Ⅵ中其余命题都在后面未用到.

Ⅵ.21－22 讨论判别在不同截线中的相似截线段. 其条件是（1）这两个截线必须相似①；（2）这两个截线段必须由一对轴的垂线截出，并且这一对垂线在轴上截出相似段. 例如，在图 6.21 中，若 AR、ES 分别是截线 AB、EZ 的正焦弦，并且作垂线 BM、DC 和 ZF、PV，并且

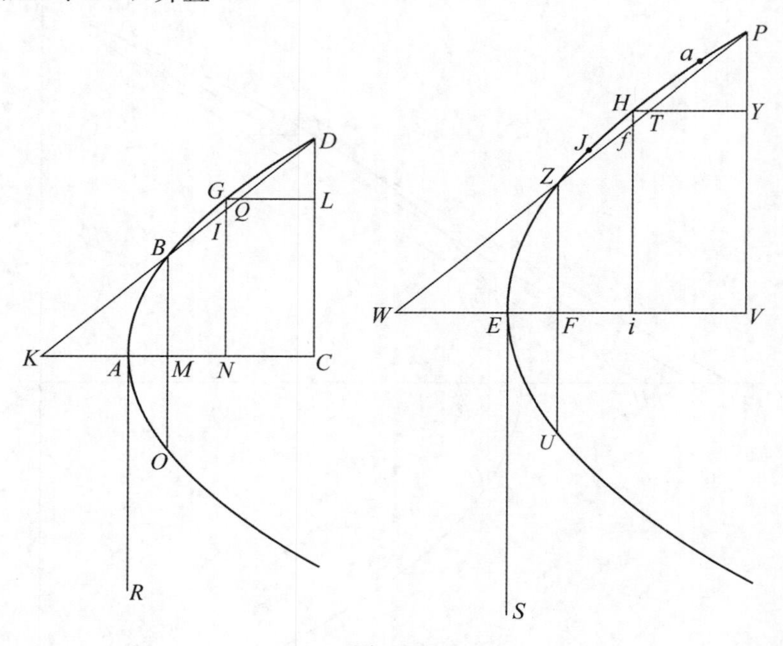

图 6.21

$$AM:AR=EF:ES,\ CA:AR=EV:ES,$$

则截线段 BD、ZP 相似. 阿波罗尼奥斯分别对抛物线（命题 21）和双曲线或椭圆（命题 22）证明了这个定理，但是其方法在本质上是相同的，并且遵循在命题 17－18 中的途径：作这两个截线段的直径，并证明弦 DB、PZ（因而在直径端点处的切线）与轴交成相等的角，并且在两个截线段中，直径与切线上的截取部分的比是相等的.

Ⅵ.23－25 讨论不同的截线的截线段的相似性. 证明了这是不可能的. 阿波罗尼奥斯把这个定理细分为三种情形：（1）两个双曲线或两个椭圆（命题 23）；（2）一个抛物线和一个双曲线或一个椭圆，以及一个双曲线和一个椭圆（命题 24）；（3）三个截线中的一个和一个圆（命题 25）.

Ⅵ.23 在图 6.23A 和图 6.23B 中，BE、DZ 是两个不同的双曲线或椭圆中的两个截线段. 作这两个截线段的直径 MH、NQ，若这两个是轴，则这两个截线就相似，与题设矛盾. 作轴（KA、LG），并从这两个直径的端点到截线段作垂线 MR、NP，再作切线 MS、NC. 则由命题 18，可以证明

① 对于抛物线来说，在任何情况下这是真的（由命题 11）. 在命题 23 中证明了不同的双曲线或椭圆不可能相似.

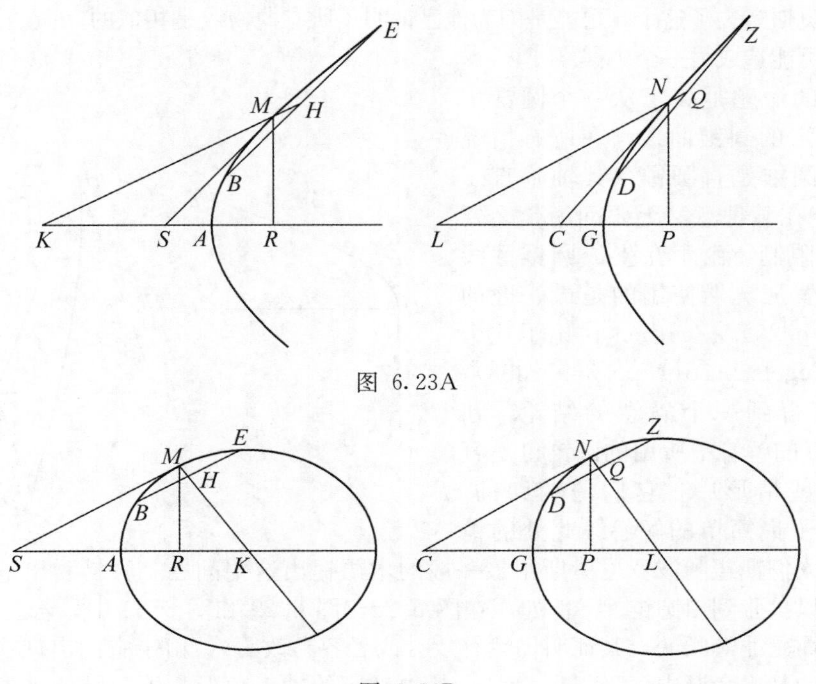

图 6.23A

图 6.23B

$$(KR \cdot RS) : MR^2 = (CP \cdot PC) : NP^2,$$

因此，由Ⅰ.37，在两个截线中，横截直径与正焦弦的比是相同的，这与题设矛盾.

Ⅵ.24 若一个截线是抛物线，而另一个是双曲线或椭圆，则命题 14 的方法（涉及整个截线）可以应用到截线段. 若一个截线是双曲线，而另一个是椭圆，则可使用命题 15 的方法.

Ⅵ.25 三个圆锥截线的任一部分不可能是一个圆弧. 在图 6.25 中，AG 是一个圆锥曲线的弧，并且假定它也是一个圆弧. 在它当中作三个非平行的弦 AB、ZH、GE，再作弦 QZ、LE、KH 平行于前三个，并且用线 MN、CO、RP 平分每一对平行弦，则后三个线是这个圆的直径，并且与这些弦交成直角. 因为它们也是（由Ⅱ.28）圆锥截线的直径，所以它们必然是它的三个轴，矛盾.

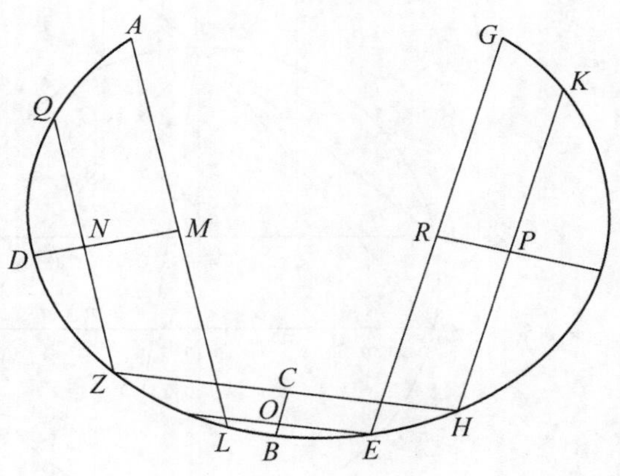

图 6.25

Ⅵ.26—27 若一个圆锥被两个平行平面所截，产生两个双曲线（命题 26）或两个椭圆（命题 27），则所生成的两个截线是相似的但不相等. 由双曲线和椭圆的基本定理（Ⅰ.12 和Ⅰ.13），容易证明横截直径与正焦弦的比对两个截线来说是相同的，但是其横截直径是不相等的.

正如 Heath（阿波罗尼奥斯 p. 208）指出的，同样的程序对抛物线产生同样的结果.

阿波罗尼奥斯略去了这个，可能是因为他已证明了所有抛物线是相似的（命题 11），但是这个省略可能造成另一个失误.

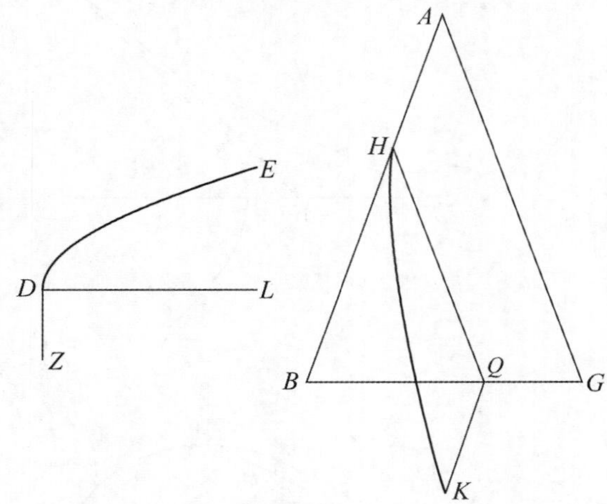

图 6.28

其余的命题是关于从一个圆锥生成一个给定的圆锥曲线. 在所有情况下，这个圆锥是直圆锥（其轴垂直于底面圆），在某种意义上要问为什么要施加这个限制，由于在生成圆锥截线时，阿波罗尼奥斯使用的是最一般的圆锥（见 p. 23）. Zeuthen 讨论了这个问题（《Kegelschnitte》pp. 389—393），但是没有得到一个满意的结论. 在Ⅰ. 52—60 的解答中所用的圆锥也是直的，在这些情形中，它们是辅助的，并且代表了最简单的解答. 此处的情况不同，人们期望阿波罗尼奥斯用最一般的术语提出这个问题. 容易看出他在卷Ⅵ中的解答可以扩张到斜圆锥.[①] 例如，在图 6.28、图 6.29 和图 6.30 中，若$\triangle ABG$不是等腰的，而是非等腰的，其证明仍然有效（或者容易改写），由于它们出现在关于生成这些截线的基本命题中（Ⅰ. 11—13），其中对应的轴三角形是不等腰的（参考图 A4、图 A5 和图 A6 中的$\triangle ABG$）. 限制这个问题于直圆锥的一个重要优点是此时其解答是唯一的:[②] 因为它们适用于任何轴三角形，而在直圆锥中，所有轴三角形是相似的，在斜圆锥中，它们是不同的，于是，后者会产生无穷多个解答，因而对这个问题就要进一步加以限制. 然而，这很难看成如此限制它们的充分理由.

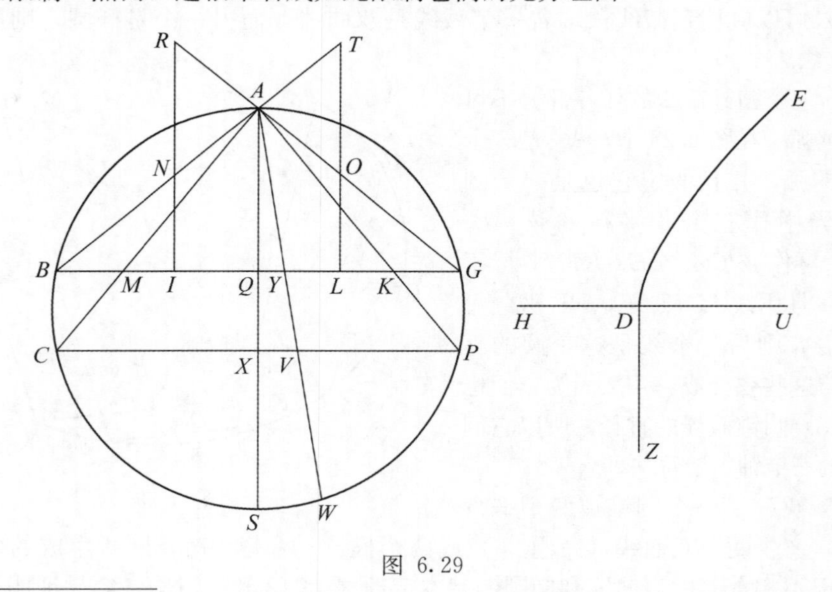

图 6.29

① 这个已经由 Claude Mydorge 说明（Mersenne，《Universae geometriae synopsis》, p. 295）.

② 在双曲线中这是一个重要优点（命题 29 和 32），在此处有一个判别以确定解答的个数.

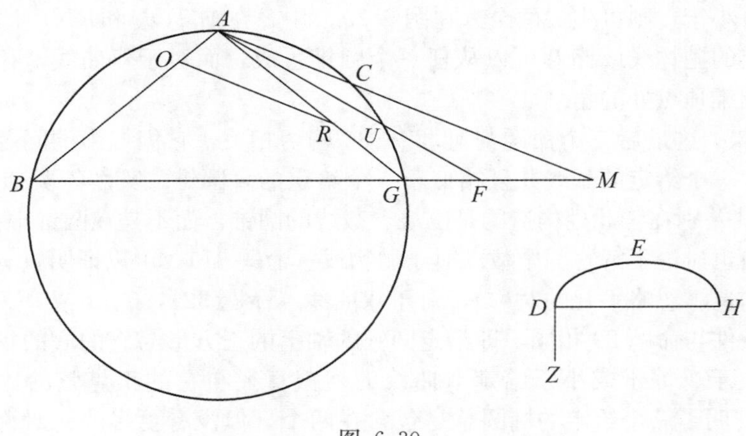

图 6.30

Ⅵ.28 问题：在给定的直圆锥中内接一个抛物线等于给定的抛物线. 在图 6.28 中，给定的抛物线是 DE，其正焦弦是 DZ，而 ABG 是给定圆锥的轴三角形.

解答：在 AB 上作 AH，使得

$$DZ:AH=GB^2:(AB\cdot AG),$$

并且作 HQ 平行于 AG. 由Ⅰ.11，过 HQ 与 ABG 成直角的平面在这个圆锥中生成的抛物线的正焦弦等于 DZ，因而，这就是要求的抛物线. 并且没有其他的等于 DE 的抛物线可以由垂直于△ABG 的平面生成.

Ⅵ.29—30 分别关于双曲线和椭圆解答如同Ⅵ.28 的同样问题. 在两种情形中其解答在本质上是相同的（见图 6.29** 和图 6.30）：给轴三角形 ABG 外接一个圆，从顶点 A 作一线 AMC 交这个圆和这个三角形的底于 C 和 M，于是（AM：MC）等于（给定截线的）横截直接与正焦弦的比，而后在这个圆锥中插入一条平行于 AMC 的线（在图 6.29** 中是 TO，在图 6.30 中是 OR）. 这条线是要求截线的横截轴（正如基本命题Ⅰ.12 和Ⅰ.13 所证明的）. 关于椭圆，证明了没有其他解. 然而，在双曲线的情形，可能会有多于一个的解，于是我们面临着判别. 阿波罗尼奥斯证明了其判别条件是给定圆锥的轴上的正方形与它的底面半径上的正方形的比①. 若这个比等于横截直径与正焦弦的比，则正好生成一个双曲线等于给定的双曲线；若大于，则没有双曲

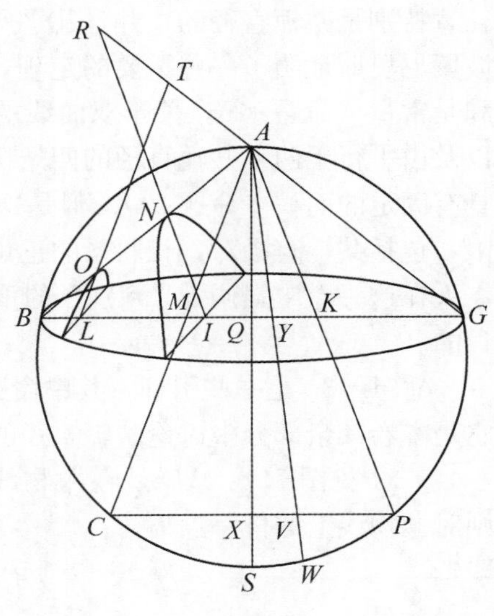

图 6.29**

① 这就是图 6.29 中的（$AQ^2:QB^2$）. 更一般的表达式是 $\{AQ^2:(QB\cdot QG)\}$，其中 AQ 不是轴，而是从圆锥的顶点到它的底的直径的垂线，与在Ⅰ.11—13 中产生的截线一致. 只是在直圆锥情况下变成（$AQ^2:QB^2$）.

线被生成；若小于，则可生成两个（在图6.29**中，在轴*TOL*和*RNI*上的两个）. 因而，一个给定的抛物线或椭圆可以从任一个圆锥生成，而对于双曲线，存在解答的界限，依赖于圆锥顶点处的角.

Ⅵ.31－33　这最后三个命题与Ⅵ.28－30密切相关，它们提出的问题是求作一个直圆锥，包含一个给定的截线并且相似于一个给定的直圆锥. 其解答类似于命题28－30的解答，其差别在于此处构造的是围绕着截线的圆锥，而不是在圆锥中构造的截线. 阿波罗尼奥斯也讨论了解答的个数. 对于抛物线（命题31），可以证明只有一个这样的圆锥可以被构造（忽略平凡的对称），对于双曲线（命题32），0、1或者2个可以被构造，其判别条件与命题29相同，即给定圆锥的轴上的正方形与它的底的半径上的正方形的比是否大于、等于或小于给定双曲线的横截直径与它的正焦弦的比，对于椭圆（命题33），证明了一个给定的椭圆总是包含在两个（但没有更多的）对称地平放的圆锥中.

f. 卷Ⅶ

Zeuthen在《Kegelschnitte》pp.393－407中讨论了卷Ⅶ，该卷分析了一些更有趣的命题，并且试图使其整个结构有意义. 虽然从阿波罗尼奥斯的卷Ⅶ的序言（p.274）和卷Ⅰ的序言（引述在上面p.19）可知，卷Ⅶ中的定理与卷Ⅷ中解决的问题有密切的联系，但是后一卷的全部遗失使得卷Ⅶ中这些定理的进一步应用的话很难确定. 尽管Halley（他“重建”了卷Ⅷ）① 和Zeuthen是乐观主义者.② 这一卷的内容是关于直径，特别是共轭直径的，并且几乎所有的命题只讨论双曲线和椭圆.③ 在这一卷中，阿波罗尼奥斯证明了一些重要的定理，著名的有关于椭圆的共轭直径上的两个正方形的和是常量（命题12），关于双曲线的共轭直径上的两个正方形的差是常量（命题13），以及由平行于两条共轭直径的四条切线围成的平行四边形（原文是矩形——中译者注）具有固定的面积（命题31）. 但是这些不是这一卷的主线，其主线是研究直径变化的界限，包括共轭直径对，相联系的正焦弦，以及这两者的各种函数，因为阿波罗尼奥斯本人在这一卷中强调④“判别”的重要性，所以我们可以认为建立解的界限是它的主要目的。

Ⅶ.1－3　是一些引理，其中命题2和3建立了“同比点”（homologue points⑤），它是本卷其余部分中讨论共轭直径的重要工具.

Ⅶ.1见图7.1：*AD*是在抛物线的轴上从顶点*A*向外画出的等于正焦弦的线段，则对抛物线上的任一点*B*，

---

① 见p.19.

② 《Kegelschnitte》p.405.

③ 命题Ⅰ.5和23例外，它们是对抛物线的类似于对有心圆锥曲线的理论.

④ 卷Ⅰ的序言（译文的p.⑨上部).

⑤ 严格地说，阿波罗尼奥斯从来没有使用这个术语，而他只谈及“同比线”，它是一条线段，从横截直径的一个端点到我所说的“同比点”. 然而给这些点起一个名字是方便的，在主要的使用同比点的命题中，它们一直标以字母*N*和*C*（6－22).

$$AB^2 = DG \cdot AG.$$

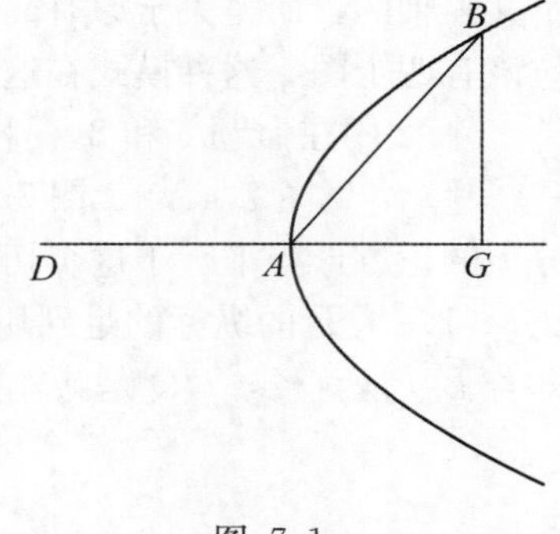

图 7.1

这个容易从抛物线的基本性质（Ⅰ.11）证明，插入它可能是因为它与命题 2 和 3 中关于双曲线和椭圆的引理类似，它在后面未曾用到.

Ⅶ.2—3 见图 7.2A 和图 7.2B 以及图 7.3A 和图 7.3B. 若双曲线或椭圆的横截轴被点 Q 分成的比等于正焦弦与横截直径的比，并且在这个截线上任取一点 B，作从 B 到顶点 A 的线段以及到轴的垂线 BE，则

$$AB^2 : (QE \cdot EA) = AG : GQ,$$

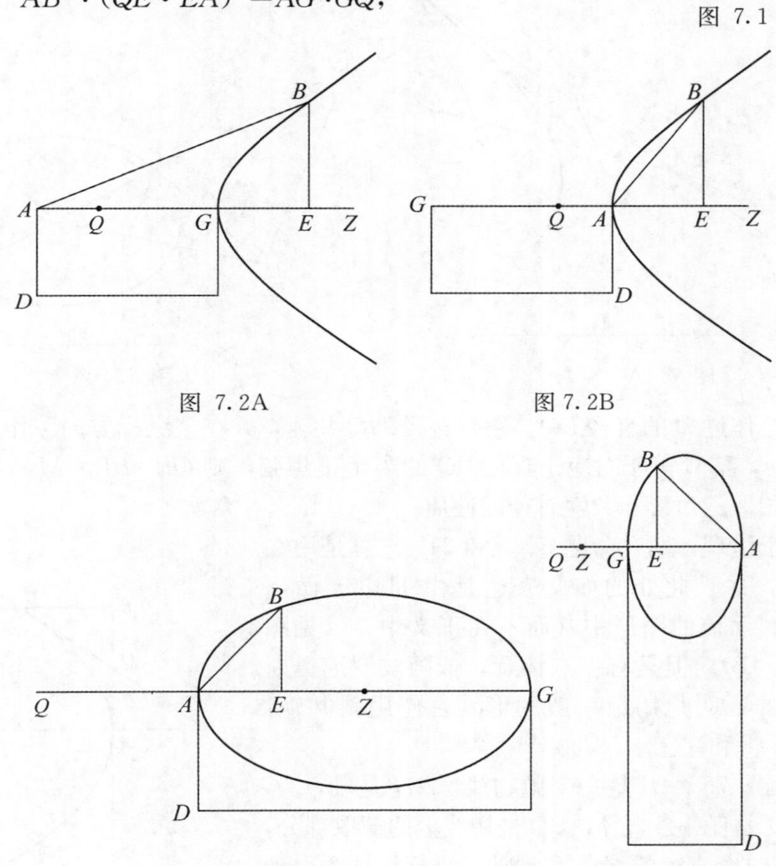

图 7.2A 图 7.2B

图 7.3A 图 7.3B

即它是固定比，对于双曲线等于（$\boldsymbol{D}+\boldsymbol{R}$）∶$\boldsymbol{D}$，对于椭圆等于（｜$\boldsymbol{D}-\boldsymbol{R}$｜）∶$\boldsymbol{D}$，阿波罗尼奥斯称线 AQ 为“同比线”，即这个线对横截轴的其他部分的比与截线的正焦弦对它的横截直径的比是“相同比”① . 引理的证明分别对双曲线（Ⅶ.2）和椭圆（Ⅶ.3）进行，两种情况下的证明完全是相同的（应用Ⅰ.21）. 对于椭圆，既对长轴又对短轴作了证明（因而有两个图）. 对双曲线也有两个图，但是它们不是（像椭圆一样）关于两

① 更精确地，“相似比”，见 p. 275，n. ②.

个共轭轴的，而是关于原有的横截轴的两个端点的．为了达到严格的平行，对于椭圆应该有四个图．这种模式在这一卷的其余部分多次重复，并且不再作进一步提示．

Ⅶ.2 用在命题 6 和 8，Ⅶ.3 用在命题 7 和 8.

Ⅶ.4　见图 7.4A*、图 7.4B*．对于双曲线或椭圆上的任一点 B，其切线的截取部分上的正方形与平行于这个切线的半个共轭直径①上的正方形的比等于（1）与（2）的比；（1）从 B 的纵标的足到切线和直径的交点的距离，（2）从纵标的足到中心的距离，即若 BD 是直径，HQ 是共轭直径，则 $BD^2 : HQ^2 = ED : EQ$.

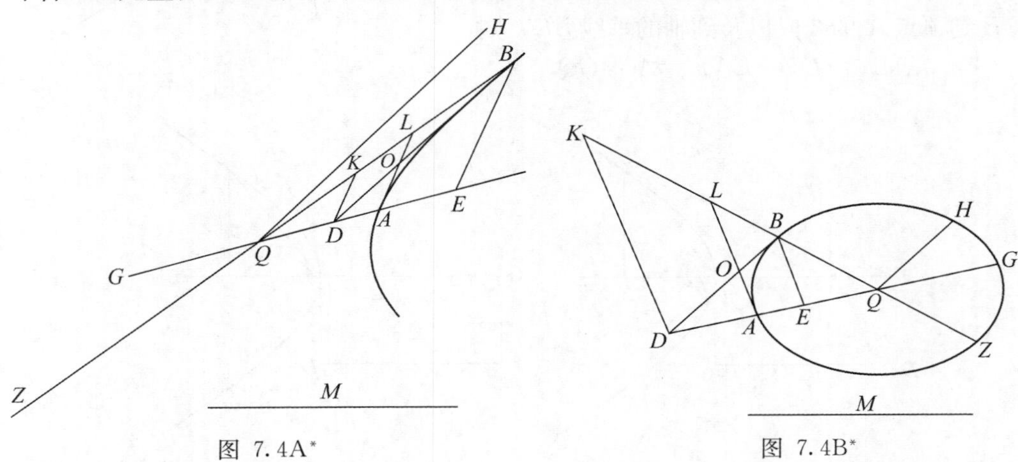

图 7.4A*　　图 7.4B*

其证明是作过 B 的直径 BQ，它与直径 HQ 共轭，并在"纵标方向"作 AL、DK. 那么由Ⅰ.50，若 M 等于对应于直径 BQ 的半个正焦弦，则 $OB : BL = M : BD$. 后面的陈述用到了相似三角形和共轭直径的性质.

这是一个引理，用在命题 6、7 和 31. 它总是用在正交共轭中，并且此处的如此表达是由 Halley 做出的，而且只在手稿的图形中（而不在正文中）（见图 7.4A 和图 7.4B）. 但是有一点怀疑，依阿波罗尼奥斯的习惯，他的证明是用最一般的形式，使用斜共轭：见 p. 278，注①和注②.

Ⅶ.5　见图 7.5 AB 是一个抛物线，AH 是轴，AG 是正焦弦．BI 是任一条直径，BD 是切线上的截取部分，并且 BZ 是从这个直径的端点 B 到轴的纵标．这个引理断言，若对应于直径 BI 的正焦弦是 $\boldsymbol{r}(BI)$，则

$$\boldsymbol{r}(BI) = AG + 4AZ,$$

图 7.5

即任一个直径的正焦弦等于轴的正焦弦加上四倍的从这个直径的端点作的垂线到这个截线的顶点的距离．

若作 BH 到轴并与 DB 成直角，则由Ⅰ.49，可以证明 $DH = \frac{1}{2}\boldsymbol{r}(BI)$. 因为 ZH

① 即共轭于过切点的直径的直径（图中的 BQ）.

$=\frac{1}{2}\boldsymbol{R}$，$DA=AZ$（Ⅰ.35），所以得到结果．然而，有趣的是阿波罗尼奥斯没有采用 $ZH=\frac{1}{2}\boldsymbol{R}$，尽管他在Ⅴ.8和Ⅴ.27中已证明了它，并且它是一个众所周知的关于圆锥曲线的基本定理，而是用新的方法证明它（使用抛物线的基本性质）．这是另一个证据，卷Ⅴ、Ⅵ和Ⅶ是分开讨论互不连系的专题的（参考 p.54 关于Ⅴ.34 的注释）.

这是命题32的引理，也是唯一用它的地方．

Ⅶ.6－7 这两个命题使用同比点（定义在命题2－3中）来构造一个简单的方法，表示任一对共轭直径的长度之间的关系，以及任一直径的长度与它的正焦弦之间的关系．在图7.6A和图7.6B以及图7.7A和图7.7B中，若 N 和 C 是“同比点”，并且 BK、ZH 是任一对共轭直径，从顶点 A 作 AL 平行于共轭直径① ZH，交截线于 L，并且作到轴的垂线 LM. 则

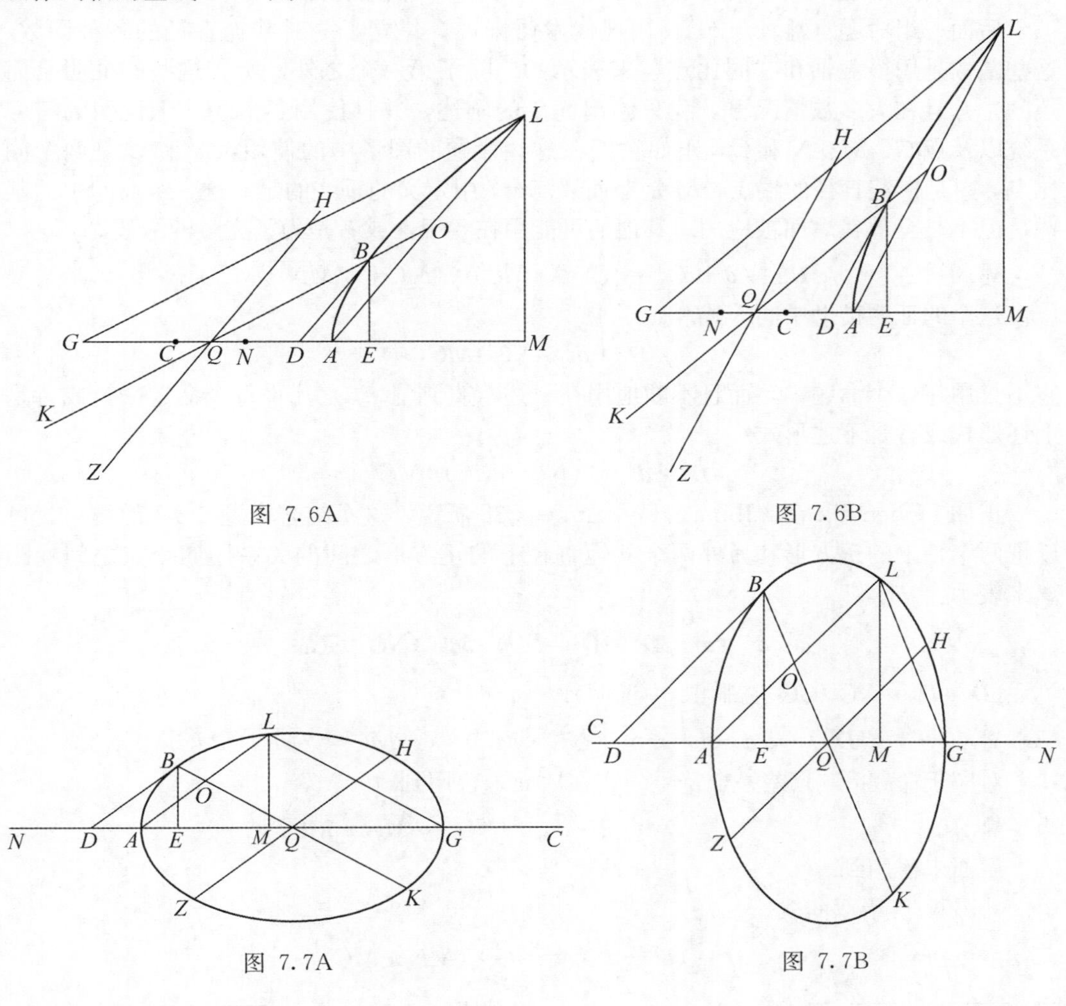

图 7.6A　　图 7.6B

图 7.7A　　图 7.7B

① 对于双曲线，这个直径就是“竖直”或“第二”直径，它是共轭相对截线的直径（参考 p.281，n.①）.

$$BK^2 : ZH^2 = MC : MN, \quad (1)$$

$$\text{并且 } BK : \boldsymbol{R}(BK) = MC : MN. \quad (2)$$

比较在Ⅰ.15和Ⅰ.16中得到的结果，它可表示为

$$\boldsymbol{d}^2 : \hat{\boldsymbol{d}}^2 = \boldsymbol{d} : \boldsymbol{r}.$$

阿波罗尼奥斯分别对双曲线（Ⅶ.6）和椭圆（Ⅶ.7）证明了这个定理，但是分开没有理由，因为这两个证明（包括使用的字母）步步都是相同的．而真正的差别只是在椭圆时使用了两个图形（关于长轴和短轴）.①其证明是复杂的，依赖命题2、3和4中的引理，或者说只依赖于Ⅰ.15－16中的共轭直径的性质，相似三角形以及比例的运算.

这些定理（两种引用的形式）重复地应用在下述一组命题中（Ⅶ.8－20），它们频繁地使用了与命题6和7中的图形完全相同的图形.

Ⅶ.6用在命题21、22、23、35、40和46，Ⅶ.7使用在命题48.

后面一组命题（Ⅶ.8－20），用现代术语来说，建立了一对共轭直径的各种函数，这些函数是用横截轴和"同比点"来表示的．除了第一个之外，所有这些的证明是简短的，并且在大多数情况下，我只给出简单的阐述，并且使用了p.108上说明的符号系统以及点G、M、N和C，正如它们在这些命题的图形中的使用，N和C是两个同比点，G是横截直径的端点，M是上面Ⅶ.6－7中定义的垂线的足．这一组命题中的某些，但不是全部在后面被应用．其他的可能用在卷Ⅷ，或者是为了完整的缘故．

Ⅶ.8 $\quad \boldsymbol{D}^2 : (\boldsymbol{d} + \hat{\boldsymbol{d}})^2 = (NG \cdot MC) : (MC + \sqrt{MN \cdot MC})^2.$

这个的证明借助中间等式.

$$\boldsymbol{D}^2 : \boldsymbol{d}^2 = NG : MC,$$

它不只用在这个命题中，而且不断地用在下述（直到Ⅶ.20）几乎每个命题中，或者是上述形式或者是下述形式.

$$\boldsymbol{D}^2 : \boldsymbol{d}^2 = (NG \cdot MC) : MC^2.$$

正如Hogendijk在《Ibn al-Haytham》p.38所说，这个结合命题6－7的结果，可以把两个轴上的正方形和另外两个共轭直径上的正方形之间的关系用四个点之间的距离来表示：

$$\hat{\boldsymbol{d}}^2 : \boldsymbol{d}^2 : \boldsymbol{D}^2 : \hat{\boldsymbol{D}}^2 = MN : MC : NG : GC.$$

（$\boldsymbol{D}^2 : \hat{\boldsymbol{D}}^2 = NG : GC$在Ⅶ.12中证明）.

Ⅶ.9 $\quad \boldsymbol{D}^2 : (|\boldsymbol{d} - \hat{\boldsymbol{d}}|)^2 = (NG \cdot MC) : (|MC - \sqrt{MN \cdot MC}|)^2.$

对应于命题8，只差一个符号．它在后面未曾用到.

Ⅶ.10 $\quad \boldsymbol{D}^2 : (\boldsymbol{d} \cdot \hat{\boldsymbol{d}}) = NG : \sqrt{MN \cdot MC}.$

后面未曾用到.

Ⅶ.11 对于双曲线

$$\boldsymbol{D}^2 : (\boldsymbol{d}^2 + \hat{\boldsymbol{d}}^2) = NG : (MN + MC)$$

---

① 在Ⅶ的末尾有一个小推论，若垂线LM过中心，则这两个共轭直径相等．这给我们一个方法来判别椭圆中等共轭直径的位置.

对椭圆也成立，但是另外证明在下一个命题中.

这个定理后面未曾用到.

Ⅶ.12 在椭圆中，任一对共轭直径上的正方形之和等于两个轴上的正方形之和.

如在Ⅶ.11 中，$\boldsymbol{D}^2:(\boldsymbol{d}^2+\hat{\boldsymbol{d}}^2)=NG:(MN+MC)$.

但是，对椭圆，$MN+MC=NC$，并且 $\boldsymbol{D}^2:\hat{\boldsymbol{D}}^2=NG:GC$.

因此 $\boldsymbol{D}^2:(\boldsymbol{D}^2+\hat{\boldsymbol{D}}^2)=NG:NC$，于是 $\boldsymbol{D}^2+\hat{\boldsymbol{D}}^2=\boldsymbol{d}^2+\hat{\boldsymbol{d}}^2$.

这个用在命题 26 和 30 以及命题 31 之后的小结之中.

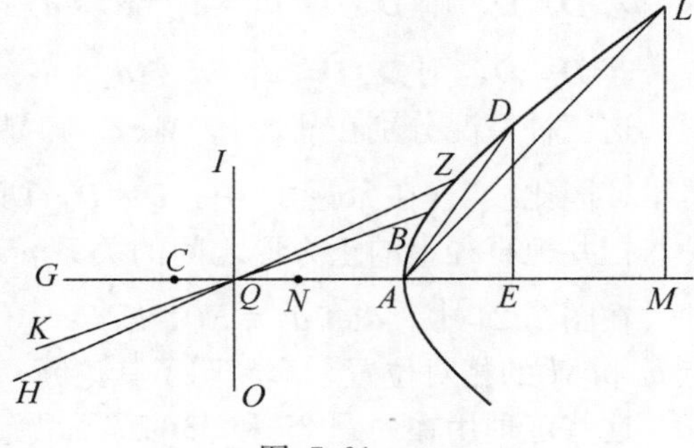

图 7.21

Ⅶ.13 在双曲线中，任一对共轭直径上的正方形之差等于两个轴上的正方形之差.

因为 $\boldsymbol{D}^2:(|\boldsymbol{d}^2-\hat{\boldsymbol{d}}^2|)=NG:(|MN-MC|)$，但是，对于双曲线，$|MN-MC|=NC$，并且

$$\boldsymbol{D}^2:\hat{\boldsymbol{D}}^2=NG:GC.$$

因此 $\boldsymbol{D}^2:(|\boldsymbol{D}^2-\hat{\boldsymbol{D}}^2|)=NG:NC$，于是 $|\boldsymbol{D}^2-\hat{\boldsymbol{D}}^2|=|\boldsymbol{d}^2-\hat{\boldsymbol{d}}^2|$.

这个用在命题 25、27 和 29.

Ⅶ.14 在椭圆中，若 Q 是中心，则

$$\boldsymbol{D}^2:(|\boldsymbol{d}^2-\hat{\boldsymbol{d}}^2|)=NG:2MQ.$$

因为 $\boldsymbol{D}^2:(|\boldsymbol{d}^2-\hat{\boldsymbol{d}}^2|)=NG:(|MN-NC|)$（参考命题 13），并且 $QN=QC$，$|MN-MC|=2MQ$.

这个后面未曾用到.

Ⅶ.15 $\boldsymbol{D}^2:\boldsymbol{r}^2=(NG\cdot MC):MN^2$.

这个用在命题 34 和 35.

Ⅶ.16 $\boldsymbol{D}^2:(|\boldsymbol{d}-\boldsymbol{r}|)^2=(NG\cdot MC):(|MN-MC|)^2$.

这个用在命题 36.

Ⅶ.17 $\boldsymbol{D}^2:(\boldsymbol{d}+\boldsymbol{r})^2=(NG\cdot MC):(MN+MC)^2$.

这个用在命题 39、40 和 41.

Ⅶ.18 $\boldsymbol{D}^2:(\boldsymbol{d}\cdot\boldsymbol{r})=NG:MN$.

这个用在命题 42 和 43.

Ⅶ.19 $\boldsymbol{D}^2:(\boldsymbol{d}^2+\boldsymbol{r}^2)=(NG\cdot MC):(MN^2+MC^2)$.

这个用在命题 45 和 47.

Ⅶ.20 $\boldsymbol{D}^2:(|\boldsymbol{d}^2-\boldsymbol{r}^2|)=(NG\cdot MC):(|MN^2-MC^2|)$.

这个用在命题 49、50（隐含地）和 51.

下一组命题（Ⅶ.21—31）讨论各种共轭直径的函数变化的条件，特别是它们的增加或减小，在整个这一部分中，记号 $\boldsymbol{d}_1$、$\hat{\boldsymbol{d}}_1$ 和 $\boldsymbol{d}_2$、$\hat{\boldsymbol{d}}_2$ 用来标记相邻的两对共轭直径，

其中 $\boldsymbol{d}_2$ 比 $\boldsymbol{d}_1$ 距离轴较远，例如，在图 7.21 中，若 AG 是横截轴（记为 $\boldsymbol{D}$），则 BH 是 $\boldsymbol{d}_1$、ZK 是 $\boldsymbol{d}_2$.

Ⅶ.21—23 讨论在双曲线中，一对共轭直径之间的比及其增加或减小. 阿波罗尼奥斯证明了这个依赖于共轭轴之间的比. 根据 $\boldsymbol{D}$ 大于、等于或小于 $\hat{\boldsymbol{D}}$，同样地有 $\boldsymbol{d}$ 大于、等于或小于 $\hat{\boldsymbol{d}}$. 并且可以如下刻画相邻共轭对之间的比.

若 $\boldsymbol{D}>\hat{\boldsymbol{D}}$，则 $\boldsymbol{D}:\hat{\boldsymbol{D}}>\boldsymbol{d}_1:\hat{\boldsymbol{d}}_1>\boldsymbol{d}_2:\hat{\boldsymbol{d}}_2$.

若 $\boldsymbol{D}=\hat{\boldsymbol{D}}$，则 $\boldsymbol{D}:\hat{\boldsymbol{D}}=\boldsymbol{d}_1:\hat{\boldsymbol{d}}_1=\boldsymbol{d}_2:\hat{\boldsymbol{d}}_2$.

若 $\boldsymbol{D}<\hat{\boldsymbol{D}}$，则 $\boldsymbol{D}:\hat{\boldsymbol{D}}<\boldsymbol{d}_1:\hat{\boldsymbol{d}}_1<\boldsymbol{d}_2:\hat{\boldsymbol{d}}_2$.

这三种情况分别在Ⅶ.21、Ⅶ.22 和Ⅶ.23 中讨论，但是证明方法都是类似的. 构造了“同比线”（在命题 23 中，$\boldsymbol{D}=\hat{\boldsymbol{D}}$，两个同比点与中心重合）. 在命题 21（原文 6）中，把共轭直径上的正方形之间的关系转变为沿着横截轴上两条线段之间的关系：例如，在图 7.21 中，$\boldsymbol{d}_1^2:\boldsymbol{d}_2^2=EC:EN$，$\boldsymbol{d}_2^2:\hat{\boldsymbol{d}}_2^2=MC:MN$. 考虑“同比点”$C$、$N$ 以及点 E 和 M 的相对位置，容易明了其论断.

这些定理用在命题 25 和 33 以及命题 31 后面的小结中.

Ⅶ.24 是关于椭圆的对应于关于双曲线的Ⅶ.21—23 的定理，但是大大简化，由于阿波罗尼奥斯没有考虑相等的情形（此时椭圆就退化为圆）. 因为由定义，长轴总是大于短轴，他简单地只要证对于所有的 $\boldsymbol{d}_n$，$\boldsymbol{d}_n>\hat{\boldsymbol{d}}_n$，

$$\boldsymbol{D}:\hat{\boldsymbol{D}}>\boldsymbol{d}_1:\hat{\boldsymbol{d}}_1>\boldsymbol{d}_2:\hat{\boldsymbol{d}}_2.$$

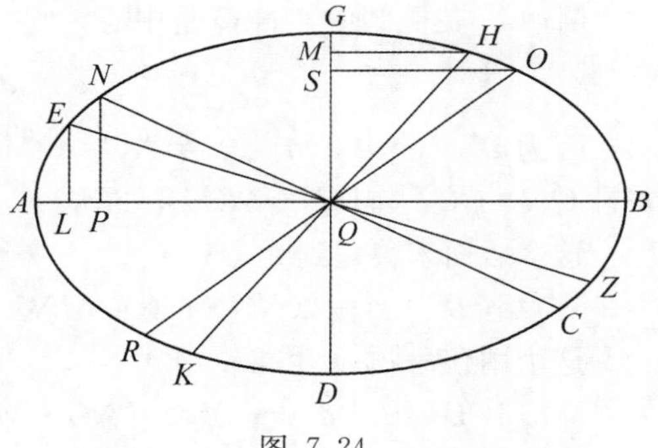

图 7.24

然而，其证明与对双曲线的证明不同，因为它不依赖卷Ⅶ中的引理. 代替的办法（见图 7.24）是阿波罗尼奥斯作了两对共轭直径，并且从它们的端点到适当的轴作垂线. 再由Ⅰ.21，对任一类似于 E 的点，比 $(AL\cdot LB):LE^2$ 是常量，并且 $AL\cdot LB>LE^2$. 同样地，若考虑两个半直径 EQ、NQ，则从

$$(AL\cdot LB):(AP\cdot PB)=LE^2:NP^2,$$

证明了 $EQ>QN$. 用这个方法，阿波罗尼奥斯证明了直径从长轴到短轴不断地减小，由此可以直接推出其比减小的论断.

随后有两个推论，在椭圆中，

（1）$(\boldsymbol{D}-\hat{\boldsymbol{D}})>(\boldsymbol{d}_1-\hat{\boldsymbol{d}}_1)>(\boldsymbol{d}_2-\hat{\boldsymbol{d}}_2)$，

并且 $(\boldsymbol{D}^2-\hat{\boldsymbol{D}}^2)>(\boldsymbol{d}_1^2-\hat{\boldsymbol{d}}_1{}^2)>(\boldsymbol{d}_2^2-\hat{\boldsymbol{d}}_2^2)$.

设有证明：见 p.303，n.①.

（2）$\boldsymbol{R}<\boldsymbol{r}_1<\boldsymbol{r}_2<\hat{\boldsymbol{R}}$.

可以从这个命题以及Ⅰ.15 直接推出，Ⅰ.15 断言 $\boldsymbol{d}^2=\hat{\boldsymbol{d}}\cdot\hat{\boldsymbol{r}}$，$\hat{\boldsymbol{d}}^2=\boldsymbol{d}\cdot\boldsymbol{r}$.

这个用在命题 26、27 和 37 以及命题 31 后面的小结.

在Ⅶ.25－26中，阿波罗尼奥斯证明了

$$(\boldsymbol{D}+\hat{\boldsymbol{D}})<(\boldsymbol{d}_1+\hat{\boldsymbol{d}}_1)<(\boldsymbol{d}_2+\hat{\boldsymbol{d}}_2).$$

Ⅶ.25 关于双曲线，首先讨论了共轭轴相等的情形．由Ⅶ.23，若 $\boldsymbol{D}=\hat{\boldsymbol{D}}$，则 $\boldsymbol{d}_1=\hat{\boldsymbol{d}}_1$，$\boldsymbol{d}_2=\hat{\boldsymbol{d}}_2$，但是 $\boldsymbol{D}<\boldsymbol{d}_1<\boldsymbol{d}_2$．阿波罗尼奥斯对于双曲线从来没有证明这个命题（对照Ⅶ.24对于椭圆的情形），并且认为它是自明的（正如 p.54 所说，它是Ⅴ.34 的推论）.

在共轭轴不相等的情形下，由Ⅶ.13

$$|\boldsymbol{D}^2-\hat{\boldsymbol{D}}^2|=|\boldsymbol{d}_1^2-\hat{\boldsymbol{d}}_1^2|=|\boldsymbol{d}_2^2-\hat{\boldsymbol{d}}_2^2|,$$

因此，结论推出．①

隐含地用在命题27和命题31后面的小结中.

Ⅶ.26 在椭圆中，由命题24，

$$\boldsymbol{D}:\hat{\boldsymbol{D}}>\boldsymbol{d}_1:\hat{\boldsymbol{d}}_1>\boldsymbol{d}_2:\hat{\boldsymbol{d}}_2.$$

因而 $(\boldsymbol{D}+\hat{\boldsymbol{D}}):(\boldsymbol{D}^2+\hat{\boldsymbol{D}}^2)<(\boldsymbol{d}_1+\hat{\boldsymbol{d}}_1):(\boldsymbol{d}_1^2+\hat{\boldsymbol{d}}_1^2)$，等等．②

但是，由Ⅶ.12，$(\boldsymbol{D}^2+\hat{\boldsymbol{D}}^2)=(\boldsymbol{d}_1^2+\hat{\boldsymbol{d}}_1^2)=(\boldsymbol{d}_2^2+\hat{\boldsymbol{d}}_2^2)$，

因此 $(\boldsymbol{D}+\hat{\boldsymbol{D}})<(\boldsymbol{d}_1+\hat{\boldsymbol{d}}_1)$ 等等.

这个用在命题28.

Ⅶ.27 对于这两种截线，若 $\boldsymbol{D}>\hat{\boldsymbol{D}}$，则

$$(\boldsymbol{D}-\hat{\boldsymbol{D}})>(\boldsymbol{d}_1-\hat{\boldsymbol{d}}_1)>(\boldsymbol{d}_2-\hat{\boldsymbol{d}}_2).$$

对于椭圆，这个已在Ⅶ.24中叙述．对于双曲线，可从Ⅶ.13推出.

这个在后面未曾用到.

Ⅶ.28 对于这两种截线，

$$\boldsymbol{D}\cdot\hat{\boldsymbol{D}}<\boldsymbol{d}_1\cdot\hat{\boldsymbol{d}}_1<\boldsymbol{d}_2\cdot\hat{\boldsymbol{d}}_2.$$

对于双曲线，其命题是显然的，由于共轭直径对离轴越远越大，对于椭圆，这个命题直到等共轭直径是有效的．由Ⅶ.26，

$$(\boldsymbol{D}+\hat{\boldsymbol{D}})^2<(\boldsymbol{d}_1+\hat{\boldsymbol{d}}_1)^2<(\boldsymbol{d}_2+\hat{\boldsymbol{d}}_2)^2.$$

但是，由Ⅶ.12，

$$(\boldsymbol{D}^2+\hat{\boldsymbol{D}}^2)=(\boldsymbol{d}_1^2+\hat{\boldsymbol{d}}_1^2)=(\boldsymbol{d}_2^2+\hat{\boldsymbol{d}}_2^2).$$

因而，由减法，$2\boldsymbol{D}\cdot\hat{\boldsymbol{D}}<2\boldsymbol{d}_1\cdot\hat{\boldsymbol{d}}_1<2\boldsymbol{d}_2\cdot\hat{\boldsymbol{d}}_2$.

这个用在命题31后面的小结中.

Ⅶ.29－30 对于双曲线或椭圆中的任一直径，$|\boldsymbol{d}\cdot\boldsymbol{r}-\boldsymbol{d}^2|$ 对于双曲线是常量（Ⅶ.29），$(\boldsymbol{d}\cdot\boldsymbol{r}+\boldsymbol{d}^2)$ 对于椭圆是常量.

这是结合下述命题的直接推论：关于共轭直径的命题（Ⅰ.15和Ⅰ.16），

$$\hat{\boldsymbol{d}}^2=\boldsymbol{d}\cdot\boldsymbol{r},$$

---

① 阿波罗尼奥斯只是叙述了这个：关于证明见 p.304，n.②.

② 阿波罗尼奥斯只是叙述了这个：证明是由 al-Shīrāzī 作出的（附录C，p.361).

以及在共轭直径上的正方形的和或者差是常量的命题（Ⅶ.12 和Ⅶ.13).

Ⅶ.29 用在命题 49 和 50，Ⅶ.30 在后面未曾用到.

Ⅶ.31 在双曲线或椭圆中，对于任一对共轭直径，其相邻边等于这两个直径而其两个角等于这两个共轭直径交成的两个角的平行四边形的面积等于由两个轴构成的矩形的面积．这是阿波罗尼奥斯的叙述，但是容易看出，它与他实际上已证明的下述命题等价：由平行于任一对共轭直径的四条切线构成的平形四边形等于由两个轴围成的矩形（是常量).

见图 7.31A 和图 7.31B. 若 ZL、CN 是一对共轭直径，并且在它们的端点作切线，形成平行四边形 $HPMK$，要求证明 $HPMK$ 的面积等于两个轴 AB、CD 的乘积．若过 Z 的切线交轴 AB 于 E，作 ZR 垂直于 AB，并且使 RO 是 ER 和 RQ 的比例中项，则由Ⅶ.4，$ZE^2:QC^2=ER:RQ$. 但是 $ZE^2:QC^2=2\triangle QZE:2\triangle CQT$. 而平行四边形 $CQZH$ 是 $2\triangle QZE$ 和 $2\triangle CQT$ 的比例中项．因此，$2\triangle QZE$ 与平行四边形 $CQZH$ 的比等于 $(OR:RQ)$. 由此并由Ⅰ.37，可以证明平行四边形 $CQZH=AQ\cdot QG$，结论成立.

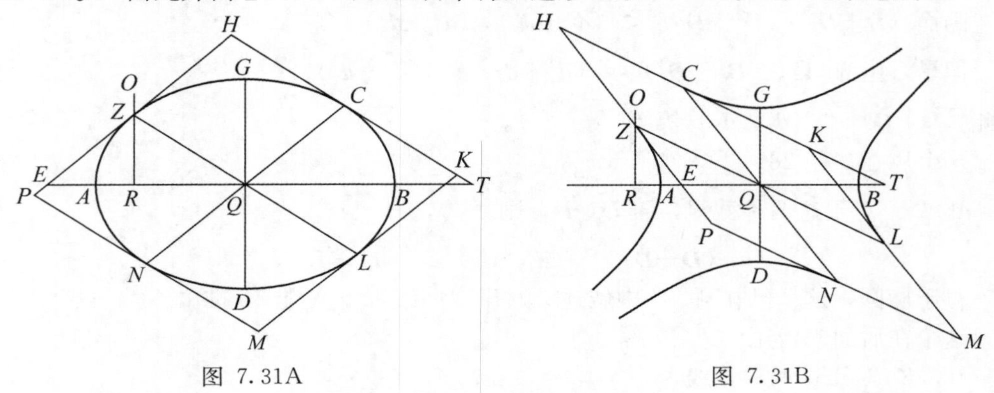

图 7.31A　　　　图 7.31B

在Ⅶ.31 的后面有一个小结，阿波罗尼奥斯简单地陈述了一系列类似于Ⅶ.21－23 的关系，但没有证明．这些关系如下：①

$$\text{在双曲线中，}(\boldsymbol{D}^2+\hat{\boldsymbol{D}}^2)<(\boldsymbol{d}_1^2+\hat{\boldsymbol{d}}_1^2)<(\boldsymbol{d}_2^2+\hat{\boldsymbol{d}}_2^2). \quad (1)$$

$$\text{在椭圆中，}(\boldsymbol{D}^2-\hat{\boldsymbol{D}}^2)>(\boldsymbol{d}_1^2-\hat{\boldsymbol{d}}_1^2)>(\boldsymbol{d}_2^2-\hat{\boldsymbol{d}}_2^2). \quad (2)$$

这个直到等共轭直径是有效的．参考Ⅶ.24（推论).

在双曲线中，若 $\boldsymbol{D}>\boldsymbol{R}$，则

$$\boldsymbol{d}>\boldsymbol{r}\text{，并且 }(\boldsymbol{D}:\boldsymbol{R})>(\boldsymbol{d}_1:\boldsymbol{r}_1)>(\boldsymbol{d}_2:\boldsymbol{r}_2)\text{；} \quad (3a)$$

但若 $\boldsymbol{D}<\boldsymbol{R}$，则

$$\boldsymbol{d}<\boldsymbol{r}\text{，并且 }(\boldsymbol{D}:\boldsymbol{R})<(\boldsymbol{d}_1:\boldsymbol{r}_1)<(\boldsymbol{d}_2:\boldsymbol{r}_2)\text{；} \quad (3b)$$

而若 $\boldsymbol{D}=\boldsymbol{R}$，则

$$\boldsymbol{d}=\boldsymbol{r}. \quad (3c)$$

在椭圆中，从长轴直到等共轭直径，

$$\boldsymbol{d}>\boldsymbol{r}\text{，并且 }(\boldsymbol{D}:\boldsymbol{R})>(\boldsymbol{d}_1:\boldsymbol{r}_1)>(\boldsymbol{d}_2:\boldsymbol{r}_2)\text{；} \quad (4a)$$

但是从等共轭直径一直到短轴，

① 关于证明的概要见 p. 310，n. ⑥－⑨，p. 311，n. ①－⑩.

$$\boldsymbol{d}<\boldsymbol{r}，并且（\boldsymbol{d}_1:\boldsymbol{r}_1）<（\boldsymbol{d}_2:\boldsymbol{r}_2）. \quad (4b)$$

这一卷的其余部分不是直接关于共轭直径，而是关于正焦弦及其关联的直径的界限的变化，以及这两者的各种函数．这一部分的第一组命题（Ⅶ.31—35）讨论抛物线和双曲线中的正焦弦，特别地，达到最小值的地方．

Ⅶ.32 在抛物线中，轴的正焦弦是最小的，并且其他直径的正焦弦，当直径离轴越远时越大．这个是引理Ⅶ.5 的直接推论．后面未曾用到．

Ⅶ.33—35 关于双曲线，相应的问题有更大的兴趣．阿波罗尼奥斯证明了最小正焦弦的位置依赖于在直径上构造的“图形”，用符号，即（$\boldsymbol{d}:\boldsymbol{r}$）．界限位置在这个直径处，此时（$\boldsymbol{d}:\boldsymbol{r}$）=（1:2）.① 用阿波罗尼奥斯的方法表示它，若在轴上构造的图形的横截直径不小于半个它的正焦弦，则这个正焦弦小于任意其他直径的正焦弦，并且相应的直径离轴越远其正焦弦越大．但是，若在轴上构造的图形的横截直径小于半个它的正焦弦，则可以找到另一个直径②，它等于半个它的正焦弦，并且后面这个正焦弦就是最小值，而这个最小位置两侧的直径的正焦弦逐渐增大.

阿波罗尼奥斯在Ⅶ.35 中分别讨论了这个关键情形，首先讨论两种其他情形：(1) $\boldsymbol{D}\geqslant\boldsymbol{R}$（Ⅶ.33）和（2）$\boldsymbol{R}>\boldsymbol{D}\geqslant\frac{1}{2}\boldsymbol{R}$（Ⅶ.34）．（1）容易从Ⅶ.21 或Ⅶ.23 以及Ⅰ.16（参考 p.92 上的（3a）和（3c））证明．关于（2），阿波罗尼奥斯构造了“同比线”．见图 7.34，其中 N 和 C 是同比点．而后，对于任一直径 KB，由Ⅶ.15，$(NG\cdot MC):MN^2=GA^2:\boldsymbol{r}^2$（$KB$）．对应的关于轴的正焦弦的等式是 $(NG\cdot AC):AN^2=GA^2:\boldsymbol{R}^2$（$GA$）．但是，若 $GA\geqslant\frac{1}{2}\boldsymbol{R}$，则 $AN\leqslant 2AC$，由此可以证明 $(NG\cdot MC):MN^2<(NG\cdot AC):AN^2$，因此，$\boldsymbol{R}$（$GA$）$<\boldsymbol{r}$（$KB$）．

这个提供了在Ⅶ.35 中寻找最小正焦弦的位置的方法，此时 $\boldsymbol{D}<\frac{1}{2}\boldsymbol{R}$. 再作（见图 7.35）同比点 N 和 C；则由前面同样的分析，$AN>2AC$，或者 $NC>AC$.

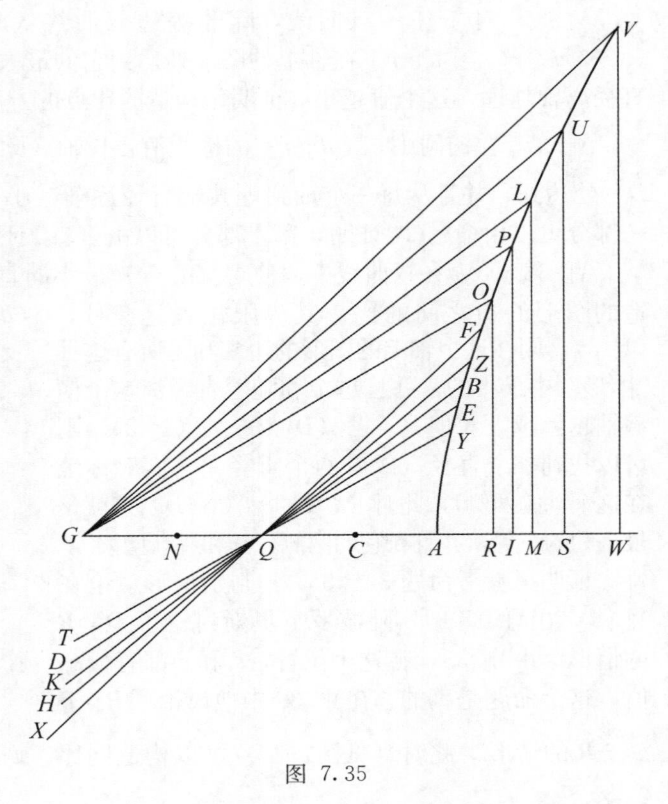

图 7.35

① 关于一个分析的证明，见 Zeuthen 的《Kegelschnitte》pp. 400—402.

② 阿波罗尼奥斯说：“两个直径”，由于总是存在另一个对称的在轴的另一侧的直径.

于是，若作 MC 等于 CN，作到轴的垂线 ML，连接 GL，并且作过中心 Q 平行于 GL 的直径 KB，则 KB 是要求的直径（由Ⅶ.6，它与相应的正焦弦的比是 $MC:MN=1:2$）. 而后，用类似于前一个命题中使用的方法，阿波罗尼奥斯证明了 KB 两侧的直径有逐渐增大的正焦弦. ①

Ⅶ.33 用在命题 38 和 44. Ⅶ.34－35 后面未曾用到.

我们正在讨论直径和正焦弦的函数，阿波罗尼奥斯在这一卷的其余部分致力于这两个结合起来的函数的研究，即在直径上构造的“图形”（一条边是横截直径，另一条边是其正焦弦）的变化. 所考查的这些函数是：

$\lvert \boldsymbol{d}-\boldsymbol{r} \rvert$	命题 36 和 37
$\boldsymbol{d}+\boldsymbol{r}$	命题 38－41
$\boldsymbol{d}\cdot\boldsymbol{r}$	命题 42 和 43
$\boldsymbol{d}^2+\boldsymbol{r}^2$	命题 44－48
$\lvert \boldsymbol{d}^2-\boldsymbol{r}^2 \rvert$	命题 49－51.

如同在Ⅶ.35 中关于双曲线的正焦弦的研究，阿波罗尼奥斯的兴趣是判别这些函数在什么位置达到最小值或最大值. 这一组命题在后面都没有应用（除非相关对命题 45 和 46、47 和 48，以及 49 和 50，每一对的后者引用了前者）.

Ⅶ.36　对于任一双曲线，除非等边双曲线（此时，由Ⅶ.31 后面的小结中的 (3c)，$\boldsymbol{d}=\boldsymbol{r}$），$\lvert \boldsymbol{d}-\boldsymbol{r} \rvert$ 在轴上的图形处达到它的最大值（此时，它是 $\lvert \boldsymbol{D}-\boldsymbol{R} \rvert$，并且直径离轴越远，这个值越小. 证明用构造同比点的方法. 而后用Ⅶ.16 容易推出结论）.

Ⅶ.37　在椭圆中，$\lvert \boldsymbol{d}-\boldsymbol{r} \rvert$ 的极大值在长轴（此时是 $\boldsymbol{D}-\boldsymbol{R}$）和短轴（此时是 $\hat{\boldsymbol{R}}-\hat{\boldsymbol{D}}$）处达到，并且从每一个轴到等共轭直径逐渐减小. 并且 $(\boldsymbol{D}-\boldsymbol{R})>(\hat{\boldsymbol{R}}-\hat{\boldsymbol{D}})$. 第一部分可以由命题 24 证明，第二部分可以由Ⅰ.15 证明.

Ⅶ.38－40　在双曲线中，使得 $(\boldsymbol{d}+\boldsymbol{r})$ 最小的直径的位置依赖于在这个直径上构造的图形的边之间的比. 其界限位置是此处，$(\boldsymbol{d}:\boldsymbol{r})=(1:3)$. 若 $(\boldsymbol{D}:\boldsymbol{R})\geqslant(1:3)$，则在这个轴上的图形的边之和是所有这种“图形”中最小的；并且这个和随着直径离这个横截轴越远越大. 但是，若 $(\boldsymbol{D}:\boldsymbol{R})<(1:3)$，则可以找到一个直径（或者两个直径，它们对称地在这个轴的两侧），此时 $(\boldsymbol{d}:\boldsymbol{r})=(1:3)$，这就是最小和的位置，并且在它的两侧，其和逐渐增大.

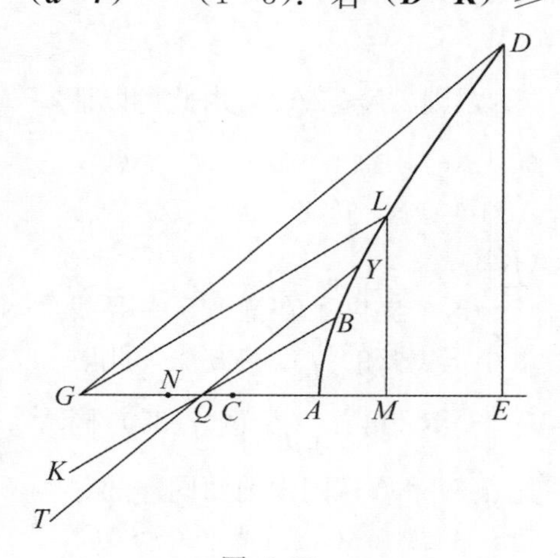

图 7.39

证明可参考命题 33－35. 其判别情形讨论在Ⅶ.40. 在Ⅶ.38 中，阿波罗尼奥斯讨论了 $\boldsymbol{D}\geqslant\boldsymbol{R}$ 的情形. 由Ⅶ.33，在这个位置，$\boldsymbol{d}$ 和 $\boldsymbol{r}$ 都有最小值，这个命题是真的. 在Ⅶ.39 中他讨论了 $\boldsymbol{R}>\boldsymbol{D}\geqslant\frac{1}{3}\boldsymbol{R}$ 的情形. 此时（见图7.39）可以构造同比

① 即对于固定的 G、N 和 C，以及变动的 M，表达式 $(GN\cdot MC)/MN^2$ 在 $MN=2MC$ 时达到最大值. 等价的分析表示是：$f(x)=x/(a+x)^2$ 当 $x=a$ 时有最大值.

点 N 和 C. 由Ⅶ.17，对于直径 KB，$(NG \cdot MC):(MN+MC)^2 = GA^2 : \{KB+\boldsymbol{r}(KB)\}^2$，而对于轴的相应等式是 $(NG \cdot AC):(AN+AC)^2 = GA^2 : \{GA+\boldsymbol{R}(GA)\}^2$. 但是，若 $GA \geqslant \frac{1}{3}\boldsymbol{R}$，则 $AC \geqslant \frac{1}{3}AN$，由此可以证明 $(NG \cdot MC):(MN+MC)^2 < (NG \cdot AC):(AN+AC)^2$，因而，$\{GA+\boldsymbol{R}(GA)\} < \{KB+\boldsymbol{r}(KB)\}$. 由此可以看出如何前进到判别情形Ⅶ.40. 在图 7.40 中，$\boldsymbol{D} < \frac{1}{3}\boldsymbol{R}$，构造同比点 N 和 C，作 $MC = \frac{1}{3}MN = \frac{1}{2}CN$（$M$ 必然落在双曲线的内部，由于 $AC < \frac{1}{3}AN$），作到轴的垂线 ML，连接 GL，并作直径 KB 平行于 GA. 而后，由Ⅶ.6，$KB:\boldsymbol{r}(KB) = MC:MN = 1:3$，再由用在命题 39 中的类似程序，可以证明对 KB 两侧作出的两个直径，$(\boldsymbol{d}+\boldsymbol{r}) > \{KB+\boldsymbol{r}(KB)\}$. ①

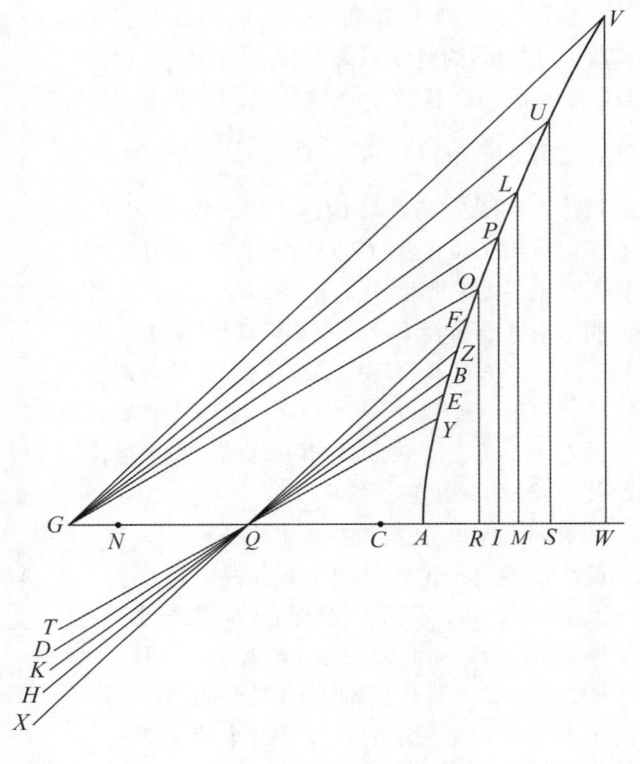

图 7.40

Ⅶ.41 在椭圆中，$(\boldsymbol{d}+\boldsymbol{r})$ 关于长轴最小，关于短轴最大，并且在它们之间连续地变化. 见图 7.41，同比点是 N 和 C，由Ⅶ.17，对任一直径 KB，$(NG \cdot MC):NC^2 = \boldsymbol{D}^2 : \{KB+\boldsymbol{r}(KB)\}^2$. 对于这个横截轴，对应的等式是 $(NG \cdot AC):NC^2 = \boldsymbol{D}^2 : (\boldsymbol{D}+\boldsymbol{R})^2$，因此，因为 $AC > MC$，所以 $(\boldsymbol{D}+\boldsymbol{R}) < \{KB+\boldsymbol{r}(KB)\}$，等等.

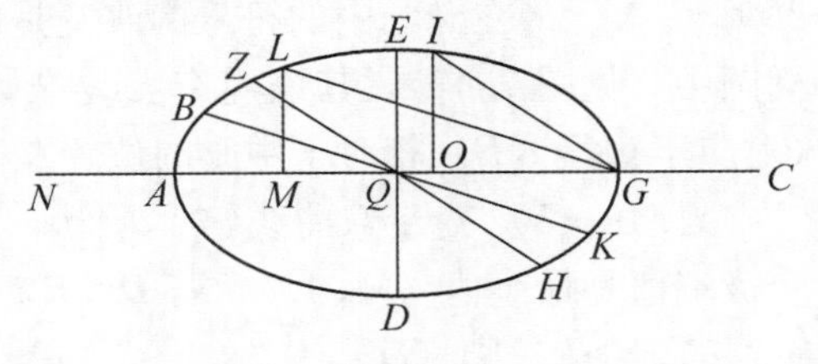

图 7.41

Ⅶ.44—46 在双曲线中，$(\boldsymbol{d}^2+\boldsymbol{r}^2)$ 达到最小值的直径位置依赖于在直径上构造的图形的边上的正方形的比. 其界限位置是此处：$\boldsymbol{d}^2 : (|\boldsymbol{d}-\boldsymbol{r}|)^2 = 1:2$. 若 $\boldsymbol{D}^2 : (|\boldsymbol{D}-\boldsymbol{R}|)^2 \geqslant (1:2)$，则在轴上的图形的边上的正方形的和是最小值，并且随着直径离轴越远，这个和越大. 但是，若 $\boldsymbol{D}^2 : (|\boldsymbol{D}-\boldsymbol{R}|)^2 < 1:2$，则可以找到两个直径（对称地在轴的两侧），有 $\boldsymbol{d}^2 : (|\boldsymbol{d}-\boldsymbol{r}|)^2 = 1:2$，这就是最小值的位置，并且在它的两侧，这两个正方形的和逐渐增大.

---

① 即对于固定的 G、N 和 C，以及变动的 M，表达式 $(GN \cdot MC)/(MN+MC)^2$ 在 $MN = 3MC$ 时达到最大值. 等价的分析表示是：$f(x) = x/(a+2x)^2$ 当 $x = a/2$ 时有最大值.

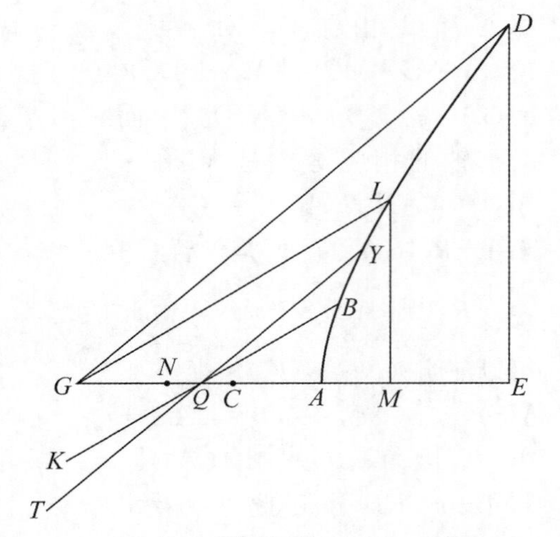

图 7.45

参考命题 33－35 和 38－40. 其证明完全遵循与上相同的路线，即首先在Ⅶ.44 中讨论 $\boldsymbol{D} \geqslant \boldsymbol{R}$ 的情形，其结论直接从Ⅶ.33 推出．其次，在Ⅶ.45 中讨论 $\boldsymbol{R}^2 > \boldsymbol{D}^2 \geqslant \frac{1}{2} \mid \boldsymbol{D}-\boldsymbol{R} \mid ^2$ 的情形，在图 7.45 中，构造了同比点 N 和 C，由此可推出 $2AC^2 \geqslant NC^2$（这个只作了叙述，尽管不是明显的，其证明见 p.331，n.①）．因此证明了对任意直径 KB，$(GN \cdot MC):(MN^2+MC^2) < (GN \cdot AC):(AN^2+AC^2)$，再由Ⅶ.19，$\{\boldsymbol{d}^2(KB)+\boldsymbol{r}^2(KB)\} > (\boldsymbol{D}^2+\boldsymbol{R}^2)$. 而后在Ⅶ.46 中，如前，$KB$ 的界限位置由 $2MC^2=NC^2$ 来决定，等等.①

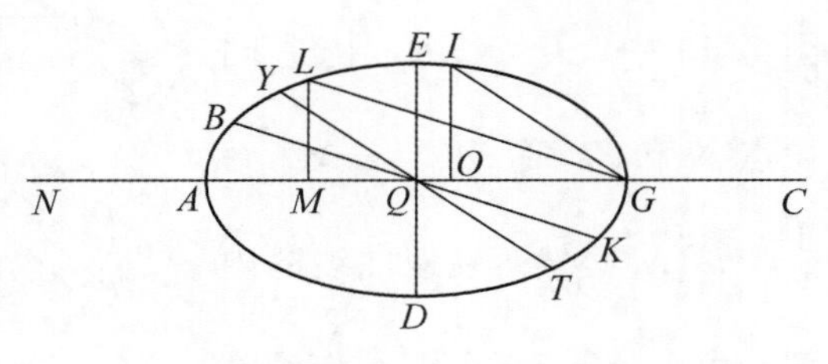

图 7.47

Ⅶ.47－48　在椭圆中，$(\boldsymbol{d}^2+\boldsymbol{r}^2)$ 达到最小值的直径位置类似于双曲线的情形（命题 44－46），但是，此处的界限条件是 $\boldsymbol{d}^2:(\boldsymbol{d}+\boldsymbol{r})^2=1:2$. 此时，若 $\boldsymbol{D}^2:(\boldsymbol{D}+\boldsymbol{R})^2 \leqslant 1:2$，则在长轴上的图形的边上的正方形的和是最小的，并且这个和从长轴到短轴不断地增加（Ⅶ.47）．但是若 $\boldsymbol{D}^2:(\boldsymbol{D}+\boldsymbol{R})^2 > 1:2$，则可以找到两个直径（对称地在轴的两侧），有 $\boldsymbol{d}^2:(\boldsymbol{d}+\boldsymbol{r})^2=1:2$（Ⅶ.48）．其证明类似于Ⅶ.45－46 对于双曲线的证明．并且，在界限位置，$2MC^2=NC^2$（在椭圆中的符号的改变是由于点 G、N、C 和 M 的相对位置的改变）．在椭圆中（见图 7.47），其证明有点复杂，由于要证明点 O（对应于直径 TY）和点 M（对应于直径 KB）相对于中心的位置在 M 更靠近顶点 A 时，论证才是有效的.

Ⅶ.49－50　对于双曲线，$\mid \boldsymbol{d}^2-\boldsymbol{r}^2 \mid$ 对于轴上的图形达到极端值．若 $\boldsymbol{D}>\boldsymbol{R}$，则这个极端值是最小值（Ⅶ.49），若 $\boldsymbol{D}<\boldsymbol{R}$，则这个极端值是最大值（Ⅶ.50）并且

若 $\boldsymbol{D}>\boldsymbol{R}$，则 $(\boldsymbol{D}^2-\boldsymbol{D}\cdot\boldsymbol{R}) < (\boldsymbol{d}^2-\boldsymbol{r}^2) < 2(\boldsymbol{D}^2-\boldsymbol{D}\cdot\boldsymbol{R})$，

若 $\boldsymbol{D}<\boldsymbol{R}$，则 $(\boldsymbol{r}^2-\boldsymbol{d}^2) > 2(\boldsymbol{R}\cdot\boldsymbol{D}-\boldsymbol{D}^2)$.

见图 7.49 和图 7.50. 同比点是 N 和 C，并且 KB、TY 是两个分别对应于轴上的点 M 和 E 的直径．此时，论证的第一部分从点 C、N、M 和 E 的相对位置以及Ⅶ.20 的结论推出．第二部分是命题 29 的一个平凡的推论，命题 29 证明了对于双曲线，$|\boldsymbol{d}^2-\boldsymbol{d}\cdot\boldsymbol{r}|$ 是常量．因此，若 $\boldsymbol{D}>\boldsymbol{R}$，则 $\boldsymbol{d}>\boldsymbol{r}$，$(\boldsymbol{d}^2-\boldsymbol{r}^2) < 2(\boldsymbol{d}^2-\boldsymbol{d}\cdot\boldsymbol{r}) = 2(\boldsymbol{D}^2-\boldsymbol{D}\cdot\boldsymbol{R})$，并且若 $\boldsymbol{R}>\boldsymbol{D}$，则相反的结论成立.

---

① 即对于固定的 G、N 和 C，以及变动的 M，表达式 $(GN \cdot MC)/(MN^2+MC^2)$ 在 $2MC^2=NC^2$ 时达到最大值．其等价的分析表达式是：$f(x)=x/\{(a+x)^2+x^2\}$，当 $x^2=a^2/2$ 时有最大值（一个极大值）.

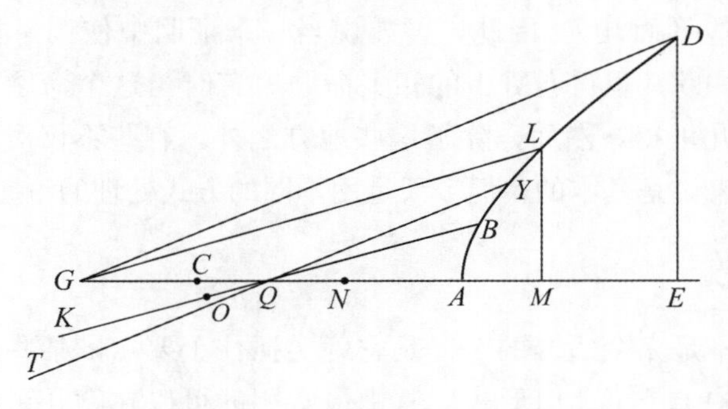

图 7.49

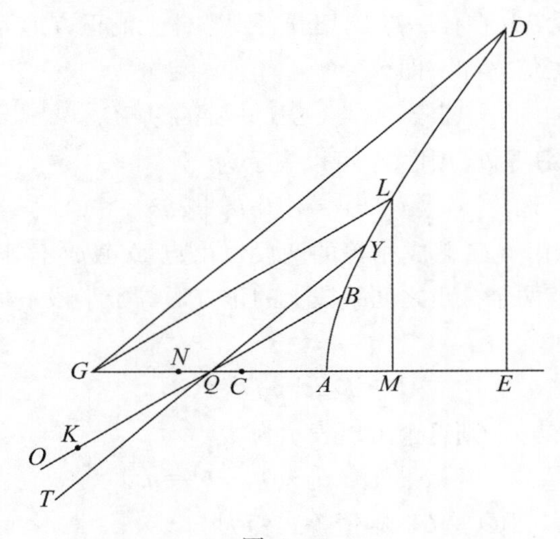

图 7.50

Ⅶ.51 对于椭圆，$|\boldsymbol{d}^2-\boldsymbol{r}^2|$ 关于长轴是最大的，从此处到等共轭直径逐渐减小，并且从等共轭直径到短轴逐渐增加．其证明遵循对于双曲线情形的路线（命题 49－50），构造同比点并且引用Ⅶ.20.

§5 古代数学背景

理想的情况是本书的读者应当熟悉圆锥曲线理论的古代方法．因为在这方面没有比得上阿波罗尼奥斯的《圆锥曲线论》卷Ⅰ－Ⅳ的研究，所以上面①所提供的对基本理论的概述以及卷Ⅰ和Ⅱ中那些在后面几卷中用到的命题的简介，可以作为一个不尽完美的参考资料．然而，除此之外阿波罗尼奥斯（以及他的评注者）理所当然地认为读者应当通晓初等几何．就我们所知，这个包括在欧几里得的《几何原本》中．② 我也认

① pp.31－44.

② 在 Heath 的优秀的并且注释详细的译本中可以查阅到欧几里得的资料．也可见陕西科学技术出版社 2003 年 6 月出版的汉译本欧几里得《几何原本》(修订本).

为读者应当熟悉初等平面几何. 因此，譬如说当一个证明中使用了相似三角形的性质时，通常我不会引用欧几里得卷Ⅵ中的相关命题. 有时当这个命题对当代读者不太熟悉时，我会引用欧几里得，然而，除了这些地方之外，有些不仅对圆锥曲线论，而且对一般的古代数学来说是基本的，但今天是用不同的方式处理的论题也值得特别注意.

a. 几何代数

这一现代术语不是完全适当的，但是它确实抓住了要点，某些应当用符号表示的恒等式在古代数学中给予了几何形式. 其中最常用的可以在欧几里得卷Ⅱ中找到，我们从其中挑选出下面几个：

Ⅱ.4　若一个线段 AB 在任一点 G 切开，则整体上的正方形等于两段上的正方形与这两段构成的矩形的二倍之和，即

$$AB^2=AG^2+GB^2+2AG\cdot GB.$$

若 AG 是 a，而 GB 是 b，则这个可以表示为

$$(a+b)^2=a^2+b^2+2ab.$$

Ⅱ.5　若线段 AB 由点 G 截成相等的两段，由点 D 截成不等的两段，则由不等的两段所构成的矩形以及两个截点之间线段上的正方形等于半段上的正方形，即若 $AG=GB$ 并且 $AD\neq DB$，则

$$AD\cdot DB+GD^2=GB^2.$$

若 AG 是 a，GD 是 b，则这个可以表示为

$$(a+b)(a-b)+b^2=a^2.$$

或者，若 AD 是 a，BD 是 b，则恒等式变为

$$\left(\frac{a+b}{2}\right)^2-\left(\frac{a-b}{2}\right)^2=ab.$$

Ⅱ.6　若线段 AB 由点 G 截成两半，并增加上另一个线段 BD，则由整个线段接上另一个线段与另一个线段构成的矩形，以及半个线段上的正方形等于半个线段接上另一个线段上的正方形，即若 $AG=GB$，则

$$AD\cdot DB+GB^2=GD^2.$$

若 AG 是 a，BD 是 b，则这个表示恒等式

$$(2a+b)b+a^2=(a+b)^2.$$

如 Heath 所指出①，Ⅱ.5 和Ⅱ.6 可以（可能就是）分别用来表示所谓的二次方程

$$ax-x^2=b^2, \qquad (1)$$

和

$$ax+x^2=b^2. \qquad (2)$$

用古代术语，这个问题可以归结为面积的应用②，即："对给定的线段（a）贴上

---

① 欧几里得Ⅰpp. 383－388.

② 见上面 p. 34.

一个矩形，使其等于一个给定的正方形并且缺少，（对于（1））或超过（对于（2））一个正方形”. ①

Ⅱ.7 若一个线段 AB 在任一点 G 切开，则整个线段上的正方形及一小段上的正方形合在一起等于整个线段与刚才用到的这一小段构成的矩形的二倍再加上另一小段上的正方形，即

$$AB^2+BG^2=2(AB\cdot BG)+AG^2.$$

若 AG 是 a，BG 是 b，则这个可以表示为

$$(a+b)^2+b^2=2(a+b)b+a^2.$$

或者若 AB 是 a，BG 是 b，则

$$a^2+b^2=2ab+(a-b)^2.$$

Ⅱ.8 若一个线段 AB 在任一点 G 切开，则整个线段与一小段构成的矩形的四倍加上另一小段上的正方形等于整个线段与开始用到的这一小段合为一条线段上的正方形．即

$$4(AB\cdot BG)+AG^2=(AB+BG)^2.$$

若 AB 是 a，AG 是 b，则这个可以表示为

$$4a(a-b)+b^2=(2a-b)^2.$$

这个命题的应用与抛物线的焦点直射性质有关，见《Diocles》p. 161.

Ⅱ.9 若线段 AB 由点 G 截成相等的两段，并且由点 D 截成不等的两段，则不等两段上的正方形的和等于半段上的正方形与两个截点之间的线段上的正方形的和的二倍．即若 $AG=GB$，$AD\neq DB$，则

$$AD^2+DB^2=2(AG^2+GD^2).$$

若 AG 是 a，GD 是 b，则这个可以表示为

$$(a+b)^2+(a-b)^2=2(a^2+b^2).$$

b. 比例

这些论及欧几里得卷Ⅴ中的一些定义，在这些定义之前也给出了所列条款的名字．在关于比例的运算中，有些关系认为是当然的，并且有特殊的名称．本卷所用到的如下：

若 $a:b=c:d$，并且 $b:e=d:f$，则

合比（componendo，συνθέντι，اذا ركّبنا） $(a+b):b=(c+d):d$

分比（dividendo or separando，διελόντι，اذا فصلنا） $(a-b):b=(c-d):d$

换比（convertendo，ἀναστρέψαντι，اذا قلّبنا，بالتقليب） $a:(a-b)=c:(c-d)$

更比（permutando，ἐναλλάζ，اذا بدّلنا） $a:c=b:d$

反比（invertendo，ἀνάπαλιν，اذا خالفنا） $b:a=d:c$

首末比（ex aequali，δι'ἴσου，فى نسبة المساواة） $a:e=c:f$

当说比 $(g:h)$ 是比 $(a:b)$ 与 $(d:f)$ **合成**（συγκειμένηέκ，مؤلّفة من）时，这意味着 $(g:h)=(a:b)\cdot(d:f)$.

① 这个问题的解答分别在欧几里得Ⅵ. 28 和Ⅵ. 29 中给出（用最一般的术语）.

c. 分析、综合和判别

这些术语是现代数学所熟悉的，但是在古代和中世纪几何中的使用是更为局限和特定的．希腊人使用分析（ἀνάλυσις，تحليل or تقسيم）来确定寻找命题的证明或问题的解答的这样一个过程，假设要证的是真的或者解答已完成，并且从这一点向回推理，直到得到一个显然是真的命题或者一个已知可能的作图．① 而综合（σύνθεσις，تركيب）是把事先已知的证明或作图放在一起的过程的名字．阿波罗尼奥斯在《圆锥曲线论》Ⅴ－Ⅶ中的证明一直是综合的，但是重建他为了设计所用的方法曾作过的分析是具有启发性的．②

术语"判别"（διορισμός）用来说明确定问题解答的界限．一般地说，因为在古代数学中所承认的问题的解答只能是在正实数范围中陈述的解答，所以经常出现一个问题仅当某个限定条件满足时，才可能有解，或者解的个数随着这个条件而变化．判别（διορισμός）③ 包括判别这些限定条件和判别解的个数．在本专著中的例子是Ⅵ.29 和Ⅵ.32. ④ 一个简单的例子是欧几里得Ⅰ.22，这个问题是：用三个给定的线段作一个三角形．此时判别说的是给定线段中的任两个的和必须大于第三个.

§6　关于手稿的说明

现在出版的班鲁·穆萨的阿波罗尼奥斯的《圆锥曲线论》的版本基于三个手稿：

O　牛津（Oxford），Bodleian 图书馆，Marsh 667（现在作为 Arch. o. c. 3 保存）．2＋167（实际上是 172）页．图书馆参考说明：i，ii，1－5[a,b]，6－30[a,b]，31－83[a-d]，84－167. 在 A. H.（伊斯兰教纪元）462（＝公元 1070）年写于 Marāgha. ⑤ 包括《圆锥曲线论》Ⅰ－Ⅶ，它的前面是班鲁·穆萨的序言及引理（此处的附录 A 及 B）．各种外来的资料（见下面）限定在后面 ff. 5[a]，83[a-d]，141 和 163. 包含Ⅴ.27－57 的部分原稿早期遗失，后来由另外一个人写的包含这些命题的补充放在 ff. 96－109，这个补充不晚

---

① 这个术语和它的应用在古代和现代曾经多次讨论过，例如见 Pappus（Jones）pp. 82－85，以及 Heath 的译著欧几里得的《几何原本》Ⅰ pp. 138－142.

② 这样重建的分析的例子见上述 pp. 55－57，64－65. 一个有趣的古代例子可以追溯到阿基米德本人，见 Eutocius 关于阿基米德的《球和圆柱》Ⅱ的评注（Archimedes，ed. Heiberg，Ⅲ pp. 132－146）.

③ Hogendijk，Ibn al-Haytham，p. 42 n. 4 指出，διορισμός 在阿拉伯的圆锥曲线论中，不同地方有不同的翻译．在卷Ⅴ（序言）中，这个术语被翻译为 تفصيل．而更确切的翻译是 ibn al-Haytham 选择的 تحديد．但是 διορισμός 也可以简单地意味着"规定"（specification），作为几何命题的一个正式分支（见 Heath 翻译的欧几里得 Ⅰ pp. 129－130）.

④ "判别"也隐含地出现在Ⅴ.51－52：见 pp. 61－62.

⑤ 可由 f. 164r 的说明验证：وقع الفراغ منه بمدينة المراغة يوم الاثنين العاشر من شعبان سنة تسب ماه خرداذ روز اسمان ولله الحمد والمنّة 两个日期，12 Sha′bān A. H. 462，和 27 Chordādh（A. Y. 439）分别对应公元 1070，5 月 25 日和 5 月 24 日．其差异可以认为有两个不同的日期对照表.

于13世纪，因为这个与手稿的其他部分都是由ibn al-Bawwāb（见p. lxxxvi）注释的．这个手稿用清楚的誊抄体（naskh）写得很认真．区分辅音的符号一般都写出（但不是一贯的），并且单字的拼写通常是正确的．图形清楚，尽管作为中世纪手稿中的普遍现象，圆锥曲线是用圆规画的圆弧分段组合起来的．红墨水用于标出图形的字母，序言中的插图，译注者所增加的图，以及某些行间注释．原稿的说明见Uri，no. CMXLI11. 也可见Beeston的“The Marsh Manuscript of Apollonius’s Conics”.

这个手稿有一段很有趣的历史．它在相当早的年代写于Azerbaijan的Marāgha，①并早在该地成为一个学习中心之前，该学习中心是在1259年由那里的天文台的基金（蒙古和尚Hulagu所赠）资助在著名的数学家和天文学家Nasīr al-Din al-Tūsi的监督下建造的．从f. 162^{v}的边注②可以知道，在A. H. 662（＝公元1263/4），巴格达的一个称为al-Bawwāb的人Ahmad b. Ali b. abi’l-Faraj Muhammad抄成此稿，在A. H. 645（1247. 7—1248. 4之间）al-Tūsi本人把他的评注和修正意见写进他自己的《圆锥曲线论》手稿．③Beeston认为ibn al-Bawwāb是在Marāgha工作的al-Tūsi的学生．该手稿的确有许多出自ibn-Bawwāb之手的边注和修改，他还插入一页（f. 5^{a}）引理（关于比例的运算），这一页被al-Tūsi作为《圆锥曲线论》的引论．Ibn al-Bawwāb还增加了一些补充或修正的图形，来自al-Tūsi或者Abd al-Malik之手的手稿（可能是al-Shirāzī的，见p. 28，n. ②），从他的注释（f. 138r）可知至少有一处来自后者.

在1627年以前这个手稿已转移到Aleppo，在那里Leleu de Wilhem④认为这是

① Halley（Apollonius Ⅱ f. a2）和Uri给出的日期都不正确．后由Beeston纠正，但他仍然是错误的（用A. H. 472代替了462）．正确的日期462是由Steinschneider在《Arabischen Übersetzungen》p. 174在很久以前提供的，然而他认为这个是错误的，由于他有一个错误的印象，这个手稿包含al-Tūsi对《圆锥曲线论》的修订（见p. 85）.

② Halley的译本，Apollonius的Ⅱ f. a2，翻译得很差．由Beeston修正，p. 77. 全文如下：

هذا حكاية ما كتبه المولى المعظم نصير الحق والدين فى آخر هذا الكتاب

فرغ كاتب هذه الاسطر محمد بن محمد بن الحسن الطوسى عن ضبط مسائل هذا

الكتاب وتصحيح هذه النسخة بعون الله وحسن توفيقه فى الحادى والعشرين من ذى

الحجّة سنة خمس واربعين وستماة وكان إبتداء استغاله بذلك فى الثانى عشر من ربيع

الاوّل السنة (و)لم يكن يفرغ لذلك اكثر من ثلثى المدّة وكان فراغ كاتب هذه الحواشى على

هذه النسخة واصلاح اشكالها وتصحيحها وهو احمد بن على بن ابى الفرج محمد المعروف

بابن البوّاب البغدادى اصلح الله شأنه فى سنة اثنتى وستين وستماة حامداً لله على نعمه

ومصليا على نبيه المصطفى محمد وعلى آله

③ Al-Tūsī（？后来）写出了他自己的《圆锥曲线论》的修改稿，它幸存下来：见Sezgin，GASV，p. 144.

④ 见上面p. 27及n. ②.

Golius 的，这是由 Golius 在 f. 1r 上所写的注知道的：“Halebi XlX Sept. Anno MDCXXⅧD. Guilelmius dono dedit”. ① 从此以后它的历史是大家知道的（见 pp. 26－28）. 它被保存在 Leiden，难以接触到，开始由 Golius 后来由他的后代保存了将近 70 年. Golius 据有这个手稿的主要记录是插入一页 83b，这一页包含了卷Ⅴ的序言，命题 1－3 和命题 4 的开头，书写得很认真，看来是出自 Golius 之手 . 这个几乎肯定是 Golius 的已印刷出来的“单页”的复本，包含他关于卷Ⅴ开头的翻译 . 我知道没有幸存的该页的样本，这是《圆锥曲线论》后面几卷部分内容的最早②的印刷版本 . 在 Ismael Bouillau 给 Viviani 的 1678 年的一封信中对此有清楚的描述：③“Ostendit mihi clarissimus Golius inter disserendum folium unum impressum，quo Primae propositionum Lib. 5，Apollonii ex Arabico codice，ipso interprete in Latinum versae，demonstratio et explicatio continebatur”. 出版日期不详，但必定早于 1659 年 12 月，当时 Nicolaus Heinsius 答应把 Golius 的翻译的样本寄给 Carlo Dati，他负责印刷 Ecchellensis/Borelli 的译本. ④ 我猜想当 Golius 听到那本书即将出版时，他便急于出版以便建立他的优先权.

在 1696 年，在 Leiden 出售 Golius 的手稿时，这部手稿由 Edward Bernad 为 Narcissus Marsh 所购买 . ⑤ 它被寄到 Dublin，后来又寄到牛津，为 Halley 用来出版阿波罗尼奥斯的 1710 年版本 . 最后它连同 Marsh 的其他原始手稿赠给了 Bodleian 图书馆，直到现在它是欧洲了解阿波罗尼奥斯的班鲁・穆萨版本的唯一来源.

我是从照片收集了这部手稿，但是也查阅了原稿以核对有怀疑的段落.

H 伊斯坦堡（Istanbul），Süleymaniye，Aya Sofya. 2762. 360 页，17. 5 cm×27. 5 cm，每页 22 行 . 由 ibn al-Haytham 写于 A. H. 415，根据他在卷Ⅲ f. 135r 上的题词 . 日期是 Ṣafar 6，415，星期六（＝1020. 4. 18）. ⑥ 这说明它是已知的《圆锥曲线论》的阿拉伯手稿中最早的 . 可能它原来包含（像 **O** 和 **T**）《圆锥曲线论》的 7 卷，前面有班鲁・

① 同一页包含其他内容，其中有一与手稿历史有关的印章，但是我还未收集到肯定的资料.

② 从 Golius 给 Mersenne 的信（Mersenne 的《Correpondence》Ⅱ no. 148 pp. 383－384）知道，包括Ⅵ. 1 和Ⅶ. 1，出版在他的《Universæ geometriæ synopsis》1644，p. 247，比译文更概要.

③ 巴黎，Bibliothèque nationale，fonds francais 13026，ff. 313v－318v. 未出版，但是这一部分由 de waard 在 Golius 给 Mersenne 的信上的注记中所引用（Mersenne，《Correspondence》Ⅱ p. 390）.

④ Heinsius 的信出版在 Huygens 的《Eurres》Ⅲ No. 936 p. 430. 参考 ibid. No. 749a p. 498，它肯定这是一个单页（“Pagellam”）.

⑤ 在 f. 2r 上有说明：“Liber Narcissi Archiepiscopi Armachani Nouembris primo Die 17070. Math. 3.”下面有大主教的签名.

⑥ 该页由 Schramm 重写，《Ibn al-Haythams Weg zur Physik》p. Ⅺ，及 Toomer 的“Lost Greek Mathematical Works”p. 35. 原文如下：

كتب هذا الجزء وشكّله الحسن بن الحسن بن الهيثم وصحّحه من اوّله الى آخره وفرغ من
تصحيحه فى صفر من سنة خمس عشرة واربع ماية وكتب هذه الاسطر فى يوم السبت
لست خلون من الشهر المذكور حامدا لله وشاكرا لانعمه ومصليا على نبيه محمّد صلى الله
عليه وعلى أله

穆萨的序言和引理，但是手稿的开头及结尾都已遗失，幸存的部分①突然从 f. 2 开始，在阿波罗尼奥斯关于卷Ⅰ的序言的中间（相当于 Heiberg 版本的 p. 4，3）结尾是卷Ⅶ的命题 47（此处见"原书" p. 525，2 阿文）．手稿书写良好并且易读，② 但是不很美观，用方形誊抄体，几乎没有变音符号（除非在辨别图表上的不同字母时）．标题是用大写的库法（Kufic）字母书写的．它写得很认真并且后经抄写人修正（关于 ibn al-Haytham 作为抄写人见下面 p. 104）．特别是图形绘制得很仔细（像通常一样，使用圆规来画圆锥曲线）．单字拼法的一个特点是把 ى 放在前面，例如 مساوٍ，总是写成 مساوى．Krause 对这个手稿做了简单且精确的说明，"Stambuler Handschriften islamischer Mathematiker"（"原书" p. 44 阿文），并且有相当的长度，但是由 Terzioḡlu [2] pp. xi－xv（德文版）指出．手稿有几处错误．

从手稿中的各种评注可以知道许多关于手稿的历史．我们已经看到 ibn al-Haytham 记载了他完成抄写卷Ⅲ的日期（1024，4，18）．当时他在开罗（Cairo），依靠抄写手稿谋生．③ 这个手稿看来是为他人而不是为自己抄写的，由于有一个不知名的人在 f. 136ʳ 上记载了他在星期五，Muharram 6，A. H. 420（＝1029. 1. 24）收到这一卷，这远在 al-Haytham 去逝之前．显然在开罗保存了 400 年．在 f. 137ʳ 上有 Abū'l-Yumn al-Kindi 的一句话，说这个手稿取自 Qasr-i Misr 的图书馆（خزانة）；在 f. 185ʳ 上有一句话说它属于 Hāfiziyya 图书馆．④ 在同一页上有 4 个后续持有者的签名．他们是（1） Zaid b. al-Hasan al-Kindi；（2） Muh. b. Umar b. Ahmad b. abī Tarrāda；（3） Ahmad b. abī Bakr，Ali b. al-sarrāj；（4） Ahmad b. Ghulāmallāh b. Ahmad al-Kaum al-Rishī，他写了日期 A. H. 809（＝公元 1406）．除了第一个人，其他人都有另外的来源．关于（2）见 Suter 的《Mathematiker》no. 385（活在 13 世纪后期）；关于（3）《ibid.》no. 508（活在大约 1400 年）；关于（4）《ibid.》no. 428（死于 1432/3）．这三位都与开罗有关．在大约 1500 年以前，手稿被带到伊斯坦布尔（Istanbul）．根据 Terzioğlu [2] p. Xl，在 f. 1ʳ 上有 Ottoman sultan Bayazid Ⅱ（在位于 1481－1512 年）的一个印章，根据 Haramayn-i Shārifayn 基金的头目的注记，这个手稿是 Sultan Mahmud Ⅰ（在位于 1730－1754）捐赠给这个基金的．

有许多附加的边注．其中一些是 ibn al-Haytham 自己对他原来写的注的修正或者他错误地省略了的段落的补充．但是，后来的一个持有者 ibn abī Jarrāda，上述的 no.（2）插入了许多评注，这说明他仔细地阅读过此书并且懂得其内容．

我从出版的 Terzioğlu [2] 的出色的摹写本校对过这个手稿．

T 德黑兰（Teheran），Kitābkhāna-i Milli-i Malik，3597. 137 页，每页 29 行．由 Muhammad b. Muh. b. abī'I-Ma'āyir Muh. b. Isma'īl b. Ahmad b. al-Husain al-Ja'farī 抄

---

① F. 1 不是原手稿的一部分．f. 1ᵛ 是后人补充的遗失的阿波罗尼奥斯的序言的第一部分，在它的前面是 al-shīrāzī 给自己重写的《圆锥曲线论》的引论．

② Ibn. al-Qifti（ed. Lippert p. 167，7－8）说 ibn-Haytham 的手写体是"最正确的"．

③ 见 Wiedemann 所译的原本"Ibn al-Haitam"，pp. 120，123－124．

④ 根据 Terzioğlu [2] p. 19. 在我的复印本中难以辨认．

写，根据在最后一页上的签名，他是在星期四 22 Rabī'Ⅱ，A. H. 689（=1290. 5. 4）抄写此稿．它包含《圆锥曲线论》Ⅰ－Ⅶ，前面是班鲁·穆萨写的序言及引理．这个手稿用誊抄体书写，良好的书法，但是很粗心，因而常常不能区分相似的字母．经常加了变音符号，但往往是错的．抄写十分粗心，常有遗失和错误．抄写者显然不知道他所写的内容的含义，例如，常常把مثلثى（“两个三角形”）写成مثلى（“两次”）手稿的主要价值在于它通常支持 **O** 而反对 **H**（见下面）.

我只是从照片资料核对了这个手稿.

我只知道另外一部完整①的手稿也是《圆锥曲线论》的班鲁·穆萨版本，它（可能）与上述三个无关．这就是 Rumpur，Raza Libray，Arabic no. 3655，在 Arshī 的《Catalogue》Vol. 5 pp. 2－3 有介绍．根据这个介绍，它写于 A. H. 1049－1058（=公元 1639－1648），包含班鲁·穆萨版本的全部卷Ⅰ－Ⅶ．我未能得到这一手稿的照片．所有其他的列举在 Sezgin 的 GAS V pp. 139－140 的手稿是后来的其他人②或 **O** 的后代重写的，它们对确定原文都是没用的，由于我们有它们的原稿．③

比较 **O**、**H** 和 **T** 这三个版本，显然，它们都来自同一个原稿，但是每一个与另外两个无关（这可由下述事实看出，每一个缺失的部分可以在另外两个中找到）．当人们发现在 **T** 的解释中缺少的情形时，这是由于这个手稿特有的显明的抄写错误，由 **T** 和 **O** 提供的原文本质上是相同的，并且这个原文常常与 **H** 不同，然而，在几乎每种情况下④，**H** 的解释有较好的数学含义．其原因肯定是在这些情况中 ibn al-Haytham 改变了他所使用的原稿，以便提供一个在数学上“正确的”原文．在许多情况下，这不是偶然的，Halley 也作出了同样的改变（他只使用 **O**）：两人都是杰出的数学家，他们能看出证明的过程“应该”是怎样的．此时 **H** 是原文的评论者和“聪明的抄写者”．无疑地，在几乎每种情况下，**H** 的解释“优于”**O**、**T**，“不良的”解释来自原稿（在许多情况下出自阿拉伯译者的错误）．因为 **H** 来自的原稿与 **O** 和 **T** 不同，所以在一些地方 **H** 的原文更真实于原稿.

§7　编辑原则

a. 原文

在建立阿拉伯原文时，我的目的不是重建“原来的阿波罗尼奥斯”（这个事情既不

---

① 还有一本不完整的手稿 Meshhed，Shrine Library no. 84（5391），它在命题Ⅳ. 46（=Ⅳ. 50 希腊版）的结尾处断掉，这可由所印目录判断（Golchīn-Ma'ānī，Fihrist pp. 80－81）.

② 例如，Edinburgh，University Library A 28.

③ 例如，Bodleian 手稿 Thurston 1 就是如此．（见 p. 29，n. ①），这是从为 Golius 作的抄本 **O** 抄写下来的．这一抄本是 Leiden 大学藏书 Or. 14（1）.

④ 有些地方 **H** 缺失一小部分，这是由粗心的抄写失误造成的（通常是错行 haplography）．其中某些由评注者 ibn abī Jarrāda 改正.

可能也与现在的目的不协调)，而是尽可能地重建 Thābit 的原版（由班鲁・穆萨修订的）. 这就是为什么我有意保存了一些数学上的错误，① 就我判断这是阿拉伯译者班鲁・穆萨造成的或者可能是他所使用的希腊原样的不完善之处．因此，在大多数情况下，当 **H** 提供了一个数学上良好的解释时，我却选择了 **O**、**T** 的“有缺陷的”解释．由于如上所述，几乎所有这些差别由于 ibn al-Haytham 的精心改正，并且与原文无关.

在单字的拼写方面，我使用标准的印刷形式，并且没有在注记中说明它们与中世纪手稿通常使用的不同之处．譬如说缺少闭锁小钩（hamza）以及“坐椅”（chair). 通常我写成手写形式，并且常常指出词尾加“n”（nunation）（帮助区别宾格与对格），而且使用其他的拼写符号，包括短元音，但这只在很少情况下并且有助于其意义时，在这些手稿中在这种情况下也没有统一的规则，在班鲁・穆萨插入的许多注释中，我选择了标准形式فى الشكل ١٢ من المقالة الثانية，（即对命题编号使用印度数字，卷数使用词），由于这是手稿 **O** 的通常（不是一贯的）作法．其他手稿一般地（不是一致地）对命题和卷数都使用阿拉伯字母（abjad 数字），而这可能正是班鲁・穆萨的作法.

重要的是对每一页行数的注释，并且从右向左读．缩写词（“add.” “om.” “corr.” 等）的意义应当是明显的．② 手稿上方的附加数字（例如，$\mathbf{O}^2$）指明它不同于原来的手稿．而上方附加 1 指明原来的手稿．这些注释的目的是便于理解．因而，指出了所有原文的差异（包括 **T** 中所有的明显的书写错误．若没有这些注释，其注释可以减少一半). 下述例外：(1) 缺少发音符号．例如，若我用了تكون，我就不再说另外的手稿使用了نكون或يكون，然而，当这些差别是重要的（在图上区别不同的点时）我就指出它们. (2) 混淆的字母．这特别适用于手稿 **T**，但也适用于手稿 **H**. 例如，在 **T** 中，常常把ك写得像ل．在 **H** 中，把ر写得像ت，在这种情况下，我总是指出他们的目的是什么以及什么是正确的．(3) 手稿 **H** 中关于مساوٍ的特殊拼写以及类似的词（注在 p. 102). 因为在手稿 **H** 中作法是一致的，所以不必注释مساوى或多次的出现.

为了给 Halley 的工作的肯定，在注释中多次提到他．然而我没有说明他的译文与我出版的原文在哪些地方是一致或不一致的.

b. 翻译

中世纪的阿拉伯数学原文与希腊先辈的原文一样，都是用文字陈述的．在我的译文中，为了清楚起见，我采用了适度的符号记法，在其中“由 AB 和 BG 构成的矩形等于 DE 上的正方形”表示为“$AB \cdot BG = DE^2$”，并且“GL 上的正方形与 GM 和 MC 构成的矩形的比等于 AG 比 AC”表示为“$GL^2 : (GM \cdot MC) = AG : AC$”. 在其他方面，翻译的目的就是用适当的文字表达原文（没有试图在细节上重现阿拉伯语法的特点). 每当为了清楚起见我不得不使用意译的办法，而把逐字的翻译放在一个注释中．我附加的解释包含在方括号中：[…]．(像这样的) 括号不只用于我附加的解释，而且用

① 我总是用一个注释“[原文如此]”或简单的一个在其中给出了正确陈述的注释来提醒这些.

② 可能有例外，如“in mg”，“in the margin”，“codd”，“all the mannscripts”.

来使思想更清楚，或者给出一些数学表达式，为此我也使用｛ ｝．在原文和译文中使用的角括号〈 〉．包含了我认为某些缺失的话的补充：通常我直接指出某些补充应该用〈……〉表示．原文中的双括号〚 〛包含我认为是错误的抄写附加的话．

我用一个协调的字母表来标明图形上的点．原则上这是对原有的希腊字母表的重建（见下面的说明）．如我在《Diocles》pp. 32－33 上的注释，希腊数学原文的阿拉伯译本使用了一个系统，其中每一个希腊字母用一个具有同样数值的阿拉伯字母表示．根据这个，我所建立的对应关系表列在下面．

图上表示各点的阿拉伯字母与希腊字母对照表

数值 Numerical value	阿拉伯 Arabic	希腊 Greek	阿拉伯 Arabic	希腊 Greek
1	ا	Α	لا	α
2	ب	Β	لب	β
3	ج	Γ	لج	γ
4	د	Δ	لد	δ
5	ه	Ε	له	ε
6	و	Ϛ[1]	لز	ζ
7	ز	Ζ	لو	σ
8	ح	Η	لح	η
9	ط	Θ	لط	θ
10	ى	Ι	لم	μ
20	ك	Κ	لن	ν
30	ل	Λ	لس	ξ
40	م	Μ		
50	ن	Ν		
60	س	Ξ		
70	ع	Ο		
80	ف	Π		
90	ص	Ϙ[2]		
100	ق	Ρ		
200	ر	Σ		
300	ش	Τ		
400	ت	Υ		
500	ث	Φ		
600	خ	Χ		
700	ذ	Ψ		
800	ض	Ω		
900	ظ	Ϡ[3]		
1000	غ	ι[4]		

1. 称为“烙印”，实际是希腊一古老字母，读作“wau”.
2. 读作“koppa”.
3. 称为“sampi”，这是一个已作废发咝音的字母.
4. 关于这个字母见 107.

人们认为比较卷Ⅰ—Ⅳ的阿拉伯文本与尚存的希腊文本就容易验证这个对应是否正确．不幸地，事实并不是这样，这几卷的译者 Hilāl 使用了一个不同的系统，例如，其中 C 不是用س而是用ص表示，T 不是用ش而是用س表示．这与阿拉伯字母表的顺序不同（因而有不同的数值）．①我确信 Thabit 的译本使用了通常的系统：例如，见图 5.17，它有 16 个字母．若假定是通常的系统，这个对应希腊字母表的前 17 个字母（除了Ⅰ，它通常不在希腊的图之中，也没有"不规则的"字母ϛ，因为在阿波罗尼奥斯时代它不在希腊字母表中，只是用在数字之中）．特别地，C 是用س表示的．若假定用的是卷Ⅰ—Ⅳ中的同一个系统，则应当有 T，而没有 C 或 S，这是极不合理的．

关于数值大于 900 的字母的情况是不分明的．为了表示 1000、2000 等，希腊人再次使用字母表，附加符号 A、B 等．在阿拉伯字母表中，غ表示数值 1000．哪一个希腊字母与这个字母对应？我指定的等价的"ϡ"纯粹是任意的．我认为在卷Ⅶ中，غ表示ϡ（因为在那里未发现ظ）．而在Ⅴ.10 中，全部阿拉伯字母都出现，包括غ和ظ，于是在卷Ⅴ中不可能两个都表示ϡ．在卷Ⅴ中（不像在卷Ⅰ—Ⅳ中）情况有些复杂，有些图（例如，图 5.45A 和图 5.45B）上的点比希腊字母表中的字母多．阿拉伯人的解决办法是再次用字母表，每一个字母后放字母ل，例如لا，لب等，原来这个系统曾想把لا作为字母表中的字母，② 其余的类似．但是，像希腊字母表一样，仍然不分明．为了方便和清楚起见，我采用了对应的小写字母 α、β 等．这当然不是阿波罗尼奥斯的作法，由于大写字母与小写字母的区别在他的时代不存在（它是 9 世纪发展起来的）．他使用的方法可能类似于 1000 的倍数的记法③，附加字母 A、B 等．这个系统在 Heron 的《Dioptra》（ed. Schöne）p. 263 中的图中可找到．然而，后者也使用另外的方法，把字母 α、β 等写在字母 M 的上面（这个提示一个阿拉伯系统）．

c. 图形

在这个版本中的图形精确地表达了相关命题的要求，并且说明了这些手稿中的图形以及点的相对位置的来由．我没有对手稿中的图形给出"评价性的注释"，由于若不进行全面的重建则不可能做得正确．如前所述，这些图形有所变形是由于圆锥截线被画成圆弧或者圆弧的组合．在个别情形（如图 5.18）所有手稿中（因而可能在原始译文中）的图形是错误的，我提供了错误的图形以及原文所要求的图形．

图形的编号系统如下：对《圆锥曲线论》中的命题，其图形编号有一个前缀对应其卷，有一个后缀对应这个命题．例如，其图形属于卷Ⅱ命题 4 的编号是 2.4．若同一个命题有多于一个的图形，则附加 A、B 等来区别它们，例如，图 1.21A、图 1.21B．当我为了注释而修改的图形，用附加*（有时**）加以区别，例如图 1.50B*．图形号码前有"A"者是我的引论中解释用图；前面有"M"者是班鲁·穆萨的前言中的图

① 在 Wright 的《Grammar》I p. 28C，这个系统与北非（North Africa）有关．

② Wright 的《Grammar》Ⅰ p. 3A.

③ 因此，至少在卷Ⅴ中用غ表示 A.

(附录 B)；前面有“S”者是 al-Shīrāzī 的前言中的图(附录 C).

d. 注释

这些注释是为了阐明译文中的特殊点，证明中可能不明显的步骤，以及原文中的难点. 如上所述(p. 105)，每当班鲁·穆萨的原文中有数学上的错误或欠缺时，我都在注释中加以纠正而不是在译文本身中.

下面是一个方便的记号系统(来自 J. P. Hogendijk)，用在注释和引言中(但不在译文中).

$\boldsymbol{d}$ 横截直径	$\boldsymbol{r}$ 对应的正焦弦
$\hat{\boldsymbol{d}}$ 与 $\boldsymbol{d}$ 共轭的直径	$\hat{\boldsymbol{r}}$ 对应于 $\hat{\boldsymbol{d}}$ 的正焦弦
$\boldsymbol{D}$ 横截轴①	$\boldsymbol{R}$ 对应的正焦弦
$\hat{\boldsymbol{D}}$ 与 $\boldsymbol{D}$ 共轭的轴②	$\hat{\boldsymbol{R}}$ 对应 $\hat{\boldsymbol{D}}$ 的正焦弦.

对于 $\boldsymbol{R}$、$\boldsymbol{r}$ 等等，可以把其对应的直径放在括号中作进一步说明，例如，$\hat{\boldsymbol{R}}$ (DB) 表示共轭轴 DB 对应的正焦弦.

e. 附录

我们已经知道前两个附录是班鲁·穆萨版本的一部分：附录 A 是这个译本的序言，它提供了关于它们的来源和过程的珍贵信息，附录 B 包含一组译本前面的前言，它们帮助理解原文中的某些证明.

后两个附录分别提供了卷Ⅶ和卷Ⅴ中一些特殊证明的补充．附录 C 给出了 al-Shīrāzī 的卷Ⅶ的前言的原文及译文，这个前言来自曾经属于 Ravius 的《圆锥曲线论》手稿的修订本(见 pp. 27－28). Halley 已经看到这个的价值并且在他的版本中提供了一个译文．附录 D 给出了 Christiaan Huygens 关于一个问题的解答的原文及译文，这个问题是阿波罗尼奥斯在卷Ⅴ中解答的，因为这个解答，他曾经受到 Pappus 及古代其他人的批评．17 世纪伟大的数学家们认为这是古代数学遗产中一个十分有趣的例子.

f. 索引③

索引Ⅰ是阿拉伯原文中专业术语的索引．它试图包括所有经典的词汇，但是只提供了经常出现的这些词汇中的一些代表．索引Ⅱ是一般的索引，它包括了所有专有名词(有一些特殊的例外)以及选定的主题.

① 这是椭圆中的长轴.

② 共轭双曲线的轴，或椭圆的短轴.

③ 索引Ⅰ和索引Ⅱ在汉译本中未录取.

以真主的名义、仁慈、宽恕

第Ⅴ—Ⅶ卷

《圆锥曲线论》阿波罗尼奥斯　著
塔比·伊本·库拉（Thābit ibn Qurra）译
班鲁·穆萨（Banū Mūsā）修订

第Ⅴ卷

阿波罗尼奥斯给阿塔罗斯（Attalus）的信：

您好，在这第五卷中，我给出了关于最大线和最小线的命题.① 你们知道我们的前辈和同事只对最小线给予了一点点注意：他们只证明了有一条直线是截线的切线并且反之亦对，即那些具有切线所具有性质的线也是切线. 但是对我们来说，我们在卷Ⅰ中已经证明了这些事情，而在我们的证明中并没有使用最小线这个术语；因为我们要在那个地方，使这些事情接近正在讨论的三种截线的导出，以便证明每一个截线具有无限多个性质及这些事情的必要性，正如原有直径的情形.② 关于论及最小线的命题，我们把它们分开并且分别地讨论，经过充分地讨论之后转到上面提到的最大线，我们认为这门科学的学生需要它们，以便了解对问题的分析和判别③以及它们的综合，更不必说它们本身就是值得研究的课题. 再见.

命题 1

如果有一双曲线或椭圆，并且在它的一个直径的端点有一个与直径垂直的长为正焦弦的线段，连接半个正焦弦的端点与截线的中心，并且从截线的某个地方向直径画一纵标，那么这条线段（纵标）上的正方形就等于在这个半正焦弦上形成的四边形的二倍.

设双曲线［图 5.1A］或椭圆［图 5.1B］AB，直径 BG，中心 D 以及截线的正焦弦 BE④，BH 是 BE 的一半，连接 DH，并且作纵标 AZ，从 Z 作 ZQ 平行于 BE. 则

$$AZ^2 = 2\text{ 四边形 } BZQH.$$

---

① 另外一个开头在手稿 **H** 和手稿 **O** 的边页找到“阿波罗尼奥斯给 Attalus 的信，您好，随着我的这封信，我送给你《圆锥曲线论》卷Ⅴ，这一卷中的命题是……”.

② J. P. Hogendijk 给我提供了这个短语的正确阐述，他注意到القطر الاوّل 用在Ⅰ.51 对 τὴνἐκτῆς γεέσεως διάμετρον 的翻译）（Heiberg I 158，2—3）. 阿波罗尼奥斯说所有来自原有的 σύμπτωμα（直径）的性质对其他直径以及对应它们的切线（这就是Ⅰ.41—51 的课题）是有效的. 于是我们必须拒绝手稿 **O** 中的注释（Nix 和 Heath 追随）“横截直径”（它没有意义）以及 Halley 的注释“主直径，即轴”.

③ 即 διορισμόζ. 见引论 pp. 101—102.

④ “截线的”. 可能应当改为“直径的”（للقطر）. 参考 Nix 的说明. 没有对截线的正焦弦，只有对截线的给定直径的正焦弦.

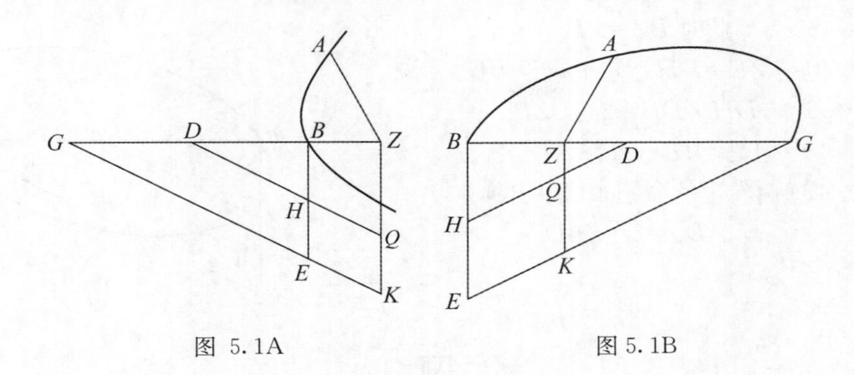

图 5.1A　　　　图 5.1B

证明：

从点 E 作线段 EG，

则 DH 平行于 GE，

这是由于 GB 和 BE 分别被点 D 和 H 所平分.

延长 ZQ 交 GE 于 K，

则 QK 平行于 HE，

$\therefore QK=HE$.

但是 $HE=BH$.

$\therefore BH=QK$.

我们使 ZQ 公用.

$\therefore ZK=BH+ZQ$.

$\therefore ZK\cdot BZ=(BH+ZQ)\cdot BZ$.

但是 $KZ\cdot ZB=AZ^2$.

$\therefore (BH+ZQ)\cdot BZ=AZ^2$，

这由卷Ⅰ的命题 12 和 13 证明.[①] 并且 $(BH+ZQ)\cdot BZ=2$ 四边形 $BZQH$.

$\therefore AZ^2=2$ 四边形 $BZQH$.

证完

命题 2

如果［图 5.2］纵标落在椭圆[②]的中心 D，并且 BE 是二倍的 BZ，连接 DZ，那么 $AD^2=2\triangle BZD$.

证明：

连接 GE.

---

① Halley 和 Nix 把这个放在“$KZ\cdot BZ=AZ^2$”的后面，事实上它是在Ⅰ.12 对双曲线和Ⅰ.13 对椭圆所证明的. 错误的放置可能追溯到班鲁・穆萨. 参考 p.141，n.⑤.

② 这只是 V.1 的一个局限的情形.

此时 $BZ=ZE$.

但是 $ZE=DH$，它平行于 BE.

$\therefore DH\cdot DB=2\triangle DZB$.

但是 $DH\cdot DB=AD^2$，

这由卷Ⅰ的命题13证明的，

$\therefore AD^2=2\triangle ZBD$.

证完

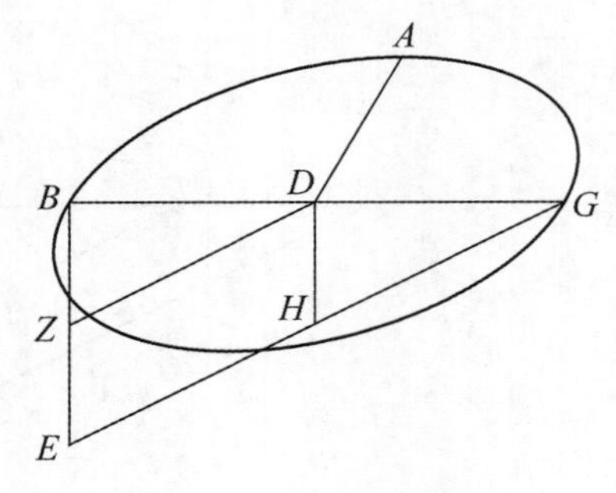

图 5.2

命题 3

如果［图5.3］在椭圆中纵标 AZ 落在中心 D 的另一侧，并且 BH 是正焦弦 BE 的一半，连接 HD 并延长，过 Z 作 ZQ 平行于 BE 并与 HD 相交于 Q，则

$$AZ^2=2(\triangle BDH-\triangle DZQ).$$

证明：

过 G 作 GK 平行于 BE，交 HD 的延线于 K，延长 AZ 交截线于 L. 则

$ZL^2=2$ 四边形 $GKQZ$，

这由本卷的命题1证明.

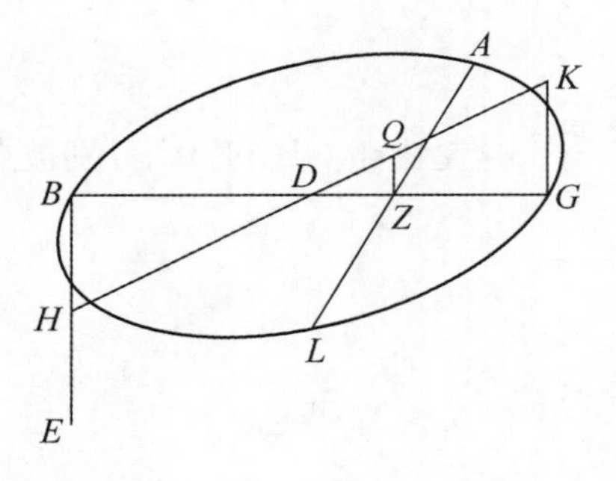

图 5.3

但是 $ZL=AZ$,①

于是 $AZ^2=2$ 四边形 $GKQZ$.

并且四边形 $GKQZ=\triangle GKD-\triangle DZQ$.

但是 $\triangle GKD=\triangle BDH$，

由于 $BD=DG$.

$\therefore AZ^2=2(\triangle DBH-\triangle DZQ)$.

证完

命题 4

如果一个点在抛物线的轴上，它到这个截线的顶点的距离是正焦弦的一半，并且由这一点画一些线到截线，那么这些线中的最小线是到截线的顶点的线，并且离这条线近的线小于离这条线远的线；并且每一条线上的正方形超过最小线上的正方形等于那条线在截线上的端点到轴的垂线的足与顶点之间的线段上的正方形.

① 由卷Ⅰ的定义5（Heiberg p.8）.

设抛物线的轴是 GE［图 5.4］，并设 GZ 等于正焦弦的一半，并且从点 Z 到截线 ABG 画线 ZH、ZQ、ZB①、ZA.

则点 Z 到截线 ABG 的这些线中最小者是 GZ，并且较近 GZ 的线小于较远的线．并且每一条线上的正方形等于 GZ 上的正方形加上那一条线的端点的垂线足与 G 之间的线段上的正方形.

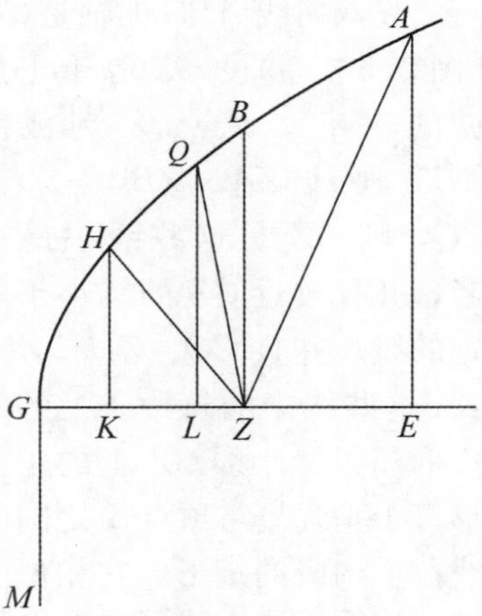

图 5.4

证明：

作垂线 HK、QL、AE.

设 GM 是半个正焦弦.

则 $GZ=GM$.

并且 $2(GM\cdot GK)=KH^2$，

这是卷Ⅰ的命题 11 证明的.

但是 $2(GM\cdot GK)=2(ZG\cdot GK)$.

$\therefore KH^2=2(GZ\cdot GK)$.

$\therefore 2(GZ\cdot GK)+KZ^2=ZK^2+KH^2$.

但是这两个正方形 $(ZK^2+KH^2)=ZH^2$.

$\therefore 2(ZG\cdot GK)+ZK^2=ZH^2$.

因而 ZH^2 超过 ZG^2 的大小是 GK^2.②

并且由此可证 $QZ>ZH$③ 和 $ZH>ZG$.

于是线 ZG 是最短的，并且靠近它的线短于较远的线.

并且证明了每一条线上的正方形超过最小线上的正方形等于那条线在截线上的端点到轴的垂线足与顶点之间的线段上的正方形.

证完

命题 5

如果一个点在双曲线的轴上，它到这个截线的顶点的距离是正焦弦的一半，那么在这种情形下所得到的结果与抛物线中相同，不同之处在于每一条线上的正方形超过最小线上的正方形等于垂线足到截线的顶点之间的线段上构成的矩形，它相似于其一边等于横截直径而另一边等于横截直径与正焦弦的和的矩形，其中横截直径对应垂足和截线的顶点的连线.

---

① ZB 是轴的垂线.

② 由于 $2(ZG\cdot GK)+ZK^2=ZG^2+GK^2$（EuclidⅡ.7）.

③ 由类似的论断 $ZQ^2=ZG^2+GL^2$．这个证明可以推广来证 ZB 和 ZA 逐次变长．尽管这是显然的，此处的正文是如此的简略，以致会引起一些怀疑.

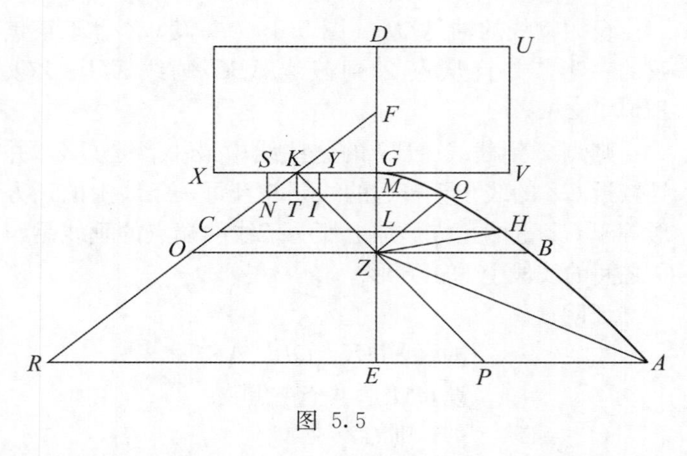

图 5.5

设双曲线 ABG 的轴是 GE [图 5.5]，并设 GZ 等于正焦弦的一半．从点 Z 到截线 ABG 画线 ZA、ZB①、ZH、ZQ，则 GZ 是这些线中最小者，并且较近 GZ 的线小于较远的线，并且 ZQ、ZH、ZB、ZA 这些线中的每一条上的正方形超过最小线 GZ 上的正方形等于垂线足与顶点 G 之间的线段上构成的矩形，它相似于其一边等于这个截线的横截直径 DG，而另一边等于 DG 加上正焦弦的和．令正焦弦是 GX，它的一半是 GK，截线的中心是 F.

证明:②

作 GE 的垂线 QMN、HLC、AER，并延长垂线 BZ 到 O，作 KT、SN 平行于 GM.

则 $QM^2=2$ 四边形 $GKNM$，

这是本卷命题 1 证明的.

并且 $ZM^2=2\triangle ZMI$，

由于 $ZM=MI$，来自 $GK=GZ$.

$\therefore QZ^2=2\ (\triangle GKZ+\triangle KNI)$，③

由于 $QZ^2=QM^2+MZ^2$.

但是 $GZ^2=2\triangle GKZ$，

由于 $GZ=GK$.

并且四边形 $SNIY=2\triangle IKN$.

因此 GZ^2 小于 QZ^2 的量是四边形 $YSNI$.

并且 $DG:GX=FG:GK$，④ $FG:GK=KT:TN$.

但是 $KT=TI$，由于 $IM=MZ$（因 $GK=GZ$).

$\therefore DG:GX=IT:TN$，

并且由反比例，$XG:GD=TN:TI$.

再由合比例，$(XG+GD):GD=NI:TI$.

但是 $TI=YI$.

$\therefore NI:YI=\ (XG+GD):GD$.

① ZB 是轴的垂线.

② 为了完成作图，应加上（参考 Halley)："连接 FK、ZK 并延长它们．"

③ $QZ^2=QM^2+MZ^2=2GKNM+2\triangle ZMI=2\ (\triangle GKZ+\triangle KNI)$.

④ 由于 FG 和 GK 分别是 DG 和 GX 的一半.

延长 XG 到 V，并令 GV 等于 GD，①

则 $NI:YI=XV:VU$，

并且有相同比的那些边包含的角相等.

因而矩形 YN 与 XU 相似，

并且线段 YI 等于线段 GM 且对应线 VU，VU 等于 GD.

因而 GM 上构成的矩形 YN 相似于由 DG 和 DG 加上正焦弦之和的线段构成的矩形.

故 QZ^2 超过 GZ^2 的量等于 GM 上构造的矩形，它相似于由 DG 与 DG 加上正焦弦之和的线段构成的矩形.②

类似地可证 ZH^2 超过 ZG^2 的量等于 GL 上构造的具有上述相似的矩形.

BZ^2 超过 GZ^2 的对应于提及的矩形.

因为 $BZ^2=2$ 四边形 $GKOZ$，

这是本卷命题 1 证明的.

但是 $GZ^2=2\triangle GKZ$.

$\therefore BZ^2$ 超过 GZ^2 的量是 $2\triangle ZKO$.

并且类似地可证等于二倍的 ZKO 的矩形是 GZ 上构造的具有上述相似的矩形.

因而 BZ^2 超过 GZ^2 的量等于 GZ 上构造的具有上述相似的矩形的二倍［原文如此］③.

AZ^2 与上述情形相同.

因为 $AE^2=2$ 四边形 $GKRE$，

这是由本卷命题 1 证明的.

但是 $ZE^2=2\triangle PZE$.

$\therefore AZ^2=2(\triangle PKR+\triangle GKZ)$，

由于 $AZ^2=AE^2+EZ^2$.

但是 $2\triangle GKZ=GZ^2$，

$\therefore AZ^2-GZ^2=2\triangle PKR$.

类似地可证等于 $2\triangle PKR$ 的矩形是 GE 上构造的具有上述相似的矩形.

并且由于在这些线 AZ、BZ 等等上的正方形对 GZ 上的正方形的增量是在 GE、GZ、GL 和 GM 上构造的矩形，并且这些矩形彼此不同，所以 GE 上的矩形大于 GZ 上的矩形，GZ 上的矩形大于 GL 上的矩形，GL 上的矩形大于 GM 上的矩形，GZ 是这些线中最小的，并且其他的线离 GZ 越近越小.

并且这些线中的每一条上的正方形等于最小线上的正方形加上垂足和 G 之间的线段上构造的矩形，它相似于由 GD 和等于 GD 加上正焦弦的线段构成的矩形.

证完

① 并且完成矩形 $GVUD$.

② 参考［1］.

③ 正确的是“等于这个矩形”. 其错误可能来自译者. H 改正 بمثلى 为 بمثل，Halley 和 Nix 改正了 **O** 的正文.

命题 6

如果上述条件同样成立，不同之处是这里的截线是椭圆，轴是长轴，那么，从那一点画出的线中的最小线是等于正焦弦一半的那条线，而它们中的最长的是这个轴上的其余部分．对其他的线来说，越靠近最小线越小．

并且这些线中的每一条超过最小线①的量等于垂足和截线的顶点之间的线段上构造的矩形，它相似于横截直径和横截直径减去正焦弦的差构成的矩形，其中横截直径对应于垂足和顶点之间的线段．

设 AG 是椭圆 ABG 的长轴［图 5.6］，GD 等于正焦弦的一半．并且从点 D 向这个截线画线 DZ、DE、DB、② DH.

则 DG 是从点 Z 画出的线中的最短线；

并且 DA 是它们中的最长线；

并且其他的线中，离 DB（原文如此）③ 越近越短；

并且其他的线中每一条上的正方形超过 DG^2 的量等于这个线的垂足与点 G 之间的线段上构造的矩形，它相似于线 GA 与 GA 减去正焦弦的差构成的矩形.

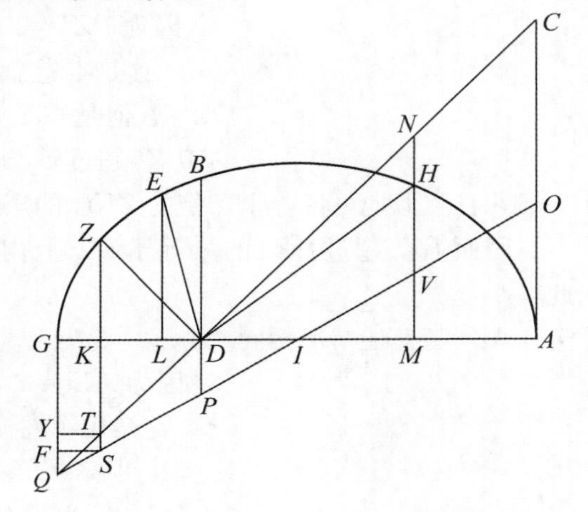

图 5.6

证明：

作半个正焦弦 GQ 及中心 I，④ 并且作垂线 ZKS、EL、BDP. 从 A 作 AC 平行于纵坐标，并作 TY、SF 平行于 GA.

则 $ZK^2=2$ 四边形 $GQSK$，

这由本卷命题 1 证明.

并且 $DK^2=2\triangle KTD$，

由于 $KD=KT$（因 $DG=GQ$）.

$\therefore DZ^2=2(\triangle DGQ+\triangle TQS)$. ⑤

但是 $DG^2=2\triangle DGQ$.

并且▭$TYFS=2\triangle TQS$.

---

① 正确的是“它们中的每一条上的正方形超过最小线上的正方形”. Halley 和 Nik 改变了正文，其错误可能来自译者.

② DB 垂直于轴.

③ 显然应当改为“DG”，这是由 **H** 和编者作出的.

④ （并且连接 QD、QI 并延长它们）．参考 p. 144，n. ③及 Halley 的译本.

⑤ $DZ^2=ZK^2+DK^2=2GQSK+2\triangle KTD=2(\triangle DGQ+\triangle TQS)$.

$\therefore DZ^2$ 超过 GD^2 的量等于矩形 $TSFY$. [1]

并且 $IG:GD=AG:$正焦弦$=SF:FQ$.

因而 AG 与正焦弦的比等于 $(SF:FQ)$.

但是 $SF=YQ$.

$\therefore AG:$正焦弦$=YQ:QF$.

并且由反分比例，$GA:(GA-$正焦弦$)=QY:YF$.

但是 $QY=YT$，由于 $GD=GQ$.

$\therefore YT:TS=AG:(AG-$正焦弦$)$.

并且 AG 对应于 YT，YT 等于 GK.

因而矩形 YS 等于 KG 上构造的矩形，它相似于 AG 和 AG 减去正焦弦的差构成的矩形．但是 ZD^2 超过 DG^2 的量等于矩形 YS. ①

因而 ZD^2 超过 DG^2 的量等于 GK 上构成的具有上述相似的矩形.

BD^2 与上述 ZD 的情形相同.

因为 $BD^2=2$ 四边形 $DGQP$.

并且 $GD^2=2\triangle DGQ$.

$\therefore DB^2-DG^2=2\triangle DQP$.

但是 GD 上构成的具有上述相似的矩形等于 $2\triangle DGP$.

因此 DB 上正方形与 DG 上的正方形的差等于 GD 上构成的具有上述相似的矩形.

DH^2 超过 DG^2 的量等于 MG 上构成的具有上述相似的矩形.

因为 $HM^2=2MAOV$,

这是本卷命题 1 证明的．② 并且 $MD^2=2\triangle DMN$,

由于 $DM=MN$（因 $DG=GQ$).

$\therefore DH^2=2(\triangle AIO+$四边形 $IVND)$.

但是$\triangle OAI=\triangle GQI$.

$\therefore DH^2=2(\triangle GQI+$四边形 $IVND)$.

而后者等于 2（$\triangle DGQ+\triangle NQV$).

但是 $GD^2=2\triangle GDQ$.

$\therefore DH^2-GD^2=2\triangle NQV$.

并且 GM 上构成的具有上述相似的矩形等于 $2\triangle NQV$.

因而（DH^2-DG^2）等于 GM 上构成的具有上述相似的矩形.

并且 $AD^2=2\triangle CDA$.

---

① 见 [1].

② 应当（如 ibn abi Jarrāda 在 **H** 中注，172r）参考Ⅴ. 3.

$HM^2=2$（$\triangle GQI-\triangle IVM$).

$MD^2=2\triangle DMN$.

$\therefore DH^2=2$（$\triangle GQI+\triangle DMN-\triangle IVM$)

$=2$（$\triangle GQI+$四边形 $IVND$).

$$但是\triangle OIA=\triangle QGI,$$

于是 $AD^2=2(\triangle CQO+\triangle DGQ)$. ①

但是 $GD^2=2\triangle GDQ$.

$\therefore AD^2-DG^2=2\triangle CQO$.

并且 GA 上构成的具有上述相似的矩形等于 $2\triangle QOC$.

因而 AD^2 超过 DG^2 的量等于 GA 上构成的矩形，其另一条边等于 GA 减去正焦弦的差.

并且 GA 上构成的矩形大于 GM 上构成的矩形，GM 上构成的矩形大于 GD 上构成的矩形，GD 上构成的矩形大于 GL 上构成的矩形，GL 上构成的矩形大于 GK 上构成的矩形. ②

因而 GD 是从点 D 到截线的线中最小的，而 DA 是它们中最大的. 并且对其他线来说，越靠近最小线越小，并且它们中每一条线上的正方形超过最小线上的正方形的量等于上述的矩形.

证完

命题 7

如果一个点在这三个截线中一个的上述的最小线上，并且从它向截线作一些线，那么它们中的最小线是这个点与截线的顶点之间的线段，并且在半个截线③内的其他线与它越近越小.

设 DH 是圆锥截线 $ABGD$ 的轴 [图 5.7]. 设最小线是 DE，Z 是 DE 上任一点. 从它向截线作线 ZG、ZB、ZA. 则 DZ 是它们中最小的，并且其他的线离它越近越小.

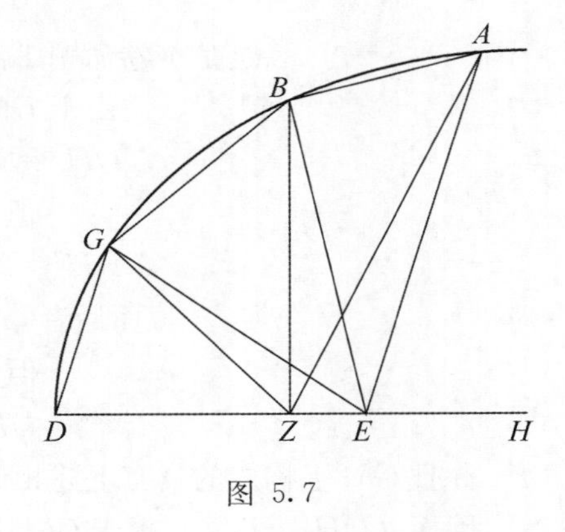

图 5.7

证明：

连接 GE.

则 $GE>ED$.

$\therefore \angle GDE>\angle DGE$. ④

由于 $\angle ZDG$ 比 $\angle DGZ$ 更大一些.

$\therefore GZ>ZD$.

并且 $BE>EG$，于是 $\angle BGE>\angle GBE$.

由于 $\angle GBZ$ 比 $\angle BGZ$ 更小一些，

$\therefore BZ>ZG$.

---

① $CDA=CDIO+OIA=CDIO+QGI=CQO+DGQ$.

② 显然在 **H** 中有补充的话，但是都易理解.

③ 正如 Halley 翻译的“在轴的同一侧”.

④ Euclid Ⅰ.18.

类似地可证 $AZ>BZ$.

于是 DZ 是从点 Z 到截线的线中最小者，并且对于其他线，离 DZ 越近越小.

证完

命题 8

如果在抛物线的轴上有一点，它到截线的顶点的距离大于正焦弦的一半，并且从这一点朝截线上的顶点方向在轴上截取等于正焦弦一半的线段，从这个线段的另一端向轴作垂线与截线相交，连接交点与轴上的那一点.

那么这条线就是从那一点到截线的最小线．并且所有其他的线（最小线的两侧）离它①越近越小.

并且它们中的每一条上的正方形超过最小线上的正方形的量等于②两个垂线足之间的线段上的正方形.

设 GD 是抛物线 ABG 的轴［图 5.8］，并设 GE 大于正焦弦的一半，ZE 是正焦弦的一半，作 ZH 垂直 GE，连接 EH.

则 EH 是从点 E 到截线的那些线中的最小线．③

并且对其他线来说，离 EH 越近越小.

从点 E 向截线作线 EK、EL、EQ、EA. 则它们中每一条上的正方形超过 EH 上的正方形的量等于垂线足与点 Z 之间的线段上的正方形.

作垂线 KC、LM、QX、AD，并令 BE 垂直于轴，并令 GN 是正焦弦的一半.

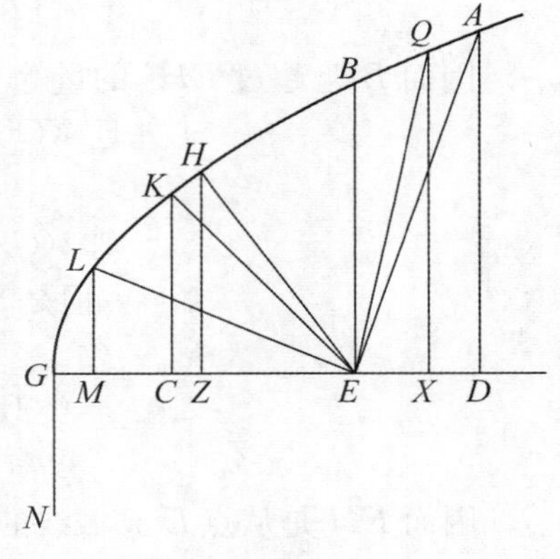

图 5.8

则 $2(GN\cdot GC)=KC^2$，

这由卷Ⅰ的命题 11 证明.

并且 $2(GN\cdot GC)=2(EZ\cdot GC)$.

给两边加上 $2(EZ\cdot ZC)+EZ^2+ZC^2$，

---

① 所有的手稿有 منها，它意味着“到它（f.）”，即“到这个点”. 人们认为应当是 منه，“到它（m.）”，即“到这条线”. 其错误可能来自译者.

② 所有的手稿有 مثل，人们认为应当是 بمثل.

③ 于是为了找到从轴上的任一点（距顶点超过 $\frac{1}{2}p$）的最小线交抛物线的地方，只要朝顶点方向取半个正焦弦，并且作垂线交曲线即可．换句话说，最小线的次法线是常量并且等于正焦弦的一半. 在 V. 27 中将证明最小线垂直它与抛物线交点处的切线，因此这个切线的次法线是常量并且等于 $\frac{1}{2}p$，这在阿波罗尼奥斯之前就是众所周知的圆锥曲线中的定理，但是其论述丢失，见 Diocles § 41. 及我的注，以及Ⅶ. 5 及 p. 280，n. ③.

$$则\ 2(EZ\cdot GC)+2(EZ\cdot ZC)+EZ^2+ZC^2=KC^2+CE^2①=KE^2.$$

$$但是\ 2(EZ\cdot GC)+2(EZ\cdot ZC)=2(GZ\cdot EZ).$$

$$\therefore KE^2=2(GZ\cdot ZE)+ZC^2+EZ^2.$$

$$但是\ 2(GZ\cdot ZE)=ZH^2,由于\ ZE=GN.②$$

$$\therefore ZH^2+ZE^2+ZC^2=EK^2.$$

$$但是\ ZH^2+ZE^2=EH^2.$$

$$\therefore KE^2=EH^2+ZC^2.$$

因而 KE^2 超过 EH^2 的量等于 ZC^2.

类似地可证 EL^2 与 EH^2 的差等于 MZ^2.

$$并且因为\ 2(GZ\cdot ZE)=ZH^2(由于\ ZE=GN),$$

$$所以\ GE^2\ 与\ EH^2\ 的差等于\ GZ^2.③$$

$$并且\ ZC<ZM<ZG.$$

因而 EH 是从点 E 到截线（在 G 这一侧）的最小线.

$$并且\ BE^2=2(GN\cdot GE)=2(GE\cdot EZ).$$

$$2(GZ\cdot ZE)=ZH^2.$$

$$\therefore BE^2=HE^2+EZ^2.$$

因而 BE^2 超过 EH^2 的量等于 ZE^2.

$$并且\ XQ^2=2(GX\cdot ZE)，由于\ ZE=GN.$$

$$两边都加上\ XE^2，$$

$$则\ 2(GZ\cdot ZE)+ZE^2+ZX^2=EQ^2.④$$

$$但是\ 2(GZ\cdot ZE)+ZE^2=EH^2.⑤$$

$$\therefore EQ^2-EH^2=ZX^2.$$

$$类似地可证\ AE^2-EH^2=DZ^2.$$

$$但是\ DZ>ZX>ZE.$$

因而 EH 是从点 E 到截线的那些线中的最小线，并且其他的线离它越近越小.

并且它们和它的差⑥等于垂足与点 Z 之间的线段上的正方形.

证完

---

① 由于 $2EZ\cdot ZC+EZ^2+ZC^2=CE^2$. 对我们来说这是一个代数恒等式，而对阿波罗尼奥斯来说，它来自欧几里得Ⅱ.4.

② 从抛物线的基本性质（Ⅰ.11).

③ 因为 $GE^2-GZ^2=(GE+GZ)(GE-GZ)$

$=EZ(EZ+2GZ)$

$=EZ^2+2GZ\cdot EZ$

$=EZ^2+ZH^2=EH^2$.

④ $2(GX\cdot ZE)+XE^2=2(ZE\cdot GZ)+2(ZE\cdot ZX)+XE^2$.

并且 $XE^2=ZE^2+ZX^2-2(ZE\cdot ZX)$（欧几里得Ⅱ.7).

$\therefore 2(GX\cdot ZE)+XE^2=2(GZ\cdot ZE)+ZE^2+ZX^2$.

⑤ 由于 $2(GZ\cdot ZE)=ZH^2$.

⑥ 正确地，“它们中的每一条上的正方形与它上的正方形之间”，参考Ⅴ.6 的证明及 p.116，n.①.

命题 9

如果在双曲线的轴上有一个点，它距截线的顶点大于正焦弦的一半，并且把这一点与中心之间的线段截成两部分，使得一段与另一段的比等于横截直径与正焦弦的比，靠近中心的那一段对应横截直径，并在分点作轴的垂线与截线相交，连接这个交点与轴上的那一点，则这个连线就是从轴上那一点到截线的最小线.

并且其他线（不论哪一侧）越靠近最小线越小.

并且它们中每一条上的正方形超过最小线上的正方形的量等于两个垂足之间的线段上构成的矩形，它相似于横截直径与横截直径加上正焦弦的和构成的矩形，对应于横截直径的是两个垂足之间的线段.

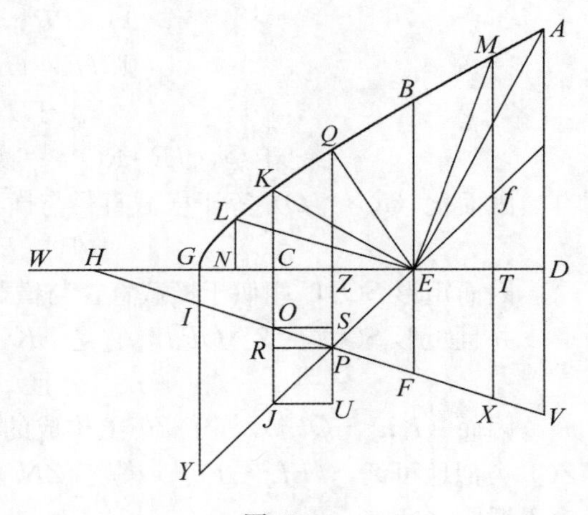

图 5.9

设 WD 是双曲线 ABG 的外轴① [图 5.9]，H 是中心. 设 GE 大于正焦弦的一半. 作（$HZ:ZE$）等于横截直径与正焦弦的比（显然点 Z 在 G 与 E 之间）. ② 过 Z 作轴的垂线 ZQ，并连接 QE.

则 EQ 是从点 E 到截线的那些线中的最小线，并且其他线越靠近它越小，并且它们中的每一条上正方形与它上的正方形的差等于两个垂足之间的线段上构成的矩形，它相似于横截直径与横截直径加上正焦弦的和构成的矩形，横截直径对应于两垂足之间的线段.

证明：

作半个正焦弦 GI，作垂线 LN、KC、BE、MT、AD 并延长它们. 连接 HIV 交这些垂线于 O、P、F、X、V，连接 PE 并延长交 MX 于 f，交 KO 于 J，交 GI 于 Y.

$$\text{则 } GH:GI=\text{横截直径与正焦弦的比.}$$

$$\text{但是 } GH:GI=HZ:ZP,$$

$$\text{并且 } GH:GI=HZ:ZE,$$

$$\therefore EZ=ZP.$$

---

① “外的”意味着“延长的”(مخرج)，即延长到顶点之外.

② Z 不会落在 H 与 G 之间. 因为 $HZ:ZE$=横截直径与正焦弦的比. 并且 HG=横截直径的一半，$GE>\frac{1}{2}$正焦弦，$HZ:ZE>HG:GE$. 一般地，因为 GE 上有两个点 Z 使得（$HZ:ZE$）等于所要求的比，所以此处的一个隐含条件是选择在 H 和 E 之间的点.

但是 $ZQ^2=2$ 四边形 $GIPZ$，

这由本卷命题 1 证明.

并且 $ZE^2=2\triangle ZEP$.

$\therefore QE^2=2$ 四边形 $GEPI$. [1]

并且 $KC^2=2$ 四边形 $OCGI$，

这由本卷命题 1 证明.

又 $EC^2=2\triangle ECJ$.

$\therefore KE^2=2$(四边形 $PEGI+\triangle POJ$).

但是已证 $QE^2=2$ 四边形 $PEGI$.

$\therefore EK^2-QE^2=2\triangle POJ$. [2]

作 OS、PR、JU 平行于 GD.

则 $HG:GI=JR:RO$,

由于 $PR=RJ$.

于是（$JR:RO$）＝横截直径与正焦弦的比.

因而比（$RJ:JO$）等于横截直径与横截直径加上正焦弦之和的比.

但是 $RJ=JU$.

因而矩形 $SOJU$ 相似于横截直径与横截直径加上正焦弦之和构成的矩形.

并且矩形 $SOJU=2\triangle OPJ$，它是 EK^2 与 EQ^2 的差.①

并且 $SO=ZC$.

因而（KE^2-QE^2）等于 ZC 上构成的具有上述相似的矩形，横截直径对应于线段 ZC. 类似地可证，（EL^2-EQ^2）等于 ZN 上构成的具有上述相似的矩形，横截直径对应于线段 ZN.

并且 $GE^2=2\triangle GYE$,

$EQ^2=2$ 四边形 $GEPI$,

这由本卷命题 1 证明.②

$\therefore GE^2-EQ^2=2\triangle YPI$.

但是 $2\triangle YPI$ 等于 GZ 上构成的具有上述相似的矩形.③

因而（GE^2-EQ^2）等于 GZ 上构成的具有上述相似的矩形.

并且 $ZC<ZN<ZG$,

$\therefore QE<EK<EL<EG$.

因而线段 EQ 是从点 E 到截线上朝向 G 的一侧的最小线.

并且 $BE^2=2$ 四边形 $GIFE$,

这是本卷命题 1 证明的.

---

① 见 [2].

② 不是如此：它是上述 [1] 中证明的（如 **O** 中的边注）. 因此 **H** 和 Halley 略去了班鲁·穆萨的这一错误的补充.

③ 这个可由 I 和 Y 向 ZP 作垂线来证明，正如上述的 $\triangle OPJ$.

并且可证 $QE^2=2$ 四边形 $GIPE$.

$\therefore EB^2-EQ^2=2\triangle FEP$,

并且 ZE 上构成的具有上述相似的矩形等于二倍的那个三角形.

并且 $MT^2=2$ 四边形 $TXIG$,

这由本卷命题1证明.

并且 $TE^2=2\triangle TEf$.

$\therefore ME^2=2(\triangle fXP+$四边形$GIPE)$.

但是可证 $QE^2=2$ 四边形 $GIPE$.

并且 ZT 上构成的具有上述相似的矩形等于 $2\triangle fPX$.

类似地可证（EA^2-QE^2）等于 ZD 上构成的具有上述相似的矩形.

并且 $EZ<ZT<ZD$.

$\therefore QE<EB<EM<EA$.

因而 EQ 是从点 E 到截线的那些线中的最小线，并且 QE 两侧的其他线离 QE 越近越小.

并且它们中的每一条上的正方形超过 QE 上的正方形的量等于它们的垂线的足与 QE 的垂线的足之间的线段上构成的具有上述相似的矩形.

证完

命题 10

如果在椭圆的长轴上有一点，它距截线的顶点大于正焦弦的一半，并且把这一点与截线的顶点之间的线段截成两部分，使得（1）截线的中心与分点之间的线段与（2）这一点与分点之间的线段的比等于横截直径与正焦弦的比，并从分点作轴的垂线与截线相交，连接这个交点与轴上的那个点，则这条线是从那个点到截线的那些线中最小的，并且其他的线离这条线越近越小.

并且它们中的每一条上的正方形超过最小线上的正方形的量等于两个垂足之间的线段上构成的矩形，它相似于横截直径与横截直径减去正焦弦的差构成的长方形，横截直径对应于两个垂足之间的线段.

设 AG 是椭圆 ABG 的长轴，D 是中心［图 5.10］. 设 EG 大于正焦弦的一半，并令比（$DZ:ZE$）等于 AG 与正焦弦的比. 从点 Z 作 ZH 垂直于轴，并延长到 T，连接 EH.

则 EH 是从点 E 到截线的那些线中的最小线，并且其他线离这条线越近越小，并且它们上的正方形超过它上的正方形等于两个垂足之间的线段上构成的矩形，它相似于直径 AG 与这个直接减去正焦弦的差构成的矩形，直径 AG 对应于点 Z 与垂线的足之间的线段.

证明:①

在图 5.10 中作线 KE、QE、LE、ME 及垂线 KS、QP、LD、MR、IA，并令 BE 垂直于 AG，令 GN 是正焦弦的一半．连接 ND、TE②，并延长它们交 QP 于 X、V，并连接 BE 交 ND 于 U.

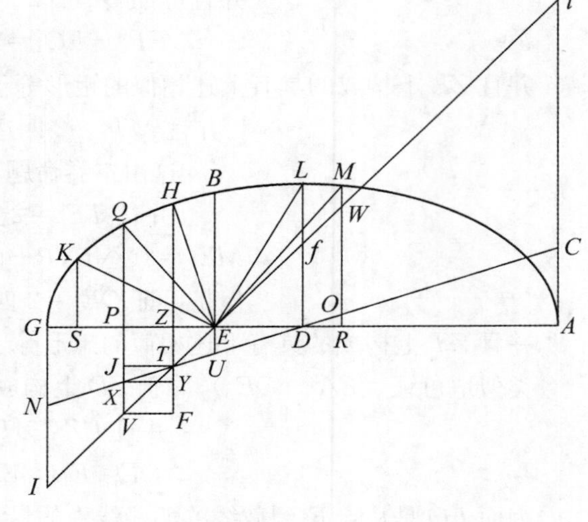

图 5.10

则 $DG:GN$=横截直径与正焦弦的比.

但是 $DZ:ZE$=横截直径与正焦弦的比.

$$\therefore DZ:ZE=DG:GN.$$

但是 $DG:GN=DZ:ZT$.

$$\therefore DZ:ZE=DZ:ZT.$$

$$\therefore ZE=ZT.$$

作线 TJ、XY、VF 平行于线 AG.

则 $ZE^2=2\triangle ZET$，

并且 $ZH^2=2$ 四边形 $ZGNT$，

这由本卷命题 1 证明.

$\therefore EH^2=2$ 四边形 $NGET$.

又 $QP^2=2$ 四边形 $GPXN$，

这由本卷命题 1 证明.

并且 $PE^2=2\triangle PVE$.

$\therefore EQ^2=2$（四边形 $GNTE+\triangle VTX$）.

但是已证 EH^2 等于 2 四边形 $GNTE$.

$$\therefore EQ^2-EH^2=2\triangle TVX.$$

但是 $2\triangle TVX=\square VFYX$.

并且 $EZ:ZT=TJ:JV$.

但是 $EZ=ZT$.

$$\therefore TJ=JV.$$

并且 $TJ:JX=DG:GN$.

$$\therefore JV:JX=DG:GN.$$

但是（$DG:GN$）等于横截直径与正焦弦的比．

因而（$JV:JX$）等于横截直径与正焦弦的比.

由换比例，（$JV:VX$）等于横截直径与横截直径减去正焦弦的差的比.

但是 $JV=FV$，于是矩形 $XVFY$ 相似于横截直径与横截直径减去正焦弦的差构成

① 证明过程密切对应（细节上有修改）对双曲线的证明（V.9）.

② ND 交 HZ 的延长线于 T，而后连接 TE.

的矩形.

并且 $VF=ZP$.

因而（EQ^2-EH^2）等于 ZP 上构成的具有上述相似的矩形，其中 ZP 对应横截直径．类似地可证（KE^2-EH^2）等于 ZS 上构成的具有上述相似的矩形，并且（EG^2-EH^2）等于 ZG 上构成的具有上述相似的矩形.

但是 $ZP<ZS<ZG$.

$\therefore EH<EQ<EK<EG$.

又 $BE^2=2$ 四边形 $EGNU$，

这由本卷的命题 1 证明.

并且 $EH^2=2$ 四边形 $EGNT$，

正如我们上面证明的.

$\therefore BE^2-EH^2=2\triangle ETU$.

但是 $2\triangle ETU$ 等于 ZE 上构成的具有上述相似的矩形，并且可用上述方法证明.

又 $DL^2=2\triangle DGN$，

这由本卷的命题 2 证明.

并且 $DE^2=2\triangle DEf$.

$\therefore LE^2=2(\triangle DfT+$四边形 $GNTE)$.

$\therefore LE^2-EH^2=2\triangle DfT$.

但是 $2\triangle DfT$ 等于 DZ 上构成的具有上述相似的矩形.

又 $MR^2=2$ 四边形 $CORA$，

这由本卷的命题 3 证明.

并且 $RE^2=2\triangle REW$.

$\therefore ME^2=2(\triangle CDA+$四边形 $WEDO)$.

但是$\triangle CDA=\triangle GDN$.

$\therefore ME^2=2($四边形 $GETN+\triangle OTW)$.

$\therefore ME^2-EH^2=2\triangle WTO$.

但是 $2\triangle WTO$ 等于 ZR 上构成的具有上述相似的矩形.

又 $EA^2=2\triangle AEi$，

并且$\triangle DGN=\triangle ADC$.

$\therefore EA^2=(2\triangle TCI+$四边形 $GETN)$.

$\therefore AE^2-EH^2=2\triangle TCi$.

但是 $2\triangle TCI$ 等于 AZ 上构成的具有上述相似的矩形.

并且 $EZ<ZD<ZR<ZA$.

$\therefore BE<EL<EM<EA$.

因而 EH 是从点 E 到截线 ABG 的那些线中的最小线，并且其他线离 EH 越近越小，并且它们上的正方形超过它上的正方形的量等于两个垂足之间的线段上具有上述相似①的矩形.

证完

命题 11

从椭圆的中心到截线的那些线中的最小线是半短轴，而它们中的最大线是半长轴，并且离最大线越近越大. 并且那些线中的每一条上的正方形超过最小线上的正方形的量等于垂足和中心之间的线段上的矩形，它相似于横截直径与横截直径减去正焦弦的差所构成的矩形.

设 AG 是椭圆 ABG 的长轴，BD 是短轴 [图 5.11].

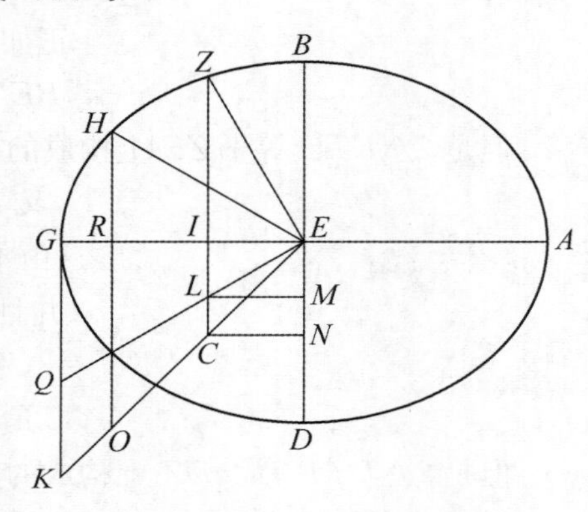

图 5.11

则从中心 E 到截线的那些线中最长线是 EG，而最短线是 EB；并且其他线越靠近 GE 越长，并且它们上的正方形超过 BE 上的正方形的量等于垂足及点 E 之间的线段上构成的矩形，它相似于 AG 与 AG 减去正焦弦的差构成的矩形.

作 EZ 及 EH 并作垂线 ZI 及 HR. 设 GQ 是半个正焦弦，则 GQ 小于 GE. ② 令 GK 等于 GE. 连接 QE 及 EK，延长 HR、ZI 到点 O 和 C. 并作 ML 和 NC 平行于 AG.

则 $EG:GK=EI:IC$.

但是 $EG=GK$，所以 $EI=CI$.

并且 $IZ^2=2$ 四边形 $GQLI$，

这由本卷的命题 1 证明.

并且 $IE^2=2\triangle IEC$.

$\therefore ZE^2=2(\triangle EGQ+\triangle ELC)$.

并且 $EB^2=2\triangle EGQ$，这由本卷的命题 2 证明.

并且 $2\triangle ELC=\square LCMN$.

$\therefore EZ^2-EB^2=$ 矩形 LN.

并且 ($KG:GQ$) 等于横截直径与正焦弦的比，

并且 $KG:GQ=CI:IL$.

由换比例，$CI:EL$ 等于横截直径与横截直径减去正焦弦的差的比.

---

① 手稿都用 الشبيه 代替语法上正确的 الشبيهة（与 السطوح 一致）. 这可能是译者的失误，由于这种奇怪形式存在于所有前述之中.

② 因为（由 Ⅰ.15）$GE:EB=EB:GQ$；并且 $GE>EB$.

但是 $CI=CN$.

因而矩形 $LCNM$ 相似于横截直径与横截直径减去正焦弦的差构成的矩形.

但是 $LM=IE$.

因而（EZ^2-EB^2）等于 IE 上构成的具有上述相似的矩形.

类似地可证 EH^2-EB^2 等于 ER 上构成的具有上述相似的矩形.

又 $GE^2=2\triangle GEK$.

并且 $BE^2=2\triangle GEQ$.

但是 $2\triangle EKQ$ 等于 GE 上构成的具有上述相似的矩形①.

并且 $EG>ER>EI$.

$\therefore EG>EH>EZ>EB$.

因而从点 E 画出的那些线中最长的是 EG，最短的是 EB. 对于其他线来说，越靠近 EG 越长，并且它们中的每一条线上的正方形超过 EB 上的正方形的量等于垂足与中心之间的线段上构成的具有上述相似性质的矩形.

证完

命题 12

如果一个点在一条最小线上，这条最小线是从轴上的某点到截线的，并且从这一点向截线的这一侧引一些线，那么它们中的最小线是原最小线上到截线的那一部分，并且这些线离它越近越小.

设 BG 是圆锥截线 AB 的轴［图 5.12］，并且从轴上的某个点引最小线 GA. 在 GA 上任取一点 D.

则 DA 是从点 D 到截线的这一部分②的最小线.

证明：

作线 DE、DZ、DB，并且连接 ZG、GE，及 AE、EZ、ZB.

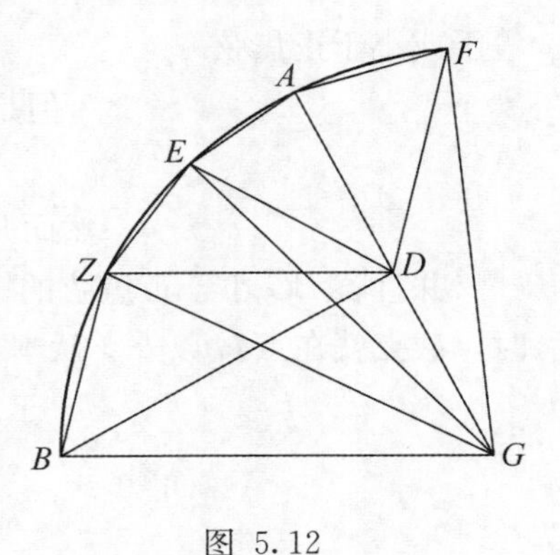

图 5.12

则 $EG>EA$，于是$\angle GAE>\angle GEA$.

但是$\angle GEA>\angle AED$，于是$\angle EAD$ 比$\angle AED$ 更大.

$\therefore ED>DA$.

又 $ZG>GE$，于是$\angle ZEG>\angle EZG$.

$\therefore \angle ZED$ 比$\angle EZD$ 更大.

① 证明可由 Q 和 K 向 ED 作垂线而得，正如上述对$\triangle ELC$.

② 手稿 **O**、**T** 是 البعد من，意味着“距离从”，它是一个奇怪的表示，并且可能是误用. 因此 ibn al-Haytham 在手稿 **H** 中改变为 نصف من，“半个”，人们认为应当是 الجزء من，“部分”.

$\therefore ZD>DE.$

类似地可证 $BD>DZ$.

因而 AD 是到截线这一部分的那些线中的最小线．并且这些线离它越近越小.

类似地可证当这些线画在截线的另一部分①的情形.

证完

命题 13

如果从抛物线的轴上一点②到截线作最小线，于是它与轴形成两个角，那么朝着顶点的那个角是锐角；并且若从它的另一端向轴作垂线，则在轴上截出的部分等于正焦弦的一半.

设 BG 是抛物线 AB 的轴 [图 5.13]，并且从 G 到抛物线的最小线是 AG.

则在 G 处的角是锐角，并且从 A 到 BG 的垂线在轴上截出的线段等于正焦弦的一半.

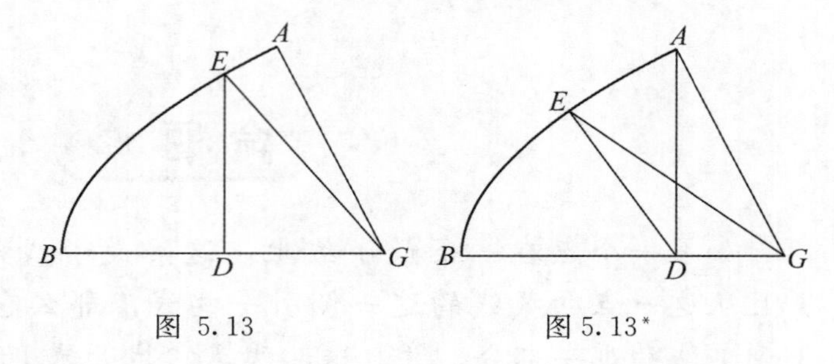

图 5.13　　图 5.13*

证明：

AG 是最小线，于是 BG 大于正焦弦的一半.

因为若不是大于，则它就等于或小于正焦弦.

但是若等于，则 BG 就是最小线，

这由本卷命题 4 证明.

然而并不是这样，因为最小线是 AG.

并且若 BG 小于正焦弦的一半，则当从轴上截出一个等于正焦弦一半的一个线段时，截点就在点 G 以外．从本卷命题 4 证明的，BG 小于 GA．③

于是 BG 不小于正焦弦的一半.

并且已证也不相等，

所以它大于正焦弦的一半.

于是可设线段 GD 等于正焦弦的一半.

---

① 即相对 E 来说 A 的另一侧．因此，在图 5.12 中这些线是在 A 的右边.

② “点”意味着“地方”（موضع）．同样地在Ⅴ.15 及Ⅴ.23 的阿文中.

③ 即 BG 是从 G 到截线的最小线．事实上这个可以由Ⅴ.4 中的不等式关系来证明，但是它可以立刻从Ⅴ.7 推出，正如 Halley 曾认识到的（他改写了此处的正文，引用命题 4 和命题 7）．班鲁·穆萨可能改正为“7”，而变为 4 可能是由于笔误（د 作为 ز）.

则从 D 作的垂线交截线于 A.

因为若不是这样，令垂线是 DE.

则 EG 是从 G 到截线的最小线，这由本卷命题 8 证明，但是 AG 是最小线．矛盾.

于是从点 D 作的垂线交截线于 A，并且线 DG 等于正焦弦的一半，角 AGB 是锐角①.

证完

命题 14

如果有一条从双曲线的轴上一点到截线的最小线，于是与轴形成两个角，那么这两个角中朝着截线顶点的那个角是锐角；并且若从最小线的另一端点作轴的垂线，则它截割中心与轴上的那一点之间的线段为两部分，与中心相邻的一段与另一段的比等于横截直径与正焦弦的比.

设 BG 是双曲线 AB 的轴［图 5.14］，并且从点 G 到截线的最小线是 AG，D 是中心.

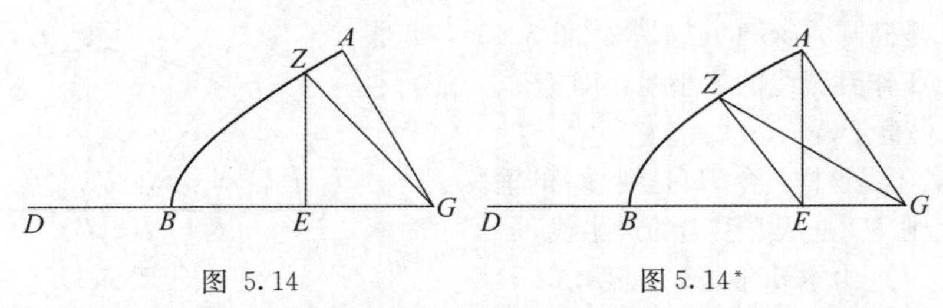

图 5.14　　图 5.14*

则$\angle AGB$ 是锐角，并且从点 A 到轴 BG 的垂线截 GD 为两部分，并使得一部分与另一部分的比等于横截直径与正焦弦的比.

证明：

BG 大于正焦弦的一半，

这由本卷的命题 7（原文如此）② 证明.

并且 BD 是横截直径的一半.

因而（DB∶BG）小于横截直径与正焦弦的比．于是点 E 截 DG 为两部分，使得一部分与另一部分的比等于横截直径与正焦弦的比. ③

则从点 E 到 DG 的垂线交截线于 A.

因为若不是这样，令它是垂线 EZ，连接 GZ.

① $\angle AGB$ 是锐角，由于$\angle ADG$ 是直角（我已把真实情况描写在图 5.13* 中).

② 手稿 **O**、**T** 是"命题 7"，手稿 **O′** 改正为"命题 5 和 4"，手稿 **H** 改正为"命题 5 和 7"，而 Halley 改正为"命题 5"，这是正确的，其错误是由于班鲁·穆萨.

③ 由此可以推出 E 在 BG 上（不是在 DB 上）．参考 V. 9，p. 121，n. ②.

则GZ是从点G引的最小线，

这由本卷命题9证明.

但是最小线是AG，矛盾.

于是从点E引的线交截线于A，因而角$\angle AGB$是锐角，① 并且从点A引的垂线分线段GD为两部分，一部分与另一部分的比等于横截直径与正焦弦的比.

证完

命题 15

如果从椭圆的长轴上的一点引最小线，则若最小线是从中心画出的，它就垂直于长轴. 但是若最小线是从另一点画出，则它与长轴在中心那一侧的角是钝角，并且从这个最小线的端点引的垂线落在这条线和截线的顶点之间.

并且垂足和中心之间的线段与垂足和原先那一点之间的线段的比等于横截直径与正焦弦的比.

设AG是椭圆ABG的长轴，[图 5.15]，I是中心，从点I作到截线的最小线，即IB.

即IB垂直于AG.

因为若不是这样，令ID是到AG的垂线.

则ID是从I引出的最小线，

这由本卷命题11证明.

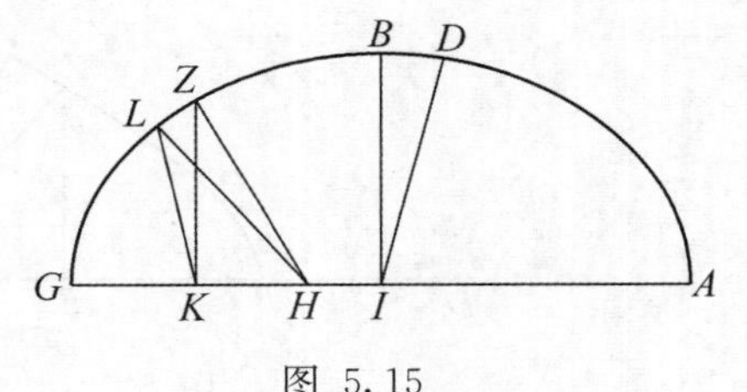

图 5.15

但是最小线是IB，矛盾.

于是IB垂直于AG.

并且在轴上取另一点H，并令从点H画出的最小线是HZ.

则$\angle ZHI$是钝角，

并且从点Z到AG引垂线，垂足和点I之间的线段与垂足和点H之间的线段之比等于横截直径与正焦弦之比.

证明：

因为ZH是从点H引的最小线，所以GH大于半个正焦弦，这是本卷命题7证明的. ② 并且GI是半个横截直径.

因而（$IG:GH$）小于横截直径与正焦弦的比. 于是我们可以分割GH于点K，使得（$IK:KH$）等于横截直径与正焦弦的比.

---

① 我已在图5.14* 中描述了真实情况.

② 手稿**H**把“命题7中”改为“从命题7”，这更为精确，因为此处处理不等情况：若$GH\leqslant$正焦弦，由V.7可以证明由H引的最小线是GH，而不是ZH.

则我断定从点 K 引的垂线通过点 Z. 因为若不是这样，令它是 KL. 则 LH 是从点 H 引的最小线，这是本卷命题 10 证明的. 但是最小线是 ZH，矛盾.

于是从点 K 引的垂线通过点 Z，$\angle IHZ$ 是钝角，并且从点 Z 到线 AG 的垂线是 ZK，($IK:KH$) 等于横截直径与正焦弦的比.

证完

命题 16

如果在椭圆的短轴上取一点，使得它与这个截线的顶点之间的距离等于半个正焦弦，那么从这一点到截线的线之中，最大者是短轴上等于半个正焦弦的部分，而最小者是短轴的其余部分，并且其他的线离最大线越近越长；而且最大线上的正方形超过其他线上的正方形等于这样一个矩形，这个矩形是从它引的垂线的足与短轴的端点之间的线上构造的矩形. 这个矩形相似于由短轴与正焦弦超过短轴的部分构成的矩形.

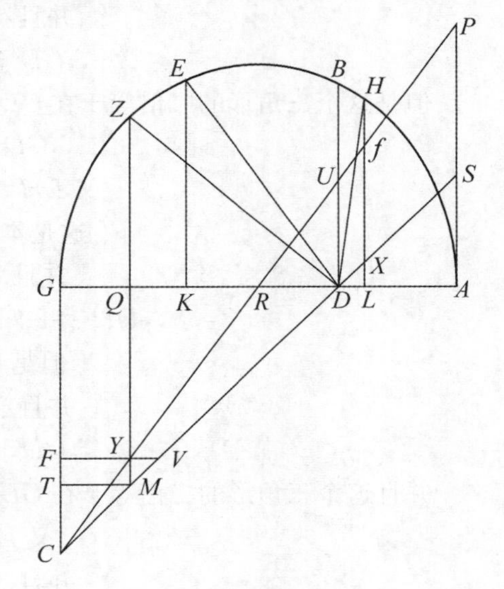

图 5.16

设 ABG 是椭圆 [图 5.16]，短轴是 AG，中心是 R. 在轴上取点 D，使得 GD 等于半个正焦弦. ①

那么我断言从点 D 到截线 ABG 的最大线是 DG，最小线是 DA；并且其他线离 DG 越近越长；而且 GD 上的正方形超过其他线上的正方形等于这样一个矩形，这个矩形是从它引的垂线的足与点 G 之间的线上构造的具有上述相似的矩形.

证明：

作线 DZ、DE、DB 和 DH. 设 DB 垂直 AG，并令 GC 等于半个正焦弦. 连接 CR 和 CD 并且延长它们，并作垂线 ZQ、EK、HL，② 作线 AP 平行于纵坐标，作线 MT、YF 平行于线 AG.

$$\text{则 } GD=GC.$$

$$\therefore GD^2=2\triangle GDC.$$

$$\text{但是 } QD^2=2\triangle DQM,$$

$$\text{并且 } ZQ^2=2\text{ 四边形 } GCYQ,$$

① 这个可以完成，仅当短轴大于半个正焦弦，这是不必要的. 其短轴等于或小于半个正焦弦的情形分别讨论在命题 17 和 18 中.

② 增加“并且延长 ZQ 交 CR 和 CD 于 Y、M”(正如 Halley 所做的).

这是本卷命题 1 证明的.

$\therefore GD^2-DZ^2=2\triangle YMC$.

但是这个三角形的二倍是矩形 $TMYF$，

并且（$RG:RD$）等于横截直径与正焦弦超过横截直径部分的比，（由于半个横截直径与半个正焦弦的比等于横截直径与正焦弦的比）

并且（$RG:RD$）也等于 $YF:YV=YF:YM$.

所以（$YF:YM$）等于横截直径与正焦弦超过它的部分的比.

并且 $YF=GQ$.

所以（GD^2-DZ^2）等于在 GQ 上构造的具有上述相似的矩形.

类似地可以证明（GD^2-DE^2）等于在 GK 上构造的具有上述相似的矩形.

又 $BD^2=2$ 四边形 $PUDA$，

这是本卷命题 3 证明的，

并且 $DG^2=2\triangle DGC$，

并且 $\triangle PRA=\triangle GCR$.

$\therefore GD^2-DB^2=2\triangle DUC$.

但是这个三角形的二倍等于在 GD 上构造的具有上述相似的矩形.

$\therefore GD>DZ>DE>DB$

又 $LH^2=2$ 四边形 $PfLA$，

这是本卷命题 3 证明的.

并且 $LD^2=2\triangle LXD$.

$\therefore DH^2=2$ 四边形 $PfLA+2\triangle XDL$.

但是 $GD^2=2\triangle GCD$，

并且 $\triangle GCR=\triangle RPA$.

$\therefore GD^2-DH^2=2\triangle fCX$.

并且这个三角形的二倍等于在 GL 上构造的具有上述相似的矩形.

又 $DA^2=2\triangle DAS$，

并且 $\triangle GRC=\triangle ARP$.

$\therefore DG^2-DA^2=2\triangle PCS$.

并且这个三角形的二倍等于在 AG 上构造的具有上述相似的矩形.

因而 GD 是从点 D 到这个截线的最大线，而 DA 是最小线，并且其他线离 GD 越近越大；而且 GD^2 超过其他线上的正方形等于从它引出的垂线的足与点 G 之间的线上构造的具有上述相似的矩形.

证完

命题 17

并且，若令 AG 椭圆的短轴［图 5.17］等于半个正焦弦，并且 O 是中心，则我断

言 GA 是点 A 到截线的最大线，并且这些线离它越近越大，而且 GA 上的正方形与它们中的每一条上的正方形的差等于从它引出的垂线的足与点 G 之间的线上构造的具有上述命题中相似的矩形.

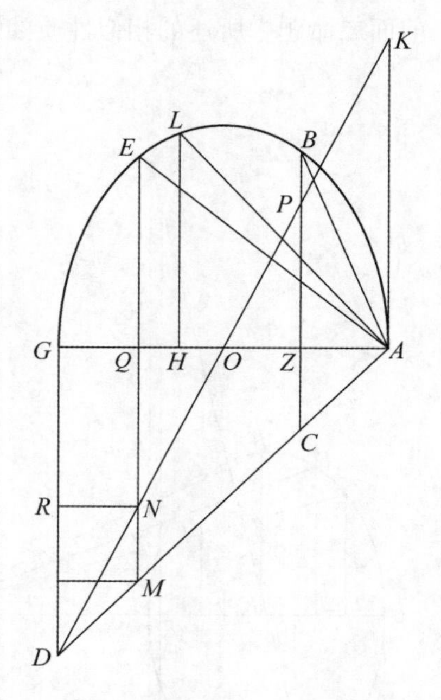

图 5.17

证明：

像上述命题的图一样作图 5.17，① 则可用命题 16 的证明方法证明 AG^2 超过 AE^2 的量等于线段 GQ 上构造的具有上述相似的矩形. 类似地，可以证明 AG^2 超过 AL^2 的量等于 GH 上构造的具有上述相似的矩形.

又 $BZ^2=2$ 四边形 $KPZA$，

这是本卷命题 3 证明的.

并且 $ZA^2=2\triangle ACZ$.

$\therefore AB^2=2$ 四边形 $KPCA$.

并且 $GA^2=2\triangle AGD$，由于 $AG=GD$，

并且 $\triangle GOD=\triangle KOA$.

$\therefore GA^2-BA^2=2\triangle PCD$.

而这个三角形的二倍等于在 GZ 上构造的具有上述相似的矩形. 这个可以像上述命题中一样证明.

$$\therefore AG>AE>AL>AB.$$

因而，从点 A 到截线的最大线是 AG，并且其他线离 AG 越近越大；而且 AG 上的正方形超过它们中的每一条上的正方形的量等于从它引出的垂线的足与点 G 之间的线上构造的具有上述相似的矩形.

证完

命题 18

并且若令 AG 是椭圆的短轴，N 是中心，GD 等于半个正焦弦［图 5.18］②，则我断言 GD 是 D 到截线的最大线；并且最小线是 DA，而且其他到截线的线离 GD 越近越大，在截线外面这些线③离 AD 越近越小；并且 GD 上的正方形超过其他线中的每一条上的正方形的量等于点 G 与从这条线的端点引出的垂线的足之间的线段上构成的具有

① 然而，点的字母不同，例如图 5.17 中的 DG 对应图 5.16 中的 CG. 比较这两个图中的其他差别.

② 图 5.18 是我重造的，在手稿中的这些图是错误的. 见图 5.18*，对应于 **O**、**T** 和 **H** 中的图，除了 N 和 K 合并成一个点（中心）. 在这些图中的主要错误是 DU 和 DF 画成分开的线，而不是 DB 和 DE 的部分（正如阿波罗尼奥斯的意图，他只提及从 D 画出 DB、DE 和 DZ），同时 DT 是 DE 的一部分（而不是 DZ 的一部分）. 其错误可能来自希腊原稿，阿拉伯译者的错误来源于此.

③ 图 5.18 中的 DT、DF、DU.

前面二命题中所述的相似性质的矩形.①

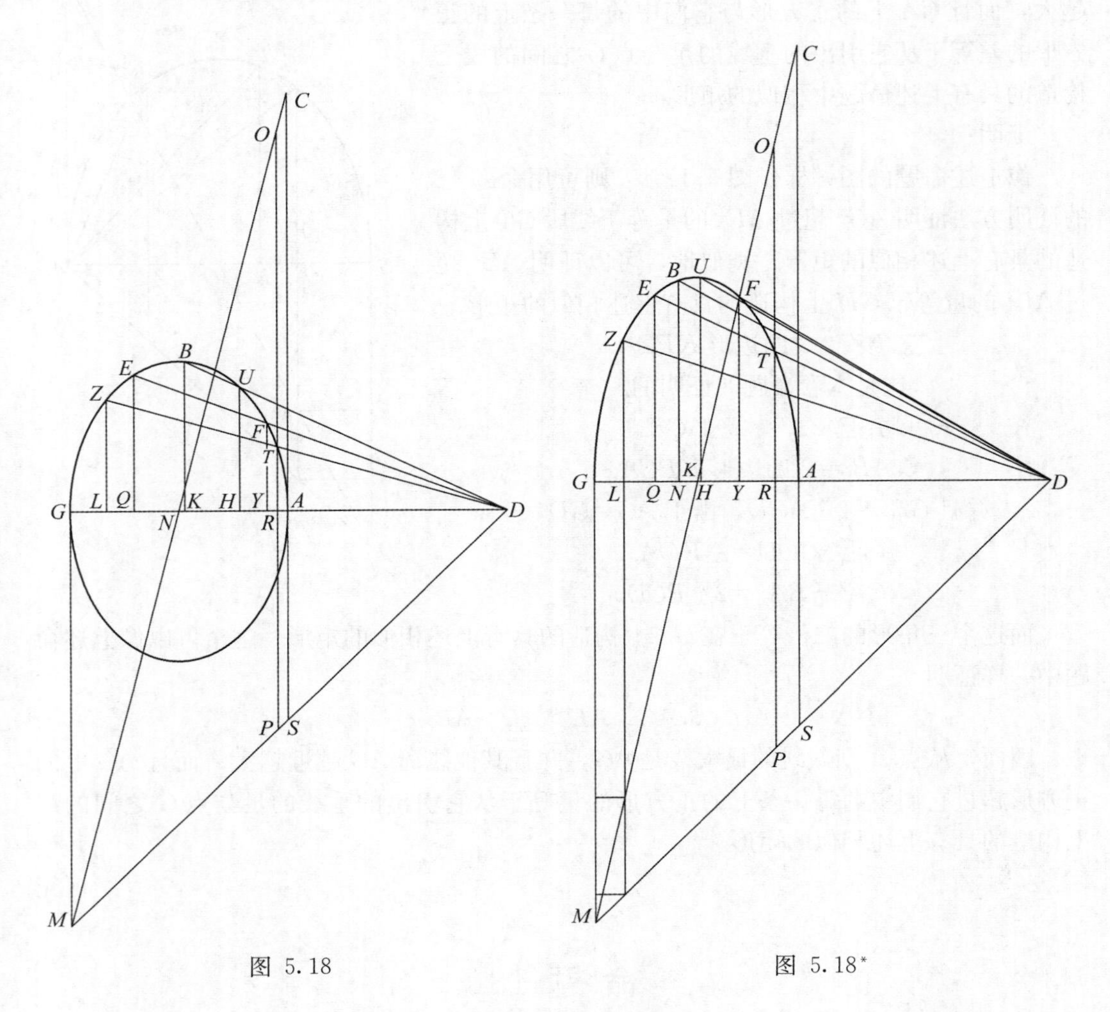

图 5.18　　　　图 5.18*

证明:

作线 DZ、DE、DB，并且像前面的图一样构造这个图，② 则可证明③ GD^2 超过 DZ^2 的量等于在 GL 上构造的具有上述相似性质的矩形，并且 DG^2 超过 DE^2 的量等于 GQ 上构造的具有上述相似性质的矩形，并且 GD^2 超过 DB^2 的量等于 GK 上构造的具有上述相似性质的矩形.

又 $AD^2=2\triangle ADS$（由于 $DG=GM$），

并且 $GD^2=2\triangle DGM$，

并且$\triangle GMN=\triangle CAN$.

① 即由短轴和正焦弦超出短轴的部分构成的矩形.

② 即令 $GM=GD=$半个正焦弦，作 MN 并延长交垂线 AC 于 C，而后作 GA 的另一垂线.

③ 如同Ⅴ.16.

$$\therefore GD^2-DA^2=2\triangle CMS$$[①].

但是 $2\triangle CMS$ 等于 AG 上构造的具有上述相似性质的矩形.

$$\therefore DG>DZ>DE>DB>DA.$$

又 $RT^2=2$ 四边形 $CORA$,

这是本卷命题 3 证明的,

并且 $DR^2=2\triangle DRP$.

$$\therefore TD^2=2\text{ 四边形 }CORA+2\triangle RDP.$$

并且 $GD^2=2\triangle GMD$,

并且 $\triangle GMN=\triangle NCA$.

$$\therefore GD^2-TD^2=2\triangle OMP.$$

但是 $2\triangle OMP$ 等于 GR 上构造的具有上述相似性质的矩形.

类似地可以证明 GD^2 超过 DF^2 的量等于 GY 上构造的具有上述相似性质的矩形,并且 GD^2 与 DU^2 的差等于 GH 上构造的具有上述相似性质的矩形.

已经证明 GD^2 与 DA^2 的差等于 GA 上构造的具有上述相似性质的矩形.

于是 $AD<DT<DF<DU$.

因而 GD 是从点 D 到截线的最大线,而 DA 是最小线,并且其他与截线相交的线[②]离 DG 越近越大,并且不与截线相截的线离 AD 越近越小,并且这些线[③]中的每一条上的正方形与线($DG+DA$)(原文如此)[④] 上的正方形之差等于点 G 与这条线的另一个端点引的垂线的足之间的线段上构造的具有上述相似性质的矩形.

证完

命题 19

若在椭圆的短轴上取一点,使其到截线的顶点大于半个正焦弦,则从这一点到截线的最大线是到截线的顶点的线;并且其他线离它越近越大.

设 AB 是一个椭圆[图 5.19],AG 是短轴,在其上取一点 D,令 GD 大于半个正焦弦.

那么我断言 GD 是从 D 到截线的最大线,并且其他线离 GD 越近越大.

证明:

令 GH 是半个正焦弦,从点 D 作线 DE、DZ、DB,并且连接 HZ、HE、HB 以

---

① $GD^2-DA^2=2(DGM-ADS)$
$=2(DNM+GMN-ADS)$
$=2(DNM-ADS+CAN)$
$=2\triangle CMS$.

② 即如 DZ、DE、DB 这些线.

③ 即如 DT、DF、DU 这些线.

④ 由 **H** 改正,Halley 改正为"DG 上的正方形".其错误可能在阿拉伯原稿中,也可能在希腊原稿中.

及线GZ、ZE、EB、BA.

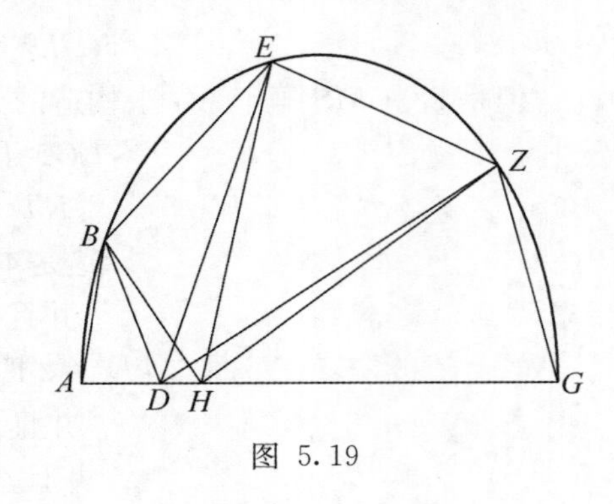

图 5.19

则$GH>ZH$,

这是前三个命题中已证明的.

$\therefore \angle GZH>\angle ZGH$.

$\therefore \angle GZD>\angle ZGD$.

$\therefore GD>DZ$

又$HZ>EH$.

$\therefore \angle ZEH>\angle EZH$.

$\therefore \angle ZED>\angle EZD$.

$\therefore DZ>DE$.

类似地可证$DE>DB$.

因而DG是从点D到截线的最大线，并且其他线离DG越近越大.

证完

命题 20

若在椭圆的短轴上取一点，使这个点与截线的顶点之间的线段小于半个正焦弦，而大于半个横截直径，并且截线的顶点和它的中心之间的线段被一个点这样分开，使得中心到这个分点之间的线段与这个分点到开始取的那一点之间的线段的比等于横截直径与正焦弦的比，并且从后面这个分点作轴的垂线与截线相交，连接这个交点与开始取的那一点，则从开始取的那一点到截线的最大线是上述连线，并且其他的线离它越近越大，而且它上面的正方形超过其他线上的正方形等于后面这个分点与其他线的端点作的垂线的足之间的线段上构造的相似于由横截直径与正焦弦超出横截直径的部分围成的矩形的矩形.

设ABG是椭圆，AG是短轴［图 5.20 (i)］，并设D是它上的一点，GD大于半个横截直径，横截直径是AG，而小于半个正焦弦. 设中心是E，并设EG被点M分开，使得EM与MD的比等于横截直径AG与正焦弦的比.（这是可能的，由于半个正焦弦大于GD）.① 从点M作AG的垂线ZM. 连接ZD.

那么我断言，ZD是从点D到截线的最大线，并且ZD两侧的其他线离它越近越

---

① 这个在手稿 **O** 中的边页上证明，我叙述如下：

$DE>\frac{1}{2}$正焦弦$-\frac{1}{2}$横截直径.

$\therefore DE:EF>$ ($\frac{1}{2}$正焦弦$-\frac{1}{2}$横截直径)：$\frac{1}{2}$横截直径.

因此，若$DE:EM$等于上面比，则$EM<EG$，并且由合比例，$DM:ME=$正焦弦：横截直径.

大，而且 ZD 上的正方形超过它们中每一个上的正方形的量等于点 M 和比较线的垂线足之间的线段上构造的具有上述相似性质的矩形.

证明：

在任意位置作线 DG、DH、DZ、① DL. 作 DB 垂直于轴，并令 GY 是半个正焦弦. 作垂线 QN、HK、ZM、LC，并连接 YE 并延长，像前面一样作 AG 的垂线及平行线.

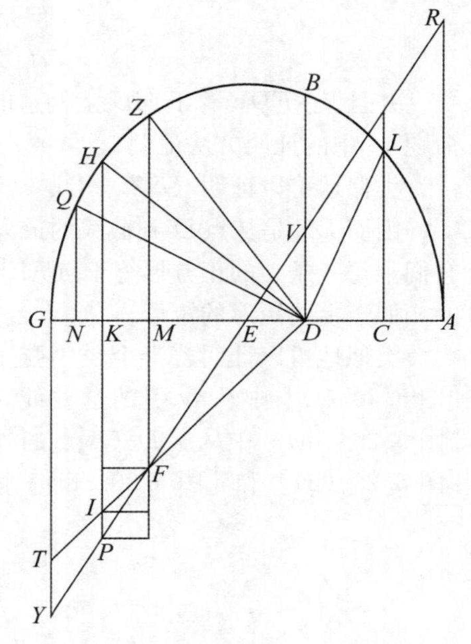

图 5.20 (i)

那么 $ME:DM$＝横截直径与正焦弦的比＝$EG:EY$.

但是 $EG:GY=ME:MF$.

$\therefore MD=MF$，并且 $MD^2=2\triangle MDF$.

又 $MZ^2=2$ 四边形 $MFYG$，

这是本卷命题 1 证明的.

$\therefore ZD^2=2\triangle DMF+2$ 四边形 $MFYG$.　　[1]

又 $HK^2=2$ 四边形 $KGYP$，

并且 $DK^2=2\triangle KID$.

$\therefore DH^2=2\triangle KID+2$ 四边形 $KGYP$.

$\therefore DZ^2-DH^2=2\triangle PIF$. ②

但是这个三角形［原文如此］③ 等于在 KM 上构造的等于上述矩形的矩形（这个可以用类似于本卷命题 16 的证明中的方法证明）. ④

类似地可以证明（DZ^2-DQ^2）等于 MN 上构造的相似于上述矩形的矩形.

又 $GD^2=2\triangle DGT$.

$\therefore$（DZ^2-DG^2）$=2\triangle TYF$，

它等于 GM 上构造的相似于上述矩形的矩形.

$\therefore DZ>DH>DQ>DG$.

又 $DB^2=2$ 四边形 $RADV$，

这是本卷命题 3 证明的.

已经证明了 $DZ^2=2(\triangle EGY+\triangle DEF)$. ⑤

---

① 在 **O**、**T** 中（原文如此），**H** 略去了“DZ”，由于它已经被构造并且不是“在任意位置”（这个短语 **H** 也略去了）. 其错误可能是译者的或者在原文中.

② $DZ^2-DH^2=2\{(\triangle DMF+$四边形 $MFYG)-(\triangle KID+$四边形 $KGYP)\}=2\{(\triangle KID+\triangle PIF+$四边形 $KGYP)-(\triangle KID+$四边形 $KGYP)\}=2\triangle PIF$.

③ 正确的是“这个三角形的二倍”，这是手稿 **O** 的解释. 但是手稿 **H** 和 **T** 的一致说明这个错误来自阿拉伯原稿.

④ 见 p. 132. 也可以参阅 V. 10 (p. 124). 在任何情况下，这个证明应当证明矩形 FP 的边的比等于横截直径与正焦弦的比，并且因而矩形 IP 的边的比等于横截直径与正焦弦超出横截直径部分的比.

⑤ 实际上（参阅［1］），证明了 $DZ^2=2$（$\triangle DMF+$四边形 $MFYG$），它可以写成 $2(\triangle EGY+\triangle DEF)$.

$$但是\triangle EGY=\triangle REA.$$

$$\therefore DZ^2-DB^2=2\triangle FDV.$$

并且 $2\triangle FDV$ 等于 MD 上构造的相似于上述矩形的矩形（这个可以用类似于本卷命题 16 中的证明方法证明）.

类似地可以证明（DZ^2-DL^2）等于 MC 上构造的相似于上述矩形的矩形.

因而 DZ 是从点 D 到截线的最大线，并且其他线离 DZ 越近越大，而且 DZ^2 超过它们中每一条上的正方形等于点 M 与从这条线的另一端作的垂线的足之间的线上构造的相似于上述矩形的矩形.

类似地可以证明若半个正焦弦（它①大于横截直径）等于短轴，或者大于它，则［图 5.20（i）］中从 D 引的这些线，或者［图 5.20（ii）］中从 A 引的这些线，或者［图 5.20（iii）］中从点 D（A 点的外面）引的这些线中，最大者仍然是上述的线. 在［图 5.20（ii）］和［图 5.20（iii）］情形的证明类似于［图 5.20（i）］中所作的证明.

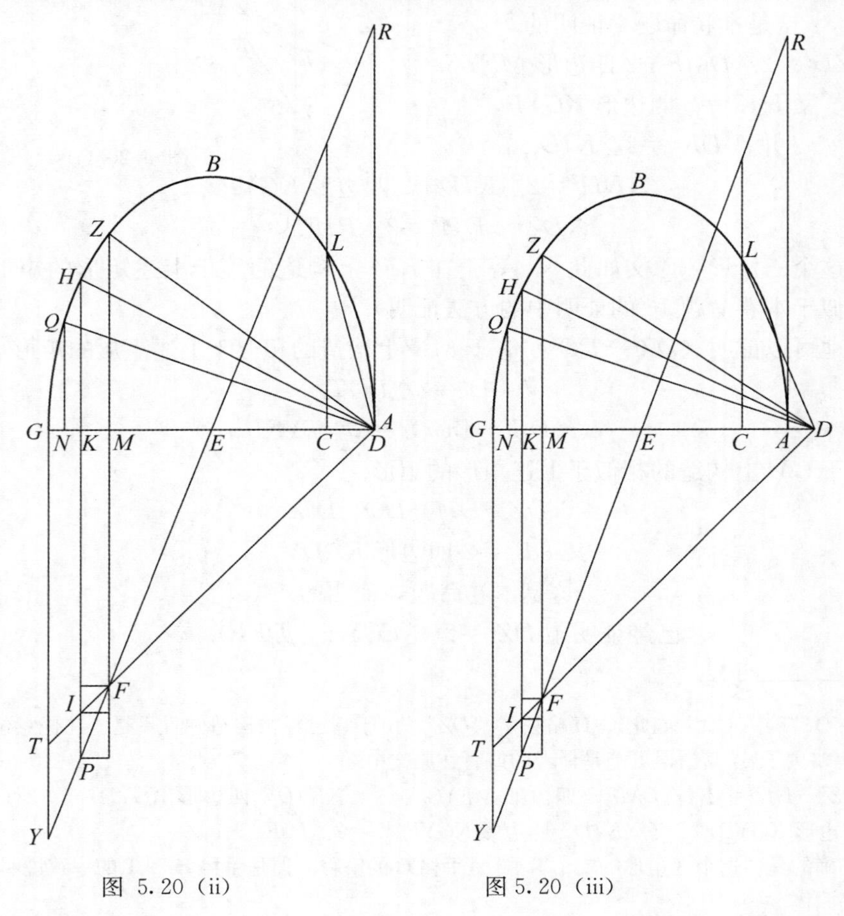

图 5.20（ii）　　图 5.20（iii）

证完

① “它”指整个正焦弦，正因为如此（而不是半个正焦弦），所以它大于横截直径.

命题 21

如果在前述命题的最大线的延线上取一点，使得它与最大线在截线上的端点之间的距离大于最大线，那么从这一点到截线的这一部分①的最大线是使最大线是其一部分的那条线，并且它的两侧的其他线离它越近越大.

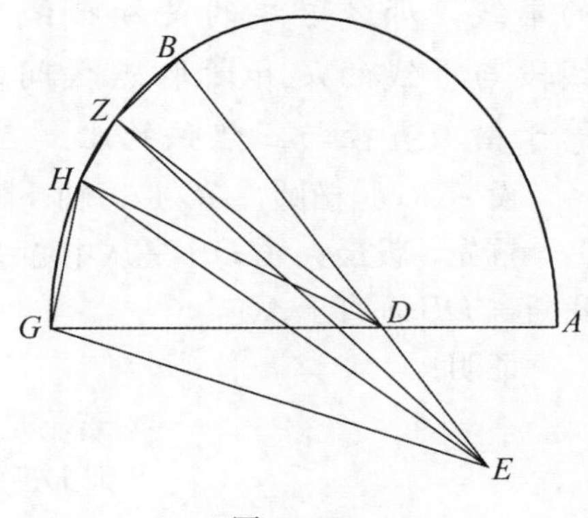

图 5.21

设 ABG 是椭圆，AG 是短轴［图 5.21］，并且设 DB 是从点 D 引的最大线，即上述命题中所说的最大线. 连接 BD 并在其延线上取一点 E，使得 BE 大于最大线 DB.

那么我断言从点 E 到截线的最大线是线 EB，并且其他线离它越近越大.

证明：

作线 EZ、EH，并且连接 DZ、HD，以及 GE、GH、HZ、ZB.

则 $DB>DZ$.

$\therefore \angle DZB>\angle ZBD$.

因而$\angle EZB$ 更大于$\angle ZBE$.

$\therefore BE>EZ$.

又 $DZ>DH$.

$\therefore \angle DHZ>\angle DZH$.

因而$\angle EHZ$ 更大于$\angle EZH$.

$\therefore ZE>EH$.

类似地可证 $EH>EG$.

因而线 EB 是从点 E 到截线的这一部分的最大线，并且其他线离 EB 越近越大.

类似地，可证上述断言，若最大线从 A 发出或者从 GA 的延长线上的其他点发出. ②

证完

命题 22

如果从椭圆的短轴上一点引一条到这个截线的最大线，这条线与轴形

① 即图 5.21 所示的半个椭圆.

② 字面上，“从轴 GA 这条线上的点的另一点”. 这个情况分别指图 5.20（ii）和图 5.20（iii）中的情况.

成一个角，那么，若这个点是这个截线的中心，则这个最大线垂直于短轴；

但是，若它不是中心，则这条最大线与轴之间朝向中心的夹角是锐角；

并且如果从这条线的另一个端点作轴的垂线，那么垂线的足和截线中心之间的线段与垂线的足和所取点之间的线段的比等于横截直径与正焦弦的比.

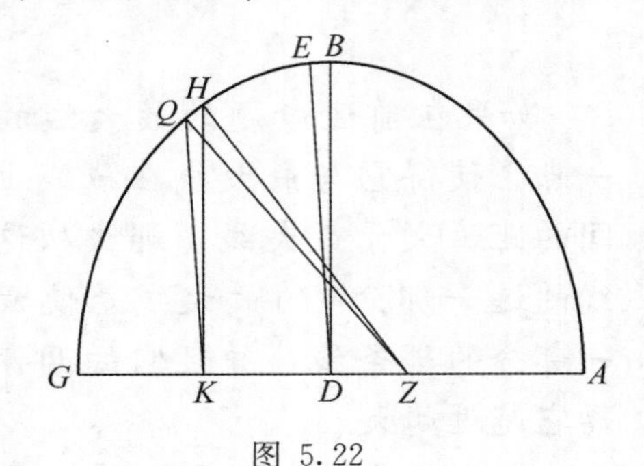

图 5.22

设 ABG 是椭圆，AG 是短轴 [图 5.22].

首先，设最大线 DB 是从中心引出的，那么我断言 DB 垂直于 AG.

证明：

若不是这样，令垂线是 DE.

则 DE 是从点 D 引的最大线，

这是本卷命题 11 证明的.

但是最大线是 DB，矛盾.

因而 DB 垂直于 AG.

其次，设最大线 ZH 是从另一个点 Z 引出的，则我断言$\angle GZH$ 是锐角，并且从点 H 引 AG 的垂线，它的足和点 D 之间的线段与它的足和点 Z 之间的线段的比等于横截直径与正焦弦的比.

证明：

线段 ZG 或者大于，或者小于，或者等于半个正焦弦.

若相等，则它是最大线，

这是本卷命题 16、17、18 证明的①；

若大于，则 ZG 仍然是最大线，

这是本卷命题 19 证明的.

于是线段 ZG 小于半个正焦弦.

若靠近 ZD 取一个线段，使得这个靠近线段与 ZD 以及靠近线段的和的比等于横线直径与正焦弦的比，则这个靠近线段小于 DG，例如 DK. ②

因而（$DK:ZK$）等于横截直径与正焦弦的比.

那么我断言在点 K 作的 AG 的垂线过点 H.

若不是这样，设它是 KQ，

那么 QZ 就是最大线，

---

① 这些就是所说的三种不同情形. 在第二种情况 Z 与 A 重合（V.17），在第三种情形 Z 在 GA 的延长线上（V.18）.

② 下述解释来自手稿 **O** 的边页（95ʳ）（Halley 也把它插入在他的译本中）："因而 ZD 小于半个正焦弦超过半个横截直径的部分，于是 ZD 与 DG 的比小于正焦弦超过横截直径的部分与横截直径的比，于是 ZD 与小于 GD 的一个线段的比等于那个比，令这个线段是 DK."

这是本卷命题 20 证明的.

但是不是如此.

于是从点 H 作的垂线过点 K，并且 $(DK:KZ)$ 等于横截直径与正焦弦的比. ①

证完

命题 23

如果从椭圆的短轴上一点引一条最大线，那么它在截线和长轴之间的部分是从这条线与长轴交点引出的最小线.

设 $ABGD$ 是一个椭圆，长轴是 GA，短轴是 DB [图 5.23]. 并令 KE 是点 K 引的最大线. ②

那么我断言 ZE 是从点 Z 到截线的最小线.

证明:

从点 E 作 DB 的垂线 EH，AG 的垂线 EQ.

那么 DB 与正焦弦的比等于正焦弦与 AG 的比，③这是卷 I 命题 15 证明的. ④ 并且 DB 与正焦弦的比等于 $(LH:HK)$.

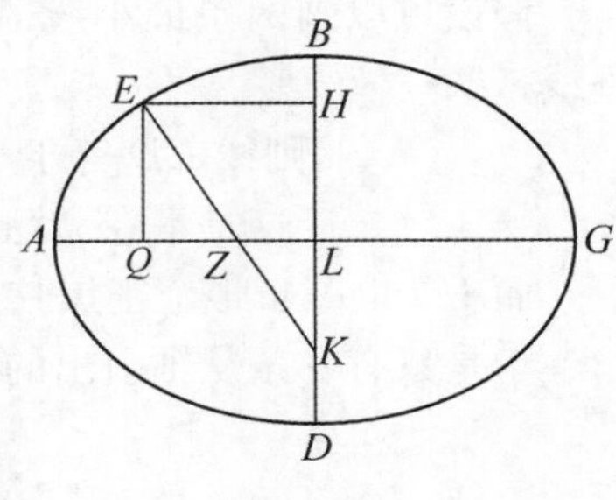

图 5.23

因而 [AG] 的正焦弦与 AG 的比等于 $(AH:HK)$，这是本卷命题 22 证明的. ⑤

但是 $LH:HK=QZ:QL$.

因而 $(AQ:QZ)$ 等于 GA 与 [GA 的] 正焦弦的比.

并且 QE 是 [AG 的] 垂线，EZ 已连接，AG 是长轴.

因而 EZ 是从点 Z 到截线的最小线，这是本卷命题 10⑥ 证明的.

证完

---

① Halley 增加了"显然$\angle GZH$ 是锐角，因为$\angle ZKH$ 是直角."参阅这个命题的阐述.

② 正如 Halley，应增加"令 KE 交长轴于 Z".

③ 83 即 DB 与 DB 的正焦弦的比等于 AG 的正焦弦与 AG 的比（如同手稿 **O** 的边页注）.

④ 阿波罗尼奥斯在 I. 15 中证明的是（对于所有的共轭直径）

$DB:AG=AG:\hat{\boldsymbol{R}}(DB)$，并且 $AG:DB=DB:\boldsymbol{R}(AG)$，由此可以立即推出

$$\boldsymbol{R}(AG):DB=AG:\hat{\boldsymbol{R}}(DB).$$

因此 $\boldsymbol{R}(AG):AG=DB:\hat{\boldsymbol{R}}(DB)$.

⑤ Halley 把上述这个改变为 $DB:\hat{\boldsymbol{R}}(DB)=LH:HK$. 这个改正已经在手稿 **O** 的边页上作出并且手稿 **H** 中由 abi Jarrāda 作了注. 这是班鲁·穆萨的粗心之处的另一个例子（参阅上面 p. 111, n. ①）.

⑥ Halley 的译本是"15"，这是由于他错误地用了手稿 **O**. 他没有注意这个错误是由于 V. 15 是 V. 10 的逆.

命 题 24

如果在任一圆锥截线上任取一点，那么只有一条从轴引出的最小线通过这一点.

首先设这个截线是抛物线 AB，轴是 BG [图 5.24].

在这个截线上取一点 A.

那么我断言只有一条从轴引出的最小线到点 A.

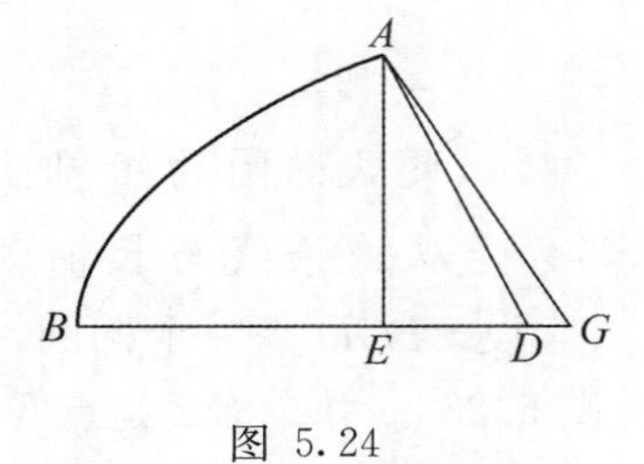

图 5.24

证明：

假设可以画两条最小线 AG、AD. 从点 A 引 BG 的垂线 AE.

则线 ED 等于半个正焦弦，

这是本卷命题 13 证明的.

而 EG 也等于半个正焦弦，矛盾.

于是只有一条从轴引出的最小线到点 A. ①

证完

命 题 25

并且，令截线 AB 是双曲线 [图 5.25A] 或椭圆 [图 5.25B]，轴是 BG，中心是 H，并且在截线上任取一点 A.

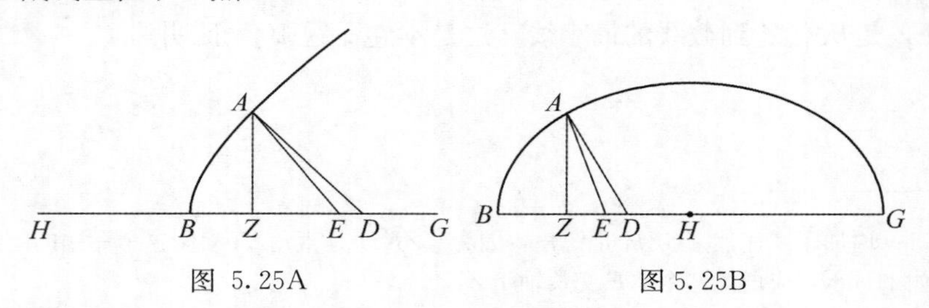

图 5.25A　　图 5.25B

那么可以断言只有一条从轴引出的最小线到点 A.

证明：若可以引的线多于一条，则可以引两条最小线 AE、AD. 从点 A 引 BG 的垂线 AZ.

那么 ($ZH:ZE$) 等于横截直径与正焦弦的比，这是本卷命题 14 和 15 证明的.

类似地，比 ($ZH:ZD$) 也等于横截直径与正焦弦的比，但这是不可能的.

于是不可能从轴到点 A 引两条最小线.

证完

① 这里没有“证完”，由于（尽管分别编号）这只是整个命题的第一种情况.

命题 26

若在椭圆上取一点，不在短轴上①，则只有一条从它到短轴的最大线.

设 ABG 是一个椭圆，AG 是短轴，点 B 在这个截线上［图 5.26］.

那么我断言只有一条从点 B 到线 AG 的最大线.

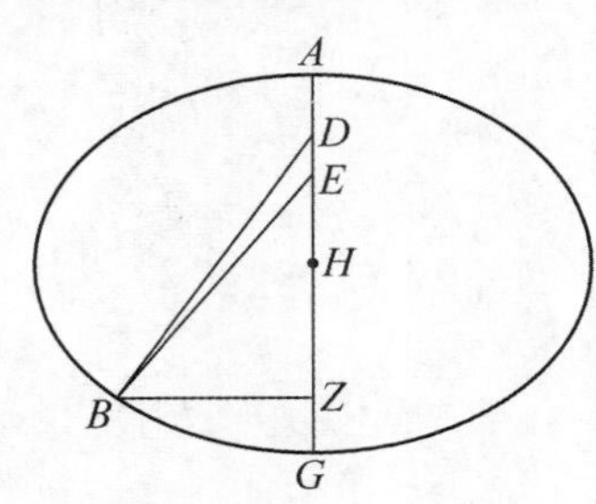

图 5.26

证明：

假设可以引两条它的最大线 BD、BE. 作垂线 BZ，并且设中心是 H.

那么线 BE 是轴引的一条最大线. 因而（$ZH : ZE$）等于横截直径与正焦弦的比，这是本卷命题 22 证明的.

类似地，可以证明（$ZH : DZ$）也等于横截直径与正焦弦的比，矛盾.

于是只有一条从点 B 到短轴的最大线.

证完

命题 27

在最小线的端点处画的截线的切线垂直于最小线.②

首先设截线是抛物线 AB，BG 是轴［图 5.27］. 那么我断言在最小线的端点处画的截线 AB 的切线垂直于最小线.

若最小线是 BG 的一部分，则这是显然的.③

若最小线是 AG，在点 A 处作截线 AB 的切线 AD，则我断言$\angle DAG$ 是直角.

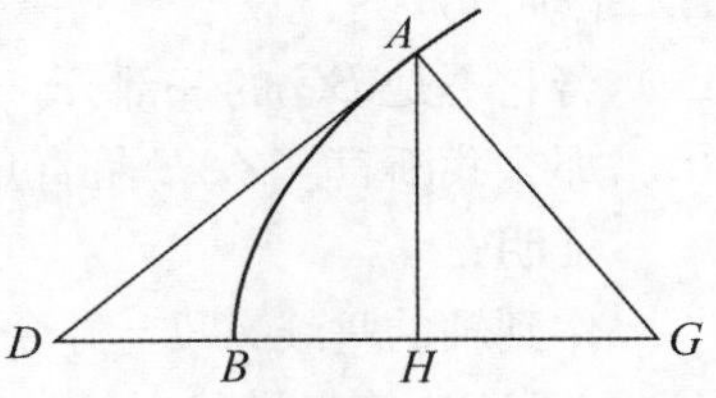

图 5.27

证明：

作垂线 AH.

则线 GH 等于半个正焦弦，

这是本卷命题 13 证明的.

并且 AD 是抛物线的切线，AH 是从点 A 到轴的垂线.

$$\therefore DB=BH,$$

---

① Halley 正确地改正了手稿 **O** 的“在椭圆的轴上取”（手稿 **H**、**T** 有正确的叙述），但是不必要地加上了“不在短轴的端点处”.

② 即最小线是法线.

③ 此时抛物线在点 B 处，垂直于轴.

这是卷Ⅰ命题35证明的. ①

因而GH与正焦弦的比等于($BH:HD$).

∴($GH \cdot HD$)等于BH与正焦弦的乘积.

但是BH和正焦弦的乘积等于AH^2. ②

∴$AH^2=GH \cdot HD$.

并且$\angle AHD$是直角.

于是$\angle DAG$是直角. ③

证完

命题28

令截线AB是双曲线[图5.28A]或椭圆[图5.28B],轴是BG.

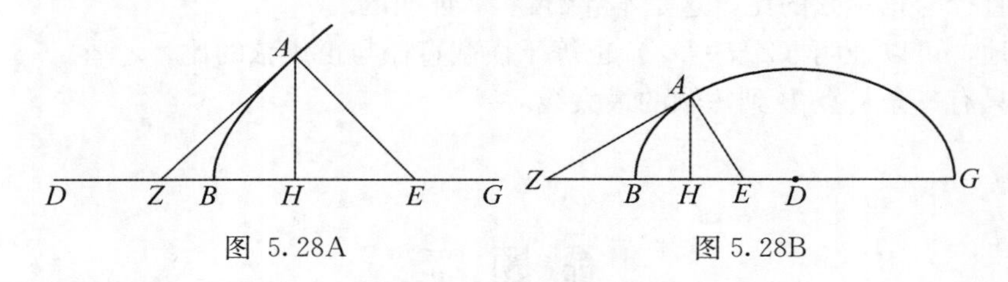

图 5.28A　　图 5.28B

那么我断言在最小线的端点处画的截线的切线垂直于最小线.

若最小线是BG的一部分,则显然点B处截线的切线是最小线的垂线,由于EZ是轴.

若它不是BG的一部分,令最小线是AE,切线是AZ.

那么我断言$\angle ZAE$是直角.

证明:

作到轴的垂线AH,并令D是中心.那么,因为AE是最小线,AH是垂线,所以($DH:HE$)等于横截直径与正焦弦的比,这是本卷命题14和15证明的.

但是$DH:HE=(DH \cdot HZ):(ZH \cdot HE)$.

因此($DH \cdot HZ$):($ZH \cdot HE$)等于横截直径与正焦弦的比.

但是横截直径与正焦弦的比等于($DH \cdot HZ^2$):AH^2,这是卷Ⅰ命题37证明的. ④

∴$ZH \cdot HE=AH^2$.

并且AH是垂线.

---

① Ⅰ.35对于任一直径和它的纵坐标证明了$DB=BH$.

② 手稿**O**增加了"正如卷Ⅰ命题11证明的",这是正确的但是多余的.

③ 正如Halley的注释,这个由Pappus在他的《圆锥曲线论》Ⅴ的第一个引理中(详尽地)证明的(《Synagoge》Ⅶ 273,ed. Jones pp. 324－325).

④ Ⅰ.37对任意直径和它的纵坐标证明这一性质.

$\therefore \angle ZAE$ 是直角.

证完

命题 29

上述命题也可以用下述另一种方法证明. 令圆锥截线是 AG，它的轴是 BD.

那么我断言在最小线的端点处画的截线的切线垂直于最小线.

设最小线是 AB，切线是 AD. 那么我断言 $\angle DAB$ 是直角.

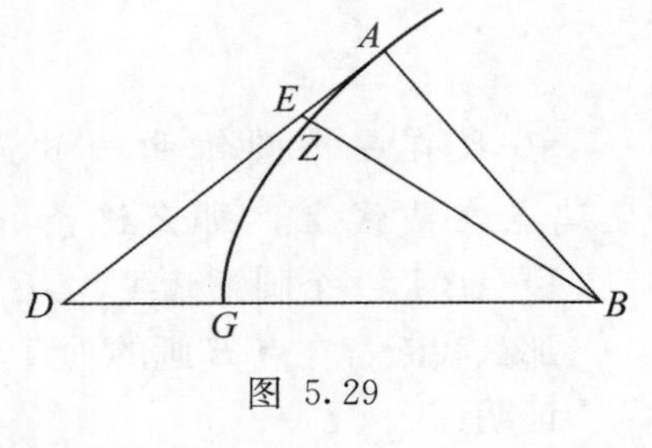

图 5.29

证明①：

若不是这样，作 AD 的垂线 BE.

则 $AB>BE$.

于是 AB 比 BZ 更大一些.

矛盾，由于 AB 是最小线.

$\therefore \angle DAB$ 是直角.

证完

命题 30

如果在椭圆的最大线的端点作这个截线的切线，那么它垂直于最大线.

设 ABG 是椭圆［图 5.30］，短轴是 AG，并且从轴上一点作到截线的一条最大线 OB. 在点 B 处作截线的切线 DB.

那么我断言 $\angle DBO$ 是直角.

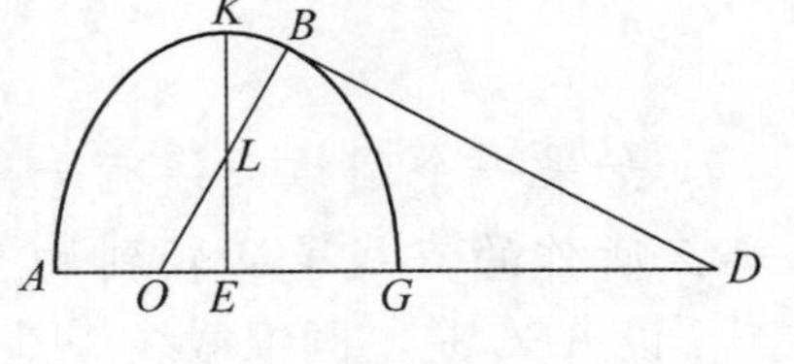

图 5.30

证明：

从截线的中心作轴的垂线 EK.② 那么 EK 是半个长轴，AG 是短轴. 因为 EK 截最大线③，所以最大线在截线和长轴之间的部分是最小线，这是本卷命题 23 证明的.

于是线 BL 是一条最小线，

① 我怀疑这个奇怪的证明（被 V.31 吸收了）是否是阿波罗尼奥斯的，可能是阿拉伯人插入的.

② EK 交 OB 于 L.

③ 手稿 **O** 的边注（96v）：“EK 必然截 OB，由于从 B 到 AG 的垂线落在点 E 和 G 之间，这是因为垂足与点 E 和 O 之间的线段的比［即若 BC 是 AG 的垂线，则比 $CE:CO$］等于横截直径与正焦弦的比，这是命题 22 和前述命题证明的［特别见 V.20］.”

并且 BD 是切线，

因而 BD 垂直于 BLO，

这是前面三个①命题证明的.

证完

命题 31

如果在一个圆锥曲线的最小线的端点作一条与最小线成直角的线，并且端点在截线上，那么这条线是截线的切线.

设 AB 是一个圆锥截线，GB 是最小线［图 5.31］.

那么我断言在点 B 画的垂直于 GB 的直线是截线的切线.

证明：

若它不是切线，令它与截线相截，设它是 EBQ.

从截线外面并且在截线与 BQ 之间的一点 Z 作线 ZB，并且从点 G 作 BZ 的垂线 GHZ.

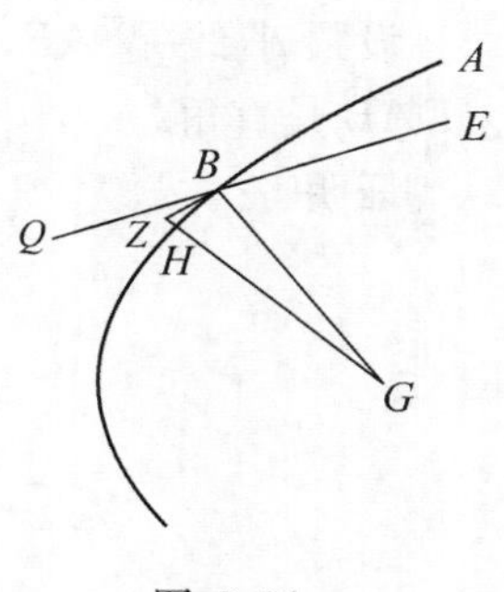

图 5.31

则$\angle GBZ$ 是锐角，而$\angle GZB$ 是直角.

$\therefore GZ<GB$.

因而 GH 更小于 GB.

但是 GB 是最小线，矛盾.

因而在点 B 作的 BG 的垂线是截线的切线.

证完

命题 32

如果一个圆锥截线有一条切线，并且从切点作这条线的垂线一直到轴，那么所作的直线是从轴到切点的最小线.

设 ABG 是一圆锥截线［图 5.32］，并令 DE 是它的切线.

从切点作 DE 的垂线 BZ，并且延长它直到轴 AZH.

那么我断言 BZ 是一条最小线.

证明： 若不是这样，令从轴到点 B 的最小线是 BH.

则$\angle DBH$ 是直角，

这是本卷命题 27、28 和 29 证明的.

但是$\angle DBZ$ 也是直角，矛盾.

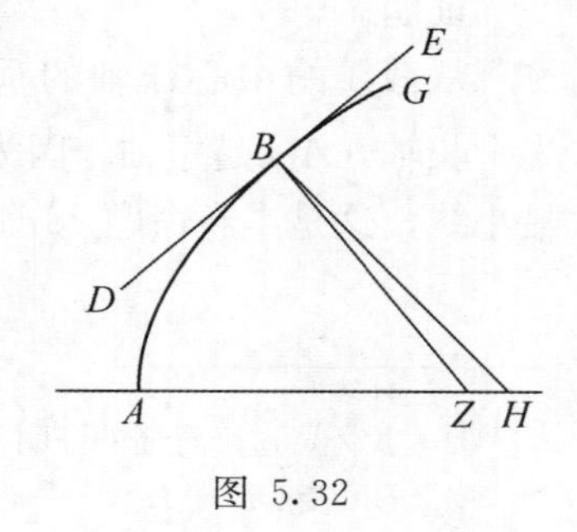

图 5.32

① 实际上是前面两个.

于是 BZ 是一条最小线.

证完

命题 33

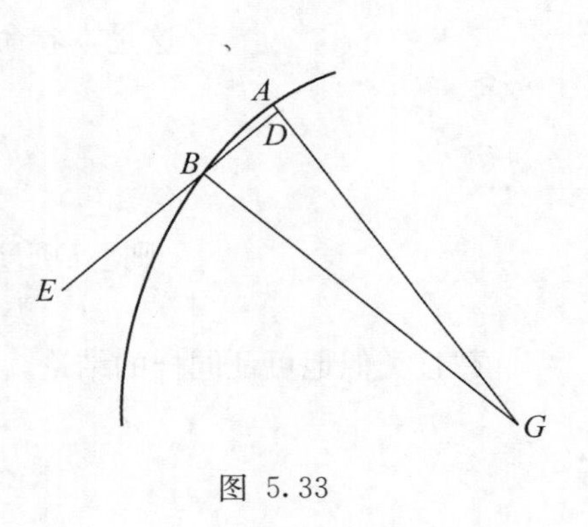

图 5.33

若从最大线在截线上的端点作它的垂线，则这条垂线是截线的切线.

设 AB 是一个圆锥截线，BG 是一条最大线[图 5.33].

那么我断言从点 B 作的 BG 的垂线是截线的切线.

证明：

若不是这样，令垂线截这个截线，设它是 EBA. 从点 G 作线 GDA 与 BD 相截.

则 $DG>GB$,①

并且 $AG>DG$.

因而 AG 更大于 GB.

但是 GB 是一条最大线，矛盾.

于是从点 B 作的 GB 的垂线是截线的切线.

证完

命题 34

如果在圆锥截线外面并且在最大线或最小线的延长线上取一点，那么这一点与截线之间的最小线（关于从这一点到截线[原文如此]② 两侧的线，但延长后与截线相截不多于一点）是这个最大线或最小线的延长线，并且其他线离它越近越小.

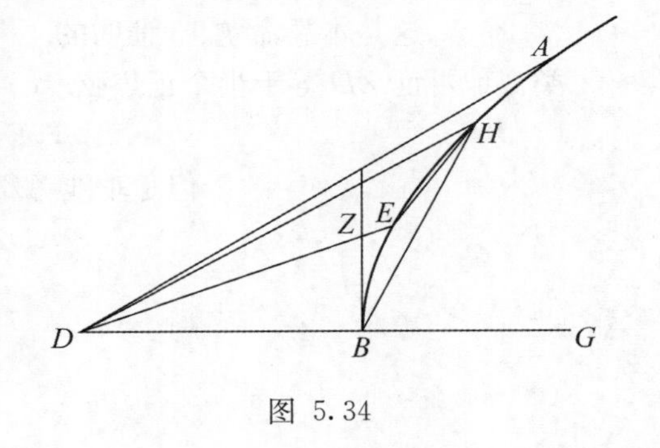

图 5.34

设 AB 是一个圆锥截线，BG 是最大线或最小线[图 5.34]. 延长它并在其延长线上[截线的外面]任取一点 D.

① 由于$\angle DBG$是直角.

② 所有手稿叙述为“截线”(القطع)，但是这可能是译者把“线”(الخطّ)译错. 参阅“线 DB 的另一侧”(“原书” p. 99，14 阿文).

从点 D 到截线作线 DA、DH、DE，并设每一条截这个截线仅一点.

那么我断言 DB 是从点 D 到截线的最小线，并且其他线离它越近越小.

证明：

作 BZ 与截线相切.

则 $\angle ZBD$ 是直角，

这是本卷命题 27、28、29 和 30 证明的.

$\therefore DZ>DB$.

因而 DE 更大于 DB.

连接 HB 和 HE.

则 $\angle DEH$ 是钝角，① 于是 $DH>DE$.

类似地可证 $DA>DH$.

并且类似地可证同样的结论，当这些线在 DB 另一侧时.

证完

命题 35

在任一个圆锥截线内画一些最小线，其中离截线的顶点较远的一条与轴形成的角大于离顶点较近的一条与轴形成的角.

首先设 ABG 是抛物线，GD 是轴，设 AD、BE 是两条最小线［图 5.35］.

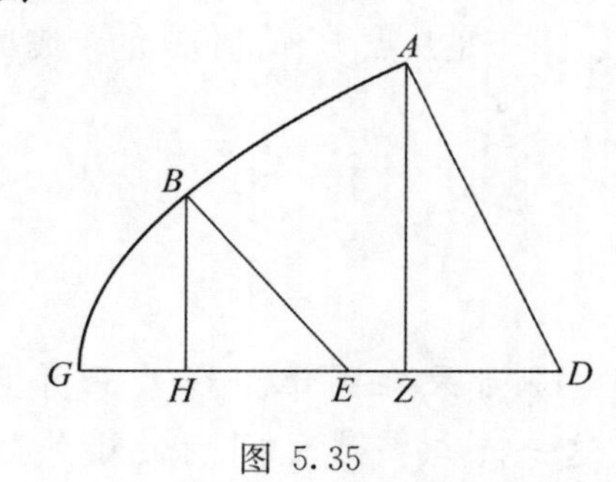

图 5.35

那么我断言 $\angle ADG>\angle BEG$.

证明：

作两条垂线 AZ、BH.

BE 是一条最小线，

因而 EH 等于半个正焦弦，

这是本卷命题 13 证明的.

类似地可证 ZD 等于半个正焦弦.

$\therefore EH=DZ$.

但是垂线 AZ 大于垂线 BH. ②

$\therefore \angle ADZ>\angle BEH$.

证完

① 因为 $\angle DBH>\angle DBZ$（它是直角），并且 $\angle DEH>\angle DBH$.

② 由抛物线的基本性质，因为 $GZ>GH$.

命题 36

其次，设截线是双曲线［图 5.36A］或椭圆［图 5.36B］，LE 是轴，D 是中心，设 AE、BE 是两条最小线.

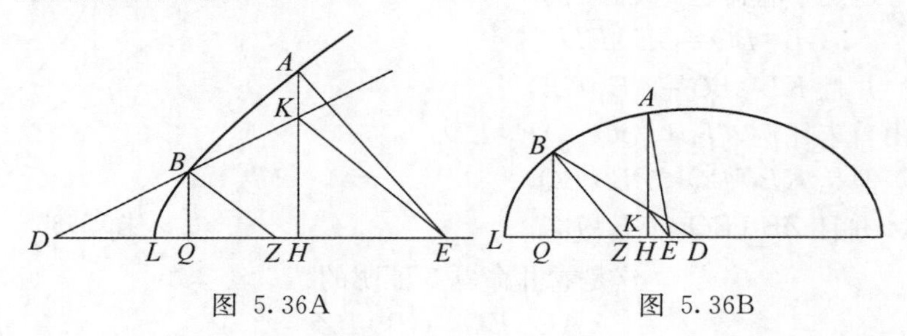

图 5.36A　　图 5.36B

那么我断言$\angle AEL > \angle BZL$.

证明：

作两条垂线 BQ、AH，并且连接 DKB.

则（$DH : HE$）等于横截直径与正焦弦的比，这是本卷命题 14 和 15 证明的.

类似地（$DQ : ZQ$）［等于横截直经与正焦弦的比］.

$\therefore DH : HE = DQ : QZ$.

由更比例，$DH : DQ = EH : ZQ$，

但是 $DH : DQ = KH : BQ$，

$\therefore HE : ZQ = KH : BQ$.

并且角 AHE、角 BQZ 是直角.

因而三角形 KEH、BZQ 相似.

$\therefore \angle AEH > \angle BZQ$. ①

证完

命题 37

如果有一个双曲线并且在它内作一最小线，它与轴形成一个角，那么这个角小于由截线的每一个渐近线与截线顶点处作的轴的垂线所夹的角.

设 AB 是双曲线，GD 是轴［图 5.37］. 设 ZG、GH 是它的渐近线，AD 是最小线，过点 B 作轴的垂线 ZBH.

那么我断言$\angle ADG < \angle GZH$.

---

① 因为$\angle AEH > \angle KEH = \angle BZQ$.

证明：

作半个正焦弦 BQ，于是点 Q 落在 B 和 H 之间或者超过它们. 连接 GA.

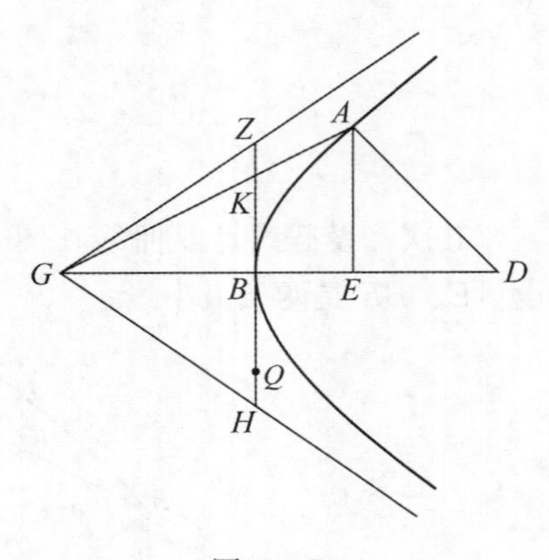

图 5.37

那么 ($GB:BQ$) 等于横截直径与正焦弦的比，① 并且 ($GE:ED$) 也等于横截直径与正焦弦的比，

这是本卷命题 14 证明的.

$\therefore GB:BQ=GE:ED.$

并且 $KB:BG=AE:GE$，

于是由首末比例，$KB:BQ=AE:ED.$

但是 $KB:BQ<ZB:BQ$，

并且 $ZB:BQ=GB:BZ.$

这是卷Ⅱ命题 3 证明的. ②

$\therefore AE:ED<GB:BZ.$

并且这些边围成直角.

$\therefore \angle GZB>\angle ADG.$

证完

命题 38

如果在一个圆锥截线内有两条端点在轴上的最小线，③ 那么当延长这两条线时，它们相交在截线的另一边.

设 AB 是一个圆锥截线，GD 是轴 [图 5.38]，并且设在截线内有两条最小线.

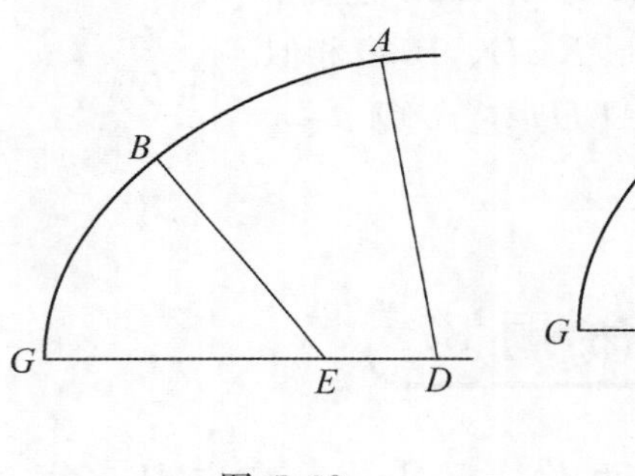

图 5.38

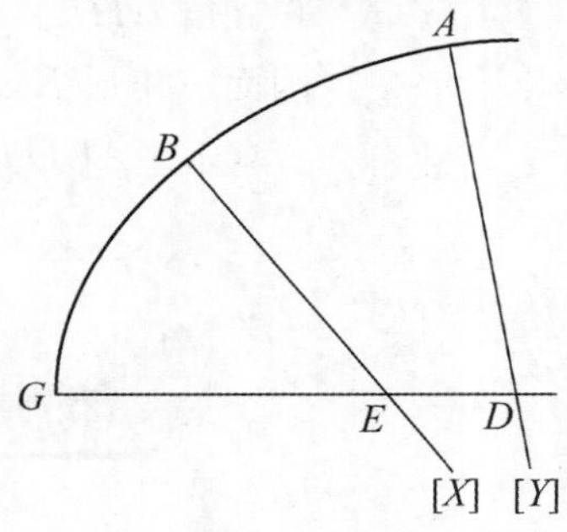

图 5.38*

① 因为渐近线的交点 G 是双曲线的中心，所以 $GB=\frac{1}{2}$ 横截直径，$BQ=\frac{1}{2}$ 正焦弦.

② Ⅱ.3 证明了像 ZH 这样的线在 B 被平分，并且 ZB^2 等于 $\frac{1}{4}$ 贴于直径过点 B 的图形，即 $\frac{1}{4}$ 正焦弦与横截直径的乘积 [$=\frac{1}{2}$ 正焦弦与 $\frac{1}{2}$ 横截直径的乘积 $=GB\cdot BQ$].

③ 正如 Halley 明确指出的，这两个最小线在轴的同一侧.

那么我断言当向轴的另一侧延长两条线 DA、EB 时，它们相交.

证明：

$$\angle ADG > \angle BEG,$$

这是本卷命题 35 和 36 证明的.

$$\therefore (\angle ADE + \angle BED) > 2 \text{ 直角}.$$

由此，与它们①相邻的两个角小于两个直角. 于是当向截线的另一侧延长两条最小线 AD、BE 时，它们相交.

证完

命题 39

在一个椭圆内到短轴的任两条最大线彼此相交在椭圆中它们所在的那一部分.

设 AGB 是一个椭圆，AD 是短轴［图 5.39］. 那么我断言在截线 AGB 内任两条最大线在半个截线 ABD 内相交.

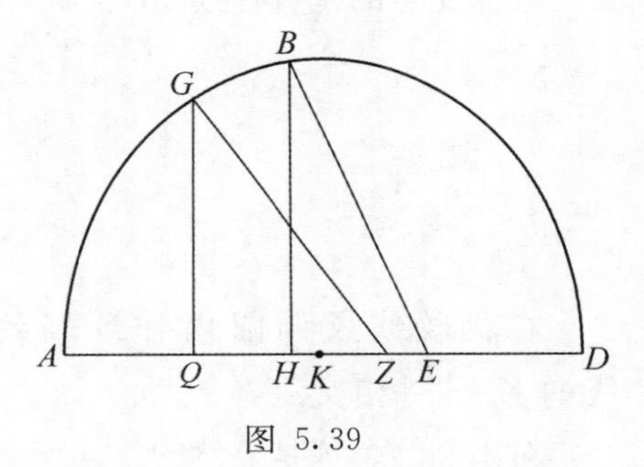

图 5.39

假设最大线 BE、GZ 不相交，作垂线 BH、GQ. 设中心是 K.

那么（$KQ : QZ$）等于横截直径与正焦弦的比，

这是本卷命题 22 证明的.

类似地（$KH : HE$）也［等于横截直径与正焦弦的比］.

$$[\therefore KH : HE = KQ : QZ.]$$

由分比例，$KH : KE = KQ : KZ$.

再交换两内项，$KH : KQ = KE : KZ$.

但是 $KZ < KE$. 因而 $KQ < KH$，矛盾.

因而线 BE 和 GZ 相交.

证完②

命题 40

在椭圆内的两条最小线的交点在这样一个角内，这个角是由最小线画

---

① 图 5.38* 中的 $\angle DEX + \angle YDE$.

② Halley 改变了这个图形并且重述了这个命题，这是不必要的.

出的半轴和另一个轴形成的.①

设 ADG 是椭圆，AG 是长轴，BD 是短轴［图 5.40］. 设 EQ、ZH 是两条最小线.

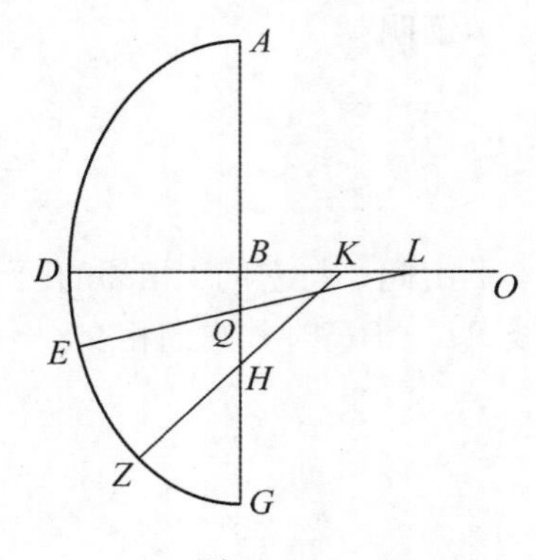

图 5.40

那么我断言 EQ、ZH 相交在$\angle GBO$内.

证明：

延长这两条线直到交 DB 于 K、L. 那么由于 EQ、ZH 是最小线，故线 EL 是一条最大线，这是本卷命题 23 证明的.

类似地，ZK 也是一条最大线.

但是当延长 EQ、ZH 时它们相交在长轴的另一侧.

这是本卷命题 38 证明的.

并且线 EL、ZK 是最大线，它们相交在引出它们的短轴的这一侧，这是本卷命题 39 证明的.

因而交点的位置在线 GB、BO 形成的角内.

证完

命题 41

在抛物线或椭圆内作到轴的最小线，当延长时与截线的另一侧相交.②

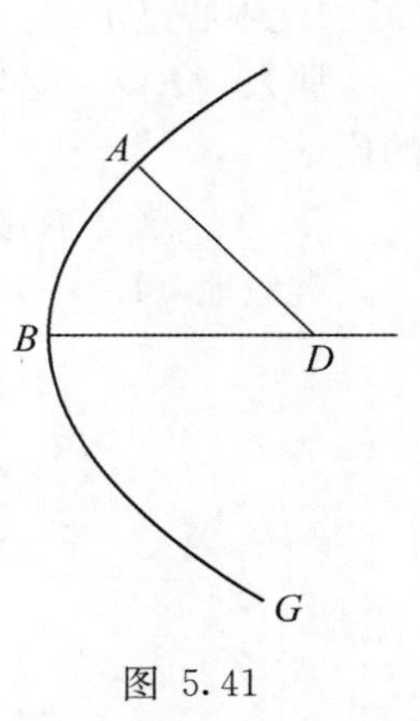

图 5.41

对于椭圆，这是显然的.

设［图 5.41］是一抛物线，BD 是轴，AD 是最小线.

那么可断言当延长 AD 时，它与截线③的 BG 部分相交.

证明：

截线 ABG 是抛物线，AD 是从它的直径引出的，于是当延长 AD 时，它与截线 BG 相交，这是卷Ⅰ命题 27 证明的.

证完

---

① 正如 Ver Eecke 注释的，这个可以更明白地叙述为“椭圆的同一个象限内的两条最小线交于长轴以外短轴之前”.

② 即交截线于轴的另一侧.

③ “截线”，手稿 **O** 和 **T** 都错误的（**T** 略去了这个词）. 可能把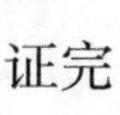قطع当成قطعة（“部分”），正如上面“原书”p. 107，18 阿文.

命题 42

如果有一个双曲线，它的横截直径不大于正焦弦，那么在它内的最小线没有一条与截线的另一侧相交；

但是如果横截直径大于正焦弦，那么某些最小线延长后与在轴的另一侧与截线相交，而某些与它不相交.

设 ABG 是双曲线，DE 是轴，D 是中心［图 5.42］. 令 AE 是最小线.

首先，设横截直径不大于正焦弦，那么我断言 AE 延长后与这个截线不相交.

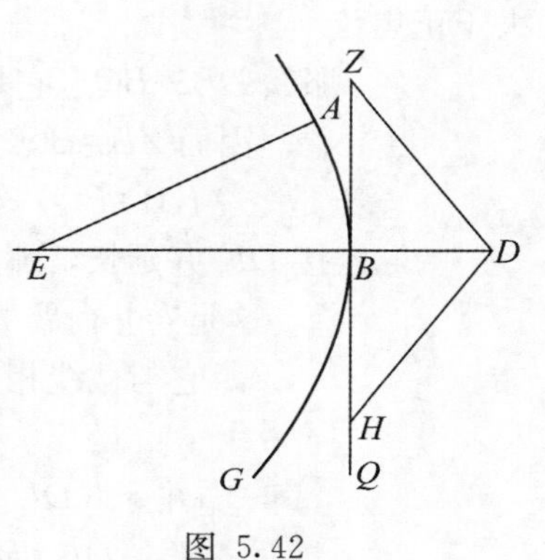

图 5.42

证明：

令 DZ、DH 是渐近线，并且令 ZB 是 DE 的垂线，并且 BQ 是半个正焦弦. 那么，因为横截直径不大于正焦弦，所以

$$DB \leqslant BQ.$$

并且 $DB : BQ = DB^2 : BZ^2$，

这是卷Ⅱ命题 3 证明的. ①

$$\therefore DB^2 \leqslant BZ^2,$$

并且 $DB \leqslant BZ$.

$$\therefore \angle BZD > \angle AEB,$$

这是本卷命题 37 证明的.

$$\therefore \angle ZDB > \angle AEB.$$

并且 $\angle ZDB = \angle BDH$.

$$\therefore \angle BDH > \angle AEB.$$

并且若作 $\angle AEB$ 的邻角，公用两条边，这个角加上 $\angle AEB$ 等于 2 直角，因而 $\angle EDH$ 加上 $\angle AEB$ 的邻角大于 2 直角.

因而当向 EH 那边②延长 AE、DH 时互不相交.

于是线 AE 与这个线的 BG 部分不相交，因为若相交，则线 AE 就与线 DH 相交，这是卷Ⅱ命题 8 证明的.

证完

① Ⅱ. 3（参阅 p. 150，n. ②）证明了 $ZB^2 = DB \cdot BQ$. $\therefore DB^2 : ZB^2 = DB^2 : (DB \cdot BQ) = DB : BQ$.

② 即 E 和 H 方向.

命题 43

其次，令横截直径大于正焦弦：那么我断言截线内某些最小线在轴的另一侧与截线相交，某些与它不相交.

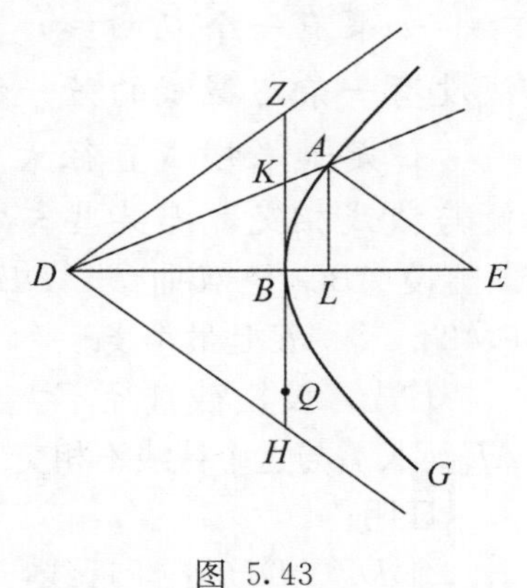

图 5.43

证明：

令 ZD、DH 是渐近线 [图 5.43]，并且令横截直径大于正焦弦.

那么 $DB>BQ$（它是半个正焦弦），

因而 $ZB:BQ>ZB:BD$.

于是令（$KB:BQ$）等于（$ZB:BD$），

连接 DK 并延长，那么它与截线相交，

这是卷Ⅱ命题 2 证明的. ①

令它与截线相交于点 A.

从点 A 作 DE 的垂线 AL，

并令（$DL:LE$）等于（$DB:BQ$）并且连接 AE.

那么 $DB:BQ=DL:LE=$横截直径与正焦弦的比.

并且 AL 是从点 L 作的垂线，而 AE 已连接，

因而线 AE 是一条最小线，

这是本卷命题 9 证明的.

又 $BK:DB=AL:LD$，

并且 $DB:BQ=DL:LE$.

由首末比例 $AL:LE=BK:BQ$.

但是 $BK:BQ=ZB:BD$.

$\therefore AL:LE=BZ:BD$.

并且角 ZBD、角 ALE 相等，由于它们是直角，

于是三角形 ZBD、ALE 相似.

$\therefore \angle ZDB=\angle AEL$

并且 $\angle ZDB=\angle BDH$.

$\therefore \angle AEB=\angle BDH$

因而线 DH、AE 平行，并且延长后不相交，于是除了点 A，AE 与截线不相交，即使延长它.

因为若相交，它就与线 DH、DZ 相交，

这是卷Ⅱ命题 8 证明的.

但是已经证明 AE 平行于 DH，于是这是不可能的. 因此，线 AE 除了 A 外不与截

① Ⅱ.2 证明了过中心在两条渐近线之间的线不是渐近线.

线 ABG 相交.

关于点 E 和 B 之间引出的最小线，它们与 BE 形成的角小于$\angle AEB$，

这是本卷命题 36 证明的.

但是$\angle AEB=\angle BDH$.

因而点 B 和 E 之间引出的最小线与轴形成的角小于$\angle BDH$，于是当延长这些最小线时，它们与 DH 或者截线 BG 不相交（原因同上）.

关于其他最小线，因为它们与轴形成的角大于$\angle AEB$，它们与线 DH 相交，因而与截线 BG 相交.

证完

命题 44

如果从一个圆锥截线的轴引两条最小线，并且延长直到相交，从交点引另一条线截轴并终止在截线上，那么这条线在截线和轴之间的部分不是最小线.

并且若这条线不在两条最小线之间，从这条线与截线的交点引一条最小线，则这个最小线在轴上截出相邻截线顶点的一段大于这条线截出的部分；

但是若这条线在两条最小线之间，从这条线与截线的交点引一条最小线，则这个最小线在轴上截出相邻截线顶点的一段小于这条线截出的部分；

在椭圆的情形，当两条最小线以及所画的线都截由长轴分开的同一个半椭圆时上述结论成立.

首先设截线是抛物线 ABG，DH 是轴［图 5.44］. 令 BZ、GE 是两条最小线，设它们相交在 O. 首先设从点画的线 OLK 在 OG 和 OB 之外.

那么我断言 LK 不是最小线，并且从 K 引的最小线在轴上截出的邻近截线顶点 D 的一段大于 DL.

证明：

作垂线 OH、BR、GN、KM.

令 QH 是半个正焦弦.

由于 BZ 是最小线，并且 BR 是垂线，所以

线 RZ 等于半个正焦弦，

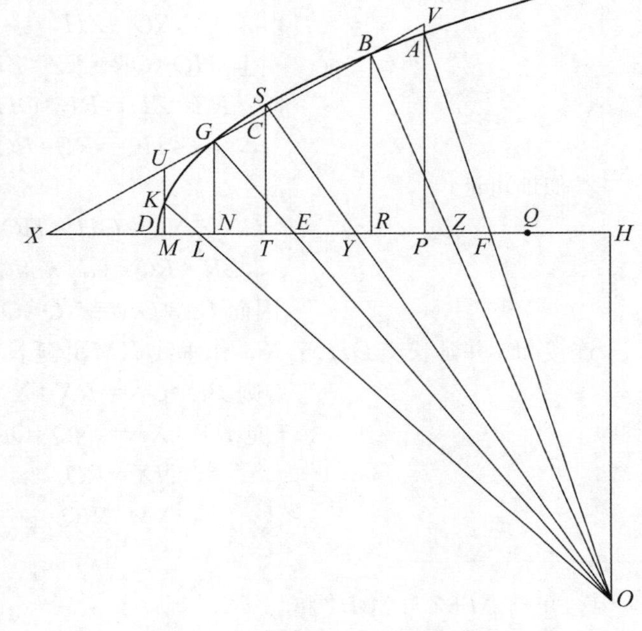

图 5.44

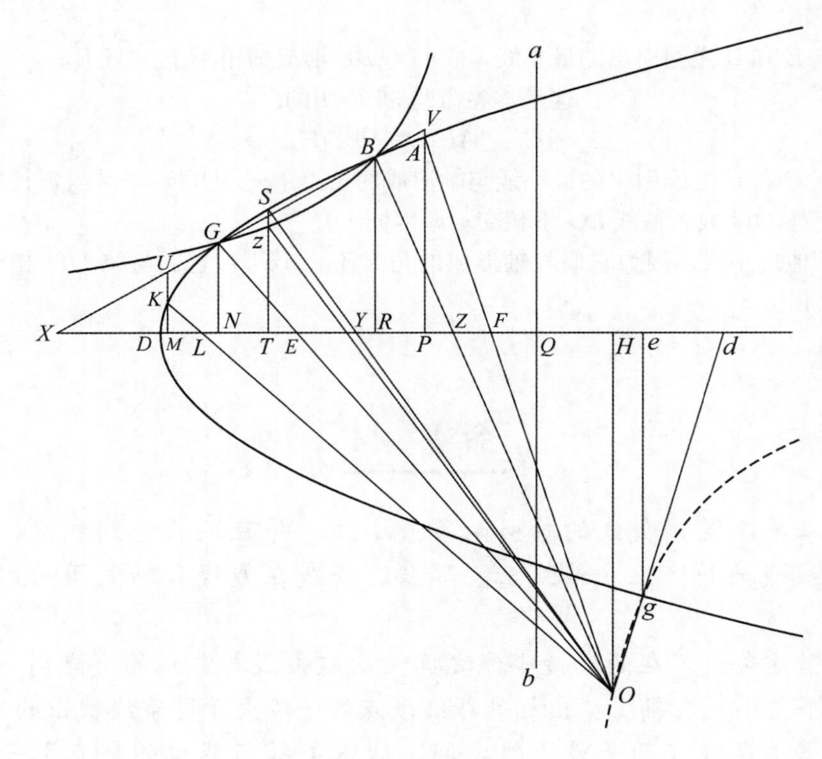

图 5.44*

这是本卷命题 13 证明的.

$$\therefore RZ=QH.$$

$$\therefore RQ=ZH,$$

并且 $HQ:QR=RZ:ZH$.

但是 $RZ:ZH=RB:OH$. ①

$$\therefore OH:HQ=RB:RQ \qquad [1]$$

类似地可证

$$GN\cdot NQ=OH\cdot HQ.$$

$$\therefore BR\cdot RQ=GN\cdot NQ.$$

因而 $BR:GN=NQ:QR$. [2]

连接 BG 并延长交 DH 于 X，作垂线 KM 并延长交 BX 于点 U.

则 $BR:GN=RX:XN$. [3]

于是 $RX:XN=NQ:QR$. ②

$$\therefore NX=RQ. \qquad [4]$$

$$\therefore XM<RQ.$$

① 由于 $\triangle BRZ$ 与 $\triangle OHZ$ 相似.

② 由 [2] 和 [3]. Halley 在此增加了“并由分比例，$RN:XN=RN:QR$”.

$\therefore RM:MX>RM:RQ$.

由合比例，$RX:XM$（$=RB:MU$）$>MQ:QR$.

$\therefore BR\cdot RQ>UM\cdot MQ$.

因而（$BR\cdot RQ$）更大于（$KM\cdot MQ$）.

但是已经证明（$BR\cdot RQ$）$=$（$OH\cdot HQ$）. ①

$\therefore OH\cdot HQ>KM\cdot MQ$.

$\therefore OH:KM$（$=HL:LM$）$>MQ:QH$. ②

$\therefore HQ>ML$.

但是 HQ 等于半个正焦弦.

因而 ML 小于半个正焦弦，因此从点 K 引的最小线在轴上截出的邻近点 M 的一段大于 LM. 所以它在轴上截出的邻近点 D 的一段大于 LD.

于是 KL 不是最小线，

这是本卷命题 24 证明的. ③

又在 BO、GO 的另一边作线 OA（截 HD 于 F）. 那么我断言 AF 不是最小线，并且从点 A 作最小线，它在轴上截出的一段大于 DF.

证明：

设线 AP 是 DH 的垂线.

已经证明 $RQ=XN$. ④

$\therefore XP>RQ$.

$\therefore PR:XP<PR:RQ$.

由分比例，$PR:RX<PR:PQ$.

再由分比例，$PX:XR<RQ:QP$.

$\therefore PV:RB<RQ:QP$. ⑤

$\therefore VP\cdot PQ<BR\cdot RQ$.

因而（$AP\cdot PQ$）更小于（$BR\cdot RQ$）.

但是 $BR\cdot RQ=OH\cdot HQ$. ⑥

$\therefore AP\cdot PQ<OH\cdot HQ$.

$\therefore AP:OH$（$=PF:FH$）$<HQ:QP$. ⑦

$\therefore QH>PF$.

并且 QH 等于半个正焦弦.

---

① 见 [1].

② 因此，由合比例，$HM:LM>HM:QH$.

③ V.24（它证明了从抛物线上一点到轴只有一条最小线）最多与此（以及下面）有边缘关系. 重要的命题 V.13.

④ 见 [4].

⑤ $\triangle VPX$ 与 $\triangle BRX$ 相似，因此 $PV:RB=PX:XR$.

⑥ 见 [1].

⑦ 因此，由反比例与合比例，$PH:PF>PH:HQ$.

因而 PF 小于半个正焦弦.

于是从点 A 作的最小线截出的线段大于 PF. 因而由最小线截出的与截线的顶点 D 相邻的一段大于由 AF 截出的 DF.

于是 AF 不是最小线,

这是本卷命题 24 证明的.

又在 OB 和 OG 之间作线 OS. 那么我断言 SY 不是最小线，并且从点 S 作的最小线在轴上截出的相邻于点 D 的线段小于 DY.

证明：

作垂线 ST.

已经证明 $SQ=XN$. ①

$\therefore TX>RQ$.

$\therefore TR:TX<TR:RQ$.

由合比例，$RX:XT<TQ:QR$.

但是 $RX:XT=BR:TC$.

$\therefore BR:TC<TQ:QR$.

$\therefore BR\cdot RQ<CT\cdot TQ$.

$\therefore BR\cdot RQ<ST\cdot TQ$.

但是 $OH\cdot HQ=BR\cdot RQ$. ②

$\therefore OH\cdot QH<ST\cdot TQ$.

$\therefore OH:ST<TQ:QH$.

但是 $OH:ST=HY:YT$.

$\therefore HY:YT<TQ:QH$. ③

$\therefore HQ<YT$.

并且 HQ 等于半个正焦弦.

于是从点 S 作的最小线截出邻近 T 的一段小于 TY，并且因而它截出邻近截线顶点的一段小于 DY.

于是 SY 不是最小线，并且最小线截出的邻近截线顶点的一段小于 DY.

证完

命题 45

并且，令截线 $ABGD$ 是双曲线［图 5.45A］或者椭圆［图 5.45B］，MND 是轴，N 是中心，并令 BE、GZ 是截线内的两条最小线，相交在点 Q,④ 并且从点 Q 作到截

---

① p. 156 见［4］.

② p. 156 见［1］.

③ 因此，由合比例，$HT:YT<HT:QH$.

④ Q 关于 B 和 G 在轴的另一侧，这是Ⅴ. 38 证明的.

线的直线 OLK.

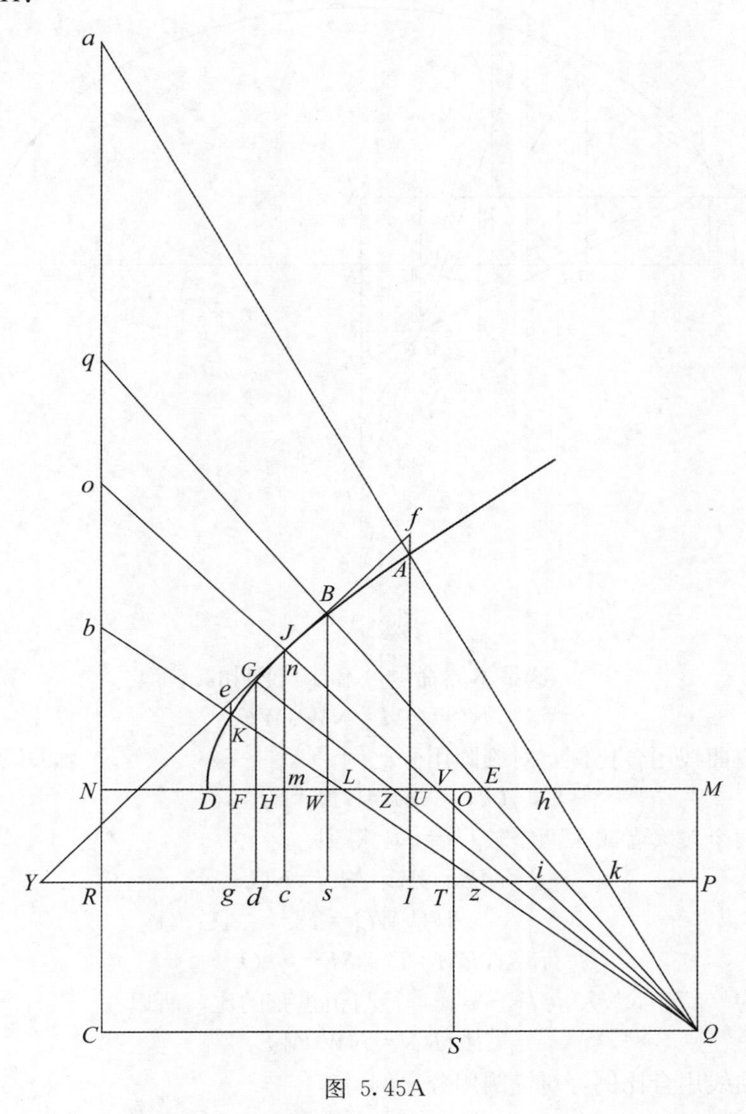

图 5.45A

那么我断言轴和截线之间的线 KL 不是最小线，并且从点 K 引的最小线在轴上截出的邻近点 D 的一段大于 DL.

证明:

从点 Q 作到轴的垂线 QM，并且过 N 作 NC 平行于 MQ，过点 Q 作 QC 平行于 MN，并且延长 NC 于 KQ、BQ 分别相交于 b、q. 令（$CR:RN$）与（$NO:OM$）都等于横截直径与正焦弦的比. 作轴的垂线 OS、BW、GH 和 KF，连接 BG 并延长，过点 R 作 RP 平行于 DN 并延长交 BG 于 Y.

那么，因为 BE 是最小线，并且 BW 是垂线，所以（$NW:WE$）等于横截直径与正焦弦的比，

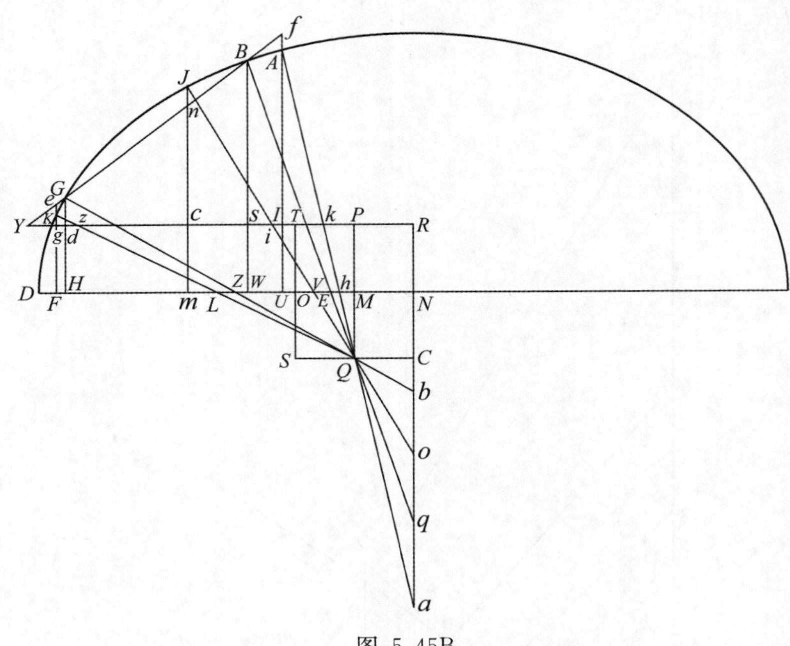

图 5.45B

这是本卷命题 9 和 10 证明的.

$$\therefore NO : OM = NW : WE.$$

并且对双曲线用合比例，对椭圆用分比例，

$$ON : NM = WN : NE.$$

并且从两个较大者减去两个较小者,① 得到

$$ME : OW = MN : NO.$$

但是 $WO = Ts$.

$$\therefore EM : Ts = MN : NO. \qquad [1]$$

并且因为（$CR : RN$）也等于横截直径与正焦弦的比，所以

$$CR : RN = NW : WE.$$

并对双曲线用合比例，对椭圆用分比例，有

$$CN : NR = NE : EW.$$

但是 $NE : EW = Nq : BW$，由于三角形的相似. ②

并且对双曲线用加法，对椭圆用减法，③ 可得

$$Cq : Bs = NE : EW = CN : NR.$$

$$\therefore Cq : Bs = CN : NR. \qquad [2]$$

---

① 即对于椭圆，作（$NE-NM$）和（$WN-ON$），对于双曲线，作（$MN-EN$）和（$ON-WN$）.

② $\triangle NEq$ 与$\triangle WEB$ 相似，人们期望المثلّثين而不是المثلّثات.

③ $CN : NR = Nq : BW$，并且 $NR = Ws$. $\therefore Cq : Bs = CN : NR$.

又，矩形 NQ 与矩形 NT 的比等于（$CN:NR$）与（$MN:NO$）合成，但是已经证明

$$CN:NR=Cq:Bs.$$ ①

$$MN:NO=EM:sT.$$ ②

因而，$\square NQ$ 与 $\square NT$ 的比等于（$Cq:Bs$）与（$EM:sT$）的合成.

$$\text{但是}\square NQ=Cq\cdot EM,$$

$$\text{由于 } Cq:CQ=QM:ME.$$

$$\therefore \square NT=Bs\cdot sT. \qquad [3a]$$

$$\text{类似地可证}\square NT=Gd\cdot dT. \qquad [3b]$$ ③

$$\therefore Bs\cdot sT=Gd\cdot dT.$$

$$\therefore Bs:Gd=dT:Ts.$$

$$\text{但是 } Bs:Gd=sY:Yd.$$

$$\therefore sY:Yd=dT:Ts.$$

$$\text{由分比，} sd:dY=sd:sT.$$

$$\therefore dY=sT. \qquad [4]$$

$$\therefore sT>Yg$$

$$\therefore gs:gY>gs:sT.$$

$$\text{由合比例，} sY:Yg>gT:Ts.$$

$$\text{但是 } sY:Yg=Bs:eg.$$

$$\therefore Bs:eg>gT:Ts.$$

$$\therefore Bs\cdot Ts>eg\cdot gT.$$

$$\text{因而，} Bs\cdot Ts \text{ 更大于 } Kg\cdot gT.$$

$$\text{但是 } Bs\cdot Ts \text{ 等于}\square NT.$$ ④

$$\therefore \square NT>Kg\cdot gT.$$

$$\text{并且}\square NT=\square PS.$$

$$\text{由于 } NO:OM=QP:PM.$$ ⑤

$$\therefore \square PS>Kg\cdot gT.$$

$$\text{但是}\square PS=QP\cdot PT.$$

$$\therefore QP\cdot PT>Kg\cdot gT.$$

$$\therefore QP:Kg>gT:PT.$$

$$\text{但是 } QP:Kg=Pz:zg.$$

$$\therefore Pz:zg>gT:PT.$$

---

① 见［2］.

② 见［1］.

③ 用 G 代换上述的 B，并且作适当的改变（都依赖 BE 是最小线，GZ 是最小线）.

④ 见［3a］.

⑤ 由作图，$NO:OM=CR:RN$，并且 $CR=QP$，$OM=PT$. 因此 $NO\cdot RN$（=矩形 NT）= $QP\cdot PT$（=矩形 PS）.

由合比例，$Pg:gz>gP:PT$.

$\therefore PT>gz$.

$\therefore CQ:PT<CQ:gz$.

但是 $CQ:gz=Cb:Kg$，由于三角形的相似. ①

$\therefore CQ:PT<Cb:Kg$.

并且 $CQ=MN$，$PT=MO$.

$\therefore MN:MO<Cb:Kg$.

但是 $MN:NO=CN:NR$，

由于比（$NO:OM$）和（$CR:RN$）都等于横截直径与正焦弦的比.

$\therefore CN:NR<Cb:Kg$.

并且对双曲线用减法，对椭圆用加法，可得

$Nb:KF>CN:NR$，

由于 $NR=Fg$. ②

但是 $Nb:KF=NL:LF$，由于三角形的相似.

$\therefore NL:LF>CN:NR$.

对于双曲线用分比例，对于椭圆用合比例，可得

$NF:FL>CR:RN$.

但是（$CR:RN$）等于横截直径与正焦弦的比. 于是（$NF:FL$）大于横截直径与正焦弦的比.

若令 NF 与另一个线段的比等于横截直径与正焦弦的比，则这个另一个线就大于 FL. 于是从点 K 引出的最小线在轴上截出相邻于 D 的一段大于 DL，这是由本卷命题 9 和 10 证明的；因而 KL 不是最小线，这是由本卷命题 25 证明的. ③

又作线 QhA，那么我断言 Ah 不是最小线，并且从点 A 引出的最小线在轴上截出的线段大于 Dh.

证明：

作到轴的垂线 AU 并延长交 GB 于 f.

那么，因为 $Yd=sT$，④

所以 $Yd>TI$，

并且 $dI:IT>dI:Yd$.

由合比例，$dT:TI>IY:Yd$.

但是 $IY:Yd=fI:Gd$.

$\therefore dT:TI>fI:Gd$.

---

① $\triangle Kgz$ 与 $\triangle bCQ$ 相似.

② $CN:NR=CN:Fg<Cb:Kg$.

$\therefore CN:NR<Nb:KF$.

③ Ⅴ.25 证明了从椭圆或双曲线上一点到轴只能引一条最小线.

④ 见［4］.

因而，$(dT:TI)$ 更大于 $(AI:Gd)$.

$$\therefore Gd \cdot dT > AI \cdot TI.$$

但是已经证明了 $Gd \cdot dT = \square RO$. ①

$$\therefore \square RO > AI \cdot TI.$$

但是 $\square RO = \square PS$， [5]

由于 $(NO:OM)$（它等于 $(RT:TP)$）等于 $(CR:RN)$（它等于 $(ST:TO)$）.

$$\therefore \square PS > AI \cdot TI.$$

但是 $\square PS$ 等于 $GP \cdot PT$.

$$\therefore QP \cdot PT > AI \cdot TI.$$

$$\therefore QP : AI > TI : PT.$$

但是 $QP : AI = Pk : kI$.

$$\therefore Pk : kI > TI : PT.$$

由合比例 $IP : Pk < IP : IT$.

$$\therefore Pk > IT.$$

令 Tk 公用，则 $PT > Ik$.

$$\therefore CQ : PT < CQ : Ik.$$

但是 $CQ : Ik = Ca : AI$. ②

$$\therefore Ca : AI > CQ : PT.$$

因为 CQ 等于 NM，而 PT 等于 MO，

$$\therefore Ca : AI > NM : MO.$$

但是 $NM : MO = CN : NR$. [6]

$$\therefore Ca : AI > CN : NR.$$

对双曲线用减法，对椭圆用加法，③

$$aN : AU > CN : NR.$$

但是 $aN : AU = Nh : hU$.

$$\therefore Nh : hU > CN : NR.$$

对双曲线用分比例，对椭圆用合比例，

$$NU : Uh > CR : RN.$$

但是 $(CR : RN)$ 等于横截直径与正焦弦的比，并且若令 NU 与另一个线段的比等于横截直径与正焦弦的比，则这个另一个线段大于 Uh.

因而，从点 A 引的最小线在轴上截出的一段大于 Dh，这是本卷命题 9 和 10 证明的. 并且 Ah 不是最小线，这是本卷命题 25 证明的.

又，在两条最小线 BE、GZ 之间作线 JVQ，那么可断言 JV 不是最小线，并且从

---

① 见 [3b].

② 由于 $\triangle aCQ$、$\triangle QPk$、$\triangle AIk$ 相似.

③ $Ca : AI > CN : NR = CN : IU$.

$\therefore aN : AU > CN : NR$.

点 J 作的最小线在轴上截出一段小于 DV.

证明:

作轴的垂线 Jm.

那么，因为已证 $Yd=sT$,① 所以

$Yd<cT$,

并且 $cd:dY>dc:cT$.

由合比例，$cY:Yd>dT:Tc$.

但是 $cY:Yd=nc:Gd$.

$\therefore nc:Gd>dT:Tc$.

$\therefore nc\cdot Tc>Gd\cdot dT$.

但是 $Jc>nc$.

因而 ($Jc\cdot Tc$) 更大于 ($Gd\cdot dT$).

并且已证 $Gd\cdot dT=\square NT$,②

并且 $\square NT=\square PS$. ③

$\therefore Jc\cdot Tc>\square PS$.

但是 $\square PS=QP\cdot PT$.

$\therefore Jc\cdot Tc>QP\cdot PT$.

$\therefore Jc:QP>PT:Tc$.

但是 $JC:QP=ci:iP$.

$\therefore ci:iP>PT:Tc$.

由合比，$cP:PT>cP:ci$.

$\therefore PT<ci$.

$\therefore CQ:PT>CQ:ci$.

但是 $CQ:ci=Co:Jc$，由于三角形的相似,④

$\therefore CQ:PT>Co:Jc$.

但是 $CQ=NM$，$PT=MO$.

$\therefore NM:MO>Co:Jc$.

但是 $NM:MO=CN:RN$.

$\therefore CN:RN>Co:Jc$.

对双曲线用减法，对椭圆用加法，

$CN:RN>oN:Jm$. ⑤

---

① 见［4］.

② 见［3b］.

③ 见［5］.

④ $\triangle oCQ$、$\triangle oRi$、$\triangle Jci$ 相似.

⑤ $CN:RN=CN:cm>Co:Jc \quad \therefore CN:RN>oN:Jm$.

但是 $oN:Jm=NV:Vm$，由于三角形的相似，

$$\therefore CN:NR>NV:Vm.$$

对双曲线用分比，对椭圆用合比，

$$CR:RN>Nm:mV.$$

但是（$CR:RN$）等于横截直径与正焦弦的比．因而横截直径与正焦弦的比大于（$Nm:mV$）．

并且若令 Nm 与另一个线段的比等于横截直径与正焦弦的比，则那个线段小于 MV．

因而从点 J 引的最小线在轴上截出的线段小于 VD，这是本卷命题 9 和 10 证明的．于是线 JV 不是最小线，这是本卷命题 25 证明的．

证完

命题 46

如果在椭圆的一个象限内引两条到长轴的最小线，其中一条通过中心，并延长它们直到相交，那么从交点到这个象限的其他线，在轴和截线之间的部分不是最小线．

并且若从交点到截线作一些线，则从这些线的端点引的到轴的最小线在轴上截出的相邻于截线的顶点的一段大于这些线本身截出的一段．

设 ABG 是椭圆，DE 是长轴，Z 是中心［图 5.46］．

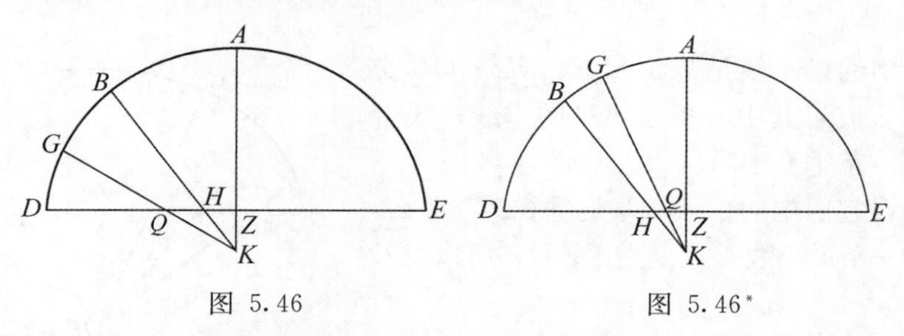

图 5.46　　图 5.46*

从中心作到轴的垂线 ZA 并延长．令 BH 是一条最小线，并令它与线 ZA 交于 K．并任作直线 KQG．

那么我断言 GQ 不是最小线，并且从点 G 到线 DE 的最小线截出的线段大于 DQ．

证明：

关于线 GQ 不是最小线，这是明显的．

由于 BH 是一条最小线，

并且最小线的交点在$\angle DZK$ 内，

这是本卷命题 40 证明的．

并且 BH 与 GQ 只相交于一点 K，

于是 GQ 不是最小线．

关于从点 G 引的最小线与 DE 相交并且在它上截出一段大于 DQ，这一点由下述事

实证明，从点 G 引的最小线与最小线 BH 相交在 $\angle HZK$ 内，

这是本卷命题 40 证明的.

于是显然它在轴上截出的一段大于 DQ.

证完①

命题 47

在一段椭圆内引一些最小线，它们与长轴相截，则它们中没有四条交于一点.

设 $ABGD$ 是椭圆，DA 是长轴. 那么我断言若从轴 DA 到截线 $ABGD$ 引四条最小线，则不是都交于一点.

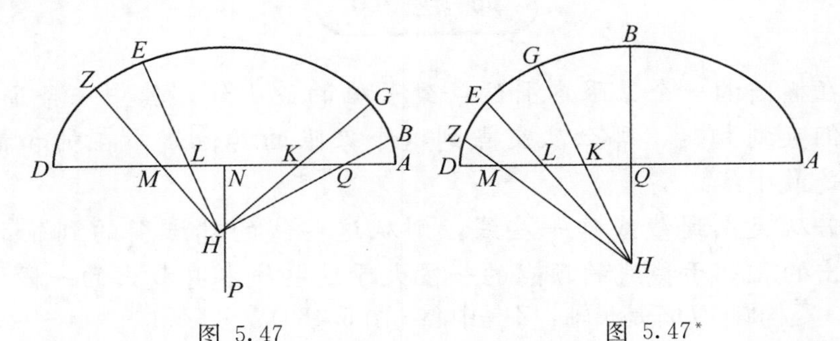

图 5.47　　图 5.47*

假设所引的最小线是 KG、LE、MZ、QB 交于点 H. 那么或者其中一条是 AD 的垂线，或者它们中没有一条垂直于 AD.

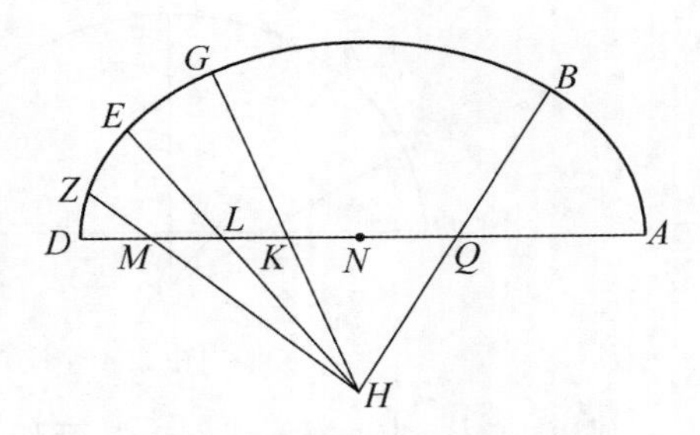

图 5.47**

首先，设它们中的一条 BQ 是垂线.② 那么，因为 BQ 是一条最小线并且垂直于 AD，所以点 Q 是中心.

这是本卷命题 15 证明的.

并且因为一条最小线 BQ 已经从中心引出，

并且 KG 也是最小线，

这两条最小线 BQ 和 KG 交于点 H，

而 HE 从点 H 引出，

① 这个命题按它的表述明显是错误的，它说从 G 引的最小线与 BH 的延长线相交于 $\angle DZK$ 内时（不论 GQK 是在 BH 的左面或者右面），它是真的. 实际上若 GQ 在 BH 左边时（如图 5.46），它截出的线段大于 DQ，但是，若 GQ 在 BH 右边时（如图 5.46*），截出的线小于 DQ. 并且这两种错误都出现在Ⅴ.54、Ⅴ.57 和Ⅴ.77 的证明中. 因此，Halley 对这个命题作了补充，讨论了另一种情形：在 KHB 的另一侧引 KML（朝向短轴），并且证明了从 L 引出的最小线截出的线段小于 DM.

② 这个情况描述在图 5.47* 中.

那么 EL 不是最小线，

这是本卷命题 46 证明的.

但是它就是一条最小线，矛盾.

于是线 BQ、KG、LE、MZ 中没有一条垂直于 AD，

并且令点 N 是中心.

那么，若 N 在线 BQ 和 GK 之间，①

则有三条最小线从半个轴引出并相交于一点，矛盾，由于这是本卷命题 46 [原文如此]② 证明的.

但是若点 N 在线 GK 与 EL 之间，

那么从它引 AD 的垂线 NP，那么与线 EL、ZM 相交在 $\angle DNP$ 内，

这是本卷命题 40 证明的.

类似地可证两条线 BQ、HK 必须相交在 $\angle ANP$ 内.

但是所有四条线相交在点 H，矛盾.

因而，所引的四条线不会交于一个点.

证完

命题 48

若在椭圆的一个象限内作一些最大线，则它们中没有三条交于一个点.

设 ABG 是椭圆，AG 是短轴，BD 是长轴，

那么我断言在一个象限内引出的最大线中没有三条交于一个点.

证明：

假设最大线 EL、ZK、HQ 交于一个点 M.

那么，因为 EL、ZK、HQ 是最大线，

所以线 EN、ZC、OH 是最小线，

这是本卷命题 23 证明的.

于是在一个象限内有三条最小线交于一个点，矛盾. 这是由本卷命题 45 和 46③ 证明的.

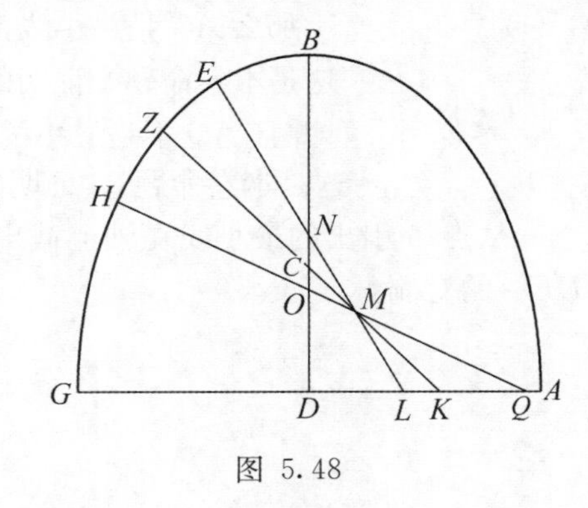

图 5.48

因而从截线 ABG 的一个象限内引的最大线中没有三条交于一个点.

证完

① 这个情况描述在图 5.47** 中.

② **H.** Halley 正确地改正为“45”，它是唯一适当的参考. Ⅴ.45 证明了此时若第三条线从两个最小线的交点引出，则这条线不是最小线.

③ 参考Ⅴ.46 是不相干的，手搞 **O** 在边页上断言它适用于 M 在轴上的情况，但是在这种情况下，正如手稿 **H** 在边页上的注，从 M 到曲线甚至不能引两条最小线.

命题 49

如果有一个圆锥截线，从它的轴作轴的垂线，使得这条垂线在轴上截出的相邻截线顶点的一段不大于半个正焦弦，并且在垂线上任取一点，从它任意引一条到截线的另一部分①并且在垂线和截线的顶之间的线.

那么从那条线的端点引的最小线不是那条线的一部分，而且这条最小线在轴上截出的相邻截线顶点的一段大于那条线截出的那段.

在椭圆中，垂线是到长轴的，并且那条线与垂线截同一个半轴.②

首先设截线是抛物线 AB、BG 是轴［图 5.49］，垂线是 DE. 设垂线在轴上截出的部分 EB 不大于半个正焦弦，在 DE 上任取一点 D，并从它引一条线 DQA.

那么我断言 AQ 不是最小线.

证明：

作垂线 AH.

线 EB 不大于半个正焦弦.

于是 EH 小于半个正焦弦.

令 HG 等于半个正焦弦. 连接 AG.

那么 AG 是最小线，

这是本卷命题 8 证明的.

并且 AQ 不是最小线，

这是本卷命题 24 证明的.

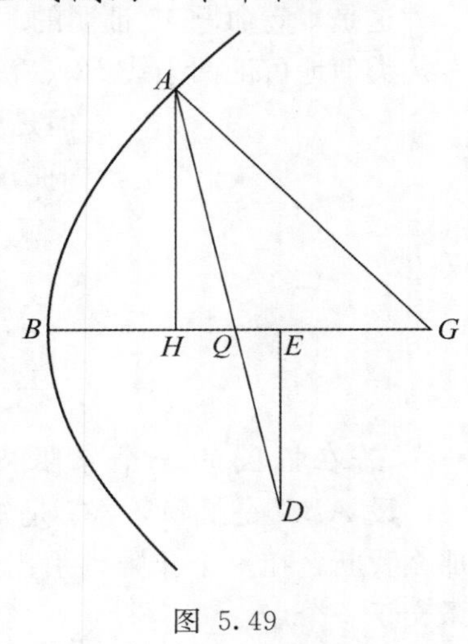

图 5.49

从点 A 引出的最小线在轴上截出的一段大于 BE，并且落在截线顶点［关于垂线 DE］的对侧.

证完

命题 50

又，令截线 AB 是双曲线［图 5.50A］或者椭圆［图 5.50B］，BG 是轴，G 是中心，并作轴的垂线 DE，并且 BE 不大于半个正焦弦，并且在 DE 上取一点 D 并从它作线 DZA［交截线于 A］.③

---

① “另一部分”，即从垂线上的点看在轴的另一侧.

② 这个条件被 Halley 转移到命题 50.

③ 在椭圆中，Z 必须在 B 和 G 之间，因为有可能从 D 到相对的象限引一条线，使得它截出一条最小线（参阅Ⅴ.52）. 这个条件叙述在Ⅴ.49 中（参阅 p.168，n.②）.

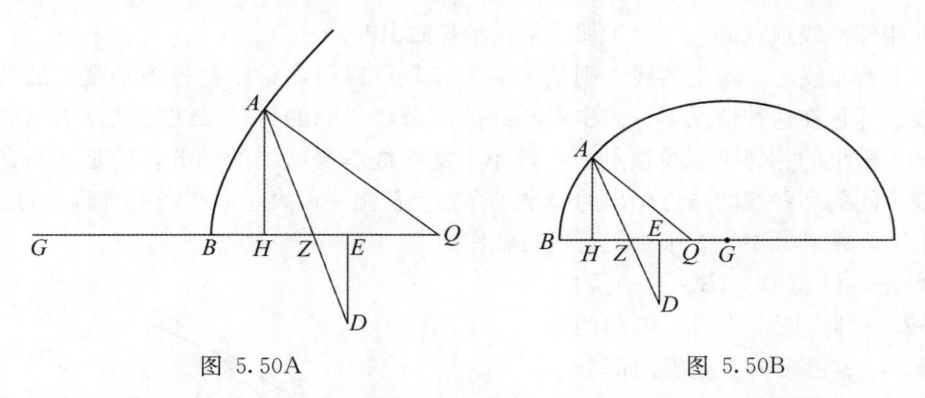

图 5.50A　　　　图 5.50B

那么我断言 AZ 不是最小线，并且从点 A 引的最小线在轴上截出的一段大于 BZ.

证明：

作轴的垂线 AH.

线 BE 不大于半个正焦弦，

并且 GB 是半个正焦弦，

于是横截直径与正焦弦的比不大于（$GB:BE$).

并且 $GH:HE>GB:BE$.

因而（$GH:HE$）大于横截直径与正焦弦的比.

于是令比（$GH:HQ$）等于横截直径与正焦弦的比，

那么 AQ 是一条最小线，

这是本卷命题 9 和 10 证明的.

因而 AZ 不是最小线，

这是本卷命题 25 证明的. ①

证完

命题 51

如果上述垂线在轴上截出的线段大于半个正焦弦，那么我断言，可以规定一个线段，使它与所画的垂线作比较.

[1] 若它小于所画的垂线，则没有从垂线的端点到截线的线，使得它被轴截出的部分是最小线；而且若从垂线的端点引的任一条线的端点引截线的最小线，则这条最小线在轴上截出的邻近截线顶点的一段大于那条线本身截出的部分.

[2] 若垂线等于规定的线，则从它的端点只可以画一条线使得它被轴截出的部分是一条最小线；并且在这种情况下，从那一点画的另一条线的端点引的最小线在轴上

① Halley 增加了“但是从点 A 引出的最小线在轴上截出的线段大于 BZ”. 参阅Ⅴ.49 以及Ⅴ.50 的叙述.

截出的相邻截线顶点的一段大于那一条线本身截出的部分.

[3] 若垂线小于规定的线，则从它的端点只可以引两条线使得被轴截出的部分是最小线；并且在这种情况下，截出最小线的两条线之间的另一条线的端点引出的最小线在轴上截出的相邻于截线顶点的一段小于这些线本身截出的部分，但是从不在两条最小线之间的那些线的端点画出的最小线在轴上截出一段大于那些线本身截出的部分.

然而，在椭圆中，要求垂线是对长轴作的.

首先，设截线 ABG 是抛物线，GZ 是轴 [图 5.51]. 作轴的垂线 EZ，令它在轴上截出的部分 GZ 大于半个正焦弦.

那么我断言，若从 EZ 截出某个线段，并且从它的端点引满足上述条件的另一条线，则上述结论成立.

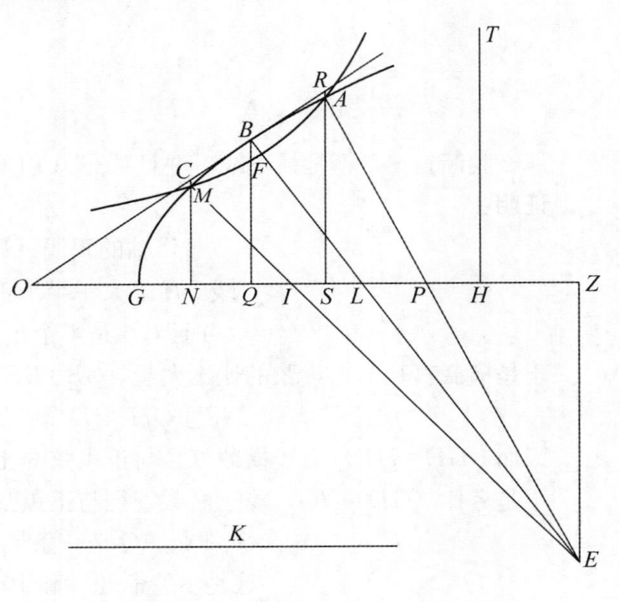

图 5.51

证明：

GZ 大于半个正焦弦.

于是可令 ZH 是半个正焦弦.

截 GH 于点 Q，使得 QH 是 QG 的二倍，并作垂线 QB.

令某个线段 K 与 QB 的比等于比（$QH:HZ$）. 在 ZE 上取一点 E 并且首先设 ZE 大于 K.

那么我断言没有从点 E 引出的线使得被轴截出的部分是最小线.

连接 BE [交 GZ 于 L]，

[并断言 BL 不是最小线]①

此时 $K:QB=QH:HZ$.

并且 $K<ZE$.

$$\therefore ZE:BQ\ (=ZL:LQ)>HQ:HZ. \quad [1]$$

由合比例，$ZQ:QL>QZ:ZH$.

$$\therefore ZH\ \left(=\frac{1}{2}\text{正焦弦}\right)>QL.$$

$$\therefore QL<\frac{1}{2}\text{正焦弦}.$$

因而，从点 B 到轴的最小线落在 L 和 Z 之间，

这是本卷命题 8 证明的. ②

① 这是要证明的.

② V.8 证明了最小线的次法线等于半个正焦弦，由此可推出此处所说的.

于是 BL 不是最小线，

这是本卷命题 24 证明的.

又，作线 EIM（I 在 L 和 G 之间），那么我断言 IM 不是最小线.

证明：

过点 B 作截线的切线 BO，并作垂线 MN 并延长交切线于 C.

因为截线是抛物线，所以

$GO=GQ$，

这是卷Ⅰ命题 35 证明的.

$\therefore QO=2QG$.

但是 QH 等于 $2QG$.

$\therefore OQ=QH$. [2]

并且 OH 大于 NO.

$\therefore QN:NO>NQ:QH$.

由合比例，$QO:ON$（$=QB:NC$）$>NH:HQ$.

$\therefore BQ\cdot QH>NC\cdot NH$.

因而（$BQ\cdot QH$）更大于（$MN\cdot NH$）. [3]

但是 $EZ\cdot ZH>BQ\cdot QH$，

由于 $EZ:BQ>QH:HZ$，

正如上面证明的. ①

$\therefore EZ\cdot ZH>MN\cdot NH$.

$\therefore ZE:MN$（$=ZI:IN$）$>NH:ZH$.

由合比例，$ZN:NI>NZ:ZH$.

$\therefore ZH>IN$.

但是 $ZH=\frac{1}{2}$正焦弦.

$\therefore IN<\frac{1}{2}$正焦弦. [4]

因而 MI 不是最小线，

但是从点 M 作的最小线落在点 I 和 Z 之间，这是本卷命题 8 和 24 证明的.

又，作线 APE [P 在 L 与 Z 之间]，那么我断言 AP 不是最小线.

证明：

作垂线 AS 并延长交切线于 R.

此时 $QO=QH$，

正如上述. ②

---

① 见 [1].

② 见 [2].

并且 QO 大于 SH. ①

$\therefore SQ:QO=SQ:SH.$

由合比例，$SO:OQ<QH:SH.$

但是 $SO:QO=RS:BQ.$

$\therefore RS:BQ<QH:SH.$

$\therefore RS\cdot SH<BQ\cdot QH.$

因而（$AS\cdot SH$）更小于（$BQ\cdot QH$）.

但是已经②证明了

$EZ\cdot ZH>BQ\cdot QH.$

$\therefore AS\cdot SH<EZ\cdot ZH.$

$\therefore AS:EZ<ZH:SH.$

但是 $AS:EZ=SP:PZ.$

$\therefore SP:PZ<ZH:SH,$

并且 $PZ:SP>SH:ZH.$

由合比例，$SZ:SP>SZ:ZH.$

$\therefore ZH>SP.$

但是 $ZH=\frac{1}{2}$正焦弦.

$\therefore SP<\frac{1}{2}$正焦弦.

因而 AP 不是最小线，

而从点 A 引的最小线落在 P 和 Z 之间，这是本卷命题 8 和 24 证明的.

于是当 EZ 大于 K 时，没有从点 E 到截线的线被轴截出的部分是最小线.

其次，令 ZE 等于 K. 那么我断言从点 E 只能引一条线使得被轴截出的部分是最小线，并且从点 E 引的那些线与截线的交点引的其他最小线落在比原来那些线距点 G 更远一侧.

证明：

$QH:HZ=K\ (=EZ):BQ.$ ③

但是 $EZ:BQ=ZL:LQ.$

$\therefore QH:HZ=ZL:LQ.$

$\therefore ZH=LQ.$

但是 $ZH=\frac{1}{2}$正焦弦.

---

① 不言而喻假定 S 在 Q 与 H 之间，当然 S 可以在 H 与 Z 之间，此时 SH 可以大于 QH；但是，因为 S 和 P 都在 H 与 Z 之间，所以明显地 AP 不是最小线，由于 $SP<HZ=\frac{1}{2}$正焦弦.

② 见 [1].

③ 由作图.

因而 LQ 也等于半个正焦弦.

故 LB 是一条最小线，

这是本卷命题 8 证明的.

那么我可以断言没有从点 E 引出的其他线被轴截出另外的最小线.

证明：

作线 MIE，并作垂线 MN 并延长交截线于 C. 令 BO 是截线的切线.

那么像前述证明①一样可以证明

$BQ \cdot QH$（$=EZ \cdot ZH$）② $>MN \cdot NH$.

并且像前述证明③一样可以证明

ZH（$=\frac{1}{2}$正焦弦）$>IN$.

因而线 MI 不是最小线，

而从点 M 引的最小线落在 I 与 Z 之间.

但是若作类似于 APE 这样的线，

则 AP 不是最小线，

而从点 A 引的最小线落在靠近 Z 的地方.

证明：④

作垂线 AS 并延长交截线于 R.

类似地可证明

$AS \cdot SH < BQ \cdot QH$（$=EZ \cdot ZH$）.

像前述证明一样，可以证明

$PS < HZ$.

$PS < \frac{1}{2}$正焦弦.

因而 AP 不是最小线，

而且从点 A 引的最小线落在 P 与 Z 之间.

并且［第三］，令 EZ 小于 K. 那么我断言从点 E 到截线 ABG 可以作两条最小线，使得它们被轴截出两条最小线；并且从两个最小线之间的线的端点［在曲线上］引最小线，这些最小线在轴上截出的线段小于其他线截出的线段；并且关于其他线，从它们的端点引的最小线截出的线段大于那些线本身截出的线段.

证明：

$ZE < K$.

$\therefore EZ : BQ < K : BQ$（$=QH : HZ$）.

---

① 参阅［3］.

② 由作图 $QH : HZ = K : BQ$，并且此处 $K = EZ$. 因此 $BQ \cdot QH = EZ \cdot ZH$.

③ 参阅［3］到［4］.

④ 此地正文有一点错误. 所有手稿叙述为 ونخرج “并且作垂线 AS…” 紧接着插入了 “则线 AP…朝着 Z”.

$\therefore EZ \cdot ZH < BQ \cdot QH$.

于是令 $FQ \cdot QH = EZ \cdot ZH$，

并令 TH 是 HZ 的垂线.

依 TH、GH 为渐近线过点 F 作双曲线，

正如卷Ⅱ命题 4 证明的.

这个双曲线与抛物线相截，并设截于点 A、M.

连接 EA、EM 并引垂线 AS、MN.

此时截线 AFM 是双曲线，它的渐近线是 TH、HG，

并且从截线已经引了渐近线的垂线 AS、MN、FQ.

$\therefore MN \cdot NH = FQ \cdot QH$，

这是卷 Ⅱ命题 12 证明的，①

并且 $FQ \cdot QH = EZ \cdot ZH$.

$\therefore MN : EZ = ZH : NH$.

但是 $MN : EZ = NI : IZ$.

$\therefore ZH : NH = NI : IZ$.

由合比例，$NZ : ZH = ZN : NI$.

$\therefore IN = ZH = \frac{1}{2}$正焦弦.

因而线 MI 是一条最小线，

这是本卷命题 8 证明的.

类似地可证线 AP 是一条最小线. ②

因为线 MI、AP 是最小线，并且相交于点 E，因而，关于从点 E 引到截线的线，这些线的每一条在 AE 和 EM 之间，若从它与截线的交点引最小线，则它落在朝向截线顶点的一侧，③ 并且其他在线 AE、EM 外面的线，从它们的端点引的最小线落在这些线的远离截线顶点的一侧.

这是本卷命题 44 证明的.

证完

命题 52

令截线 ABG 是双曲线 [图 5.52A]④ 或者椭圆 [图 5.52B]，EGD 是轴，D 是中

① 双曲线的这个性质，平行于两个渐近线的截线的乘积是常量，对于直角双曲线的特殊情形早已知道. 在Ⅱ.12 中阿波罗尼奥证明了一般情形（任一双曲线，并且截线之间夹任意角）. 见 pp. 44—45.

② 由于 $AS \cdot SH = FQ \cdot QH$.

③ 例如，从点 B 引的最小线落在 L 与 G 之间.

④ 在这些图中出现的点 i 和 J（غ 和 ظ）出现在这些手稿的图中，但在正文中未提及.

心，作轴的垂线 ZE，并且令 EG 大于半个正焦弦，那么我断言上述关于抛物线的结论同样成立. ①

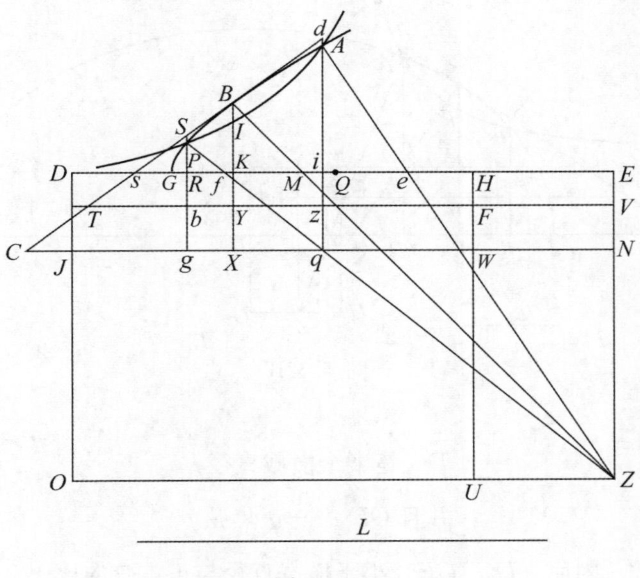

图 5.52A

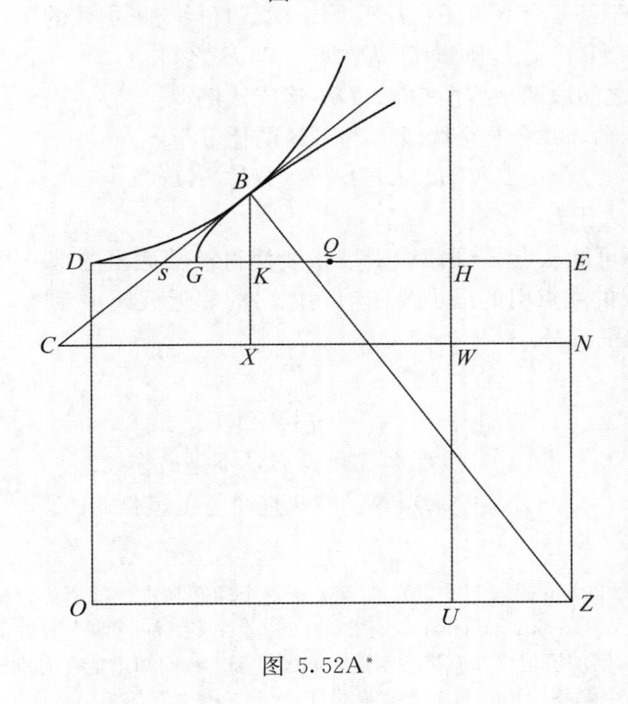

图 5.52A*

① 即如同V.51，有一个线段 L，依 L 小于、等于或者大于垂线 ZE，从垂线的端点可以引 0、1 或者 2 条最小线.

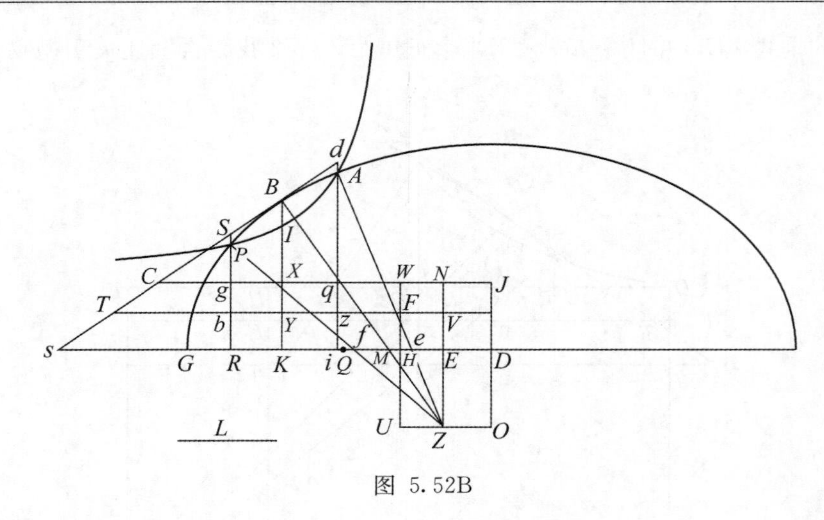

图 5.52B

证明：

DG 是半个横截直径，

并且 $GE > \frac{1}{2}$ 正焦弦.

因而 $(DG:GE)$ 小于横截直径与正焦弦的比.

于是若令 $(DH:HE)$ 等于横截直径与正焦弦的比，

则点 H 落在点 G 与 E 之间.

在 HD、DG 之间取两个线段 QD、DK 连成比例①.

令 KB 垂直于轴，并令某个线段 L 与 KB 的比等于

$$(DE:EH)\cdot(HK:KD) \qquad [1]$$

首先，令 EZ 大于 L.

那么我断言不可能从点 Z 到截线引一条线使得被轴截出的部分是最小线，并且从点 Z 引到截线的线的端点引的最小线在轴上截出的邻近截线顶点的一段大于从点 Z 引的那些线本身截出的部分.

证明：

连接 ZMB.

那么我断言 BM 不是最小线.

令 $(ZN:NE)$ 等于横截直径与正焦弦的比.

① 这是有名的"Delian 问题"（倍立方），关于这个问题在古代的历史以及各种解法的细节见 Heath 的《A History of Greek Mathematics》Ⅰ 244－270. 许多解涉及两个圆锥截线的相交. 注意在此处（并在Ⅴ.65 中）阿波罗尼奥斯直接假定这个问题可解. 我们知道他在有别于《圆锥曲线论》的另一著作中提供了一个解答. Eutocius 给他提供了一个"力学"解答（Comm. in Sphaer. et Cy Ⅰ，Ⅱ，ed Heiberg 64－66），并且 Pappus（Synagoge Ⅲ21，ed Hultsch Ⅰ56）说，阿波罗尼奥斯用圆锥截线对这个问题进行了分析. Eutocius 给出了后者的重建以及它与这个问题的关系，见 Tones 的《Pappus》Ⅱ pp. 487－489. 在手稿 **O** 中，对这一段有一个边注，由 Halley 翻译（Ⅱ p. 40），提供了一个解答，用的是圆和双曲线的相交.

作线 ZUO、NWC 平行于线 EGD，

并作 HWU、DO 平行于线 EZ.

那么，因为 $EZ>L$，所以 $EZ:BK>L:BK$.

但是 $EZ:BK=(ZE:EN)\cdot(KX:KB)$，

由于 $KX=EN$.

并且已令 $(L:KB)$ 等于 $(DE:EH)\cdot(HK:KD)$①.

$\therefore (ZE:EN)\cdot(KX:KB)>(DE:EH)\cdot(HK:KD)$.

但是 $ZE:EN=DE:EH$，

由于 $(ZN:NE)$ 与 $(DH:HE)$ 都等于横截直径与正焦弦的比.② [2]

因而，剩余的比 $(KX:KB)>(HK:KD)$. [3]

$\therefore KX\cdot KD>KB\cdot HK$.

但是 $KX\cdot KD$ 等于▭DX.

$\therefore KB\cdot HK<$▭DX.

令▭$HX=KX\cdot XW$ 对两边公用③.

则 $BX\cdot XW<$▭DW.

但是 ▭$DW=$▭UN， [4]

由于 $ZN:NE=DH:HE$④.

$\therefore BX\cdot XW<$▭UN.

并且已在本卷⑤命题 45 中证明了此时线 BM 不是最小线，并且从点 B 引的最小线在轴上截出的邻近截线顶点的一段大于 GM.

又作线 ZfP 到一个不同于 B 的点，那么我断言 Pf 不是最小线，并且从点 P 引的最小线在轴上截出的相邻截线顶点的一段大于 Gf.

证明：在点 B 作截线的切线 BC，并且作垂线 PR 并延长交切线于 S.

那么，因为 $(XK:KB)>(HK:KD)$，⑥

令 $(YK:KB)$ 等于 $(HK:KD)$， [5]

并且过点 Y 作线 TYF 平行于线 EGD. 那么，因为线 BsT 是截线的切线，并且线 BK 垂直于轴，所以

$$KD\cdot Ds=DG^2,$$

这是卷Ⅰ命题 37 证明的.

---

① 见 [1].

② 因此，由合比例或分比例，$ZE:EN=DE:EH$.

③ 即对双曲线用加法，对椭圆用减法.

④ 因此 $ZN\cdot HE$（$=ZN\cdot WN=$▭UN）$=DH\cdot NE$（$=DH\cdot HW=$▭DW）.

⑤ 见 pp. 158－160，由▭$PS>Kg\cdot gT$（对应于此处的▭$NU>BX\cdot XW$），可证 KL（对应于此处的 BM）不是最小线.

⑥ 见 [3].

$\therefore KD : DG = DG : Ds.$

于是对线 KD 和 DG 的第三比例项是 Ds. 并且对线 HD 和 DQ 的第三比例项是 KD.

并且 $KD : DG = HD : DQ$. ①

$\therefore HD : DK = DK : Ds.$

并且从两个较大者减去两个较小者，②

减后的比 $HK : Ks = HD : DK.$

但是 $HD : DK = YB : BK$,

由于（$HK : KD$）等于（$YK : KB$）. ③

$\therefore HK : Ks = BY : BK.$

但是 $BY : BK = YT : Ks.$

$\therefore HK : Ks = YT : Ks.$

$\therefore HK = YT.$

但是 $HK = YF.$

$\therefore YF = YT.$ [6]

$\therefore Tb < YF$

$\therefore Yb : Tb > Yb : YF.$

由合比例 $YT : Tb > bF : YF.$

但是 $YT : Tb = YB : Sb.$

$\therefore YB : Sb > bF : FY.$

$\therefore (BY \cdot YF) > (Sb \cdot bF).$

$\therefore$（$BY \cdot YF$）更大于（$Pb \cdot bF$）. [7]

又 $HK : KD = YK : KB$. ④

$\therefore KB \cdot HK = KD \cdot YK.$

令（$YK \cdot HK$）对两边公用.

则 $BY \cdot YF = DH \cdot YK$,

由于 $YF = HK$.

并且 $DH \cdot YK = \square DF.$

$\therefore BY \cdot YF = \square DF.$

但是已证明（$BY \cdot YF$）大于（$Pb \cdot bF$）. ⑤

$\therefore \square DF > (Pb \cdot bF).$

---

① 前两句话可从两个同比中项比例推出：$HD : QD = QD : DK = DK : DG$. 并且因为 $DK : DG = DG : Ds$，可以推出 $HD : DK = QD : DG = DK : Ds$.

② 即在椭圆中从 DK 减去 HD，从 Ds 减去 DQ，在双曲线中，正好相反.

③ 见 [5]. 用合比例或分比例.

④ 见 [5].

⑤ 见 [7].

在双曲线中，令两边公用▭ $(bg \cdot gW)$.

$$\text{则}\ (Pg \cdot gW) < (\square DF + \square bW).$$

在椭圆中，从两边减去 $(bg \cdot gW)$，

$$(\square DF - \square bW) > (Pg \cdot gW).$$

$$\text{于是}\ (Pg \cdot gW)\ \text{更小于}\ \square DW\ [\text{在两种情形}].$$

$$\text{但是}\ \square DW = \square UN,$$

$$\text{由于}\ ZN : NE = DH : HE. ①$$

$$\therefore Pg \cdot gW < \square UN.$$

在本卷命题45② 中证明了此时 Pf 不是最小线，并且从点 P 引的最小线在轴上截出的相邻于截线顶点的一段大于 Gf.

又作直线 ZeA [在 ZMB 的另一边]. 那么我断言 Ae 不是最小线，并且从点 A 引的最小线在轴上截出的相邻于截线顶点的一段大于 Ge.

证明：

$$\text{作垂线}\ Azq\ \text{并延长交切线于}\ d.$$

$$\text{已经证明}\ FY = YT. ③$$

$$\therefore Fz < YT.$$

$$\therefore zY : Fz > zY : YT.$$

$$\text{由合比例},\ YF : Fz > zT : TY.$$

$$\text{但是}\ zT : TY = zd : BY.$$

$$\therefore YF : Fz > dz : BY.$$

$$\therefore (BY \cdot YF) > (dz \cdot zF).$$

并且用前述的方法可证明④

$$(Aq \cdot qW) < \square WZ.$$

并且像本卷命题45的证明一样，可以证明 Ae 不是最小线，并且从 A 引的最小线在轴上截出的相邻截线顶点的一段大于 Ge.

其次，令 ZE 等于 L. 那么我断言从点 Z 只可以引一条线使得它被轴截出的部分是一条最小线，并且从其他线的端点引的最小线在轴上截出的相邻截线顶点的一段大于这些线本身截出的部分.

证明：

像第一种情形一样，作垂线 BK,⑤ 并连接 ZB.

---

① 见 (4) 及 p. 177，n. ④.

② 参阅 p. 177，n. ⑤.

③ 见 (6).

④ 从 (7) 向前.

⑤ 即令 $HD : QD = QD : DK = DK : DG$，并且令 $L : BK = (DE : EH) \cdot (HK : KD)$.

则 $ZE:BK=L:BK$.

此时 $ZE:BK=(ZE:EN)\cdot(KX:KB)$，因为 $KX=EN$，

并且 $L:BK=(DE:EH)\cdot(HK:KD)$，

这是由前述的作图.

$\therefore(ZE:EN)\cdot(KX:KB)=(DE:EH)\cdot(HK:KD)$.

但是 $ZE:EN=DE:EH$. ①

于是除后的比 $KX:KB=HK:KD$. [8]

$\therefore(KX\cdot KD)$（等于▭DX）$=(KB\cdot HK)$.

令两边公用 $(KX\cdot KH)$，对双曲线用加法，对于椭圆用减法，

则 $BX\cdot XW=$▭DW.

但是▭$DW=$▭WZ. ②

∴▭$WZ=BX\cdot XW$. [9]

在本卷命题 45③ 中证明了此时线 BM 是一条最小线.

证明：

作线 ZfP 并且作垂线 PR.

用前面同样的方法可以证明④

$XW=XC$.

$\therefore Cg<XW$.

$\therefore Xg:gC>Xg:XW$.

由合比例，$XC:Cg>gW:WX$.

但是 $XC:Cg=BX:Sg$.

$\therefore BX:Sg>gW:WX$.

$\therefore(BX\cdot WX)>(Sg\cdot gW)$.

因而 $(BX\cdot WX)$ 更大于 $(Pg\cdot gW)$.

并且已证 $(BX\cdot WX)=$▭WZ. ⑤

$\therefore(Pg\cdot gW)<$▭WZ.

本卷命题 45 已证明此时 Pf 不是一条最小线，并且从点 P 引的最小线在轴上截出的相邻截线顶点的一段大于 Gf.

类似地可证 Ae 也不是一条最小线，并且从点 A 引的最小线在轴上截出的相邻截线顶点的一段大于 Ge.

并且，[第三]，令 ZE 小于 L. 那么我断言只有两条从 Z 引的线被轴截出的部分是

① 见 [2].

② 见 [4].

③ 参阅 p. 161 [3a].

④ 正如 pp. 177－178 所述直到 [7].
此时 $XK:KB=HK:KD$,
可证 $HK=XC$. $\therefore XW=XC$.

⑤ 见 [9].

最小线，并且从两条最小线之间画出的那些线的端点引的最小线在轴上截出的相邻于截线顶点的一段小于那些本身截出的部分，并且从其他线的端点引的最小线在轴上截出的相邻于截线顶点的一段大于那些线本身截出的部分.

证明：

$$ZE : BK < L : BK.$$

用类似前述的方法①可以证明

$$KX : KB < HK : KD,$$

并且▭WZ<（$BX \cdot XW$）.②

于是令（$XI \cdot XW$）等于▭WZ，

并且作双曲线，过点 I，依 CW、WH 为渐近线，如卷Ⅱ命题 4 作图，

即截线 AIP.

作垂线 Aq、Pg.

则矩形（$Aq \cdot qW$）与（$Pg \cdot gW$）都等于（$XI \cdot XW$），

这是卷Ⅱ命题 12 证明的.③

并且已令（$XI \cdot XW$）等于▭QZ.

∴（$Aq \cdot qW$）=（$Pg \cdot gW$）=▭WZ.

如同这个命题的前述，此时可证明两条线 Ae、Pf 是最小线. 并且相交于 Z；在本卷命题 45 中证明了此时没有其他从点 Z 引出的线使得它被轴截出的部分是最小线；并且从两条最小线之间画出的那些线的端点引的最小线在轴上截出的相邻于截线顶点的一段小于那些线本身截出的部分；并且从其他线的端点引的最小线情况相反，即它们截出的线段大于那些线本身截出的部分.

在椭圆的情形，轴应当是长轴.

证完

命 题 53

如果在由长轴分开的半个椭圆的外面取一点，使得从它引到轴的垂线落在截线的中心，并且这个垂线和半个短轴一起与半个短轴的比不小于横截直径与正焦弦的比.

那么没有从这一点引到截线的线使得它在轴与截线之间的部分是最小线，并且从它的端点引的最小线落在所引线的离截线较远的一侧.

设 BAG 是半个椭圆，BG 是长轴［图 5.53］. 在它外面取一点 D，使得从它引到长轴的垂线落在中心. 从点 D 引 GB 的垂线 DE. E 是截线的中心，并且设比（$DA : AE$）

① 由 pp. 180－182 一直到［9］，适当地用不等式代替等式.

② 参阅［9］.

③ 参阅 p. 177，n. ⑤.

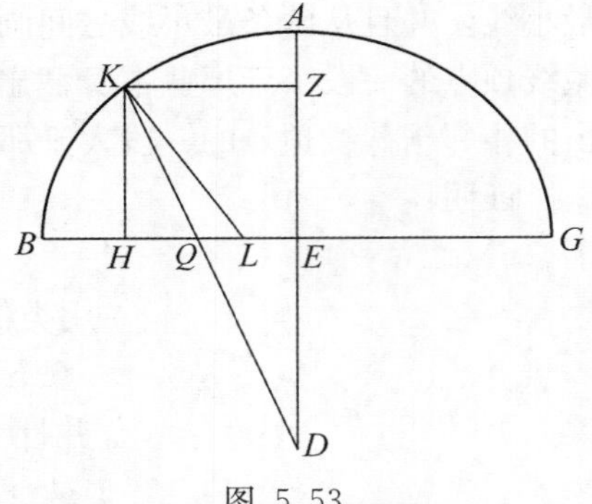

图 5.53

不小于横截线直径与正焦弦的比.

那么我断言没有从点 D 引出的线使得它在截线与 BG 之间的部分是最小线；并且若从它引的线，如线 DK，则从点 K 引的最小线落在 DK 的朝向 E 的一侧.

证明：

作两条垂线 KH、KZ.

则（$DA:AE$）$\geqslant$横截直径与正焦弦的比.

但是 $DA:AE<DZ:ZE$. ①

$\therefore DZ:ZE$（$=EH:HQ$）② $>$横截直径与正焦弦的比.

于是令（$EH:HL$）等于横截直径与正焦弦的比.

则 KL 是一条最小线，

这是本卷命题 10 证明的；

于是 KQ 不是最小线，

这是本卷命题 25 证明的；

并且从点 K 引的最小线落在线 KD 的 E 所在的一侧.

证完

命题 54

如果在由长轴分开的半个椭圆的外面取一点，使得从它引到轴的垂线落在截线的中心，并且这个垂线与半个短轴一起与半个短轴的比小于横截直径与正焦弦的比.

那么从那个点到截线的一个象限［半个椭圆被短轴分开的一部分］的线之中，只有一条线使得它在截线与长轴之间的部分是最小线；并且在这一侧③的其他线，没有最小线被截出［在轴与截线之间］，但是对于被截出最小线的线靠近截线顶点的那些线，从它们的端点引的最小线更靠近顶点.

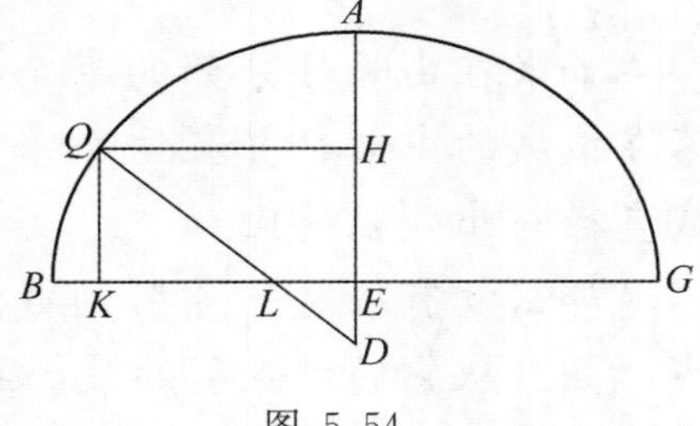

图 5.54

设 BAG 是椭圆，BG 是长轴［图 5.54］，并在它的外面取点 D，④ 使得从它引的垂线落在中心.

① 因为 $DE:EZ>DE:EA$. 由合比例，$DZ:ZE>DA:AE$.

② $DZ:ZE=DK:KQ=(DQ+KQ):KQ=(EQ+HQ):HQ=EH:HQ$.

③ 应当理解为“在两个象限的每一个中”.

④ 即半个椭圆 BAG 的外面.

从它引 GB 的垂线 DE，设它落在中心，并且设（$DA : AE$）小于横截直径与正焦弦的比.

那么我断言从点 D 引的在一个象限内的线之中，只有一条线使得它在 BAG 与 BG 之间的部分是最小线；并且对于更靠近 B 的其他线，从它们的端点引的最小线离 B 更远，而对于比最小线离 B 更远的线，从它们的端点引的最小线更靠近 B.

证明：

（$DA : AE$）<横截直径与正焦弦的比.

于是可令（$DH : HE$）等于横截直径与正焦弦的比，

作线 HQ、QK 平行于 BG、AE，

并连接 QD［截 BG 于 L］.

那么我断言 DQ 的部分 LQ 是最小线，由于 $DH : HE$（$=EK : KL$）① $=$横截直径与正焦弦的比，

并且点 E 是截线的中心.

于是 QL 是一条最小线，

这是本卷命题10证明的.

并且 AE 也是一条最小线，

这是本卷命题11证明的.

并且这两条线［QL 和 AE］相交于点 D.

于是对于从点 D 引出的距离点 B 比 DQ 距离点 B 更远的那些线，从它们的端点引的最小线比从 D 引的线离 B 更近，而对于离点 B 小于 DQ 离点 B 的那些线，从它们的端点引的最小线比从 D 引的线离 B 更远.

这是本卷命题46证明的. ②

证完

命题 55

如果在由长轴分开的半个椭圆的外面取一点，并且从它引到轴的垂线并且不是落在中心. 那么从这个点到截线可引一条线使得它在截线和长轴之间的部分是一条最小线，而这条线与长轴的另一半相交；并且没有从这一点引出的其他线与这半个长轴相交并被截出最小线.

设 ABG 是椭圆，AG 是长轴，D 是中心，并且令所取的点是 E，从它到轴 AG 的垂线是 EZ，Z 不是中心.

那么我断言从点 E 可以引一条线截线 DG，使得它在 ABG 与 AG 之间的部分是最小线.

---

① $DH : HE = DQ : QL =（QL + LD）: QL =（KL + LE）: KL = EK : KL$.

② 事实上，V. 46 只证明了这两种情况的第二种. 见 p. 166，n. ①.

令（$EH:HZ$）等于横截直径与正焦弦的比，并且使（$DQ:QZ$）也等于它.

过点 H 作 KL 平行于 AG，过点 Q 作 MQL 平行于 EH.

作双曲线过点 E，并以 ML、LK 为渐近线.

这是卷Ⅱ命题 4 证明的. ①

令这个截线是 EN，并且交椭圆于点 N. ②

那么我断言，当连接 NE 时，NC 是最小线.

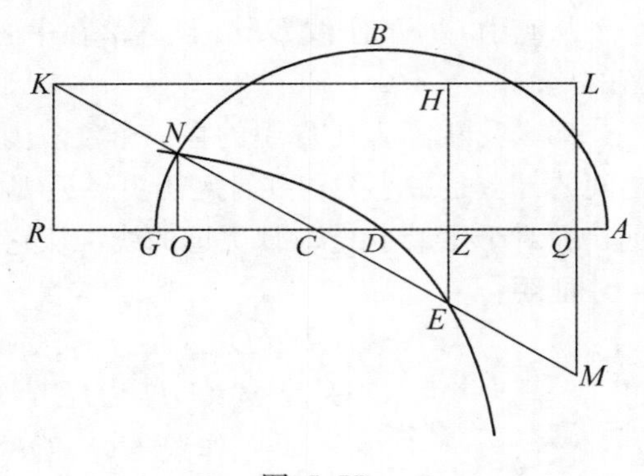

图 5.55

证明:

延长 EN 交 LM、LK 于 M、K.

作 AG 的垂线 NO、KR.

则 $ME=KN$，

这是卷Ⅱ命题 8 证明的. ③

$\therefore ZQ=RO$ [1]

并且（$EH:HZ$）等于横截直径与正焦弦的比，并且等于（$ZR:RC$）. ④

因而（$ZR:RC$）等于横截直径与正焦弦的比.

但是（$DQ:QZ$）也等于横截直径与正焦弦的比.

$\therefore ZR:RC=DQ:QZ$.

但是 $QZ=RO$，⑤

因而 $DQ=RO+DZ$.

于是，当从 ZR 减去 ZD 和 RO，并从 RC 减去 RO，减后的 DO 与 OC 的比等于 ZR 与 RC 的比，它等于横截直径与正焦弦的比.

因而（$DO:OC$）等于横截直径与正焦弦的比.

并且 NO 是轴的垂线并且点 D 是中心.

因而 NC 是一条最小线，

这是本卷命题 10 证明的.

证完

---

① Ⅱ.4 说明如何作过给定点及渐近线的双曲线.
注意，EN 通过中心 D. 因为 $DQ:QZ=EH:HZ$.
$\therefore QZ\cdot EH=DQ\cdot ZH$，因而（由Ⅱ.12）$E$ 和 D 在以 LQ、LH 为渐近线的双曲线上.

② 后面证明它与椭圆相交（命题 V. 56）.

③ Ⅱ.8 证明了连接双曲线上两点的线在双曲线和两条渐近线之间的相截部分相等.

④ $EH:ZH=KH:(KH-ZC)=ZR:(ZR-ZC)=ZR:RC$.

⑤ 见 [1].

命题 56

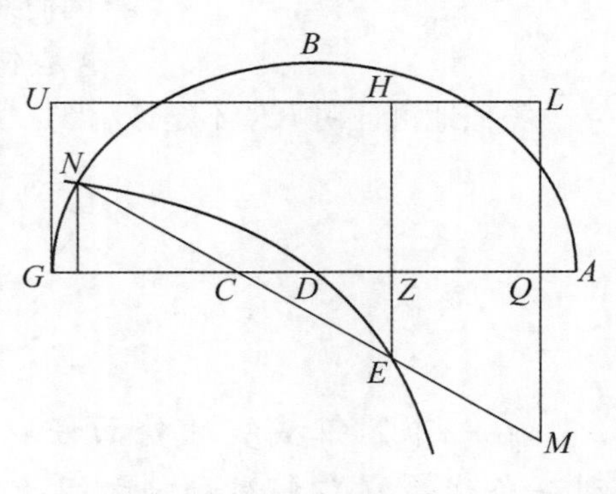

图 5.56

在前述命题中所说的关于双曲线与椭圆相交的事实可以证明如下，［图 5.56］在点 G 引椭圆的切线 GU. ①

则（$DQ:QZ$）等于横截直径与正焦弦的比.

但是 $DQ:QZ<GQ:QZ$.

因而（$GQ:QZ$）大于横截直径与正焦弦的比（等于 $EH:HZ$）.

$\therefore GQ:QZ>EH:HZ$.

$\therefore GQ\cdot HZ>QZ\cdot EH$.

但是 $HZ=GU$，

并且 $ZQ=HL$.

$\therefore QG\cdot GU>EH\cdot LH$.

于是这个过点 E 并以 ML、LU 为渐近线的双曲线与线 GU 相交，

这是卷Ⅱ命题 12 的逆证明的. ②

并且 GU 是截线 ABG 的切线［在点 G］.

因而这个双曲线与截线 ABG 相交.

证完

命题 57

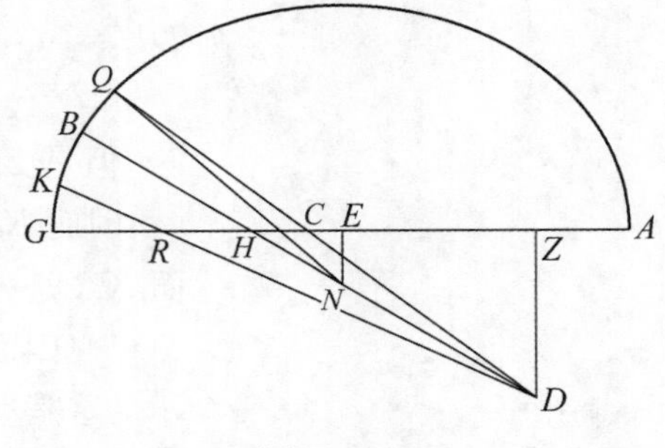

图 5.57

又，令 ABG 是椭圆，GA 是长轴［图 5.57］，D 在轴之下，从 D 作垂线 DZ 并且 E 是中心，并且从点 D 引线 DHB，使得在轴与截线之间的部分是最小线 BH，并且与 GHE 相交，又在 DHB 两侧作线 DK、DQ 交 GE 于 R、C，并且从中心 E 引线 EN 平行于 DZ.

并且它交最小线 BH 于 N，N 在$\angle GZD$ 内.

---

① 我认为很可能这个命题不是阿波罗尼奥斯的原文，而是后来增加的附注，它把一个命题分为三个（V.55、V.56、V.57).

② Ⅱ.12 证明了若 ML、LU 是渐近线，并且 E、G 在双曲线上，并且 $GU/\!/EH$、$QG/\!/LH$，那么 $QG\cdot GU=EH\cdot LH$. 相反地，若 $QG\cdot GU=EH\cdot LH$，则 E、G 在双曲线上. 但是（此时）$QG\cdot GU>EH\cdot LH$. 因而双曲线过 GU 上的点在点 G 与 U 之间.

那么连接点 N、Q 的线不可能被截线和长轴截出最小线，而且从点 Q 引的最小线被 NQ 更近于 G，

这是本卷命题 46 证明的. ①

因而线 QC 不是最小线，

这是本卷命题 25 证明的.

类似地可证明 KR 不是最小线，并且从点 K 引的最小线落在 R 与 A 之间.

证完

命题 58

在一个圆锥截线的外面任取一点，不在轴及其延长线上，则可以从它引一条线，它在截线和轴之间的部分是最小线.

首先设 AB 是抛物线，GZ 是轴［图 5.58］.

在截线外面取一点 D，它不在轴上.

那么我断言从点 D 可以引一条线，使得它在 AB 和 BG 之间的部分是最小线.

引 GZ 的垂线 DE，不论它是否落在它上面. ②

令 EZ 等于半个正焦弦，并且令 ZH 垂直于 ZG.

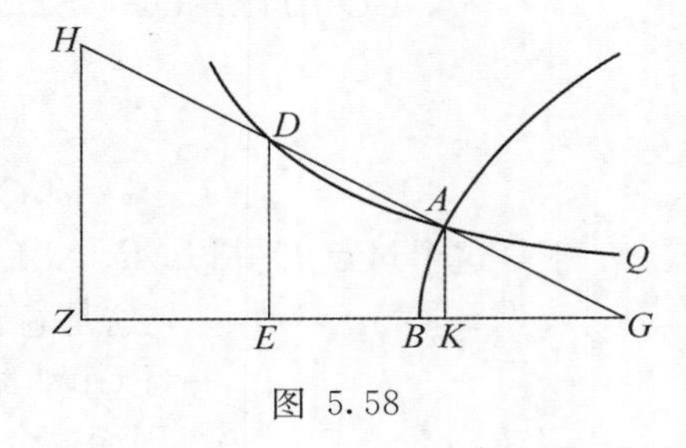

图 5.58

作双曲线 DAQ，过点 D 并以 HZ、ZG 为渐近线，

这是卷Ⅱ命题 4 证明的.

则它与抛物线相交，令它是点 A.

连接 DA 并延长到［两侧］的点 H、G，

并且从点 A 引 GZ 的垂线 AK.

则 $DH=AG$，这是卷Ⅱ命题 8 证明的.

$\therefore ZE=KG$.

但是 ZE 等于半个正焦弦.

因而 KG 等于半个正焦弦.

而 KA 是［从轴到截线］的垂线.

因而 AG 是最小线，

这是本卷命题 8 证明的.

证完

① 参阅 p.183，n.②和 p.166，n.①.

② 即不论在双曲线的内面或外面.

命题 59

又，我们设 AB 是双曲线［图 5.59A］或椭圆［图 5.59B］，BD 是轴，G 是中心，并且令点 E 在截线外面，不在轴的延长线上，从它引 BD 的垂线 EZ.

首先设这条垂线不落在中心．那么我断言从点 E 可以引一条线，使得它在 AB 与 BD 之间的部分是最小线.

令（$GH:HZ$）等于横截直径与正焦弦的比.

作 HM 垂直 GZ，并且令（$EQ:QZ$）等于横截直径与正焦弦的比，过点 Q 作 KL 平行于 BD，作双曲线，过点 E，并以 MK、KL 为渐近线.

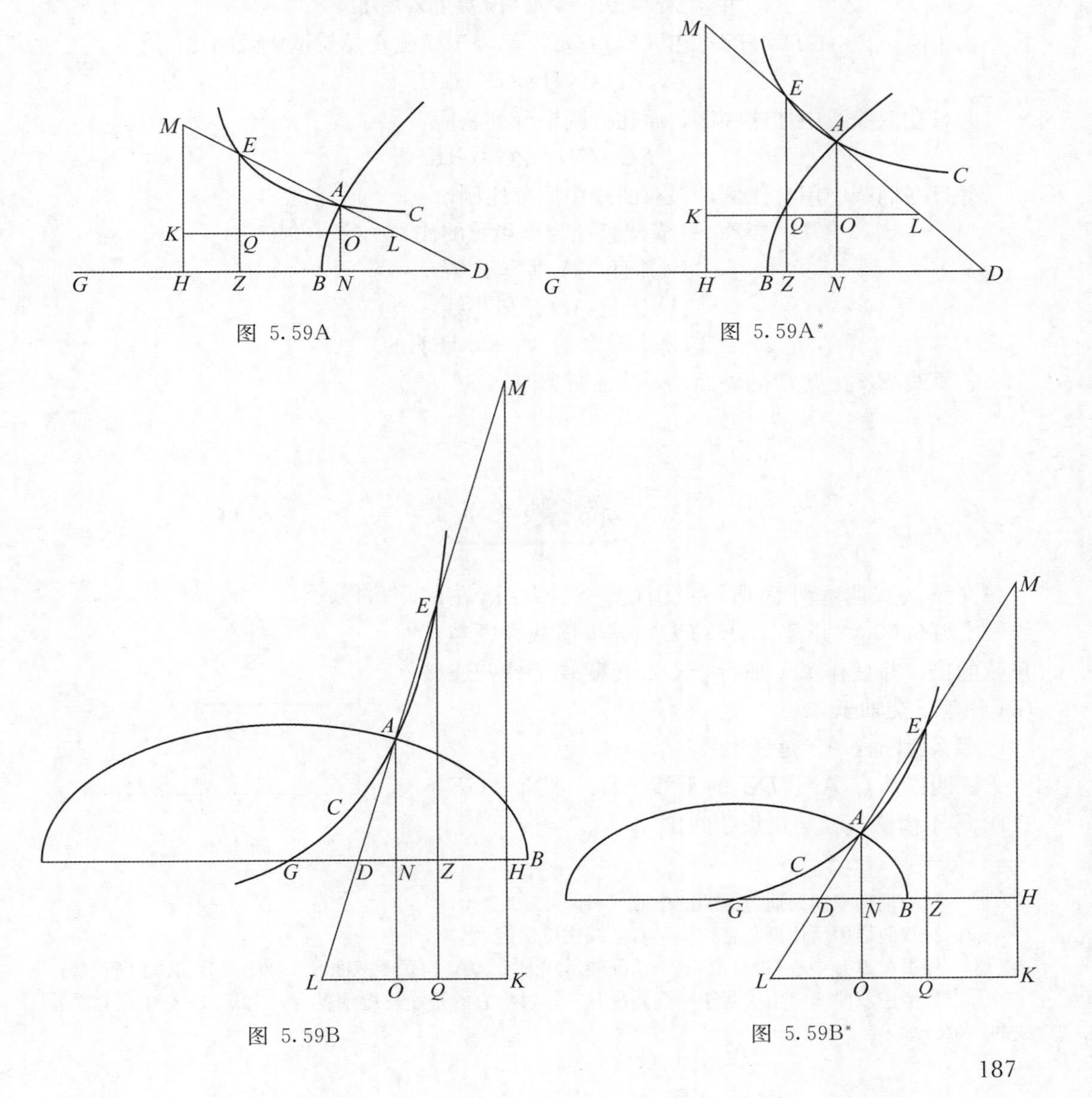

图 5.59A

图 5.59A*

图 5.59B

图 5.59B*

这是卷Ⅱ命题4证明的.

它与截线 AB 相交.

令这条双曲线是 EAC，并且设它与截线 AB 交于点 A.① 连接 EA 并延长［向两侧］到 M、L，

并且作 BD 的垂线 AN.

则 $ME=AL$，

这是卷Ⅱ命题8证明的.

$\therefore KQ=OL$，

因而 $OK=QL$，

因而 $NH=QL$.

并且 $ZD:QL=ZE:EQ=GZ:GH$，

由于两个比（$GH:HZ$）和（$EQ:QZ$）都等于横截直径与正焦弦的比.②

$\therefore ZD:NH=GZ:GH$.

并且在双曲线中加这些比，而在椭圆中分开它们，

$DG:GN=ZG:GH$.

并且在椭圆中用合比例，在双曲线中用分比例，

$GH:HZ$（=横截直径与正焦弦的比）$=GN:ND$.

并且 NA 垂直于 BD.

于是 AD 是最小线，

这是本卷命题9和10证明的.

若垂线 EZ 在点 B 的外面，③ 其证明类似.

证完

命题 60

又令从双曲线外面那一点引的垂线 GD 落在中心④［图5.60］，并且（$GE:ED$）等于横截直径与正焦弦的比，并且作 EA 平行于 DZ 交截线于 A，连接 GA 并延长交轴于 Z.

那么我断言 AZ 是最小线.

证明： 从点 A 引 DZ 的垂线 AH. 那么（$GE:ED$）等于横截直径与正焦弦的比.

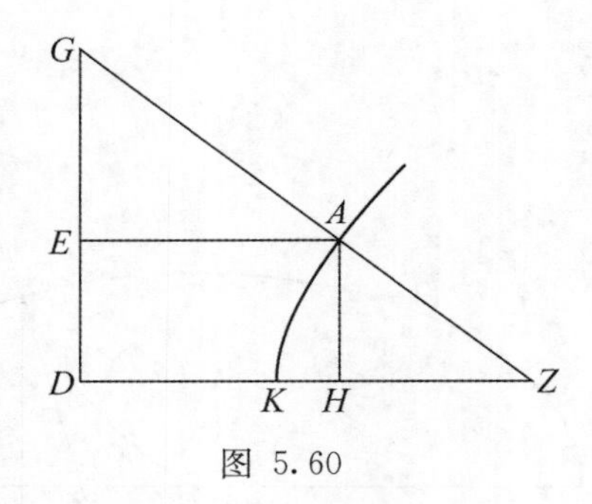

图 5.60

① 这个辅助双曲线通过椭圆的中心（参阅 p.189，n.①）.

② 对双曲线用反比例和合比例，对椭圆用更比例.

③ 即不在 B 和中心 G 之间. 这个情况展示在图5.59A*（关于双曲线）和5.59B*（关于椭圆）.

④ 只考虑双曲线，由于对于椭圆是平凡的：过中心的垂线与短轴重合，由Ⅴ.11最小线总是垂线的一部分.

并且等于 $GA:AZ$.

但是 $GA:AZ=DH:HZ$.

因而（$DH:HZ$）等于横截直径与正焦弦的比. 并且 AH 是［从截线到轴的］垂线. 因而 AZ 是一条最小线，

这是本卷命题 9 证明的.

证完

命题 61

又在双曲线的情形，令从给定点引的垂线 GD 在中心的另一侧［图 5.61］，并令 E 是中心，截线是 AB，并且令（$EZ:ZD$）等于横截直径与正焦弦的比，又令（$GH:HD$）也等于横截直径与正焦弦的比，作线 HQ 平行于 DB，作 ZK、EM 平行于 GD，作双曲线过点 E 并以 QK、KZ 为渐近线.①

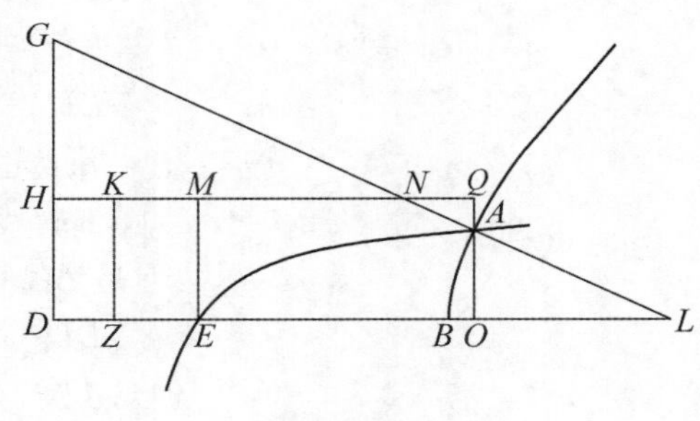

图 5.61

那么这个双曲线截 AB 于 A，并设这个双曲线是 AE.

连接 GA 并延长交 DB 于 L.

那么我断言 AL 是最小线.

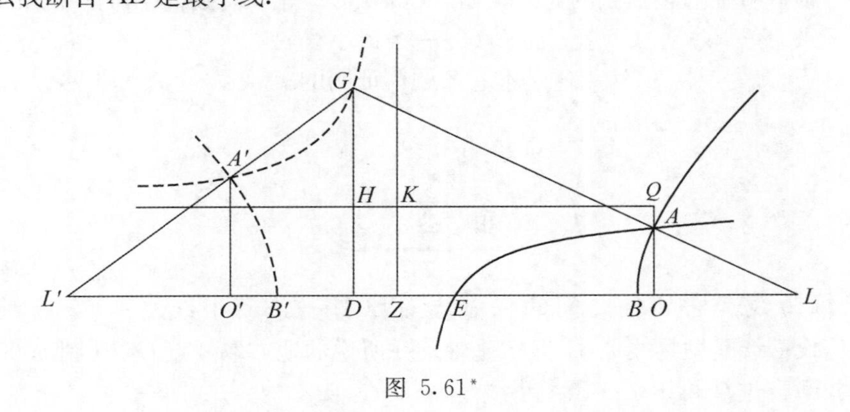

图 5.61*

① 若此时遵循V.59 的作图（即作过 G 的双曲线），则所作的双曲线与双曲线的这一支 AB 不相交（但是与另一支相交）. 阿波罗尼奥斯作了第二个双曲线的另一支. 见图 5.61*，画出了两个双曲线各两支. 因为 $GH:HD=EZ:ZD$（两者都等于横截直径与正焦弦的比），$EZ\cdot HD=GH\cdot ZD$，即 G 和 E 都在以 HK、KZ 为渐近线的双曲线上，但是因为它们在这些线的对面，所以它们必然也在相对的一支上.（注意 $A'L'$和 AL 都是最小线）.

V.59 的作图对椭圆的所有情形都有效. 但是上述分析说明通过最小线所过的点的双曲线的这一支也通过椭圆的中心（类似的情况参阅 p.184，n.①）.

证明：

作 QAO 垂直于 DO.

则 $GH:HD=EZ:ZD$. [1]

$\therefore GH\cdot HK$（HK 等于 ZD）$=KM$（$=ZE$）$\cdot ME$（$=DH$）.

但是 $KM\cdot ME=KQ\cdot QA$，由渐近线的性质，

这是卷Ⅱ命题 12 证明的.

$\therefore GH\cdot HK=KQ\cdot QA$.

$\therefore AQ:GH=HK:KQ$.

但是 $AQ:GH=QN:NH$.

$\therefore HK:KQ=NQ:NH$. ①

$\therefore KQ$（$=ZO$）$=NH$.

$\therefore LD:NH=LD:ZO$.

并且也 $=LG:GN$.

$\therefore LD:ZO=LG:GN$.

但是 $AG:GN=DG:GH$.

$\therefore LD:ZO=DG:GH$.

但是 $DG:GH=DE:EZ$. ②

$\therefore LD:ZO=DE:EZ$.

因而 LE [$=LD-DE$] 与 EO [$=ZO-EZ$] 的比等于（$DE:EZ$）.

由分比例，$EO:OL=EZ:ZD$，

它等于横截直径与正焦弦的比. 因而（$EO:OL$）等于横截直径与正焦弦的比.

因而 LA 是一条最小线，

这是本卷命题 9 证明的.

证完

命题 62

过圆锥曲线和它的轴之间的任一点可以引一条最小线.

首先，设截线是抛物线 AB，BH 是轴. 在所说的地方取一点 G③ [图 5.62]. ④ 那么我断言过 G 可以引一条最小线.

从 G 作轴的垂线 GD. 令 DE 是半个正焦弦. 从点 E⑤ 作 DH 的垂线 EQ，并且作双曲线过点 G 并以 QE、EH 为渐近线，则这个双曲线 AG 截抛物线于点 A. 连接 AG

---

① 因此，由合比例，$HQ:KQ=HQ:NH$.

② 由 [1]，$GH:HD=EZ:ZD$. 再由反比例和合比例.

③ 即在曲线和轴之间.

④ 图 5.62** 利用圆和抛物线交点的作图，求得其解（见附录 D）.

⑤ 正如手稿 **O** 的注释，不论 E 在截线的内面或外面，其证明没有差别.

并延长交 ED 于 H，交 EQ 于 Q.

那么我断言 AH 是最小线.

证明：

作垂线 AZ.

则 $GH=QA$，这是卷Ⅱ命题 8 证明的.

$\therefore DH=EZ$.

但是 ED 是半个正焦弦.

因而 ZH 是半个正焦弦.

故 AH 是最小线.

这是本卷命题 8 证明的.

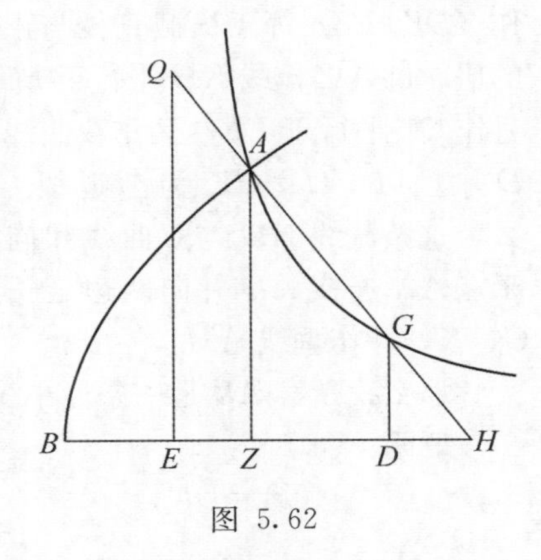

图 5.62

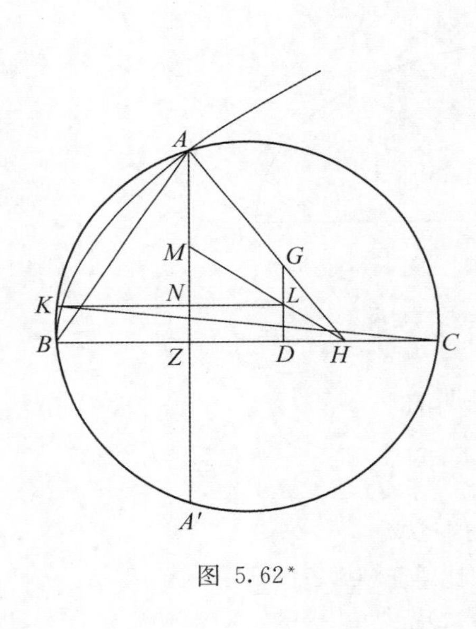

图 5.62*

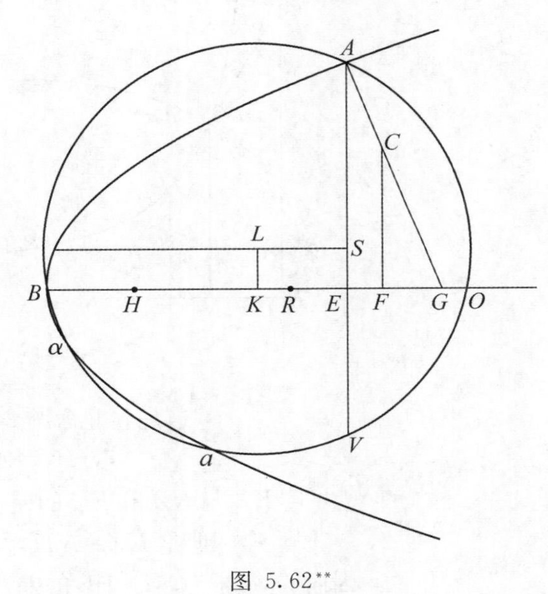

图 5.62**

证完

命题 63

又令截线 AB 是双曲线［图 5.63A］或者椭圆［图 5.63B］，BL 是轴，G 是中心，并且点 D 在上述地方. ①

那么我断言过点 D 可以引一条最小线.

证明： 作到轴的垂线 DE，并且令 $(GQ:QE)$ 等于横截直径与正焦弦的比，类似地

① 在 Halley 的版本中，这些图中的点 O 是他增加的. 在椭圆中，若 D 在短轴上，即作图就会被压缩. 但是此时显然过 D 可引一条最小线.

作（$DZ:EZ$）等于横截直径与正焦弦的比．过点 Z 作线 KH 平行于 BG，并且作 QC 平行于 DE，又作双曲线过点 D 并且以 CH、HK 为渐近线.① 那么，这条截线 AD 与双曲线和椭圆截于点 A．连接 AD 并向两边延长到点 C、K，并作垂线 AM.

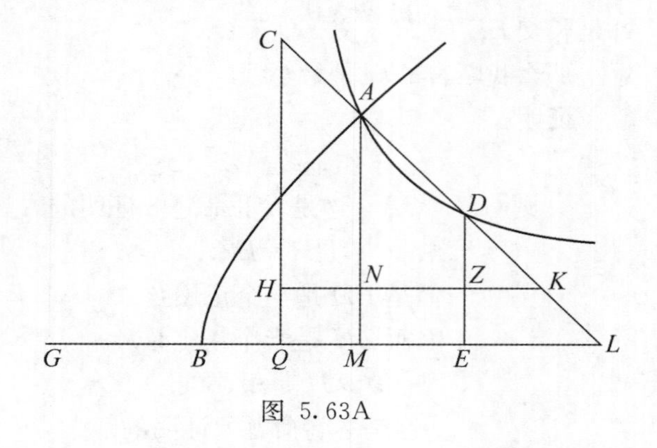

图 5.63A

那么我断言 AL 是一条最小线.

证明：

$$CA=DK,$$

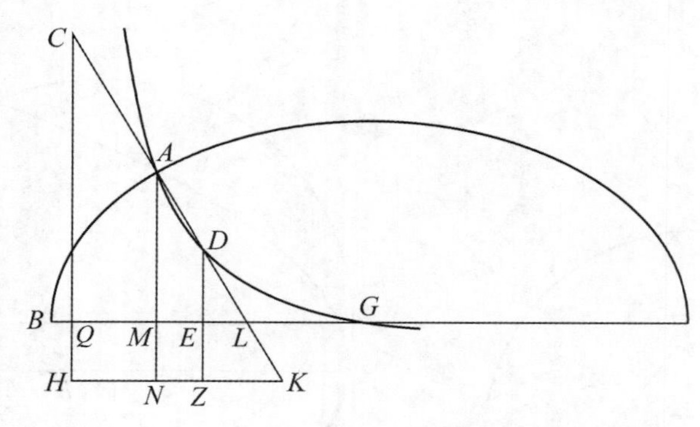

图 5.63B

这是卷Ⅱ命题 28 证明的.

$$\therefore HN=ZK.$$

并且 KZ 与 KZ 和 EL 的差的比等于（$DZ:ZE$）.

但是 $KZ=NH$，$NH=QM$.

因而 QM 与（QM、EL 的差）的比等于（$DZ:ZE$）.

但是 $DZ:ZE=GQ:QE$.

因而 QM 与（QM、EL 的差）的比等于（$GQ:QE$）．并且在椭圆中用分比例，在双曲线中用合比例，

$$GM:ML=GQ:QE.②$$

但是（$GQ:QE$）等于横截直径与正焦弦的比.

---

① 注意所作的双曲线也过椭圆的中心（并且它的另一支过双曲线的中心），由于 $GQ:QE=DZ:ZE$，因此 $DZ\cdot QE=GQ\cdot ZE$，于是 G 和 D 都在以 CH、HK 为渐近线的双曲线上，参阅 p.189，n.①.

② 在椭圆中，$QM:(QM-EL)=GQ:QE$.

$\therefore (GQ-QM):(QE-QM+EL)=GM:ML=GQ:QE$.

在双曲线中，$QM:(EL-QM)=GQ:QE$.

$\therefore (GQ+QM):(EL+EQ-QM)=GM:ML=GQ:QE$.

并且 MA 垂直于轴 GB.

于是 AL 是最小线. ①

证完

命题 64

如果在抛物线或双曲线的轴的下面取一个点，使得从它到截线的顶点的线与轴形成锐角，并且不可能从这一点到截线引一条线使得它在截线和轴之间的部分是最小线；

或者从这一点到该点的另一侧（关于轴）只能引一条线，使得它在轴和截线之间的部分是最小线. ②

那么从这一点到截线的顶点是从这一点到截线这一侧的最短线.

并且其他线离它［第一条线］越近越短. ③

首先，设 ABG 是抛物线，AE 是轴［图 5.64］，并且点 Z 在轴的下面，并且从点 Z 引的到截线顶点的线与轴 AE 形成的角$\angle ZAE$ 是锐角.

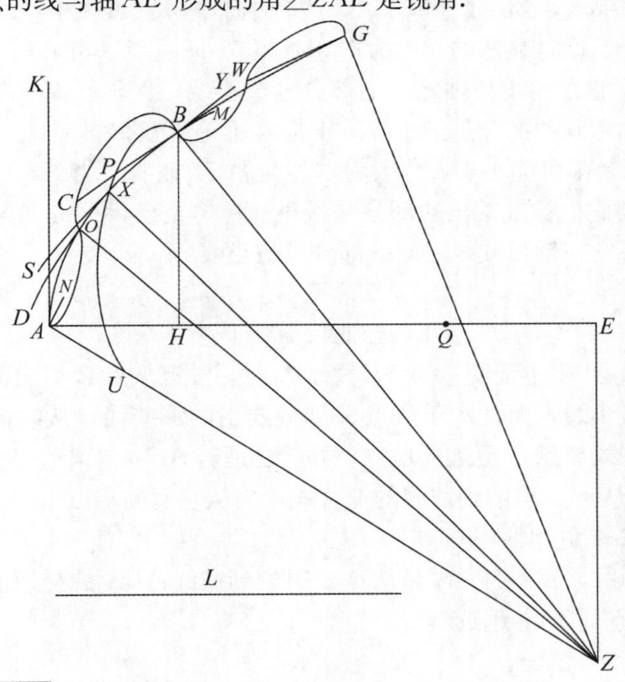

图 5.64

① 由Ⅴ.9（双曲线）和Ⅴ.10（椭圆）.

② 这两种情况定义在Ⅴ.51（抛物线）和Ⅴ.52（双曲线、椭圆）. 它们是第一种和第二种情况. 见 pp. 169－172 和 174－180.

③ Halley 正确地看到对椭圆的某些注释是必要的，尽管他使得命题的叙述有些混乱（参阅Ⅴ.66）. 正确的叙述应当是：“若在**一个圆锥截线**的轴的下面取一点…一条最小线，或者在**抛物线和双曲线**中，若…”

并且先设不可能从这一点到截线引一条线使得它在截线和轴之间的部分是最小线.

那么我断言从点 Z 到截线 AG 引的这些线中最短的是 AZ，并且其他从 Z 到截线的线离它［AZ］越近越短.

在先证明了当从点 Z 引的到截线的那些线中没有一条在轴与截线之间的部分是最小线的情形之后，再证从那些线在截线上的点引的最小线落在比那些线离 A 更远的一侧.

从点 Z 引垂线 ZE，那么 AE 或者等于半个正焦弦，或者大于它，或者小于它.

首先，设它等于或小于它.

那么，从点 Z 引的到截线的那些线，在截线与轴之间的部分不是最小线.

从点 Z 引的线的端点引的到轴的最小线落在比那些线离点 A 较远的一侧.

这是本卷命题 49 证明的.

其次，设 AE 大于半个正焦弦，

并且令 EQ 是半个正焦弦，并令 QH 等于 $2HA$，

从点 H 引 AE 的垂线 HB，

并作线段 L，使得 $L:HB=QH:QE$.

那么，ZE 或者等于 L，或者小于它，或者大于它.

此时 ZE 不等于 L 是显然的，因为本卷命题 51 证明了，当 L 等于 EZ 时，可以从点 Z 引一条线使得它在截线与轴之间的部分是最小线；但是已设①没有从点 Z 引的线使得它在截线和轴之间的部分是最小线. 于是 L 不等于 EZ.

类似地可证 EZ 不可能小于 L. 因为本卷命题 51 证明了当 EZ 小于 L 时，可以从点 Z 引两条线使得它们被轴截出的部分是最小线；但是已设 Z 是这样一个点，不可能从它引一条线使得它在轴与截线之间的部分是最小线.

于是 ZE 不小于 L.②

并且已证它不等于它.

并且在本卷命题 51 中证明了当 ZE 大于 L 时，没有从点 Z 引出的线使得在截线和轴之间的部分是最小线，而且对于从点 Z 到截线引的那些线，从它们的端点引的最小线落在比原来那些线离点 A 更远的地方；并且已证若 AE 大于半个正焦弦，则 ZE 大于 L，并且此时对于从点 Z 引的到截线的那些线，当从它们的端点引的最小线时，它们落在比原来那些离点 A 更远的一侧.

于是由已证明的，我断言 ZA 是从点 Z 引的到截线 ABG 的最短的线，并且其他从 Z 到 ABG 的线离它［ZA］越近越短.

证明：

作线 ZB、ZG.

首先若可能，令 AZ 等于 BZ.

---

① 在这个命题的假设中（p. 193）.

② 尽管这个证明是正确的，但可能是希腊或阿拉伯传统的插入，由于它不是阿波罗尼奥斯的特征，这种插入是比较广泛的. p. 196，n. ④.

从点 A 作线 AK 与截线相切.

则 AK 垂直于轴 AE,

这是卷Ⅰ命题 17 证明的. ①

由于它平行于落在轴上的纵坐标.

因而 $\angle ZAK$ 是钝角.

于是从点 A 引 AN 垂直于 AZ,那么它落在截线内,由于其他线不可能落在切线和截线的边界之间.

这是卷Ⅰ命题 32 证明的.

在点 B 作截线的切线 BC.

那么如上所述,在点 B 与轴之间的最小线落在线 BZ 的离点 A 更远的一侧.

并且最小线与 BC 形成直角,

这是本卷命题 27 证明的.

于是 $\angle ZBC$ 是锐角. [1]

于是若以 Z 为中心,以 BZ 为半径作一个圆,那么这个圆截 BC.

并且 NA 在这个圆的外面,

由于 $\angle ZBC$ 是锐角,而 $\angle NAZ$ 是直角. ②

令这个圆是 $BCOA$.

那么它与截线 AB 相截. ③ 设截点是 O.

连接 OZ 并作 OD 切于截线.

那么 OD 在这个圆的外面.

如上述证明在 O 与轴之间的最小线离点 A 比 OZ 更远. 并且从 O 引的最小线与 OD 形成直角,这是本卷命题 27 证明的.

于是 $\angle DOZ$ 是锐角.

因而 OD 截这个圆.

但是它也在它的外面,矛盾.

于是 AZ 不等于 ZB.

于是,若可能,令 AZ 大于 ZB.

那么,当以点 Z 为中心,以 ZB 为半径作圆时,这个圆截 AZ. 并且如上证明,BC 部分在圆内. ④ 并且这个圆与截线相截,由于它截 AZ. 设截点是 X,并设这个圆是 $BPXU$. 连接 ZX,并且在点 X 作截线的切线 XS. 则 XS 落在圆内:因为⑤在轴与点 X 之间的最小线落在离点 A 比 XZ 更远的一侧,因而 $\angle ZXS$ 是锐角. 于是 SX 截这个圆.

---

① 这是Ⅰ.17 的逆,它证明了在顶点作的平行于纵坐标的线是切线.

② 因为若 $ZA=ZB$,所以这个圆也过点 A,并且 NA 是它的切线.

③ "圆" $BCOA$ 必然截 AB,由于它通过 BC 的外面(它在截线 AB 的外面)并且通过 AN(它在截线 AB 的内面)的内面.

④ 由于 $\angle ZBC$ 是锐角(见[1]).

⑤ 较好的推理应当是:"则它[XS]落在这个圆的外面[由于它是截线的切线,从 X 到 S 它在这个圆的外面]但是,最小线…"

但是已证它在它的外面，① 矛盾.

于是 AZ 不大于 BZ；

并且已证它不等于它.

因而它不小于它.

那么我断言，其他从点 Z 到截线的线离 AZ 越近越小.

证明：

延长 CB 到 Y.

则 $\angle ZBC$ 是锐角，② 因而 $\angle YBZ$ 是钝角.

于是从点 B 到 BZ 的垂线 BM，那么 BM 落在截线内面.

在点 G 作截线的切线 GW.

首先，若可能，设 BZ 等于 GZ.

那么，若以 Z 为中心，以 ZG 为半径作一个圆，则它在线 GW 的外面，由于 $\angle ZGW$ 是锐角. ③ 但是它在线 BM 的内面，由于 BM 垂直于 BZ，因而它与截线相截.

并且当连接截点与点 Z 后，正如在 AZ 和 BZ 相等时的证明一样，可以证明这是不可能的.

类似地，若 ZB 大于 ZG，其不可能性可以如同 AZ 与 ZB 的情形证明，在那里是设 AZ 大于 ZB.

于是 ZA 是从 Z 到截线 ABG 的线中最小的，并且其他线离它越近越短.

因而这就证明了，若点 Z 是这种情况，从它到截线不可能引一条线使得被轴与截线所截部分是最小线，并且 $\angle ZAE$ 是锐角，则从点 Z 到截线的线中最小的是 AZ，并且其他线离 ZA 越近越短.

若最小线只能从一条 Z 到截线的线中截出，并且 $\angle ZAE$ 是锐角时，将在本卷命题 67 中证明. ④ 此时，AZ 仍然是从 Z 到截线的线中最小的，并且其他线离它越近越小.

证完

命题 65

又令截线 ABG 是双曲线，DE 是轴，D 是中心 [图 5.65]，并令某个点 Z 在轴的下面，使得当连接 ZA 后，$\angle ZAE$ 是锐角，并且没有从点 Z 到截线的线，它被截线和轴截出的部分是最小线. ⑤

那么我断言 ZA 是从点 Z 到截线 ABG 的线中最短的. 并且其他线离它 [ZA] 越

---

① 从正文来看，未证明这个. SX 在这个圆之外的推理类似于 OD. p. 195，n. ⑤.

② 见 [1].

③ 用类似于上面的证明 $\angle ZBC$ 是锐角的推理.

④ 参阅后面的证明，这不是阿波罗尼奥斯的特征. 这是在这个证明中插入的另一个标志. p. 195，n. ①.

⑤ 参阅 p. 193，n. ②.

近越短.

证明:

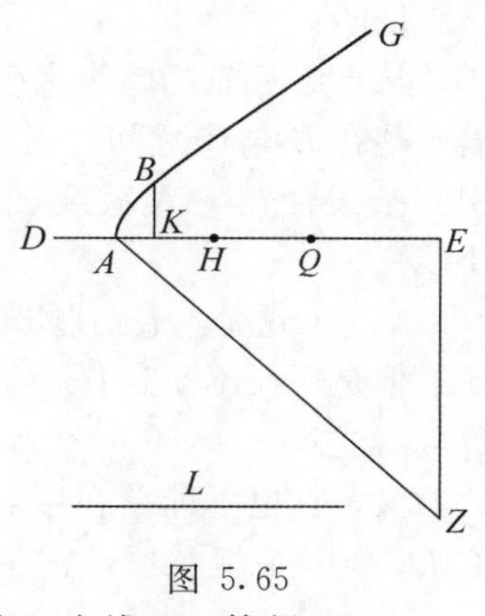

图 5.65

所有从截线 ABG 上的点到轴 AE 的最小线落在比连接那一点与 Z 的线的离 A 更远的一侧. 若从点 Z 引轴的垂线 ZE,则 AE 或者等于或者大于或者小于半个正焦弦.

若它等于或小于它,则从点 Z 到截线 ABG 的那些线的端点引到轴的最小线时,这些最小线比那些线离点 A 更远,这是本卷命题 50 证明的.

若 AE 大于半个正焦弦,则令 $(DQ:QE)$ 等于横截直径与正焦弦的比,并且在 QD 和 DA 之间取两个线段 HD、DK 成连比例①. 并且从点 K 作 AE 的垂线 KB,又作一个线 L,使得

$$L:KB=(DE\cdot QK):(DK\cdot QE).$$

则我断言 ZE 大于 L.

因为若它不大于它,那么,首先令它等于它. 在本卷命题 52 中证明了此时可以从点 Z 引一条线,使得它被轴与截线截出的部分是最小线,但是现在不是这样,于是 EZ 不等于 L.

类似地可以证明 ZE 不小于 L. 因为若它小于它,则可以从点 Z 引两条线,使得它们在轴和截线之间的部分是最小线.

于是 ZE 大于 L.

本卷命题 52 证明了,当 ZE 大于 L 时,及有从点 Z 引出的线,使得它在截线和轴之间的部分是最小线,并且从那些线的端点引的最小线比那些线本身离 A 更远.

于是这就证明了对于所有从点 Z 到截线的线,当从它们的端点引到轴的最小线时,这些最小线比其他线②离 A 更远.

并且用前述命题中,在抛物线的情形的类似方法,那个 (that)③ 可以证明 AZ 小于所有其他从点 Z 到截线 ABG 的线,并且其他线离它越近越小.

证完

命题 66

又令截线 ABG 是椭圆,AG 是长轴,D 是中心[图 5.66],并且 Z 在长轴的下面,$\angle ZAG$ 是锐角,从中心 D 作轴的垂线 DU,并设点 Z 是这样一个点,不可能从它引到象限 AU 的线,使得它在截线和轴之间的部分是最小线.

那么我断言 AZ 是从点 Z 到象限 AU 的线中最短的,并且其他线离它[AZ]越近越短.

---

① 参阅命题V.52 (p.174).

② "其他线"在这个正文中是奇怪的. 应当是"原来那些线"(通常表述为"这些线本身").

③ 这是译者的错误,应当把 that 换成 it.

证明：

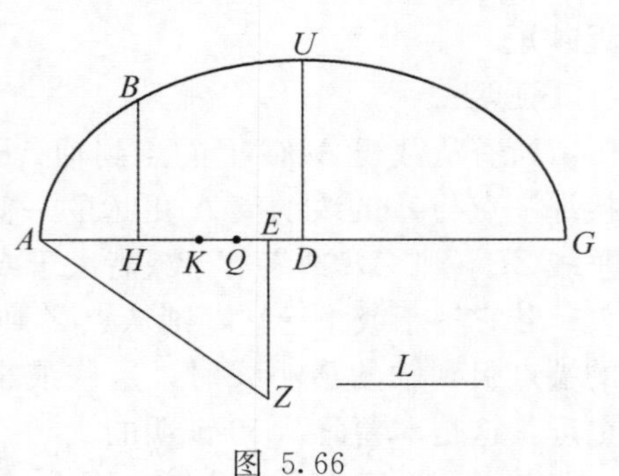

图 5.66

从点 Z 到轴的垂线落在 A 与 D 之间；因为若它落在 D 与 G 之间，则就可以从点 Z 到截线引一条线使得它在截线和轴之间的部分是最小线.

这是本卷命题 55 证明的.

但是现在不是这样，于是垂线不可能落在 D 与 G 之间.

又，它也不能落在中心；因为若它落在中心 D，则当它延长后，它在截线和轴之间的部分是最小线.

这是本卷命题 11 证明的.

因而它落在 A 与 D 之间.

此时，AE 或者等于，或者小于，或者大于半个正焦弦.

但是若它小于或等于它，则对于从点 Z 到截线 AU 的这些线中，没有最小线可以从它们截出［在轴和截线之间］，并且从它们的端点到轴的最小线落在比这些线本身离 A 更远的一侧，

这是本卷命题 50 证明的.

若 AE 大于半个正焦弦，令（$DQ:QE$）＝横截直径与正焦弦的比，并且在 AD、DQ 之间取两个线连成比例，即 HD、DK.

并且作线 HB 与轴成直角，

又作一个线 L，使得

$$L:HB=(DE\cdot QH):(DH\cdot QE).$$

此时 ZE 或者等于，或者大于，或者小于 L.

若 EZ 等于 L，则可从点 Z 到 AU 引一条线，使得它在轴与截线之间的部分是最小线.

这是本卷命题 52 证明的.

但是现在不是这样.

若 EZ 小于 L，即可以从 Z 到 AU 引两条线，使得它们在轴与截线之间的部分是最小线.

若 EZ 大于 L，即没有线从 Z 到 AU，使得它在轴与截线之间是最小线. 并且当一条线从 Z 引到 AU 时，从它的端点引的到轴的最小线比这条线本身离点 A 更远，

这是本卷命题 52 证明的.

这就证明了在各种情况下，从截线 AU 的每一点引到轴的最小线比连接这些点到 Z 的线离点 A 更远.

其次，如同抛物线的情形，可以证明 AZ 比所有其他从点 Z 到截线 AU 的线更短，并且其他线离它［AZ］越近越短.

并且这个证明对所有三种截线是相同的，此时已经证明了对于每个截线，从截线到轴的最小线落在比那些线本身离点 A 更远的一侧.

命题 67

又令截线 ABG 是抛物线或双曲线,① DE 是轴［图 5.67］，并设某个点 Z 在轴的下面，并且$\angle ZAE$ 是锐角，并设从点 Z 到截线只有一条线使得它在轴与截线之间的部分是最小线. ②

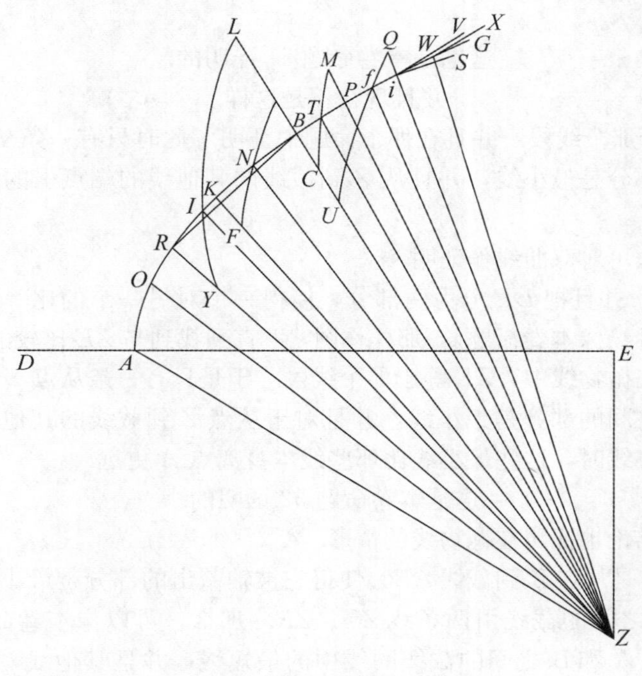

图 5.67

那么我断言 ZA 是从 Z 到截线 ABG 的线中最短的，并且其他线离它［ZA］越近越短.

证明：

从点 Z 到轴引垂线 ZE. 那么我断言对于从点 Z 到截线 ABG 的所有线，当从它们的端点引到轴的最小线时，这些最小线除了一条之外都比这些线本身离点 A 更远.

在抛物线和双曲线中的 EA 大于半个正焦弦. 因为若它不大于它，则不可能从点 Z 引一条线使得它在轴和截线之间是最小线，

这是本卷命题 49 和 50 证明的.

因而 AE 大于半个正焦弦.

---

① 此处未讨论椭圆，由于此时要求局限到一个象限. 阿波罗尼奥斯把它推后到Ⅴ.74 更一般的情形，那里讨论两个象限.

② 如何达到这个条件证明在命题Ⅴ.51（抛物线）和Ⅴ.52（双曲线）.

若截线是抛物线，在 AE 上邻近点 E 截出等于半个正焦弦的线段，并且像本卷命题 64 那样作图，① 直到找到与 EZ 比较的那个线段.

那么，EZ 等于那个线段，因为若它小于它，则可以从点 Z 引两条线，使得它们在轴与截线之间的部分是最小线.

这是本卷命题 51 证明的.

但是现在不是这样.

并且若 EZ 大于那个线段，则不可能从点 Z 引一条线使得它被截出的部分是最小线.

这也是本卷命题 51 证明的.

并且现在不是这样.

于是 ZE 等于那个线段. 并且在那个命题中证明了此时只有一条从 Z 到截线的线，使得它被截出的部分是最小线，并且从 Z 到截线的其他线的端点引的最小线比那些线本身离点 A 更远.

用同样的方法可对双曲线作证明.

令 D 是中心，并且把 DE 分为两部分，使得一个对另一个的比等于横截直径与正焦弦的比，并且继续像本卷命题 65 那样作图，② 直到找到与 ZE 比较的那个线段.

此时，如图在抛物线中，ZE 等于那个线段. 于是只有一条从点 Z 到截线的线，使得它在轴与截线之间的部分是最小线，并且对于从点 Z 到截线的其他线，当从它们的端点引到轴的最小线时，这些最小线比那些线本身离点 A 更远.

这是本卷命题 52 证明的.

并且类似的结论也证明在抛物线的情形. ③

那么，设 ZB 是从点 Z 到截线 ABG 使得它被轴截出的部分是最小线的那条线. 从点 Z 到点 A 和 B 之间的截线引两条线 ZO、ZR. 那么，可以像本卷命题 64 一样证明 AZ 是从点 Z 到点 A 和 B 之间的截线的线中的最短线，并且其他线，如 ZO、ZR，离它［AZ］越近越短.

那么我断言 ZR 比 ZB 更短.

因为若它不短于它，首先，设它等于它.

在 ZR 和 ZB 之间作到截线的线 ZK，

则 ZK 大于 ZR，这是前面证明的. ④

因而 ZK 大于 ZB.

---

① 即沿着 EA 作 EQ 等于半个正焦弦，而后作 $QH=2HA$，作法线 HB 交曲线于 B，并且找一个线段 L，使得 $L:HB=QH:QE$（参阅Ⅴ.51）. L 是“与 EZ 比较的那个线段”.

② 即令（$DQ:DE$）等于横截直径与正焦弦的比，在 DE 上找点 H 和 K，使得 $DQ:HD=HD:DK=DK:DE$，作法线 KB 交曲线于 B，并且作一个线段 L，使得 $L=(KB\cdot DE\cdot QK):(DK\cdot QE)$. 那么 L 就是“与 EZ 比较的那个线段”.

③ 错误！这是被译者搞混乱的. 阿波罗尼奥斯可能写的是“这个可以像对抛物线时证明”. Halley 写成“因此推出所有像在抛物线中同样的结论”，这个有良好的意义，但不在阿拉伯版本中.

④ 由于 ZK 离 ZA 比 ZR 更远（参阅上面及命题 64）.

于是在 ZK 上截出一个线段 ZF，大于 ZB，但小于 ZK，并且以 Z 为中心，以 ZF 为半径作一个圆. 那么这个圆与直线 KB，与截线的 KB 段相截. 设截它们的是圆 FN [N 在截线上]. 连接 ZN，则 ZK 比 ZN 更近于 AZ.

$\therefore ZK<ZN$.

但是 $ZN=ZF$.

$\therefore ZK<ZF$.

但是由作图它大于它，矛盾.

于是 ZR、ZB 不相等.

其次，设 ZR 大于 ZB，若这是可能的，在 ZR 上截一个线段 ZY，大于 ZB，但小于 ZR. 以点 Z 为中心，以 ZY 为半径作一个圆，那么这个圆与直线 ZR 和截线的 RB 段相截.

设截它们的是圆弧 YIL，连接 ZI.

则 $ZR<ZI$，由于它更近于 AZ.

但是 $ZI=ZY$.

$\therefore ZR<ZY$，矛盾.

于是 ZR 不大于 ZB.

并且已证它不等于它.

因而它小于它.

于是这就证明了所有从点 Z 到 AB 段的线小于 ZB.

再次，在线 ZB 另一侧，在截线的其余段 BG 内作线 Zi、ZW. 那么我断言 ZB 小于 Zi，Zi 小于 ZW.

证明：

作①截线的切线 iV、WX. 那么角 ZiV、ZWX 是钝角，由于从点 i、W 到轴的最小线比从它们的角的顶点到 Z 的线离点 A 更远，每一条比它对应的线离点 A 更远. ② 从点 i 引 Zi 的垂线 iS，那么它落在截线的内面. 于是像本卷命题 64③ 一样证明 iZ 小于 ZW.

类似地，从点 Z 引的从 A 看在 ZB 的另一侧的线离点 A 越近越小.

并且我断言 ZB 是它们中的最短的.

证明：

ZB 被轴截出一条最小线. 于是从 B 引的切线与 ZB 形成的角是直角.

首先，令 ZB 等于 Zi，若这是可能的，在它们之间引 ZP.

则 $ZP<Zi$，由于它离 AZ 更近.

$\therefore ZP<ZB$.

在 ZB 上作线段 ZC 小于 ZB，但大于 ZP，并以点 Z 为中心，以 ZC 为半径作一

---

① 所有手稿是ونخرج“并且作…”，应当是فنخرج“于是作…”.

② 因为切线垂直于最小线，可以推出从 EA 上靠近 A 的点到切点的线与切线形成钝角.

③ 从 p. 195 [1] 向前.

个圆.

则它在点 B 与 P 之间截 BP.

设这个圆是 MTC，截点是 T. 连接 ZT.

则 $ZT<ZP$，由于它更靠近 AZ.

但是 $ZT=ZM$.

$\therefore ZM<ZP$.

但是它也大于它，矛盾.

于是 Zi 不等于 ZB.

其次，若可能，令 Zi 小于 ZB. 在 ZB 上作 ZU 大于 Zi，但小于 ZB. 并且以点 Z 为中心，以 ZU 为半径作一个圆.

它与截线的 Bi 段相截.

设截点是 f，这个圆是 UfQ.① 连接 fZ.

那么 $fZ<Zi$，由于它［fZ］离 AZ 较近.

但是 $Zf=ZQ$.

$\therefore ZQ<Zi$.

但是它大于它，矛盾.

于是 Zi 不小于 ZB.

并且已证它不等于它.

因而它小于②它.

于是 BZ 是从点 Z 到截线的 BG 段的线中最短的.

这样就证明了要证的结论，AZ 是从点 Z 到 ABG 的所有线中的最短的，并且其他线离它［AZ］越近越短.

证完

命题 68③

若 AB 是抛物线，BG 是轴［图 5.68］. AD、DE 是截线的切线［E 比 A 更近于顶点 B］，则 ED 小于 DA.

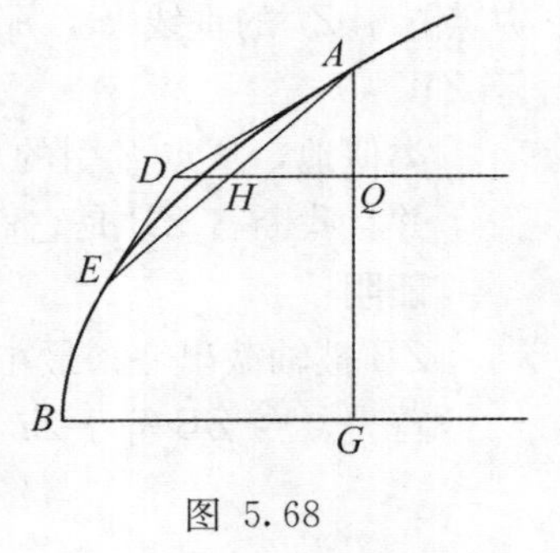

图 5.68

证明：

连接 AE 并从点 D 引线 DH 平行于 BG 交 AE 于 H.

则 $AH=EH$，

---

① 所有手稿有 ط（θ），但是好像原稿有 ظ（[illegible]）. 注意这个图中缺少点 H. 可能的解释是它是设想的作图的一部分（如在图 5.64 和图 5.65 中，参阅 p. 200，nn. ①—②）. 但是在那个情形也应当缺少 Q（θ）.

② 手稿 **O**、**T**、**H** 也是这样. Halley 改正为“大于”. 这个问题可能是译者的.

③ Halley 对Ⅴ. 68—71 增加了阐述：“若圆锥截线有两条切线，则它们的交点与切点之间接近截线顶点的截线小于交点与切点之间远于顶点的截线”（在椭圆的情形，顶点是长轴的顶点）.

这是卷Ⅱ命题30证明的.

从点 A 作轴的垂线 AG.

则 $\angle AQD$ 是直角，于是 $\angle AHD$ 是钝角.

并且 DH 对三角形 ADH、EDH 公用.

于是边 AH、HD 分别等于边 EH、HD.

并且 $\angle EHD < \angle AHD$.

$\therefore$ 底 $ED <$ 底 AD.

证完

命题 69

若 AB 是双曲线，DE 是轴，E 是中心［图5.69］，ZH、HA 是它的两条切线［Z 离顶点 B 较近］，则 ZH 小于 HA.

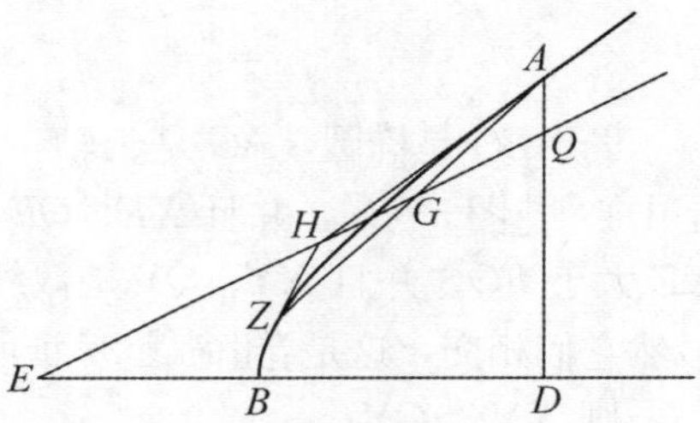

图 5.69

证明：

连接 EH 并延长交 AZ 于 G，并连接 AGZ.

则 $AG = GZ$，

这是卷Ⅱ命题30证明的. ①

作垂线 AQD，并延长 EG 交它于 Q.

则 $\angle ADE$ 是直角，并且 $\angle AQE > \angle ADE$.

$\therefore \angle AQE$ 是钝角.

$\therefore \angle HGA$ 是钝角.

$\therefore \angle HGZ < \angle HGA$.

并且 $AG = GZ$，GH 对三角形 AGH、ZGH 公用.

$\therefore$ 底 $ZH <$ 底 HA.

证完

命题 70

若 $ABGD$ 是椭圆，AG 是长轴，BD 是短轴［图5.70］，并且在截线的一个象限内引截线的切线 PH、QH，则离短轴较近的 PH 大于较远者 QH.

证明：

连接 QP 和 HZ，相交于 E.

则 $PE = EQ$，

---

① 连接中心 E 与两条切线交点的 EH 是双曲线的一条直径. 因此，由Ⅱ.30，它平分连接两个切点的线段.

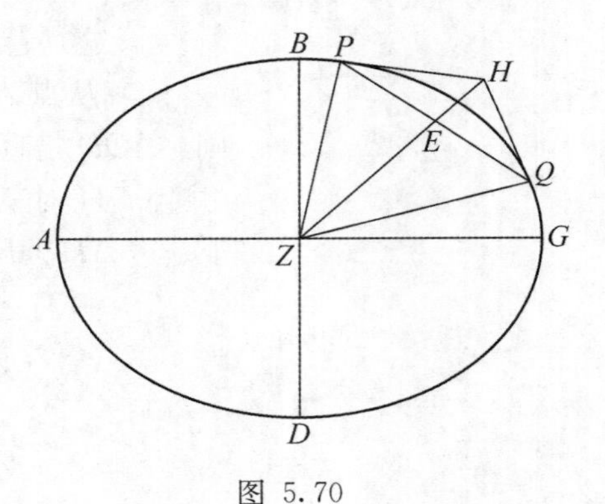

图 5.70

这是卷Ⅱ命题 30 证明的.

并且 ZP 比 ZQ 更接近半短轴 ZB，而 ZQ 更接近半长轴 ZG.

$\therefore ZQ > ZP$. ①

并且 EQ、EZ 分别等于 PE、EZ.

$\therefore \angle QEZ > \angle PEZ$.

$\therefore \angle PEH > \angle QEH$.

并且 PE、EH 分别等于 QE、EH.

$\therefore$ 底 $PH >$ 底 QH.

证完

命题 71

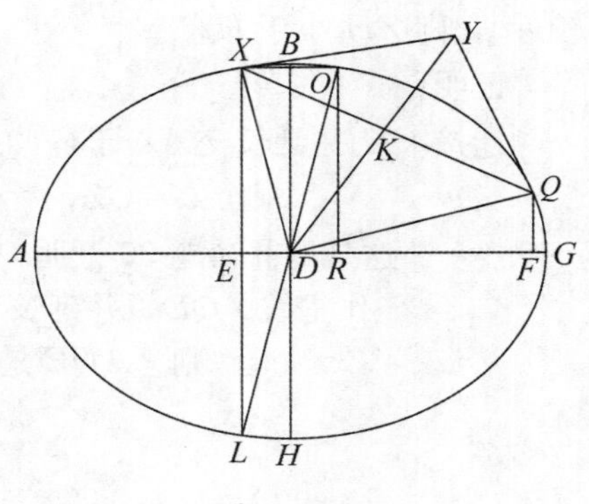

图 5.71

若 ABG 是椭圆，AG 是长轴，BH 是短轴［D 是中心］［图 5.71］，并且 XE、QF 是长轴的垂线，XE 大于 FQ，并且 XY、QY 是截线的切线，并且显然它们相交，这是卷Ⅱ命题 27 证明的. ②

则 $XY > QY$.

证明：

连接 QKX、DKY［交于 K］，并且延长 XE 再交截线于 L，并且连接 LD 并延长再交截线于 O.

则 $LD = DO$，

这是卷Ⅰ命题 30 证明的.

并且 $LE = EX$，DE 是 LX 的垂线.

$\therefore LD = DX$.

但是 LD 等于 DO.

$\therefore DX = DO$. [1]

连接 OX，则它平行于 EF. ③

并且当引 OR 垂直长轴时，

OR 也平行于 XE；于是它等于它.

但是 XE 大于 QF.

$\therefore OR > QF$.

---

① 由Ⅴ.11（正如 Halley 增加的阐述）.

② Ⅱ. 27 证明了除非切点的连线过中心，椭圆的切线必相交.

③ 因为 $DX = DO$，因而 $\angle DOX = \angle DXO$，故 $\triangle DOB \backsim \triangle DXB \backsim \triangle XDE$，因此 $\angle BXD = \angle EDX$.

因而 DQ 比 DO 更接近半长轴 GD.

$$\therefore DQ > DO,$$

这是本卷命题 11 证明的.

而已证 $DO = DX$. ①

$$\therefore DQ > DX.$$

但是 $QK = KX$，这是卷Ⅱ命题 30 证明的.

$$\therefore \angle DKQ > \angle DKX.$$

$$\therefore \angle YKX > \angle YKQ.$$

并且边 XK、KY 分别等于边 QK、KY.

∴底 XY >底 QY.

证完

命题 72

如果在抛物线或双曲线的轴的下面取一点，并且可以从它引两条线使得被轴截出的部分是最小线，那么这两条线中接近截线顶点的那条大于所有其他从那个点到截线段（从截线的顶点到第二个②线的那一段）的线，并且到那一段的其他线离它［第一条线］越近越大；而且第二条线小于所有从那一点到其余部分的线，并且到其余部分的其他线离它［第二条线］越近越小.

设 ABG 是截线，GE 是轴［图 5.72］，并且点 D 在轴下面，从它到截线的两条线 DA、DB 被轴截出的部分是两条最小线. ③

那么我断言 DB 大于所有从点 D 到截线段 GBA 的其他线；并且它［DB］两边的其他线离它越近越大；而 DA 小于所有从点 D 到 AP（P 是从 B 看 A 的另一边的任一点）的线；并且这些线中，离它［DA］越近越小.

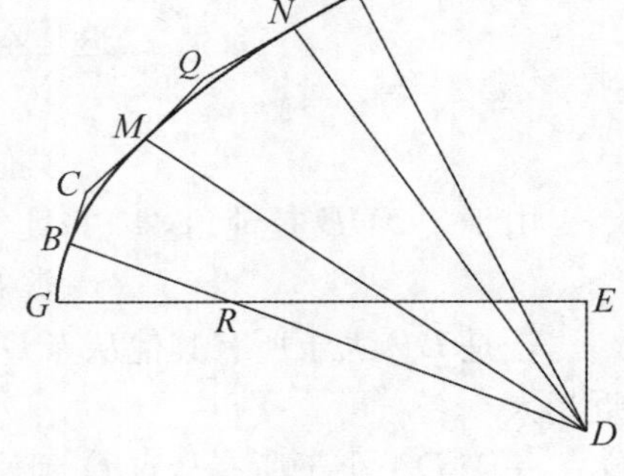

图 5.72

证明：

从点 D 引 GE 的垂线 DE，并且像本卷命题 64 和 65 那样作一个与 DE 比较的

① 见［1］.

② 这是一个奇怪的表述. J. P. Hogendijk 指出一个好的叙述是“第二个最小线” الاصغر 代替 الآخر，但是所有三个手稿与后者一致.

③ 如何作这两条线阐述在Ⅴ.51（抛物线）和Ⅴ.52（双曲线）.

线段. ①

那么 DE 大于②那个线段，因为若它小于它，就不可能从点 D 引一条线使得它在轴与截线之间的部分是最小线；并且若它等于它，则只能引一条这类线.

这是本卷命题 51 和 52 证明的.

于是，因为 DE 大于那个线段，所以只有两条从它引的线使得它们截出的部分是最小线；并且从 DA 与 DB 之间的线的端点引的最小线比这些线本身更接近点 A；但是从其他线的端点引的最小线离顶点更远.

这是本卷命题 51 和 52 证明的.

此时线 DB 大于所有其他从点 D 到截线段 GB 的线，这个可以像本卷命题 64 一样证明.

类似地可证明在 G 与 B 之间的线离 DB 越近越大.

但是 DB 是从 D 到截线段 AB 的线中最大的，并且这些线中越靠近它越大. 证明如下：

在 DB、DA 之间作线 DM、DN，并且在点 B、M 作截线的切线 BC、CMQ. 此时 BR 是最小线，BC 是截线的切线.

于是$\angle CBR$ 是直角，

这是本卷命题 27 和 28 证明的.

并且$\angle CMD$ 是钝角，

由于从点 M 到轴 GE 的最小线比 MD 更接近点 G，

这是本卷命题 51 和 52 证明的.

这样$\angle CBD$ 是直角，而$\angle CMD$ 是钝角.

$\therefore (CB^2+BD^2) > (CM^2+MD^2)$. ③

但是 $CB<CM$，

这是本卷命题 68 和 69 证明的.

$\therefore BD>DM$.

类似地可证明 $MD>DN$，

由于$\angle QMD$ 是钝角，④ 并且令 NQ 是切线，则$\angle QND$ 是钝角.

类似地可证明 $ND>DA$.

于是 DB 大于所有其他从点 D 到截线段 AG 的线，并且这些线中，离它 [DB] 越近越大.

关于 DA 小于所有从点 D 到截线段 AP 的线，可以像本卷命题 64 那样证明.

类似地，可以证明从 D 到 AP 的线离 AD 越近越小.

证完

---

① 参阅 p. 200，nn. ①—②.

② 这一段（pp. 205—206）中的“大于”是一个错误，应换成“小于”. 手稿 **H**、**O** 的注释者以及 Halley 在所有三个地方做了改正，这个错误可能来自译者或者希腊原稿.

③ 因为 $CB^2+BD^2=DE^2$，$CM^2+DM^2<DC^2$（Euclid Ⅱ. 12）.

④ 因此，由 Euclid Ⅱ. 13，$QD^2<QM^2+MD^2$.

命题 73

如果在椭圆的长轴下面取一个点，不在短轴的延长线上，并且从这一点到截线只有一条线在长轴与截线之间是最小线，那么那条线大于所有其他从这一点到截线的线，并且其他线离它越近越大，而且从这一点到这半个椭圆的线中最短的是连接这一点与邻近这一点的截线的顶点的线.

设 ABG 是椭圆，AG 是长轴，D 是中心［图 5.73］. 过点 D 作轴的垂线 BDE，并且在轴下面取一点 Z，使得只有一条从它到 ABG 的线被轴截出的部分是最小线. ①

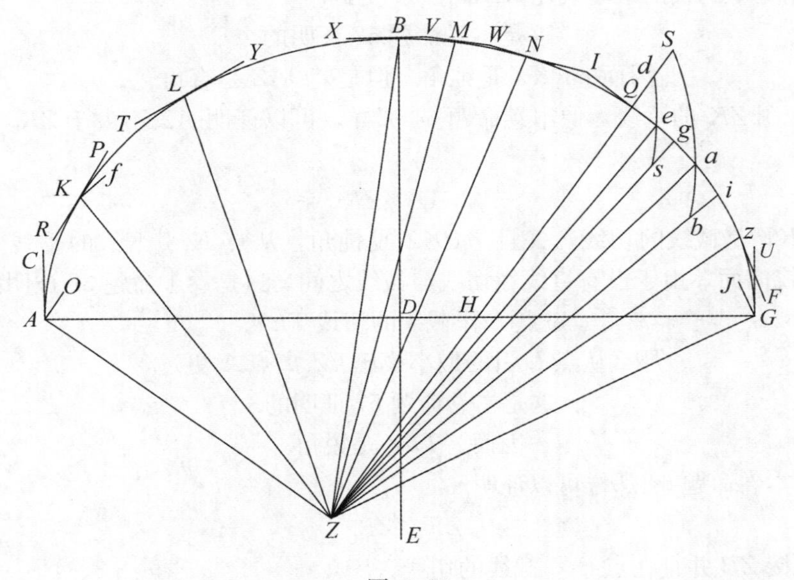

图 5.73

此时，没有其他从这一点到截线的线被轴截出的部分是最小线，而且从点 Z 只能引一条线使得被轴截出的部分是最小线，这条线截另一个半长轴，即不是点 Z 引的垂线所落的半长轴.

这是本卷命题 55 证明的.

因而从点 Z 到 ABG 截出最小线的线截 GD.

设这条线是 ZHQ，连接 ZA.

那么我断言 ZQ 是从点 Z 到 ABG 这些线中最大的，并且在它两边的线，离它越近越短［原文如此］. ②

---

① 即到象限 BG 可以引一条法线（由Ⅴ.55—57），但是没有到象限 AB 的法线（其条件详述在Ⅴ.52 中）.

② 由 **O**² （Halley 跟随），**H** 改正为“越大”.

并且它们中的最短线是 ZA.

证明：

截线 ABG 是椭圆，点 Z 在长轴的下面，并且只能从它引一条线到截线使得从它可以截出最小线. 此时，本卷命题 57① 证明了其他从截线上任一点引的到轴的最小线比连接这一点与 Z 的线离点 A 更远或者离点 G 更远. ②

从点 Z 到截线引一些线 ZK、ZL、ZM③ [K、L 在 AB 上，而 M 在 BQ 上]，并且在点作截线的切线 AC，则 $\angle ZAC$ 是钝角. 从点 A 作 AZ 的垂线 AO.

那么它落在截线的内面.

这是卷Ⅰ命题 32 证明的.

在点 K 作截线的切线 RKP.

那么从点 K 到轴的最小线比 KZ 离点 A 更远.

这是本卷命题 57 证明的.

因而 $\angle RKZ$ 是钝角. 但是 $\angle OAZ$ 是直角.

从点 K 引 ZK 的垂线，像本卷命题 64 那样，可以证明 AZ 不大于 ZK，并且不等于它.

$$\therefore AZ<ZK.$$

又，RKP 是截线的切线，并且 $\angle PKZ$ 是钝角，从点 K 引 KZ 的垂线 Kf. 那么 Kf 落在截线内面，由于没有直线在切线与截线之间，这是卷Ⅰ命题 32 证明的.

过点 L 作截线的切线 TLY.

那么从点 L 引的最小线比 LZ 离点 A 更远，

这是本卷命题 57 证明的.

因而 $\angle TLZ$ 是锐角.

于是像本卷命题 64 那样可以证明.

$$ZK<ZL.$$

又，连接 ZB 并且在点 B 作截线的切线 XBV.

那么 $\angle XBD$ 是直角.

$\therefore \angle XBZ$ 是锐角.

因而 $LZ<ZB$.

这是本卷命题 64 证明的.

并且我断言 ZB 小于 ZM.

过点 M 作截线的切线 VMW. 那么，因为 ABG 是椭圆，并且轴的垂线 BDE 过它的中心，并且 BV、VM 是切线，

---

① Halley 换为"Ⅴ.52"，但是班鲁·穆萨的"Ⅴ.57"更合适，阿波罗尼奥斯说，若在 A 与 Q 之间作 ZF，截轴于 g，并在 Q 与 G 之间作 ZF'，截轴于 g'，并且从点 F、F' 到轴引最小线 FJ、$F'J'$，则 $AJ>Ag$、$GJ'>Gg'$.

② 即到弧 AQ 或 QG.

③ 可能在此处应加上"(ZN)".

那么，$BV>VM$，

这是本卷命题 70 证明的.

但是 $(VB^2+BZ^2)<(ZM^2+MV^2)$，

由于$\angle VBZ$是钝角，$\angle VMZ$是钝角. ①

$\therefore ZB<ZM$.

类似地作切线 WNI 可证 ZM 小于 ZN，②

于是证明了这些线，离 Q 越近越大.

此时我断言 QZ 大于 ZN.

作截线的切线 QI.

则$\angle IQZ$是直角，

这是本卷命题 28 证明的.

并且$\angle INZ$是钝角，

并且 $NI>IQ$.

这是本卷命题 71③ 证明的.

$\therefore QZ>ZN$.

因而 QZ 是从点 Z 到 AQ 段的线中最大的，并且这些线中，离它［QZ］越近越大，并且 AZ 是它们中最短的.

作到 QG 段的线 Zi、Zz、ZG，

在点 G 作截线的切线 GU，

以及 GZ 的垂线 GJ.

则 GJ 落在截线的内面，

这是卷Ⅰ命题 32 证明的.

过点 z 作截线的切线 zF.

那么从点 z 到轴的最小线比 zZ 离点 G 更远，于是$\angle FzZ$是锐角.

因此，这就证明了 $ZG<Zz$，并且像本卷命题 64 那样可证明从点 Z 到 ZG、ZQ 之间的截线的那些线离 ZG 越近越短.

于是 $Zz<Zi$.

则我断言 $Zi<ZQ$.

证明：

若它不小于它，则它等于它或者大于它.

于是若可能，令 Zi 大于 ZQ.

令 ZS 大于 ZQ 并且小于 Zi.

若以 Z 为中心，以 ZS 为半径作一个圆，则它与截线段 Qi 相截，截点是 a，圆是 Sab.

---

① 参阅 p. 206，nn. ③—④.

② ZN 引在 ZM 与 ZQ 之间. 参阅 p. 208，n. ③.

③ Halley 把“71”（所有手稿都是这样）正确地改为“70”. Ⅴ. 71 只适用于两条切线是从短轴的两侧引的.

连接 Za，则 Za 比 Zi 离 ZG 更远.

$\therefore Za > Zi$.

但是 $Za = Zb$，因而 $Zb > Zi$.

但是它小于它，矛盾.

于是 Zi 不大于 ZQ

于是，若可能，令它等于它.

在两条线 Zi、ZQ 之间作一条 Zg.

那么 $Zg > Zi$，因而 $Zg > ZQ$.

令 Zd 大于 ZQ 并且小于 Zg.

若以点 Z 为中心，以 Zd 为半径作一个圆 des，

则它与截线段 Qi ［错误］① 相截，设截点是 e. 连接 Ze.

则 $Ze > Zg$，由于它离 ZG 更远.

但是 $Ze = Zd$，因而 $Zd > Zg$.

但是 Zd 小于 Zg，矛盾.

因而 $Zi < ZQ$.

于是 ZQ 是从点 Z 到截线 ABG 的线中最大的，并且这些线离它［ZQ］越近越大.

ZA 是从点 Z 到截线 ABG 的线中最短的，并且它们中最大的是 ZQ，并且这些线离它［ZQ］越近越大.

证完

命题 74

如果在椭圆的长轴的下面取一点，并且从这个点到它上面的截线段可引正好两条线，使得被轴截出的部分是最小线，② 那么从这个点到截线这一侧的线中最大的是这两条线中与短轴相交的那一条，并且其他线离它越近越大，而且这些线中最短的是从这个点到较近顶点的线.

设 ABG 是椭圆，AG 是长轴［图 5.74］，并设 Z 在长轴下面，中心是 D.

过 D 作轴的垂线 BDE.

设从点 Z 正好可以引两条线 ZH、ZQ 使得它们所在 ABG 和轴

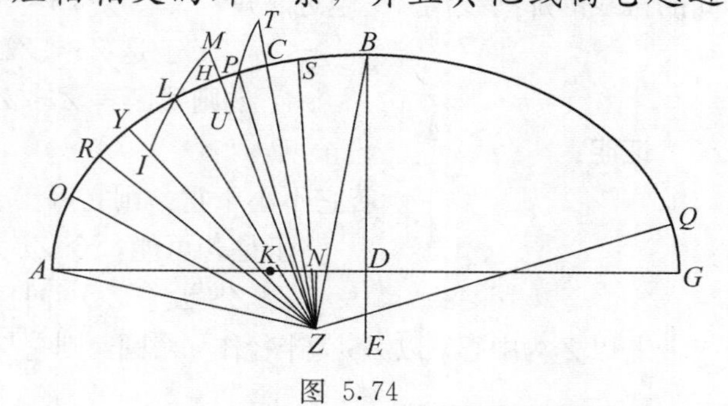

图 5.74

① 正确的应当是"Qg". 这个改正是在手稿 **H** 中由 ibn al-Haytham 作的，而所有三个手稿都是"Qi"，这个可能是译者或样本的错误.

② 这个对应关于抛物线和双曲线的命题Ⅴ.67. 参阅 p. 199，n. ①.

之间的部分是最小线①. 并且没有其他从 Z 引的线被轴截出的部分是最小线.

那么我断言与短轴相截的 ZQ 是从 Z 到 ABG 的所有线中最大的，并且这些线离它越近越大，而 ZA 是这线中最短的.

证明：

从点 Z 作轴的垂线 ZN. 显然 ZN 不可能落在中心. 因为若它落在中心，那么除了垂线 ZN（延长交截线）之外不可能从点 Z 引一条线使得它被轴截出的部分是最小线.

另外，除了 ZN 之外，可以引两条线使得它们中的每一条被轴截出的部分是最小线.

这是本卷命题 53 和 54 证明的. ②

但是这里不是这种情况［由题设］.

于是令垂线 ZN 落在点 A 与 D 之间.

则 AN 大于半个正焦弦，

因为若它不大于它，则不可能从点 Z 引一条在点 A 与 B 之间的线，使得它被轴截出的部分是最小线，

这是本卷命题 50 证明的.

于是 AN 大于半个正焦弦.

令比（$DK:KN$）等于横截直径与正焦弦的比，并且在 AD、DK 之间取两个比例中项，并且像本卷命题 64 那样作垂线以及其他事项，直到产生一个与 ZN③ 比较的那个最小线［原文如此］④ 段.

那么 ZN 等于那个线段. 因为若它大于它，则不可能从点 Z 到 AB 引一条线使得它被轴截出的部分是最小线；并且若它［ZN］小于它［那个线段］，则可以引两条到象限 AB 的线，使得它们轴截出的部分是最小线.

这是本卷命题 52 证明的.

并且可以从点 Z 引第三条线到象限 BG.

这是本卷命题 55 证明的.

于是 ZN 等于那个线段.

在本卷命题 52 中证明了此时仅有一条从点 Z 到象限 AB 的线，使得它被轴截出的部分是最小线，并且从其他到 AB 的线的端点引的最小线比这些线本身离点 A 更远.

从点 Z 到截线引线 ZA、ZO、ZR. 像命题 72 和 73 一样可以证明 $ZA<ZO$、$ZO<ZR$.

则我断言 ZR 小于 ZH.

---

① 即可以引一条法线到象限 BG（由Ⅴ.55—57）并且正好一条法线到象限 AB（其条件详述在Ⅴ.52 中）.

② 若点 Z 在短轴上（或者它的延长线上），则（由Ⅴ.53）若（$ZB:ZD$）$\geqslant$横截直径与正焦弦的比，则只有一条最小线从 Z 引出（即沿着短轴），而（由Ⅴ.54）若（$ZB:ZD$）$<$横截直径与正焦弦的比，三条最小线可以从 Z 引出（每个象限各一条加上一条沿短轴的）.

③ 手稿 **H**，Halley 略去了这个错误的附加.

④ 参阅 p. 200，n. ②.

因为若它不小于它，则它就①大于或等于它.

首先，令 ZR 等于 ZH.

在它们之间引线 ZY.

则 $ZY>ZR$，并且 $ZR=ZH$. 因而 $ZY>ZH$.

在线 ZY 上取 ZI 小于 ZY 但大于 ZH，并且以 Z 为中心，以 ZI 为半径作一个圆. 则它与截线段 YH 相截，设截点是 L. 连接 ZL.

则 $ZL>ZY$，由于它离 ZA 更远.

并且 $ZL=ZI$.

$\therefore ZI>ZY$.

但是它也小于它，矛盾.

类似地可以证明 ZH 不小于 ZR. 因而它大于它.

于是 ZH 是从点 Z 到截线段 AH 引的线中最大的，并且其他线离它越近越大，并且它们中的最短者是 ZA.

类似地 ZB 是点 H 与 B 之间的线中最大的，并且这些线中离它越近越大.

正如上述证明，命题对截线段 AH 成立.

其次，我断言 ZH 是引到截线段 HB 的线中最小的.

证明：

作线 ZS. 若 ZS 不大于 ZH，则它等于它或小于它.

首先，令 ZS 等于 ZH.

在 ZH 与 ZS 之间引线 ZC.

则 $ZC<ZS$,② 因而 $ZC<ZH$.

令 ZU 大于 ZC 但小于 ZH，并且以点 Z 为中心，以 ZU 为半径作一个圆 UPT. 则它与截线段 CH 相截. 令截点是 P. 连接 ZP. 则 $ZP<ZC$，由于它离 ZB 更远；并且 $ZP=ZT$.

$\therefore ZT<ZC$. 但是它也大于它，矛盾.

于是 ZS 不等于 ZH.

类似地可证它不大于它. 因而，ZB 大于所有其他从点 Z 到象限 BA 的线，并且这些线中离它越近越大.

此时 ABG 是椭圆，AG 是长轴，BAE 是短轴，点 Z 在 $\angle ADE$ 内，从它到截线段 BG 已引线 ZQ. ③

于是像前述命题一样可证 ZQ 是从点 Z 到 BG 的线中最小的，并且其他线离它越近越大.

这就证明了 ZB 是引到 AB 段的线中最大的，并且这些线离它越近越大.

于是 ZQ 是从点 Z 到截线 ABG 的线中最大的，并且其他线离它越近越大，并且

---

① 所有手稿是错的，显然要求“它是”(it is)，这个错误是译者的.

② 由于 ZC 比 ZS 更接近于 ZH.

③ Halley 增加了“它的截段是最小线”，这是可以理解到的.

ZA 是它们中最小的.

证完

命题 75

如果在椭圆的长轴下面取一点，并且可以①从它到截线引三条线，使得它们被轴截出的部分是最小线，这些线中的两条与这一点在短轴的同一侧，另一条在对侧.

那么，从这一点到中间一条线与较远顶点之间的截线段的线中，最大的是这三条线中引到这点对面的那条线，并且这些线离它越近越大；但是从这一点到中间一条线与较近顶点之间的截线段的线中，最大的是这三条线中邻近这一顶点的线，并且这些线离它越近越大，而且前面已经提及这些线以及其他线②中最大的是这三个线中引到这一点对面的那条线.

设 ABG 是椭圆，AG 是长轴，C 是中心［图 5.75］. 设 BC 是过中心的垂线，并且点 E 在轴的下面. 设 EH、EZ、ED 是三条从点 E 引的线，它们在轴与截线之间的部分是最小线，EZ、ED 与 Z 在短轴的同一侧，③ 而 EH 在另一侧. ④

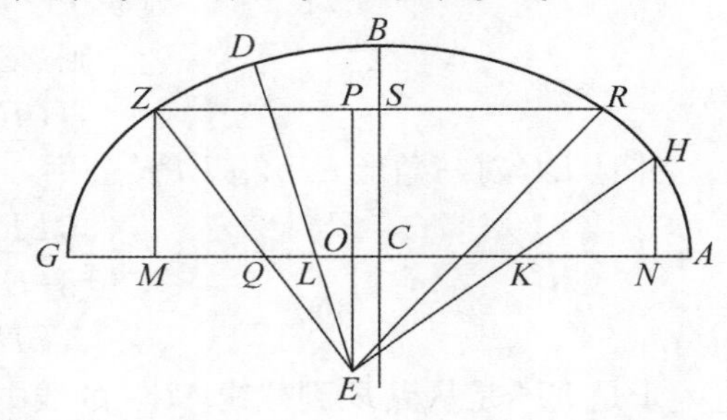

图 5.75

那么我断言 EH 是从点 E 到截线 ABG 的线中最大的，并且在 D 与 A 之间的线离它［EH］越近越大，而 ZE 是 G 与 D 之间这些线中最大的，并且这些线离它［ZE］越近越大.

证明：

线 DL、ZQ 是最小线，像本卷命题 72 关于抛物线的情形一样可以证明 EZ 是从点 E 到截线段 GB 的线中最大的，⑤ 并且这些线离它［EZ］越近越大.

又，线 DL 是最小线，并且线 HK 也是最小线. 像前一个命题的证明一样，可以证明线 EH 是从点 E 到截线段 AD 的线中最大的.

我也断言 EH 大于 EZ.

若从点 Z、H、E 作垂线 ZM、HN、EO，则（$MC:MQ$）=横截直径与正焦弦的比.

---

① 字义上，“它们是有可能的事情”.

② 手稿 **O** 略去了“这些线和其他线中最大的”. Halley 认识到这里的缺陷，补充了“这两个最大线中较大者”，它可以达到同样效果.

③ 手稿的错误. Halley 注释，应当是“E”.

④ 即可以引一条法线到象限 BA（由Ⅴ.55－57），并且两条法线到象限 GB（其条件详述在Ⅴ.52中）.

⑤ 手稿 $\mathbf{O}^2$、**H** 改正为“GD”，这当然是阿波罗尼奥斯写的.

这是本卷命题 15 证明的.

类似地，$(CN : NK)$ ＝横截直径与正焦弦的比.

这是命题 15 证明的.

$\therefore CM : MQ = CN : NK.$

但是 $OM : MQ < CM : MQ.$

$\therefore OM : MQ < CN : NK.$

因而 $(OM : MQ)$ 比 $(ON : NK)$ 更小.

由分比例，$OQ : QM < OK : KN.$

此时 $(OQ : QM)$ 等于 $(EO : ZM)$.

而 $(OK : KN)$ 等于 $(EO : HN)$.

$\therefore EO : ZM < EO : HN.$

$\therefore ZM > HN.$

因而从点 Z 引的平行于 AG 的线离点 A 比点 H 更远，令这条线是 ZR [它与 CB 相截于 S].

延长 EO 交 ZR 于 P.

则 $ZS = SR.$

$\therefore PR > ZP.$

并且 EP 对三角形 EPZ、EPR 公用，并且垂直 ZR.

$\therefore ER > EZ.$

但是 $EH > ER.$

$\therefore EH > EZ.$

于是 EH 是从点 E 到截线 ABG 的线中最大的，并且关于线靠近或远离它的情况正如所阐述的.

证完

命题 76

如果从某个点到椭圆的长轴引垂线到它的中心，并且没有其他线从这个点到这一点对面的象限使得它被轴截出的部分是最小线.

那么从这个点到截线的线中最大的是这条垂线延长到截线的线，并且其他从这一点引的线离它 [这个垂线] 越近越大.

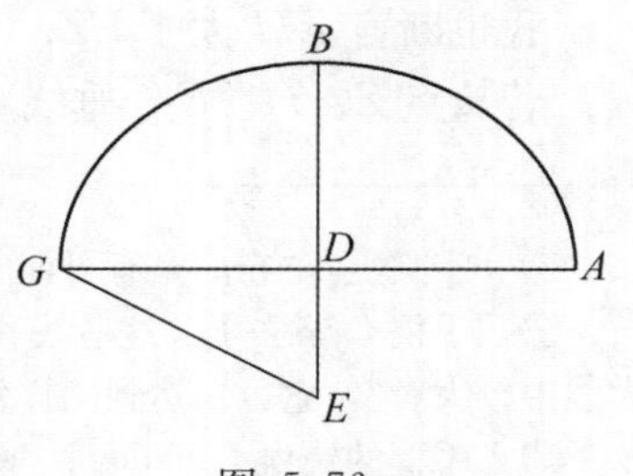

图 5.76

设 ABG 是椭圆，AG 是长轴 [图 5.76]，并且取一点 E，从它引垂线 ED 到中心，并延长交截线于 B. 并且除了 BD 之外，不可能从点 E 到象限 BG 引一条线，使得它在轴与截线之间的部分是最小线. ①

① 其条件（见Ⅴ.53）是 $(EB : BD) \geqslant$ 横截直径与正焦弦的比.

那么我断言 EB 是从点 E 到象限 BG 的线中最大的.

证明:

没有一条线从点 E 到 B 与 G 之间的截线使得它被截出的部分是最小线. 并且从 E 到 GB 那些线的端点引的最小线比那些线本身离点 G 更远.

这是本卷命题 53 证明的.

像本卷命题 72① 一样，用切线可证，

EB 是从点 E 到象限 AB 的线中最大的.

类似地可证它是从 E 到另一个象限的线中最大的. ②

于是它是从 E 到截线的线中最大的，并且这些线离它［EB］越近越大.

证完

命题 77

如果从某个点向椭圆的长轴作的垂线落在中心，并且可以从这一点到截线的一个象限引一条线，使得它被轴截出的部分是最小线，那么这条线是这一点到这个象限的线中最大的，并且这些线离它越近越大. ③

设 ABG 是椭圆，AG 是长轴［图 5.77］，D 是中心，并且点 E 在轴的下面，从它引 AG 的垂线 ED；又设从 E 到 GB 只能引一条线使得它被轴截出的部分是最小线，设这条线是 EHZ. ④

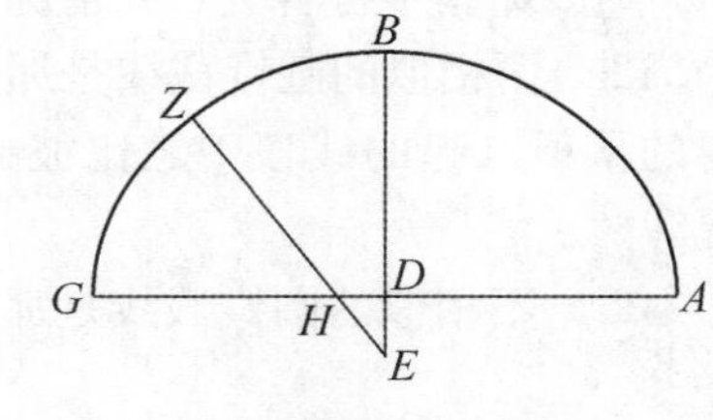

图 5.77

那么我断言 EZ 是从点 E 到象限 BG 引的线中最大的，并且这些线离它越近越大.

证明:

线 BD、ZH 是两条最小线，延长它们交于 E. 于是从点 G 与 Z 之间的截线上任一点引的最小线比这一点与 E 的连线离点 G 更远.

这是本卷命题 46 证明的.

并且从点 B 与 Z 之间的截线上任一点引的最小线比这一点与点 E 的连线离点 G 更近.

这是本卷命题 46 证明的.

此时，像本卷命题 72⑤ 一样可以证明 EZ 是从点 E 到 BG 的线中最大的，并且这些线离它越近越大.

证完

---

① 更适合的是Ⅴ.73（它专门讨论椭圆）. 但是切线方法用在Ⅴ.72.

② 手稿 **H** 省略了这个（? 被漏写），而 Halley 在文字上省略了它. 若放在此处，应当认为 p.256 的阐述有缺陷，并且应补充，例如，“那么我断言线 EB 是（从点 E 到象限 AB 引的线中最大的，并且类似地，从点 E 到象限 BG 引的线中最大的）”.

③ 这个命题不比Ⅴ.23 的逆更多，而阿波罗尼奥斯显然想彻底地讨论这个题目.

④ 其条件（见Ⅴ.54）是（EB∶BD）＜横截直径与正焦弦的比.

⑤ 参阅 n.①.

第Ⅵ卷

阿波罗尼奥斯给阿塔罗斯（Attalus）的信：

祝您平安，我将《圆锥曲线论》第Ⅵ卷寄给您. 我的目的是论述彼此相等和彼此不相等的圆锥截线，彼此相似和彼此不相似的圆锥截线，① 以及圆锥截线段的上述内容，② 在这方面我们所阐述的内容比我们前辈们要多，在本卷中也涉及在一给定的直圆锥中如何求得一个截线，使它等于给定的截线，以及如何求得一个包含一给定圆锥截线且与另一给定的直圆锥相似的直圆锥. ③ 我们对此［主题］论述得要比我们前辈们的陈述更充实而且更清楚. 再会.

定 义

1a. 圆锥截线称为**相等**的是指那些能够相互吻合的，从而一个不会超过另一个.

1b. 那些不符合“1a”情况的圆锥截线，称为**不相等**的.

2a. 两**相似**的圆锥截线是那种当在其上的点画出的落在轴上的纵标与它们从轴上截得的从顶点起的线段④之比彼此相等，并且纵标在轴上切得的各线段之比相等的情况⑤!

2b. **不相似**的圆锥截线是那些不会发生［在 2a］中情况的截线.

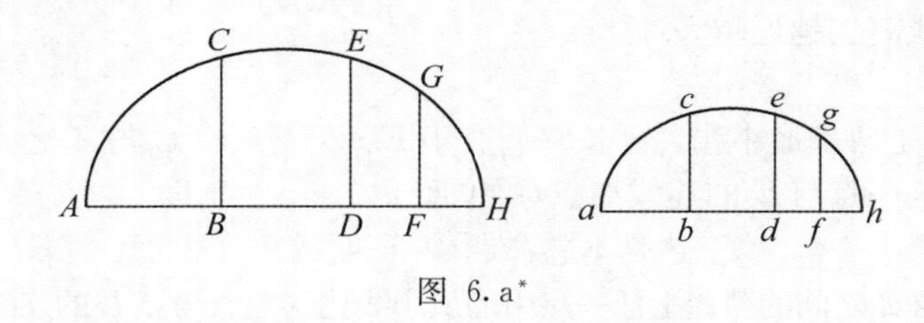

图 6. a*

3. 圆的一段或圆锥截线的段所对的直线段称为该段的**底**.

4. 等分所有平行于截线段底的弦的直线，称为截线段的**直径**.

5. 截线段与它的直径的交点称为截线段的**顶点**.

---

① 见Ⅵ. 14（p. 233）和Ⅵ. 15（p. 234）.

② 见Ⅵ. 23（p. 253）.

③ 见Ⅵ. 31（p. 256）、Ⅵ. 32（p. 267）和Ⅵ. 33（p. 271）.

④ 此线段称为“横标”.

⑤ 即两截线［图 6. a*］$ACEGH$ 与 $acegh$ 相似，若

（1）$CB:AB=cb:ab$，$ED:AD=ed:ad$，$GF:AF=gf:af$，等等.

（2）$AB:ab=AD:ad=AF:af$，等等.

6a. 两截线段称之为**在它们底上**①**相等**指的是它们能彼此吻合，即一个不会超过另一个.

6b. 称作**不相等**的那些截线段是与［在6a］中所说的不同的那些截线段.

7. 称作**相似**的截线段是指它们的底和它们的直径之间所夹的角相等，并且从截线段上所作的同个数平行于底的线段（纵标）与它们在直径上截得的线段（横标）之比都相等，并且在直径上截得的线段之比［在各种情况下］都相等②.

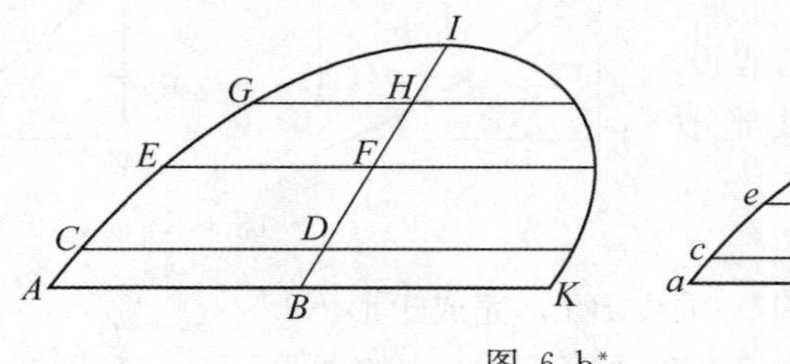

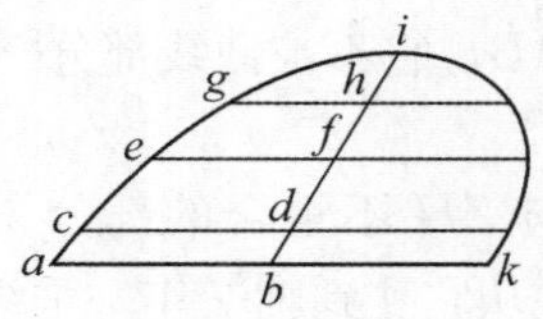

图 6.b*

8. 所谓一圆锥截线**放在一圆锥内**，或者说一个圆锥**包含**一个圆锥截线，当整个截线处于圆锥顶点与其底之间的圆锥面上；或处于底之外延长的圆锥面上；或者截线的一部分处于这一部分锥面上，而另一部分处于另一部分锥面上.

9. 若两直圆锥的轴与其底的直径之比相等，则说这两直圆锥**相似**.

10. 所谓轴上或直径上构成的截线的图形，指的是轴或直径与正焦弦包含的那个［图形］. ③

命 题

命题 1

作为垂直于轴的［纵标］④ 参量的正焦弦相等的抛物线相等，并且若抛物线相等，则它们的正焦弦相等.

---

① 由Halley译得很差的句子“如果底相等，则各截线段可称作相等…”，人们可猜想这希腊文（意思）是ἰσοικάτωθεν.

② 即（见图6.b*）直径为 IB、ib 的两截线段 AIK、aik 相似，如果

(1) $\angle IBA=\angle iba$，

(2) $AB:BI=ab:bi$，$CD:DI=cd:di$，等等，

(3) $BD:bd=BF:bf$，等等.

这个定义的希腊版由 *Eutocius* 保存，对阿基米德评论284，25—286，4.

③ 这一图形为矩形，其中一边是轴或直径，邻边是正焦弦.

④ 也就是说，这里仅考虑共轭正交的情形（以及双曲线、椭圆的相应的命题 VI.2）. Heath (Prop. 110 p198) 错误地推广到斜交共轭的情况（它要求直径与纵标之间的夹角相等这一补充条件）. 很明显，阿波罗尼奥斯对此一般情况是分别对待的（见 VI.3a），但部分已遗失（见 p.221，n.⑧）.

设有两抛物线［图 6.1］，其轴为 AD、ZQ，正焦弦 AE、ZM 相等.

则我断言两抛物线相等.

证明：

当我们把轴 AD 贴合于 ZQ 上时，则此截线将与那截线重合，从而相互吻合.

因为如果两者不吻合，则假设有一部分截线 AB，它不与截线部分 ZH 吻合.

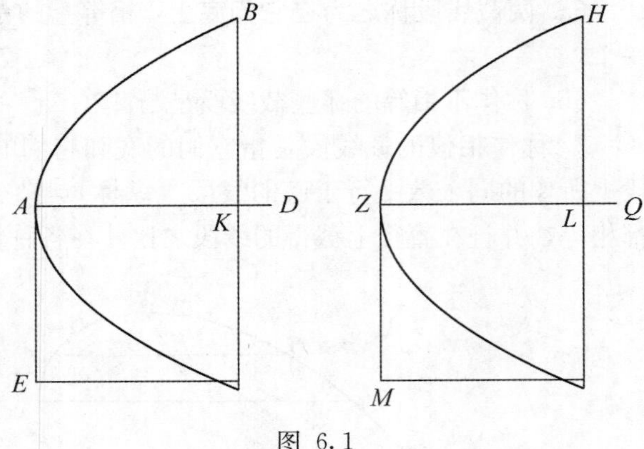

图 6.1

我们在它与 ZH 不重合的部分上标出点 B，并从它［到轴］作一垂线 BK，完成矩形 KE.

我们作 ZL 等于 AK，并从点 L 作垂直于轴 ZQ 的直线 LH［交截线于 H］，完成矩形 LM.

然而 KA、AE 分别等于 LZ、ZM.

$$\therefore \square KE=\square LM$$

而 BK 上正方形等于矩形 EK，

这是卷Ⅰ命题 11 所证明的. ①

同样也有 LH 上正方形等于矩形 LM.

$$\therefore KB=LH.$$

因此，当［一个截线］的轴贴合在［另一个截线］的轴上，线段 AK 将与线段 ZL 重合，和线段 KB 将与线段 LH 重合，点 B 将与点 H 重合. 但是由假设［点 B］不会落在截线 ZH 上：这是不可能的.

所以截线 AB 不可能不等于截线 ZH.

其次，我们使得截线 AB 等于截线 ZH，作线段 AK 等于线段 ZL，② 并从点 K、L 作垂直于轴的直线，完成矩形 EK 和 ML.

则截线 AB 将与截线 ZH 重合，因此轴 AK 将与轴 ZL 重合.

因为如果两轴不重合，抛物线 ZH 有两个轴，这是不可能的. ③

因此设 AK 与 ZL 重合.

则点 K 与点 L 重合，因为 $AK=ZL$.

并且点 B 将与点 H 重合.

$$\therefore BK=LH.$$

$$\therefore \square EK=\square LM.$$

$$而\ AK=ZL.$$

① Ⅰ.11 证明了抛物线的基本性质.

② 设点 K、L 分别为两截线轴上一点.

③ 此证明见Ⅱ.46.

$$\therefore AE=ZM.$$

证完

命题 2

如果双曲线或椭圆的横截轴①上构成的图形相等且相似，② 则截线相等；而如果截线［无论是两双曲线或两椭圆］相等，则它们的横截轴上构成的图形相等且相似，并且它们的状况③相似.

设有两个双曲线［图 6.2A］或两个椭圆［图 6.2B］AB 及 GH，其轴为 AK 及 GQ.

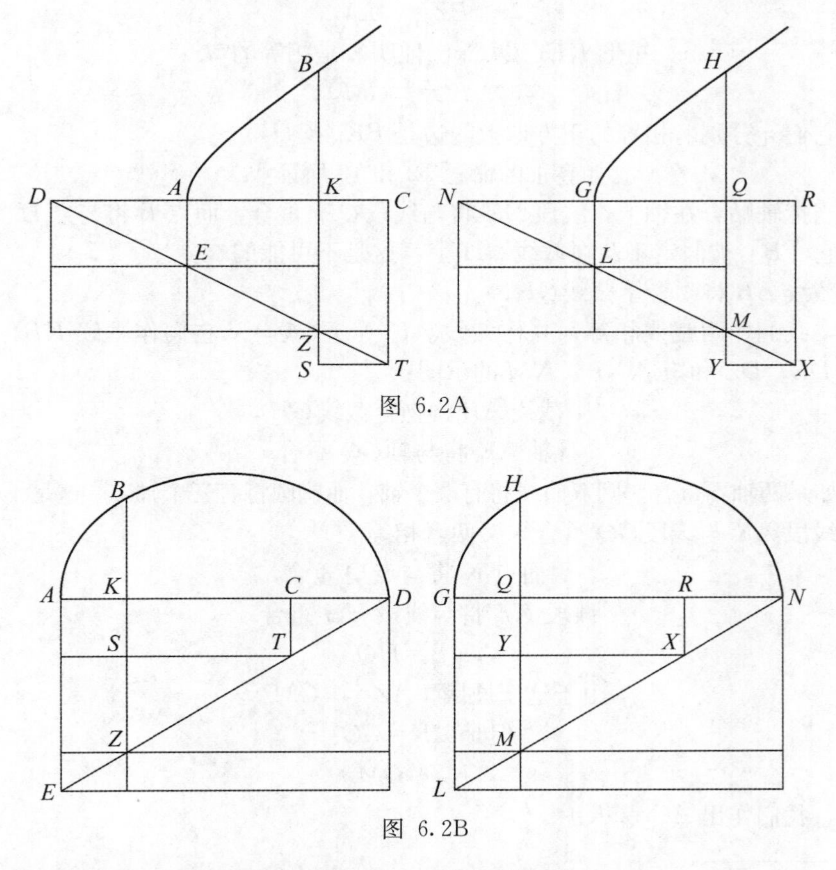

图 6.2A

图 6.2B

设在它们的横轴上构成的图形 DE 和 NL④ 相等且相似.

---

① 即，只考虑正交共轭的情形，见 p. 217，n. ④.

② 图形相等且相似，即图形全等，用符号“≌”表示.

③ “状况”：即较长边与较长边相对应，较短边与较短边相对应.

④ 矩形的两边 AE、DA 分别是截线 AB 的正焦弦和横截直径，矩形 NL 的两边 GL、GN 分别是截线 GH 的正焦弦和横截直径. 见Ⅰ. 13 和Ⅰ. 14.

则我断言两截线 AB 和 GH 相等.

我们把轴 AK 贴合在轴 GQ 上：则截线 AB 将与截线 GH 重合.

因为如果情况不是这样，设截线 AB 的一部分不与截线 GH 重合. 我们在该部分上取一点 B，并从该点作轴的垂线 BK，并完成［相应的］矩形 DZ① 的示图. 我们以 GQ 截出一线段 GQ 等于线段 AK，并从点 Q 作 GQ 的垂线 QH，并完成［相应的］矩形 NM 的示图.

则 AE、AK 将分别等于 LG、GQ. ②

$$\therefore \square EK=\square LQ. \quad [1]$$

次外，矩形 LM、EZ 相似且有相似位置，因为它们分别相似于 NL 和 DE.

并且 $AK=GQ$.

$$\therefore \square EZ=\square LM.$$

矩形 KE、QL［已证明］是相等的③.

$$\therefore \square AZ=\square GM④.$$

而与它们［分别］相等的正方形上的边是 BK、QH， [2]

如卷Ⅰ的命题 12 和 13 所证⑤.

因此当把轴贴合在轴上，线段 BK 将与线段 QH 重合，而点 B 将与点 H 重合.

但是它［B］被假定不落在截线 GH 上：这是不可能的.

因此整个截线 AB 将吻合于截线 GH.

另外，我们作两截线相等，并作截线 AK 等于 GQ，从它们作垂线 KB、QH，并完成矩形 DE、DZ 和矩形 NL、NM 的示图：

则截线 AB 将吻合截线 GH，

且轴 AK 将与轴 GQ 重合.

因为如果两轴不重合，则双曲线将有两个轴，而椭圆将有三个轴，⑥ 这是不可能的.

因此线段 AK 与线段 GQ 重合，又两者相等.

因而点 K 将与点 Q 重合，

线段 KB 将与线段 HQ 重合.

$$\therefore KB=HQ.$$

由于这个原因 $\square AZ=\square GM$. ⑦

但是 $AK=GQ$.

$$\therefore KZ=QM. \quad [3]$$

此外，我们作出 $AC=GR$：

---

① 也就是说，矩形 DZ 是与纵标相对应的图形.

② $AE=LG$，因为它们是轴上相等且相似图形的对应边.

③ 见［1］.

④ $\square AZ=\square EK\pm\square EZ$，和 $\square GM=\square LQ\pm\square LM$.

⑤ Ⅰ. 12 和Ⅰ. 13 分别证明了双曲线和椭圆的基本性质.

⑥ 这在Ⅱ. 48 已证明了.

⑦ 见［2］.

则正像前面所证，将可证明，

$$CT=RX.$$ ①

$$\therefore SZ=MY.$$ ②

和 $ST=YX$. ③

所以矩形 ZT、MX 相等且相似.

$$\therefore \square DE \cong \square NL.$$ [4]

也有 $\square DZ \cong \square NM$. ④

但是 $KZ=QM$. ⑤

$$\therefore DK=NQ.$$

但是已［假定］AK 等于 GQ.

$$\therefore DA=NG.$$ ⑥

和 $\square DE \cong \square NL$.

$$\therefore AE=GL.$$

$\therefore \square DE=$ ⑦ $\square NL$.

这些是在轴上构成的图形.

证完

命题 3

a. 如果有一些抛物线，其直径上的纵标与直径的夹角相等［对每一抛物线］，并且它们的正焦弦相等，则这些截线相等；

又如果有［一些］双曲线或椭圆，其直径上的纵标与直径所夹的角相等，并且在那些直径上构成的图形相等且相似，则这些截线相等.

如同对轴的证明一样被证明.

< ………………………………………………………………………… >⑧

---

① 我们已证 $KZ=QM$（见［3］）.

② $SZ=\begin{cases}CT-KZ\text{（双曲线）}\\KZ-CT\text{（椭圆）}\end{cases}$，$MY=\begin{cases}RX-QM\text{（双曲线）}\\QM-RX\text{（椭圆）}\end{cases}$.

③ $ST=KC=AC-AK$，$YX=QR=GR-GQ$.

④ 两者类似，依据 EuclidⅥ.24.

⑤ 见［3］.

⑥ 因为 $DA=DK\pm AK$，$NG=NQ\pm GQ$.

⑦ 手稿 **O** 省略上面的［4］，在此处有“相似于…”. Halley 纠正为“相似且相等”（碰巧是手稿 **T** 的解释）.

⑧ 此处明显有缺失，包括（至少）此命题的结尾部分和下一命题的开始，更多的缺失可能是阿拉伯翻译的样本造成的，最后一句可能是作阿拉伯译本插入的，Halley 把Ⅵ.3 的这一部分附入到Ⅵ.2中，但它一定是论及在斜交共轭下与截线的相等有关的一系列命题的开始.

b. < …………………………………………………… >①

关于椭圆，很明显它不可能等于任何其他类型截线，因为它是有边界的，而其他类截线是没有边界的.

我断言没有抛物线等于双曲线.

证明：

假设有一抛物线 ABG 和一双曲线 $HIKN$ ［图 6.3］.

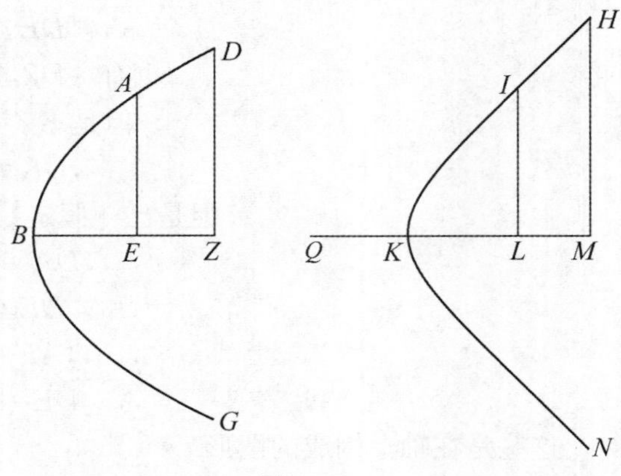

图 6.3

若有可能，设它［ABG］等于它［$HIKN$］，并设它们的轴为 BZ、KM. 又设双曲线的横截直径为 KQ. 设 BE、BZ 分别等于 KL、KM，从轴上作其垂线 AE、DZ、IL、HM.

现在两截线拟合，因为它们相等，［因此］点 E、Z、A、D 与点 L、M、I、H［分别］重合.

而 $ZB:EB=DZ^2:AE^2$，

如卷Ⅰ命题 20 所证.

$\therefore MK:KL=MH^2:LI^2$.

但这是不可能的，因为 $MH^2:IL^2=(QM\cdot MK):(QL\cdot LK)$.

这是卷Ⅰ命题 21 证明的.

于是抛物线不等于双曲线.

证完

命题 4

如果有一椭圆，一直线过其中心，其端点在椭圆上，则它把截线的边界②分成相等的两部分，并且表面也被它平分.

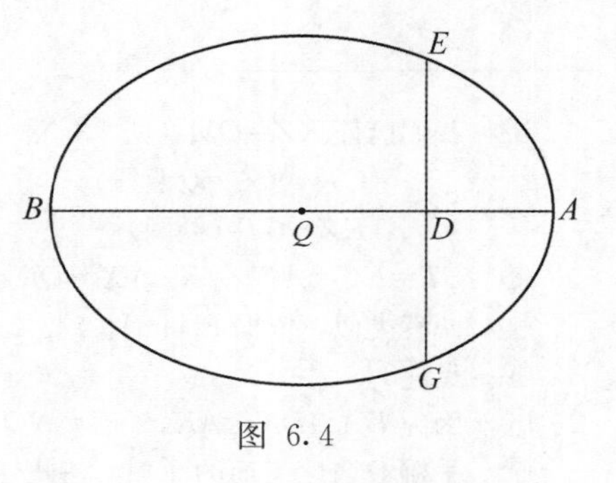

图 6.4

设有一中心为 Q 的椭圆 AGB，直线 AB 过其中心.

首先［图 6.4］设 AB 是截线的一个轴.

则我断言曲线 AGB 与曲线 AEB 吻合，而面

① 阐述部分已缺失，它一定是希腊文本中相当大缺失的一部分（见 p. 221，n. ⑧）. 可把它改写为如下的句子，“没有一个圆锥截线可与一不同类的圆锥截线相等”.

② “边界”，即“线”.

ABG 与面 AEB 重合.

证明：

因为，如果可能，设曲线 AGB 不是全部与曲线 AEB 吻合，我们在不与它吻合的［AGB］部分上取一点 G，从点 G 作 AB 的垂线与 AB 和截线分别相交于 D 和 E.

则线段 GD 与线段 DE 重合，因为在点 D 的两角都是直角，

且线段 GD 等于线段 DE.

因此点 G 与点 E 重合.

但是已假定它与它不重合：这是不可能的.

因此曲线 AGB 与曲线 AEB 重合，以致吻合.

而面 AGB 将与面 AEB 重合.

于是曲线 AGB 等于曲线 AEB，而面 AGB 等于面 AEB.

证完

命 题 5

其次，［见图 6.5］设直径 AB 不是轴，设轴为 GD、KL，作垂直［于轴］的垂线 AE、BH：

则曲线 GAD 与曲线 GZD 吻合.

如在前一命题中所证，点 Z 与点 A 重合，面 AGE 与面 GZE 重合.

此外，［曲线］KGL 与曲线 KDL 重合.

而 EQ 与 QH 重合，线段 EZ 与线段 BH 重合，因为线段 EQ 等于线段 QH，线段 EZ 等于线段 BH，

而面 GEZ 与面 DHB 重合.

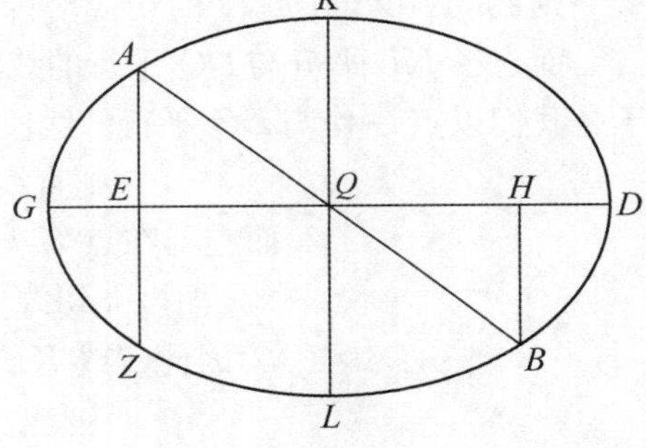

图 6.5

因此面 AGE 与面 BDH 重合.

所以它［AGE］等于它［BDH］.

从而曲线 AG 等于曲线 DB.

又［△］AEQ 等于［△］QBH. ①

于是［面］AGQ 等于［面］QBD，②

所以余项［曲线］AK 等于余项［曲线］BL. ③

［因此］曲线 AKD 等于曲线 GLB.

① 因 $AE=EZ=BH$，$EQ=QH$，$AQ=QB$.

② $AGE=BDH$，因此 $AGE+AEQ=BDH+QBH$.

③ 此处有缺损，有人补充（见 Halley）："象限 KGQ 等于象限 QLD. 因此余项 AKQ 面等于余项 BLQ 面. 从而曲线 AK 等于曲线 BL". 但有可能在原本中有一缺项，它被阿拉伯译者或评论家拙劣地作了补充，而阿波罗尼奥斯的证明会是完全不同的.

于是整个面 $AKDB$ 等于整个面 $AGLB$，曲线 $AKDB$ ［等于］曲线 $AGLB$.

证完

命 题 6

如果有一圆锥截线，其中一部分与另一圆锥截线的另一部分重合，即与它吻合，则［第一个］截线等于［第二个］截线.

设［图 6.6］截线 AB 的 AB 段，当贴合于截线 GDE 的 GD 段时，与它吻合.

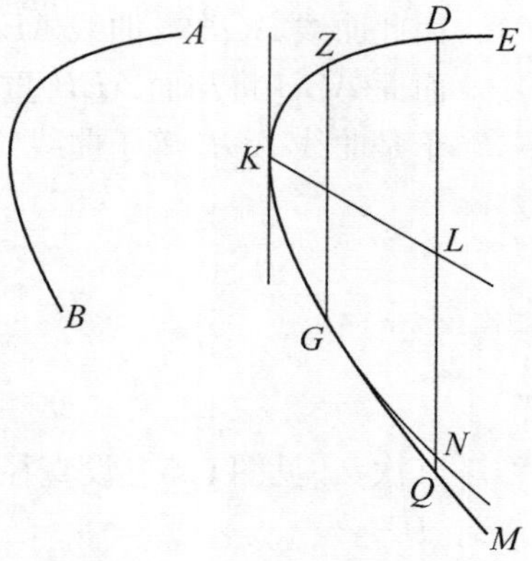

我断言截线 AB 等于截线 GDE.

证明：

因为如果不是这样，则假设 AB 部分等于 GD 部分，设截线［AB］的余项与另一截线不重合. 设它们是截线 DGM、DGN.

在截线 GM 上取一点 Q，连接 DQ，并在截线 GDE 上作一平分 DQ 的直径，即 KL.

图 6.6

则截线 GDE 在点 K 的切线平行于直线 DQ. ①

而直径 KL 平分与 DQ 平行的线段(弦).

于是我们以点 G 作与 DQ 平行的线段 GZ.

则直线 KL 平分它［GZ］.

而它与在点 K 与截线 DGM 相切的切线平行.

而该［切线］也是截线 DGN 的切线.

因此直线 KL 是截线 DGN 的一个直径.

这是卷Ⅱ命题 7 已证明的.

因此它［KL］在点 L 平分 DN.

但是 DQ ［假设为］在点 L 被平分：这是不可能的.

因此整个截线 AB 与截线 GDE 重合，从而吻合于它：所以它等于它.

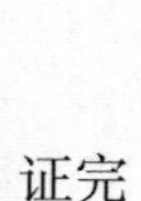

证完

命 题 7

从抛物线或双曲线作垂直于其轴的二直线并延伸到另一边，在轴两边的截线上截出两个截线段，当一个贴合在另一个之上时，两者吻合，即一个不超出也不短于另一个，但不与截线的其他部分吻合.

---

① Ⅰ. 32.

设有一抛物线［图 6.7A］或双曲线［图 6.7B］GBA，轴为 GH．我们在截线上取两点 B、A，并从它们作轴的垂线到截线的另一端：这些是 BZD、AHE，它们从截线上截出两段 BGD 和 AGE．

则我断言曲线 BG 吻合于 GD，曲线 BA 吻合于 DE，且面 AGH 吻合于面 HGE，以及截线上一段 ABG 吻合其上一段 GDE．

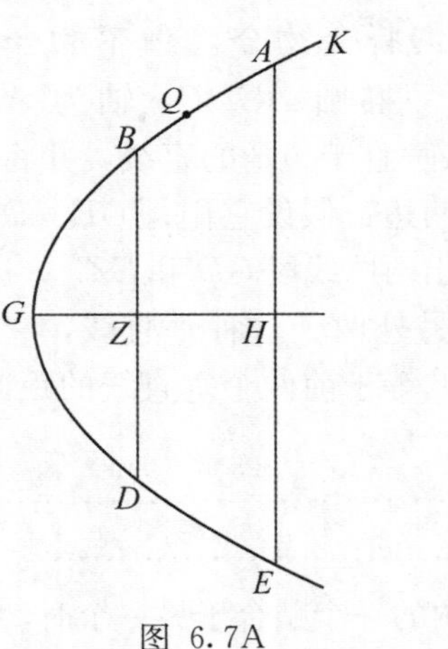

图 6.7A

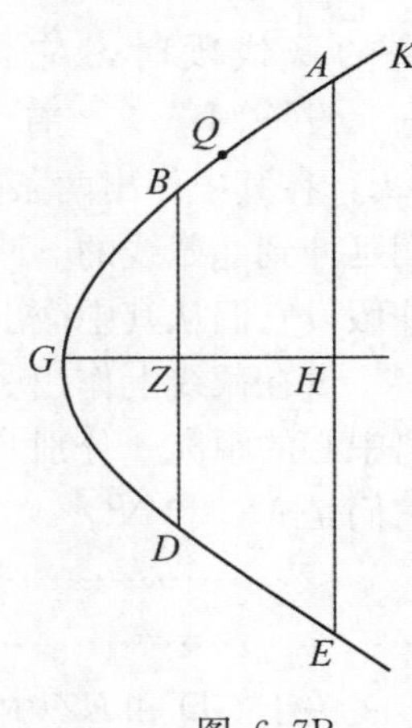

图 6.7B

证明：

它的证明类似于前述的证明，

从截线 ABG 段到轴 GH 上所作垂线在正方形上等于的图形，也是从 GDE 段到轴 GH 上所作垂线在正方形上等于的图形，且相连的两垂线是正方相等的．

$\therefore BZ=ZD$，并且 $AH=EH$．

在点 Z、H 处的角是直角．

因此 GB 段当贴合在 GD 段上时，将吻合于它．

而 AB 段将与 DE 段重合．

且面将与［相应的］面重合．

现假设 QK 段是未被这两垂直线切分的另一段．

那么我断言 DE 段，如果贴合于它［QK］，将不会吻合于它．

如果不是这样，若可能，设它们吻合．

则当 DE 贴合在 KQ 上，并吻合它时，曲线 GD 将与靠近 QK 段的一段重合．

正如前述命题的证明．

GDE 段的点 G 将落在与其在 KQG 段上的位置不同的地方，因为 KQG 段不等于 GDE 段；

而轴 GH 将落在与它［现有］位置不同的地方．

因此抛物线或双曲线得到两个轴：这是不对的．从而 DE 段不与 DK 段①重合．

证完

命题 8

在每一椭圆中，作垂直于轴的一些直线并延伸到它的另一边，在轴两边的截线上截出一些截线段，当一个贴合于另一个时，它们吻合．

并且当它们贴合到中心另一边的距离等于上面所作垂线距离的垂线所截

① DK 段应为 QK 段．

得的截线段时，它们将会吻合，但不吻合于截线上［任一］其他截线段.

设［图 6.8］有一椭圆 $AGDB$，轴为 AB、KL，在其中作出两条垂直于 AB 的直线，并将它们延伸到［截线的］两边：假设它们是 GE、DZ. 并假设它们从其中截出两曲线段 GD 和 EZ.

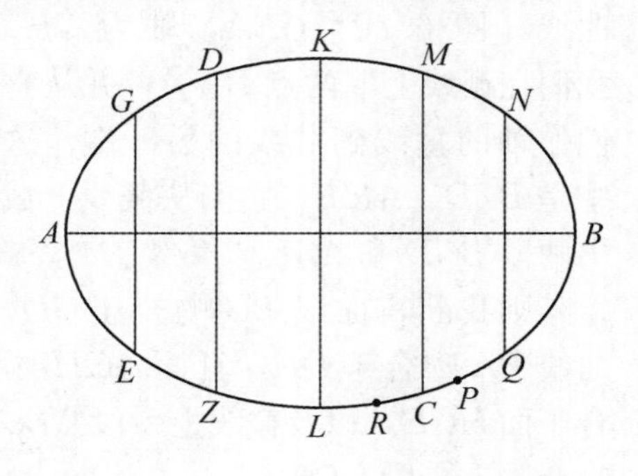

图 6.8

设在截线上作出另外两个这种垂直线，它们离中心的距离［分别］等于前两个垂直线的距离：它们是 MC 和 NQ.

< ……………………………………………………

…………………………………………………… >①

关于 GD 和 EZ 中的一个贴合于另一个时，它们将吻合的论断，将会和在前面命题中的证明一样得到证明.

同样也将会证明 MN 吻合于 CQ.

而由于面 KAL，当与面 KBL 贴合时，将吻合于它，

见本卷命题 4 的证明，

线段 GE 将与线段 NQ 重合，

因为距中心的每一个距离是相同的.

且 DZ 将与 MC 重合，［因此］曲线段 GD 将与曲线段 MN 重合.

因此它［曲线段 GD］将吻合曲线段 CQ，因为它们［MN、CQ］之一与另一个吻合.

同样也有曲线段 EZ［将吻合曲线段 CQ 和 MN］.

从而可假设截线上除这 4 个曲线段之外有一个曲线段 RP.

则可证这些曲线段中没有一个可吻合于它.

如果可能，设曲线段 MN 吻合于它.

则必然可得出，正如在前命题中所见②，椭圆会有两个以上的轴，这是不合理的.

因此，曲线段 MN 不会与曲线段 RP 吻合.

证完

命题 9

［在］相等的截线上，距顶点相等的那些部分将彼此吻合，而与顶点距离不相等的那些部分将不会相互吻合.

设有两个相等的截线［图 6.9］，其轴为 GD、KL.

设 AB 段与点 G 的距离等于 EH 段与点 K 的距离.

---

① 阐述缺失. 有人补充，如“我断言当 GD 贴合于 EZ 时，它们将吻合；且 GD 将吻合于 MN 和 CQ，但这 4 曲线段不会吻合于其他任一曲线段”.

② 见Ⅵ.2.

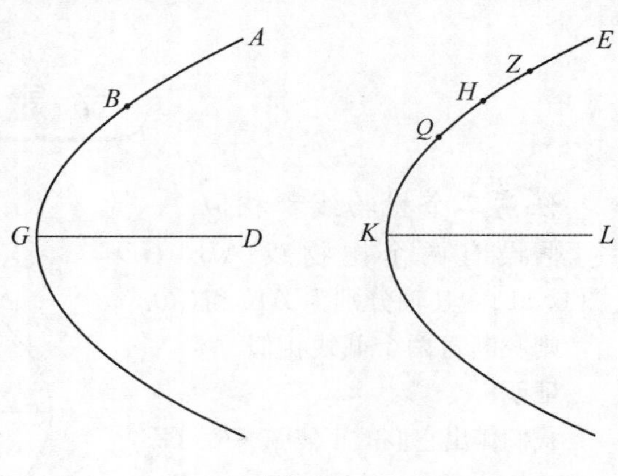

图 6.9

我断言 AB 段将吻合于 EH 段.

证明:

当截线 GA 贴合在截线 KE 上时，点 B 将与点 H 重合，因为每一个与两个截线的顶点距离相等. 点 A 将与点 E 重合，[从而] 截线 AB 与截线 EH 重合.

则可证 [AB] 不会与任何其他段重合从而吻合于它.

如有可能，设它与 ZQ 段重合，

现我们已证明它 [AB 段] 吻合于 EH 段.

因此 ZQ 段将吻合于 EH 段.

但是 ZQ 段和 EH 段并不是两垂线截得的，它们与中心的距离不相等①.

因此它是不合理的.

这由前两个命题可证明.

证完

命题 10

[在] 不相等的截线中，其中一个截线上没有一部分会吻合另一截线上的一部分.

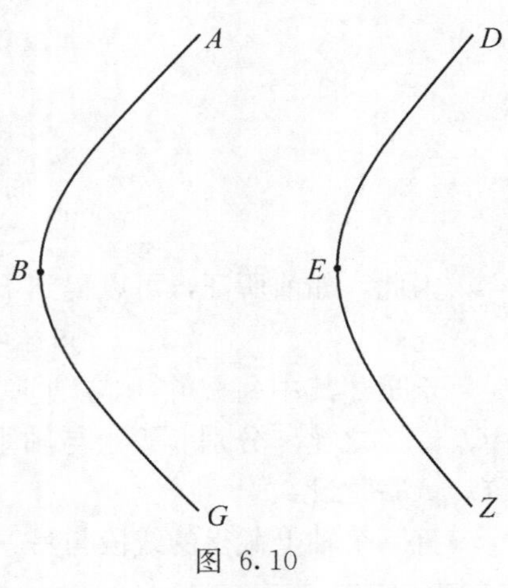

图 6.10

设 [图 6.10] 有两个不相等的截线 ABG 和 DEZ.

我断言其中一个上没有一个部分会吻合于另外一个上的一部分.

证明:

如有可能，设 AB 段吻合于 DE 段.

则整个截线 ABG 将吻合截线 DEZ.

如本卷命题 6 中所证.

因此截线 ABG 等于截线 DEZ：这是不合理的.

从而截线 ABG 上没有一个部分吻合 DEZ 上的一部分.

证完

---

① 这可能是阿拉伯译文之误，希腊文可能为:“由两组垂线相截的各段与中心的距离相等”.

命 题 11

任意二个抛物线都相似.

假设有两个抛物线 AB、GD [图 6.11]，其轴分别为 AK 和 GO.

则我断言两个截线相似.

证明：

我们作出它们的正焦弦 AR、GP，

并作出 $AK:AR=GO:GP$.

我们在 AK 上任取两点 Z、Q，并在 GO 上取同数量的点 M、C，使其各段有同一比① [如 AK 及其各线段].

我们以轴 AK、GO 作出其垂线 ZE、QH、KB、ML、CN、OD [并把它们延长与截线相交于 I、S、T、Y、F 和 X].

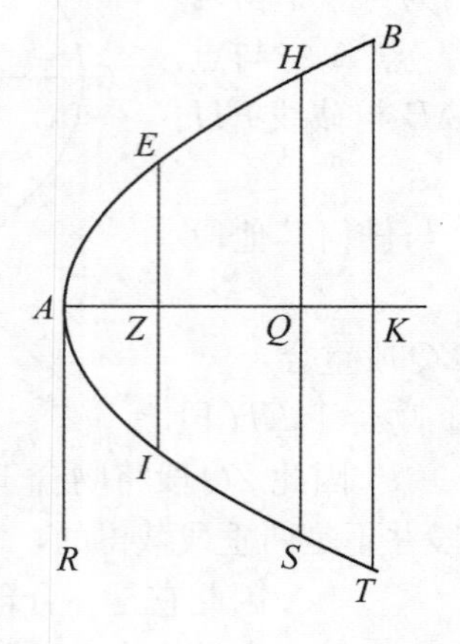

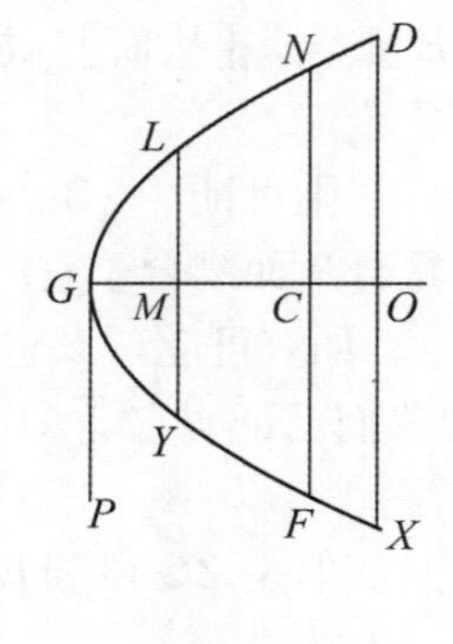

图 6.11

由于 $RA:AK=GP:GO$.

而 KB 是 AR、AK 的比倒中项，OD 是 GP、PO 的比例中项.

以上在卷Ⅰ命题 11 中所证②.

$\therefore KB:KA=DO:OG$.

并且 $BT=2BK$，

而 $DX=2DO$.

$\therefore BT:AK=DX:GO$③.

并且 $RA:AK=GP:GO$.

而 $AK:AQ=OG:GC$.

$\therefore AR:AQ=GP:GC$.

因此，如前所证，可以得到 $HS:AQ=NF:GC$.

同样可得 $EI:ZA=LY:MG$.

于是 [其中每一个] 与轴垂直的线段 BT、HS、EI 与其和轴截得的线段 AK、AQ、AZ 之比 [分别] 等于与轴垂直的线段 DX、NF、LY 与其和轴截得的线段 OG、CG、MG 之比.

且一个轴上截得的线段与另一轴上截得的线段之比相等.

---

① $AZ:GM=ZQ:MC=QK:CO$.

② $RA:KB=KB:AK$，因为 $KB^2=RA\cdot AK$（抛物线基本定理）.

③ 手搞 **O** 在此增加了："但是 $AK:AQ=OG:GC$. $\therefore BT:AK=DX:GO$".
这第一部分来自下面，在手稿 **O** 的样本中被省略，加在页边，现在又恢复在错误的地方. 第二部分不是根据前提的推理，在前面已有证明. Halley 恢复了正确的顺序，它由另外两本手稿确认.

因此截线 AB 与截线 GD 相似①.

证完

命题 12

轴上构成的图形相似的双曲线或椭圆也是相似的.

又如果两截线相似，则在它们轴上构成的图形相似.

假设有二双曲线［图 6.12A］或二椭圆［图 6.12B］. 在它们轴上构成的图形相似：它们是 AB、GD，其轴为 AK、GO，横截直径为 AR、PG.

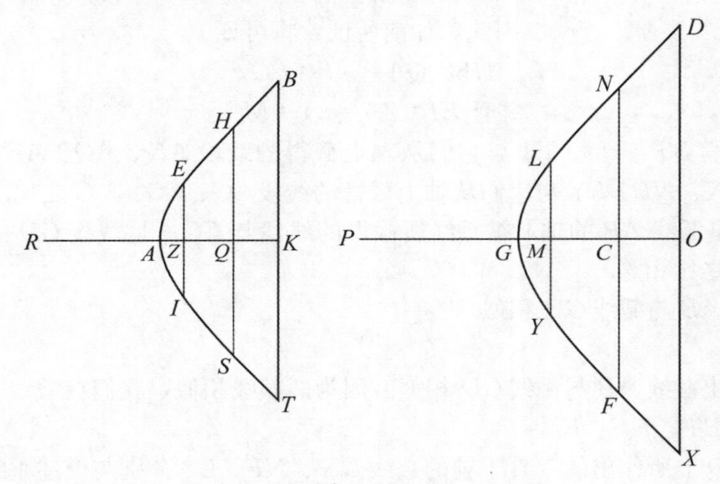

图 6.12A

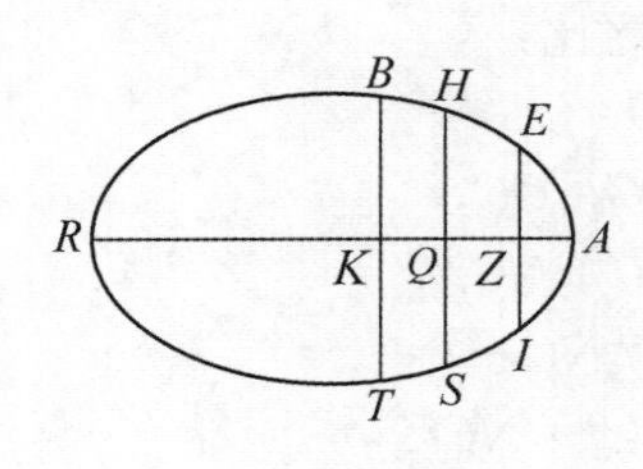

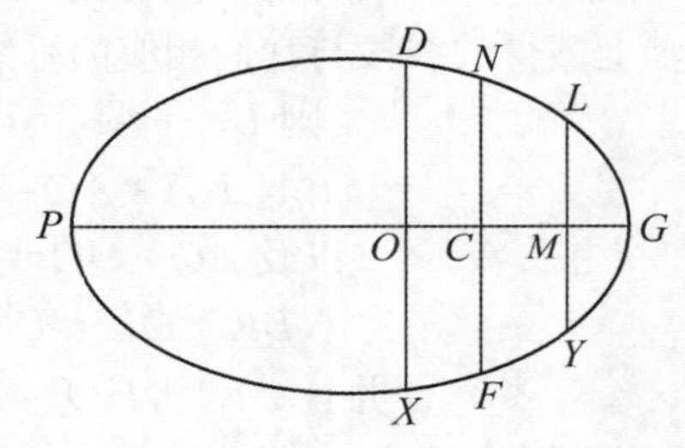

图 6.12B

我们从轴上截得 AK、GO 使得

$$AK : AR = GO : GP. \quad [1]$$

我们在 AK 上取点 Z、Q，在 GO 上截得与 AK 等数的线段，且有同样的比，其分点为 M、C.

我们从点 Z、Q、K、M、C、O 作轴的垂线 BK、QH、ZE、OD、CN、ML，［且延长它们与截线交于点 T、S、I、X、F、Y］.

① 根据定义 2.

因为两个截线上的图形相似，有

$$BK^2:(RK\cdot KA)=DO^2:(OP\cdot OG),$$

这个可从卷Ⅰ命题21得出①.

但是$(RK\cdot KA):KA^2=(OP\cdot OG):OG^2$②.

$$\therefore BK^2:KA^2=DO^2:OG^2.$$

$$\therefore BK:KA=DO:OG,$$

并且$BT:KA=DX:OG$.

另外由$RA:AK=PG:GO$,

并且$KA:AQ=OG:GC$.

$$\therefore AR:AQ=PG:GC.$$

因此，如前所证，将可证

$$HS:QA=NF:CG,$$

并且$EI:ZA=LY:MG$.

所以垂线段BT、HS、EI与它们从轴上截得的线段AK、AQ、AZ之比［分别］等于垂线段DX、NF、LY与它们从轴上截得的线段OG、CG、MG之比.

而AK［是截线AB的轴］被垂线所截得的线段与GO［是截线GD的轴］被垂线所截得的线段之比相等.

因此截线AB与截线GD相似. ③

又我们作出截线AB与截线GD相似. 因为两截线相似，我们在截线AB上作出垂直于轴的直线BT、HS、EI，

在截线GD上所作出的垂直于轴的直线DX、NF、LY分别与上述垂线成等比.

并且它们［垂线］从两轴中一个截得的线段与它们［相应的垂线］之比等于另一截线上垂线在轴上截得的线段与它们相应的垂线之比：

则$BK:AK=DO:OG$,

并且$KA:AQ=OG:GC$,

以及$AQ:QH=GC:NC$.

$$\therefore BK:QH=DO:NC. ④$$

并且$BK^2:HQ^2=DO^2:NC^2$.

$$\therefore (RK\cdot KA):(RQ\cdot QA)=(PO\cdot OG):(PC\cdot CG), \quad [2]$$

由于卷Ⅰ命题21所证. ⑤

---

① Ⅰ.21证明了$BK^2:(RK\cdot KA)$等于正焦弦与横截直径之比（即“截面图的边”之比）.

② Halley增加“因为$RK:KA=OP:OG$”.

③ 根据定义2.

④ 由首末比（见EuclidⅤ.22）.

⑤ 由Ⅰ.21（见p. 230，n.①）.

$BK^2:RK\cdot KA=AB$的竖直边$:AB$的横截边$=HQ^2:RQ\cdot QA$；$GO^2:PO\cdot OG=GD$的竖直边$:GD$的横截边$=NC^2:PC\cdot CG$.

又因为 $KA:AQ=OG:GC$，

{和 $KA:AR=OG:GP$.}①

$KR:RQ=PO:PC$，

因此 $RQ:KQ=PC:OC$，

但 $KQ:AQ=OC:CG$，

$\therefore RQ:QA=PC:CG$.

于是 $(RQ\cdot QA):QA^2=(PC\cdot CG):CG^2$.

但是 $AQ^2:QH^2=GC^2:NC^2$

$\therefore (RQ\cdot QA):QH^2=(PC\cdot CG):CN^2$.

但是 $(RQ\cdot QA):QH^2$ 等于 RA 与［AB 的］正焦弦之比.

如卷Ⅰ命题21所证.

和 $(PC\cdot CG):CN^2$ 等于 PG 与［GD 的］正焦弦之比.

同样，如卷Ⅰ命题21所证.

因此，在 RA 和 PG 上构成的图形相似.

证完

命题 13

如果在直径上而不是在轴上构成的双曲线或椭圆的那些图形相似，而且落在这些直径上的纵标与直径构成相等的角，则这些截线相似.

假设有二双曲线［图 6.13A］或椭圆［图 6.13B］的中心为 Z、I，直径为 GL、EM. 设这些直径与其纵线构成的角相等，并假设在 GL 和 EM 上构成的图形相似.

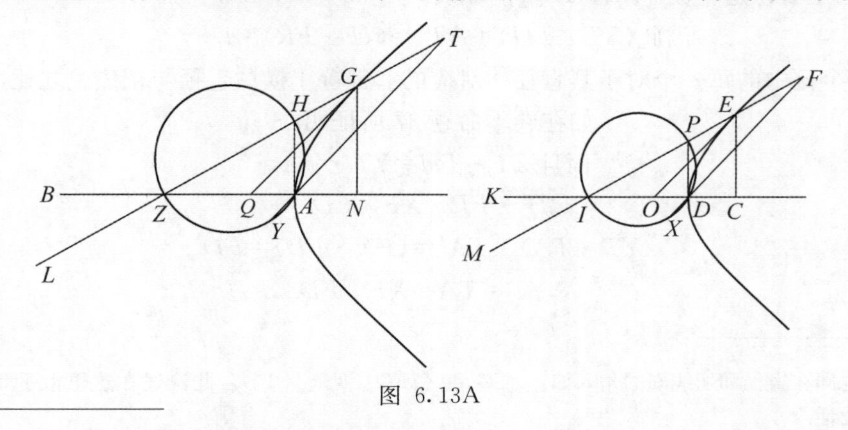

图 6.13A

① Halley 认为这肯定是希腊或阿拉伯传统的插话，所以略去了它，在［2］中经代换，可得出 $KR:RQ=PO:PC$. 插话者可能在心中有以下证明：

假定［1］，即 $KA:AR=OG:GP$（然而它基本上假定所要证明的）并且在双曲线是合比，在椭圆是分比，$KR:AR=PO:GP$.

但是 $AR:AQ=GP:GC$，因此，合比或分比有 $AR:RQ=GP:PC$. 于是由首末比，$KR:RQ=PO:PC$.

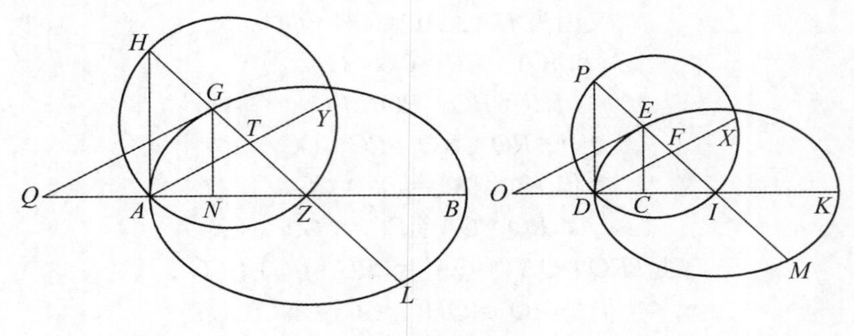

图 6.13B

我断言这些截线是相似的.

证明:

我们从点 G、E 作与截线相切的直线 GQ、EO. 则这些直线与落在其直径 [GL、EM] 上的纵线平行. 所以在点 G 和 E 上的切线与直径 GL、EM① 形成的角是相等的.

设两双曲线的轴是 AB、DK.

则$\angle QGZ=\angle OEI$，　　[1]

因为切线与纵线平行.

我们以点 A、D 作轴的垂线 AH、DP，且与直径 GL 和 EM [在 H、P] 相交，分别作三角形 ZHA 和 DPI 的外接圆 ZH 和 PI.

我们过点 A、D 作平行于切线的直线 TAY、FDX. ②

现在在 GL 和 EM 上构成的图形是相似的，

且 AH、DP 与截线相切，

而线段 AT、DF 是直径 [ZG、IE] 的纵线. ③

因此$(ZT\cdot TH):AT^2=(IF\cdot FR):DF^2$.

因为这两个比中的每一个对于其直径 [对应的] 都等于横截直径与正焦弦之比，

如在卷Ⅰ命题 37 所证明. ④

而且 $ZT\cdot TH=YT\cdot TA$，

又 $IF\cdot FP=XF\cdot FD$. ⑤

$\therefore(YT\cdot TA):TA^2=(FX\cdot FD):FD^2$.

$\therefore YT:TA=XF:FD$.

---

① 也即在直径和切线间的角，如$\angle ZGQ$ 和$\angle IEO$（见下 [1]），此论述在这里似乎是多余的，可能是一插话.

② 注意，如果双曲线是直角的（也就是说，如果横截直径等于正焦弦），A 于 Y 重合，也即 TA 在点 A 与圆切相. 因为 $YT:TA=YA\cdot TA:TA^2=ZH\cdot TH:TA^2$，（根据Ⅰ.37）它与横截直径和正焦弦之比相等，如果正焦弦大于横截直径，Y 将在 A 和 T 之间.

③ 由于 AT 和 DF 与在 G 和 E 的切线平行.

④ 对于直径 ZG（IE），切线 AH（DP）和过切点 A（D）的纵线 AT（DE）而言.

⑤ EuclidⅢ.35－36.

而在点 T 和 F 处的角相等，且不是直角，因为 GL 和 EM 是直径而不是轴.

而两个圆的直径是线段 HZ 和 PI. ①

因此在点 Z 和 I 处的角相等，

因为它在专论前的序言中所证. ②

而角 ZGQ 与角 IEO 也是相等的.

$\therefore \triangle ZGQ \backsim \triangle IEO$.

于是我们从点 G、E 作轴的垂线 GN、EC.

则 $ZN \cdot NQ : GN^2 = IC \cdot CO : EC^2$，

因为它在专论前的序言中所证. ③

但是（$ZN \cdot NQ$）：GN^2 等于横截直径（AB）于［它的］正焦弦之比，

如卷Ⅰ命题 37 所证.

同样（$IC \cdot CO$）：EC^2 等于横截直径（KD）与它的正焦弦之比.

因此［横截］轴 AB 和 KD 与它们［分别的］正焦弦之比相等.

和在这两截线的轴上构成的图形相似.

所以这两截线相似，

如在前一命题中所证.

同样，很明显的是在两个椭圆的情况下，要求两个轴 BA 和 KD 都是主轴或④它们都是短轴，因为 BA 和它的正焦弦之比，在两种情况下等于 KD 与其正焦弦之比. 而其解法对于主轴和短轴都是一样的.

证完

命题 14

抛物线既不相似于双曲线也不相似于椭圆.

设有一抛物线 AB［图 6.14］，轴为 AH，而一个双曲线或椭圆 GD 与它相似. 设 GD 的轴为 GL，设此截线图形的边，即横截轴是 GM.

假设在这些截线上有些垂线 BI、ZN［在抛物线］、DC、KO［在双曲线或椭圆］，这些线段与截线之一的轴上截得的线段之比等于［它们］与另一截线的轴上截得的线段之比. ⑤

---

① 因为直角三角形 ZHA、DPI 内接于圆.

② $\triangle IGQ$ 与 $\triangle IEO$ 的相似性不很清楚，因此，Banū Mūsā在他们对圆锥曲线论的引言中作了证明（见引理 7，附录 B，p. 355）. Halley 正确地在他的 Synagoge（见 Jones §§ 284—291，及 pp. 493—496）中，对可能发生的情况作了详尽的说明.

③ 见引理 8，附录 B，p. 355. 它也可能从 Pappus 的引理中推出（见 p. 233，n. ②）.

④ 实际上“而它”（وأنْ）人们可能认为是اوان.

⑤ 即 $BE : AE = DQ : GQ$ 和 $ZH : AH = KL : GL$.

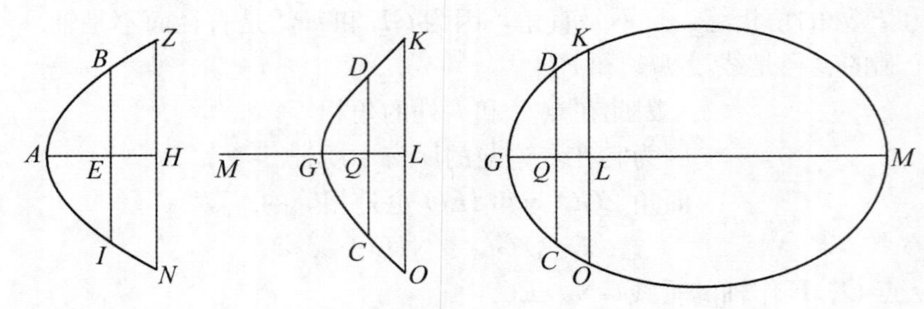

图 6.14

并假设从一截线轴上截得的线段与从另一截线轴上截得的线段之比相等. ①

则 $ZH:HA=KL:LG$,

并且 $HA:AE=LG:GQ$,

但是 $AE:EB=GQ:QD$.

$\therefore ZH:EB=KL:DQ$. ②

和 $ZH^2:BE^2=KL^2:DQ^2$,

但是 $ZH^2:BE^2=HA:AE$,

如在卷Ⅰ命题 20 中所证. ③

又 $HA:AE=LG:GQ$.

$\therefore KL^2:DQ^2=LG:GQ$;

但是 $KL^2:GQ^2=(ML\cdot LG):(MQ\cdot QG)$,

如在卷Ⅰ命题 21 所证. ④

$\therefore LG:GQ=(ML\cdot LG):(MQ\cdot QG)$, [1]

$\therefore MQ=QG$ [原文如此]⑤: 这是不可能的.

因此, 抛物线与任一其他截线不相似. ⑥

证完

命题 15

双曲线与椭圆不相似.

设有一双曲线 AB 和一椭圆 GD [图 6.15].

---

① 即 $AE:AH=GQ:GL$. 这些条件中任一个都分别有效, 但不能两个在一起 (因为 5 个点决定一圆锥截线).

② 首末比 (见 EuclidV. 22).

③ Ⅰ. 20 证明了在抛物线中, 纵标上的正方形与其横标成比例.

④ Ⅰ. 21 证明了在双曲线或椭圆中, 纵标上的正方形与纵标足到横截直径两端点之间的距离构成的矩形成比例.

⑤ 这不能从上述得出. Halley 把 "QG" 改为 "ML", 这可能是 Apollonius 写的.

⑥ 该式是不对的, "⑤" 改的是对的, 因为从 [1] 可得 $LG\cdot MQ\cdot QG=GQ\cdot ML\cdot LG$, 故得 $MQ=ML$.

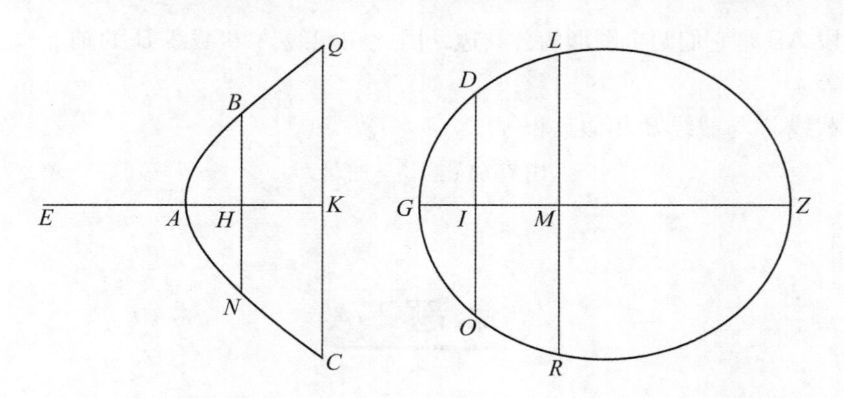

图 6.15

设它们的轴［分别］为 AK、GM，并设它们的横截直径是 AE 和 GZ.

如果这两截线相似，在截线上有一些垂线，如 BN、QC、DO、LR，且它们与它们从两截线轴上截得的线段之比［分别］相等. ①

则我们将证明正如前一命题中所证，有比例②

$$QK^2:BH^2=LM^2:DI^2.$$

$$=(EK\cdot KA):(EH\cdot HA)$$

$$=(ZM\cdot MG):(ZI\cdot IG).$$

$$\therefore (EK\cdot KA):(EH\cdot HA)=(ZM\cdot MG):(ZI\cdot IG).$$

而当情况如此时，并有 $KA:AH=MG:GI$，

于是就有 $KE:EH=ZM:ZI$：这是不可能的. ③

因此，截线 AB（双曲线）与截线 GD（椭圆）不相似.

证完

命题 16

相对截线的二支④相似且相等.

设相对截线的二支分别为 A 和 B［图 6.16］，轴为 AB.

则我断言截线 A 和 B 相似且相等.

证明：

截线 A 和 B 的正焦弦相等.

由卷Ⅰ命题 14 所证.

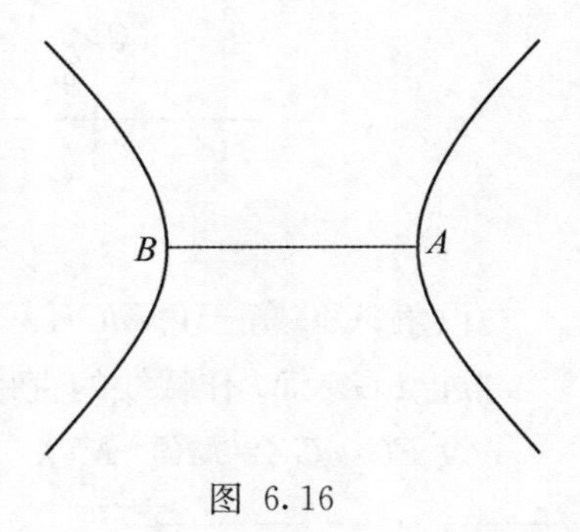

图 6.16

---

① Halley 加上"横标与标之比也分别相等"根据定义［2］，这是必要条件.

② 利用Ⅰ.21.

③ （因为）$KE>EH$，但 $ZM<ZI$.

④ 即一双曲线的相对二分支.

而线段 AB 是它们两个图形的公共边．因此在截线 A 和截线 B 的轴上构成的图形相似且相等.

所以截线 A 与截线 B 相似且相等.

由卷命题 12① 所证.

证完

命题 17

如果有二相似截线，作出它们的切线与轴交成相等的角，从切点作截线的直径，并在每个直径上取一点，此点到切点的距离②与切线线段之比相等，且过该点作切线的平行线并在［每一］截线上截出截线段：

则那些截线段相似，且有相似位置③.

又如果截线段相似且位置相似，则它们的直径与［相应的］切线之比相等，且切线与轴形成的角相等.

首先设相似截线是两个抛物线 AB 和 KL ［图 6.17］，设它们的轴是 AZ、KO，它们的切线是 GZ、MO.

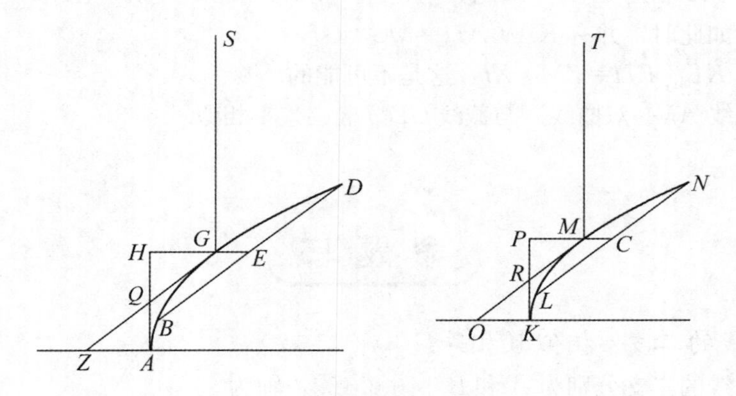

图 6.17

设角 AZG 等于角 MOK.

过点 G 及 M 作截线的直径 GE、MC.

设 $EG : GZ = MC : MO$.

① 手稿 **H** 改为“命题 2”，它是最佳参考，但人们会看出为什么 Banū Mūsā 选择命题 12.

② 即横标.

③ 也即，它们同样分别位于截线（如对于顶点）．原本希腊文可能是 ὁμοίως κείμενα，参看 I. 12 ὑπερβάλλον εἴδει ὁμοίῳ τε καὶ ὁμοίως κειμένῳ τῷ περιεχομένῳ κτλ （Heibery p. 42，22—23).

过点 E 和 C 分别作 GZ 和 MO 的平行线 DB 和 NL.

则我断言截线段 BGD、LMN 相似而且位置相似.

证明:

从点 A、K 作轴的垂线 AH、KP，[与 ZG、OM 分别交于 Q、R]，并延长直径 EG、CM 与它们 [AH、KP] 分别交于点 H、P.

我们作 $SG : 2GZ = QG : GH$，

并且 $TM : 2MO = RM : MP$.

则 SG 和 TM [分别] 是对于直径 GE、MC 的正焦弦.

因此 $DE^2 = SG \cdot GE$，

如在卷Ⅰ命题 49 中证明①.

同样 $NC^2 = TM \cdot MC$.

并且 $\angle KOM = \angle AZG$，(已知)

并且 $\angle KOM = \angle PMO$，

而 $\angle AZG = \angle HGZ$.

因为 CP、EH [分别] 平行于 OK、ZA，

如卷Ⅰ命题 46 中证明②.

$\therefore \angle PMO = \angle HGZ$.

而在点 H 及点 P 上的角相等，

因此 $\triangle QGH \backsim \triangle PMR$，

从而 $QG : QH = RM : MP$.

$\therefore SG : GZ = TM : MO$③.

但是已作 ($GZ : GE$) 等于 ($MO : MC$).

$\therefore SG : GE = TM : MC$④.　　[1]

因此，如本卷命题 11 所证⑤，将证明如果作到 GE 的线段平行于 DB，和作到 MC 的线段平行于 LN⑥.

而这些平行于 [截线段] 底 DB、LM 的线段与它们从靠近点 G 和 M (它们是截线

① Ⅰ.49 证明了在图 6.17 的情况下，对长度 P，如 $P : 2GZ = QG : QH$，则 $P \cdot GE = DE^2$，P 是关于直径 GE 的正焦弦.

② Ⅰ.64 证明了：与一抛物线相切的直线与其直径相交，则过切点作平行于直径的直线必平分那些在这截线之内所作的平行于这切线的线段（弦）. 这里的论断是上述命题的逆命题.

③ 因为 $SG : 2GZ = QG : GH$，和 $TM : 2MO = RM : MP$.

④ 由首末比.

⑤ 也就是说，在Ⅵ.11 中我们讨论了轴的正交共轭性，在此也同样讨论了直径的斜交共轭的情况.

⑥ 此句后还应有："由 [1] 得 $SG \cdot GE : GE^2 = TM \cdot MC : MC^2$，
又 $SG \cdot GE = DE^2$，$TM \cdot MC = NC^2$，[Ⅰ.16]
$\therefore DE^2 : GE^2 = NC^2 : MC^2$，于是 $DE : GE = NC : MC$.
对于 GE 和 CM 成比例的内点与其纵标亦有此结果".

的顶点（原文如此）①）的直径上截得的线段之比是相等的，

且从一个直径上所截得的线段与从另一直径上所截得的线段之比也相等，而由与那两个底［DB、LN］平行的纵标和两个截线的直径之间形成的角相等（因为在点 G 和 M 处的角相等）：

则截线段 BGD 与截线段 AMN 是相似的②，且它们的位置也相似.

其次，我们作出一截线的 DGB 截段与另一截线的 LMN 截段相似，
设它们的直径是 GE、MC，它们的底为 BD、LN，它们的顶点为 G 和 M，

并设 GZ、MO 是与截线在这两点的切线.

则我断言
$$\angle AZG=\angle KOM,$$
$$EG:GZ=MC:MO.$$

我们作出前面所画的线段，

因为截线［原文如此］③ 相似，则 DB 和 GE 的夹角等于由 LN 和 MC 的夹角.

而 ZG、OM 分别平行于 BD、LN.

所以在点 G、E、M 和 C 处的角相等.

于是，在此并［由于］角 ZGE 和 OMC 是钝角，$\angle ZGE=\angle OMC$④.

因而在点 Z 处的角等于在点 O 处的角.

另外，$DB:EG=NL:CM$，因为截线段相似，

$$［因此］DE:GE=NC:CM.$$
$$而\ SG:DE=DE:EG,$$
$$因此\ TM:CN=NC:CM⑤.$$
$$\therefore SG:GE=TM:MC.$$
$$和\ ZG:GS=MO:MT⑥，因为\triangle GQH\backsim\triangle RMP.$$
$$\therefore GZ:GE=OM:MC.$$

以及我们［已经］证明在点 Z 和 O 处的角是相等的.

证完

---

① 所有手稿如此，需要的是用“段”（قطعتين）代替“截线”（قطعين）.

② 由定义［2］.

③ 所有手稿如此，需要的是“段”（如 Halley）即用القطعتان代القطعان.

④ 这是直译，Halley 的改写使思路清楚；“钝角 ZGE 和 OMC 相等”即是说在点 G、M 处的角相等.

⑤ SG、TM 是为直径 GE、MC 的正焦弦.

⑥ 这是手稿 **H** 和 **T** 的解释（有些书写错误）.（因此 Halley）完全改写如下：

$SG:2GZ=QG:GH$.

和 $TM:2MO=RM:MP$.

以及 $QG:GH=RM:MP$，因为…这里可能原本有错，因为在 **H**、**T** 的公式很荒谬.

命题 18

并且，我们作出在前面提到的［在Ⅵ.17］双曲线［图 6.18A］或椭圆［图 6.18B］的截线，并设其他作图如上一命题所述.

并设直径 GE、MC 过其截线的中心 I、F，又设［横标］GE 与切线 GZ 之比等于［横标］CM 与切线 MO 之比，且设角 AZG 等于角 KOM：

我断言截线段 DGB 与截线段 LMN 相似.

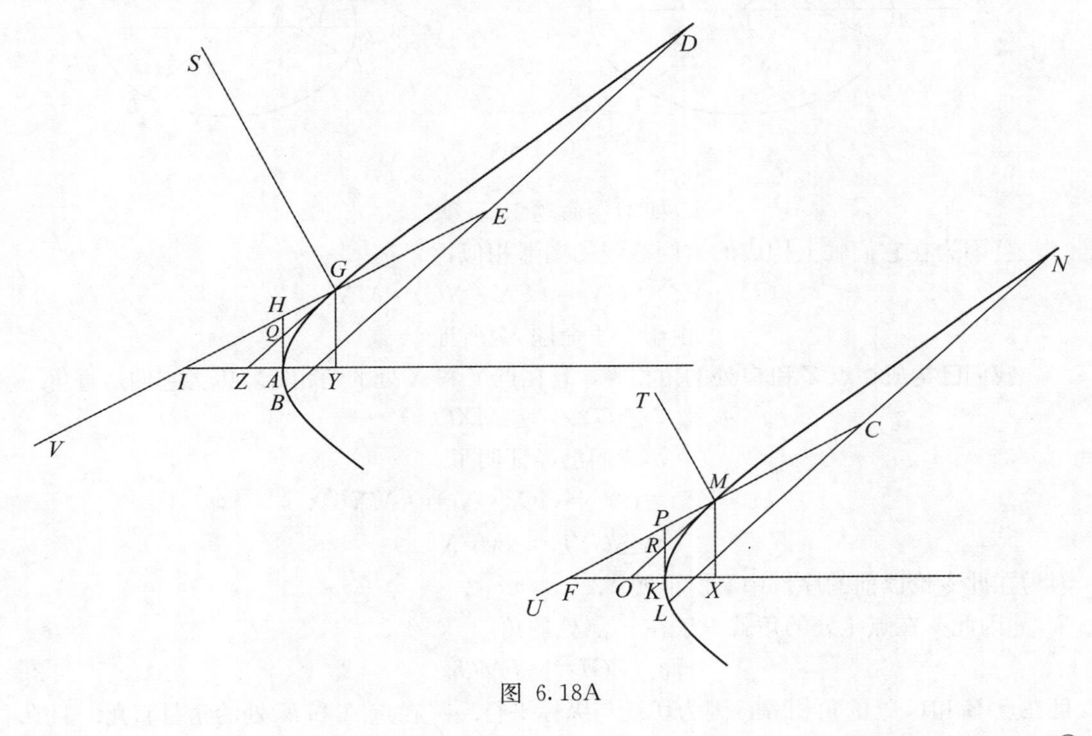

图 6.18A

< …………………………………………………………………………… >①

设 SG 与 $2GZ$（截线的切线）之比等于 QG 与 GH 之比，并设 TM 与 $2MO$ 之比等于 RM 与 MP 之比. 则 GS 和 TM 分别为直径 GE、MC 的正焦弦，

如在卷Ⅰ命题 50 中所证②.

这样我们从 A、K、G、M 各点向轴作垂线 AH、KP、GY、MX.

---

① 我假定这里有一空隙，原有相应于Ⅵ.17 中所说的结构（从 A、K 作的垂线 AH、KP 与 ZG、OM 交于点 Q 和 R，在点 H、P 与直径 IE、FC 相交）. 但注意现在作出垂线 AH、KP. 也许是这结构被认为是理所当然的，在这种情况下所需的最小改正是用فلتكن代ولتكن（"因此设 SG 与 $2GZ$ 之比…"）.

② Ⅰ.50 是对于双曲线和椭圆的命题，相应于对抛物线的是Ⅰ.49（参见 p.237，n.①）.

因为两截线相似，则在它们轴上构成的图形也相似，

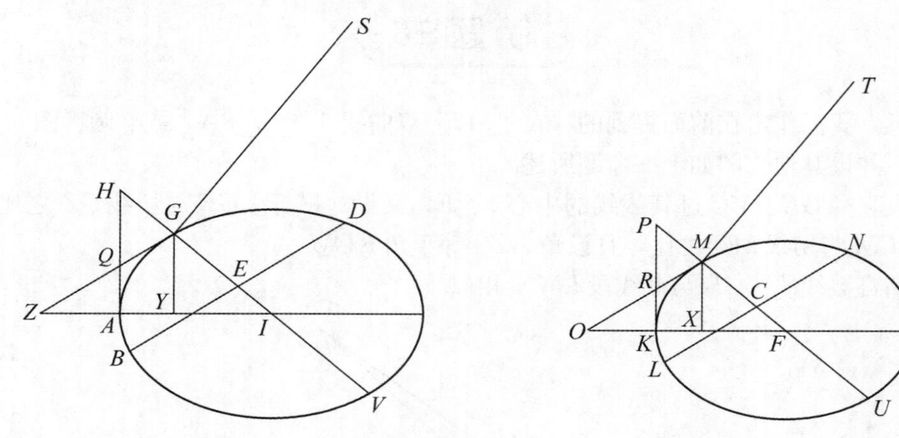

图 6.18B

如本卷命题 12 证明.

且因为在它们轴上构成的这两截线的图形相似，

$$(IY \cdot YZ) : GY^2 = (FX \cdot XO) : MX^2, \qquad [1]$$

由于卷Ⅰ命题 37 所证①.

我们已构成在点 Z 和 O 处的角相等，且在点 Y 和 X 处的角相等，因为它们是直角.

$$\therefore \triangle GYZ \backsim \triangle MXO.$$

我们已经证明了

$$(IY \cdot YZ) : GY^2 = (FX \cdot XO) : MX^2 ②.$$

$$\therefore \triangle GYI \backsim \triangle MFX,$$

因为在此专论以前的序言中有所证明③.

［因此］在点 I 处的角就等于在 F 点处的角，

$$而 \angle ZGI = \angle FMO ④. \qquad [2]$$

且在点 E 和 C 处的角相等，因为切线与纵标平行. 又在点 A 和 K 处的角是直角. 且在点 F 和 I 处的角［已经］证明是相等的.

也［已经］证明 $\angle ZGI = \angle OMF$⑤.

$$\therefore \triangle QGH \backsim \triangle RMP,$$

［因此］$QG : GH = RM : MP$.

---

① Ⅰ.37 证明了，如 GY 是对直径 AY 的纵标，切点 G 与中心 I 相连，则 $GY^2 : IY \cdot YZ$ = 该直径的正焦弦与其截线直径之比（即“它的图形”两边之比）.

② 见［1］.

③ 见引理 9，附录 B，p. 356（参阅 ibn al-Haytham 的评论）. 如 Halley 所说，这在 Pappus 对圆锥曲线论一书的评论中也有所证明：见 Jones §§ 292－293，以及 pp. 326－327 上的注释.

④ 因为它们是三角形 IZG、FOM 中的第三角，其中 $\angle I = \angle F$，$\angle Z = \angle O$（根据结构）.

⑤ 见［2］.

但我们已得到 $GS:2GZ=GQ:GH$，

并且 $TM:2MO=RM:MP$.

$\therefore GS:GZ=MT:MO.$ [3]

但是 $GZ:GI=OM:MF$①.

$\therefore GS:GI=MT:MF.$

$\therefore GS:GV=MT:MU.$

所以由线段 GS 和 GV 为边界的图形和以线段 TM 和 MU 为边界的图形相似②.

此外 $GS:GZ=MT:MO$③，

和我们已使（$GZ:GE$）等于（$MO:MC$）.

$\therefore GS:GE=MT:MC.$

而因为此情况，并因为以 GS 和 GV 为边界的图形相似于以 MT 和 MU 为边界的图形，则当我们把 GE 分成几部分，并通过其分点作直线（弦）平行于［DAB］段的底线 DB，并把 MC 分成与 GE 同样多部分且有相同的比，且又通过其分点作直线（弦）平行于［LMN］段的底线 LN：

则将可证明，正如在本卷命题 12 证明一样④，把切分 GE 的平行线（弦）与它们从靠近点 G 的它［GE］上切分的部分之比等于切分 MC 的平行线（弦）与它们从靠近点 M 的它［MC］上切分的部分之比.

而由底 DB 与 GE 形成的角⑤等于由底 LN 与 MC 形成的角，

因为这些角等于由切线和直径形成的在点 G 和 M 的角.

因此两截线段 DGB 和 NML 相似，它们［在截线上］的位置相似.

另外，我们作出两截线段 DGB 和 NML 相似.

则我断言 $\angle GZA=\angle MOK$，

并且 $GE:GZ=CM:MO$.

证明：

因为，既然两段相似，就可以在其上画出⑥与 DB 和 NL 平行的某些线，它们数量相等，且以等角与 GE 和 MC 相交.

而［其次］在这些（且［还有］底 DB 与 LN 之比）之间与它们从直径截得部分之比是相等的，而且在 GE 上［由这些直线所产生的］部分与 MC 的部分之比彼此相等；

---

① 因 $\triangle IZG\backsim\triangle FOM$（见 p. 240，n. ④）.

② F、U 是横截的另一端点，以 GS、GV 和 TM、MU 为边界的“图形”对应于两直径 GE、MC.

③ 见［3］.

④ 参阅 p. 237，n. ⑤. 这里又一次由直交到斜交.

⑤ 原文如此［复数］. 很可能其意义是“由平行于 DB 的线与 GE 形成的每个角”等.

⑥ 人们会认为：“如果画出…以相等的角，则在这些…之间的比”. 这可能是翻译的错. 如果是这样，则它是典型的，因在Ⅵ. 22，p. 250，n. ③看到同一情况. 我们还能译成“能画出…以等角，使得这比”等. 然而这要求把وتكون，改成تكون，令人难以置信的是设想在两段文字中竟会出现相同的书写错误.

而在 DGB 段上画出的到 GE 线且与 DB 平行的线在正方形上与贴合在 GS 线上的长方形相等，并［在双曲线情况下］超过它，或［在椭圆情况下］短于它①，且缺一个相似于由 GS 和 GV 形成的长方形，

如卷Ⅰ命题 50 所证明；

而同样在 NML 段上画出的到 MC 线且与 LN 平行的线段在正方形上与贴合在 TM 线上的长方形相等，并超过它或短于它，超过或相差部分是一个相似于由 MT 和 MU 形成的长方形.

从而，在此可证，如在本卷命题 12 中证明那样，

有 $GS:VG=MT:MU$② ［4］

在此情况. 纵标以相等的角与直径相交③，

而［因为这个理由］

$$(IY\cdot YZ):GY^2=(FX\cdot XO):MX^2④.$$

在 Y 及 X 处的角是直角，而 $\angle ZGI=\angle OMF$.

则 $\triangle IGZ\backsim\triangle FMO$，

如在本专论之前的序言所证⑤.

在双曲线情况下，可由通用方法证明；但在椭圆情况下［只能］用轴 AI 和 KF，即两者都是专轴或两者都是短轴来证明.

则，因 $GS:GV=MT:MU$⑥，

$$(GE\cdot EV):DE^2=(MC\cdot CU):NC^2⑦,$$

如卷Ⅰ命题 21 所证明.

而 $DE^2:GE^2=NC^2:MC^2$⑧.

$$\therefore (VE\cdot EG):EG^2=(UC\cdot CM):CM^2.$$

$$\therefore VE:EG=UC:CM⑨.$$

但是 $IG:GZ=FM:MO$，由于三角形 IGZ 与 FMO 相似.

而 $GV=2GI$，$MU=2MF$.

$$\therefore GZ:GE=MO:MC⑩.$$

---

① “超过它或短于它”，意思是“超过它的全部或整个短于它（تمامه）”.

② 即两直径的“图形”是相似的.

③ Halley 加上：“因此，根据Ⅵ.13，这些截线相似，而且轴上的图形相似”.

④ 根据Ⅰ.37.

⑤ 附录 B，引理 9，参看 p.240，n.③. 在此后 Halley 加上：“$\therefore\angle GZA=\angle MOX$”.

⑥ 见［4］.

⑦ 这是手稿 **H** 的记法，Halley 作了修正. 但阿拉伯原文可能有所不同. 手稿 **O** 记作：“$(MC\cdot MU):NC^2=MU:MT$”，而 **T** 是：“$(MT\cdot MU):NC^2=(SG\cdot GV):DE^2$”. 这说明原文有错“$(MC\cdot CU):NC^2=MU:MT$［见Ⅰ.21］和 $(EG\cdot EV):DE^2=GV:GS$，以及其他等”.

⑧ 此是根据截线段的相似性.

⑨ Halley 加：“$\therefore GV:GE=MU:MC$”.

⑩ **O** 是“$\therefore GZ:GV=MO:MU$”，它在数学上是正确的，但未必有必要. Halley 保留了它并加上必不可少的“$GE:GZ=MC:MO$”.

且在 Z 和 O 处的角相等①.

证完

命题 19②

当在抛物线或双曲线上作与轴垂直的一些直线时，则每对垂线由［轴］的两边的截线上截取的两段相似，而且位置相似；但与［本截线的］其他段不相似.

设在［图 6.19］有一抛物线或双曲线，轴为 AL，设在该截线上作一对垂直于两轴［原文如此］③ 的一对线段，即 BQ、GK，并假设它们从截线截得 BG 和 QK 两段，而 DE 和 QK 两段是不由同一［对］垂直线截得的两段.

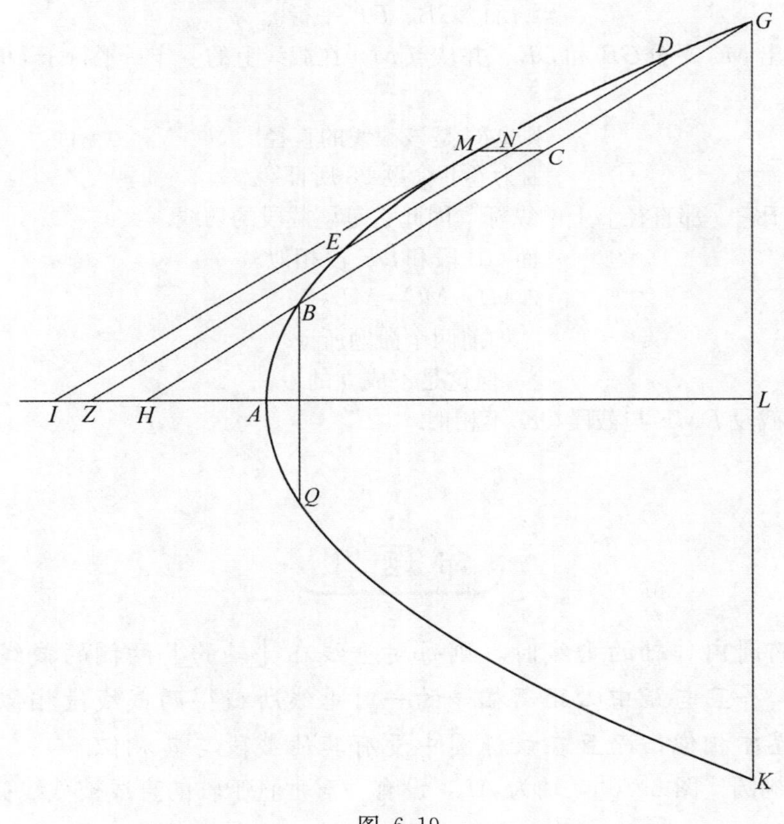

图 6.19

则我断言 BG 和 QK 两段相似，而 DE 和 QK 两段不相似.

---

① 参阅 p. 242，n. ⑤.

② Halley 对此命题中错误之处，大部分重写了（参阅 p. 244，n. ①）.

③ 这个错误看来是因译者的疏忽造成：他心中想的是抛物线和双曲线这两种情况吧？

证明：

关于 BG 段与 QK 段相似的［论断］，这是显而易见的，因为它们彼此吻合对方，

如本卷命题 7 所证.

但对于 DE 段和 QK 段不相似的［论断］，这可证明如下.

如果可能，设 DE 段与 QK 段相似.

连结 DE 及 GB，并延长与轴分别交于 Z、H 点.

现在两段 DE 和 QK 相似.

< ……………………………………………………………………………… >

由于截段 QK 将吻合于截段 BG，

正如本卷命题 7 所证.

所以截线 DE 相似于截线 BG①.

因此当直线 BG 和 DE 延长时，它们将以等角与轴相交，由于在前两个命题中所证②.

所以 GB、DE 平行.

我们作出 MC 平分 GB 和 DE，并从点 M［在截线上的］作一平行于 DEZ 的直线，即 MI.

则 MC 是该截线的直径.

因为卷Ⅱ命题 28 所证③.

而 MI 平行于它［那直径］上的纵标，因此它是该截段的切线.

而 GB 段和 DE 段相似.

$\therefore MI : MC = MI : MN$，

如前两个命题所证.

但这是不成立的.

因此，截段 DME 与截段 QK 不相似.

证完

命题 20

当在椭圆内作轴的垂线时，则每对垂线在［轴的］两侧的截线上截取的两段相似，并且与距中心距离相等的一对垂线所截得两截线段相似，并且这四段的位置亦相似；而且在该椭圆中没有其他截段与其相似.

设有一椭圆［图 6.20］，轴为 AL，设有一对垂直于轴的直线被截线截出两线段

① 文本在这里混乱并有缺失，我建议重写为 DE 段∽QK 段.〈但是 QK 段和 BG 段是垂线截得的.〉$\therefore QK$ 段吻合于 BG 段. $\therefore DE$ 段∽BG 段. 不是很严格的，可把فقطعة ط ك改成وقطعة ط ك，在“原书”p. 321，5 阿文并译出“但 QK 段吻合 BG 段”.

② Ⅵ. 17 对于抛物线，Ⅵ. 18 对于双曲线.

③ Ⅱ. 28 证明在圆锥曲线，平分两平行弦的线是该截线的直径.

BQ 和 GK，并有另一对垂直于轴且与前一对垂直线距中心相等截得截线两线段是 ZI 和 HO.

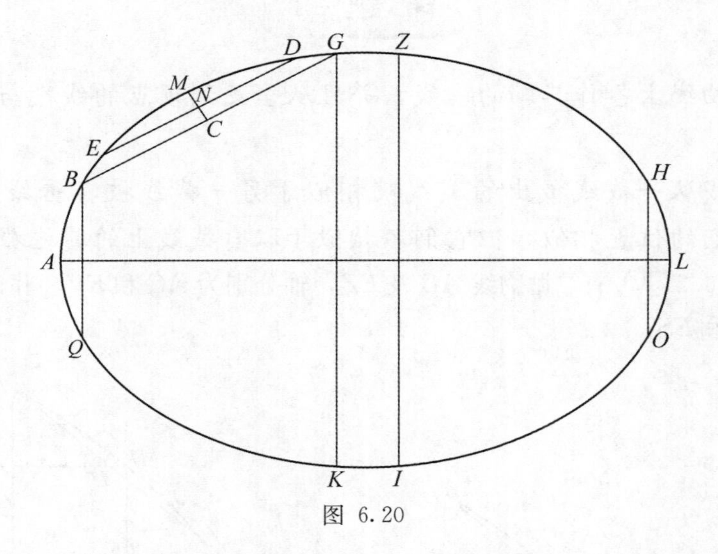

图 6.20

则我断言四段 BG、QK、ZH 和 IO 相似，而其他段中没有与它们相似的.

证明：关于四段 BG、QK、ZH 和 IO 相似而且位置相似的［论断］，这是显而易见的，因为这些截段彼此拟合.

如在本卷命题 8 中所证.

但是关于没有其他段与它们相似的［论断］，可证明如下.

如果可能，设 DE 段与这些段相似.

我们连接直线 DE、GB.

因此当直线 DE 和 GB 延长时，它们将以等角与轴相交，

如在本卷命题 18 中所证.

于是 DE 与 GB 是平行的，

平分 DE 和 GB，并过其分点的连线 MNC，则该连线 MNC 是两段的一个直径，

如在卷Ⅱ命题 28 中所证①.

由于两段 DE 和 GB 相似，

于是 $GB : CM = DE : MN$.

这是不可能的，因为当我们连接 MB 和 MG 并延长它们时②，它们将不会通过点 D 和 E③.

证完

---

① 参阅 p. 244，n. ③.

② 如果点 D 和 E 不在 MG 和 MB 之上，这种情况是可能的.

③ 如果 $GB : CM = DE : MN$，ED 平行于 BG 和 $\triangle MED \backsim \triangle MBG$，它们才有可能.

命题 21

在二抛物线上各作其轴的垂线，并且从垂足到顶点的线段与各自的正焦弦之比相等.

则其垂线从一截线截出的截线段相似于另一截线被其垂线截出的截线段. 而且它们的位置相似，但它们不相似于取自截线上的其他截线段.

设在［图 6.21］① 有二抛物线 AB 及 EZ，轴分别为 AC 和 EV，并设它们的正焦弦分别为 AR 和 ES.

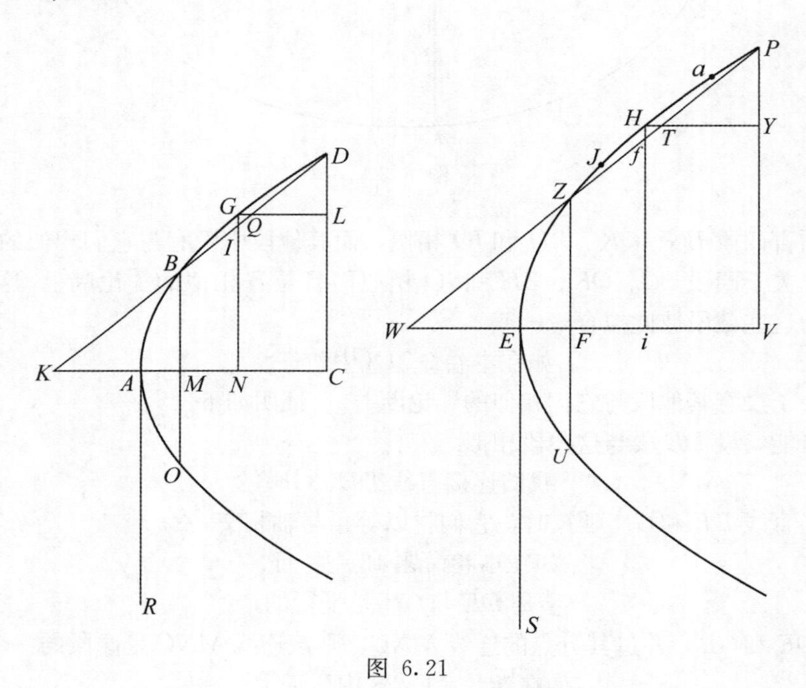

图 6.21

我们在一截线上作出轴的垂线 BM、DC，在另一截线上作出其轴的垂线 ZF、PV，并设 $AM:AR=EF:ES$，

$$AC:AR=EV:ES.$$

我断言 BAO 段相似于 ZEU 段，DA 段相似于 PE 段，DB 段相似于 PZ 段.

证明：

关于 BAO 段相似于 ZEU 段的［论述］，它将被证明，正如在本卷命题 11 中所证

① 在本图形中字母 X 被略去，虽然其他字母后来按传统顺序被使用（见 p. 105－106 的序言）. 然而在整个图形（图 6.22）都有它，该图形涉及双曲线、椭圆的相应命题，抛物线因较简单，要求较少的点，这一点偶然地显示出 Apollonius 所呈现的顺序不一定就是他原来发现的顺序.

那样①.

因此我们连接 DB、PZ，并延长分别交轴于 K、W. 取线段 DB、PZ 之中点 Q、T，并通过它们作轴的平行线，即 GQL、HTY，从点 G、H 作轴的垂线 GN、Hi [在 I、f 点与 DK 和 PW 相交].

则 AR 与 AM 和 AC 中之一的比 [分别] 等于 ES 与 EF、EV 之一的比.

因此，将由此可证明，正如在本卷命题 11 中所证一样②，

$$DC^2 : BM^2 = PV^2 : ZF^2.$$

$$\therefore DC : BM = PV : ZF.$$

$$\therefore CK : KM = VW : WF.$$

由换比例，$KC : CM = WV : FV$. [1]

此外，$DC^2 : BM^2 = PV^2 : ZF^2$.

$$\therefore CA : AM = VE : EF,$$

由于这在卷Ⅰ的命题 20 所证明③.

由换比例，$CA : CM = EV : VF$.

但是我已证 $KC : CM = WV : FV$④.

$$\therefore KC : CA = WV : EV. \quad [2]$$

但是 $CA : CD = EV : VP$⑤.

$$\therefore KC : CD = WV : VP.$$

在点 C 和 V 的角是直角.

$$\therefore \triangle KCD \backsim \triangle WVP,$$

[因此] 在点 K 和 W 的角相等，

并且 $DK : KB = PW : WZ$，

由换比例 $KD : DB = WP : PZ$.

而 DB 在点 Q 被等分和 PZ 在点 T 被等分.

$$\therefore KD : DQ = WP : PT. \quad [3]$$

$$\therefore CD : CL = VP : VY.$$

但是 $LC = GN$ 和 $VY = Hi$.

---

① Ⅵ.11 证明所有抛物线相似；BAO 和 ZEU 在那一命题条件下可作为抛物线对待.

② 下述内容在Ⅶ.11 中有证（这进一步表明这种引证是在阿拉伯传说中提供的）. Halley 未说明他改动了文本，提供下列证明：

"$AC : AM = EV : EF$ [参阅 n.③]

$\therefore$（由Ⅰ.20）$DC^2 : BM^2 = PV^2 : ZF^2$".

③ 该证明在翻译过程中被搞乱了. 肯定这三条线不可能是 Apollonius 写出的. 关于 $CA : AM = VE : EF$，因为由假设，$CA : AR = EV : ES$ 和 $AM : AR = EF : ES$. 按同一比例，由此得出 $DC^2 : BM^2 = PV^2 : ZF^2$（参阅 n.②），因此 Halley 替换了这三条线"因为 $AC : AM = VE : EF$". 也许最简单的解法是删去插话 فنسبة…نسبة，（"原书" p.327，2 阿文）.

④ 见 [1].

⑤ 根据Ⅵ.11.

$\therefore DC : GN = VP : Hi$.

所以 $CA : AN = VE : Ei$,

如在卷 I 命题 20 中所证①.

由换比例, $AC : CN = EV : Vi$.

但是已证 $KC : CA = WV : VE$②.

$\therefore KC : CN = WV : Vi$.

所以 $KD : DI = WP : Pf$.

由分比例, $KI : ID = Wf : fP$③.

但已表明 $KQ : QD = WT : TP$④.

$\therefore KQ : QI = WT : Tf$.

但是 $IQ : QG = fT : TH$, 因为$\triangle IQG \backsim \triangle fTH$.

$\therefore KQ : QG = WT : TH$.

而 QK 等于由点 G 作到轴的切线, 因为它 [切线] 与 QK 平行⑤, 且它们在平行线 [GL、KC] 之间, 同样 WT 等于由点 H 作到轴的切线.

所以由点 H 作的切线与 HT 之比等于由点 G 作出的切线与 GQ 之比. 且在本卷命题 17 已证明, 当在此情况下, 以及当由切线和轴构成的角相等时 [在两截线上], 则从其顶点所作切线的截线是相似的.

因此 DGB 段和 PHZ 段相似, 且位置相似⑥.

此外, 我们取 Ja 段, 它不被上述垂线截出:

则我断言它与 DGB 段不相似.

而 DGB 段与 PHZ 段相似;

但是 PHZ 段与 Ja 段不相似,

如本卷命题 19 所证.

因为它不被二垂线同一部分所截 [如 Ja 段].

因此 Ja 段与 DGB 不相似.

证完

---

① I.20 证明 $DC^2 : GN^2 = AC : AN$ 等.

② 见 [2].

③ 这是正确的, 但与此证无关; 因此它被 Halley 略去.

④ 根据 [3], 再由换比例.

⑤ 根据 I.46 (过截线任一点作平行于抛物线的直径的直线等分所有平行于过该点切线的弦).

⑥ 注意在此中证明不很清楚, 即 DA 段相似于 PE 段. 然而它后面紧接着就是相似的段 BA $(=\frac{1}{2}BAO)$ 和 ZE $(=\frac{1}{2}ZEU)$ 段与相似段 BD 和 ZP 的结合.

命题 22

对于相似的双曲线和椭圆，具有如我们在上述命题对抛物线所证的同样的性质.

于是设对抛物线所述情况［对双曲线和椭圆］成立，并［见关于双曲线的图 6.22A 和关于椭圆的图 6.22B］设直径 GQ、HT 止于中心 L、Y［分别地］①.

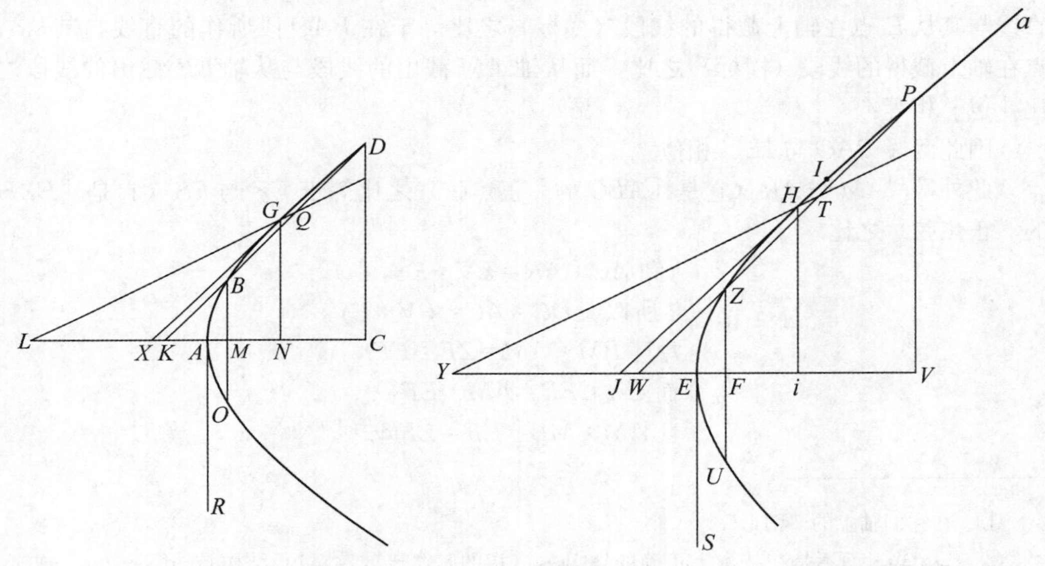

图 6.22A

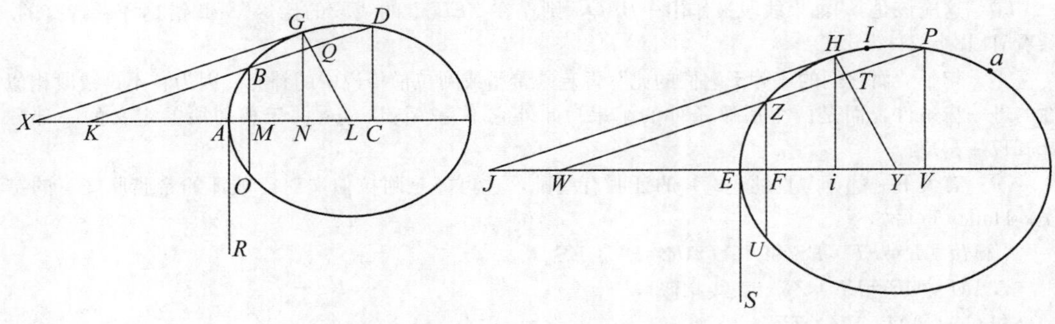

图 6.22B

我们从点 G、H 作对截线的切线 GX、HJ.

则它们［GX、HJ］［分别地］平行于 DK 和 PW②.

① 设 GQL、HTY（对于抛物线）是直径，但现在点 L 和 Y 是中心.

② 根据Ⅰ.47.

现在 AM 与［ABG 的］正焦弦之比等于 EF 与另一截线的正焦弦之比.

因此，由于截线相似，则它们的图形①也相似，

如本卷命题 12 所证.

于是一个截线的横截直径与其正焦弦之比等于另一截线的横截直径与其正焦弦之比.

我们作出的正焦弦之比②等于 AM 与 EF 之比.

在此情况下，因为两个截线相似，正如在本卷命题 12 中所证，则可证明，在 BAO 段可作出③与 BO 平行的直线，在 ZEU 段作出 ZF 的平行直线，且在 ZEU 段作出的直线个数等于在 BAO 段作出的直线个数，和它们的比彼此相等④，而在 ZEU 段所作的直线与其从 E 点在轴上截得的线段（横标）之比等于在 BAO 段所作的直线与其从 A 点在轴上截得的线段（横标）之比，而从轴 AM 截出的线段与从轴 EF 截出的线段之比［也］相等：

因此两段 BAO 与 IEU 相似.

此外⑤，AM 与 AR（它是［ABG 的］正焦弦）之比等于 EF 与 ES（它是［EZH 的］正焦弦）之比.

和 $AC:AR=EV:ES$，

所以⑥ $DC:AC=PV:EV$， ［1］

并且 $BM:AM=ZF:EF$.

而 $CA:FE=AM:EF$⑦.

且 $AM:MB=EF:ZF$⑧.

---

① 在它们轴上的“图形”.

② جعلناهما 而不是在技术上正确的 جعلناها（指的是“比”，نسبة）结构是 ad sensum. 或者，可采用 **T** 的读法（ونسبتا，双重的）.

③ 这应该是：“如果线段被作出…BAO，则作在 ZEU 上的线段的比等”. 此错是译者特有的. 参看Ⅵ. 18 p. 241，n. ⑥.

④ 句子“而它们的比等于它们的比”肯定是希腊或阿拉伯传说中的补充. 因为它不是线段相似性的进一步条件，而是两个后续条件的结果. 此外它不是 Apollonius 关于相似段的定义的一部分（p. 217［7］）.

⑤ 有关下一部分（直到［2］）的证明有些乱，这可能是阿拉伯文对已破坏的希腊原文写的错误，Halley 重写如下：

“$AM:AR=EF:ES$ 和 $AC:AR=EV:ES$.

$\therefore AM:MB=EF:ZF$（截线相似），

和 $CA:AM=EV:EF$

［这是所要求的，但在阿拉伯文此处不是以此形式出现］.

$\therefore CA:BM=EV:ZF$（由首末比）. 但是 $DC:CA=PV:VE$.

$\therefore DC:BM=PV:ZF$”.

⑥ 后面的两个论断不是来自上述，而是根据Ⅵ. 12 以及截线的相似性.

⑦ 而我们需要：$CA:AM=VE:EF$（参阅 p. 250，n. ⑤）. 在［3］中假定如下，它可从假设中直接导出（参阅 p. 247，n. ③）.

⑧ 这是多余的重复.

$\therefore DC : BM = PV : ZF$. [2]

$\therefore CK : KM = VW : WF$.

由换比例，$CK : CM = WV : VF$.

但是 $CM : CA = VF : VE$，

因为 $CA : AM = VE : EF$. [3]

$\therefore KC : CA = WV : VE$.

但是 $CA : CD = EV : VP$①.

$\therefore KC : CD = WV : VP$.

在点 C 和 V 的角是直角. 因此在点 K 和 W 的角也相等.

所以在点 X 和 J 的角相等②. [4]

而这些段［原文如此］③ 相似：于是它们的图形相似.

而 GX、HJ 是切线.

于是$(LN \cdot NX) : GN^2 = (Yi \cdot Ji) : Hi^2$，

因为在卷Ⅰ命题 37 中所证④.

以及 $GN^2 : NX^2 = Hi^2 : Ji^2$，

因为三角形 GNX、HIJ 相似.

$\therefore (LN \cdot NX) : NX^2 = (Yi \cdot Ji) : Ji^2$.

$\therefore LN : NX = Yi : Ji$.

但是 $NX : GN = Ji : Hi$，因为三角形［GNX、HiJ］相似.

$\therefore LN : GN = Yi : Hi$.

且在点 N 和 i 的角是直角.

$\therefore \triangle LNG \backsim \triangle YiH$.

因此在 L 和 Y 的角相等.

但它［已经］表示在 X 和 J 的角相等⑤.

$\therefore XL : GL = JY : YH$.

并且 $XK : GQ = WJ : HT$， [5]

因为 GX 平行于 QK 和 HJ 平行于 TW⑥.

此外，两截线的图形相似.

$\therefore AM : MB = EF : FZ$.

但是 $MB : MK = FZ : FW$.

$\therefore AM : MK = EF : FW$.

由换比例，$AM : AK = EF : EW$.

---

① 参阅［1］.

② 因为 $XG /\!/ KD$ 和 $JH /\!/ WP$（参阅 p. 249，n. ②）.

③ 改成“截段”（القطعتان代القطعان）被手稿 **H** 以及 Halley 所改.

④ Ⅰ. 37 证明了 $LN \cdot NX : GN^2$ = 横截直径与正焦弦（“图形”的两边）之比.

⑤ 见［4］. 因此 $\triangle XLG \backsim \triangle JYH$.

⑥ 由 EuclidⅥ. 2 及三角形相似性推出.

且更有，$AL:AM=EY:EF$，

因为 $AL:AR=EY:ES$ 和 $AR:AM=ES:EF$①.

$\therefore AL:AK=YE:EW$.

$\therefore AL:LK=EY:YW$. ［6］

此外 $LN:NX=Yi:Ji$，

由于两三角形相似，

但是 $NL:LX=AL^2:LX^2$，

因为卷Ⅰ命题 37 所证②.

同样 $Yi:Ji=EY^2:YJ^2$.

$\therefore AL^2:LX^2=EY^2:YJ^2$，

而［因此］$AL:LX=EY:YJ$.

但已证明 $AL:LK=EY:YW$③.

$\therefore LX:LK=YJ:YW$.

$\therefore LX:XK=YJ:JW$.

而 $GX:XL=HJ:JY$，

因为 $\triangle GXL \backsim \triangle HJY$④.

$\therefore GX:XK=HJ:JW$.

但我们在上面已证明

$XK:GQ=JW:HT$⑤.

$\therefore GX:GQ=HJ:HT$.

而在点 X 和 J 的角相等.

所以两段 DGB、PHZ 相似，且它们的位置也相似.

如本卷命题 18 所证.

并且，我们作截段 Ia，使它不由上述垂线截出，（在椭圆情况下）也不被与中心距离相等的垂线所截：

则我断言它［Ia 段］与 DGB 段不相似.

证明：

如可能，设 Ia 段相似于 DGB 段.

现由于 DB 段与 PZ 段相似，

于是 Ia 段与 PZ 段相似.

但它不由相同的垂线所截，或［在椭圆情况下］也不被与中心距离相等的垂线所

---

① Ver Eecke 错误的怀疑这是阿拉伯人的插话，因为 Halley 错误地把它译成"$(AL:AR)\cdot(AR:AM)=(EY:ES)\cdot(ES:EF)$".

② Ⅰ.34 证明 $NL\cdot LX=LA^2$. 因此 $NL:LX=LA^2:LX^2$.

③ 见［6］.

④ 参阅 p.251，n.⑤.

⑤ 见［5］.

截，[因此] 这是不可能的.

如在本卷命题 19 和 20 所证.

于是 Ia 段不相似于 PZ 段，也不相似于 DGB 段.

证完

命题 23

在不相似的截线中，没有一个截线段与另一截线的截线段相似.

设有两不相似的截线 AB 和 GD.

首先设两者都是双曲线 [图 6.23A]，或都是椭圆 [图 6.23B].

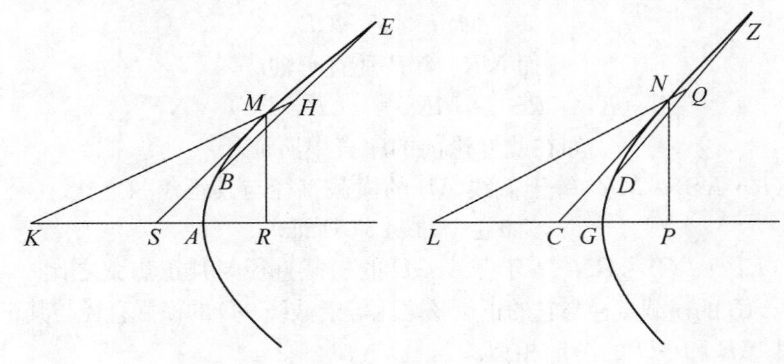

图 6.23A

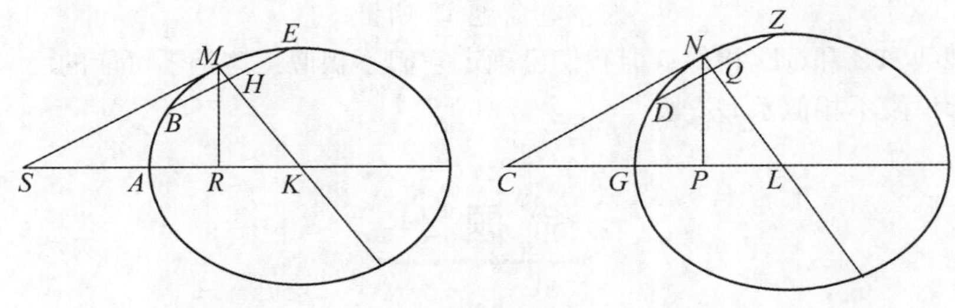

图 6.23B

则我断言截线 AB 没有一个截段相似于截线 GD 的一个截段.

如有可能，设 BE 段相似于 DZ 段.

我们连接 BE、DZ，并平分于点 H、Q. 设截线的中心是点 K 和 L. 连接直线 HMK、QNL：则它们是截线的直径.

如卷Ⅰ命题 47 所证. ①

现在 HMK、QNL 或者是轴或者不是轴.

① 对Ⅰ.47 的注释是有效的，也可参考Ⅰ.51 末尾中 Apollonius 的摘要（所有通过双曲线和椭圆中心的直线是直径）.

如果它们是轴，且 BE 段和 DZ 段是相似的，则到轴可作出与 EB 平行的线段以及 EB 与它们在轴上截得从顶点截出的线段（横标）之比等于到另一轴作出的与 DZ 平行的线段（在数目上与前相同）以及 DZ 与它们在轴上截得从顶点截出的线段（横标）之比. 而且［使得］由一个轴上截得的线段之比与由另一轴截得的线段之比相等.
而平行线都与轴垂直：

（这样以来）截线 AB 和截线 GD 也将相似.

但由我们题设它们不相似，这是矛盾的.

但如果两直径 HMK 和 QNL 不是轴，我们作出轴 AK 和 GL，并且从点 M 和 N 作出轴的垂线 MR 和 NP，并从 M 和 N 作出截线的切线 MS 和 NC.

则因为 BE 段与 DZ 段相似，并且已从它们的顶点作出了切线 MS 和 NC，因此将可证明，正如本卷命题 18 所证

$$\triangle MSK \backsim \triangle NCL.$$

而 MR、NP 垂直于轴.

$$\therefore (KR \cdot RS) : MR^2 = (LP \cdot PC) : NP^2,$$

如在此专论前的序言中所证. ①

但是 $(KR \cdot RS) : MR^2$ 等于截线 AB 的横截直径与其正焦弦之比.

如卷Ⅰ命题 37 所证.

而同样 $(LP \cdot PC) : PN^2$ 等于截线 GD 的横截直径与其正焦弦之比.

因此截线 AB 的横截直径与它的正焦弦之比等于截线 GD 的横截直径与其正焦弦之比.

于是截线 AB 和 GD 的图形相似.

但在此情况下，则两截线相似.

如本卷命题 12 所证.

因此截线 AB 和 GD 相似；但我们已确定它们不相似：这是不可能的.

于是 BE 段不相似于 DZ 段.

命题 24

又设截线 AB 为一抛物线，截线 GD 为一双曲线或一椭圆，

则明显地，一个截线与另一截线不相似，

因为我们在本卷命题 14 中已有所证明. ②

则我断言［截线 AB 的］BE 段与［截线 GD 的］DZ 段不相似.

---

① 此引理来自引理 8，附录 B，p. 356. Halley 指出，它可由 Pappus 对圆锥曲线论这本书的引理 3 和 5 的逆命题加以证明（参阅 p. 240，n. ②）. 然而，如 J. P. Hogendijk 指出此引证是不必的. 因为从 $\triangle MSK \backsim \triangle NCL$，$MR \perp KR$，$MP \perp LP$，得出 $\triangle MSR \backsim \triangle NCP$ 和 $\triangle MKR \backsim \triangle NLP$，所以

$KR : MR = LP : NP$ 和 $RS : MR = PC : NP$，因此

$KR \cdot RS : MR^2 = LP \cdot PC : NP^2$.

② Ⅵ. 14 证明抛物线与双曲线或椭圆不相似.

证明：

如果它们相似，则可在它们中作出个数相等，与 BE、DZ（分别）平行的线段，使得它们与其从［第一］段上的顶点（即 M 点）的直径上截出的线段（横标）之比等于它们与其从［第二］段上的顶点（即 N 点）的直径上截出的线段之比，

且有［第一段的］底与［它的］直径之比等于［第二段的］底与［它的］直径之比，

且也有一个直径以上各分段之比等于另一直径上各分段之比.

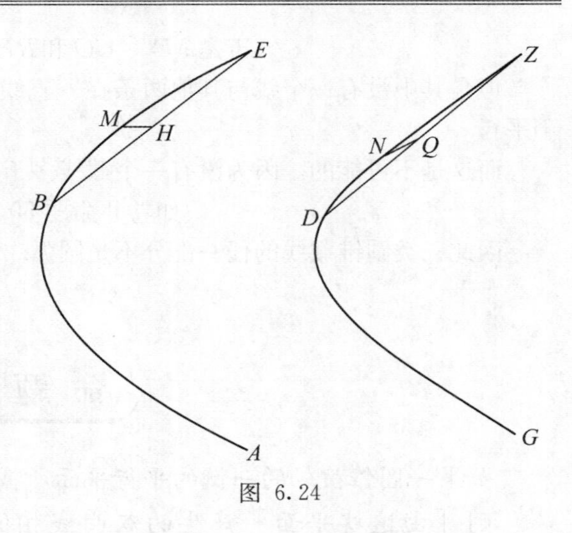

图 6.24

则将可证明，如在本卷命题 14 中对截线全面证明一样，这是不可能的.

但如果一个截线是双曲线，而另一个是椭圆，则可证明它的不可能性，如本卷命题 15 中所证.

证完

命题 25

三种圆锥截线的任一部分不可能是圆弧.

设［图 6.25］有一圆锥截线 $ABGD$.①

我断言它的任一部分不可能是圆弧.

因为如果可能，设 ABG 是圆的一个弧.

我们在任意位置作出彼此不平行的二直线（弦），即 AB、GE，我们还作出与它们都不平行的直线 ZH，并作出 AB 的平行线 ZQ、HK 平行于 GE、EL 平行于 ZH.

我们等分这些线于点 M、N、C、O、R、P，连接 MN、CO、RP：则这些线是圆的直径；② 并且它们垂直于被等分的线.

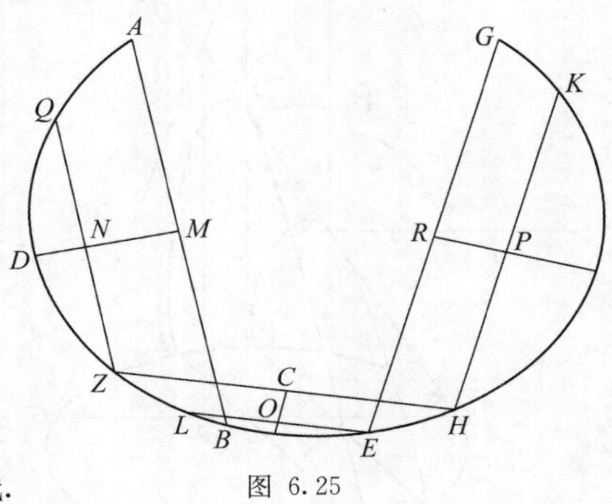

图 6.25

但它们也是该截线的直径，

因为我们在卷Ⅱ命题 28 已证明.③

① 应为 $ADBG$.

② Euclid Ⅲ.3.

③ Ⅱ.28 证明等分两平行弦的直线是直径.

于是 MN、GO 和 RP 是截线的轴. ①

但是其中没有一个线与其他两条在一直线上，因为原三线［AB、GE、ZH］互相不平行.

而这是不可能的，因为没有一个截线多于两个的轴，

如卷Ⅱ命题 50 中所证. ②

因此三类圆锥截线的任一部分不是圆弧.

证完

命 题 26

如果一圆锥被轴的一侧的平行平面所截，这些平面延长后，交于它的外角. ③则［由这些平面］产生的双曲线相似，但不相等.

设［图 6.26］中有一锥面 ABG，设它被两平行平面所截，设它们与圆锥底面的共同交线是 QM 和 KN.

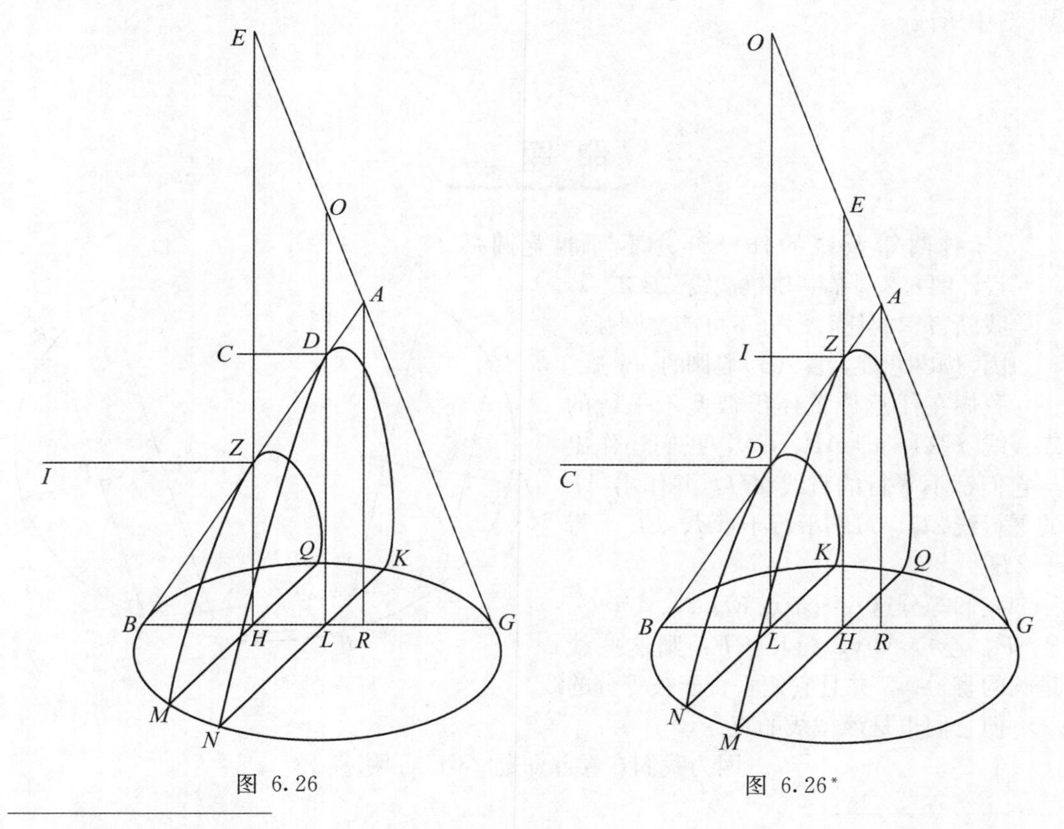

图 6.26　　　　图 6.26*

① 因为它们以直角等分各弦（如 Halley 所加）.

② 注意本命题（确实是阿拉伯译本的Ⅱ.50）在 Heiberg 的希腊本编号Ⅱ.48.

③ 也即它延长时与锥面的母线（图 6.26 的 GA）相交，因此根据（I.12）产生一个双曲线.

我们从锥面底的中心作这些线的垂线 $BLHG$. ①

设圆锥被另一个通过 BG 和圆锥的轴的平面所截，设此平面与锥面的交线为 AB 和 AG.

设此平面与二平行平面的交线为 DL 和 ZH：我们把它们［DL、ZH］延长与 GA 分别交于 O 和 E.

则我断言截线 QZM 相似于截线 KDN，但不相等.

证明：

我们从点 A 作平行于 DL、ZH 的直线 AR.

我们作 $OD:DC=AR^2:(BR\cdot RG)$

并且 $EZ:ZI=AR^2:(BR\cdot RG)$. ②

则，因为 BL 垂直于 KN，在双曲线上作到 DL 且平行于 KN 的线段，使其上的正方形等于贴合于 DC（是正焦弦）上的矩形，且超过它的部分③是一个相似于由 OD 和 DC 形成的矩形，

如卷Ⅰ命题 12 所证.

同样，在双曲线 QZM 上作到 ZH 且平行于 QM 的线段，使其上的正方形等于贴合于 ZI（是正焦弦）上的矩形，且超过它的部分是一个相似于由 EZ 和 ZI 形成的矩形. 而由 KN 与 DL 形成的角等于由 QM 与 ZH 形成的角，因为 KN 和 DL 分别平行于 QM 和 ZH.

因此两截线相似.

如本卷命题 12 所证.

而 $OD\cdot DC$ 大于［原文如此］④ $EZ\cdot ZI$.

因此两截段［原文如此］⑤ QZM 和 KDN 是不相等的，

这是本卷命题 2 所证明的.

证完

命题 27

如果一圆锥被与轴三角形的两边相交的两平行平面所截，但它们不与圆锥的底平行，也不是它的反对面. ⑥

---

① 见 p. 257，n. ④.

② 因此，根据 I. 12，DC 和 ZI 都是正焦弦.

③ “超过它”：实际上是“超过它的全部”. 参阅 p. 242，n. ①.

④ 手稿 **O**、**T** 是这样. 手搞 **H** 写的是“小于”，可能是 ibn al-Haytham 的修正。Halley 根据 $\mathbf{O}^2$，重画图形为图 6.26*，更换了两个双曲线；这可能是正确的解法，因为上述 $BLHG$ 字母的顺序（见 p. 257，n. ①)，指出了这一方向.

⑤ 由手稿 **H** 和 Halley 改正为“截线”（قطعتا 为 قطعا）。

⑥ 因为在这两种情况中，任一种所产生的截线都是一个圆，分别见 I. 4 和 I. 5. “反对关系”（مخالفة =ὑπεναντί'α）截线是从轴三角形截出一个与后者相似的三角形，但边是相反的（如图 6. 27，情况是$\angle AEZ=\angle ABG$).

则［由这些平面］产生的椭圆相似但不相等.

设［图 7.27］圆锥 ABG 被两平行平面所截，设它们与圆锥底面所在的平面的公共截线［原文如此］① 为 QM、KN. 过圆锥底面中心垂直于 QM 和 KN 的直线是 $BGHL$；

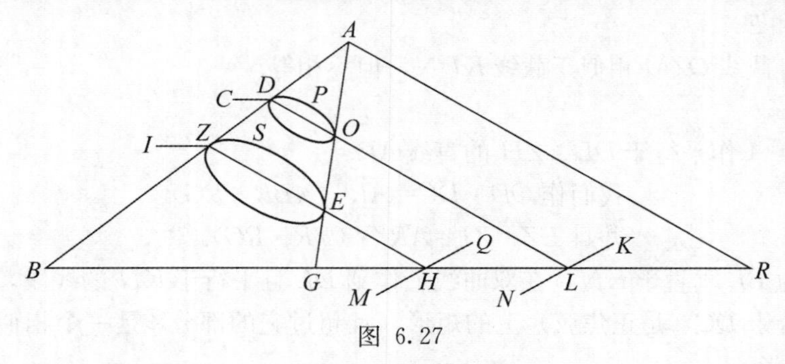

图 6.27

而且我们用［另］一通过该线和截线②轴的平面截圆锥，并设此平面与两平行平面的交线为 ZEH 和 DOL.

我断言两截线 ZSE 和 DPO 相似但不相等.

证明：

我们从点 A 作平行于 ZH、DL 的直线 AR.

设 $OD : DC$ 和 $EZ : ZI$ 每一个都等于 $AR^2 : (BR \cdot RG)$. ③ 则因为 BGL 垂直于 KN，可在椭圆 DPO 作到 DO 与 KN 平行的线段，使其在正方形上贴合于 DC（正焦弦）上的矩形，而与它④相差的部分是一相似于由 DC 和 DO 构成的矩形.

如卷 I 命题 13 所证.

同样在椭圆 ZSE 作到 ZE 与 QM 平行的线段，使其在正方形上贴合于 ZI（正焦弦）上的矩形，而与它相差的部分是一相似于由 ZI 和 ZE 构成的矩形. 而 $\angle KLD = \angle QHZ$，因为 KL 和 LD 分别平行于 QH 和 HZ. ⑤ 且由 DO 和 DC 构成的矩形相似于由 ZI 和 ZE 构成的矩形，

如本卷命题 12 所证.

因此两截线 DPO 和 ZSE 相似.

但它们不相等，

因为 $EZ \cdot ZI > OD \cdot DC$，

而在本卷命题 2 中已证，⑥ 在此情况下，两截线不相等.

证完

① 人们认为是“截线”（双重的）الفصلان المشتركان，如Ⅵ.26（“原书” p.345，4—5 阿文）.

② “圆锥”，如 Halley 所说，是正确的.

③ 因此，根据 I.13，DC 和 ZI 都是正焦弦.

④ 实际上“短于它的全部”. 参阅 p.242，n.①.

⑤ 根据结构.

⑥ 在Ⅵ.2 中所证的实际是它的逆，即当图形相似且相等时，则截线相等.

命题 28

我们要证明，在一给定的直圆锥①上可以求出一等于给定抛物线的抛物线.

设给定一个以三角形 ABG 为轴三角形的直圆锥［图 6.28］.

设已知抛物线是截线 DE，轴为 DL，正焦弦为 DZ，并设

$DZ:AH=GB^2:(AB\cdot AG)$.

我们作 HQ 平行于 AG.

我们用过 HQ 并与 ABG 平面相垂直的平面截该圆锥，设其截线为 KH，其轴为 HQ.

我断言截线 KH 等于截线 DE.

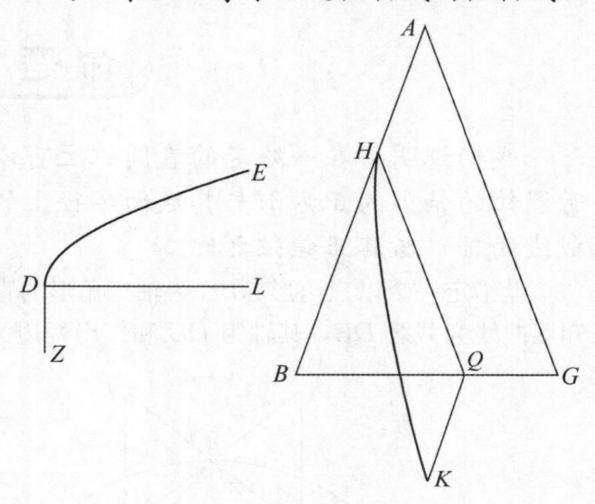

图 6.28

证明：

在截线 KH 上作到 HQ 的垂线段在正方形上等于贴合在与 AH 之比等于（$BG^2:AB\cdot AG$）的线段上的矩形，②

如卷Ⅰ命题 11 所证.

但 $DZ:AH$ 也等于 $BG^2:(AB\cdot AG)$.

所以 DZ 等于截线 KH 的正焦弦.

在本卷命题 1 中曾证明，在此情况下，两截线相等.

所以截线 DE 等于截线 KH.

还可断言，除了这一截线外，没有其他截线可在［此］圆锥找到，其中顶点（即轴末端）在 AB③ 上且它等于截线 DE. ④

因为如果有可能找到另一等于截线 DE 的抛物线，则它的面与圆锥轴三角形的面垂直并相交，而此截线的轴在三角形 ABG 面上，因为圆锥是一个直圆锥（同样对直圆锥的每个截线的轴都是如此）.

因此，如果有可能使其顶点位 AB 上的另一截线等于截线 DE，则它的轴平行于 AG，而其顶点不同于点 H. 而它的正焦弦与由截线从点 A 的 AB 上截得的线段之比等于 $\{BG^2:(AB\cdot AG)\}$.

但这个比等于 $DZ:AH$.

---

① 在本命题和后面的命题对直圆锥的限制是不必要的，然而它可以简化这一问题，尚不清楚为什么 Apollonius 没有论及这一普通情况（即斜圆锥），见序言 p. 83.

② **O**、**T**［原文如此］. 手稿 H 和 Halley 作了明显改正“矩形它们是”，但错误可能追溯到译者.

③ 对 AB 直线的限制似乎无意义（因为在已知直圆锥上所有轴三角形全等，显然有可能从任一个产生等同的截线）. 然而，如果有人考虑的是斜圆锥的问题，则限制是必要的. 见序言 p. 83.

④ 这个（必要的）条件系手稿 **H**，Halley 所加.

所以 DZ 不等于那另一个截线的正焦弦.

但这两个截线［假定为］相等的：这是不对的，因为这在本卷命题1中已有证明.

因此不可能找出其轴的端点在 AB 上的另一截线等于截线 DE.

证完

命题 29

我们证明，在一给定的直圆锥上可以求出一等于已知双曲线的截线，此时圆锥的轴上的正方形与其底面半径上的正方形之比不大于横截直径（已知截线的轴）与其正焦弦之比.①

设给定一个以三角形 ABG 为轴三角形的直圆锥［图 6.29］，② 其轴为 AQ，并设已知双曲线为截线 DE，其轴为 DU 和作出两边为 HD 和 DZ 的矩形.

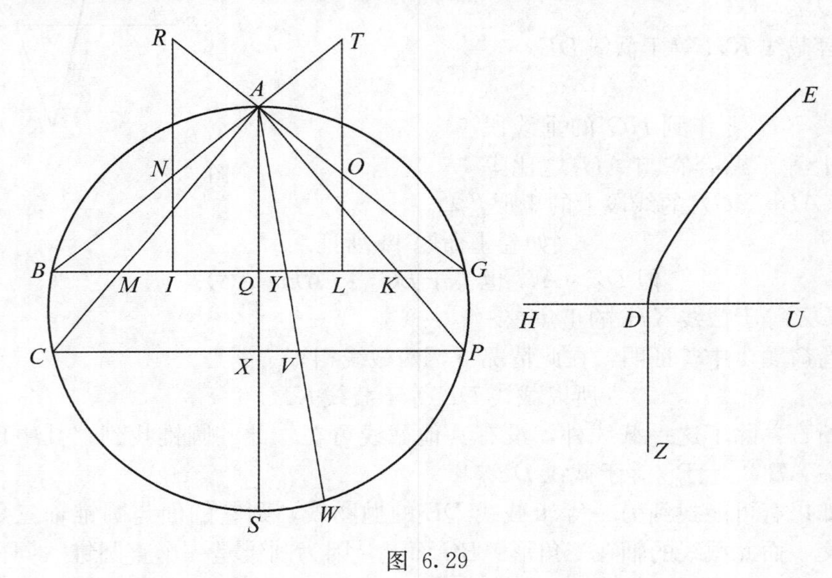

图 6.29

首先设 $AQ^2 : QB^2 = HD : DZ$ ［1］

我们在外角 BAR 上作与 AQ 平行且等于 HD 的线段 RN，并过 RN 作一个垂直于三角形面的平面；则它将于圆锥相交，而其交线将是以 NI 为轴的双曲线. ③

因为 AQ 平行于 RN，

RN（横截直径）与该截线的正焦弦之比等于 $AQ^2 : (QG \cdot BQ)$，

---

① 这是一必要条件，如以下所证（pp. 261—263).

② 图 6.29 展示了手稿中的图形，我增加了图形 6.29*，以说明证明的第二部分. 根据 Banū Mūsā 的理解以及 6.29** 的图形以便说明它，按照 ibn abī Jarrāda 和 Halley 的修正，这无疑代表了 Apollonius 的意图. 参阅 p. 262，n. ⑤.

③ Halley 在此加上正规的阐述"则我断言这一双曲线等于已知双曲线 DE".

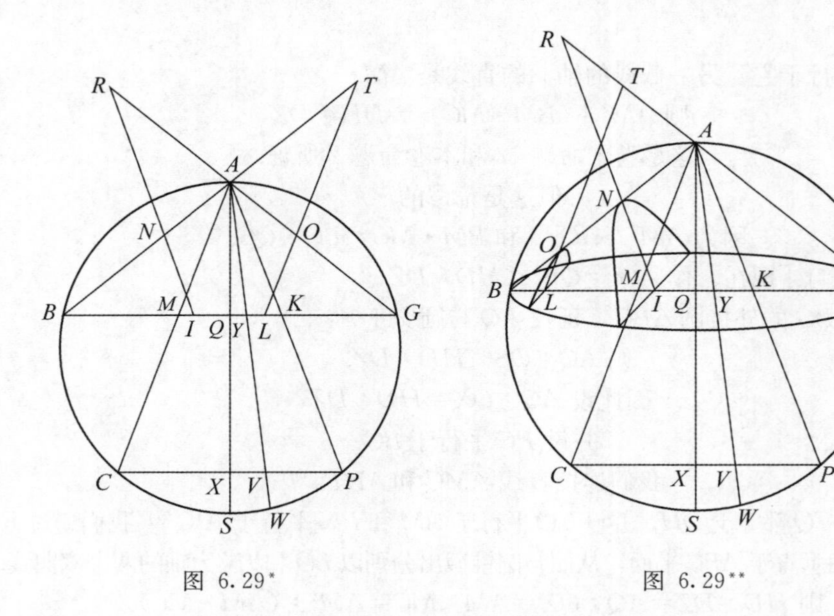

图 6.29*　　图 6.29**

如卷Ⅰ命题 12 所证，

而它也等于 $HD:DZ$. ①

但 $RN=HD$.

所以 DZ 等于轴为 IN 的截线的正焦弦.

因此轴为 IN 的截线的图形等于截线 DE 的图形.

于是截线 DE 与轴为 IN 的截线相等，

这是本卷命题 2 证明的.

［此外］不能找出与截线 DE 相等的其轴端点位于 AB 上的另一截线.

证明：

因为若可能，则该截线的轴位于三角形 ABG 的面上，

如在前一命题中所证；②

而三角形 ABG 将垂直于另一截线所在的平面.

因为该截线是一双曲线，且等于截线 DE，它的轴将与点 A 以外的 AG（延长线）相交，过其交点的轴到 AG 之长③将等于 DH，

如本卷命题 2 中所证.

但这一线段不是 RN，也不平行于 RN.

因为它若平行于它［RN］，它将不等于它.

而当此时，如果从点 A 作一平行于轴的直线，它将在 AG 和 AQ 之间或着 AQ 和

---

① 见［1］.

② 没有“证明”，而是叙述在Ⅵ.28（p.260）中.

③ 也即那一双曲线的横截直径.

AB 之间. ①

于是设平行于它［另一截线的轴］的直线是 AM.

则 $AM^2:(BM \cdot MG)=DH:DZ$,

这是卷Ⅰ命题 12 和本卷命题 2 所证.

但这是荒谬的.

因为 $AM^2>AQ^2$，和 $BM \cdot MG<BQ \cdot QG$. ②

此外，我们［现在］作 $AQ^2:QB^2<HD:DZ$,

并作三角形 ABG 的外接圆 ABG，延长 AQ 与圆交于 S:

则 $AQ:QS<HD:DZ$. ③

因此设 $AQ:QX=HD:DZ$, ［2］

并设 PC 平行于 BG.

我们连接直线 AMC 和 AKP. ④

设 RN 和 TO 都等于 DH，并设 TO 平行于 AM 和 RN 平行于 AK. ⑤ 我们通过 RN 和 TO 分别作平面垂直于 ABC 平面，从而与圆锥截出分别以 LO 和 IN 为轴的两个双曲线. ⑥

则 $HD:DZ=AQ:QX=AM:MC=AM^2:(AM \cdot MC)$.

但 $AM \cdot MC=BM \cdot MG$.

$\therefore DH:DZ=AM^2:(BM \cdot MG)$.

但（$AM^2:BM \cdot MG$）等于 TO（轴 OL 上截线的横截直径）与其正焦弦之比.

如卷Ⅰ命题 12 所证.

因此截线 DE 和以 OL 为轴的截线的图形相等.

由本卷命题 2 所证，在此情况下，则截线 DE 与以 OL 为轴的截线相等.

同样地也将可证明截线 DE 等于以 NI 为轴的截线.

---

① 也即它将不与 AQ 重合.

② 手稿 **H** 在前面加上“但那是荒谬的”:

“但是 $DH:DZ=AQ^2:(BQ \cdot QG)$.

$\therefore AM^2:(BM \cdot MG)=AQ^2:(BQ \cdot QG)$”,

这使证明更显然. $BM:MG<BQ \cdot QG$,

因为 $BM \cdot MG=(BQ-QM)(BQ+QM)=BQ^2-QM^2$,

而 $BQ \cdot QG=BQ^2$.

③ 因为 $AQ:QS=AQ^2:QB^2$. **O** 的边注提供了后者的下列说明:

$AQ^2:QB^2=AQ^2:(QB \cdot QG)=AQ^2:(QA \cdot QG)=AQ:QS$.

④ 连接 AC、AP 分别交 BG 于 M 和 K.

⑤ 见我的图形 6.29* 和 6.29**，其中分别画出这一情况，图 6.29* 显示了手稿中的图形，它表明 Banū Mūsā 如何理解这一结构. 然而这毫无疑问是错误的，因为它产生了在圆锥轴的对侧平凡的相等的双曲线的情况. Apollonius 所设想的这一情况表现在图 9.29**；ibn abī Jarrāda 在手稿 **H**（f. 265a）的边注上以及 Halley 都是这样画的.

如 Halley 指出，Pappus 在他的对圆锥曲线论的引理中对此结构有说明（见 Jones § 294，p. 497 的注解）.

⑥ Halley 加了说明：“则我断言每一个这种双曲线都与已知的双曲线相等”.

另外，找不出第三个截线，其轴的顶点在 AB、AG① 之一上且等于截线 DE.

证明：

因为如果可能求得上述截线，则它的轴在 ABG 的面上，

如对抛物线的情况证明.

于是我们作出与该轴平行的直线 AY.

则我们将证明，正如前所证，AY 即不与 AK 重合，又不与 AM 重合，而且

$$DH : DZ = AY^2 : (BY \cdot YG) = AY^2 : (AY \cdot YW),$$

因为矩形 $[AY \cdot YW]$ 等于矩形 $(BY \cdot YG)$. ②

但是 $AY^2 : (AY \cdot YW) = AY : YW$.

$\therefore DH : DZ = AY : YW$.

这是不可能的，因为 $DH : DZ = AQ : QX$，

和 $AQ : QX = AY : YV$.

另外，我们［现在］使得 $AQ^2 : QB^2 > DH : DZ$.

则我断言，在圆锥中找不到与截线 DE 相等的截线.

证明：

因为，如果能找到，我们作出与该截线的横截直径平行的直线 AM.

则 $AM^2 : (BM \cdot MG) = DH : DZ$.

但 $AQ^2 : (BQ \cdot QG) > DH : DZ$.

$\therefore AM^2 : (BM \cdot MG) < AQ^2 : (BQ \cdot QG)$.

但 $AM^2 > AQ^2$，以及 $BM \cdot MG < BQ \cdot QG$. ③

［因此］这是不可能的.

因此在圆锥中找不到与截线 DE 相等的截线.

证完

命题 30

我们证明，在一给定的直圆锥上可以求出一与已知椭圆相等的截线.

设给定一个以三角形 ABG 为轴三角形的直圆锥［图 6.30］，并设已知椭圆是截线 DE，其轴（横截直径）为 DH 和正焦弦为 DZ.

作三角形 ABG 的外接圆 ABG，且使得

---

① 当然“在 AB 上”是正确的. Ibn abī Jarrāda 反对把“在 AB、AG 的一个上”的说法作为 Banū Mūsā 的插话，这可能是对的，因为它再现了图 6.29（参阅 p.262，n.⑤）的错误，对于“没有其他的…DE”手稿 **O** 有不明确的说法“除了我们所指出的以外找不出其他截线”.

② Euclid Ⅲ. 35.

③ 参阅 p.262，n.③.

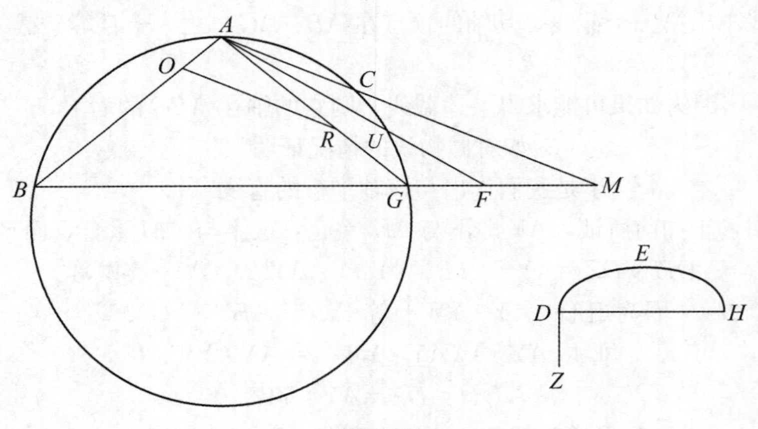

图 6.30

$AM : MC = DH : DZ$

——显然，这是不可能且容易的①——并在三角形 ABG 中作 OR 平行于 AM 且等于 DH.②

我们过 OR 作与三角形 ABC 面垂直的平面截圆锥，则得到一轴为 OR③ 的椭圆，而 OR 与它（椭圆）的正焦弦之比等于 $AM^2 : BM \cdot MG$.

如卷Ⅰ命题 13 所证.

但是 $BM \cdot MG = AM \cdot MC$.④

所以该截线的横截直径 OR 与其正焦弦之比等于 $AM^2 :(AM \cdot MC)$.

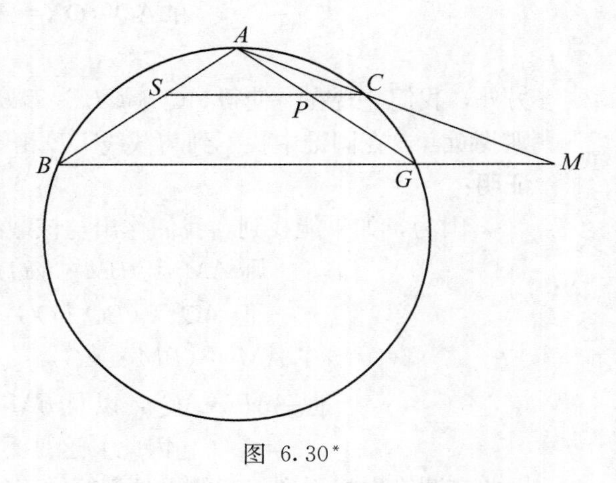

图 6.30*

但是 $AM^2 :(AM \cdot MC) = AM : MC$.

并且 $AM : MC = DH : DZ$.

所以 OR 与轴为 OR 的截线的正焦弦之比等于 $DH : DZ$. 于是截线 DE 和轴为 OR 的截线的图形相似且相等.

因此两截线相等，

如本卷命题 2 所证.

---

① 如在图 6.30* 中作 $AB : BS = DH : DZ$. 作出与 BG 平行的 SP，延长与圆交于 C 点，连接 AC 并延长交 BG 于 M 点，则根据形似三角形关系，有

$$AM : MC = AB : BS = DH : DZ.$$

② 关于结构见 p. 262，n. ⑤.

③ Halley 加以说明："我说此椭圆等于已知椭圆 DE".

④ 参阅 EuclidⅢ. 36.

我也断言在这圆锥上找不到在 AB 上靠近 A 点①的另外截线等于截线 DE.

证明：

因为如果这是可能的，则我们将证明，如本卷命题 28 所证，

它的轴在三角形 ABG 的面上，

而且它的面与三角形 ABG 面垂直相交，由于这截线是椭圆，其轴必与 BG 相交，因为它等于截线 DE，则其轴（横截直径）等于 DH.

如本卷命题 2 所证.

而靠近点 A 的顶点在 AB 上.

因此它的轴不与 OR 重合，也不平行于它，②

当我们从点 A 作出平行于该轴的直线时，它将不会与 AM 重合，假设此直线为 AUF. ③

则 AF 将与弧 AG 相交，因为它不平行于 BG.

且该截线的横截直径与它的正焦弦之比等于 $AF^2:(BF\cdot FG)$，

如卷Ⅰ命题13 所证.

且它也等于 $DH:DZ$，

但是 $BF\cdot FG=AF\cdot FU$.

$\therefore AF^2:(AF\cdot FU)=DH:DZ$.

但是 $AF^2:(AF\cdot FU)=AF:FU$，

和 $DH:DZ=AM:MC$.

$\therefore AF:FU=AM:MC$，这是不可能的. ④

因此除了轴为 OR 的截线以外，在此圆锥上不可能找到另一个等于截线 DE，其顶点在 AB 上靠近 A 点的截线.

证完

命题 31

我们证明，可以求得一包含已知抛物线且与已知直圆锥相似的直圆锥.

设抛物线是 BAG［图 6.31］，其轴为 AL，正焦弦是 AD，已知圆锥为过轴三角形 EZK 的圆锥 EZK.

我们过 AL 作一平面 QL 垂直于截线 BAG 所在的平面，并在该平面画直

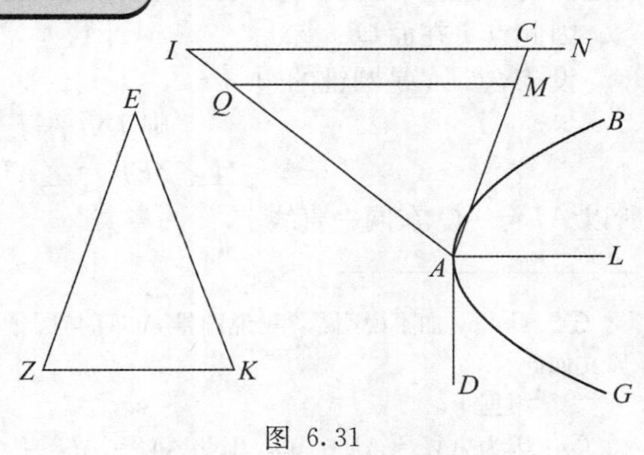

图 6.31

① 这样就排除了顶点在 AG 上且位置对称的椭圆的那种平凡的情况.

② 因为如果它与 OR 平行，则它将大于或小于它.

③ U（ص）可能是阿拉伯手稿常见的错误，应是 W（ض）.

④ 因为它意味着 UC 平行于 FM.

线 AM，使其$\angle MAL$等于$\angle EZK$.

我们作 $DA : AM = KZ : ZE$，并在 AM 上作与三角形 EZK 相似的三角形 QAM，(在截线所在平面的垂面上）过点 A、M 作二直线 AQ、MQ，以点 Q 为顶点以 AM 为直径的圆为底作圆锥，该圆锥的底面垂直于平面 AQM. ①

则$\angle MAL = \angle EZK$.

但$\angle EZK = \angle QMA$.

$\therefore \angle MAL = \angle QMA$.

所以 AL 平行 QM，而 QM 是圆锥轴三角形之一边，从而已知截线所在平面在圆锥上产生一抛物线. ②

而 $DA : AM = KZ : ZE = AM : MQ$.

$\therefore AD : AM = AM : AQ$，因为 $AQ = MQ$.

$\therefore AM^2 : AQ^2 = AD : AQ$. ③

但 $AQ^2 = (AQ \cdot QM)$. $\therefore AM^2 : (AQ \cdot QM) = DA : AQ$

所以在圆锥上产生的截线的正焦弦是 DA. 但它也是截线 BAG 的正焦弦，其上正焦弦相等的抛物线［自身］相等，

如在本卷命题 1 中所证.

所以截线位于我们构成的圆锥中，而我们构成的圆锥与圆锥 EZK 相似，

因为$\triangle EZK \backsim \triangle QAM$.

其次我断言除此之外，截线 BAG 不能从另外的圆锥中找出，该圆锥相似于圆锥 EZK，其顶点在截线平面的一侧. ④

证明：

因为如果可能，设有包含此截线（BAG）且与圆锥 EZK 相似的另一圆锥，设顶点为 I.
设过圆锥轴的平面与已知截线平面垂直相交，其交线是此截线的轴.
但是面 QL 垂直于截线所在的面，且面 QA 通过 AQ 直线.

因此点 I 在面 QL 上. ⑤

设 IN、IA 是圆锥的边.

则 IN 平行于 AL. ⑥

且$\angle ZEK = \angle AIN = \angle AQM$.

所以 AI 分 AQ 在同一直线上. ⑦

---

① Halley 加了说明："我说圆锥 AGM 与圆锥 EZK 相似，而且被已知的抛物线 ABG 所包含［原文如此］".

② 根据 Ⅰ. 11.

③ 因为 $AM^2 = AD \cdot AQ$，因此 $AM^2 : AQ^2 = (AD \cdot AQ) : AQ^2 = AD : AQ$.

④ 也即在纸的上面，而不是在它之下.

⑤ 如 Halley 所说，这是 Pappus 作为对圆锥曲线论第Ⅵ卷的引论所证明的（见 Jones § 295，以及 p. 497 上的注）.

⑥ 因为由它作为母线的圆锥产生由 AL 作为轴的抛物线.

⑦ 因为$\angle AMQ = \angle ACI = \angle MAC = \angle EKZ$，所以 AM、AC 共线，AQ、AI 共线.

于是延长 AM 与 IN 交于点 C.

现在截线 BAG 在顶点为 I 的圆锥中.

因此如果我作使某直线与 AI 之比等于 $AC^2:(AI \cdot IC)$，

则该线段将是截线 BAG 的正焦弦.

但 AD 是截线 BAG 的正焦弦.

$\therefore AC^2:(AI \cdot IC)=DA:AI.$

而 $AM^2:(AQ \cdot QM)$ 已证等于 $AD:AQ$.

但是 $AM^2:(AQ \cdot QM)=AC^2:(AI \cdot IE)$.

因为三角形的相似性质.

$\therefore DA:AQ=DA:AI$；这是不可能的.

因此不能找出包含那个截线的另一圆锥，它与圆锥 ZEK 相似而其顶点是在截线所在平面的一侧.

证完

命题 32

我们证明可以作出一个直圆锥，它与给它的直圆锥相似，并且包含一已知的双曲线.

[要使这问题得到解决] 它必须使那一圆锥的轴上正方形与其底半径上正方形之比不大于已知双曲线的横截直径与正焦弦之比. ①

设 [图 6.32] 有一已知双曲线 BAG，其轴为 AL，横截直径为 AN 以及正焦弦为 AD.

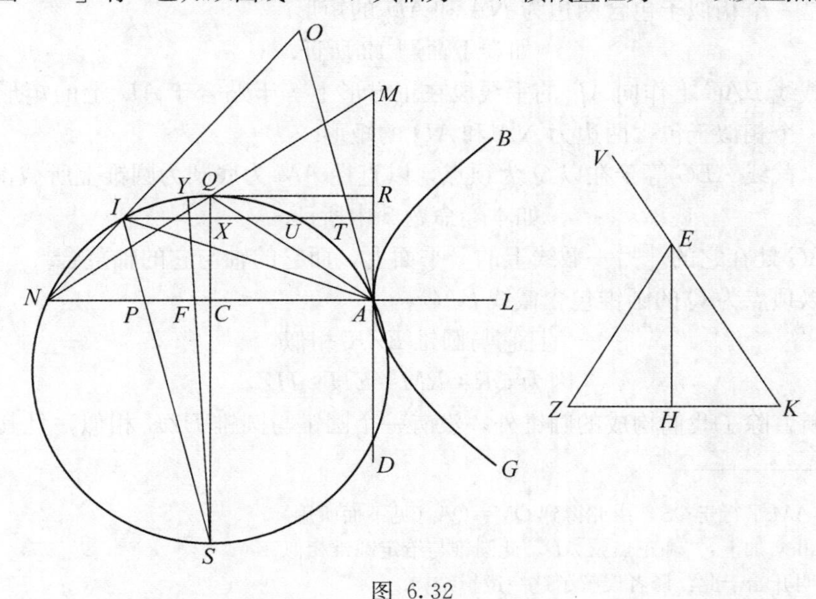

图 6.32

① 这个 διορισμός在下面有证（见 p. 270 及 p. 271，n. ⑥）.

设给定的圆锥是有轴三角形 EZK 的圆锥.

我们把 KE 延长到 V，且过 AL 的平面使其垂直于截线所在的平面，设此平面为平面 QL.

在 AN 上作含角等于角 VEZ 的圆弧及圆，且在点 Q 等分弧 AQN.

从点 Q 作到 AN 的垂线 QC，并延长交圆于 S.

首先设圆锥的轴 EH 上正方形与 ZH 上正方形之比等于 $NA:AD$. 从点 Q 延长 NQ 与从点 A 作平行于 QC 的直线交于点 M.

则因圆弧 NS 等于圆弧 SA，

$$\angle NQS=\angle SQA.$$

$$\therefore \angle MAQ=\angle QMA.①$$

于是我们构成了一个以 Q 为顶点，以 AM 为直径的圆为底的直圆锥，且底圆垂直于平面 QAL. 则当此情况，截线所在平面与该圆锥产生一个以 AL 为轴，以 AN 为横截直径的双曲线. ②

而③$\angle AQM=\angle ZEK$，这是作出的.

而 $QA=QM$ 和 $ZE=ZK$. ④

我们作 QR 垂直于 AM.

则 $EH^2:(KH\cdot HZ)=QR^2:(MR\cdot RA)$. ⑤

但是 $EH^2:(KH\cdot HZ)=NA:AD$.

$\therefore QR^2:(MR\cdot RA)=NA:AD$.

因此在所产生的截线上落在 AL 的纵标在正方形上等于贴合于 AD 上的矩形，而超过的部分是一个相似于包含两边为 NA 和 AD 的矩形.

如卷Ⅰ命题 12 所证.

而以截线 BAG 上作向 AL 的垂线段在正方形上等于贴合于 AD 上的矩形，且超过的部分是一个相似于包含两边为 NA 和 AD 的矩形.

因此，截线 ABG 等于在以 Q 为顶点，以直径 AM 为底圆为圆锥上所截得的截线.

如本卷命题 2 中所证.

而截线 BAG 处在它的［另一截线上的］平面上，而它的轴与它的轴重合.

因此以顶点为 Q 的圆锥包含截线 BAG，

且它与圆锥 EZK 相似，

因为 $QR:RM=EH:HZ$，

还可断言除了我们构成的圆锥外，没有一个圆锥与圆锥 EZK 相似，且其顶点与点

---

① 因 AM 平行于 QS，由此得到 $QM=QA$（见下面所用）.

② Halley 加上："和正焦弦 AD，此圆锥与给定圆锥相似".

③ 证明开始于此：译者误解了这一逻辑结构.

④ 译者有笔误，该式应为"$EZ=EK$".

⑤ 如 Halley 所说，这是来自 Pappus（见 p. 240，n. ③）给出的对Ⅵ. 18 的反证，这也可由 Banū Mūsā 的引理 8 所证明（见附录 B，p. 355）.

Q 在截线 ABG 所在平面的同一侧，并包含这一截线.

证明：

因为如果可能，设另一圆锥包含它，顶点在点 I 的锥面.

则将可证明，如上面所证，点 I 位于 QAL 面上.

于是设圆锥（轴三角形）两边为 IO 和 IA.

现在这圆锥与圆锥 EZK 相似.

$$\therefore \angle AIO=\angle ZEK \text{ 和 } \angle ZEV=\angle AIN.$$

因此点 I 在圆弧 AQN① 上，直线 OI 延长将过点 N.

于是我们连接 SI，并从点 A 作平行于它的直线，即 AO，再从点 I 作平行于 AN 的直线，即 IT.

则截线 BAG 位于顶点为 I 的圆锥；而它的轴 AL 延长到点 N.

所以（$TI^2 : AT \cdot TO$）等于横截直径 NA 与正焦弦 AD 之比. ②

$$\text{但是 } NA : AD=EH^2 : (ZH \cdot KH).$$

$$\therefore TI^2 : AT \cdot TO=EH^2 : (ZH \cdot KH). \qquad [1]$$

而 $\angle NIS=\angle SIA$，且它们分别等于 $\angle IAO$ 和 $\angle AOI$. ③

$$\therefore \angle IAO=\angle AOI.$$

$$\text{和 } \angle AIO=\angle ZEK.$$

$$\therefore \triangle AIO \backsim \triangle ZEK.$$

我们已证明 $IT^2 : (OT \cdot TA)=EH^2 : (ZH \cdot HK)$. ④

$$\text{但是 } ZH=HK.$$

$$\therefore AT=TO.$$

$$\text{且 } AT : TO=NI : IO=NP : PA.$$

$$\therefore NP=PA.$$

但是这是不可能的，因为 QS 是圆的直径，且在点 C 与 NA 垂直相交. ⑤

因此除了我们构成的圆锥之外，找不到另外的圆锥与圆锥 EZK 相似且包含截线 BAG.

而且，我们若取 $EH^2 : ZH^2 < NA : AD$，

并像我们前面作的一样构成这一结构：

$$\text{则 } EH^2 : (EH \cdot HK) = QR^2 : (MR \cdot RA),$$

因为两三角形 EZK、QAM 相似. ⑥

$$\text{而 } MR \cdot RA=RA^2=QC^2.$$

$$\text{和 } QR^2=AC^2.$$

---

① 因为 $\angle AIN=\angle AQN$.

② 根据 Ⅰ. 12.

③ 因为 SI 平行于 AO，因此 $\angle NIS=\angle AOI$ 和 $\angle SIA=\angle IAO$，文中角的顺序是不对的.

④ 见 [1].

⑤ 因此 $NC=CA$. 从而 $NP\neq PA$.

⑥ 见 p. 268，n. ⑤.

$$\therefore EH^2:(ZH\cdot HK)=AC^2:QC^2.$$

但是 $AC^2=SC\cdot CQ$. ①

$$\therefore EH^2:(HZ\cdot HK)=EH^2:ZH^2=(SC\cdot CQ):CQ^2=SC:CQ. \quad [2]$$

但是 $EH^2:ZH^2<NA:AD$.

$$\therefore SC:CQ<NA:AD.$$

于是我们作 $SC:CX=NA:AD$，

且过点 X 作平行于 NA 的直线 $IXUT$（图 6.32）.

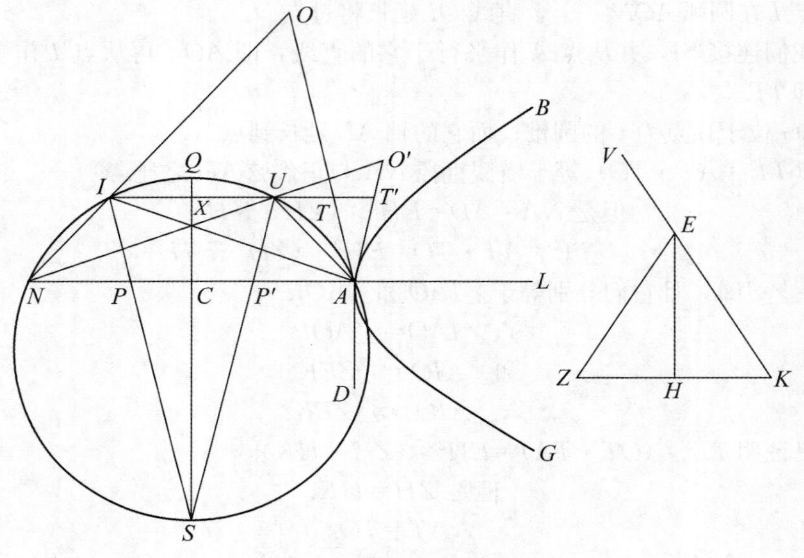

图 6.32*

我们连接 IN、IS、IA，且从点 A 作平行于 IS 的平行线 AO. 则如前所证，可证两三角形 OIA 和 ZEK 是相似的等腰三角形. 因此如果构成以 I 为顶点，以 AO 为直径的圆为底的圆锥，该圆锥底在面 QAL 的垂直面上，

则 BAG 所在平面将于该锥面相交产生一个双曲线，而该截线的轴是 AL，它的横截直径是 AN.

$$\text{并且 } NA:AD=SC:CX=SP:PI. \quad [3]$$

但是 $SP:PI=(SP\cdot PI):PI^2$，

并且 $SP\cdot PI=NP\cdot PA$.

$$\therefore (NP\cdot PA):IP^2=NA:AD.$$

但是 $(NP\cdot PA):IP^2=IT^2:(OT\cdot TA)$.

因为 $ATIP$ 是一个平行四边形. ②

$$\therefore NA:AD=IT^2:(AT\cdot OT).$$

---

① 根据 Euclid IV. 35（$AC=NA$）.

② 如 Halley 所注，$PA:IP=IT:TA$ 和 $PN:IP=IT:TO$，因此，由比的乘法，

$$(PN\cdot PA):IP^2=IT^2:(OT\cdot TA).$$

因此 AD 是在圆锥 AIO 上产生的截线的正焦弦.
所以正像本命题前面部分所证，将可证明以 I 为顶点的圆锥包含截线 BAG.
并且截线 BAG 也被另一个与此圆锥相等的圆锥所包含，该圆锥是连接 AU、NU，并延长 NU，且以 U 为顶点所形成的圆锥. ①
且这两个圆锥将与圆锥 EZK 相似.

则我断言没有第三个圆锥能与圆锥 ZEK 相似，并且它的顶点在截线 BAG 所在平面如点 I 一样在同一侧，而且能够包含截线 BAG.

证明：

因为它的顶点将在圆弧 AIN 上，

如前面所证.

因此设它是点 Y：连接 YS 交 NA 于点 F.（见图 6.32）
则我们将由前面所作证的反论证明

$$NA : AD = SF : FY. \text{②}$$

但这是不合理的，因为 $NA : AD$ 已证等于 $SC : CX$.
因此没有与圆锥 EZK 相似的第三个圆锥包含这个截线.

但是如果 $EH^2 : ZH^2 > NA : AD$.
则与圆锥 EZK 相似的圆锥不可能包含截线 BAG. ③

证明：

因为如果可能，设它被顶点为 I 的圆锥所包含. ④
则我们用前述方法将证明

$$SP : PI = NA : AD.$$

但 $NA : AD < EH^2 : ZH^2$，而它（$EH^2 : ZH^2$）已证等于（$SC : CQ$）. ⑤

$$\therefore SP : PI < SC : CQ \text{：这是不可能的. ⑥}$$

因此没有［这种］与圆锥 ZEK 相似的圆锥将包含截线 BAG.

证完

命题 33

我们证明可以作出一个直圆锥，它与给定的直圆锥相似，并且包含一个已知的椭圆.

---

① 见图 6.23*，另一圆锥是 $UO'A$.
② 参阅［3］.
③ 这是本命题开始谈到 διορισμός的判别的证明.
④ 手稿 **O**、**T** 有无意义的话“圆锥的圆”.
⑤ 见［2］.
⑥ 因为 $SP : PI = SC : CX > SC : CQ$.

设［图 6.33］已知的椭圆为 ABG，其主轴为 AG 和正焦弦是 AD，并设给定的直圆锥是圆锥 EZK.

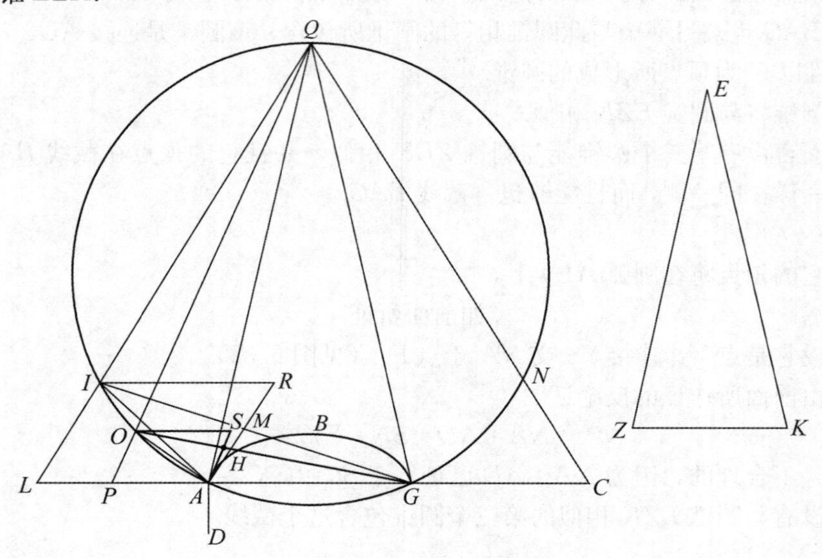

图 6.33

我们过 AG 作一平面垂直于截线 ABG 所在的平面，并在其平面上画［一个圆］弧 AQG，使其含等于$\angle ZEK$ 的一个角.

我们等分弧于 Q，并以点 Q 作直线 QIL，使得

$$QL : LI = GA : AD.①$$

同样我们也可作出直线 QNC，使得它以同一比［被圆］所截.

连接 AI、GI，作直线 IR 平行于 AG，作直线 AR 平行于 QL［与 GI 交于点 M].

我们构成一个以点 I 为顶点和以 AM 为直径的圆为底的圆锥.

我断言此圆锥相似于圆锥 EZK，而且包含截线 ABG.

证明：

$\angle QIG = \angle QAG$，因为它们所对同一弧（弧 QNG).

但是$\angle QIG$ 也等于$\angle IMA$，因为 QI 与 AM 平行.

$$\therefore \angle QAG = \angle AMI.$$

$$但是\angle MIA = \angle AQG.②$$

因此［在$\triangle IMA$］其余角，$\angle IAM = \angle QGA$.

$$\therefore \triangle AMI \backsim \triangle AQG.$$

$$但是\triangle AQG \backsim \triangle EZK.$$

而这些三角形是等腰的.

因此$\triangle AMI$ 是等腰的且与$\triangle EZK$ 相似.

于是以点 I 为顶点，以 AM 为直径为圆的底的圆锥相似于圆锥 EZK.

---

① I 在圆上，L 在 AG 的延长线上，关于结构见 p.264，n.①.

② 在同一弧上.

且截线所在平面在圆锥产生一主轴为 AG 的椭圆.

$$且\ GA:AD=GL:LI=(GL\cdot LI):LI^2.$$

$$但是\ QL\cdot LI=GL\cdot AL.①$$

$$\therefore GA:AD=(GL\cdot AL):LI^2$$

$$但是\ (GL\cdot AL):LI^2=RI^2:(AR\cdot RM),②$$

因为 $RALI$ 是平行四边形.

$$\therefore GA:AD=RI^2:(AR\cdot RM).\qquad [1]$$

而 AG 是横截直径：因此 AD 是在圆锥产生的截线的正焦弦.③
且它也是截线的正焦弦.
因此截线 ABG 被包含在我们构成的圆锥中，因为在本卷命题 2 中所证.

同样地连接 NA 和 NG，也将证明截线包含在以点 N 为顶点的另一圆锥.

[此外] 没有第三圆锥相似于圆锥 ZEK，其顶点在截线平面的一侧，且包含此截线.

证明：

因为，如果可能，设某另外的圆锥包含它，则我们将证明，如在前一命题所证，④如果过它的轴作一垂直于截线所在平面，其交线是该截线两轴中的主轴.

我们也将证明，如在上一命题对双曲线证明那样，该圆锥的顶点在圆弧 AQG 上.
于是设它为点 O，设圆锥的两边为 OA 和 OH.
我们过点 O 和点 Q 作直线 QOP，作 AS 平行于 QP，和作 OS 平行于 AG.

则△OAH 是等腰三角形，

$$和\ OS^2:(AS\cdot SH)=GA:AD.⑤$$

$$\therefore OS^2:(AS\cdot SH)=(GP\cdot PA):OP^2,$$

因为四边形 $OSAP$ 是一个平行四边形.⑥

$$但是\ GP\cdot PA=QP\cdot PO.$$

$$\therefore GA:AD=(QP\cdot PO):PO^2,$$

而这 [后者] 之比等于 $QP:PO$.

$$\therefore GA:AD=QP:PO.$$

$$但是\ (AG:AD)\ 也已是等于\ (QL:LI).$$

$$\therefore QP:PO=QL:LI：这是不可能的.⑦$$

因此不可能有一个第三圆锥与圆锥 EZK 相似，且包含这个截线.

证完

---

① 参阅 EuclidⅢ.36.

② 因为 $AL:LI=RI:AR$，和 $GL:LI=RI:RM$ （△GLI∽△IRM）. 因此用比的相乘可得.

③ 根据Ⅰ.13.

④ 这里可能应是“在本命题中的前面部分”.

⑤ 与 [1] 中同一证明方法.

⑥ 参阅 n.②.

⑦ 因为，如果 T 是 IR 与 GP 的交点，则有

$$GL:LI=QP:PT<QP:PO.$$

第Ⅶ卷

阿波罗尼奥斯给阿塔罗斯（Attalus）的信：

祝您平安．随此信寄给您圆锥曲线论第Ⅶ卷．在这一卷中详述了有关直径及其上图形的精彩内容，所有这些对许多类型的问题都很有用①，我们论及的许多圆锥曲线问题极其需要它②，其中有些将在专著第Ⅷ卷中讨论（该卷是最后一卷）．我将尽快给您寄去．再会．

命题 1

如果把抛物线③的轴延长到截线外，使截线外的部分等于正焦弦．然后从截线顶点到截线上任一点连直线段．过此点作轴的垂线．

则［从顶点］作出的线段上的正方形等于［1］垂线足到截线的顶点之间的线段和［2］垂线足与轴延长到的点之间的线段所构成的矩形．

设有一抛物线［图 7.1］，轴为 AG，把 GA 延长到点 D：设 AD 等于正焦弦．从点 A 作一直线交截线于点 B，作 BG 垂直于 AG.

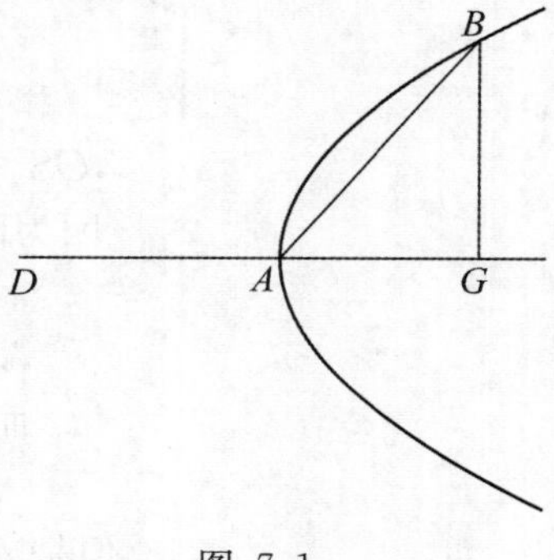

图 7.1

则我断言　$AB^2=DG\cdot AG$.

证明：

AG 是截线的轴，BG 垂直于它，AD 等于正焦弦．

$\therefore BG^2=DA\cdot AG$,

如在卷Ⅰ命题 11 所证．

在上式两边各加 AG^2.

于是 $AG^2+GB^2=DA\cdot AG+AG^2$,

但是 $AG^2+GB^2=AB^2$,

并且 $DA\cdot AG+AG^2=DG\cdot GA$.

$\therefore AB^2=DG\cdot AG$.

证完

---

① Halley 在此插话，无任何文本证实，“特别是在他们的判别中 διορισμοῖς”．

② 如 J. P. Hogendijk 提示，可以参阅卷Ⅰ序言的末尾部分（Heiberg p. 41，25—26）．

③ 这是本卷涉及抛物线的仅有三个命题之一（其他的是Ⅶ．5 和Ⅶ．32，它们互相有关）．插入Ⅶ．1（在卷Ⅶ中未用，可能会用于卷Ⅷ）可能为了与Ⅶ．2—3 中的椭圆和双曲线类比．

命题 2

如果将双曲线的轴向外延长，使得延长部分等于其横截直径，横截直径被其中一点分为两部分，从横截直径一个端点①起，两部分之比等于横截直径与正焦弦之比（对应于正焦弦的部分是截出部分），从横截直径另一端点作直线与截线相交，过其交点作轴的垂线.

则从横截直径另一端点到截线的线段上的正方形与垂足到横截直径的截出部分的两端点的线段所包含的矩形之比等于横截直径与横截直径上剩余部分之比.

（从横截直径）被截出的部分称作“同比线”. ②

设有双曲线［图 7.2A 和图 7.2B］，其延长轴为 EGA，并设截线的图形为 GD，设 AQ 是 AG 的截出部分，使得

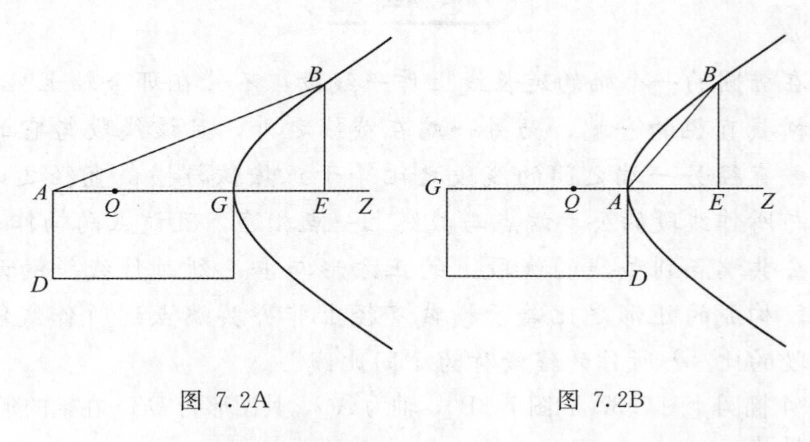

图 7.2A　　图 7.2B

$$GQ:QA=GA:AD\ (AD\text{是正焦弦})\qquad[1]$$

从点 A 到截线作一线段 AB，作 BE 垂直于轴.

则我断言　$AB^2:(QE\cdot EA)=AG:GQ$.

证明：

我们作 $AE\cdot EZ=BE^2$.

$$\therefore\ (AE\cdot EZ):(AE\cdot EG)=BE^2:(AE\cdot EG)\qquad[2]$$

但是$\{BE^2:(AE\cdot EG)\}$等于正焦弦（AD）与横截直径（AG）之比，

---

①　也即两端点中的任一个（因此两种情况需要两个图）.

②　字意“比相似”在幸存的原希腊文本中无含有此术语的文本，但 Halley 推测可能 Apollonius 采用了词ὁμόλονος的特殊意义，并给出相应的翻译. 很可能 Apollonius 使用了更为精确的ὁμοιόλονος，但为尊重现有英语用法起见，我继续把此术语译为“同比线”.

如卷Ⅰ命题21所证①.

$\therefore (AE \cdot EZ):(AE \cdot EG)=DA:AG=ZE:EG$,

而 $DA:AG=AQ:QG$. ②

$\therefore ZE:EG=AQ:QG$.

$\therefore ZG:GE=AG:GQ$. ③

$\therefore ZA:QE=AG:GQ$. ④

我们取 AE 为公共的高，就有

$ZA:QE=(ZA \cdot AE):(QE \cdot AE)$.

$\therefore AG:GQ=(ZA \cdot AE):(QE \cdot AE)$.

但是 $ZA \cdot AE=AB^2$. ⑤

$\therefore AB^2:(AE \cdot EQ)=AG:GQ$.

证完

命题 3

如果在椭圆的一个轴的延长线上作一线段，不管在那个轴上⑥，该线段的一端是横截直径的一端，而另一端在截线之外，且该线段与它的另一个端点到横截直径另一端之间的线段之比等于正焦弦与横截直径之比，又把横截直径与所作线段的公共端点与截线上一点相连，且该点向轴作垂线.

则从公共端点到截线的线段上的正方形与垂足到所作线段的两个端点之间的线段构成的矩形之比等于横截直径上非公共端点到所作线段外端点之间的线段的比.⑦ 所作的线段称为“同比线”.

设有一个椭圆［图7.3A和图7.3B］，轴为 AG，其图形为 DG. 在轴的延长线上取线段 AQ，且设

---

① Ⅰ.21证明了对于有心圆锥截线，在纵标上的正方形与纵标在直径上的足到横截直径两个端点的线段包含的矩形之比等于正焦弦与横截直径之比. 在Halley的书中对“Ⅰ.21”的注释可能是印刷错误.

② 根据［1］.

③ 合比例.

④ 在图7.2A，由合比例(1)；在图7.2B为分比例.

(1)由 $ZG:GE=AG:GQ$ 得 $ZG:AG=GE:GQ$，由合比例有

$ZA:AG=QE:GQ$，得 $ZA:QE=AG:GQ$.

⑤ 因为由［2］ $AE \cdot EZ=BE^2$，$ZA \cdot AE=ZE \cdot AE+AE \cdot AE$

$=BE^2+AE^2=AB^2$.

⑥ 或长轴（图7.3A）或短轴（图7.3B）.

⑦ “两个端点…它们彼此不同”（المتباينين）：即不包括公共端点（图7.3A和图7.3B中的A点）.

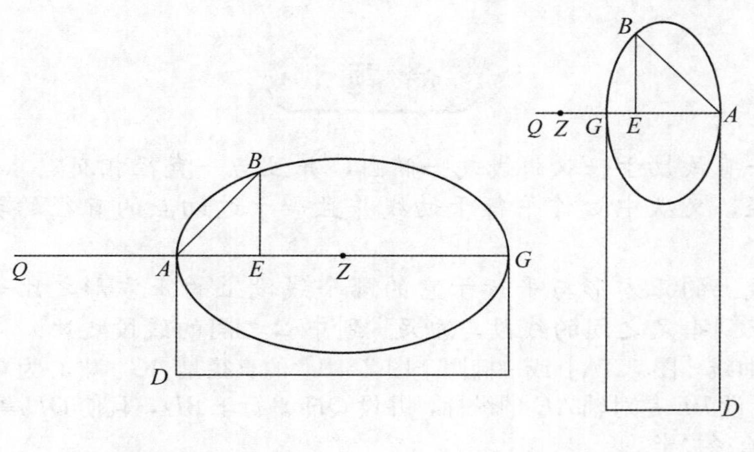

图 7.3A　　　　图 7.3B

$$GQ : QA = GA : AD.$$

从点 A 作到截线的线段 AB，从点 B 作 BE 垂直于轴.

我断言 $AB^2 :(QE \cdot EA) = AG : GQ$.

证明：

我们作出 $AE \cdot EZ = BE^2$.

则 $(AE \cdot EZ):(AE \cdot EG) = BE^2 :(AE \cdot EG)$.

但是$\{BE^2 :(AE \cdot EG)\}$等于正焦弦（它是 AD）与横截直径（它是 AG）之比，

如卷Ⅰ命题 21 所证. ①

$\therefore (AE \cdot EZ):(AE \cdot EG) = DA : AG = ZE : EG$.

并且 $DA : AG = AQ : QG$. ②

$\therefore ZE : EG = AQ : QG$.

$\therefore ZG : EG = AG : GQ$. ③

$\therefore ZA : QE = AG : GQ$. ④

但是，当我们取 AE 为公共高时，

$ZA : QE = (ZA \cdot AE):(QE \cdot EA)$.

$\therefore AG : GQ = (ZA \cdot AE):(QE \cdot EA)$.

但是 $ZA \cdot AE = AB^2$. ⑤

$\therefore AB^2 :(AE \cdot EQ) = AG : GQ$.

证完

① 参阅 p. 276，n. ①.

② 根据 [1].

③ 由分比例.

④ 在图 7.3A 中用分比例，在图 7.3B 中用合比例.

⑤ 参阅 p. 276，n. ⑥.

命题 4

如果一直线切于一双曲线或一椭圆，并且与一直径相交①，从切点作一纵标到直径，又从中心作平行于切线并且等于过切点的直径的共轭直径之半的线段，

则切线上的正方形与平行于它的那个线段上的正方形之比等于切线和直径的交点到垂足之间的线段与垂足②到中心之间的线段之比.

设一双曲线［图 7.4A］或一椭圆［图 7.4B］的直径是 AG，中心为 Q，且截线的切线是 BD. 设 BE 是对轴 AE 的纵标，并设 QH 平行于 BD，且使 QH 等于过切点的直径的共轭直径之半. ③

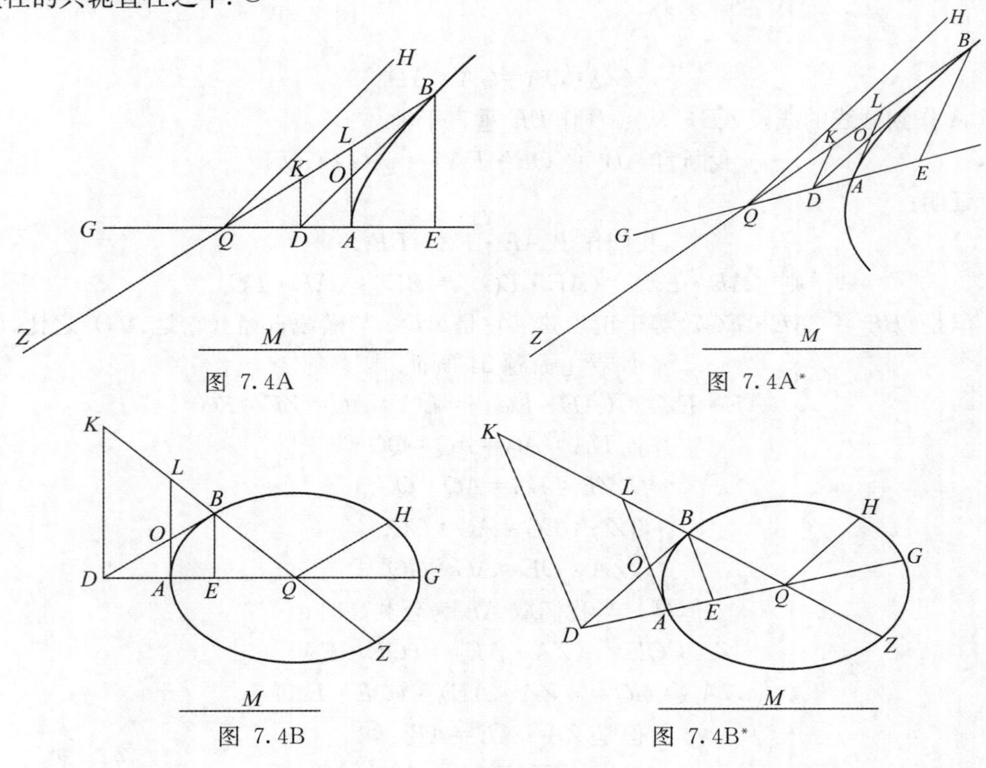

图 7.4A　图 7.4A*
图 7.4B　图 7.4B*

① Halley 用"轴"代替"它的一个直径". 确实手稿中图形表示"正交共轭"，而且下面用词"垂线"（见 n.②）并且，当用此引理时（在Ⅶ.6 和Ⅶ.31）只用于正交共轭中. 然而，Apollonius 的作法是在最一般的形式下作证明，这里用词显示他在斜共轭下作证的（见图 7.4A* 和 7.4B*）. 参阅Ⅴ.1—3，其中引理在斜共轭下表示，虽然它们只用在（Ⅴ.5—10）正交共轭中. 这里 Halley 也错误地用"轴"代替了"直径".

② "垂线"仅在正交共轭中才对（参阅 n.①），大概 Apollonius 原本写成"在纵标和中心之间的线"（参阅Ⅰ.39，Heiberg p. 118，10—11).

③ 因此点 H 在共轭双曲线上（图 7.4A），在椭圆上（图 7.4B).

则我断言 $DB^2 : QH^2 = DE : EQ$.

证明：

我们从点 B 作直径 BQZ，并作 AL、DK 平行于 BE，[设 AL 与 DB 交于点 O].

设线段 M 与 BD 之比等于（$OB : BL$）.

则 M 是如此线段之半，当矩形贴合于该线段时，[1] 在双曲线情况，加上一个与 ZB 和 2 倍 M 构成的矩形相似的矩形，[2] 在椭圆情况，减去一个与 ZB 和 2 倍 M 构成的矩形相似的矩形.

落在轴 BQ 上的相应纵标上正方形等于上述矩形. 这已由卷Ⅰ命题 50 所证. QH 是与直径 BZ 共轭的直径之半.

$$\therefore QB \cdot M = QH^2,$$

如卷Ⅱ的命题 1 及 21 所证. ①

而 $OB : BL = M : BD = DB : BK$. ②

$$\therefore M \cdot BK = BD^2.$$

但是 $(M \cdot BK) : (M \cdot BQ) = BK : BQ$.

$$\therefore BD^2 : (M \cdot BQ) = BK : BQ.$$

但是关于比（$BK : BQ$），它等于（$ED : EQ$）. ③

而对于矩形（$BQ \cdot M$），正如我们已证明，它等于 QH^2.

$$\therefore BD^2 : QH^2 = ED : EQ.$$

证完

命 题 5

如果有一抛物线，其中一个直径已作出，从该直径的顶点作轴的垂线，

若从截线到直径作平行于过直径顶点的切线的线段 [即纵标]，当贴合于一线段的图形等于 [纵标] 上的正方形④，即这个线段是这条直径的正焦弦，则它等于轴的正焦弦加上垂足到轴的顶点之间线段的 4 倍. ⑤

设有一抛物线 [图 7.5]，轴为 AH，轴 AH 的垂线 AG 是轴的正焦弦，即贴合于它的图形等于纵标上的正方形，从点 B 作轴的垂线 BZ.

则我断言从截线到 BI 作平行于 B 点的切线（BD）⑥ 的线段上的正方形等于贴合

---

① Ⅱ.1 和Ⅱ.21 与这里无关. Halley 用“Ⅰ.15 和Ⅱ.20”代替（根据手稿 **O** 的边注，用“Ⅰ.15和Ⅰ.16 以及Ⅱ.20”). 基本命题，即横截直径是正焦弦和共轭直径的比例中项，在Ⅰ.15 中证明，但奇怪的是，只是对于椭圆，对双曲线相应的命题证明（在现在的形式中，M 等于半正焦弦）在Ⅱ.20 中（Heiberg p.230，12—18).

② $\triangle OBL \backsim \triangle DBK$.

③ $\triangle BQE \backsim \triangle KQD$.

④ 设该线为 ρ，即 $\rho \cdot$ 横标＝纵标^2.

⑤ 这是用于Ⅶ.32 中的一个引理.

⑥ BD 还未作出（见下），这是插入的话吗？

一线段上的图形，该线段等于 AG 加上 4 倍的 AZ，该线段是直径 BI 的正焦弦.

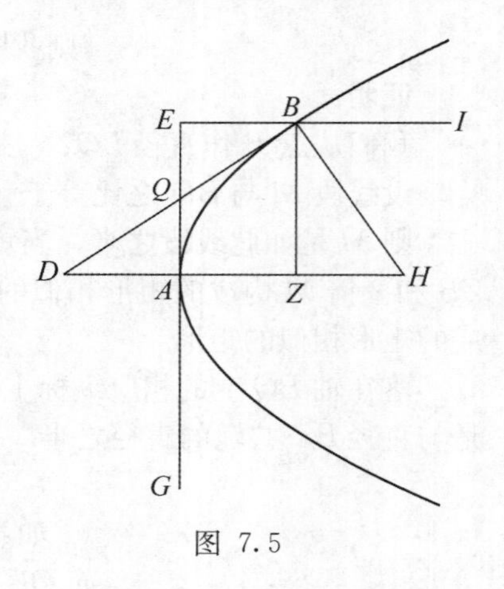

图 7.5

证明：

我们作 EA 垂直于轴，并将 IB 延长到 E，作过截线一点 B 作切线 BD，作 BH 垂直于 BD.

则$\triangle BDH \backsim \triangle BQE$. ①

$\therefore BQ : BE = DH : BD.$

所以 DH 等于对直径 BI 的正焦弦之半.

如卷Ⅰ命题 49 所证. ②

但是 $DZ \cdot ZH = BZ^2$.

因为角 DBH 是直角，BZ 垂直于 DH.

而 $BZ^2 = AG \cdot AZ$.

$\therefore DZ \cdot ZH = AG \cdot AZ.$

但是 $DZ = 2AZ$，

如卷Ⅰ命题 35 所证.

$\therefore AG = 2ZH$. ③

并且 $4AZ = 2DZ$.

$\therefore AG + 4AZ = 2DH$. ④

又我们已经表明 $2DH$ 是直径 BI 的正焦弦.

所以直径 BI 的正焦弦等于 AG 加上 4 倍的 AZ.

证完

命题 6

如果在双曲线轴的延长线上，在轴的横截直径的两端各作一个等于“同比线”的线段，并处在它们（即同比线）所在位置，作两个共轭直径，并从截线的顶点作平行于“竖”直径⑤的直线与截线相交，又从其交点作轴的垂线：

则两共轭直径中的横截直径与竖直径上的正方形之比等于垂足到较远同比线端点之间线段与垂足到较近同比线的端点之间的线段之比；

① $\angle EBQ = \angle BDH$（BI 平行于 AH），而角 BEQ、DBH 都是直角.

② 因为 BD、EQA 分别是直径 BI、AH 末端的切线.

③ 也就是说次法线等于半正焦弦，有意义的是 Apollonius 又一次证明了这一众所周知的有关圆锥曲线的基本定理：参照Ⅴ.8 中 n.③（p.119）.

④ $AG + 4AZ = 2ZH + 2DZ = 2DH$.

⑤ “竖” القائم $= \dot{o}\rho\theta\iota'\alpha$，Ⅰ. 定义 5. 这是两共轭直径之一，它与原双曲线不相交.

并且横截直径与（从截线上）作到它［横截直径］且平行于第二直径①的线段的参数，即它的正焦弦，在长度上②之比等于上述两线段之比.

设有一双曲线［图7.6A和图7.6B］，作轴EG的延长线，横截直径为AG，中心是Q，设两线段AN、GC都等于同比线，设两共轭直径过点Q，作AL平行于ZH（交截线于点L），并作LM垂直于GA.

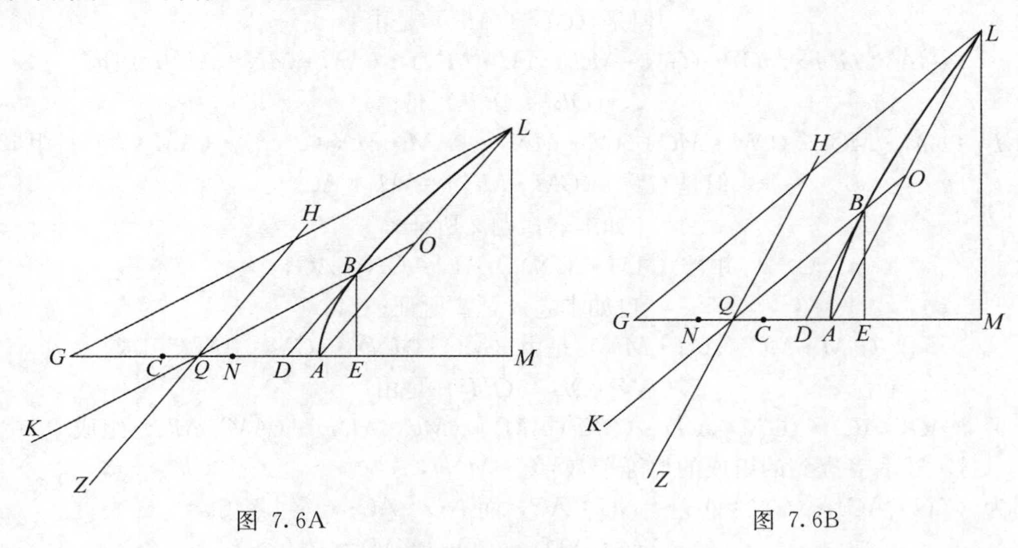

图 7.6A　　　　图 7.6B

则我断言BK（横截直径）上的正方形与ZH（竖直径）上的正方形之比等于（CM∶MN）.③

证明：

连接GL，从点B作垂线BE，并从点B作平行于ZH的线段BD.

则BD是截线的切线.④

又因为$GQ=QA$，和$LO=OA$，⑤

GL平行于BQ.

∴$DE:EQ=AM:MG$，因为两三角形相似.⑥

但$DE:EQ=BD^2:QH^2$，如本卷命题4所证.

① 这是"竖直径"的另一名称. 参阅Ⅰ.16后第三定义（Heiberg. p. 66，25—26）.

② 在"长度上"：في الطول $=\mu\eta\kappa\epsilon\iota$，即不是在正方形上，而且是简单比.

③ 定义"同比线"的优点现在显示出来：这里它们提供了测定两个共轭直径的一个容易的方法.

人们会想到这里说明的第二部分（参阅Ⅶ.7，p. 282），例如"BK与BK的正焦弦之比等于（MC∶MN）". 这可能是因漏写而遗失.

④ 因为它平行于与BK共轭的竖直径.

⑤ 点O在横截直径KB的延长线上，它等分与其共轭的HZ平行的弦LA.

⑥ 根据相似三角形，$DE:BE=AM:LM$，和$BE:EQ=LM:MG$. 因此，由首末比例，$DE:EQ=AM:MG$.

$$\therefore AM : MG = DB^2 : QH^2.$$

又因为 $QB^2 : DB^2 = GL^2 : AL^2$，

由于两三角形［QBD、GLA］相似.

且 $BD^2 : QH^2 = AM : MG$，

（$QB^2 : QH^2$）由（$GL^2 : AL^2$）·（$AM : MG$）组成.

但是（$GL^2 : AL^2$）是由

（$GA^2 : GM \cdot MC$）·（$GM \cdot MC : AM \cdot MN$）·（$AM \cdot MN : AL^2$）组成.

∴（$QB^2 : QH^2$）是由

（$GL^2 : GM \cdot MC$）·（$GM \cdot MC : AM \cdot MN$）·（$AM \cdot MN : AL^2$）·（$AM : MG$）组成.

但是 GL^2 :（$GM \cdot MC$）$= AL : AC$，

如本卷命题 2 所证；

并且（$AM \cdot MN$）: $AL^2 = GN : AG$，

也如本卷命题 2 所证；

和（$GM \cdot MC : AM \cdot MN$）是由（$MC : MN$）·（$GM : AM$）组成.

∴（$QB^2 : QH^2$）是由

（$AG : AC$）·（$GN : AG$）·（$GM : AM$）·（$MC : MN$）·（$AM : MG$）组成.

且上述后者提到的组成的比等于（$MC : MN$），

因为（$AG : AC$）·（$GN : AG$）$= NG : AC$，而 $NG = AC$；

且（$GM : AM$）·（$AM : GM$）$= 1$.

所以组成的比等于（$MC : MN$）.

$$\therefore BQ^2 : QH^2 = CM : MN,$$

因此 $BK^2 : ZH^2 = CM : MN$.

此外，（$BK^2 : ZH^2$）等于 BK 与从截线作到 BK 且平行于 ZH 的线段的参量之比，这由卷Ⅱ命题 1 及命题 21 所证. ①

所以 KB 与其上纵标的参量之比等于（$MC : MN$）.

证完

命题 7

如果在一椭圆的轴的两端的延长线上各作一线段，而每一个都等于同比线. 作截线的两共轭直径，又从截线的一个顶点作共轭直径之一平行线与截线相交，并从其交点作轴的垂线：

则与所作不平行的直径上的正方形与另一直径上的正方形之比等于两

① Ⅱ.1 和Ⅱ.21 与此不相干（参阅 p.279，n.①）. Halley 用Ⅰ.21 代替. 事实上，从Ⅰ.16 后“第二定义”推出的最好论述是 $BK : ZH = ZH : \boldsymbol{r}(KB)$.

$\therefore ZH^2 = KB \cdot \boldsymbol{r}(KB)$，和 $BK^2 : ZH^2 = BK^2 : BK \cdot \boldsymbol{r}(KB) = KB : \boldsymbol{r}(KB)$.

同比线两外端之间的线段被垂足所分的两段之比；

两个同比线的定位是：如果在长轴上［见图 7.7A］，它们在截线之外，如果在短轴上［见图 7.7B］，则它们就在该轴上；

而且上述直径与落在它上［与另一共轭直径平行］的纵标的参量之比也等于上述比.

设有一椭圆［图 7.7A 和图 7.7B］，其轴为 AG，设两个同比线是 AN、GC，设两共轭直径是 ZH 和 BK. 作 AL 平行于直径 ZH（交截线于点 L），并从点 L 作轴的垂线 LM.

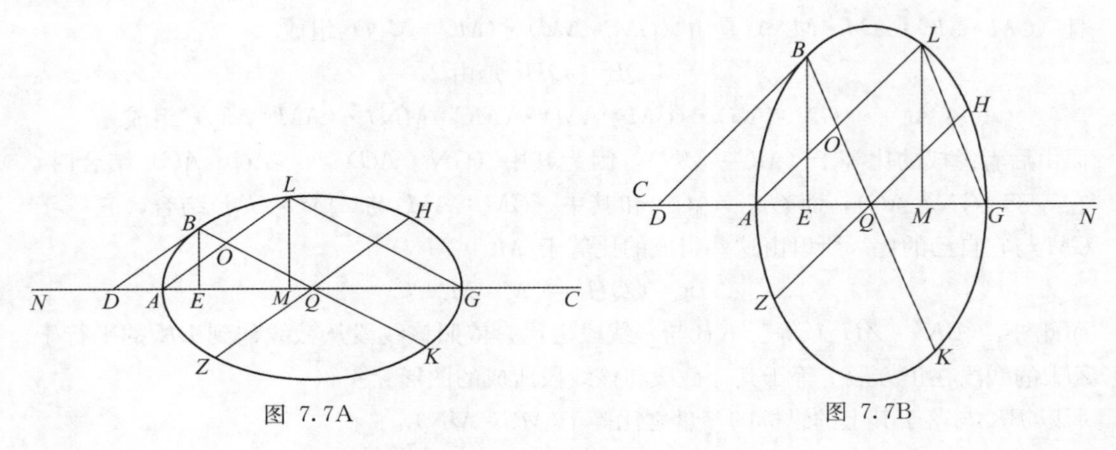

图 7.7A　　图 7.7B

则我断言　$BK^2 : ZH^2 = MC : MN$，

并且 KB 与在截线上对它所作的平行于 ZH 线段的参量（即正焦弦）之比也等于 $(MC : MN)$.

证明①：

连接 GL，从点 B 作垂线 BE，也从它作 BD 平行于 ZH.

则 BD 是截线的切线.

又因为 $GQ = QA$，和 $LO = AO$，

GL 平行于 BQ.

$\therefore DE : EQ = AM : MG$，因为两三角形相似（$\triangle DMB$ 与 $\triangle AGL$）.

但是 $DE : EQ = DB^2 : QH^2$，

由于在本卷命题 4 所证.

$\therefore AM : MG = DB^2 : QH^2$.

又 $BQ^2 : BD^2 = GL^2 : AL^2$，

因为两三角形相似，

又 $BD^2 : QH^2 = AM : MG$，

$(QB^2 : QH^2)$ 是由 $(GA^2 : AL^2) \cdot (AM : MG)$ 组成.

① 以下的证明与Ⅶ.6 对双曲线的证明是完全一样的（包括字母在内），（详细情况可参照此项）.

但是 $(GL^2 : AL^2)$ 是由

$(GL^2 : GM \cdot MC) \cdot (GM \cdot MC : AM \cdot MN) \cdot (AM \cdot MN : AL^2)$ 组成.

$\therefore (QB^2 : QH^2)$ 是由

$(GL^2 : GM \cdot MC) \cdot (GM \cdot MC : AM \cdot MN) \cdot (AM \cdot MN : AL^2) \cdot (AM : MG)$组成.

但是 $GL^2 : (GM \cdot MC) = AG : AC$,

如本卷命题 3 所证;

和 $(AM \cdot MN) : AL^2 = GN : AG$,

也如本卷命题 3 所证;

且 $(GM \cdot MC : AM \cdot MN)$ 是由 $(GM : AM) \cdot (MC : MN)$ 组成.

$\therefore QB^2 : QH^2$ 是由

$(AG : AC) \cdot (GN : AG) \cdot (GM : AM) \cdot (MC : MN) \cdot (AM : MG)$ 组成.

而由后者组成的比等于 $(MC : MN)$,因为其中 $(GN : AG)$ 与 $(AG : AC)$ 结合时,它等于 $(GN : AC)$,而 $GN = AC$. 和其中 $(GM : AM)$与$(AM : GM)$结合,它等于 GM 与它自己的比. 所以由这些组成的比等于$(MC : MN)$.

$\therefore BQ^2 : QH^2 = CM : MN$. ①

而此外,$(BK^2 : ZH^2)$ 等于 KB 与一线段之比,依照该线段从截线作到 BK 的平行于 ZH 的线段在正方形上等于其 [截段与该线段所成的图形]. ②

所以 BK 与落于其上的纵标的参量之比等于$(MC : MN)$.

因此将可证明,如果从点 L 作到轴上的垂线过中心 Q,

则直径 KB 将等于直径 ZH,

因为 $MC = MN$.

证完

命题 8

进一步,我们依照本卷命题 6 和 7 的图形作出双曲线和椭圆的图形 [图 7.8A 和图 7.8B 以及图 7.8C 和图 7.8D]:

则我断言 AG (横截直径) 上的正方形与共轭直径 BK、ZH 连成一个线段上的正方形之比等于 $(NG \cdot MC)$ 与 MC 加上一线段之和上的正方形之比,该线段上的正方形等于 $(MN \cdot MC)$. ③

---

① 在此后人们会认为"$\therefore BK^2 : ZH^2 = MC : MN$"(参阅注解,Ⅶ.6 以及在Ⅶ.8 和Ⅶ.14 所证明的有关参考,这有可能因简写而有所遗失).

② 有关证明见 p. 282,n. ①.

③ 要求证的结论是 $AG^2 : (BK + ZH)^2 = NG \cdot MC : (MC + \sqrt{MN \cdot MC})^2$.

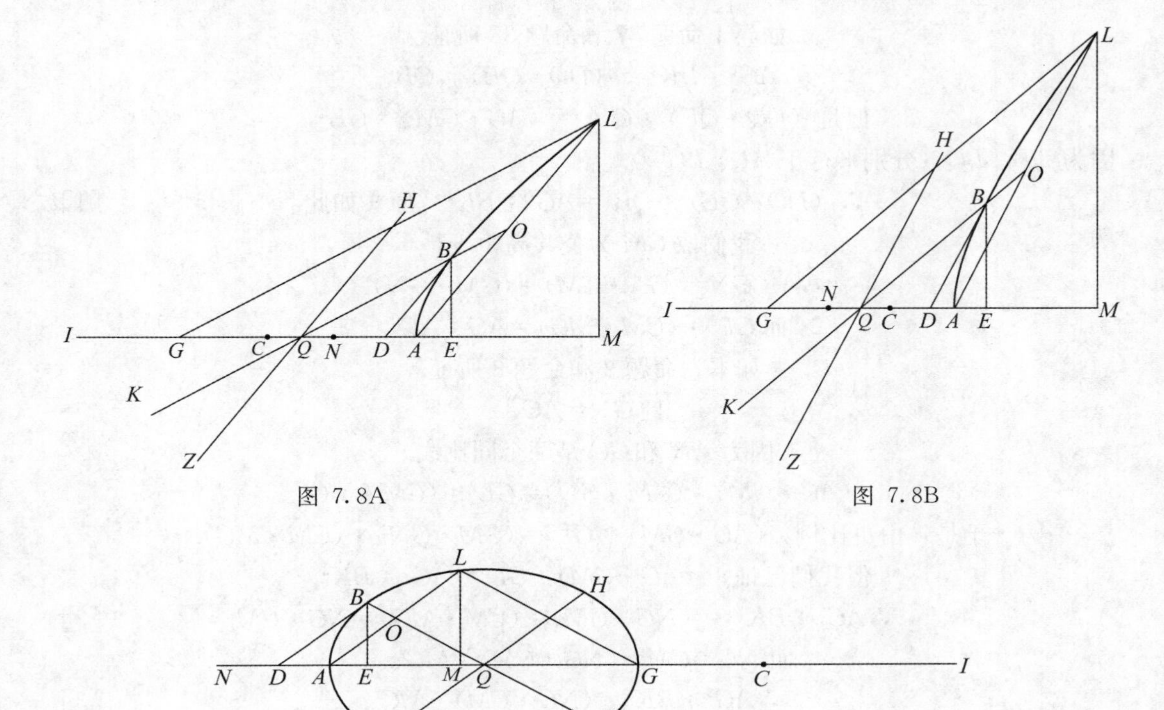

图 7.8A

图 7.8B

图 7.8C

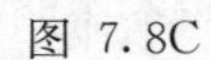

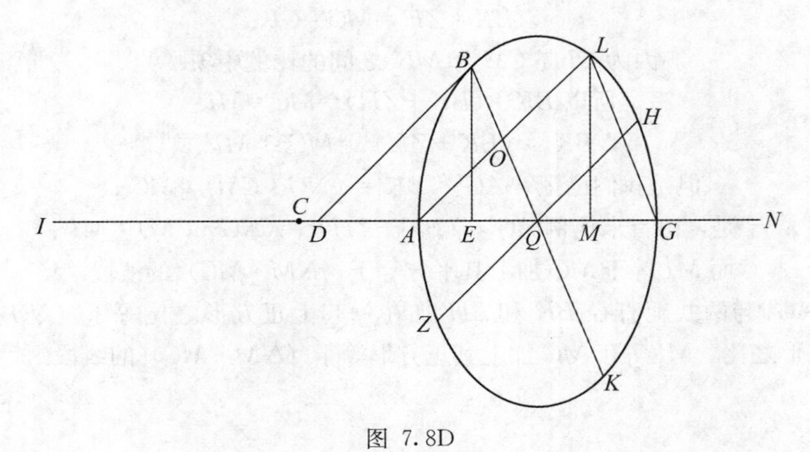

图 7.8D

证明：

我们取 CI 为 NM、MC 的比例中项.

$$\text{则 } AG^2 : BK^2 = AQ^2 : QB^2.\text{①}$$

$$\text{但是 } AQ^2 = DQ \cdot QE.$$

① 因为 $AG=2AQ$，$BK=2QB$.

如卷Ⅰ命题 37 和命题 38 所证. ①

$\therefore AG^2 : BK^2 = (DQ \cdot QE) : QB^2$.

但是 $(DQ \cdot QE) : QB^2 = (AG \cdot GM) : GL^2$,

因为 DB、BQ（分别平行于 AL、LG②).

$\therefore (DQ \cdot QE) : QB^2 = AG^2 : BK^2$ [原文如此]③ [1]

我们取 GM 为公共高，于是

$GA : GN = (GA \cdot GM) : (GM \cdot GN)$.

而 $GL^2 : (CM \cdot MG) = AG : AC$,

如本卷命题 2 和命题 3 所证.

且 $GN = AC$,

因为 AN 和 GC 是两个同比线.

$\therefore (AG \cdot GM) : (GM \cdot GN) = GL^2 : (CM \cdot MG)$.

于是，由更比例，$(AG \cdot GM) : GL^2 = (GM \cdot GN) : (CM \cdot MG)$.

但我们已证④ $(AG \cdot GM) : GL^2 = AG^2 : BK^2$.

$\therefore AG^2 : BK^2 = (NG \cdot GM) : (CM \cdot MG) = NG : CM$. [2]

而 $NG : CM = (NG \cdot CM) : MC^2$.

$\therefore AG^2 : BK^2 = (NG \cdot CM) : MC^2$. [3]

此外，$BK^2 : ZH^2 = CM : MN$,

如前两个命题所证.

$\therefore BK : ZH = MC : CI$, [4]

因为 CI 是 CM 和 MN 之间的比例中项. ⑤

所以 $BK : (BK + ZH) = MC : MI$.

$\therefore BK^2 : (BK + ZH)^2 = MC^2 : MI^2$.

但是我们已证⑥ $AG^2 : BK^2 = (NG \cdot CM) : MC^2$.

于是，由首末比例 $AG^2 : (BK + ZH)^2 = (NG \cdot CM) : MI^2$.

而 MI 等于 MC 加上其平方等于 $(NM \cdot MC)$ 的线段.

所以 AG^2 与两共轭直径 BK 和 ZH 加在一起上正方形之比等于 $(NG \cdot MC)$ 与 MI 上正方形之比，MI 等于 MC 加上其正方形等于 $(NM \cdot MC)$ 的线段.

证完

---

① 只有Ⅰ.37 是有关的.

② 同样，因为 BE 平行于 LM. Halley 加了 Pappus 对卷Ⅱ的第 9 引理（见 Jones，Pappus § 255 p. 312).

③ 正确的是 "$(AG \cdot GM) : GL^2$". 此修正是手稿 **O**[2]（还有 Halley)，以及手稿 **H**.

④ 在 [1]，如改正处（见 n. ③).

⑤ $BK^2 : ZH^2 = CM : MN = CM^2 : (CM \cdot MN) = CM^2 : CI^2$.

⑥ 见 [3].

命题 9

进而，我们作图［图 7.9A—图 7.9D］，表示我们在本卷命题 6 和命题 7 所述的情况.

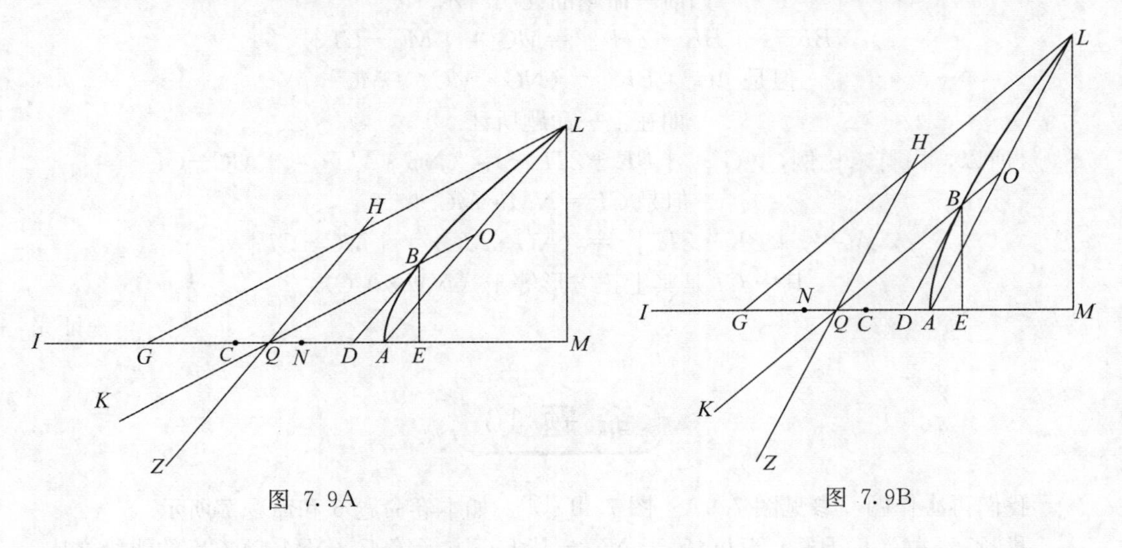

图 7.9A　　　　　　图 7.9B

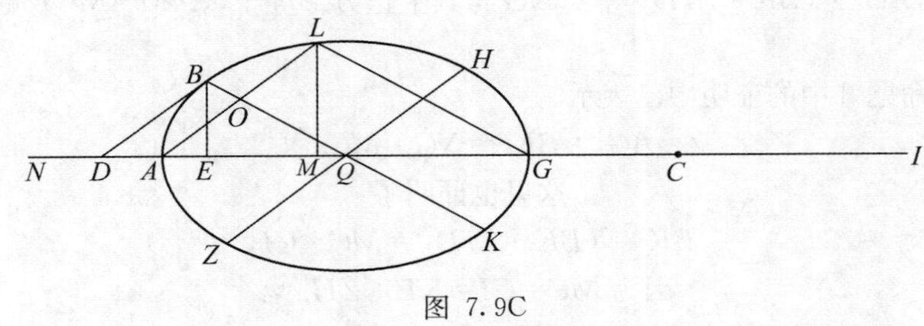

图 7.9C

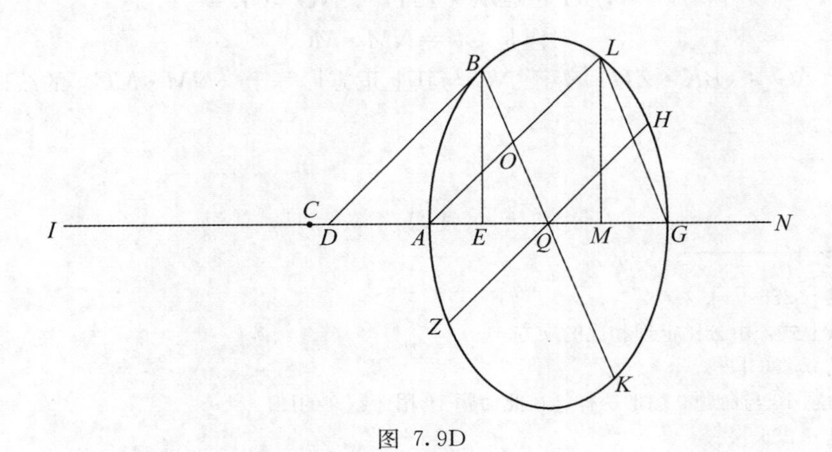

图 7.9D

则我断言 $AG^2 : |BK-ZK|^2=(NG\cdot MC) : |MC-CI|^2$,
其中 CI 是其上的正方形等于 $(NM\cdot MC)$ 的线段.

证明:

$$KB : ZH=MC : CI.$$

如前一命题的证明所示.①

$$\therefore BK^2 : |BK-ZH|^2=MC^2 : |MC-CI|^2.②$$

但是 $AG^2 : BK^2=(NG\cdot MC) : MC^2$,

如在上一命题所证.③

所以，由首末比例，$AG^2 : |BK-ZH|^2=(NG\cdot MC) : |MC-CI|^2$.

但是 $CI^2=NM\cdot MC$.

$$\therefore AG^2 : |BK-ZH|^2=(NG\cdot MC) : |MC-CI|^2.$$

其中 CI 是其上正方形等于 $(NM\cdot MC)$.

证完

命题 10

我们再次作图［参见图 7.9A—图 7.9D］④，如本卷命题 6 和命题 7 所示.
我断言 $\{AG^2 : (BK\cdot ZH)\}$ 等于 NG 与其上正方形等于 $(NM\cdot MC)$ 的线段之比.

证明:

在本卷命题 8 中的证明中已表示

$$AG^2 : BK^2=NG : MC.⑤$$

这里也证明了

$$BK^2 : (BK\cdot ZH)=MC : CI,$$

因为 $MC : CI=KB : ZH$.⑥

$$\therefore AG^2 : (BK\cdot ZH)=NG : CI.⑦$$

但是 $CI^2=NM\cdot MC$.

所以 $\{AG^2 : (BK\cdot ZH)\}$ 等于 NG 与其上正方形等于 $(NM\cdot MC)$ 的线段之比.

证完

---

① 见 p. 286［4］.
② 从上式，由分比定理和比的乘方.
③ 见 p. 286［3］.
④ 命题 10 与命题 9 图形一样，在此命题 10 用命题 9 的图.
⑤ 见 p. 286［2］.
⑥ 见 p. 286［4］.
⑦ 由首末比例.

命题 11

此外，[见图 7.11A 和 7.11B] 我们的作图是按本卷命题 6 对双曲线①所讨论的情况.

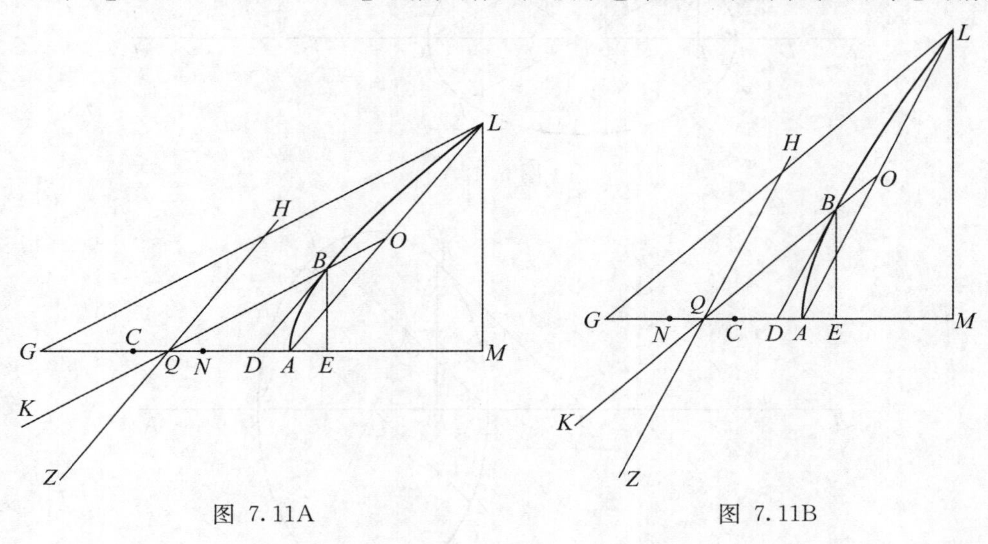

图 7.11A　　　　图 7.11B

则我断言

$$AG^2:(BK^2+ZH^2)=GM:(NM+MC).$$

证明：

$$AG^2:BK^2=GN:MC.$$

如本卷命题 8 中所证. ②

又 $BK^2:(ZH^2+BK^2)=MC:(MC+NM)$,

因为在本卷命题 6 中已证明

$$BK^2:ZH^2=MC:MN.$$

于是，由首末比例，$AG^2:(BK^2+ZH^2)=GN:(MC+MN)$.

证完

命题 12

任一椭圆，它的任两个共轭直径上正方形之和等于其两轴上正方形

① Ibn abī Jarrāda（在 **H** 的边注中）指出这一命题可用对椭圆的同一方法证明（引用Ⅶ.7 而不是Ⅶ.6)，根据他所说，它是在后面更为一般的命题中附带证明的，(p.291) 这大概就是为什么 Apollonius 在此删去它的原因.

② 见 p.286 [2].

之和.

设椭圆的图形［图 7.12A 和图 7.12B］如本卷命题 7.①

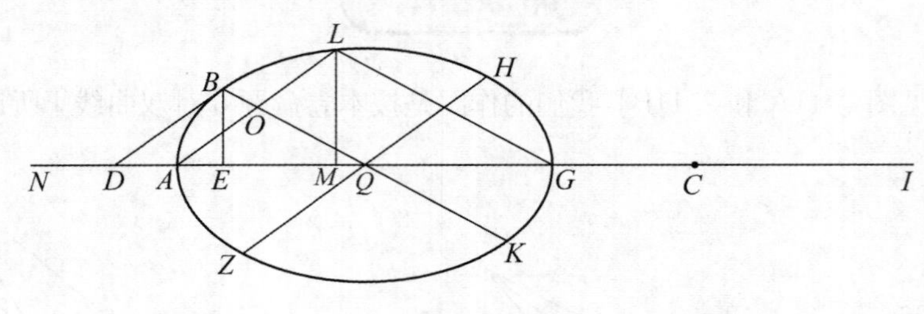

图 7.12A

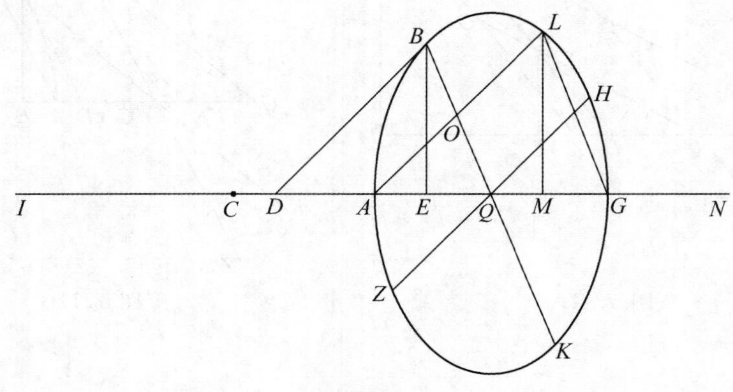

图 7.12B

设轴为 AG，两共轭直径为 BK 和 ZH，而两同比线为 AN 和 GC.

而 AG^2 与截线中另一轴上正方形之比等于横截直径 AG 与［和它相应的］正焦弦之比.

如卷Ⅰ命题 15 所证.②

但是 AG 与它的正焦弦之比等于 $(GN:AN)$,③

因为 AN 是同比线.

且 $AN=GC$.

所以 AG^2 与截线中另一轴上正方形之比等于 $(NG:GC)$.

由此，AG^2 与 AG^2 以及另一轴上正方形之和的比等于 $(NG:NC)$.

$$\text{又 } AG^2:BK^2=NG:MC, \qquad [1]$$

如在本卷命题 8 中所证.④

$$\text{和 } BK^2:(BK^2+ZH^2)=MC:(MC+NM).$$

① 在手稿中的图形（我已重作）加了Ⅶ.7—10 中的点，如在 **H** 中的评论，该点在此命题中是不需要的：这图形事实上应该与Ⅶ.7 的图形相同.

② 这是Ⅰ.15 证明的一个步骤（见 Heiberg p. 62，1—2).

③ 根据同比线的定义（Ⅶ.3).

④ 见 p. 286［2].

因为在本卷命题 7 中已证.

$BK^2 : ZH^2 = MC : MN$.

但 $MC + NM = CN$.

$\therefore AG^2 : (BK^2 + ZH^2) = NG : NC$. ①

而我们已经证明了

$(NG : NC)$ 等于 AG^2 与两轴上正方形之和之比. ②

所以两轴上正方形之和等于 $(BK^2 + ZH^2)$.

证完

命 题 13

每一双曲线，它的二轴上的正方形之间的差等于任一对共轭直径上的正方形之间的差.

设双曲线的图形［图 7.13A 和 7.13B］如本卷命题 6 中所示.

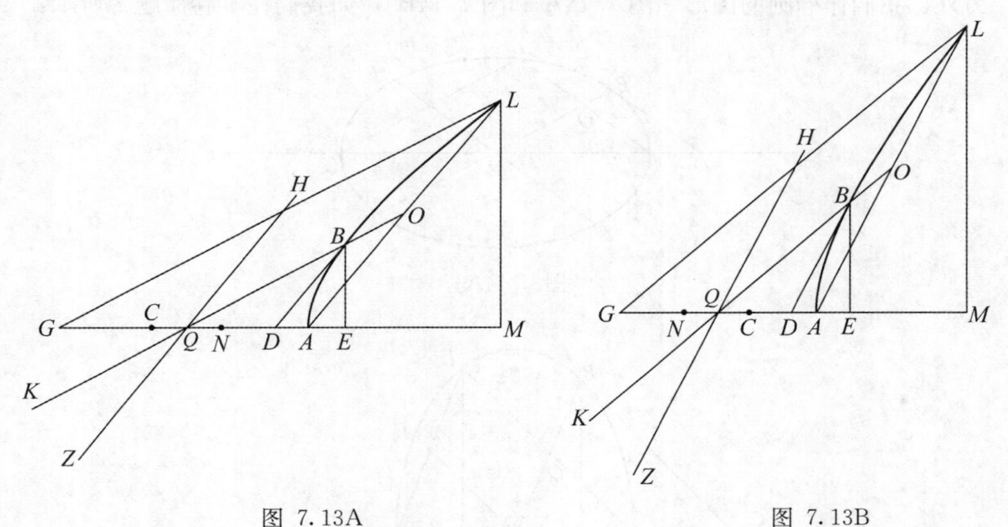

图 7.13A　　图 7.13B

则在一个轴 AG 上的正方形与另一轴上正方形之比如同 AG 与它的正焦弦之比.

如在卷Ⅰ命题 16 所证. ③

但是 AG 与它的正焦弦之比等于$(GN : AN)$.

因为 AN 是同比线.

且 $AN = GC$.

所以 AG^2 与另一轴上正方形之比等于$(GN : GC)$；

---

① 由首末比.

② 见［1］.

③ 在Ⅰ.16 文中没有证明，但都是Ⅰ.16 后第三个定义的结果（Heiberg p. 66，23－26）.

由此 AG^2 与 AG^2 和另一轴上正方形之差的比等于 $(GN:NC)$. [1]

另外，$AG^2:BK^2=NG:MC$，

如本卷命题 8 中所证. ①

而 $BK^2:|BK^2-ZH^2|=MC:NC$，

因为在本卷命题 6 中证明了

$BK^2:ZH^2=MC:MN$.

因此，由首末比例，$AG^2:|BK^2-ZH^2|=NG:NC$.

而我们已经证明 AG^2 与 AG^2 和另一轴上正方形之差的比等于 NG 与 NC 之比. ②于是 AG 上正方形与截线两轴的另一轴上正方形的差等于 BK 和 ZH 上正方形之差.

证完

命题 14

另外，我们作椭圆的图形［图 7.14A 和图 7.14B］，如我们在本卷命题 7 所示：

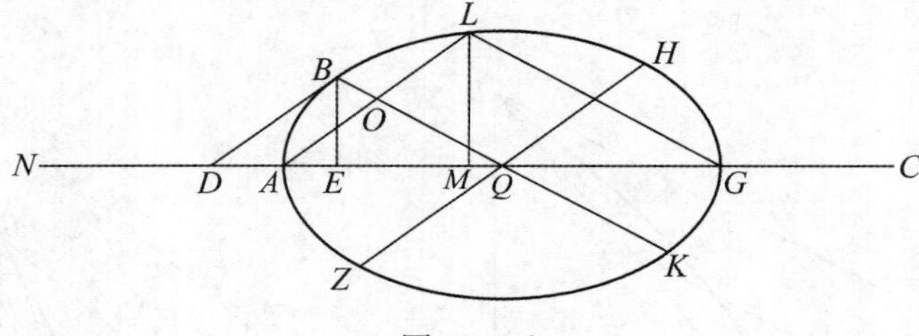

图 7.14A

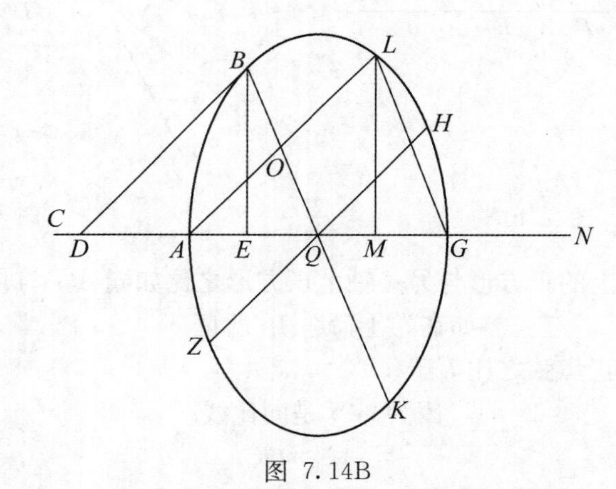

图 7.14B

我断言轴 AG 上的正方形与 BK 和 ZH 上正方形的差之比等于 $(NG:2MQ)$.

---

① 见 p. 286［2］.

② 见［1］.

其中 AL 平行于直径 ZH，LM 是轴的垂线.

证明：

$$AG^2 : BK^2 = NG : MC,$$

如本卷命题 8 中所证. ①

而 $BK^2 : |BK^2 - ZH^2| = CM : |CM - MN|$，

因为在本卷命题 7 中已证明了

$$BK^2 : ZH^2 = MC : MN.$$

但是 $|MC - MN| = 2MQ$. ②

$$\therefore AG^2 : |BK^2 - ZH^2| = NG : 2MQ.$$ ③

证完

命题 15

另外，我们作双曲线的图［图 7.15A 和图 7.15B］和椭圆的图［图 7.15C 和图 7.15D］按照我们在本卷命题 6 和命题 7 的情况.

则我断言 AG^2 与一线段上正方形之比等于 $\{(NG \cdot MC) : MN^2\}$，该线段与直径 BK 构成截线的图形的两边，即它是该直径的正焦弦.

$$我们作 BK : T = MC : MN. \quad [1]$$

但是 $(MC : MN)$ 等于 BK 与它的正焦弦之比，

如本卷命题 6 和命题 7 所证.

所以线段 T 与 BK 构成截线图形的两边.

而 $AG^2 : BK^2 = (NG \cdot MC) : MC^2$，

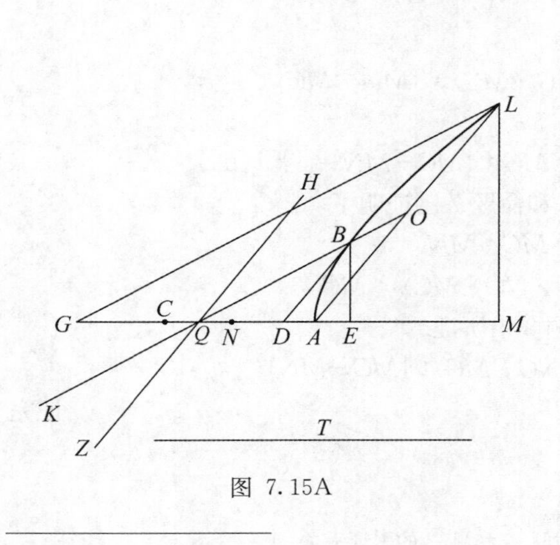

图 7.15A

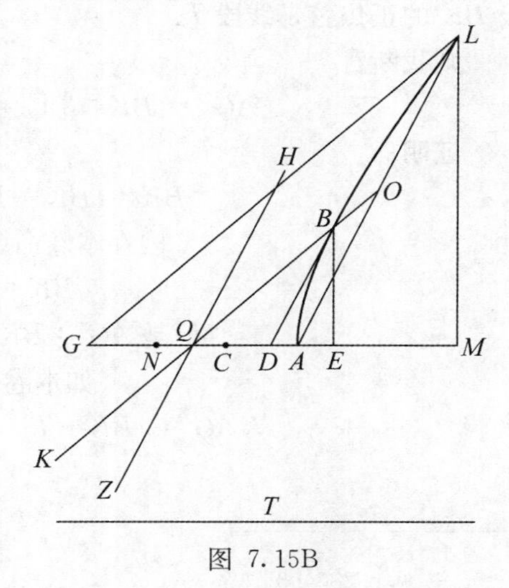

图 7.15B

① 见 p. 286［2］.

② 因为 $QN = QC$.

③ 由首末比例.

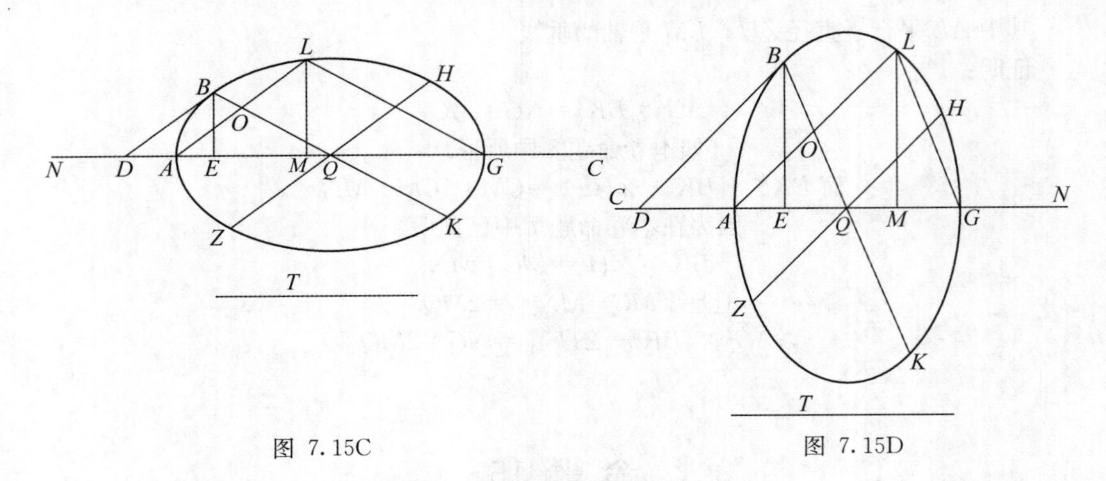

图 7.15C　　图 7.15D

如本卷命题 8 所证. ①

且 $BK^2 : T^2 = MC^2 : MN^2$，

如本卷命题 6 和命题 7 所证. ②

$\therefore AG^2 : T^2 = (NG \cdot MC) : MN^2$. ③

证完

命题 16

进一步，我们作图［参见图 7.15A—图 7.15D］④，如本卷命题 6 和命题 7 的图形. 设 BK 的正焦弦是线段 T.

则我断言

$$AG^2 : |BK-T|^2 = (NG \cdot MC) : |MN-MC|^2.$$

证明：

$$BK : |BK-T| = MC : |MC-MN|;$$

因在本卷命题 6 和命题 7 已证明了

$$BK : T = MC : MN.$$

但是 $AG^2 : BK^2 = (NG \cdot MC) : MC^2$，

如本卷命题 8 中所证. ⑤

$$\therefore AG^2 : |BK-T|^2 = (NG \cdot MC) : |MC-MN|^2.$$

证完

① 见 p. 286［3］.

② 它后面是上述［1］的求平方，所以它对Ⅶ.6 和Ⅶ.7 的引证无关.

③ 用首末比例.

④ 由于命题 15—17 的图一样，于是 3 个命题共用命题 15 的图形.

⑤ 见 p. 286［3］.

命题 17

进一步，我们作图［参见图 7.15A—图 7.15D］① 如本卷命题 6 和命题 7 所示. ②我断言

$$AG^2:(BK+T)^2=(NG\cdot MC):(MC+MN)^2.$$

证明:③

$$BK:T=MC:MN,$$

如本卷命题 6 和命题 7 中所证.

$$\therefore BK^2:(BK+T)^2=MC^2:(MC+MN)^2.$$

但是 $AG^2:BK^2=(NG\cdot MC):MC^2$

$$\therefore AG^2:(BK+T)^2=(NG\cdot MC):(MC+MN)^2.$$

证完

命题 18

另外，我们作图［图 7.18A—图 7.18D］如本卷命题 6 和命题 7 所示. ④则我断言 $AG^2:(BK\cdot T)=NG:NM$.

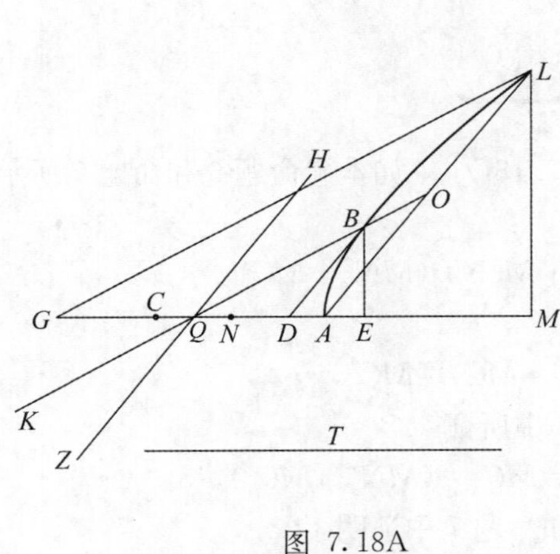

图 7.18A

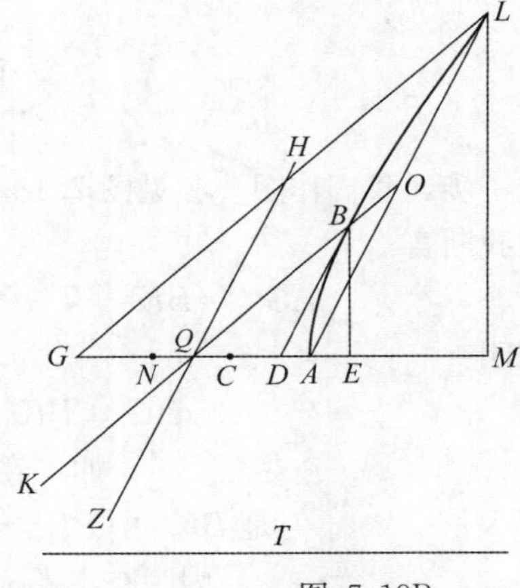

图 7.18B

① 由于命题 15—17 的图一样，于是 3 个命题共用命题 15 的图形.

② T，如在前面命题中，是直径 BK 的正焦弦.

③ 此证明完全与Ⅶ.16 的证明类似，但不是减而是加.

④ T 仍是直径 BK 的正焦弦.

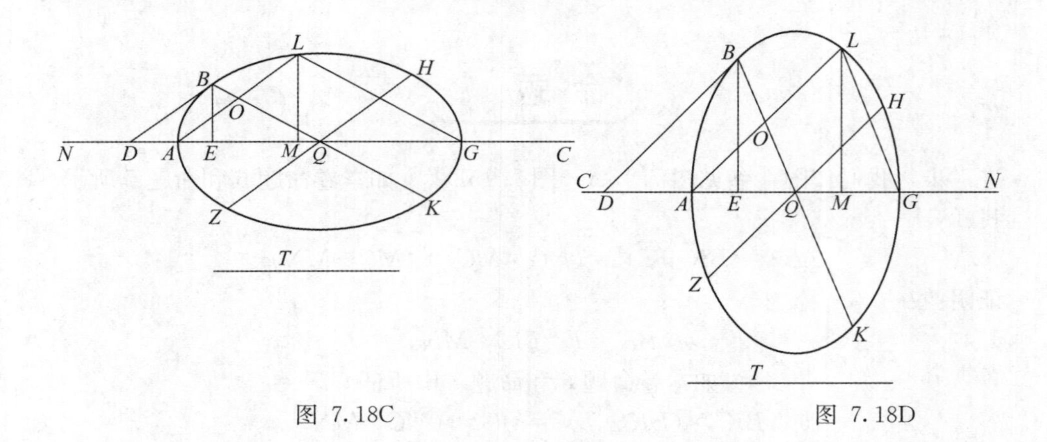

图 7.18C　　图 7.18D

证明：

$$AG^2 : BK^2 = NG : MC,$$

如本卷命题 8 中证明所证. ①

但是 $BK^2 : (BK \cdot T) = BK : T$,

且 $BK : T = MC : MN$.

如本卷命题 6 和命题 7 中所证.

$\therefore AG^2 : (BK \cdot T) = NG : MN$. ②

证完

命题 19

进一步，我们作图［参见图 7.18A－图 7.18D］③ 如本卷命题 6 和命题 7 所示④. 则我断言

$$AG^2 : (BK^2 + T^2) = (NG \cdot MC) : (MN^2 + MC^2).$$

证明：

$$AG^2 : BK^2 = (NG \cdot MC) : MC^2,$$

如本卷命题 8 中所证⑤.

但是 $BK^2 : (BK^2 + T^2) = MC^2 : (MN^2 + MC^2)$,

因为在本卷命题 6 和命题 7 中证明了

$KB : T = MC : MN$⑥.

① 见 p. 286［2］.

② 由首末比例.

③ 由于命题 18－20 的图一样，于是 3 个命题共用命题 18 的图形.

④ T 仍是直径 BK 的正焦弦.

⑤ 见 p. 286［3］.

⑥ 比平方后，求合比例.

$$\therefore AG^2 : (BK^2 + T^2) = (NG \cdot MC) : (MN^2 + MC^2)$$ ①.

证完

命题 20

进一步，我们作图［参见图 7.18A－图 7.18D］② 如本卷命题 6 和命题 7 所示③.

我断言

$$AG^2 : |BK^2 - T^2| = (NG \cdot MC) : |CM^2 - MN^2|.$$

证明④：

$$AG^2 : BK^2 = (NG \cdot MC) : MC^2.$$

如本卷命题 8 中所证.

但是 $BK^2 : |BK^2 - T^2| = MC^2 : |MC^2 - MN^2|$.

因为在本卷命题 6 和命题 7 已证明了

$$BK : T = MC : MN.$$

$$\therefore AG^2 : |BK^2 - T^2| = (NG \cdot MC) : |CM^2 - MN^2|.$$

证完

命题 21

如果有一双曲线，而且它的横截轴大于它的竖轴，

则在它的其他直径中，每对共轭直径的横截直径大于其竖直直径；

而且大轴与小轴之比大于任一对共轭直径的横截直径与其竖直直径之比；

靠近大轴的横截直径与和它共轭的竖直直经之比大于远离大轴的横截直径与它的共轭竖直直径之比.

设有轴为 AG、IO 的双曲线［图 7.21］，并设有另外两个横截直径 BK 和 ZH⑤，又设 AG 大于 IO.

我断言 BK 大于与它共轭的竖直直径；

直径 ZH 也大于与它共轭的竖直直径；

$(AG : OI)$ 大于 BK 与和它共轭的竖直直径之比，也大于 ZH 与和它共轭的竖直直径之比；

BK 与和它共轭的竖直直径之比大于 ZH 与和它共轭的竖直直径之比.

---

① 由首末比例.

② 由于命题 18－20 的图一样，于是 3 个命题共用命题 18 的图形.

③ T 仍是直径 BK 的正焦弦.

④ 此证明与Ⅶ.19 的证明完全类似，但不是加，而是减.

⑤ 原图的字母 H、K 应对换，现已改正.

证明：

我们作出（$NG:AN$）和（$AC:GC$）每一个都等于 GA 与它的正焦弦之比，则线段 AN 和 GC 属于称作“同比线”的线段. 于是我们作出 AD 平行于截线在 B 点的切线，和作出 AL 平行于截线在点 Z 的平行线，并向大轴作垂线段 DE 和 LM.

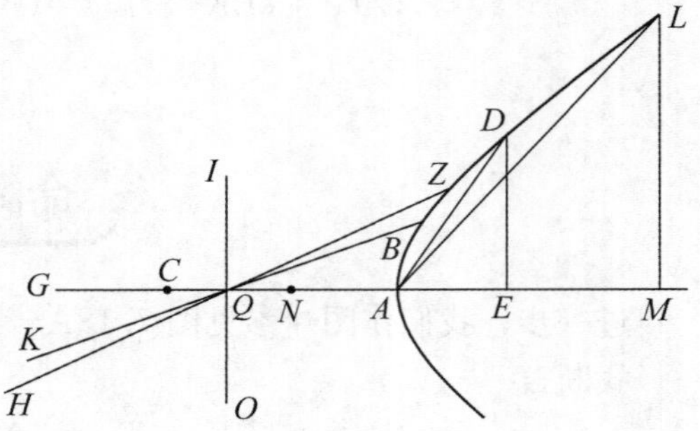

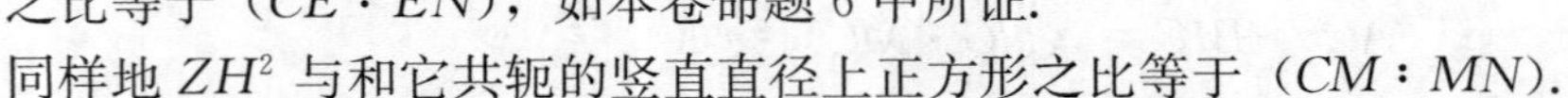

图 7.21

则 BK^2 与和它共轭的竖直直径上正方形之比等于（$CE:EN$），如本卷命题 6 中所证.

同样地 ZH^2 与和它共轭的竖直直径上正方形之比等于（$CM:MN$）.

所以 BK 大于与它共轭的竖直直径，

同样地直径 ZH 也大于与它共轭的竖直直径.

此外，GA 与它的正焦弦之比等于($GN:AN$)，也等于($AC:CG$)①.

所以 $GN=AC$，并且 $GN:AN=AC:AN$.

但是 $CE:EN<CA:AN$.

$\therefore CA:GC>CE:EN$②.

同样将可证明 $CA:GC>CM:MN$.

但是 $CA:GC=AG^2:IO^2$，

因为这两个比中每一个都等于 AG 与它的正焦弦之比，

如本卷命题 16 中所证③.

$\therefore AG^2:IO^2>CE:EN$

并且 $>CM:MN$.

但是（$CE:EN$）等于 BK^2 与和它共轭的竖直直径上的正方形之比，

而（$MC:MN$）等于 ZH^2 与和它共轭的竖直直径上的正方形之比.

所以（$AG^2:IO^2$）大于 BK^2 与和它共轭的竖直直径上的正方形之比，以及大于 ZH^2 与和它共轭的竖直直径上的正方形之比.

所以（$AG:IO$）大于 BK 与和它共轭的竖直直径之比，并也大于 ZH 与和它共轭的竖直直径之比.

另外，等于 BK^2 与和它共轭的竖直直径上正方形的（$EC:NE$）大于其等于 ZH^2 与它共轭的竖直直径上正方形的（$CM:MN$）.

于是 BK 与和它共轭的竖直直径之比大于 ZH 与和它共轭的竖直直径之比.

证完

① 根据同比线的定义.

② 因为 $GC=AN$.

③ $AG^2:IO^2=AG:\boldsymbol{R}(AG)$ 是依照Ⅰ.16 定义的结果. 因为第二直径（$\hat{\boldsymbol{d}}$）是第一直径（$\boldsymbol{d}$）和它的正焦弦（$\boldsymbol{r}$）之间的比例中项，也即 $\hat{\boldsymbol{d}}^2=\boldsymbol{d}\cdot\boldsymbol{r}$，因此这里 $\boldsymbol{D}^2:\hat{\boldsymbol{D}}^2=\boldsymbol{D}^2:\boldsymbol{D}\cdot\boldsymbol{R}=\boldsymbol{D}:\boldsymbol{R}$.

命题 22

如果有一双曲线，它的横截直径短于它的竖轴.

则在其他共轭直径中，横截直径短于其竖直直径；

而较短的轴与较长的轴之比小于任一其他横截直径与它的共轭竖直直径之比；

并且靠近较短轴的横截直径与它的共轭竖直直径之比小于远离较短轴的横截直径与它的共轭竖直直径之比.

设有一轴为 AG、OI 的双曲线 [图 7.22]，中心为 Q，它的两个直径为 BK、ZH，设横截轴 AG 短于竖轴 OI.

我断言 BK 和 ZH① 每一个都短于和它共轭的竖直直径；

而 $(AG : IO)$ 小于 BK 与和它共轭的竖直直径之比，并且也小于 ZH 与和它共轭的竖直直径之比；

且 BK 与和它共轭的竖直直径之比小于 ZH 与和它共轭的竖直直径之比.

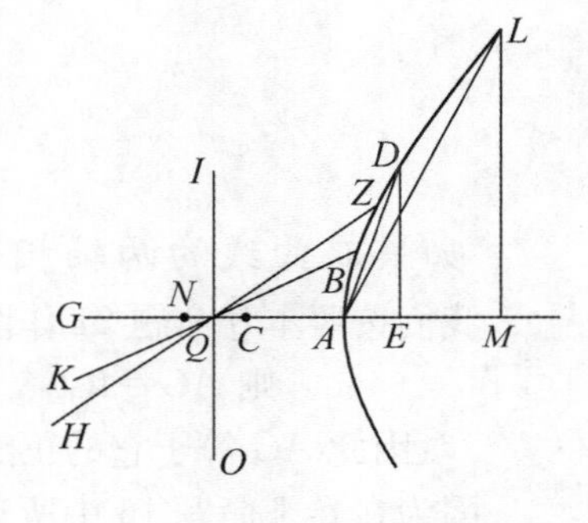

图 7.22

证明：

我们作 $(GN : NA)$ 等于直径② AG 与其正焦弦之比，也等于 $(AC : CG)$. 则两线段 CG、AN 属于称作"同比线"的线段.

我们作 AD 平行于过点 B 的截线的切线，作 AL 平行于过点 Z 的截线的切线，且从点 D、L 作 DE、LM 垂直于横截轴.

则直径 BK 上正方形与和它共轭的竖直直径上正方形之比等于 $(CE : EN)$.

如本卷命题 6 中所证.

同样地 ZH^2 与其共轭的竖直直径上正方形之比等于 $(CM : MN)$.

所以直径 BK 小于和它共轭的竖直直径，并且直径 ZH 小于和它共轭的竖直直径.

另外，GA 与其正焦弦之比 $=GN : NA=CA : GC$. 所以 $GN=AC$.

$$\text{并且 } GN : AN=AC : AN\text{③}.$$

$$\text{但是 } CE : EN>AC : AN\text{④}.$$

$$\therefore CE : EN>GN : AN.$$

但是 $(CE : EN)$ 等于 BK^2 与和它共轭的竖直直径上正方形之比，

① 图 7.22 原图中字母 H、K 应对换，现已改正.

② "直径"："轴"将会更好.

③ 实际上，两个中任一个与 AN 之比是完全一样的.

④ 由于 $(CA+AE) : (AN+AE) >CA : AN$（因为 $CA<AN$）.

如本卷命题 6 中所证：

而（GN：NA）等于 AG^2 与竖轴上正方形之比，

如卷Ⅰ命题 16 所证①.

所以 AG 与和它共轭的竖轴之比小于 BK 与和它共轭的竖直直径之比.

同样也可证（AG：OI）小于 ZH 与和它共轭的竖直直径之比.

此外，CE：EN<CM：MN②.

但是（CE：EN）等于 KB^2 与和它共轭的竖直直径上正方形之比，并且（CM：MN）等于 ZH^2 与和它共轭的竖直直径上正方形之比.

所以 BK 与和它共轭的竖直直径之比小于 ZH 与和它共轭的竖直直径之比.

证完

命题 23

如果双曲线的两轴相等，则它的每对共轭直径也相等.

我们按照本卷命题 21 作图［图 7.23］：

则 AG=IO.

因此 AG 等于它的正焦弦，

因为在卷Ⅰ命题 16 中所论述的③.

但是 AQ=GQ.

所以两个［AQ 和 GQ］都是同比线，因为两者之比等于横截直径 AG 与其正焦弦之比.

且 BK^2 与和它共轭的竖直直径上正方形之比等于 QE 与它自身之比④.

且 ZH^2 与和它共轭的竖直直径上的正方形之比等于 QM 与自身之比.

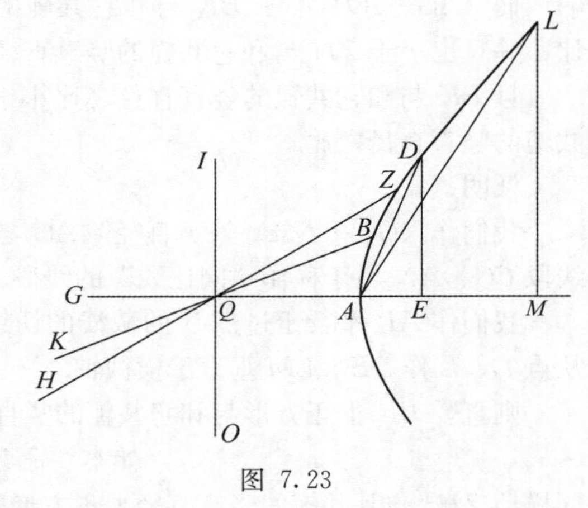

图 7.23

因此两直径 BK、ZH 中每一个都等于它的正焦弦⑤.

证完

① 参阅 p. 298，n. ③.

② 参阅 p. 299，n. ④.

③ 根据遵循Ⅰ.16（参考 n. 84）的定义，共轭直径是直径和它的正焦弦之间的比例中项，因为在此直径等于它的共轭直径，每一个必须等于它的正焦弦.

④ 这是Ⅶ. 6 的退化形式.

⑤ Halley 对此扩展为“因此两直径 BK、ZH 中每一个都等于它的共轭直径，而且等于它的正焦弦”，这更符合于说明.

命题 24

如果有一椭圆，作出其共轭直径，则每对共轭直径中大的与小的之比小于长轴与短轴之比；

而且对于任两对共轭直径，靠近长轴的较大的直径与它的共轭的较小直径之比大于离长轴较远的较大直径与它的共轭的较小直径之比①.

证明：

设有椭圆［图 7.24］，它的长轴为 AB，短轴为 DG，它的（两对）共轭直径是 EZ、HK 和 NC、OR.

设 EZ 大于它的共轭 HK，且 NC 大于它的共轭 OR，［并设 EZ 比 NC 更靠近长轴］.

我们从点 E、N 作轴 AB 的垂线 EL 和 NP，从点 H、O 作 DG 的垂线 HM 和 OS.

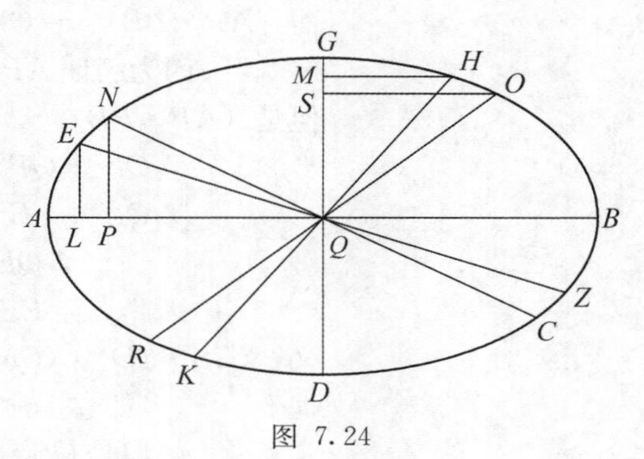

图 7.24

则 $(AQ \cdot QB) : QG^2 = (AL \cdot LB) : LE^2$，

如卷Ⅰ命题 21 所证②.

但是 $AQ \cdot QB > QG^2$.

$$\therefore AL \cdot LB > LE^2. \qquad [1]$$

$\therefore AQ > QE$③，

因此 $AB > EZ$.

此外，$(GQ \cdot QD) : QB^2 = (GM \cdot MD) : MH^2$.④

但是 $GQ \cdot QD < QB^2$.

$\therefore GM \cdot MD < MH^2$.

$\therefore QD < QH$，⑤

因此，$GD < KH$.

但已证 $AB > EZ$.

---

① 事实上，任何一对共轭直径靠近主轴的较大直径与和它共轭的较小直径之比大于另一对共轭直径远离长轴的较大直径与和它共轭的较小直径之比. 我对“从长轴上”加了括号表示它为原本中的错误附加的.（这是 **T** 的读法），**H** 纠正为“远离长轴”（更正了“每一对共轭直径”），**O** 改为“它的直径的”.

② Ⅰ.21 证明 $GQ^2 : EL^2 = (AQ \cdot QB) : (AL \cdot LB)$，这里 GQ、EL 是同一直径的两纵标.

③ Halley 在 **O** 的一个边注，说明：“如果在两边都加上 QL^2

$$AL \cdot LB + QL^2 \ (= QA^2) > LE^2 + QL^2 = QE^2$$”.

④ 参阅 p. 147.

⑤ 如在 p. 148 有争议，对两边各加 QM^2.

$$\therefore AB : GD > EZ : KH.$$

而直径 EZ 与直径 KH 共轭，
且 KH 平行于截线在点 E 的切线.
[此外,] 直径 RO 与直径 CN 共轭，
且 RO 平行于截线在点 N 的切线，而直径 OR 比直径 KH 更靠近主轴 AB.

并且 $(AL \cdot LB) : (AP \cdot PB) = LE^2 : NP^2$，

如卷Ⅰ命题 21 所证.

但是 $AP \cdot PB > AL \cdot LB$. ①

$\therefore PN^2 > LE^2$.

而 $(AP \cdot PB) - (AL \cdot LB) > NP^2 - EL^2$，

因为已证 $AP \cdot PB > NP^2$②.

但是 $(AP \cdot PB) - (AL \cdot LB) = QL^2 - QP^2$. ③ [2]

$\therefore QL^2 - QP^2 > NP^2 - EL^2$.

$\therefore QL^2 + LE^2 > QP^2 + PN^2$.

$\therefore QE > QN$.

因此直径 EZ 大于直径 NC.

又，$(GS \cdot SD) : (GM \cdot MD) = OS^2 : HM^2$， [3]

如卷Ⅰ命题 21 所证.

但是 $GS \cdot SD < OS^2$，④

并且 $GM \cdot MD < MH^2$.

$\therefore (GS \cdot SD) - (GM \cdot MD) < OS^2 - MH^2$. ⑤

但是 $(GS \cdot SD) - (GM \cdot MD) = QM^2 - QS^2$⑥.

$\therefore QM^2 - QS^2 < OS^2 - MH^2$.

$\therefore QM^2 + MH^2 < QS^2 + SO^2$，

$\therefore QH < QO$，

因此直径 HK 小于直径 OR.

且当与 HK 共轭的直径 EZ 大于与 OR 共轭的直径 CN 时，直径 HK 小于直径 OR，
则 EZ 与和它共轭 HK 之比大于 CE 与和它共轭的 OR 之比⑦.

---

① 这是来自下面 [2]，但可独立证明（参阅 n. ③).

② 不很精确，但类似的 $AL \cdot LB > LE^2$ 已在 [1] 中证明，而 L 是一任意点.

③ 因为 $AP \cdot PB = (AQ - QP) \cdot (AQ + QP) = AQ^2 - QP^2$，

且同样 $AL \cdot LB = AQ^2 - QL^2$.

④ 参阅 [1].

⑤ 因为，在 [3] 中，以分比例，$(GS \cdot SD) : \{(GS \cdot SD) - (GM \cdot MD)\} = OS^2 : (OS^2 - MH^2)$. 但是 $GS \cdot SD < OS^2$. $\therefore (GS \cdot SD) - (GM \cdot MD) < OS^2 - MH^2$. 注意本证明没有用前面 $GM \cdot MD < MH^2$，这可能是某个人的插话，他想象如果 $a < b$ 和 $c < d$，则 $a - c < b - d$.

⑥ 参阅 n. ③.

⑦ 如 ibn abī Jarrāda 在 **H** 的边注中评述，Apollonius 已经证明（Ⅴ. 11）椭圆的半直径从长轴到短线轴不断的减小，因此，这一证明是不必要的冗长.

[推论 1]① 因此就很清楚

$$AB-GD>EZ-HK,$$
并且 $EZ-HK>CN-OR$.
且 $AB^2-GD^2>EZ^2-HK^2$
$>CN^2-OR^2$.

[推论 2] 我断言
与 AB 一起构成截线图形的线段小于与 EZ 一起构成截线图形的线段②;
与 EZ 一起构成截线图形的线段小于与 CN 一起构成截线的图形的线段;
与 CN 一起构成截线图形的线段小于与 GD 一起构成截线的图形的线段.

证明:

因为 $AB>OR$、$OR>HK$,和 $HK>GD$;
并且 $GD<NC$、$NC<EZ$,和 $EZ<AB$.

而 AB^2 等于 GD 和与它一起构成截线图形的线段的乘积,
如卷Ⅰ命题 15 所证.
而 OR^2 等于在 NC 上构成的截线图形,
而 HK^2 等于在 EZ 上构成的截线图形,
和 GD^2 等于在 AB 上构成的截线图形.

证完

命 题 25

在每一双曲线中,两轴之和小于任何其他两共轭直径之和;

靠近较大轴③的横截直径与它的共轭直径之和小于远离较大轴的横截直径与它的共轭直径之和.

设有一双曲线[图 7.25]其轴为 AG,中点为 Q,其共轭直径有 BK、ZH 和 OI、YT.

[a] 轴 AG 等于另一轴;

[b] 轴 AG 不等于另一轴.

---

① Heath 略去推论 1,Ver Eecke's 的证明如下:
$AB:GD>EZ:HK$. $\therefore AB:(AB-GD)<EZ:(EZ-HK)$.
但 $AB>EZ$. $\therefore AB-GD>EZ-HK$,等.
第二部分可同样得到证明(参阅 p. 310,n. ⑧).

② 因为 $GD<HK$,$GD^2=AB\cdot \boldsymbol{r}(AB)$,$HK^2=EZ\cdot \boldsymbol{r}(EZ)$,
$\therefore AB\cdot \boldsymbol{r}(AB)<EZ\cdot \boldsymbol{r}(EZ)$.
以下两个同样方法可得.

③ Halley 错误他用"较大轴"代替了"横截轴",虽然他说的这个命题仍然是正确的(根据对称关系),它不是 Apollonius 所说的.

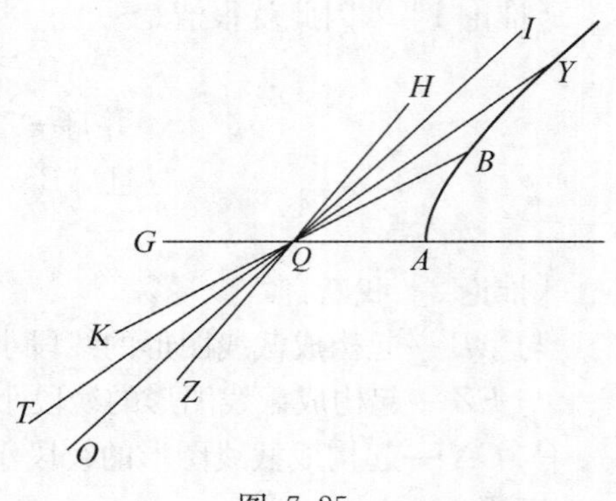

图 7.25

[a] 现在如果它们相等，则直径 KB 和 ZH 相等，

如本卷命题 23 所证；

且同样直径 YI 等于直径 IO.

但直径 BK 大于轴 GA，

而直径 YI 大于直径 KB①.

这样我们所希望的就得到了证明.

[b] 但是如果轴 AG 不等于截线的另一轴.

那么 AG^2 与截线另一轴上正方形之差等于 KB^2 与 ZH^2 之差，

如本卷命题 13 所证.

所以等于两轴之和的线段小于等于与直径 BK、ZH 之和的线段②.

而因为 BK^2 与 ZH^2 之差等于 YI^2 与 OI^2 之差，

于是等于直径 BK、ZH 之和的线段小于等于直径 YI、OI 之和的线段.

证完

命题 26

在每一椭圆中，它的两轴之和小于任何其他两共轭直径之和；

并且任一对靠近两轴的共轭直径之和小于远离两轴的任一对共轭直径之和；

而且彼此相等的两共轭直径之和大于任何其他两共轭直径之和.

设有一椭圆［图 7.26］，其长轴为 AB，短轴为 GD，共轭直径为 EZ、KH 和 NC、

---

① 也就是说，可认为在双曲线的直径在从横向轴移开时增大. 这在Ⅶ.28 中说得很清楚，但没有证明（这是Ⅴ.34 的后果），可以认为它是显而易见的. 然而如果是这样，就不需要分别证明这一命题，当轴不相等时就要用不同的方法.

② 这不是显然的，它可证明如下（参阅 Ver Eecke）：

如果设竖轴为 NC，则（Ⅶ.13）

$$|AG^2-NC^2|=|KB^2-ZH^2|,$$

$$\text{或}\ (AG+NC)\cdot|AG-NC|=(KB+ZH)\cdot|KB-ZH|. \qquad [1]$$

如果 $AG>NC$，则由Ⅶ.21，$AG:NC>KB:ZH$.

由分比例，$AG:(AG-NC)<KB:(KB-ZH)$.

但是 $AG<KB$.

$$\therefore AG-NC>KB-ZH. \qquad [2]$$

所以由［1］. $AG+NC<KB+ZH$.

如果 $AG<NC$. 根据类似的证明，利用Ⅶ.23，则有

$$NC+AG<ZH+KB.$$

对此证明的异议的［2］是在后来证明的（Ⅶ.27），明显是本命题的推论.

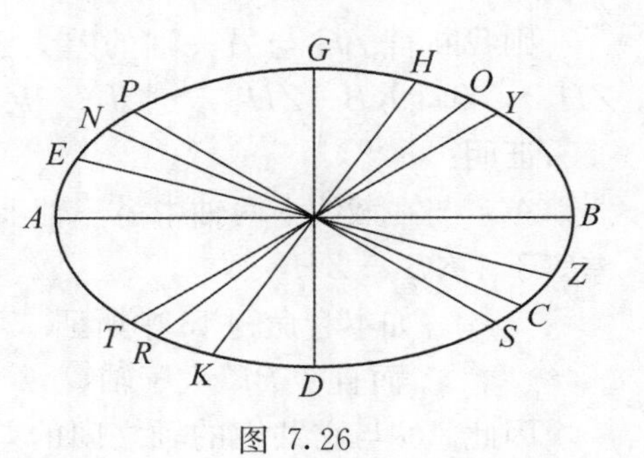

图 7.26

OR，以及 YT、PS.

并设 EZ 大于［它的共轭］KH，和 NC 大于 OR 以及 PC 大于 YT.

则我断言　两轴 AB、GD 之和小于两直径 EZ、HK 之和，并且①小于两直径 NC、OR 之和；

而其中最大的［共轭直径对之和］，是两相等共轭直径 PS、YT 之和.

证明：

$$AB:GD>EZ:KH.$$

如本卷命题 24 中所证.

$$\therefore (AB+GD)^2:(AB^2+GD^2)<(EZ+KH)^2:(EZ^2+KH^2)②.$$

$$但是 EZ^2+KH^2=AB^2+GD^2,$$

如在本卷命题 12 中所证.

$$\therefore (AB+GD)^2<(EZ+KH)^2.$$

所以两轴 AB、GD 之和小于两（共轭）直径 EZ、KH 之和.

同样地将可证明两共轭直径 EZ、HK 之和小于③两共轭直径 PC、YT 之和④.

证完

命题 27

在任一椭圆中，或其两轴不相等的双曲线中，较大轴超出较小轴的增量大于任一对共轭直径［原文如此］⑤ 中较大者超出较小者的增量；

并且靠近较大轴的直径超出其共轭直径的增量大于远离较大轴的直径超出其共轭直径的增量.

本卷命题 24 中已证明椭圆的情况⑥.

关于双曲线，证明如下：

我们作双曲线的轴 AG. 设它的某些共轭直径为 KB、ZH 和 TY、IO.

---

① 很明显，在此我们应补充<“等于两直径 EZ、HK 之和的线段最小”>，这一定是在转抄中由于简写而遗漏，该补充是 Ver Eecke 所作（没有指出他改变了 Halley 的文本）.

② Halley 之后，**O** 把此改写为：

$(AB^2+GD^2):(AB+GD)^2>(EZ^2+KH^2):(EZ+KH)^2$.

此证是由 al-shīrāzi 给出的，在他对本书的第 8 的引理中（见附录 C，p. 361），要此式成立必须 $AB>GD$ 和 $EZ>KH$.

③ Halley 在此作了正确的补充：〈“等于两直径 NC、OR 之和，它小于”〉.

④ 注意本说明的第三部分没有证明，它是以上引导出的，并设定 $PS:YT$ 之比为 1∶1.

⑤ 这是译者之错，手稿 **O** 正确地改为“它的直径中任一共轭直径”.

⑥ 这一结论见Ⅶ. 24 的推论 1（p. 303）.

则我断言 AG 与另一轴的差大于 $|KB-ZH|$，和 $|KB-ZH|>|TY-IO|$.

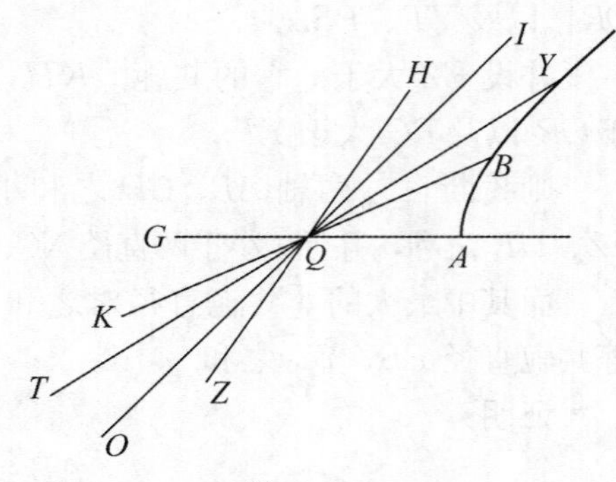

图 7.27

证明：

AG^2 与在截线上两轴中另一轴上正方形的差等于 $|KB^2-ZH^2|$，

如本卷命题 13 中所证.

而直径 BK 大于轴①.

因此 AG 与它共轭的轴之间的差大于 KB 和 ZH 之间的差②.

同样也可证明

$$|KB-ZH|>|TY-IO|.$$

证完

命题 28

在任一双曲线或椭圆中，由两轴（为两边）构成的矩形小于任一对共轭直径所构成的矩形；

并且在那些共轭直径中，靠近较大轴的直径与它的共轭直径构成的矩形小于远离较大轴的直径与它的共轭直径所构成的矩形.

关于双曲线的情况，可由前面所说的证明. 因为两轴中每一个都小于任一对共轭直径中靠近它的直径，并且靠近两轴的（直径）小于那些远离的（直径）③.

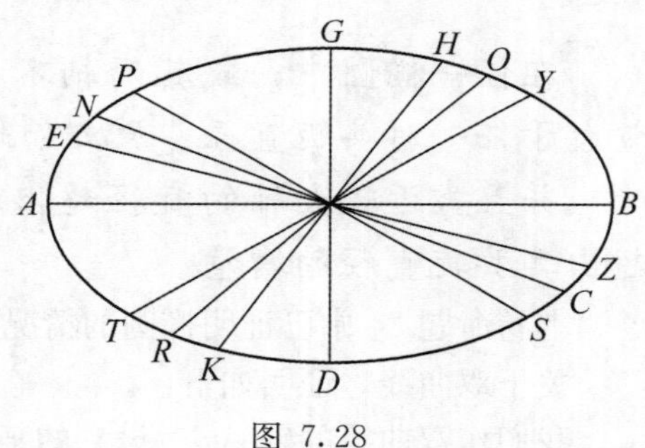

图 7.28

关于椭圆的情况.

我们作它的长轴 AB 和短轴 GD [图 7.28]，并设一些共轭直径是 EZ、KH、NC、OR 和 PS、YT④.

则我断言 $$(AB\cdot GD)<(EZ\cdot KH),$$

$$\text{并且 }(EZ\cdot KH)<(NC\cdot RO),$$

---

① 参阅 p. 304，n. ①.

② 如果竖轴是 LM，

$$|AG^2-LM^2|=|KB^2-ZH^2|.$$

$$\therefore (AG+LM)\cdot|AG-LM|=(KB+ZH)\cdot|KB-ZH|.$$

但是 $AG+LM<KB+ZH$. (Ⅶ. 25)

$\therefore |AG-LM|>|KB-ZH|$. 但是见 p. 304，n. ②.

③ 参阅 p. 304，n. ①.

④ PS、YT 为等共轭直径.

以及 $(NC \cdot RO) < (TY \cdot PS)$.

证明：

两轴 AB 和 GD 之和小于两直径 EZ 和 HK 之和，

如本卷命题 26 所证.

因此 $(AB+GD)^2 < (EZ+HK)^2$，

但是 $AB^2+GD^2=EZ^2+HK^2$，

如本卷命题 12 所证.

于是相减得 $2AB \cdot GD < 2EZ \cdot KH$.

$\therefore AB \cdot GD < EZ \cdot KH$.

同样将可证明 $EZ \cdot KH < NC \cdot OR$，

和 $NC \cdot OR < (YT \cdot PS)$.

证完

命题 29

在任一双曲线的任一直径上构成的图形与该直径上的正方形之差等于另一直径上构成的图形与其上的正方形之差.

设有一双曲线［图 7.29］，其轴为 AG 和中心为 Q，并设它的一些共轭直径为 KB、ZH、TY、IO①.

我断言 AG 上构成的图形与 AG^2 之差等于 KB 上构成的图形与 KB^2 之差，也等于 TY 上构成的图形与 TY^2 之差.

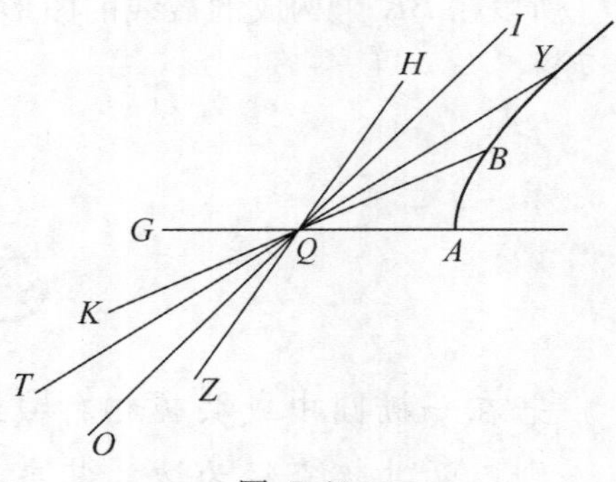

图 7.29

证明：

AG^2 与在截线两轴中另一轴上的正方形之差等于 KB^2 与 ZH^2 之差，也等于 YT^2 与 IO^2 之差.

如本卷命题 13 所证.

但对于在 AG 上构成的图形，它等于截线另一轴上的正方形.

如我们在卷Ⅰ命题 16 中所证②.

而对于在 KB 上构成的截线的图形，它等于 ZH^2，对于在 TY 上构成的截线的图形，它等于 OI^2.

于是在 AG 上构成的截线的图形与 AG^2 之差等于在 BK 上构成的截线的图形与 BK^2 之差，也等于 TY 上构成的截线的图形与 TY^2 之差.

证完

① 原序为"KB、TY、OI、ZH"，因 KB 与 ZH 共轭，TY 与 OI 共轭，因此 **H** 把顺序改了.

② 参阅 p. 298，n. ③.

命题 30

如果在一椭圆的任一直径上构成的图形并加上该直径上的正方形，则其和总是相等的.

设椭圆的中心是 Q［图 7.30］，它的两对共轭直径是 BK、ZH，TY、OI①.

我断言在 BK 上构成的截线的图形加上 BK^2 等于在 TY 上构成的截线的图形加上 TY^2.

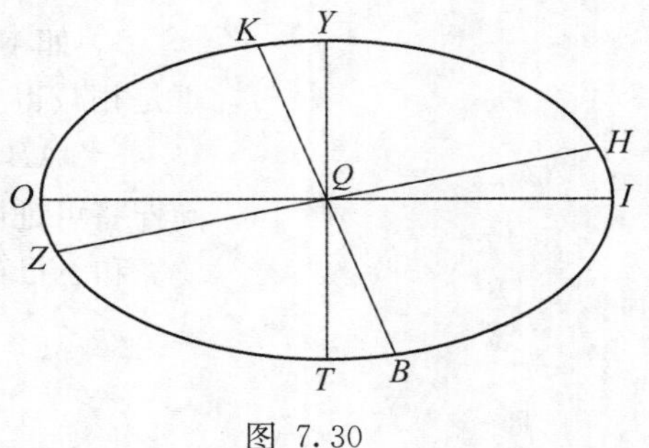

图 7.30

证明：

$$BK^2+ZH^2=YT^2+OI^2,$$

如本卷命题 12 所证.

但对于在 BK 上构成的截线的图形，它等于 ZH^2，而 OI^2 等于在 TY 上构成的截线的图形，

如卷 Ⅰ 命题 15 所证.

所以在 BK 上构成的截线的图形加上 BK^2 等于在 TY 上构成的截线上的图形加上 TY^2.

证完

命题 31

若在一椭圆中或共轭相对截线②之间作出一对共轭直径，

则以两共轭直径为边，其夹角等于在中心两直径③之夹角的平行四边形等于以两轴为边的矩形.

设有一椭圆［图 7.31A］或共轭相对截线［图 7.31B］，其中心为 Q，轴为 AB 和 GD，它的一对共轭直径为 ZL、CN.

设截线过点 Z、L、C、N 的切线分别为 PH、KM、HK、PM.

则 HP 和 KM 平行于直径 CN，

并且 HK 和 PM 平行于直径 ZL.

---

① Halley 把这些画为任意直径，但是 **H**、**T**、**O**[2] 把它们画成如我的图形，即 TY 和 OI 为轴. 手稿 **O′**加了轴以及两个另外的直径（用不同的字母）.

② 见Ⅰ.60. 相对截线指具有二支的双曲线.

③ 原书写为“两直径”.

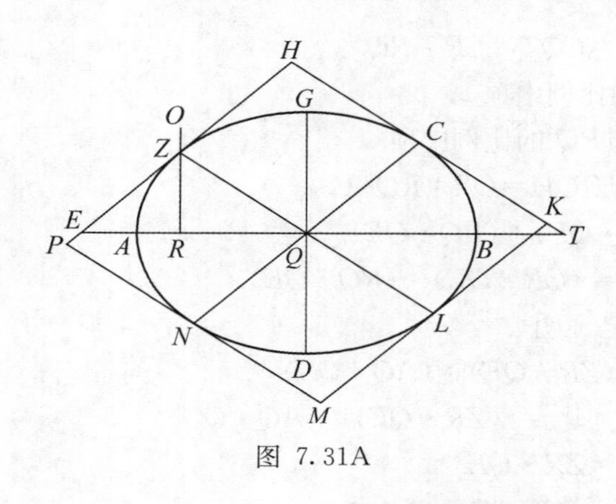

图 7.31A

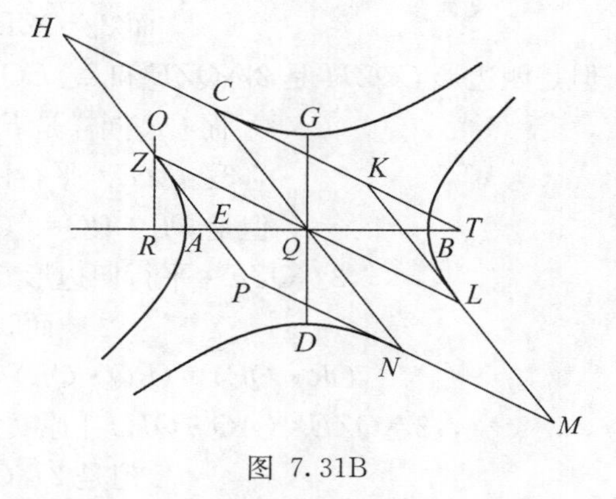

图 7.31B

如在卷Ⅱ的命题 5 和命题 20 中所证①.

因此四边形 MH 是一平行四边形，它的角等于两直径 ZL、CN 在中心 Q 的夹角.

则我断言四边形 MH 等于以两轴 AB 和 GD 构成的矩形.

证明②：

我们从点 Z 作到 BQA 的垂线 ZR，并作 RO 为 ER 和 RQ 的比例中项.

则 $AQ^2:QG^2=(QR\cdot RE):ZR^2$，

如卷Ⅰ命题 37 所证③.

但是 $QR\cdot RE=RO^2$.

$\therefore AQ^2:QG^2=RO^2:ZR^2$.

$\therefore AQ:QG=RO:ZR$④，

并且 $AQ^2:(AQ\cdot QG)=(RO\cdot QE):(ZR\cdot QE)$.

由更比例，$AQ^2:(RO\cdot QE)=(AQ\cdot QG):(ZR\cdot QE)$.

但是 $AQ^2=EQ\cdot QR$，

如卷Ⅰ命题 37 所证.

$$\therefore (EQ\cdot QR):(RO\cdot QE)=(AQ\cdot QG):(ZR\cdot QE). \qquad [1]$$

而 QC 平行于 ZE.

$\therefore ZE^2:QC^2=ER:RQ$，

如本卷命题 4 所证.

而$\triangle QZE:\triangle CQT=ZE^2:QC^2$，

因为两三角形相似.

$\therefore \triangle QZE:\triangle CQT=ER:RQ$.

---

① Ⅱ.5 仅有一点关系，Halley 代之以“Ⅱ.6”（ibn abī Jarrāda 在 **H** 中也如此说)，对此（椭圆）的某些引证是必要的. Ⅱ.20 论述在相对截线上共轭直径与切线.

② Halley 加上：“设 HP、HK 与横截直径在 E、T 相交”.

③ “命题 37 及 38”较好：见序言 pp.47－48.

④ 手稿 **O** 加上：“但 $AQ:QG=AQ^2:(AQ\cdot QG)$
和 $OR:ZR=(OR\cdot QE):(ZR\cdot QE)$”，这个正确，但微不足道.

而 $2\triangle QZE : 2\triangle CQT = ER : RQ$. [2]

但是四边形 $CQZH$ 是 $2\triangle QZE$ 和 $2\triangle CQT$ 的比例中项①.

而 OR 同样是 ER 和 RQ 的比例中项.

$\therefore 2\triangle QZE$: 平行四边形 $QH = OR : RQ$②.

但是 $OR : RQ = (OR \cdot QE) : (RQ \cdot QE)$.

$\therefore 2\triangle QZE$: 平行四边形 $QH = (OR \cdot QE) : (RQ \cdot QE)$.

而我们已证明

$(OR \cdot QE) : (RQ \cdot QE) = (ZR \cdot QE) : (AQ \cdot QG)$③.

$\therefore 2\triangle QZE : (AQ \cdot QH)$ [原文如此]④ $= (ZR \cdot QE) : (AQ \cdot QG)$.

但是 $2\triangle QZE = ZR \cdot QE$.

所以平行四边形 QH 等于 $AQ \cdot QG$,

于是，等于 4 倍平行四边形 QH 的平行四边形 HM，等于 4 倍 $AQ \cdot QG$ 的两轴 AB、GD 为边构成的矩形.

因此四边形 MH 等于以两轴 AB、GD 为边的矩形.

证完

由此从以上命题可看出⑤

[1a] 在每一双曲线中，其两轴上正方形之和小于任一对共轭直径上正方形之和⑥;

[1b] 在靠近两轴的一对共轭直径上的正方形之和小于远离两轴的一对共轭直径上的正方形之和⑦;

[2a] 在一椭圆中，其两轴上正方形的差大于任一对共轭直径上的正方形的差⑧;

[2b] 在靠近两轴的一对共轭直径上的正方形之差大于远离两轴的一对共轭直径上的正方形之差⑨;

---

① 因为 $2\triangle QZE : CQZH = ZE : QC$（底之比），
和 $ZE : QC = ZQ : CT = CQZH : 2\triangle CQT$.

② 由 [2] 有 $(2\triangle QZE)^2 : (2\triangle CQT) \cdot (2\triangle QZE) = ER \cdot RQ : RQ^2$，
于是得 $(2\triangle QZE)^2 : (CQZH)^2 = OR^2 : RQ^2$. 由此得出.

③ 见 [1].

④ 手稿 **H** 改 “$AQ \cdot QH$” 为平行四边形 QH，这是正确的.（如 Halley 所作）. 错可能出在译者.

⑤ 在下面 Apollonius 没有证明只是陈述了与上述有关的一系列命题，从他们很容易推出其证明. 在我的注解中我略述了这些证明. 所有这些资料都是被 Heath 略去.

⑥ 也即 $\boldsymbol{D}^2 + \hat{\boldsymbol{D}}^2 < \boldsymbol{d}^2 + \hat{\boldsymbol{d}}^2$，这可由Ⅶ.28（p. 306）的论述推出，即共轭直径随着远离轴而不断增大（参阅 p. 304，n. ①）. 也可根据Ⅶ.21－23 独立作出证明（方法见 n. ⑦，对于双曲线，符号有变）.

⑦ 这也是遵循Ⅶ.28（见 n. ⑥）得出的.

⑧ 这作为 [推论 1] 的部分在Ⅶ.24（见 p. 302）有所述. 它可证明如下（参阅 p. 303，n. ①）：
$\boldsymbol{D} : \hat{\boldsymbol{D}} > \boldsymbol{d} : \hat{\boldsymbol{d}}$（Ⅶ.24），$\therefore \boldsymbol{D}^2 : \hat{\boldsymbol{D}}^2 > \hat{\boldsymbol{d}}^2 : \boldsymbol{d}^2$. $\therefore \boldsymbol{D}^2 : (\boldsymbol{D}^2 - \hat{\boldsymbol{D}}^2) < \boldsymbol{d}^2 : (\boldsymbol{d}^2 - \hat{\boldsymbol{d}}^2)$
但 $\boldsymbol{D}^2 > \boldsymbol{d}^2$，$\therefore \boldsymbol{D}^2 - \hat{\boldsymbol{D}}^2 > \boldsymbol{d}^2 - \hat{\boldsymbol{d}}^2$.

⑨ 这也是Ⅶ.24 中有所证述. 参阅 p. 303，n. ①，关于证明，见 n. ⑦.

[3a (i)] 如果有一双曲线，若其轴上构成的图形的横截直径大于正焦弦，则在其他直径上构成的图形的横截直径大于其正焦弦①；

[3a (ii)] [在这种情况下] 在其轴上构成的图形的横截直径与其正焦弦之比大于每一 [其他] 横截直径与其相应的正焦弦之比②；

[3a (iii)] 靠近轴的那些横截直径与其对应的正焦弦之比大于其远离轴的横截直径与其对应的正焦弦之比③；

但是

[3b (i)] 如果在截线的轴上构成的图形的横截直径小于正焦弦，则其他图形的横截直径小于 [各自的] 正焦弦④；

[3b (ii)] 在截线的轴上构成的图形的横截直径与它的正焦弦之比小于任一横截直径与其 [横截直径] 上的图形的 [相应] 正焦弦之比⑤；

[3b (iii)] 在靠近轴的那些横截直径上构成的图形中的这个比大于 [原文如此]⑥远离轴的 [横截直径] 上构成的图形（两边）的那个比⑦；

[3c] 如果轴上构成的图形是等边的，则其他直径上构成的图形也是等边的⑧；

已经证明

[4a (i)] 在每一椭圆中，在长轴和两个相等的共轭直径之间的直径上构成的图形的横截直径大于它们相应的正焦弦⑨；

[4a (ii)] 在靠近长轴的这些直径上构成的图形的横截直径与它的正焦弦之比大于远离长轴的直径上构成的图形的横截直径与它的正焦弦之比⑩；

但是

---

① 也即，若 $\boldsymbol{D}>\boldsymbol{R}$，则 $\boldsymbol{d}>\boldsymbol{r}$.

因为由定义从Ⅰ.16，如果 $\boldsymbol{D}>\boldsymbol{R}$，则 $\boldsymbol{D}>\boldsymbol{R}>\hat{\boldsymbol{D}}$.

但是（Ⅶ.21）如果 $\boldsymbol{D}>\hat{\boldsymbol{D}}$，则 $\boldsymbol{d}>\hat{\boldsymbol{d}}$.

$\therefore \boldsymbol{d}^2>\hat{\boldsymbol{d}}^2$ 和 $\boldsymbol{r}=\hat{\boldsymbol{d}}^2/\boldsymbol{d}<\boldsymbol{d}$.

② 因（Ⅰ.16 定义）$\boldsymbol{D}^2:\hat{\boldsymbol{D}}^2=\boldsymbol{D}:\boldsymbol{R}$，和 $\boldsymbol{d}^2:\hat{\boldsymbol{d}}^2=\boldsymbol{d}:\boldsymbol{r}$.

但是（Ⅶ.22）如果 $\boldsymbol{D}>\hat{\boldsymbol{D}}$，则 $\boldsymbol{D}:\hat{\boldsymbol{D}}>\boldsymbol{d}:\hat{\boldsymbol{d}}$.

$\therefore \boldsymbol{D}:\boldsymbol{R}>\boldsymbol{d}:\boldsymbol{r}$.

③ 通过扩大 n.②的证明，可以证明，利用Ⅰ.16 定义及Ⅶ.21.

④ 如果 $\boldsymbol{D}<\boldsymbol{R}$，则 $\boldsymbol{d}<\boldsymbol{r}$.

用 n.④中同一方法可以证明，但用Ⅴ.22 代替Ⅴ.21（其中 $\boldsymbol{D}<\hat{\boldsymbol{D}}$）.

⑤ 如果 $\boldsymbol{D}<\boldsymbol{R}$，则 $\boldsymbol{D}:\boldsymbol{R}<\boldsymbol{d}:\boldsymbol{r}$. 这可由 n.①中所说同一方法证明，但用Ⅶ.22 代替Ⅶ.21.

⑥ “小于”当然正确：此更正是 **H**，Halley 作的.

⑦ 根据Ⅰ.16 定义和Ⅶ.22 可证明.

⑧ 如果 $\boldsymbol{D}=\boldsymbol{R}$，$\boldsymbol{d}=\boldsymbol{r}$. 根据Ⅶ.23. 参阅 p.313，n.①.

⑨ 因为由Ⅰ.15，$\boldsymbol{d}:\boldsymbol{r}=\boldsymbol{d}^2:\hat{\boldsymbol{d}}^2$，因此，只要 $\boldsymbol{d}>\hat{\boldsymbol{d}}$，则 $\boldsymbol{d}>\boldsymbol{r}$.

⑩ $\boldsymbol{D}:\hat{\boldsymbol{D}}>\boldsymbol{d}_1:\hat{\boldsymbol{d}}_1>\boldsymbol{d}_2:\hat{\boldsymbol{d}}_2$（其中 $\boldsymbol{d}_1$、$\boldsymbol{d}_2$ 等从主轴逐渐增大），因此（n.⑨）$\boldsymbol{D}:\boldsymbol{R}>\boldsymbol{d}_1:\boldsymbol{r}_1>\boldsymbol{d}_2:\boldsymbol{r}_2$. 极限的情况是 $\boldsymbol{d}=\hat{\boldsymbol{d}}=\boldsymbol{r}$，也即是等共轭直径上.

[4b (i)] 关于在短轴和两个相等的共轭直径之间的直径上构成的图形的横截直径小于它的①正焦弦；

[4b (ii)] 靠近短轴的这些直径上构成的图形的横截直径与它的正焦弦之比小于远离短轴的直径上构成的图形的横截直径与它的正焦弦之比②.

这些都可根据截线的直径与图形和它们 [图形] 的边，以及共轭直径和正焦弦之比来证明.

命题 32

在每一抛物线上③，落在轴上的纵标的参量正焦弦是落在其直径上的纵标的参量正焦弦的最小者.

而落在靠近轴的那些直径上纵标的参量正焦弦小于落在离轴远的那些直径上纵标的参量正焦弦.

设有一抛物线 AB [图 7.32]，轴为 AZ，它的另外两个直径是 BQ 和 GH，设直径 AZ、GH 和 BQ 的纵标的参量正焦弦分别是 AK、GL 和 BM.

则我断言 AK 小于 GL，GL 小于 BM.

证明：

我们从点作到轴的垂线 BD 和 GE.

则 $GL=AK+4EA$，

如本卷命题 5 所证.

同样 $BM=AK+4DA$，

所以 AK 小于 GL，和 GL 小于 BM.

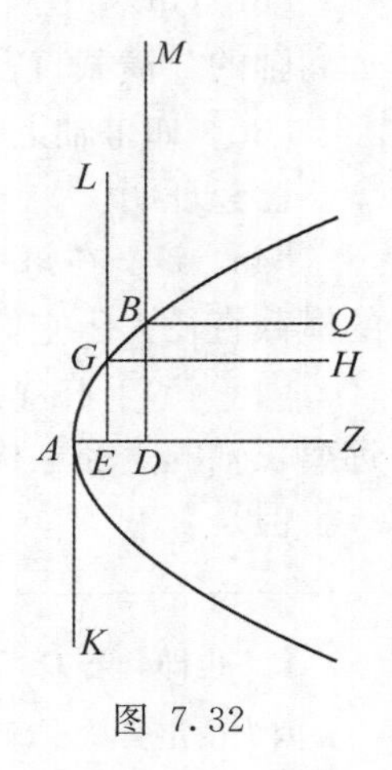

图 7.32

证完

命题 33

如果有一双曲线，若轴上构成的图形的横截直径不小于它的正焦弦，

则轴上构成的图形的正焦弦小于在截线的其他直径上构成的图形的正焦弦，

而且靠近轴的直径上构成的图形的正焦弦小于远离轴的直径上构成的图形的正焦弦.

---

① 人们会认为“their” [也即图形的]，منها（它是手稿 **H** 的读法）代منه.

② 4b 不过是 4a 的反面.

③ 参阅 p. 274，n. ③，该命题的要点是表明抛物线与双曲线的Ⅶ. 33—35 的相似性.

设有一双曲线［图 7.33］，其轴为 AG，中心为 Q，KB、YT 是它的两直径.

则我断言在 AG 上构成的截线的图形的正焦弦小于在 KB 上构成的截线的图形的正焦弦，

并在 KB 上构成的截线的图形的正焦弦小于在 YT 上构成的截线的图形的正焦弦.

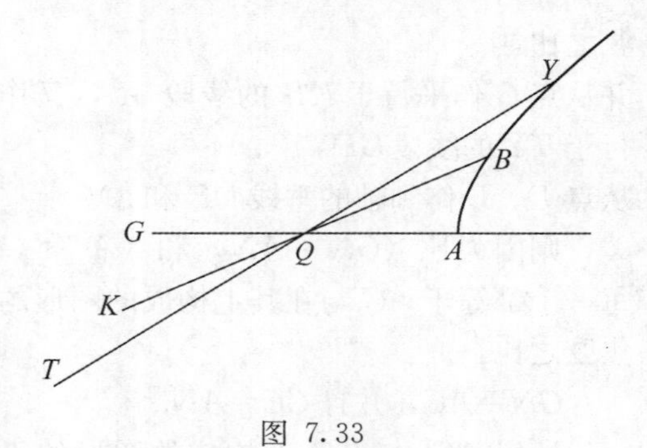

图 7.33

证明：

首先，我们设轴 AG 等于在其上构成的图形的正焦弦.

则直径 BK 等于在其上构成的图形的正焦弦.

这可以本卷命题 23 和卷Ⅰ命题 16 证明①.

但是 $AG<BK$②.

因此在 AG 上构成的图形的正焦弦小于在 KB 上构成的图形的正焦弦.

另外，我们作出轴 AG 大于在其上构成的截线的图形的正焦弦，和［原文如此］③ AG 与其上构成的图形的正焦弦之比大于 KB 与其正焦弦之比，

如本卷命题 21 和卷Ⅰ命题 16 所证④.

同样 KB 与它的正焦弦之比大于 YT 与它的正焦弦之比.

但是直径［原文如此］AG 小于直径 KB，

而直径 BK 小于直径 TY.

因此直径 AG 的正焦弦小于直径 KB 的正焦弦，和直径 BK 的正焦弦小于直径 YT 的正焦弦.

证完

命题 34

又［见图 7.34］，我们令 AG 小于其上构成的图形的正焦弦，但不小于在其上构成的图形的正焦弦之半.

我断言在 AG 上构成的图形的正焦弦小于在 KB 上构成的图形的正焦弦.

并且在 KB 上构成的图形的正焦弦小于在 TY 上构成的图形的正焦弦.

证明：我们作比（$GN:AN$）和（$AC:CG$）等于 AG 与在其上构成的图形的正焦

① 这事实上是 p. 311 上的论述［3c］，Ⅶ. 23 证明，如果两轴相等，则每一直径等于它的共轭直径. 因此，根据Ⅰ. 16 定义，

$\boldsymbol{r}=\hat{\boldsymbol{d}}^2/\boldsymbol{d}=\hat{\boldsymbol{d}}$.

② 参阅 p. 304，n. ①.

③ 这应当是“则”但所有三个手稿都是 و 不是 ف .

④ 这事实在 p. 311 的说明［3a（ii）］中，参看 p. 311，n. ②.

弦之比，①

并从点 G 作平行于 KB 的线段 GL，又作平行于 TY 的线段 GD，

从点 D、L 作到轴的垂线 DE 和 LM.

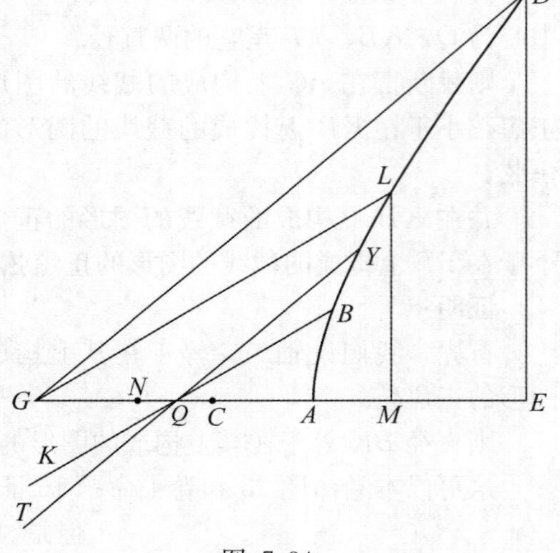

图 7.34

则因为比（$GN:AN$）和（$AC:CG$）每一个都等于 AG 与在其上构成的图形的正焦弦之比，

$GN=AC$，并且 $GC=AN$.

所以 AG^2 与在其上构成的图形的正焦弦上正方形之比等于

$\{(GN\cdot AC):AN^2\}$. ② [1]

但直径 AG 小于它的正焦弦，但不小于它的正焦弦的一半.

因此 AN 大于 AC，但不大于 $2AC$. ③ [2]

并且 $MN+AN>2AN$.

$\therefore$ $(MN+AN)\cdot AC>AN^2$. ④

$\therefore\{(MN+AN)\cdot AM\}:\{(MN+AN)\cdot AC\}<\{(MN+AN)\cdot AM\}:AN^2$.

$\therefore AM:AC<\{(MN+AN)\cdot AM\}:AN^2$，

因此 $MC:AC<\{(MN+AN)\cdot AM+AN^2\}:AN^2$. ⑤

但是 $(MN+AN)\cdot AM+AN^2=MN^2$. ⑥

$\therefore MC:AC<MN^2:AN^2$.

但是 $MC:AC=(GN\cdot MC):(GN\cdot AC)$.

$\therefore$ $(GN\cdot MC):(GN\cdot AC)<MN^2:AN^2$.

由更比例，$(GN\cdot MC):MN^2<(GN\cdot AC):AN^2$.

现关于比 $\{(GN\cdot CM):MN^2\}$，它等于 GA^2 与直径 BK 的正焦弦上正方形之比，如本卷命题 15 中所证；

关于比 $\{(GN\cdot AC):AG^2\}$，我们已证明它等于 AG^2 与直径 AG 的正焦弦上正方形之比. ⑦

于是 AG^2 与直径 BK 的正焦弦上正方形之比小于 AG^2 与其上构成的图形的正焦弦上正方形之比.

---

① 即 GN 和 AC 是"同比线".

② $AG:\boldsymbol{R}(AG)=GN:AN$. $\therefore AG^2:\boldsymbol{R}^2(AG)=GN^2:AN^2=(GN\cdot AC):AN^2$.

③ $\boldsymbol{R}(AG):AG=AN:GN\leqslant 2:1$，而 $GN=AC$. $\therefore AN\leqslant 2AC$.

④ 因为 $AC\geqslant\frac{1}{2}AN$.

⑤ 由合比例.

⑥ Euclid Ⅱ.6.

⑦ 见［1］.

于是直径 AG 的正焦弦小于直径 BK 的正焦弦.

其次 AN 不大于 $2AC$. ①

$\therefore MN<2MC$. ②

以及 $EN+MN>2NM$.

$\therefore MC\cdot(EN+MN)>MN^2$.

$\therefore \{(NE+MN)\cdot EM\}:\{(MN+EN)\cdot MC\}<\{(NE+MN)\cdot EM\}:MN^2$.

但是 $\{(NE+MN)\cdot EM\}:\{(MN+EN)\cdot MC\}=EM:MC$.

$\therefore EM:MC<\{(EN+MN)\cdot ME\}:MN^2$.

$\therefore EC:MC<\{(EN+MN)\cdot ME+MN^2\}:MN^2$. ③

但是 $(EN+MN)\cdot ME+MN^2=EN^2$. ④

$\therefore EC:MC<EN^2:MN^2$.

但是 $EC:MC<(GN\cdot EC):(GN\cdot MC)$.

$\therefore (GN\cdot EC):(GN\cdot MC)<EN^2:MN^2$.

由更比例，$(GN\cdot EC):EN^2<(GN\cdot MC):MN^2$.

但关于比 $\{(GN\cdot EC):EN^2\}$，它等于 AG^2 与直径 TY 的正焦弦上正方形之比，

如本卷命题 15 中证明.

而关于比 $\{(GN\cdot MC):MN^2\}$，它等于 AG^2 与直径 KB 的正焦弦上正方形之比，

也如本卷命题 15 中证明.

所以 AG^2 与直径 TY 的正焦弦上正方形之比小于 AG^2 与直径 KB 的正焦弦上正方形之比.

从而直径 BK 的正焦弦小于直径 TY 的正焦弦，而也已证明直径 AG 的正焦弦小于直径 KB 的正焦弦.

证完

命题 35

又［见图 7.35］，我们令 AG 小于其上构成的图形的正焦弦之半：

我断言有两个直径，分别在轴的两侧⑤，使得每一个上构成的图形的正焦弦等于直径的两倍；

而且那个［正焦弦］小于［靠轴的］那一侧上任一其他直径上构成的图形的正焦弦；

---

① 见［2］.

② 由两边各加上 AM.

③ 由合比例.

④ Euclid Ⅱ.6.

⑤ 本命题是为一个直径（图 7.35 的 KB）而证；另一个是默认的，因为轴的对称性.

而且在靠近那两直径的直径上构成的图形的正焦弦小于远离［它们］的直径上构成的图形的正焦弦.

证明：

设 AG 在点 C 被分为两段，使得比（$AC:CG$）等于 AG 与它的正焦弦之比，同样（在点 N）比（$GN:NA$）[是相同比].

而直径小于它的正焦弦之半.

于是 AN 大于 $2AC$. ①

$\therefore NC > CA$.

设 CM 等于 CN，并设轴的垂线 ML 与截线交于点 L.

连接 GL，作直径 KB 平行于 GL.

则（$CM:MN$）等于 BK 与其上构成的图形的正焦弦之比，

如本卷命题 6 所证.

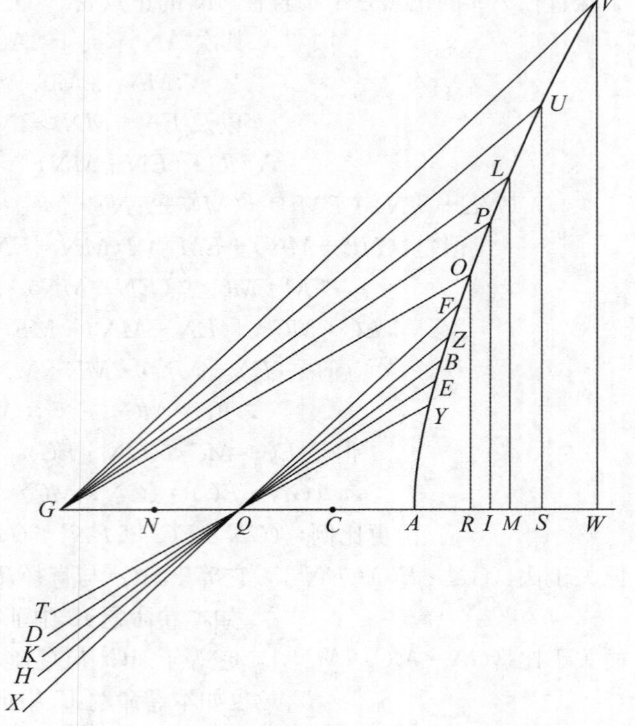

图 7.35

因此直径 BK 是在其上构成的图形的正焦弦之半. ②

于是我们在点 A 和 B 之间作出直径 DE、YT，从点 G 作平行于直径 DE 的 GP，又作平行于直径 YT 的 GO，

从点 P、O 作到轴的垂线 PI 和 OR.

$$现在 MC=CN. \ \therefore MC \cdot CI < CN^2.$$

$$我们取 (IM+NC) \cdot IC 为两边共有：$$

$$则 (MN+NI) \cdot IC < NI^2. ③$$

$$\therefore \{(MN+NI) \cdot MI\} : \{(MN+NI) \cdot IC\} > \{(MN+NI) \cdot MI\} : NI^2.$$

$$但是 \{(MN+NI) \cdot MI\} : \{(MN+NI) \cdot CI\} = MI : CI.$$

$$\therefore MI : CI > \{(MN+NI) \cdot MI\} : NI^2.$$

---

① $\mathbf{R}(AG):AG=AN:GN>2:1$，而 $GN=AC$. $\therefore AN>2AC$.

② 因为 $CM=\frac{1}{2}MN$（由构造）.

③ 因 $(MC \cdot CI)+CI \cdot (IN+NC)=CI \cdot (MC+IM+NC)=CI \cdot (MN+NI)$，和 $CN^2+CI \cdot (IN+NC)=CN^2+CI \cdot (2CN+CI)=CN^2+2(CN \cdot CI)+CI^2=(CN+CI)^2=NI^2$.

$$\therefore MC : CI > \{(MN+NI) \cdot MI + NI^2\} : NI^2.$$ ①

$$\text{但是} \ (MN+NI) \cdot MI + NI^2 = MN^2.$$ ②

$$\therefore MC : CI > MN^2 : NI^2.$$

$$\text{但是} \ MC : CI = (GN \cdot MC) : (GN \cdot CI).$$

$$\therefore (GN \cdot MC) : (GN \cdot CI) > MN^2 : NI^2.$$

$$\text{由更比例，} (GN \cdot MC) : MN^2 > (GN \cdot CI) : NI^2.$$

但是对于比｛$(GN \cdot MC) : MN^2$｝，它等于 AG^2 与在 KB 上构成的图形的正焦弦上正方形之比，

如本卷命题 15 中所证.

而对于比｛$(GN \cdot CI) : NI^2$｝，它等于 AG^2 与在 DE 上构成的图形的正焦弦上正方形之比，

也如本卷命题 15 中所证.

于是 AG^2 与在 KB 上构成的图形的正焦弦上正方形之比大于 AG^2 与在 DE 上构成的图形的正焦弦上正方形之比.

因此在 KB 上构成的图形的正焦弦小于在 DE 上构成的图形的正焦弦.

此外，$IC \cdot CR < NC^2$. ③

如前所证④，将可证明在 DE 上构成的图形的正焦弦小于在 YT 上构成的图形的正焦弦.

又 $RC \cdot CA < NC^2$.

所以在 YT 上构成的图形的正焦弦小于在 AG 上构成的图形的正焦弦.

进一步，我们作离轴比直径 BK 远的两直径 ZH 和 FX：

则我断言在 BK 上构成图形的正焦弦小于在 ZH 上构成的图形的正焦弦，且在 ZH 上构成的图形的正焦弦小于在 FX 上构成的图形的正焦弦.

证明：

现在从点 G 作两直线 GV、GU⑤ 平行于 ZH 和 FX，并从点 V、U 分别作到轴的垂线 VW 和 US.

$$\text{则} \ SC \cdot CM > NC^2.$$ ⑥

于是当我们通过像前面一样的步骤时，可得到

$$(GN \cdot CS) : NS^2 < (NG \cdot MC) : MN^2,$$

由此将证明在 ZH 上构成的图形的正焦弦大于在 KB 上构成的图形的正焦弦.

---

① 由合比例.

② Euclid Ⅱ. 6.

③ 因 CR 和 IC 都小于 MC，而 MC 等于 NC.

④ 如在 p. 316 上，用 I 代替 M，用 R 代替 I.

⑤ 注意后者的顺序是相反的：$GV /\!/ FX$，$GU /\!/ ZH$.

⑥ 因为 $SC > CM = NC$.

又因为$WC \cdot CS > NC^2$,①

于是在FX上构成图形的正焦弦大于在ZH上构成图形的正焦弦.

证完

命题 36

如果有一双曲线，若它的轴上构成的图形不是等边的，

则在其轴上构成的图形的两边之差大于在其他直径上构成的图形的两边之差；

并且在那些靠近轴的直径上构成的图形的两边之差大于那些远离（轴）的直径上构成的图形的两边之差.

设有一双曲线［图 7.36A 和图 7.36B］,② 轴为AG，中心为Q，它的另两个直径为DE和BK.

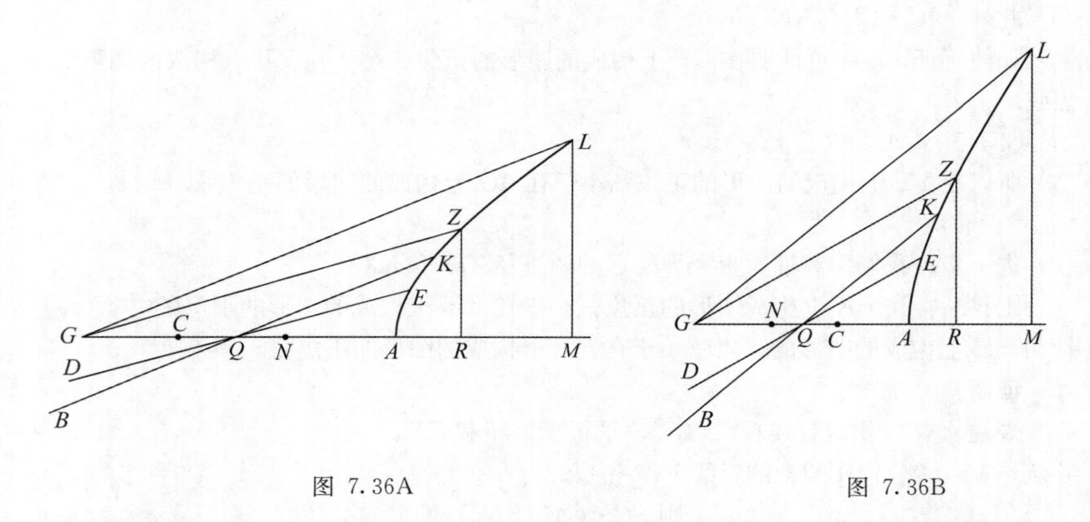

图 7.36A　　　　图 7.36B

则我断言在AG上构成的图形的两边之差大于在DE上构成的图形的两边之差，

并且这［后者］之差大于BK上构成的图形的两边之差.

证明：

我们作GZ、GL分别平行于DE和BK，从点L、Z分别作到轴的垂线LM和ZR. 并且作比（$GN : NA$）和（$AC : GC$）的每一个等于AG与其上构成的图形的正焦弦之比.

---

① 参阅 p. 317，n. ③和④.

② 这两图代表横截直径分别大于和小于它的正焦弦的两种情况.

则 AG^2 与 AG 和在其上构成的图形的正焦弦之差的正方形之比等于 $(GN \cdot AC : NC^2)$. ①

且 GZ 平行于 DE，ZR 垂直于轴.

于是 $\{(GN \cdot CR) : (RC-RN)^2\}$ 等于 AG^2 与 DE 和其上构成的图形的正焦弦之差上正方形之比.

如本卷命题 16 中所证.

但是 $|RC-RN|=CN$.

所以 AG^2 与 DE 和其上构成的图形的正焦弦之差上正方形之比等于 $(GN \cdot CR : CN^2)$.

且 $(GN \cdot CR) : CN^2 > (GN \cdot AC) : CN^2$.

因此 AG^2 与在 DE 和在其上构成的图形的正焦弦之差的正方形之比大于 AG^2 与 AG 上构成的图形的正焦弦之差的正方形之比.

所以 DE 和在其上构成的图形的正焦弦之差小于 AG 和在其上构成的图形的正焦弦之差.

其次，LG 平行于直径 KB，LM 是轴的垂线，因此 $(GN \cdot CM : |MC-MN|^2)$ 等于 AG^2 与 BK 和在其上构成的图形的正焦弦之差上正方形之比，

如本卷命题 16 中所证.

并且 $(GN \cdot CM) : NC^2 > (GN \cdot RC) : NC^2$.

所以 AG^2 与 KB 和在其上构成的图形的正焦弦之差上正方形之比大于 AG^2 与 DE 和在其上构成的图形的正焦弦之差上正方形之比.

于是在 DE 和在其上构成的图形的正焦弦之差小于［原文如此］② BK 和在其上构成的图形的正焦弦之差.

证完

命题 37

在每一椭圆中，若直径大于其上构成的图形的正焦弦，则在长轴上构成的图形的两边之差大于其他直径上构成的图形的两边的差；

并且在靠近长轴的直径上构成的图形的两边之差大于远离长轴的直径

① 因为 GN 和 AC 是"同比线".

$AG : \boldsymbol{R}(AG) = GN : AN = GN : CG$.

$\therefore AG : |AG-\boldsymbol{R}(AG)| = GN : |GN-CG| = GN : NC$.

$\therefore AG^2 : |AG-\boldsymbol{R}(AG)|^2 = GN^2 : NC^2 = (GN \cdot AC) : NC^2$.

② 正确的当然是"大于". 手稿 **T** 的是"小于". 这肯定是原来的读法（译者之疏忽，这在另外两个手稿中有所修正，但不相同，**H** 把"小于"改成"大于"，但手稿 **O** 笨拙地用"BK"代替了"DE"和用"AG"代替了"BK",）后由 Halley 改正.

上构成的图形的两边之差.

但是若直径小于其上所构成的图形的正焦弦，则短轴上构成的图形的两边之差大于其他直径上构成的图形的两边之差；

并且靠近短轴的直径上构成的图形的两边之差大于远离短轴的直径上构成的图形的两边之差.

而且长轴上构成的图形的两边之差大于短轴上构成的图形的两边之差.

设有一椭圆［图 7.37］，其长轴为 AG，短轴为 ED，它的两直径为 ZH、KB，ZH 和 KB 都大于在其上构成的图形的正焦弦. ①

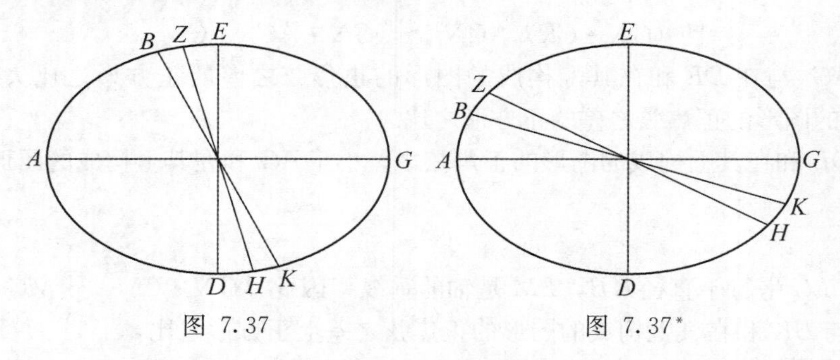

图 7.37　　图 7.37*

则我断言 AG 与在其上构成的图形的正焦弦之差大于 BK 与在其上构成的图形的正焦弦之差；且在 BK 与在其上构成的图形的正焦弦之差大于 ZH 与在其上构成的图形的正焦弦之差.

证明：②

AG 大于在其上构成的图形的正焦弦，

和 KB 也大于在其上构成的图形的正焦弦；并且在 KB 上构成的图形上正焦弦也大于在 AG 上构成的图形的正焦弦，

如本卷命题……所证. ③

因此 AG 与在其上构成的图形的正焦弦之差大于 KB 与在其上构成的图形的正焦弦之差.

同样也将证明 KB 与其上构成的正焦弦之差大于 ZH 与其上构成的图形的正焦弦之差.

其次，我们作出线段 BK 和 ZH，使其每一个小于在其上构成的图形的正焦弦：

则我断言 DE 与在其上构成的图形的正焦弦之差大于 ZH 与在其上构成的图形的正焦弦之差；而且 ZH 与在其上构成的图形的正焦弦之差大于 KB 与在其上构成的图

① 在手稿中画的图形（我的图 7.37）显示的不是这个而是第二种情况，其中 ZH 和 KB 两者都小于它们相关的正焦弦，也就是说两者都在朝向共轭直径短轴的一边，像 Halley 一样，我加了第二图形（图 7.37*）以表示第一种情况.

② 要完成此证明必须加上“$AG>KB$”，参阅下面第二证的开始.

③ 手稿 **H** 和 **O**^{2} 补充了“命题 24”，正确. 但手稿的证据（在 **O**、**T** 中缺此编号）表明它从未被译者、评论者填补.

形的正焦弦之差.

证明：

DE 小于 ZH，

而 DE 上构成的图形的正焦弦大于 ZH 上构成的图形的正焦弦，

如本卷中的命题. ①

因此 DE 与其上构成的图形的正焦弦之差大于 ZH 与其上构成的图形的正焦弦之差.

同样也将证明 ZH 与其上构成的图形的正焦弦之差大于 KB 与其上构成的图形的正焦弦之差.

此外，DE 上构成的图形的正焦弦与 DE 之比等于 AG 与在 AG 上构成的图形的正焦之比，

如卷Ⅰ命题 15 所证. ②

而在 DE 上构成的图形的正焦弦大于 AG，

如卷Ⅰ命题 15 所证.

因此在 DE 与其上构成的图形的正焦弦之差小于［原文如此］③ AG 与其上构成的图形的正焦弦之差. ④

证完

命题 38

如果有一双曲线，若其轴上构成的图形的横截边⑤不小于它的正焦弦的三分之一，

则非轴的直径上图形的周边之和大于在其轴上构成的图形的周边之和；

并且靠近轴的［直径］上构成的图形的周边之和小于远离轴的直径上构成的图形的周边之和.

---

① 再一次是对Ⅶ. 24 恰当的引证. 但这一次它在所有三个手稿中都遗漏.

② 这“在Ⅰ. 15 中难证明，但从它（参阅 p. 298，n. ③）能容易证明. Ⅰ. 15 从定义开始证明 $\hat{d}:d=d:\hat{r}$，$d:\hat{d}=\hat{d}:r$.

由首末比例 $\hat{r}:\hat{d}=d:r$，

而在此，因 $d>\hat{d}$，从而 $\hat{r}>d$.

③ 由手稿 H、O^2，Halley 改正为“大于”. 参阅 p. 319，n. ②.

④ Halley 加了下述证明（取自手稿 O 的边注）：

“因为分比例，$\hat{r}:|\hat{r}-\hat{d}|=d:|d-r|$，

而由更比例，$\hat{r}:d=|\hat{r}-\hat{d}|:|d-r|$.

但是 $\hat{r}>d$.”

⑤ “边”：实际是“直径”.

设有一轴为 AG 的双曲线［图 7.38］，AG 不小于在其上构成的图形的正焦弦的三分之一，设它的两个直径为 KB 和 TY.

则我断言在 AG 上构成的图形的周边之和小于 KB 上构成的图形的周边之和；且在 KB 上构成的图形的周边之和小于在 YT 上构成的图形的周边之和.

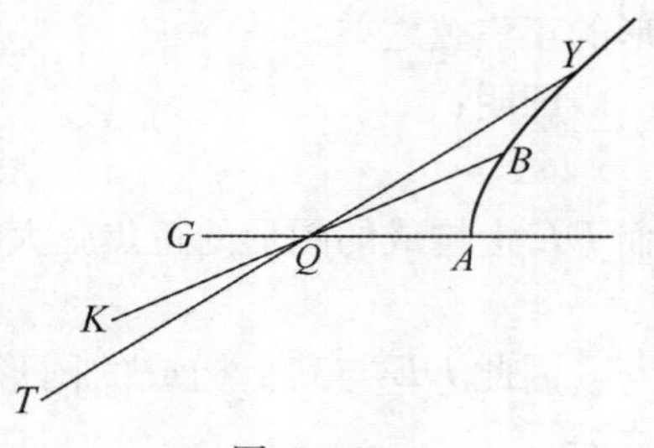

图 7.38

证明：

首先我们作轴 AG，使其不小于它上构成的图形的正焦弦.

现直径 KB 大于轴 AG，

和直径 TY 大于直径 KB；

且在 TY 上构成的图形的正焦弦大于在 KB 上构成的图形的正焦弦，

如本卷命题 33 所证；

同样在 KB 上构成的图形的正焦弦也大于在 AG 上构成的图形的正焦弦.

因此直径 YT 与在其上构成的图形的正焦弦之和大于直径 KB 与在其上构成的图形的正焦弦之和；而直径 KB 与其上构成的图形的正焦弦之和大于直径（轴）与其上构成的图形的正焦弦之和.

于是在 TY 上构成的图形的周边之和大于在 BK 上构成的图形的周边之和，且 KB 上构成的图形的周边之和大于在 AG 上构成的图形的周边之和.

证完

命题 39

进一步，［见图 7.39］我们作 AG 小于其上构成的图形的正焦弦，但不小于其上构成的图形的正焦弦的三分之一，

并设比（$GN:AN$）和（$AC:GC$）都等于 AG 与在其上构成的图形的正焦弦之比，

又从点 G 作出与直径 YT、KB 分别平行的 GD 和 LG，从点 D、L 作到轴的垂线 DE 和 LM：

则 AG 与在其上构成的图形的正焦弦之比等于（$AC:CG$）；

并且 AG 不小于在其上构成的图形的正焦弦的三分之一.

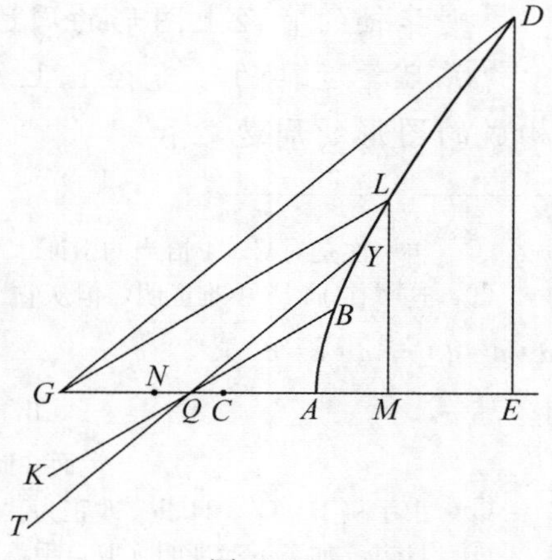

图 7.39

$$\therefore AC \geqslant \frac{1}{3} AN.$$

$$\therefore AC \geqslant \frac{1}{4}(AN+AC). \qquad [1]$$

$$\therefore \{NA+(AC \cdot 4AC)\} \geqslant (NA+AC)^2.$$

$$\therefore \{4(NA+AC)\cdot AM\}:\{4(NA+AC)\cdot AC\}\leqslant$$
$$\{<4>(NA+AC)\cdot AM\}:(NA+AC)^2.$$ ①

$$\therefore AM:AC\leqslant 4(NA+AC)\cdot AM:(NA+AC)^2,$$

由合比例 $MC:CA\leqslant\{4(NA+AC)\cdot AM+(NA+AC)^2\}:(NA+AC)^2$.

但是 $\{4(NA+AC)\cdot AM\}+(NA+AC)^2<(MN+MC)^2$. ②

$$\therefore MC:CA<(MN+MC)^2:(AN+AC)^2.$$

但是 $MC:AC=(GN\cdot MC):(GN\cdot AC)$.

$$\therefore (GN\cdot MC):(GN\cdot AC)<(MN+MC)^2:(AN+AC)^2.$$

由更比例，$(GN\cdot MC):(MN+MC)^2<(GN\cdot AC):(AN+AC)^2$.

但是对于比 $\{(GN\cdot MC):(MN+MC)^2\}$，它等于 AG^2 与直径 KB 加上其上构成的图形的正焦弦之和上正方形之比，

如本卷命题 17 所证.

而关于比 $\{(GN\cdot AC):(AC+AN)^2\}$，它等于 AG^2 与直径 AG 加上其上构成的图形的正焦弦之和上正方形之比.

因此 AG^2 与在 KB 上构成的图形两边之和上正方形之比小于 AG^2 与在 AG 上构成的图形两边之和上正方形之比. 所以在 KB 上构成的图形两边之和大于在 AG 上构成的图形两边之和.

于是在 KB 上构成的图形周边③之和大于在 AG 上构成的图形周边之和，

另外，$MC>\frac{1}{4}(MN+MC)$. ④

$$\therefore 4(NM+MC)\cdot MC>(MN+MC)^2.$$

和上面所证一样，由此可得

$$(GN\cdot CE):(NE+EC)^2<(GN\cdot MC):(MN+MC)^2.$$

但关于比 $\{(GN\cdot CE):(NE+EC)^2\}$，它等于 AG^2 与在 TY 上构成的图形两边之和上正方形之比，

如本卷命题 17 所证.

而［也］⑤ 由于这一原因 $\{(GN\cdot MC):(MN+MC)^2\}$ 等于 AG^2 与在 KB 上构

---

① 其中“4 倍”在所有手稿中都从右边式中缺失，在手稿 **H** 和 **O** 的边注中补入，Halley 也作了补充，参阅 p. 352，n. ⑥.

② Halley 谈到 al-shīrāzī 的引理 1（见附条 C，p. 359），如 MN 是一在 C 和 A 任意分割的线，
$(MN+MC)^2=4(MN+AC)\cdot AM+(NA+AC)^2$.
因为 $NC<MN$，不等式在此是推论.

③ 也即四个边.

④ 因为（见［1］）$AC\geqslant\frac{1}{4}(AN+AC)$.

$$\therefore AC+AM\geqslant\frac{1}{4}(AN+AC+4AM).$$

$$\therefore MC\geqslant\frac{1}{4}(MN+MC+2AM)>\frac{1}{4}(MN+MC).$$

⑤ 这是译者之错：应当是“而对于这个比…它等于…”（واما…فهى）如前.

成的图形两边之和上正方形之比.

因此 AG^2 与在 TY 上构成的图形两边之和上正方形之比小于 (AG^2)① 与 KB 上构成的图形两边之和上正方形之比.

从而在 TY 构成的图形两边之和大于在 BK 上构成的图形两边之和.

所以在 TY 上构成的图形的四个边之和大于在 KB 上构成的图形的四个边之和.

证完

命题 40

如果有一双曲线，其横截轴小于其正焦弦的三分之一，

则有两个直径，分别在轴的两侧，② 其每一个（直径）等于［直径的］正焦弦的三分之一，且在它们每一个上构成的图形的周边之和小于轴的那一侧的直径上构成的图形周边之和；

并且靠近［那直径］的直径上构成的图形的周边之和小于远离它的［直径］上构成的图形周边之和.

于是我们用作命题 32［原文如此］③ 中的图的同样方法作图 7.40.

则 $AC<\frac{1}{3}AN$，

所以 $AC<\frac{1}{2}CN$.

我们作 $MC=\frac{1}{2}CN$，

并从点 M 作轴的垂线（交截线于点 L），即 ML，连接 GL，作平行于 GL 的直径 KB.

则 $(MC:MN)$ 等于 KB 与在其上构成的图形的正焦弦之比，

如本卷命题 6 所证.

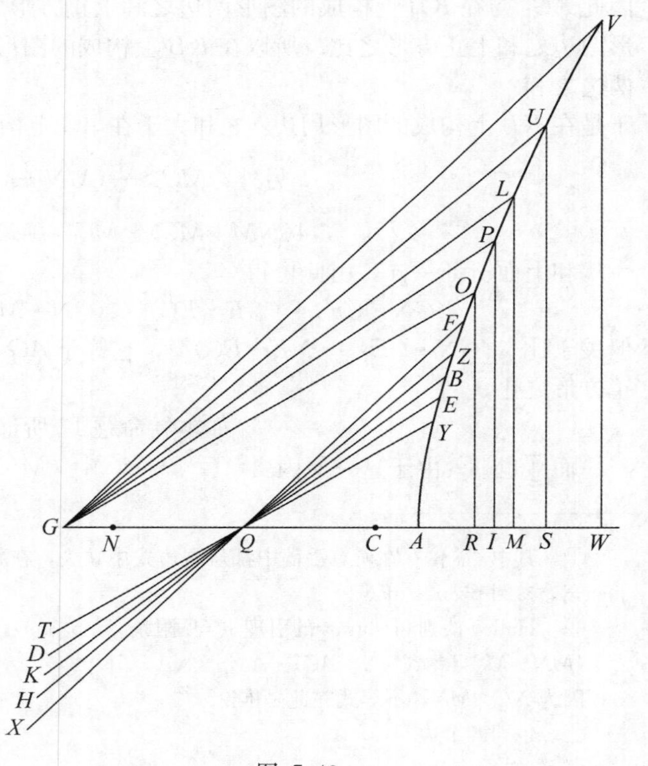

图 7.40

① 英文译句少“of AG^2”.

② 参阅 p. 315，n. ⑤.

③ 应为 Ⅶ. 35；**H**，Halley 作了改正.

$$但\ MC=\frac{1}{3}MN.$$

所以 KB 是其上构成的图形的正焦弦的三分之一，

我们在点 A 和 B 之间任取两直径 DE 和 TY，

我们作 GP 和 GO 分别与它们平行，并作 PI、OR 垂直于轴.

$$则\ MC=\frac{1}{4}\ (MC+MN).①\qquad [1]$$

$$\therefore (MN+MC)^2>(NM+CI)\cdot 4MC.②$$

我们从（上式）两边减去 $(NM+CI)\cdot 4MI$，得余式

$$(NI+IC)^2>(MN+CI)\cdot 4CI.③\qquad [2]$$

所以 $\{(NM+CI)\cdot 4CI\}$ 与 $\{(NM+CI)\cdot 4CI\}$（原文如此）④ 之比大于它与 $(NI+CI)^2$ 之比.

$$但是\{(NM+CI)\cdot 4MI\}:\{(NM+CI)\cdot 4CI\}=MI:CI.$$

$$\therefore MI:CI>\{(NM+CI)\cdot 4MI\}:(NI+IC)^2.$$

$$由合比例，MC:CI>\{(NM+CI)\cdot 4MI+(NI+CI)^2\}:(NI+IC)^2.$$

$$但是\ (NM+IC)\cdot 4MI+(NI+CI)^2=(NM+MC)^2.⑤$$

$$\therefore MC:CI>(NM+MC)^2:(NI+IC)^2.$$

$$但是\ MC:CI=(GN\cdot MC):(GN\cdot CI).$$

$$\therefore (GN\cdot MC):(GN\cdot CI)>(NM+MC)^2:(NI+IC)^2.$$

由更比例，$(GN\cdot MC):(NM+MC)^2>(GN\cdot CI):(NI+IC)^2$.

但是对于比 $\{(GN\cdot MC):(NM+MC)^2\}$，它等于 AG^2 与在 KB 上构成的图形的两边之和的正方形之比，

如本卷命题 17 所证；

因此对于比 $\{(GN\cdot CI):(NI+IC)^2\}$，它等于 AG^2 与在 DE 上构成的图形的两边之和的正方形之比，

如本卷命题 17 所证，

所以 AG^2 与在 KB 上构成的图形的两边之和的正方形之比大于它与在 DE 上构成的图形的两边之和的正方形之比.

于是在 KB 上构成的图形的周边之和小于在 DE 上构成的图形的周边之和.

此外，$(IC+IN)^2>(IN+CR)\cdot \langle 4\rangle CR$.⑥

于是如前所证，将可证明在 DE 上构成的图形的周边之和小于在 TY 上构成的图形

---

① 因为 $MC=1/3\ MN$.

② 因为 $NM+CI<MN+MC$.

③ 由于 $(MN+MC)^2=4(NM+CI)\cdot MC+(NI+IC)^2$.

④ 这个，即手稿 **T** 的读法，显然出自原版. 第一个“$4CI$”明显应是“$4MI$”，手稿 **H** 和 Halley 作此更正. 而手稿 **O** 把第二个“$4CI$”都改为“$4MI$”，从而产生又一个错误.

⑤ 参阅 n. ③.

⑥ “4 倍”在所有手稿中缺失，由手稿 **O** 和 **H** 在边注中补入，并由 Halley 增补，参阅 p. 323，n. ①. 这是出自 [2]，$(IC+IN)^2>(MN+CI)\cdot 4CI$，

因为 $IN<MN$ 和 $CR<CI$.

的周边之和.

另有，$(NC+CA)\cdot 4AC<(NR+RC)^2$.

也如前所证，因此将可证明，在 TY 上构成的图形的周边之和小于在 AG 上构成的图形的周边之和.

又，我们作直径 ZH 和 FX，使它们比直径 BK 离 AG 更远，

并从点 G 作平行于它们的二直线，即 GV［平行于 XF］和 GU［平行于 ZH］，

从点 V、U 作到轴的垂线 VW 和 US：

则 $(SN+MC)\cdot 4MC>(MN+MC)^2$. ①

因此当我们在两边作共有的 $\{SM\cdot 4(SN+MC)\}$ 时，②

如前所证，由它可证明，

在 ZH 上构成的图形的周边之和大于在 KB 上构成的图形的周边之和.

又，$(WS+SC)\cdot 4SC>(SN+SC)^2$.

于是也可证明在 FX 上构成的图形周边之和大于在 ZH 上图形的周边之和.

证完

命 题 41

在每一椭圆中，在其长轴上构成的图形的［四个］周边之和小于在其另一直径上构成的图形的周边之和；

并且在靠近长轴的那些直径上构成的图形的周边之和小于［离它］远的直径上构成的图形的周边之和；

而且在短轴上构成的图形的周边之和大于其他直径上构成的图形的周边之和.

设［图 7.41］椭圆的主轴为 AG，短轴为 DE，设有其他直径 BK、ZH.

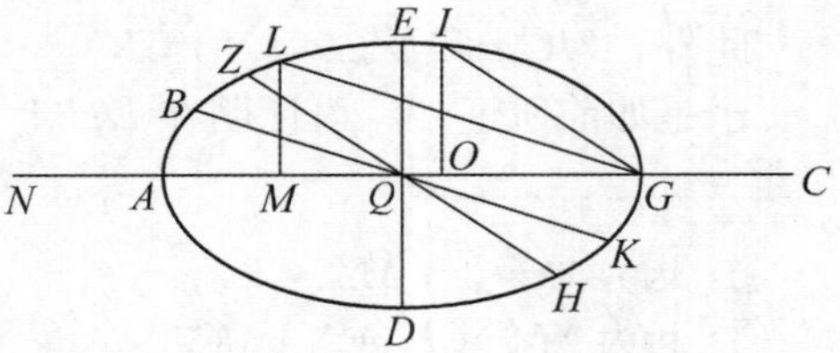

设 GL、GI 平行于那两直径，并作出到主轴的垂线 LM 和 IO.

设比 $(GN:AN)$ 等于 AG 与在其上构成的图形的正焦弦之比，

且同样我作比 $(AC:CG)$ 等于该比.

图 7.41

则 AG^2 与直径 AG 加上在 AG 上构成的图形的正焦弦之和的正方形之比等于

① 由［1］，$4MC=MC+MN$ 和 $SN+MC>MN+MC$.

② Halley 加上："$(SN+MC)\cdot 4SC>(NS+SC)^2$".

$(NG^2:NC^2)$,①

以及等于 $\{(NG\cdot AC):NC^2\}$, [1]

因为 $NG\cdot AC=NG^2$.

并且 $AG^2:ED^2=NG:GC$,

因为在卷Ⅰ命题15已证

$(AG^2:DE^2)$ 等于 AG 与它的正焦弦之比;②

和 $GN:GC=(GN\cdot GC):GC^2$,

而 DE^2 与 DE 加上其上构成的图形的正焦弦之和的正方形之比等于 $(GC^2:NC^2)$,

也因为在卷Ⅰ命题15所证.③

因此 AG^2 与直径 DE 加上其上图形正焦弦之和的正方形之比等于 $\{(NG\cdot GC):NC^2\}$④ [2]

且已表明 $\{(NG\cdot AC):NC^2\}$ 等于 AG 加上在其上构成的图形的正焦弦之和上正方形之比.⑤

因此 AG 与 AG 加上它的正焦弦之和的比大于 AG 与 DE 加上它的正焦弦之和的比.⑥

因此在 AG 上构成的图形的周边之和小于在 DE 上构成的图形的周边之和.

而[同样也有] $\{(NG\cdot MC):NC^2\}$ 等于 AG^2 与直径 KB 加其上构成的图形的正焦弦之和上正方形之比,

如本卷命题17所证.

所以 AG 与 AG 加上它的正焦弦之和的比大于 AG 与 KB 加上它的正焦弦之和的比.⑦

于是在 AG 上构成图形的周边之和小于在 KB 上构成图形的周边之和.

另外,$\{(NG\cdot MC):NC^2\}$ 等于 AG^2 与直径 KB 加上其上构成的图形的正焦弦之和上正方形之比.

如本卷命题17所证,

同样也有 $\{(NG\cdot OC):NC^2\}$ 等于 AG^2 与直径 ZH 加上它的正焦弦之和上正方形之比.

因此 AG 与 KB 加上它的正焦弦之比大于 AG 与 ZH 加上它的正焦弦之比.⑧

于是在 KB 上构成的图形的周边之和小于在 ZH 上构成的图形的周边之和.

---

① 因为 $GN:AN=AG:\boldsymbol{R}$,

$$AG:(AG+\boldsymbol{R})=GN:(GN+AN)=GN:(AC+AN)=GN:NC.$$

② 见 I.15, Heiberg 62, 1—2.

③ 根据Ⅰ.15可证明(见 p.321, n.②)$DE:\hat{\boldsymbol{R}}=\boldsymbol{R}:AG$.

因此 $DE:(DE+\hat{\boldsymbol{R}})=\boldsymbol{R}:(AG+\boldsymbol{R})=GC:(GN+GC)$.

④ 由首末比例.

⑤ 见[1].

⑥ 因为 $AC>GC$.

⑦ 因为 $AC>MC$.

⑧ 因为 $MC>OC$.

此外，$\{(GN\cdot CO):NC^2\}$ 等于 AG^2 与直径 ZH 加上在其上构成的图形的正焦弦之和上正方形之比，

如本卷命题 17 所证.

且我们已经证明

$\{(NG\cdot GC):NC^2\}$ 等于 AG^2 与 DE 加上它的正焦弦上正方形之比. ①

因此 AG 与 ZH 加上它的正焦弦之和的比大于 AG 与 DZ 加上它的正焦弦之和的比. ②

所以在 ZH 上构成的图形的周边之和小于在 DE 上构成的图形的周边之和.

证完

命题 42

双曲线的直径上构成的图形③的最小者是在其轴上构成的；

并且靠近轴的直径上构成的图形小于远离轴的直径上构成的图形.

设有一双曲线［图 7.42］，设轴为 AG，它的两直径为 KB、TY.

则我断言 AG 上构成的图形小于截线的其他直径上构成的图形；

并且在 KB 上构成的图形小于在 TY 上构成的图形.

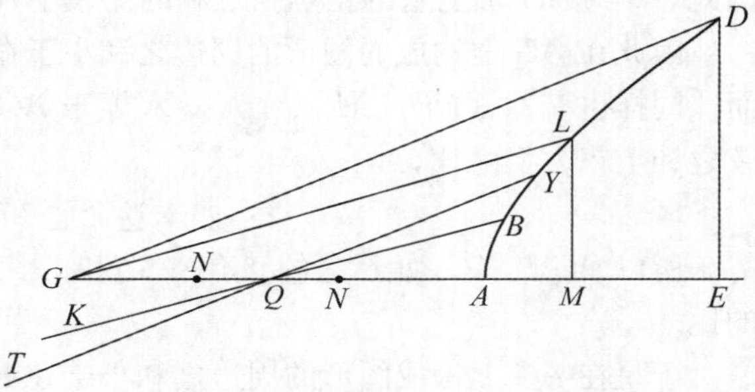

图 7.42

证明：

我们作 GL、GD 分别平行于 KB 和 TY，和向轴作两垂线 DE、LM，

且使比 $(GN:AN)$ 等于 AG 与其上构成的图形的正焦弦之比④.

则 $(GN:NA)$ 等于 AG^2 与 AG 上构成的图形之比⑤.

且 $(GN:NM)$ 等于 AG^2 与 KB 上构成的图形之比，

如本卷命题 18 所证.

而 $GN:AN>GN:MN$.

所以 AG^2 与 AG 上构成的图形之比大于 AG^2 与 KB 上构成的图形之比.

于是 AG 上构成的图形小于 KB 上构成的图形.

此外，$(GN:NE)$ 等于 AG^2 与 TY 上构成的图形之比，

如本卷命题 18 所证.

---

① 见［2］.

② 因为 $GC<OC$.

③ 是指由直径和它的正焦弦构成的矩形(图形)，其大小指其面积，即该直径乘它的正焦弦.

④ 在图中 N 的两个位置代表两个可能的情况，$AG<$它的正焦弦，以及 $AG>$它的正焦弦. 手稿 **O**²，以及随后的 Halley 都用"C"代替在第二种情况中的"N"，但在手稿中的字母明显是正确的.

⑤ 因 $GN:NA=AG:\boldsymbol{R}=AG^2:\boldsymbol{R}\cdot AG$.

而同样也有（$GN:MN$）等于 AG^2 与在 KB 上构成的图形之比①.

而 $GN:NM>GN:EN$.

所以 AG^2 与 KB 上构成的图形大于 AG^2 与 TY 上构成的图形.

于是 KB 上构成的图形小于 TY 上构成的图形.

证完

命题 43

椭圆的长轴上构成的图形是椭圆的直径上构成的图形的最小者.

而其中最大的是短轴上构成的图形；

并且靠近长轴的直径上构成的图形小于远离长轴的直径上构成的图形.

设有一椭圆［图 7.43］，长轴为 AG，短轴为 DE，它的另外两个直径是 KB、TY.

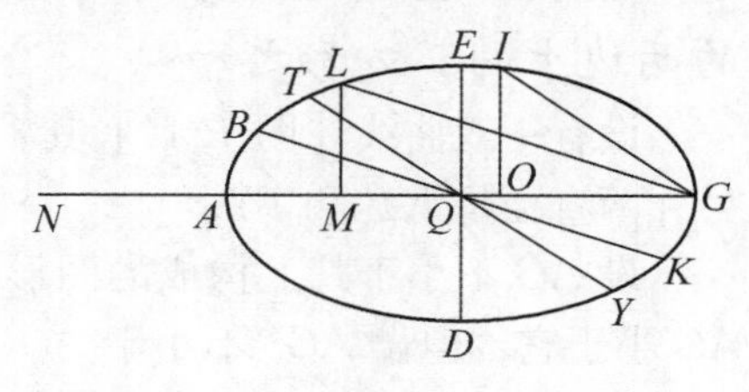

图 7.43

则我断言 AG 上构成的图形小于 KB 上构成的图形；

并且 KB 上构成的图形小于 TY 上构成的图形；

以及 TY 上构成的图形小于 DE 上构成的图形.

证明：

我们作 GL、LI 分别平行于 BK、TY，

并且作 LM、IO 垂直于轴.

我们作（$GN:NA$）等于 AG 与其上构成的图形的正焦弦之比.

则 AG^2 与 AG 上构成的图形之比等于（$NG:NA$）②.

但是 AG^2 等于 DE 上构成的图形③，

如卷Ⅰ命题 15 所证.

因此 AG 上构成的图形大于［原文如此］④ DE 上构成的图形.

现在（$GN:MN$）等于 AG^2 与 KB 上构成的图形之比，

如本卷命题 18 所证.

而同样（$GN:NO$）等于 AG^2 与 TY 上构成的图形之比. 和（$GN:AN$）［原文如此］⑤ 等于 AG^2 与 DE 上构成的图形之比.

但是 $AN<NM$，和 $NM<NO$ 以及 $NO<NG$.

---

① 看起来好像原版把“TY”改成“KB”. **O** 用“TY”，**T** 用“TY、KB”，**H** 用“KB”.

② 参阅 p. 237，n. ⑧.

③ 见序言 p. 37.

④ 正确的是“小于”，因为 DE 上图形与 AG 上的图形之比等于 $NG:NA$，而 $NG>NA$，Halley 作了以上修正，而 **H** 把“AG”变为“DE”，反之亦然.

⑤ 正确的是“$GN:NG$”，如 Halley 所写. 手稿 **H** 也作了改正，为“GN 与它本身”之比并加上“$GN:AN$ 等于 AG^2 与 AG 上构成的图形之比”.

因此 AG 上构成的图形小于 KB 上构成的图形，和 KB 上构成的图形小于 TY 上构成的图形，以及 TY 上构成的图形小于 DE 上构成的图形.

证完

命题 44

如果有一双曲线，其轴上构成的图形的横截边：

[1] 不小于它的正焦弦；或

[2] 小于它的正焦弦，但它上的正方形不小于它［横截边］和它［正焦弦］之差上的正方形之半.

则轴上构成的图形的两边上的正方形之和小于其他直径上构成的图形的两边上的正方形之和①.

设有一双曲线［图 7.44］其轴为 AG，它的另外两直径是 KB 和 TY.

设 AG 不小于其上构成的图形的正焦弦，或 AG 小于它，但设 AG^2 不小于 AG 和它［它的正焦弦］之差的正方形之半.

则我断言 AG 上构成的图形的两边上正方形之和小于 KB 上构成的图形的两边上正方形之和；

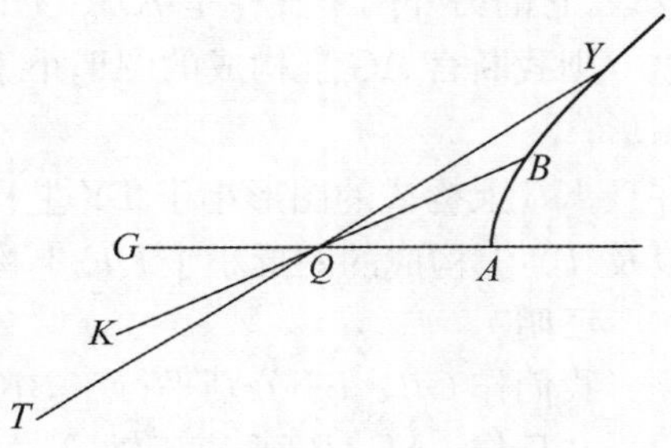

图 7.44

并且 KB 上构成的图形的两边上正方形之和小于 TY 上构成的图形的两边上正方形之和.

证明：

首先，我们作 AG 不小于在其上构成的图形的正焦弦.

则 KB 上构成的图形的正焦弦大于 AG 上构成的图形的正焦弦，

如本卷命题 33 所证.

同样 TY 上构成的图形的正焦弦大于 KB 上构成的图形的正焦弦.

且 $AG<KB$，和 $KB<TY$②.

于是 AG 上构成的图形的两边上正方形之和小于 KB 上构成的图形的两边上正方形之和；

以及 KB 上构成的图形的两边上正方形之和小于 TY 上构成的图形的两边上正方形之和.

证完

① 也许有人会加上下面的说明："而在靠近轴的直径上构成的图形的两边的正方形和小于在离它远的直径上构成的图形的两边正方形之和". 这可由下面得到证明.

② 参阅 p. 304，n. ①.

命题 45

此外，我们令 AG 小于其上构成的图形的正焦弦，但［使得］其上的正方形不小于 AG 和它的正焦弦之差上的正方形之半.

作图［图 7.45］如上一命题所示.

并设两个比$(GN:AN)$和$(AC:GC)$的每一个都等于 AG 与其上构成的图形的正焦弦之比：

则 $2AC^2 \geqslant NC^2$，［1］

因为 $AC=GN$，以及 AG 与它的正焦弦之比等于 $(AC:CG)$，且 AG^2 不小于 AG 和它的正焦弦之差上正方形之半①.

我们作两个直径 KB、TY.

并作 GD、GL 平行于它们，

作 DE、LM 垂直于轴.

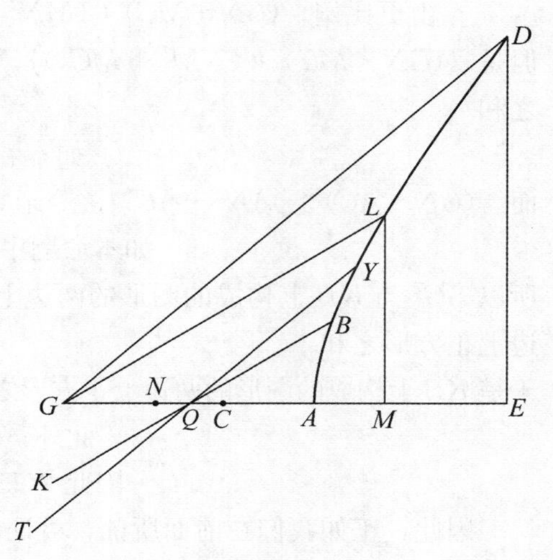

图 7.45

由于 AG 与其上构成的图形的正焦弦之比等于 $(GN:AN)$ 以及等于 $(AC:CG)$.

$$并且\ 2AC^2 \geqslant CN^2 ②，$$

$$因此\ 2MC \cdot AC > CN^2.$$

从而我们取 $2NA \cdot AC$ 为两边共有.

$$\therefore 2(NM+AC) \cdot AC > 2NA \cdot AC + NC^2.$$

$$\therefore 2(NM+AC) \cdot AC > NA^2 + AC^2 ③. \quad [2]$$

$$\therefore \{2(NM+AC) \cdot AM\} : \{2(NM+AC) \cdot AC\} < \{2(NM+AC) \cdot AC\} : (AN^2+AC^2).$$

$$但是\ 2(NM+AC) \cdot AM : 2(MN+AC) \cdot AC = AM : AC.$$

$$\therefore AM : AC < \{2(NM+AC) \cdot AM\} : (AN^2 : AC^2).$$

---

① Ver Eecke 提供下列证明：

$$GN : NA = AC : CG = AG : \boldsymbol{R}，和\ AC = GN.$$

$$\therefore AC : NA = AG : \boldsymbol{R}.\ \therefore AC : NC = AG : (\boldsymbol{R} - AG).$$

$$\therefore AC^2 : NC^2 = AG^2 : (\boldsymbol{R} - AG)^2.$$

$$但是\ AG^2 \geqslant \frac{1}{2}(\boldsymbol{R} - AG)^2.$$

$$\therefore 2AC^2 \geqslant NC^2.$$

② 见［1］.

③ 因为 $2(NA \cdot AC) + NC^2 = 2(NA \cdot AC) + (NA - AC)^2 = NA^2 + AC^2$.

< ………………………………………………………………………………… >①

而 $NM^2+MC^2>$ [原文如此]② $NA^2+AC^2+2(NM+AC)\cdot AM$.

$\therefore MC\cdot AC<(NM^2+MC^2):(AN^2+AC^2)$.

但是 $MC:AC=(GN\cdot MC):(GN\cdot AC)$.

$\therefore (GN\cdot MC):(GN\cdot AC)<(NM^2+MC^2):(AN^2+AC^2)$.

由更比例，$(GN\cdot MC):(MN^2+MC^2)<(GN\cdot AC):(AN^2+AC^2)$.

但是 $\{(GN\cdot MC):(NM^2+MC^2)\}$ 等于 AG^2 与 KB 上构成的图形两边上正方形之和.

如本卷命题 19 所证.

而 $\{(GN\cdot AC):(AN^2+AC^2)\}$ 等于 AG^2 与 AG 上构成的图形的两边上正方形之和，

如本命题中前述情况的证明③.

所以 AG^2 与 KB 上构成的图形的两边上正方形之和小于 AG^2 与 AG 上构成的图形的两边上正方形之和.

于是 KB 上构成的图形的两边上正方形之和大于 AG 上构成的图形的两边上正方形之和.

此外，$2MC^2>NC^2$④，

因此 $2(EC\cdot MC)>NC^2$.

因此，正如我们在前面所证，可证明在 TY 上构成的图形的两边上正方形之和大于 KB 上构成的图形的两边上的正方形之和.

证完

命题 46

但是，如果在横截直径［即轴］上的正方形小于它［横截轴］和其上构成的图形的正焦弦之差上的正方形之半，

则在轴的两侧有两直径⑤，其中每一个上的正方形等于它［直径］和其上构成的图形的正焦弦之差上的正方形之半；

而在其上构成的图形的两边上的正方形之和小于轴同侧的直径上构成

---

① 证明中一个重要步骤在此缺失. **H** 在边注中作了补充：和［合比例］

$MC:CA<\{2(NM+AC)\cdot AM+NA^2+AC^2\}:(NA^2+AC^2)$.

Halley 基本上作了同样的事，再在下一行加上了“合比例”.

② 这应当是“=”，如 Halley 所修正的. Halley 引用引理 2 到 al-shīrāzī（见附录 C，p. 359）.

③ 参阅 p. 331，n. ①. 因为 $AC:NA=AG:\boldsymbol{R}$,

$AC^2:(NA^2+AC^2)=AG^2:(AG^2:\boldsymbol{R})$,

并且 $AC^2=GN\cdot AC$.

④ 因为，由［1］，$2AC^2\geqslant NC^2$，和 $MC>AC$.

⑤ 参阅 p. 315，n. ⑤.

的图形的两边上的正方形之和；

并且，靠近轴的直径上构成的图形的两边上的正方形之和小于远离轴的直径上构成的图形的两边上的正方形之和.

设截线的轴为 AG [图 7.46]，设 AG^2 小于 AG 与其上构成的图形的正焦弦之差上正方形之半.

设比（$GN:AN$）和（$AC:CG$）每一个都等于 AG 与其上图形的正焦弦之比.

则 $2AC^2<NC^2$①.

我们作 $2MC^2=CN^2$，　[1]

并从点 M 作轴的垂线 ML，连接 GL 并作直径平行于 GL.

则（$MC:MN$）等于 KB 与其上构成的图形的正焦弦之比，

如本卷命题 6 所证.

因此 KB^2 等于 KB 和其上构成的图形的正焦弦之差上正方形之半②.

于是我们在点 A 和 B 之间作两直径 DE 和 TY，并分别作出平行于它们的 GP 和 GO，

（从点 L、O）作轴的垂线 PI、OR.

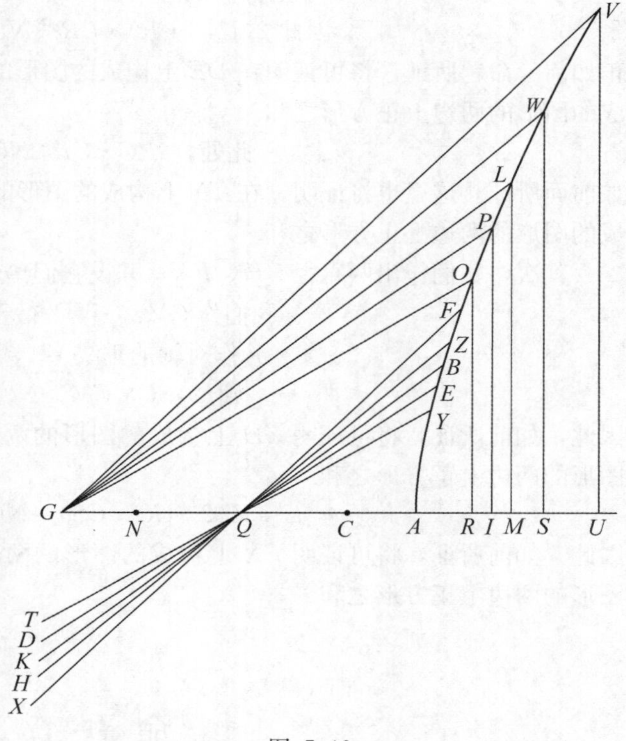

图 7.46

现在 $2MC^2=CN^2$③.

$\therefore 2MC\cdot IC<NC^2$.

我们取 $2(IN\cdot IC)$为两边共有.

则 $2(MN+IC)\cdot IC<NC^2+IC^2$④.

---

① 如果用“<”代替“≥”，则此证与 p. 331，n. ①的证明完全相似.

② $KB:\boldsymbol{r}(KB)=MC:MN$.

$\therefore KB:(\boldsymbol{r}-KB)=MC:NC$.

$\therefore KB^2:(\boldsymbol{r}-KB)^2=MC^2:NC^2=1:2$.

$\therefore KB^2=\frac{1}{2}(\boldsymbol{r}-KB)^2$.

③ 见 [1].

④ 因为 $2(MC\cdot IC)+2(IN\cdot IC)<NC^2+2(IN\cdot IC)$.

$\therefore 2(MC\cdot IC)+2(NC+CI)\cdot IC<(IN-IC)^2+2(IN\cdot IC)$.

$\therefore 2(MC+NC+CI)\cdot IC<IN^2+IC^2-2(IN\cdot IC)+2(IN\cdot IC)$.

$\therefore 2(MN+IC)\cdot IC<NI^2+IC^2$.

则如在前一命题所证①，将可证明在 KB 上构成的图的两边上正方形之和小于在 DE 上构成的图形的两边上正方形之和.

此外，$2(IC \cdot CR) < CN^2$②.

于是我们取 $2(NR \cdot RC)$ 为两边共有.

因此 $2(IN+CR) \cdot CR < NR^2 + RC^2$③，

正如前一命题所证，将可证明在 DE 上构成的图形的两边上正方形之和小于在 TY 上构成的图形的两边上正方形之和.

此处，$2RC \cdot CI < NC^2$④，

如前面所证，这里也将证明，在 TY 上构成的图形的两边上正方形之和小于在 AG 上构成的图形的两边上正方形之和.

其次，我们作出两直径 ZH、FX，并设它们离轴的距离大于直径 KB 离轴的距离，

我们作 GV、GW 平行于它们，

并作对轴的垂线 VU、SW：

则〈2〉$SC \cdot CM > NC^2$⑤，

因此，如前所证，将可证明 ZH 上构成的图形的两边上正方形之和大于 KB 上构成的图形的两边上正方形之和.

又〈2〉$(UC \cdot CS) > NC^2$⑥，

因此，如前所证，将可证明 FX 上构成的图形的两边上正方形之和大于 ZH 上构成的图形的两边上正方形之和.

证完

命题 47

如果有一椭圆，其长轴上构成的图形的横截边上的正方形不大于其上构成的图形的两边之和上的正方形之半，

则长轴上构成的图形的两边上的正方形之和小于其他直径上构成的图形的两边上的正方形之和；

并且靠近长轴的直径上构成的图形的两边上正方形之和小于远离长轴

① 按照Ⅶ.45（pp. 331－332）所述完全相似的步骤，将可证明：

$$AG^2 : (KB^2 + \boldsymbol{r}^2(KB)) > AG^2 : (DE^2 + \boldsymbol{r}^2(DE)).$$

$$\text{因此 } KB^2 + \boldsymbol{r}^2(KB) < DE^2 + \boldsymbol{r}^2(DE).$$

② 因为 $IC < MC$，$CR < MC$ 和 $2MC^2 = CN^2$.

③ 参看 p. 333，n. ④.

④ 手稿 **H** 和 Halley 两人都修正为“$2RC \cdot CA < NC^2$”，而它也可能是 Apollonius 所写的. 但是因为 $CA < CI$，则此修正严格说来不是必要的.

⑤ “2”在所有手稿中都缺失；它是由 ibn abī jarrāda 在 **H** 的边注中作了补充，Halley 也作了补充.

⑥ “2”在所有手稿中都缺失. 如前所述，它是由 ibn abī jarrāda 以及 Halley 补充的.

的直径上构成的图形的两边上的正方形之和；

而其中最大的是短轴上构成的图形的两边上的正方形之和.

设有一椭圆，其长轴为 AG，短轴为 DE［图 7.47］.

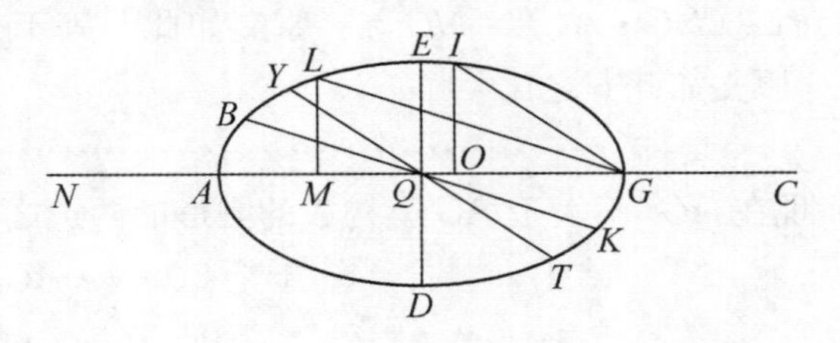

图 7.47

设 AG^2 不大于 AG 上构成的图形的两边之和上正方形之半，且设在截线上有另外两直径 KB、TY.

我们作 GL、GI 分别平行于它们，并作轴的垂线 LM、IO，且使比（$GN:AN$）和（$AC:CG$）每一个都等于 AG 与在其上构成的图形的正焦弦之比.

则 $\{(NG\cdot AC):(NG^2+GC^2)\}$ 等于 AG^2 与 AG 上构成的图形的两边上正方形之和①. ［1］

而在 DE 上构成的图形的正焦弦与 DE 之比等于（$NG:GC$）， ［2］

由于本卷命题 15 中所证②.

同样 DE 上构成的图形的正焦弦与 DE 之比等于 DE 上构成的图形的正焦弦上的正方形与 AG^2 之比③.

而 $NG:GC=(NG\cdot GC):GC^2$.

因此 DE 上构成的图形的正焦弦与 DE 之比等于 $\{(NG\cdot GC):GC^2\}$④，并等于 DE 上构成的图形的正焦弦上正方形与 AG^2 之比.

＜ ………………………………………………………………………… ＞⑤

且 DE^2 与 DE 上构成的图形的两边上正方形之和的比等于 $\{GC^2:(NG^2+GC^2)\}$⑥.

---

① 下列证明为 Ver Eecke 所提供：

$$GN:NA=AC:CG=AG:\boldsymbol{R}.$$

$$\therefore GN^2:(GN^2+NA^2)=AG^2:(AG^2+\boldsymbol{R}^2).$$

但是 $GN=AC$ 和 $NA=GC$.

$$\therefore (GN\cdot AC):(GN^2+GC^2)=AG^2:(AG^2+\boldsymbol{R}^2).$$

② 参阅 p. 321，n. ②. 部分下述的证明（直到 p. 336）在所有手稿中或是走样，或是空白. 我怀疑希腊原版在此受到破坏，并且部分证明仅仅是译者省略了. Halley 所选择的是宁可重写证明，部分是根据手稿 **O** 中的旁注.

③ Halley 用以下代替：

"$\hat{\boldsymbol{R}}(DE):DE=AG^2:DE^2$"，这是根据Ⅰ.15.

但是文中的论述是正确的：它是根据

$$AG^2=DE\cdot\hat{\boldsymbol{R}}(DE)\ (Ⅰ.15).$$

④ 由［2］. Halley 用以下代替（此句和下一句）：

"$\therefore (NG\cdot GC):GC^2=AG^2:DE^2$".

⑤ 我认为"和 $\hat{\boldsymbol{R}}^2(DE):AG^2=AG^2:DE^2$"被丢失，这也是根据

$$AG^2=DE\cdot\hat{\boldsymbol{R}}(DE)\ (Ⅰ.15).$$

⑥ 根据［2］，正方形的合比例.

于是 $\{(NG\cdot GC):(NG^2+GC^2)\}$ 等于 AG^2 与 DE 上构成的图形的两边上正方形的和①. [3]

而 $\{(NG\cdot AC):NC^2\}$ [原文如此] 等于 AG^2 与 AG 上构成的图形的两边上正方形 [原文如此] 之比②.

< ……………………………………………………………………………………… >③

现在 AG^2 不大于 AG 上构成的图形的两边之和上正方形之半.

$$\text{于是 } 2(GN\cdot AC)\leqslant NC^2 ④, \quad [4]$$

$$\text{因此 } 2(NG\cdot MC)<NC^2.$$

我们从两边减去 $2(NM\cdot MC)$，就余下

$$2(MG\cdot MC)<NM^2+MC^2 ⑤.$$

$$\therefore 2(AM\cdot MG):2(MC\cdot MG)>2(AM\cdot MG):(NM^2+MC^2).$$

$$\therefore AM:MC>2(AM\cdot MG):(NM^2+MC^2).$$

$$\text{但是 } 2(AM\cdot MG)+NM^2+MC^2=NG^2+GC^2 ⑥,$$

$$\text{因为 } AN=GC.$$

$$\text{于是，由合比例，} AC:MC>(NG^2+GC^2):(NM^2+MC^2).$$

$$\text{但是 } AC:MC=(NG\cdot AC):(NG\cdot MC).$$

$$\therefore (NG\cdot AC):(NG\cdot MC)>(NG^2+GC^2):(NM^2+MC^2).$$

于是，由更比例，$(NG\cdot AC):(NG^2+GC^2)>(NG\cdot MC):(NM^2+MC^2)$.

但是对于比 $\{(NG\cdot AC):(NG^2+GC^2)\}$，我们已证明它等于 AG^2 与 AG 上构成的图形的两边上正方形之和⑦;

而对于比 $\{(NG\cdot MC):(NM^2+MC^2)\}$，它等于在 KB 上构成的图形的两边上正方形

---

① 首末比例，Halley 专门增加的.

② Halley 正确地把此修正为：

“$(NG\cdot AC):(NG^2+GC^2)=AG^2:\{\boldsymbol{R}^2(AG)+\boldsymbol{D}^2(AG)\}$”，参阅 [1]. 这涉及文中变“$NC^2$”为“$NG^2+GC^2$”以及“正方形”为“复数正方形”.

③ 我认为（参阅 Ver Eecke p. 631 n. 2）下列结尾缺失：

$$\therefore AG^2:\{\boldsymbol{R}^2(AG)+\boldsymbol{D}^2(AG)\}>AG^2:\{\hat{\boldsymbol{R}}^2(DE)+\hat{\boldsymbol{D}}^2(DE)\}.$$

$$\therefore \boldsymbol{R}^2(AG)+\boldsymbol{D}^2(AG)<\hat{\boldsymbol{R}}^2(DE)+\hat{\boldsymbol{D}}^2(DE).$$

④ 这是 Ver Eecke 给出的证明，如下所示：

$$GN:NA=GN:GC=AG:\boldsymbol{R}.$$

$$\therefore GN^2:NC^2=AG^2:(AG+\boldsymbol{R})^2. \text{ 但是 } GN=AC.$$

$$\therefore (GN\cdot AC):NC^2=2AG^2:(AG+\boldsymbol{R})^2.$$

$$\text{但是 } 2AG^2\leqslant(AG+\boldsymbol{R})^2.$$

$$\therefore 2(NG\cdot AC)\leqslant NC^2.$$

⑤ 因为 $NC^2-2(NM\cdot MC)=(NM+MC)^2-2(NM\cdot MC)=NM^2+M^2$.

⑥ Halley 参考了 al-Shīrāzī 的引理 3（见附录 C，p. 359－360）. 这是一个简单的代数等式：如 $AN=GC=a$，$AM=b$，$MG=c$，则 $2bc+(a+b)^2+(a+c)^2=(a+b+c)^2+a^2$.

⑦ 见 [1].

之和，

如本卷命题 19 所证.

所以 AG^2 与 AG 上构成的图形的两边上正方形之和之比大于 AG^2 与 KB 上构成的图形的两边上正方形之和之比.

于是 AG 上构成的图形的两边上的正方形之和小于在 BK 上构成的图形的两边上的正方形之和.

此外，MN 或小于 OC 或不小于 OC.

首先设 MN 小于 OC.

则 $(NM^2+MC^2)>(NO^2+OC^2)$①.

但是 $NO^2+OC^2>OC\cdot 2\mid OC-MN\mid$.②

$$\therefore\{MO\cdot 2|OC-MN|\}:OC\cdot 2(|OC-MN|)>\{MO\cdot 2|OC-MN|\}:(OC^2+ON^2).$$

$$\therefore MO:OC>\{MO\cdot 2|OC-MN|\}:(ON^2+OC^2).$$

但是 $MO\cdot 2(OC-MN)+ON^2+OC^2=MN^2+MC^2$,③

因为 $|(MC^2+MN^2)-(NO^2+OC^2)|=|2MQ^2-2QO^2|$.

于是，由合比例 $MC:CO>(MN^2+MC^2):(ON^2+OC^2)$.

但是 $MC:CO=(NG\cdot MC):(NG\cdot CO)$.

$$\therefore (NG\cdot MC):(NG\cdot OC)>(MN^2+MC^2):(ON^2+OC^2).$$

由更比例，$(NG\cdot MC):(MN^2+MC^2)>(NG\cdot CO):(ON^2+OC^2)$. [5]

但是对于比 $\{(NG\cdot MC):(MN^2+MC^2)\}$，它等于 AG^2 与 KB 上构成的图形的两边上正方形之和，

---

① 很明显，都知道如果一线分为两成两段，两段平方之和分点接近末端时取最大值，在中点取最小值. 该命题可证明如下（参阅 Ver Eecke）：

$$MN+MC=NO+OC.$$

$$\therefore MN^2+2MN\cdot MC+MC^2=NO^2+2NO\cdot OC+OC^2.$$

但是 $MN<OC$.

$$\therefore MN\cdot MO+MN\cdot OC<OC\cdot MO+MN\cdot OC.$$

$$\therefore MN(MO+OC)<OC(MO+MN).$$

$$\therefore MN\cdot MC<OC\cdot NO.$$

$$\therefore MN^2+MC^2>NO^2+OC^2.$$

② 因为（Ver Eecke）$NC^2\geqslant 2GN\cdot AC$（参看［4］）.

$$\therefore NC^2>2GN\cdot OC.$$

$$\therefore NC^2-2(NO\cdot OC)>2(GN\cdot OC)-2(NO\cdot OC).$$

$$\therefore (NO+OC)^2-2(NO\cdot OC)>2OC\cdot(GN-NO).$$

$$\therefore NO^2+OC^2>OC\cdot 2OG$$

$$>OC\cdot 2(OC-CG).$$

和 $MN>CG$.

③ Halley 参考了 al-shīrāzī 的引理 4（见附录 C 的 p. 360）. 此处下一行对应于那里的［1］.

如本卷命题 19 所证；

而对于比 $\{(NG \cdot CO):(ON^2+OC^2)\}$，它等于 AG^2 与 TY 上构成的图形的两边上正方形之和，

也如本卷命题 19 所证.

由于 AG^2 与 KB 上构成的图形的两边上的正方形和的比大于 AG^2 与 TY 上构成的图形的两边上的正方形和的比.

所以 BK 上构成的图形的两边上的正方形的和小于 TY 上构成的图形的两边上的正方形的和.

此外，我们作出 MN 不小于 CO：

则 $MN^2+MC^2 \leqslant NO^2+OC^2$①.

$\therefore (NG \cdot NC):(NM^2+MC^2) > (NG \cdot CO):(NO^2+OC^2)$②.

因此如在本命题前部分所证，也将可证明，在 KB 上构成的图形的两边上的正方形之和小于在 TY 上构成的图形的两边上的正方形之和.

同样也可证明我们的论述，如果在点 I 作出的垂线落在点 M 和 Q 之间或在点 Q 上. ③

由于在每种情况下 NM 都会小于垂线 [IO] 从主轴截得点 N 和 A 之间的距离④.

现在 $\{(NG \cdot GC):(NG^2+GC^2)\}$ 等于 AG^2 与 DE 上图形的两边上的正方形之和的比，

如在本命题第一部分所证⑤；

因此和上述一样，将可证明，

TY 上构成的图形的两边上的正方形之和小于 DE 上构成的图形的两边上的正方形之和.

证完

命题 48

若有一椭圆，其长轴上的正方形大于长轴上构成的图形的两边上的正方形 [原文如此]⑥ 和之半，

则在轴⑦的两侧各有一直径，使得任一个上的正方形等于其上构成的图

---

① 参见 p. 336，n. ⑦.

② 也就是说，上述 [5] 仍适用.

③ Halley 作了补充“或甚至在点 Q 和 G 之间”，这是不必要的，因对此情况已有所证.

④ Halley 改为“如果 NM 小于 NO”，它澄清了这个论证.

⑤ 见 [3] (p. 336).

⑥ 如两手稿，当然正确的是两边之和上的正方形之半，(مربّع 代替 مربّعى)，如 Halley. 这个错误是翻译的问题.

⑦ 参阅 p. 315，n. ⑤.

形两边之和上的正方形之半；

并且其上构成的图形的两边上的正方形的和小于同一象限内其他直径上构成的图形的两边上的正方形的和；

并且在此限象中，靠近该直径的直径上构成的图形的两边上的正方形之和小于远离该直径的直径上构成的图形的两边上的正方形之和.

设图形和在上命题所作的一样［图 7.48］.

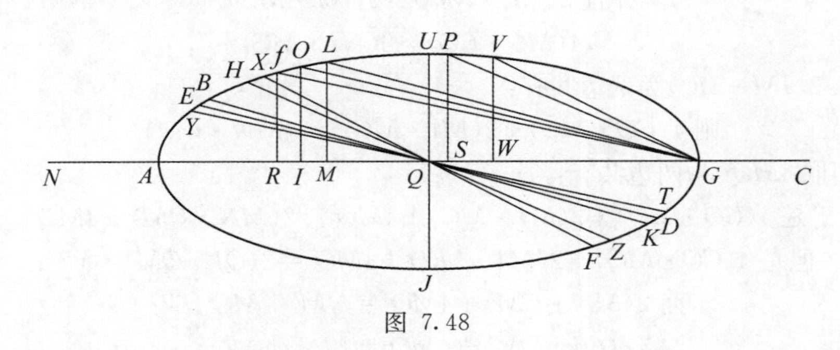

图 7.48

则如前所述，将可证明，

$$2AC^2>NC^2①.$$

我们作 $2MC^2$ 等于 NC^2，

从点 M 作轴的垂线 ML 交截线于点 L，连接 GL，作平行于 GL 的直径 KB.

则（$MC:CN$）等于 BK 与其上构成的图形的两边和之比，

如在本卷命题 7 中所示②.

所以（$MC^2:CN^2$）等于 KB^2 与 KB 上构成的图形的两边和上正方形之比.

$$但是 MC^2=\frac{1}{2}CN^2.$$

所以 KB^2 等于 KB 上构成的图形的两边之和上的正方形之半③.

于是在 A 和 B 之间作两直径 DE 和 TY，

并从点 G 作 GO、Gf 分别平行于它们，并作对轴的垂线 OI、fR.

$$现在 MC^2=\frac{1}{2}CN^2,$$

$$并且（NC\cdot CQ）也等于\frac{1}{2}NC^2.④$$

---

① 在Ⅶ.47（［4］，p.336）已证明 2（$NG\cdot AC$）$\leqslant NC^2$（参阅 p.336，n.④）. 在此由类似论证，但负号有变，2（$NG\cdot AC$）$>NC^2$. 但是 $NG=AC$. $\therefore 2AC^2>NC^2$.

② Ⅶ.7 证明 $MC:MN=KB:\boldsymbol{r}$. 因此，由合比例 $MC:CN=KB:(KB+\boldsymbol{r})$.

③ 这确定了命题的第一部分，根据对称性，很明显在两个象限中有等于 KB 的另一直径.

④ 因为 $CQ=\frac{1}{2}NC$.

$$\therefore NC \cdot CQ = MC^2.$$

$$\therefore NC : MC = MC : CQ.$$

当我们从两个较大项中减去两个较小项时，我们得出余项 NM 与另一余项 MQ 之比等于全部 NC 与另一全部 MC 之比①.

$$\therefore NC \cdot MQ = NM \cdot MC.$$

$$\text{所以 } NC \cdot MQ > NI \cdot MC. \qquad [1]$$

$$\text{并且 } 2(NC \cdot MQ) > 2(NI \cdot MC).$$

$$\therefore 4(MQ \cdot CQ) > 2(NI \cdot MC). \qquad [2]$$

我们取 $2(IM \cdot MC)$ 为两边共有：

$$\text{则 } 4(CQ \cdot MQ) + 2(MI \cdot MC) > 2(MN \cdot CM).$$

此外，我们取 $4MQ^2$ 为两边共有：

$$\text{于是 } 4(CQ \cdot MQ) + 2(MI \cdot MC) + 4MQ^2 > 2(MN \cdot CM) + 4MQ^2.$$

$$\text{但是 } 4(CQ \cdot MQ) + 2(MI \cdot MC) + 4MQ^2 = 2(QI + QM) \cdot MC;$$

$$\text{而 } 2(MN \cdot CM) + 4MQ^2 = NM^2 + MC^2. ②$$

$$\therefore 2(QI + QM) + 4MQ^2 = MN^2 + MC^2.$$

所以 $\{2(IQ+QM) \cdot MI\} : \{2(QI+QM) \cdot MC\} <$

$$\{2(IQ+QM) \cdot MI\} : (NM^2 + MC^2).$$

$$\therefore MI : MC < \{2(QI+QM) \cdot MI\} : (NM^2 + MC^2).$$

但是 $(NI^2 + IM^2)$ 超过 $(NM^2 + MC^2)$ 的值等于 $\{2(QI+QM) \cdot MI\}$. ③

于是由合比例，$IC : MC < (NI^2 + IC^2) : (NM^2 + MC^2)$.

则如在上一命题所证，可证明 BK 上构成的图形的两边上的正方形之和小于在 DE 上构成的图形两边上的正方形之和. ④

此外，$2(NC \cdot IQ) > 2NR \cdot IC$；⑤

因此，如我们在本命题前一部分所证，可证明在 DE 上构成的图形的两边上的正方形之和小于在 TY 上构成的图形的两边上的正方形之和.

---

① 由分比例.

② 如 Halley 所说，这两个论述由 al-shīrāzī 分别在引理 5 和引理 6 中给以证明（见附录 C，p. 360 及 361）.

③ Halley 参改了 al-shīrāzī 的引论（见附录 C，p. 360）.

④ 参阅Ⅶ. 47pp. 336－338. 因此

$(GN \cdot IC) : (GN \cdot MC) < (NI^2 + IC^2) : (MN^2 + MC^2)$.

$\therefore (GN \cdot IC) : (NI^2 + IC^2) < (GN \cdot MC) : (MN^2 + MC^2)$.

因此，根据Ⅶ. 19，如前，

$\boldsymbol{r}^2(BK) + \boldsymbol{d}^2(BK) < \boldsymbol{r}^2(DE) + \boldsymbol{d}^2(DE)$.

⑤ 这对应于［2］，其他则可类似证明. 本论断由 Ver Eecke 证明如下：

$$NC \cdot MQ = MN \cdot MC \text{（见［1］）}$$

$$\text{但是 } IQ > MQ\text{，和 } MN \cdot MC > IN \cdot IC > NR \cdot IC.$$

$$\therefore NC \cdot IQ > NR \cdot IC.$$

此外，$2(NC \cdot RQ) > 2(NA \cdot AC)$；①

因此将可证明

$$AC : CR < (NA^2 + AC^2) : (NR^2 + RC^2).$$

但是 $AC : CR = (NG \cdot AC) : (NG \cdot CR)$.

$$\therefore (NG \cdot AC) : (NG \cdot CR) < (NA^2 + AC^2) : (NR^2 + RC^2).$$ ②

那么如前面所证，可证明，

TY 上构成的图形的两边上的正方形之和小于 AG 上构成的图形的两边上的正方形之和.

另外，我们在［已作出直径的］两个象限内作出比直径 KB 远离长轴的直径 ZH、FX，并从点 G 作出平行它们的直线 GV、GP，并作 VW、PS 垂直于轴：

则用类似于上述的步骤可证明，KB 上构成的图形的两边上的正方形之和小于 ZH 上构成的图形的两边上的正方形之和，

而后两正方形之和小于 FX 上构成的图形的两边上的正方形之和，

或者点 S 和 W 两者都在点 M 和 Q 之间，或者其中一个在中心 Q 上且另一个在 M 和 Q 之间或在 Q 和 G 之间，或者它们两者都在点 Q 和 G 之间.

因此，KB 上的正方形等于它上构成的图形的两边之和上的正方形之半，并且 KB 上构成的图形的两边上的正方形之和小于两象限 AU、GJ 中另外任一直径上构成的图形的两边上的正方形之和；

并且在两象限 AU、GJ 中靠近 KB 的直径上构成的那些图形的两边上正方形之和小于远离它［KB］的那些直径上构成的图形的两边上正方形之和.

那样在 UJ 上构成的图形的两边上的正方形之和确实是大于其余任一直径上的图形的两边上的正方形之和.

证完

命题 49

如果有一双曲线，在其轴上构成的图形的横截边大于它的正焦弦，

则该图形的两边上的正方形之差小于任一其他直径上构成的图形的两边上的正方形之差；

并且靠近轴的直径上构成的图形的两边上的正方形之差小于远离轴的直径上构成的图形的两边上的正方形之差；

而且其他直径上构成的图形的两边上的正方形之差大于轴上的正方形与其上构成的图形之差，但小于它（后者差）的两倍.

设有一双曲线［图 7.49］，其轴为 AG，中心是 Q，并且设 AG 大于其上构成的图

① 参阅 p. 340，n. ⑤. Halley 修改此处的“AC”为“RC”，这无必要.（它根据 a fortiori）.

② Halley 略去最后两行是错误的，参阅Ⅶ. 47（p. 335 下部）.

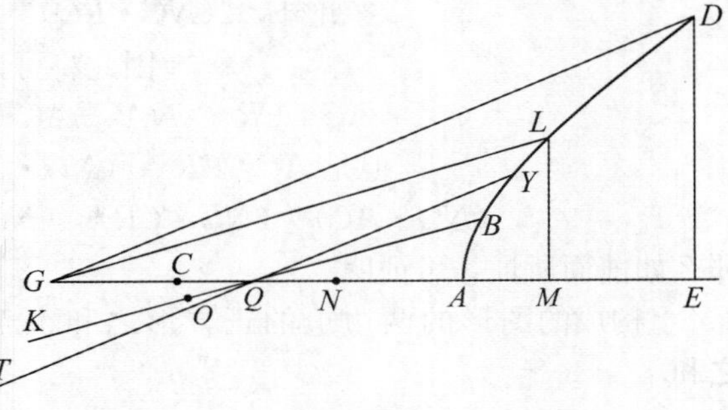

图 7.49

形的正焦弦.

并设两比（$GN:NA$）和（$AC:GC$）每一个都等于 AG 与其上构成的图形的正焦弦之比.

我们作两直径 KB 和 TY.

则我断言 AG^2 与 AG 的正焦弦上的正方形之差小于 KB^2 于 KB 的正焦弦上的正方形之差；

并且 KB^2 与它的正焦弦上正方形之差小于 TY^2 与它的正焦弦上正方形之差.

证明：

我们作 GL、GD 分别平行于直径 KB、TY，并向轴作垂线 DE、LM.

这样 AG 与它的正焦弦之比等于（$GN:AN$），也等于（$AC:CG$）.

所以（$NG\cdot AC$）·（AC^2-AN^2）等于 AG^2 与 AG^2 和 AG 的正焦弦上正方形之差的比①. [1]

现在 $MC:AC<MN:NA$. [2]

$$\therefore MC:AC<(MC+MN):(AC+AN)$$

$$<\{(MC+MN)\cdot CN\}:\{(AC+AN)\cdot CN\}.$$

但是 $MC:AC=(GN\cdot MC):(GN\cdot AC)$.

$$\therefore (GN\cdot MC):(GN\cdot AC)<\{(MC+MN)\cdot CN\}:\{(AC+AN)\cdot CN\}$$

现因为$\{(MC+MN)\cdot CN\}$,它等于(MC^2-MN^2),

而$\{(AC+AN)\cdot CN\}$,它等于(AC^2-AN^2).②

$$\therefore (GN\cdot MC):(GN\cdot AC)<(MC^2-MN^2):(AC^2-AN^2).$$

由更比例，$(GN\cdot MC):(MC^2-MN^2)<(GN\cdot AC):(AC^2-AN^2)$.

但对于比 $\{(GN\cdot MC):(MC^2-MN^2)\}$，它等于 AG^2 与 KB 上构成的图形两边上正方形之差的比，

如本卷命题 20 所证.

而对于比 $\{(GN\cdot AC):(AC^2-AN^2)\}$. 我们已表明它等于 AG^2 与 AG 上的正方形和其上构成的图形的正焦弦上的正方形之差的比③.

因此 AG^2 与 BK 上构成的图形两边上的正方形之差的比小于 AG^2 与 AG 上构成的图形两边上的正方形之差的比.

---

① 因为（Ver Eecke）$GN:NA=AC:CG=AG:\boldsymbol{R}$（对此有明确论述，在Ⅶ.51，p. 345，解说了同一等式），但是 GN=AC 和 NA=GC.

$$\therefore AC^2:NA^2=AG^2:\boldsymbol{R}^2.$$

$$\therefore AC^2:(AC^2-AN^2)=AG^2\ (AG^2-\boldsymbol{R}^2);\ 和\ AC^2=NG\cdot AC.$$

② 根据 EuclidⅡ.6.

③ 见［1］.

从而在 KB 上构成的图形两边之差大于在 AG 上构成的图形两边之差.

此外，$EC:MC<EN:MN$.

$\therefore EC:MC<(EC+EN):(MC+MN)$.

因此如上所证，将可证明①，在 TY 上构成的图形两边上的正方形之差大于在 KB 上构成的图形两边上的正方形之差.

另外，我们作 BO 等于在 KB 上构成图形的正焦弦：

则 $(KB^2-BO^2)=2(BO\cdot OK)+OK^2$. ②

所以 $(KB^2-BO^2)>BK\cdot KO$

和 $<2(BK\cdot KO)$. ③

但是 $(BK\cdot KO)$ 等于 BK^2 与在 BK 上构成的图形之差④；

而 BK^2 与 BK 上构成的图形之差等于 AG^2 与在 AG 上构成图形之差.

如在本卷命题 29 中所证.

因此 BK^2 与 BK 上构成的图形的正焦弦上的正方形之差大于 AG^2 与 AG 上构成的图形之差，但小于它（后者差）的两倍.

证完

命题 50

如果有一双曲线，它的轴上构成的图形的横截边小于它的正焦弦，

则在轴上构成的图形的两边上的正方形之差大于其他直径上构成的图形的两边上的正方形之差；

并且靠近轴的直径上构成的图形的两边上的正方形之差大于远离轴的直径上构成的图形的两边上的正方形之差；

而且任一直径上的正方形与其上构成的图形的正焦弦〈上的正方形〉⑤之差大于两倍的轴上的正方形与轴上

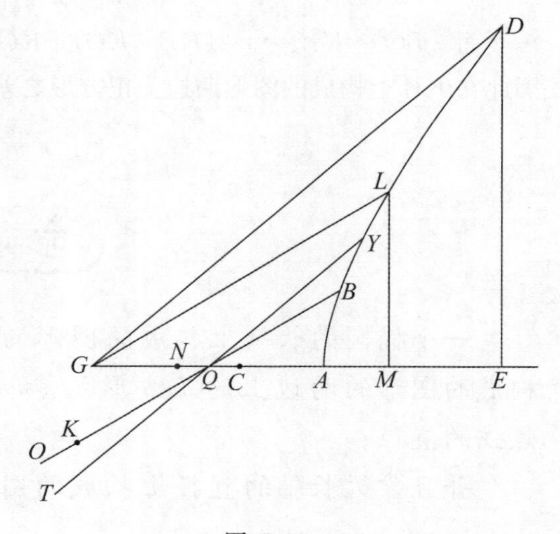

图 7.50

① 此证与［2］及以后的证明完全类似.

② Euclid Ⅱ.4.

③ 因为 $BK\cdot OK=(BO+OK)\cdot OK=B\cdot OK+OK^2$，

而 $2(BK\cdot OK)=2BO\cdot OK+2OK^2$.

④ 也即 $BK^2-BK\cdot BO=BK\cdot(BK-BO)=BK\cdot KO$.

⑤ مربّع 在两本手稿中皆缺失，但由 **O** 的第二手稿所补充.

构成的图形之差.

设截线的轴是 AG [图 7.50]，设比 $(GN : AN)$ 和 $(AC : CG)$ 每一个都等于 AG 与它的正焦弦之比.

并使此与在前一命题中的图形的其他部分保持一致.

则 $\{(GN \cdot AC) : (AN^2 - AC^2)\}$ 等于 AG^2 与 AG^2 和其上构成的图形的正焦弦上的正方形之差的比①.

$$\text{而 } MC : AC > MN : AN.$$

$$\therefore MC : AC > (MC + MN) : (AC + AN)②.$$

所以 $(GN \cdot MC) : (GN \cdot AC) > (MC + MN) : (AC + AN)$.

但是 $(MC + MN) : (AC + AN) = \{(MC + MN) \cdot CN\} : \{(AC + AN) \cdot CN\}$.

$$\therefore (GN \cdot MC) : (GN \cdot AC) > \{(MC + MN) \cdot CN\} : \{(AC + AN) \cdot CN\}③.$$

于是，根据与我们在前 [即上一证明] 所用类似的方法，将可证明④，

在 KB^2 与 KB 上构成的图形的正焦弦上的正方形之差小于 AG^2 与 AG 上构成的图形的正焦弦上的正方形之差；

且在 TY^2 与 TY 上构成的图形的正焦弦上的正方形之差小于 KB^2 与 KB 上构成的图形的正焦弦上的正方形之差. 于是我们作 BO 使之等于在 KB 上构成的图形的正焦弦.

因此 $(BK \cdot KO)$ 等于 AG^2 与在 AG 上构成的图形之差⑤，

因为在本卷命题 29 中所证.

而 $[BO^2 - KB^2 =]\ 2(KB \cdot KO) + KO^2 > 2(KO \cdot KB)$. ⑥

因此在 KB 上构成的图形两边上正方形之差大于 AG^2 与在 AG 上构成的图形之差.

证完

命题 51

一个椭圆的长轴上构成的图形的两边上的正方形的差大于这些直径上构成的图形的两边上的正方形之差，这些直径指大于其上构成的图形的正焦弦的直径；

并且靠近长轴的直径上构成的图形的两边上的正方形之差大于远离长

---

① 见 p. 342，n. ①.

② 由合比例.

③ Halley 加上："但 $(MC + MN) \cdot NC = MN^2 - MC^2$，

和 $(AC + AN) \cdot NC = AN^2 - AC^2$".

④ 见 Ⅶ. 49，p. 342.

⑤ 因为 $BK \cdot KO = (BO \cdot BK) - BK^2 = AG \cdot \boldsymbol{R} - AG^2$ (Ⅶ. 29).

⑥ $BO^2 - KB^2 = (OK + KB)^2 - KB^2 = OK^2 + 2OK \cdot KB$.

轴的直径上构成的图形的两边上的正方形之差；

并且短轴上构成的图形的两边上的正方形之差大于这些直径上构成的图形的两边上的正方形之差，这些直径是小于其上构成的图形的正焦弦；

并且离短轴近的直径上构成的图形的两边上的正方形之差大于远离短轴的直径上构成的图形的两边上的正方形之差.

设有一椭圆［图 7.51］，其长轴为 AG，短轴为 DE，并且相等的共轭直径之一为 TY.①

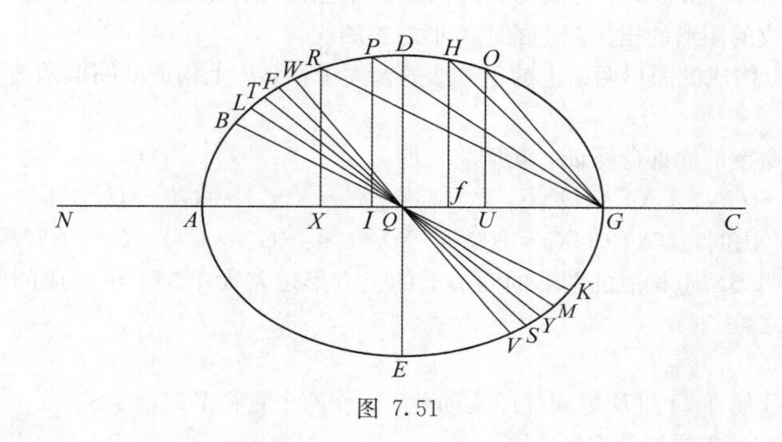

图 7.51

设在 A 和 T 之间我们作两直径 BK、LM，并设 GR、GP 分别平行于它们，并作出对轴的垂线 RX、PI.

我们在图形中作出与上一命题双曲线的作图那样的［结构］.②

则我断言 AG^2 超过在 AG 上构成的图形的正焦弦上的正方形的量大于 KB^2 超过在 BK 上构成的图形的正焦弦③的量，

并且后者之量大于 LM^2 超过在 LM 上构成的图形的正焦弦上正方形的量.

证明：

$$AC : CX < AQ : QX.$$

所以 $(NG\cdot AC):(NG\cdot CX) < 2(CN\cdot AQ):2(CN\cdot QX)$.

但是对于 $2(CN\cdot AQ)$，它等于 (CA^2-AN^2)，

而对于 $2(CN\cdot QX)$，它等于 (CX^2-XN^2).④

$\therefore (GN\cdot AC):(GN\cdot CX)<(CA^2-AN^2):(CX^2-XN^2)$.

由更比例，$(GN\cdot AC):(CA^2-AN^2)<(GN\cdot CX):(CX^2-XN^2)$.

① 这将“大于其上构成的图形的正焦弦的直径”与“小于在其上构成的图形的正焦弦的直径”分开了.

② 也就是说设置“同比线”点 N 和 C.

③ 该处缺“the square on”.

④ Halley 对这两个论断参考了 al-shīrāzī 的引理 7（见附录 C，p. 360）.

但是对于 $\{(GN \cdot AC):(CA^2-AN^2)\}$，它等于 AG^2 与 AG^2 和在 AG 上构成的图形的正焦弦上正方形之差的比. ①

因为 $(GN:AN)$ 和 $(AC:CG)$ 每一个都等于 AG 与它的正焦弦之比，因为两者 AN 和 CG 是同比线. ②

而对于 $\{(GN \cdot CX):(CX^2-XN^2)\}$，它等于 AG^2 与 BK^2 和 BK 上构成图形的正焦弦上正方形之差的比，

如本卷命题 20 所证.

于是 AG^2 与 AG^2 和 AG 上构成的图形的正焦弦上的正方形之差的比小于 AG^2 与 KB^2 和 KB 上构成的图形的正焦弦上的正方形之差的比.

因而在 AG 上构成的图形两边上的正方形的差大于在 KB 上构成的图形两边上的正方形之差.

此外，如本命题前面部分所证，我们将证明，

$$(GN \cdot CX):(GN \cdot CI) < (CX^2-XN^2):(CI^2-IN^2);③$$

由更比例，$(GN \cdot CX):(CX^2-XN^2) < (GN \cdot CI):(CI^2-IN^2)$.

因此将可证明 BK 上构成的图形的两边上的正方形之差大于 ML 上构成的图形的两边上的正方形之差.

此外，我们在 D 和 B 之间 [原文如此]④ 作两个直径 WV 和 FS，

并从点 G 作它们的平行线 GH、GO.

向轴作垂线 Hf、OU：

我断言 DE^2 与 DE 上构成的图形的正焦弦上的正方形的差大于 WV^2 与 WV 上构成的图形的正焦弦上的正方形的差；

而这 [后者] 之差大于在 FS^2 与 FS 上构成的图形的正焦弦之差.

证明：

$$(GN \cdot Cf):(GN \cdot CU) > fQ:QU,$$

因为 $Cf>CU$ 和 $fQ<UQ$；

并且 $fQ:UQ=2(CN \cdot fQ):2(CN \cdot UQ)$.

现在对于 $2(CN \cdot fQ)$，它等于 (Nf^2-fC^2)，

而对于 $2(CN \cdot VQ)$，它等于 (NU^2-UC^2). ⑤

因此 $(GN \cdot Cf):(GN \cdot CU) > (Nf^2-fC^2):(NU^2-UC^2)$.

由更比例，$(GN \cdot fC):(Nf^2-fC^2) > (GN \cdot UC):(NU^2-UC^2)$.

---

① 参阅 p. 342，n. ①.

② 这不是像 Ver Eecke（p. 646 n. 2）所说是多余的，因为这些“同比线”的结构作得不很明显（参阅 p. 345，n. ②）；然而他认为它是希腊或阿拉伯传统中的插话的看法可能是对的.

③ 因为 $CX:CI<QX:QI$.

④ 这个表示的过程是“手稿 **T**”（为 Halley 所改正），但是两者的手稿. 有ب.

⑤ 根据 al-shīrāzī 的引理 7（见附录 C，p. 361）.

于是按照与上面所用过的方法，将可证明，AG^2 与 FS^2 和 FS 上构成的图形的正焦弦上的正方形之差的比大于 AG^2 与 WV^2 和 WV 上构成的图形的正焦弦上的正方形之差的比.因此 WV^2 与 WV 上构成的图形的正焦弦上的正方形的差大于 FS^2 与 FS 上构成的图形的正焦弦上的正方形之差.

此外，$UC:CG>UQ:QG$，

因为 $UC>CG$ 和 $UQ<QG$；

所以 $(GN\cdot UC):(GN\cdot CG)>2(NC\cdot UQ):2(NC\cdot QG)$，

于是正如前面所证，我们将可证明，DE^2 与 DE 上构成的图形的正焦弦上的正方形之差大于 WV^2 与 WV 上构成的图形的正焦弦上的正方形之差.

证完

《圆锥曲线论》阿波罗尼奥斯著

第Ⅴ—Ⅶ卷，由塔比·伊本·库拉（Thābit ibn Qurra）译

和班鲁·穆萨（Banū Mūsā）修订，到此结束.

附 录

附录 A：班鲁·穆萨给《圆锥曲线论》写的序言

除了手稿 **O** 和 **T**（作为主要文本）之外，我使用了手稿 Istanbul，Süleymaniye，Aya Sofya 4832 ff. 223b－224a，在 Terzioğlu（1）出版的复制本中，对此我使用符号“S”. 现在的手稿 **H** 没有包含这个序言，因为这个手抄本的开头丢失，并且此处已被 al-Shīrāzī 的前言所代替（见引论 p. 102).

以上帝的名义、仁慈、宽恕.

没有上帝我就不能成功.

阿波罗尼奥斯的《圆锥曲线论》第一卷，班鲁·穆萨修订. Hilāl b. abī Hilāl al-Himsī① 译.

关于圆锥截线以及其图形和有关线段的科学确实在几何学中处于最高阶段. 古代人习惯地称圆锥截线的命题为“令人惊异的命题”,② 并且认为谁真正明了这门科学[圆锥截线]，谁就达到几何学的最高阶段. 古代几何学的学生从未停止发现这门科学，并且努力地研究它，在他们的书中一点一点地写下他们所理解的东西，这个过程一直持续到阿波罗尼奥斯. 这个人是亚历山大里亚人,③ 他对这门科学有兴趣，并且是一位杰出的几何学家和几何大师. 关于这个主题他写作了八卷的专著，在其中他收集了他的前辈在这门科学上作出的进展并且加上了他的发现. 但是当时这个专著遭到破坏，并且在连续不断地转抄中，错误层出不穷. 这里有两个原因：一是所有书共有的，经过连续不断地手抄，对比手抄本与原本时的疏忽，以及在抄写和修改中的涂抹造成的差别. 另一个原因是这个专著以及类似专著独有的，这是一个难读的专著，理解它很困难，只有很少人能掌握它. 而容易理解一本书有利于在需要时修改它，并且抄写它是一个费时和困难的工作，改正它更是一个费力的工作.

由于上述描述的原因，在阿波罗尼奥斯之后这个著作一直遭到破坏，直到在 Ascalon 出现了一个人叫 Eutocius，一个几何学家. 他在几何学方面是很杰出的，他写了一些书足以证明他的能力. 当他认识到这个专著遭到的破坏程度时，他收集了当时他能找到的抄本，他通过他收集的抄本以及他的几何学能力，修复了这个专著的前四卷.

---

① 是 Emesa，现在叙利亚 Homs 人.

② 我知道这句话没有古代的证据，但是值得注意的是阿波罗尼奥斯（Ⅰ Intro.，Heiberg 4，10－11）说,《圆锥曲线论》的卷Ⅲ包含了“许多令人惊异（παράδοξα）的定理”，因此，阿拉伯译本在此使用了同样的词（عجيبة).

③ 尽管阿波罗尼奥斯诞生在 Perge，但是当他公布《圆锥曲线论》时居住在亚历山大里亚.

但在做这个工作时，他遵循这样一个方法，他不只是寻找阿波罗尼奥斯写的东西，而且是收集各种抄本，选择解释，① 在他不能改正为阿波罗尼奥斯的原话时，运用他的智慧，直到发现对它的证明.

在 Eutocius 之后，圆锥曲线的研究就局限在阅读他改正了的这四卷，这符合 Galen 在译著“水，空气和地”② 中对当时的几何学家的指责，这说明当时的几何学家中很少有人渴望研究圆锥曲线这门科学，更不用说 Eutocius 之后的那些人了.

但是关于当代的人们，非常少的几何学家懂得欧几里得关于几何的专著，更不用说其他人了. 事实上，他们中的某些人只是稍微知道一点，其实连欧几里得著作的开端都不懂，更不用说后面的内容了，他们用最愚蠢的和不正确的话代替欧几里得的话. 其中有些人走得很远，编写了用他们自己的见解证明的命题，与欧几里得的证明相矛盾. 甚至达到了这种程度，宣称他们证明了圆锥等于半个圆柱. ③ 这类人中的某些人在经过一段时间之后认识到他们的错误，放弃了错误，并且消失了. 但是某些人继续坚持他们的错误，他们的书现在仍然能找到，而我们克制自己，不再报导他们的错误. ④

现在我们得到阿波罗尼奥斯已经写出的关于圆锥曲线的八卷书中的七卷. ⑤ 于是我们要翻译它们和理解它们，但是我们感到这个任务不能完成，由于我们所说的原因，这部专著中出现的错误过多. 但是我们坚持了很长时间. 后来 al-Hasan b. Mūsā 通过他的能力和在几何学方面的修养，在圆柱的截线的科学理论方面取得成功，当一个圆柱被一个不平行于它的底的平面所截时，截线是一个闭曲线. 他发现了它的理论以及出现在其中的直径、轴和弦的基本特征的理论. 这样他发现了如何度量它，⑥ 并且使它成为研究圆锥截线科学的入门和方法，因为他感到这使他的研究更为容易，并且更像是研究这门科学的一个正确方法. 而后他研究了圆柱的圆锥截线的科学⑦，此时围绕它的线是一个闭曲线，他已经发现了它的理论，并且发现圆柱截线的形状与圆锥截线的形状完全一样. 而且他发现了这个事实的证明，每一个用我们描述的方法⑧产生的圆柱截线对应某个完全相同的圆锥⑨截线，并且每个这一类型的椭圆截线对应某个等价的圆

---

① J. P. Hogendijk 提示解释 فصل 应为 فضّل（后者在手稿 **O** 中是清楚的，但是其他手稿是含混的），并且译为“连接分开的命题以及细分命题”.

② 这在 Galen 对 Hippocrates 的“Airs，Waters and Places”（只有阿拉伯评论幸存）的译文中，我出版了第 11 章的原文及翻译（Toomer，“Galen on the Astronomers and Astrologers”）. 见那里的§19（p. 199）：有关的话是“他们中很少有人研究椭圆和圆锥的图形”（没有提及阿波罗尼奥斯）.

③ 欧几里得Ⅻ. 10 证明了同底同高的圆锥等于三分之一圆柱.

④ 可能由于任一个健全的人可以发现这些错误.

⑤ 这是班鲁·穆萨给我们提供的他们得到的《圆锥曲线论》原本的全部手稿的信息. 见引论 p. 22.

⑥ 或者“它的表面积的理论”.

⑦ 这是一个奇怪的表述，字义是“Section of the cone of a cylinder”，我认为这是特指椭圆，即这个圆柱截线也是圆锥截线.

⑧ 即不与圆柱的底平行.

⑨ 手稿中在这儿加上“圆柱的”，这没有意义. 参阅 n. ⑦.

柱截线①. 于是 al-Hasan 写成了他发现的那门科学的专著②，而后去世了——上帝给他的仁慈.

而后 Ahmad b. Mūsā 作为这个工作的负责人设法旅行到叙利亚（Syria），他打算收集这个著作（阿波罗尼奥斯的《圆锥曲线论》）的手稿，希望用这些材料能使他改正它. 但是这被证明是不可能的. 但是他得到了 Eutocius 修复过的阿波罗尼奥斯的专著的前四卷的一个手稿，尽管它经过 Eutocius 的修复，但由于我们描述的原因，它仍然聚积了许多错误. 当 Ahmad 得到这个手稿之后，他开始注释这个专著，开始于 Eutocius 修复过的前四卷，由于他发现在它们中的错误③比阿波罗尼奥斯的专著的原有那些手稿少. 他努力地艰苦地去理解它们，直到完全理解. 后来他从叙利亚返回伊拉克，当他回到伊拉克以后就继续评注已得的这七卷中的其余部分. 我们已经描述过这部专著由于过多的错误被破坏的状况. 然而，由于 Ahmad 对 Eutocius 修复过的四卷的理解，他已经能够基本上理解专著的其余部分，具有了经验，知道了阿波罗尼奥斯所使用的方法以及他确立的基本原则. 于是，使用这些办法，他就能理解这七卷中的其余三卷，因而他能完全理解它们. 并且对这个专著做了有重大意义的事情，有利于读者理解它——这是阿波罗尼奥斯写成之后未做的事情，也是 Eutocius 修复后未做的事情，即他检查了每个命题的证明所要的前提，在需要的地方明显地提示它，并且说明它在专著中的位置. ④

在 Ahmad b. Mūsā 的监管下，Hilāl b. abī Hilāl al-Himsī 翻译了前四卷，其余的三卷由 Thābit b. Qurra al-Harrānī 翻译.

上述之后，我们开始于帮助理解这个专著的一些几何定理⑤，在此之后⑥是阿波罗尼奥斯为他的专著写的序言，再后，是我们翻译和注释的这七卷. 我们已经提及前四卷是根据 Eutocius 的修复本，其余三卷是根据阿波罗尼奥斯的著作.

附录 B：班鲁·穆萨的前言

所用手稿见附录 A，p. 348. 这一部分变化很少，没有给出注释.

理解这个专著需要的一些命题

1. 对于任意三个量，其中一个的平方与其他两个量的乘积的比等于自乘的那个量

---

① 字面上“圆柱的圆锥截线”，见 p. 349，n. ⑦.

② 这可能指كتاب الشكل المدوّر المستطيل “关于拉长圆形图［即椭圆］的专著”，Fihrist 把这归功于 al-Hasan（Flügel p. 271，16—17）. 它没有幸存下来.

③ فصّ字面上“确切的词”，对比的是班鲁·穆萨得到 Eutocius 之前的手稿.

④ 这就证实了在阿拉伯译本中的内面的注解归功于班鲁·穆萨.

⑤ 这些直接在手稿的这个序言之后. 见附录 B，正文及其翻译.

⑥ متبعوا ذلك 作为متبعو ذلك “我们作了这个顺序”（作的）. 关于插入的 aleph，见 Wright I p. 251A.

与其余两个量中的一个的比再乘以①它与另一个量的比.

设这三个量［图 M1］是 A、B、G. 则我断言 A^2 与（$B \cdot G$）的比等于比（$A : B$）乘以 A 与 G 的比.

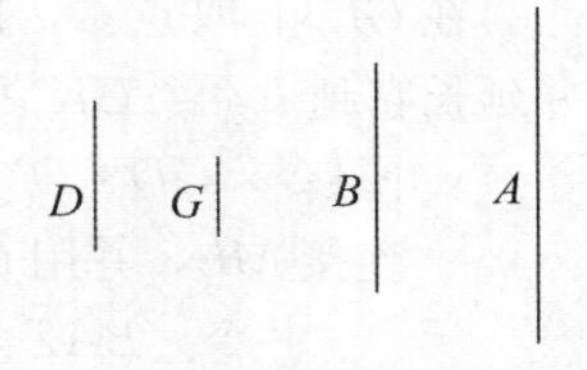

图 M1

证明：

A 上的正方形与矩形（$B \cdot G$）的比是由它们的边的比组成的. 并且 A 上的正方形的两条边都等于 A，而矩形（$B \cdot G$）的两边是 B 和 G. 于是比｛A^2：（$B \cdot G$）｝是由比（A：B）和比（$A : G$）组成的.

类似地可证明，当有四个量时，譬如说 A、B、G、D，则（$A \cdot B$）与（$G \cdot D$）的比是由比（$A : G$）和比（$B : D$）组成的. 因为矩形（$A \cdot B$）与矩形（$G \cdot D$）的比是由它们的边组成的. 但是矩形（$A \cdot B$）的两个边是 A 和 B，而矩形（$G \cdot D$）的两边是 G 和 D. 于是，（$A \cdot B$）与（$G \cdot D$）的比是由比（$A : G$）和比（$B : D$）组成的.

证完

2. 若［图 M2］对于任一个三角形 ABG 以及它内面的平行于 AB 的线 EZ，则我断言，比｛（$GE \cdot EB$）：（$EZ \cdot ZA$）｝是由比（$GE : EZ$）和比（$BE : ZA$）组成的. ②

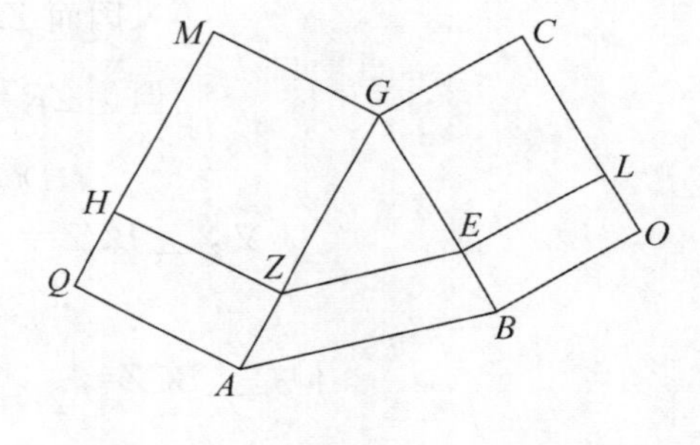

图 M2

证明：

过点 Z 作 GA 的垂线 ZH，并令 ZH 等于 ZE，完成矩形 $ZHMG$，在 GE 上作正方形 $EGCL$，并且完成两个矩形 $LEBO$、$ZHQA$.

那么矩形 ZM 等于（$ZE \cdot ZG$），正方形 EC 等于（$EG \cdot EG$）. 因而，正方形 EC 与矩形 ZM 的比等于（$EG : EZ$）·（$EG : ZG$）.

但是 $EG : ZG = BE : ZA$.

因而，正方形 EC 与矩形 ZM 的比是由比（$EG : EZ$）和比（$BE : ZA$）组成的.

但是矩形 AH 等于（$HZ \cdot ZA$），矩形 BL 等于（$EG \cdot EB$）；

而正方形 EC 与矩形 BL 的比等于（$EG : EB$）；

矩形 ZM 与矩形 AH 的比等于（$ZG : ZA$）；

并且 $EG : EB = ZG : ZA$.

因而，正方形 EC 与矩形 BL 的比等于矩形 ZM 与矩形 AH 的比.
由更比，正方形 EC 与矩形 ZM 的比等于矩形 BL 与矩形 AH 的比.
于是矩形 BL 与矩形 AH 的比等于｛（$EG : EZ$）·（$BE : AZ$）｝.

证完

3. 若［图 M3］给定一个圆 AB，以及它的直径 AB，线 GD 交 BD 于给定点 D，并且 $\angle BDG$ 给定，比（$H : Q$）给定，我们要在圆 AB 内作平行于 GD 的线 EZ，并使

① "乘以" مثنّاة بـ，字义是"二倍以".

② 事实上这是命题 1 后半部分的直接推论.

得比｛$(AE \cdot EB) : ZE^2$｝等于$(H : Q)$.

在 GD 上取点 G，以它作 BD 的垂线 GK，并延长它到 L，令 GK 等于 KL，

并且令$(GD : DM)$等于$(Q : H)$，

连接 ML，并用 MN 平分$\angle GML$，

并令$\angle BAZ$ 等于$\angle GMN$，

过点 Z 作平行于 GD 的线 ZE.

那么可以断言比｛$(AE \cdot EB) : ZE^2$｝等于$(H : Q)$.

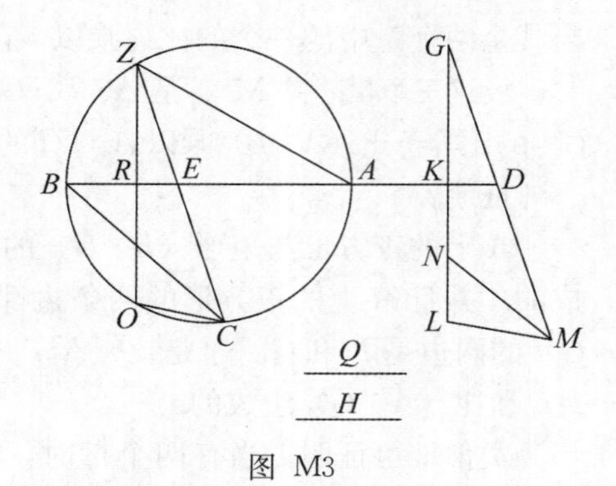

图 M3

证明：

延长 ZE 再交圆于 C，连接 CB，从点 Z 作 AB 的垂线 ZR，并延长它再交圆于 O. 则$\angle ZER=\angle KDG$，并且角 GKD、ZRA 是直角，

于是三角形 ZRE、GKD 相似，

因而 $ZE : ZR = GD : GK$.

但是 $ZR=\frac{1}{2}ZO$，$GK=\frac{1}{2}GL$.

$\therefore DG : GL = EZ : ZO.$ [1]

又，$\angle BCZ=\angle BAZ$，$\angle BAZ=\angle GMN$.

$\therefore \angle BCZ=\angle GMN.$

但是$\angle BCZ=\frac{1}{2}\angle ZCO$，由于弧 BO 等于弧 BZ.

并且$\angle GMN=\frac{1}{2}\angle GML$.

$\therefore \angle GML=\angle ZCO.$

但是$\angle LGM=\angle OZC$.

$\therefore \triangle OZC$ 与$\triangle LGM$ 相似.

$\therefore ZO : ZC = GL : GM.$

但是已证 $EZ : ZO = GD : GL$.

$\therefore ZE : ZC = GD : GM.$

因而 $MD : DG = CE : EZ$.

但是已令$(MD : DG)$等于$(H : Q)$.

$\therefore CE : EZ = H : Q.$

但是 $CE : EZ = (CE \cdot EZ) : EZ^2$.

$\therefore H : Q = (CE \cdot EZ) : EZ^2.$

但是 $CE \cdot EZ = AE \cdot EB$.

$\therefore (AE \cdot EB) : EZ^2 = H : Q.$

证完

4. 若［图 M4］AB 是一个给定的圆，AB 是它的直径，并且 GD 交 BD 于给定点 D，并且$\angle BDG$ 给定，比$(H : Q)$给定，我们要作线 EZ 平行于 GD，使得比｛$(BE \cdot$

$EA)$：$EZ^2\}$ 等于比（H：Q）.①

在GD上取一点G，并从它作BD的垂线GK，并延长它到L，并令GK等于KL，并令比（GD：DM）等于（H：Q），并且连接LM，用线MN平分$\angle GML$，并令$\angle CAB$等于$\angle GMN$，并且从点C作CZE平行于GD［交圆于Z，交AD于E］.

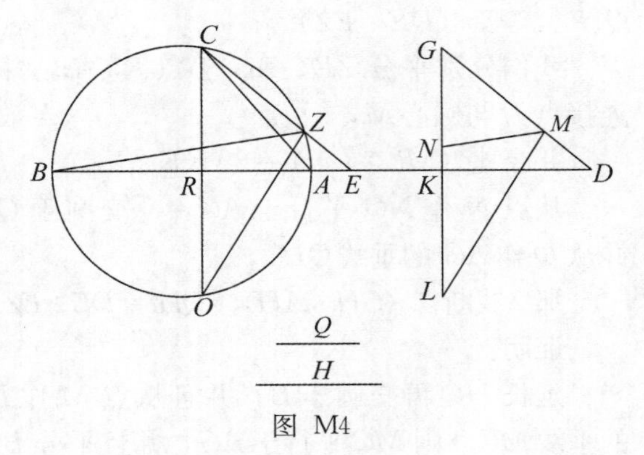

图 M4

则我断言 $(BE\cdot EA):ZE^2=H:Q$.

证明：

从点C作AB的垂线CR，并延长它再交圆于O，连接BZ、ZO.

则$\angle CER=\angle KDG$，

并且角GKD、CRA是直角.

于是$\triangle KDG$与$\triangle CER$相似.

$\therefore CR:EC=GK:GD$.

但是$CO=2CR$，$GL=2GK$.

$$\therefore GL:GD=CO:EC. \qquad [1]$$

又，$\angle CAB=\angle BZC$，$\angle CAB=\angle GMN$.

$\therefore \angle BZC=\angle GMN$.

但是$\angle BZC=\frac{1}{2}\angle OZC$，$\angle NMG=\frac{1}{2}\angle GML$.

$\therefore \angle GML=\angle OZC$.

并且$\angle ZCO=\angle MGL$.

$\therefore \triangle LMG\backsim\triangle OZC$，因而$ZC:CO=MG:GL$.

但是已证$GL:GD=OC:CE$.

由首末比$MG:GD=CZ:CE$，

再由合比$EC:EZ=GD:DM$.

但是$GD:DM=H:Q$.

$\therefore CE:EZ=H:Q$.

但是$CE:EZ=(CE\cdot EZ):EZ^2$.

$\therefore H:Q=(CE\cdot EZ):EZ^2$.

但是$CE\cdot EZ=BE\cdot EA$.

$\therefore (BE\cdot EA):EZ^2=H:Q$.

证完

5. 若［图 M5］ABG是一个给定的圆，弦AG给定，比（DE：EZ）给定，并且弧ABG大于半圆，我们要从圆周上一点作AG的垂线QH，使得比｛$(GH\cdot AH)$：

① 这个问题与命题3的差别只是在此处EZ在圆的外面.

QH^2｝等于（DE：EZ）.

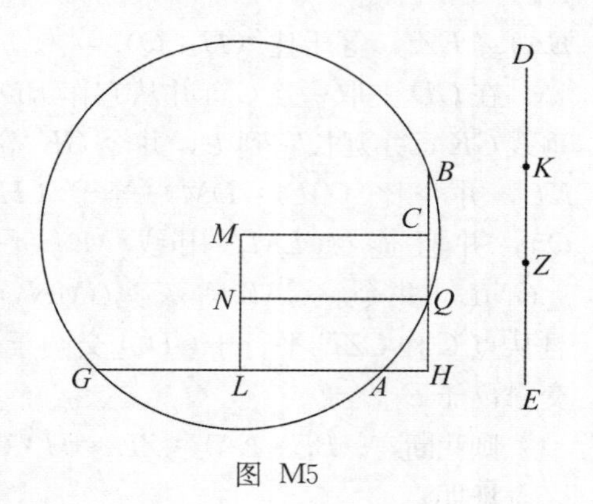

图 M5

我们分别平分 ZD、AG 于点 K、L，并且连接点 L 与圆心 M，

并令比（ML：LN）=（KE：EZ），

从点 N 作 NQ 平行于 AG，［交圆于 Q］，并从 Q 作 AG 的垂线 QH.

那么我断言（$GH \cdot AH$）：QH^2=DE：EZ.

证明：

延长 HQ 再交圆于 B，并且从点 M 作 BQ 的垂线 MC. 则 MC 平行于 AG，并且平分 BQ，因而 CH：QH=ML：LN.

但是 ML：LN=KE：EZ.

∴CH：QH=KE：EZ.

由分比 KZ：ZE=CQ：QH.

但是 $CQ=\frac{1}{2}BQ$，$KZ=\frac{1}{2}DZ$.

∴BQ：QH=DZ：ZE.

由合比 DE：EZ=BH：QH.

但是 BH：QH=（$BH \cdot HQ$）（它等于 $GH \cdot AH$）：QH^2.

∴（$GH \cdot AH$）：QH^2=DE：EZ.

并且用这个方法，可以证明当 QH 是圆的切线时这个命题成立. ①

证完

6. 若［图 M6］两个三角形 ABG、DEZ 相似，因而（AB：DE）等于（AG：DZ）以及（BG：EZ），并且比｛($BH \cdot BG$)：AB^2｝等于｛($QE \cdot EZ$)：DE^2｝，则两个三角形 ABH、DEQ 相似.

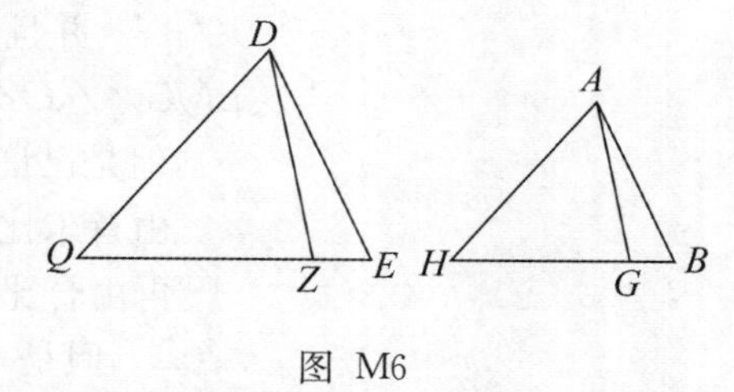

图 M6

证明：

比｛($BH \cdot BG$)：AB^2｝是由比（BG：AB）和（HB：AB）合成的②. 因而｛($QE \cdot EZ$)：DE^2｝由比（BH：AB）和（BG：AB）组成.

但是比｛($QE \cdot ZE$)：DE^2｝由比（QE：ED）和（ZE：ED）组成.

于是由（BH：BA）和（BG：BA）组成的比等于由（QE：ED）和（ZE：ED）组成的比.

但是 BG：BA=ZE：ED.

∴BH：AB=QE：DE.

---

① 使用同样的方法不是真的，因为此时 $GH \cdot AH=QH^2$，因此 $DE=EZ$，于是这个问题变成一个简单图形，点 D、K、Z 重合，M、N 重合，B、C、Q 重合.

② 即（$BH \cdot BG$）：AB^2=（BG：AB）·（HB：AB）.

并且$\angle ABH=\angle DEQ$.

$\therefore \triangle ABH \backsim \triangle QED$.

证完

7.① 若［图 M7］ABG、DEf 是两个圆，直径是 AG、Df，并且在两个圆内作两条线 BZH、EQK，分别交直径于 Z、Q,②

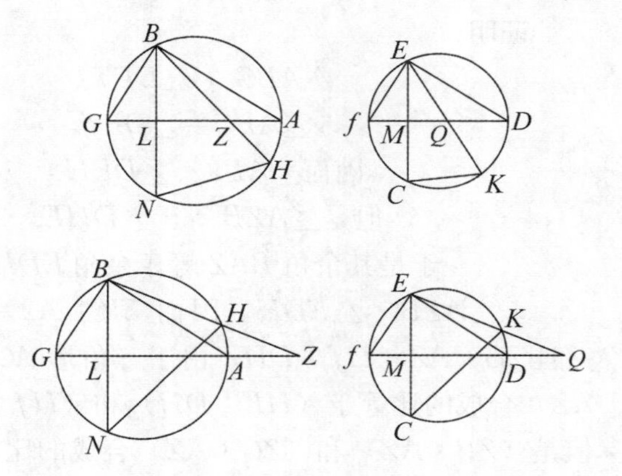

图 M7

并且角 BZA、EQD 相等，(BZ ∶ ZH) 等于 (EQ ∶ QK)，连接 AB、BG、DE、Ef.

则角 BAG、EDf 相等，并且角 BGA、EfD 也相等.

证明：

从点 B 向 AG 作垂线 BL，并且从点 E 向 Df 作垂线 EM，并且延长 BL，EM 再交圆于点 N、C.

则$\angle BZL$ 等于$\angle EQM$，

并且角 BLZ、EMQ 是直角.

于是三角形 BZL、EQM 相似，

因而 $BZ : BL=EQ : EM$.

但是 BN 等于二倍的 BL，EC 等于二倍的 EM.

$\therefore BZ : BN=EQ : EC$.

但是 $HB : BZ=KE : EQ$，由于 ($HZ : ZB$) 等于 ($KQ : QE$)，

由首末比例，$HB : BN=KE : EC$.

并且$\angle HBN=\angle KEC$，由于三角形 BZL、EQM 相似.

于是三角形 HBN、KEC 相似，

因而$\angle BHN=\angle EKC$，弧 BHN 相似于弧 EKC，因而半个弧 BAN，即弧 AB 相似于半个弧 EKC，即 DE.

$\therefore \angle AGB=\angle DfE$.

并且其余角 BAG 等于角 EDf，

由于角 ABG、DEf 是直角.

证完

8.③ 若［图 M8］两个三角形 ABG、DEf 相似，并且 (AB ∶ DE) 等于 (AG ∶

① 这个引理用在Ⅵ. 13. 见 p. 233 及 n. ②.

② 这两组图表示了两种可能的情形，分别表示 Z 在圆内或圆外的情形.

③ 这个引理用在Ⅵ. 13 (见 p. 233 及 n. ③) 和Ⅵ. 23 (见 p. 254 及 n. ①). 参阅Ⅵ. 32，p. 268 及 n. ⑤.

Df）以及（$BG:Ef$），并且从点 A、D 分别到 BG、Ef 作两条线 AZ、DH，① 并且角 AZB、DHE 相等.

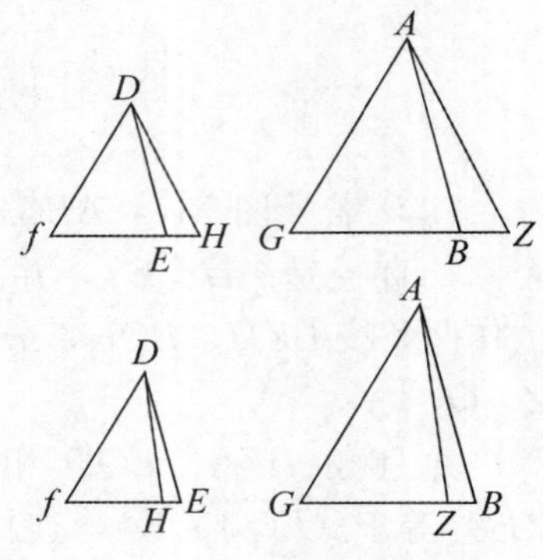

图 M8

则 $(BZ\cdot ZG):AZ^2=(EH\cdot Hf):DH^2$.

证明：

$$\triangle ABG\backsim\triangle DEf.$$

$$\therefore \angle ABG=\angle DEf,$$

因而 $\angle ABZ=\angle DEH$.

但是 $\angle AZB$ 等于 $\angle DHE$.

于是其余角 BAZ 等于余角 EDH.

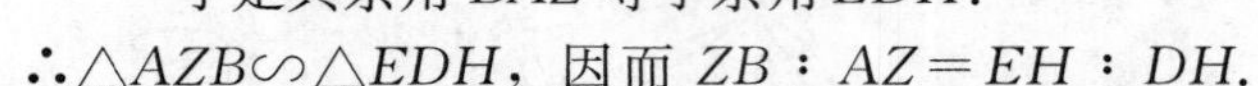

$\therefore \triangle AZB\backsim\triangle EDH$，因而 $ZB:AZ=EH:DH$.

并且 $ZG:AZ=Hf:DH$，由于三角形 AGZ、DHf 相似. 于是（$ZB:AZ$）和（$ZG:AZ$）合成的比等于（$HE:DH$）和（$Hf:DH$）合成的比.

但是（$ZB:AZ$）和（$ZG:AZ$）合成的比等于比 $\{(ZB\cdot ZG):AZ^2\}$；

而（$HE:DH$）和（$Hf:DH$）合成的比等于比 $\{(EH\cdot Hf):DH^2\}$.

所以 $(ZB\cdot ZG):AZ^2=(EH\cdot fH):DH^2$.

证完

9②. 若［图 M9］ABG、DEf 是两个三角形，并且从点 A、D 分别引线 AZ、DH 交 BG、Ef 于点 Z、H，

并且 $(GZ\cdot ZB):AZ^2=(fH\cdot HE):DH^2$，

并且角 AZB、DHE 相等，角 BAG、EDf 也相等.

则三角形 ABG、DEf 相似. ③

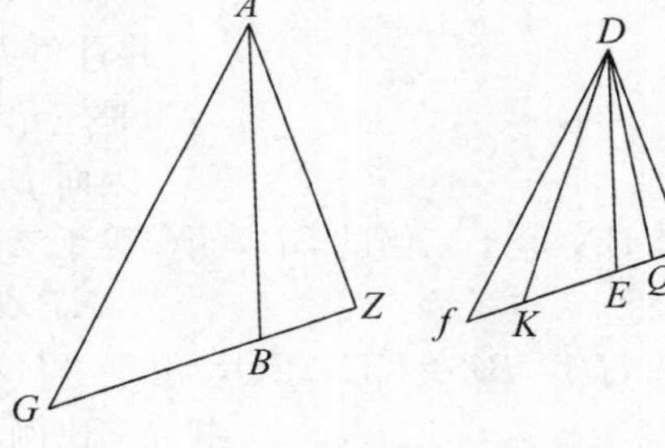

图 M9A

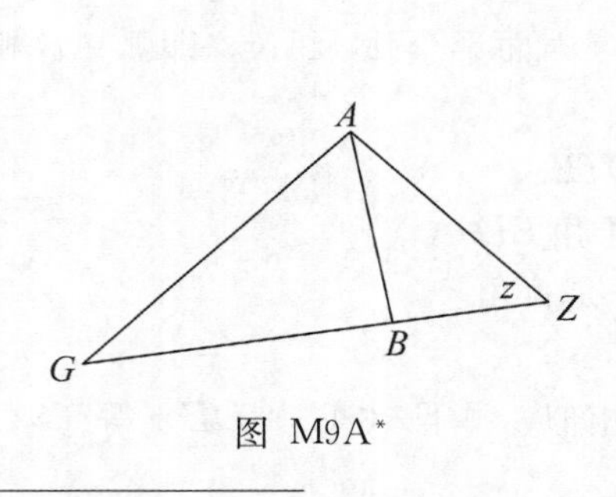

图 M9A*

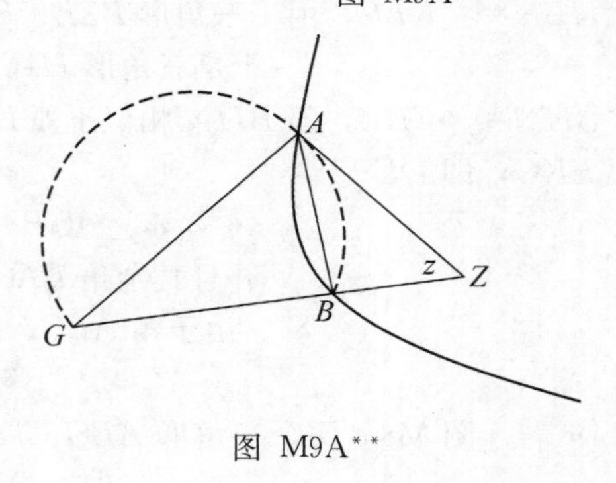

图 M9A**

① 两组图表示两种可能的情形，分别表示 Z 在三角形的外面和内面.

② 这个引理用在Ⅵ. 18（见 p. 240 及 n. ④和 p. 242 及 n. ⑤）.

③ 这是引理 8 的逆，但不是普遍有效的，并且其证明是错误的（参阅下面的 p. 358，n. ①）. Ibn al-Haytham 在《Rasā'il 6》中证明了有特殊情形，它不必成立，但是这些对Ⅵ. 18 都不适用，见 p. 358 的尾注.

证明：

首先，令点 Z、H 在三角形外面，如第一个图［图 M9A］.

则$\angle ZAB=\angle HDE$.

因为若不是这样，令$\angle ZAB$ 等于$\angle HDQ$，并且令$\angle QDK$ 等于角 BAG、EDf 中的每一个.

那么，因为$\triangle DQH$ 的角 HDQ、DHQ 分别等于$\triangle BAZ$ 的角 ZAB、AZB，所以其余角 DQH 等于余角 ZBA.

因而$\angle ABG=\angle DQK$.

但是$\angle QDK$ 等于$\angle BAG$.

于是$\triangle QDK$ 的余角 DKQ 等于$\triangle BGA$ 的余角 AGB.

于是三角形 QKD、AGB 相似.

并且$\angle AZB=\angle DHQ$.

$\therefore$（$KH\cdot HQ$）：$DH^2=$（$GZ\cdot ZB$）：AZ^2［由引理 8］.

但是（$GZ\cdot ZB$）：$AZ^2=$（$EH\cdot Hf$）：DH^2.

$\therefore$（$KH\cdot HQ$）：$DH^2=$（$fH\cdot HE$）：DH^2.

矛盾，由于（$fH\cdot EH$）不等于（$KH\cdot HQ$）.

因而$\angle ZAB=\angle HDE$.

并且$\angle AZB=\angle DHE$.

于是余角 ABZ 等于余角 DEH，

因而$\angle ABG=\angle DEf$.

并且假设$\angle BAG=\angle EDf$.

于是余角 AGB 等于余角 DfE.

于是三角形 ABG、DEf 相似.

又，若令点 Z、H 都在三角形内面，如第二个图［图 M9B］.

则$\angle ABG=\angle DEf$.

因为若不是这样，令$\angle ABG$ 等于$\angle fEQ$，并令$\angle EQK$ 等于角 BAG 或 EAf.

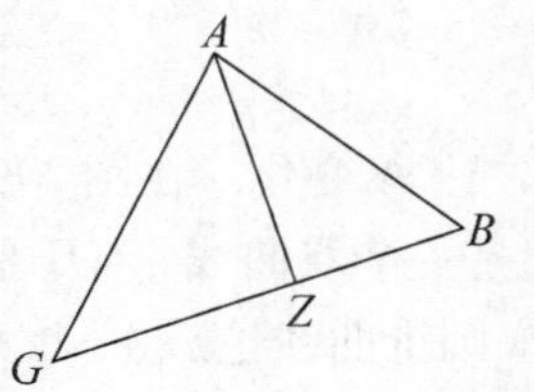

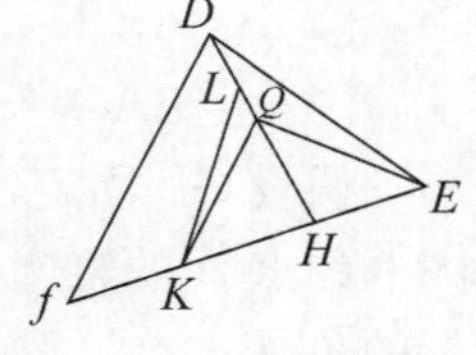

图 M9B

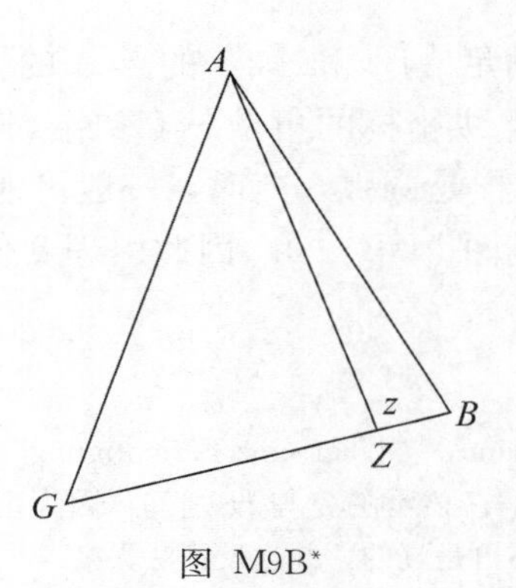

图 M9B*

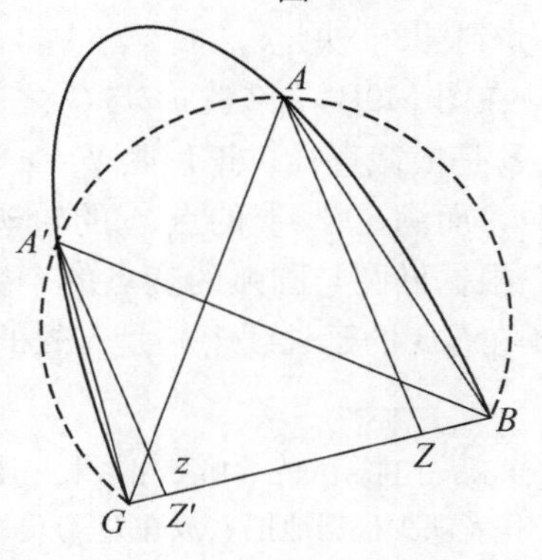

图 M9B**

于是三角形 ABG、EQK 相似，并且$\angle QHE=\angle AZB$.

$\therefore$（$EH\cdot HK$）：$QH^2=$（$BZ\cdot ZG$）：AZ^2［由引理 8］.

但是已设｛（$BZ\cdot ZG$）：AZ^2｝等于｛($EH\cdot Hf$)：DH^2｝.

$\therefore$（$EH\cdot HK$）：$QH^2=$（$EH\cdot Hf$）：DH^2.

由更比例（$EH\cdot HK$）：($EH\cdot Hf$）$=QH^2$：DH^2.

但是（$EH\cdot HK$）：($EH\cdot Hf$）$=HK$：Hf.

$\therefore HK$：$Hf=QH^2$：DH^2.

于是令 LH：$DH=QH^2$：DH^2. ①

因而 LH：$DH=HK$：Hf. 连接 LK，它平行于 Df，因而$\angle KLH=\angle fDH$.

但是$\angle KLH<\angle KQH$，它是三角形 KQL 的外角.　［1］

$\therefore\angle KQH>\angle fDH$.

并且$\angle HQE>\angle HDE$，由于$\angle HQE$ 是三角形 DQE 的外角，

$\therefore\angle EQK>\angle EDf$.

但是由作图它等于它，矛盾.

因而$\angle DEf=\angle ABG$.

并且$\angle EDf$ 假设等于$\angle BAG$.

于是余角 DfE 等于余角 AGB.

于是三角形 ABG、DEf 相似.

证完

尾注：下述对这个问题的分析属于 J. P. Hogendijk. 在图 M9A* 和 M9B* 中，$ABGZ$ 的形状是由下述条件决定的

［1］$AZ^2/$（$GZ\cdot ZB$）$=c$.

［2］$\angle AZB=z$.

［3］$\angle BAG=a$.

假设 GB 固定，让 A 变化. 在图 M9A*（Z 在 GB 的延长线上）中，满足［1］和［2］的点 A 的轨迹是一个双曲线，GB 是横截直径，正焦弦 p 满足 $p/GB=c$，并且纵标的角是 z（参阅《圆锥曲线论》Ⅰ.12）. 又，满足［3］的点 A 的轨迹是弦 GB 上包含角 a 的圆弧. 此时，可以看出（图 M9A**）只有一个解，并且 $ABGZ$ 的形状完全由条件［1］到［3］决定.

但是，在图 M9B*（Z 在 B 与 G 之间）中，满足［1］和［2］的点 A 的轨迹是一个椭圆，GB 是横截直径，正焦弦 $p=c\cdot GB$，并且纵坐标的角是 z（参阅《圆锥曲线论》Ⅰ.13)，而满足［3］的点 A 的轨迹与前面一样是圆弧，此时，一般可能有 0、1 或 2 个解，根据椭圆与圆弧的交点的个数（后者见图 M9B**）. 因此引理 9 仅当第一种情形（Z 在 GB 的延长线上）是有效的.

---

① 正如 ibn al-Haytham（Rasā'il 6 p. 40，tr. Wiedemann，“Über eine Berichtigung” pp. 341—342）注释，作者缺少根据地把 L 放在 D 与 Q 之间，然而，它必须在 Q 与 H 之间，因为正是这个等式蕴含 $HL<HQ$（已知 $QH<DH$). 但是此时［1］下面不再是真的，并且反证法失效.

附录 C：卷Ⅶ的前言，Abū ´l-Husayn ´Abd al-Malik b. Muhammad al-Shīrāzī 著

来源：牛津（Oxford），Bodleian Library，ms. Thurston 3，ff. 45^v-46^r（参阅引论 p. 28，n. ⑥和 Apollonius（Halley）Ⅱ pp. 97－98）.

理解阿波罗尼奥斯的专著《圆锥曲线论》第七卷的命题的前言

1.① 若［图 S1］AB 被两个点 G、D 所截，则

$(AB+BG)^2=4(AB+GD)\cdot BD+(AD+DG)^2$.

A G D B Z H E

图 S1

证明：

令 $BE=BG$，$DZ=DG$.

则 $ZE=2BD$.

于是 H 平分 EZ.

则由 EuclidⅡ.8，

$AE^2(=\{AB+BG\}^2)=4AH\cdot HZ(=4\{AB+DG\}\cdot BD)+AZ^2(=\{AD+DG\}^2)$.

证完

2.② 若［图 S2］AB 被两个点 G、D 所截，则

$AB^2+BG^2=AD^2+DG^2+2(AB+DG)\cdot BD$.

E A Z G D B

图 S2

证明：

$AB^2+BG^2=2(AB\cdot BG)+AG^2$ ［EuclidⅡ.7］

并且 $AD^2+DG^2=2(AD\cdot DG)+AG^2$ ［EuclidⅡ.7］

两边减去 AG^2，

$(AB^2+BG^2)-(AD^2+DG^2)=2(AB\cdot BG)-2(AD\cdot DG)$.

平分 AG 与 Z，并令 $AE=DG$，

由 EuclidⅡ.6

$2(AB\cdot BG)-2(AD\cdot DG)=2BZ^2-2DZ^2=2(EB\cdot BD)$.

但是 $EB=AB+DG$.

$\therefore AB^2+BG^2=AD^2+DG^2+2(AB+DG)\cdot BD$.

证完

① 用在Ⅶ.39，见 p.323，n.②.

② 用在Ⅶ.45，见 p.332，n.②.

3.① 若［图 S3］AB 被两个点 G、D 所截，并且 AG、BD 相等，GD 被 E 所截，则

$AD^2+DB^2=AE^2+EB^2+2(GE\cdot ED)$.

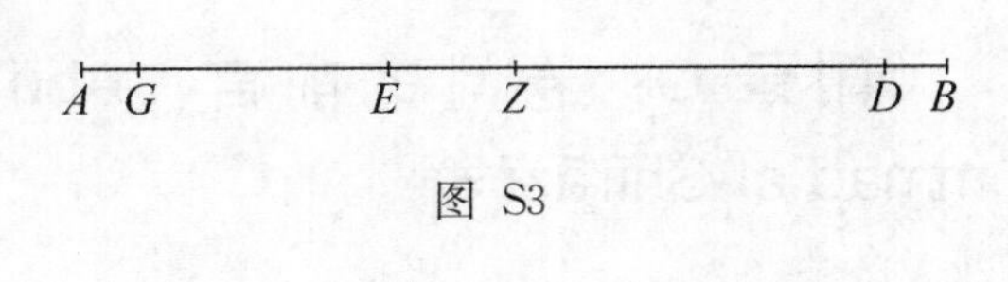

图 S3

证明：

若 GD 被 E 平分，结论是显然的.

若不是这样，平分 GD 于 Z.

因为 AB 被 D 所截并且被 Z 平分，所以

$AD^2+DB^2=2(AZ^2+ZD^2)$. ［Euclid Ⅱ. 9］

但是 $2ZD^2=2(GE\cdot ED)+2ZE^2$，

由于 GD 被 Z 平分并且截于 E. ［Euclid Ⅱ. 5］

$\therefore AD^2+DB^2=2(AZ^2+ZE^2)+2(GE\cdot ED)$.

但是 $2(AZ^2+ZE^2)=AE^2+EB^2$. ［Euclid Ⅱ. 9］

$\therefore AD^2+DB^2=AE^2+EB^2+2(GE\cdot ED)$.

证完

4.② 若［图 S4］AB 被两点 G 和 D 所截，并且 AG、BD 相等，GD 被 Z 平分并且被 E 所截，DZ 被 H 所截，并且 EZ 大于 ZH，则

B D H Z Q E G A

图 S4

$AH^2+HB^2+EH\cdot 2(HB-AE)=AE^2+EB^2$.

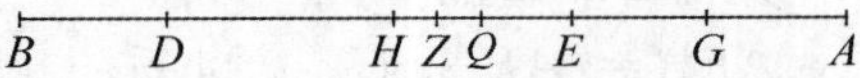

证明：

令 $QZ=ZH$.

则 $QA=HB$，

并且 $QE=ZE-HZ$.

QE 也等于 $HB-EA$.

但是［Euclid Ⅱ. 9］$(AE^2+EB^2)-(AH^2+HB^2)=2EZ^2-2ZH^2$. ［1］

并且后者等于 $2(HE\cdot EQ)$，

由于 $HZ=ZQ$ 并且 QE 已加到 ZQ.

于是 $AH^2+HB^2+2(HE\cdot EQ)=AE^2+EB^2$.

证完

5.③ 在同一个图 S4 中，

$4(BZ\cdot ZQ)+2(EQ\cdot QB)+4QZ^2=2(EZ+ZQ)\cdot QB$.

证明：

$4(BZ\cdot ZQ)+4ZQ^2=4(BQ\cdot QZ)$.

---

① 用在Ⅶ. 47，见 p. 336，n. ⑥.

② 用在Ⅶ. 46 和Ⅶ. 48，见 p. 337，n. ③以及 p. 339，n. ②.

③ 用在Ⅶ. 48，见 p. 340，n. ②.

后者加上 2 ($EQ \cdot QB$)，则

$$2(ZE \cdot QB)+2(ZQ \cdot QB)=(EZ+ZQ) \cdot 2QB.$$

证完

6.① 在同一个图 S4 中，

$$2(AQ \cdot QB)+4QZ^2=AQ^2+QB^2.$$

因为 $QA=HB$.

$$\therefore AQ \cdot QB=QB \cdot BH.$$

并且 $4QZ^2=HQ^2$，由于 $QZ=ZH$.

[由 Euclid Ⅱ.7] $2(QB \cdot BH)+HQ^2=QB^2+BH^2=AQ^2+QB^2$.

证完

7.② 在同一个图 S4 中，

$$2(AB \cdot GZ)=BG^2-GA^2.$$

因为 $2(AB \cdot GZ)=2(BG \cdot GZ)$

($=BG \cdot GD$，由于 $GZ=ZD$) $+2(AG \cdot GZ)$

($=BD \cdot DG$).

但是 $BG \cdot GD+BD \cdot DG=BG^2-BD^2=BG^2-GA^2$.

证完

8.③ 若 [图 S5] $AB:BG>DE:EZ$，则 $AG^2:(AB^2+BG^2)<DZ^2:(DE^2+ZE^2)$.

图 S5

证明：

令 ($AH:GH$) = ($DE:EZ$).

则 $AG:GH=DZ:ZE$，

类似地 $GA:AH=ZD:DE$.

$\therefore AG^2:(AH^2+GH^2)=DZ^2:(DE^2+EZ^2)$.

但是 $AG^2:(AB^2+BG^2)<AG^2:(AH^2+HG^2)$，

由于 $AB^2+BG^2>AH^2+HG^2$.

$\therefore AG^2:(AB^2+BG^2)<DZ^2:(DE^2+EZ^2)$.

证完

附录 D：Huygens 解答 Pappus 问题，卷Ⅳ命题 30

在引论 pp. 64－65 中讨论的问题，利用一个圆过一个给定点作到抛物线的最小线，由 Christiaan Huygens（他叙述为作一法线）全面地解决了. Huygens 作的圆与我在图 5.62* 中作的圆完全一样，但是他的作图和证明的方法与 pp. 64－65 上的不同. 我所选用的那一页（Huygens，Œuvres Ⅰ No. 365，pp. 533－534）未注明日期，但是 Huy-

---

① 用在Ⅶ.48，见 p. 340，n. ②.

② 用在Ⅶ.51，见 p. 345，n. ④以及 p. 246，n. ⑤.

③ 用在Ⅶ.26，见 p. 305，n. ②.

gens 早在 1653 年把这个问题提给他以前的老师 Van Schooten（ibid. No. 183，pp. 242—243）．从后者可以知道，他对 Pappus 提出的问题的正确解答不是对阿波罗尼奥斯卷Ⅴ的了解，而是 Anderson 在《Exercitationes Mathematicæ》1619 中提出的．可笑的是，尽管 Huygens 把他的解答送给了 Van Schooten 和 Golius（可能在他的 1653 年的信稍后），但是从他在 1660 年给 Nicolaus Heinsius 的信（Euvres Ⅲ No. 739，pp. 60—61）可知，似乎后者没有告知这个问题确实被阿波罗尼奥斯讨论过（使用双曲线）．

给定一个抛物线和一个点，从该点作一条直线与抛物线交成直角．

设给定的抛物线是 BA，给定点是 C［图 5.62**］，但不在轴上，因为若它在轴上，这个作图是众所周知的．从 C 作抛物线的轴 BG 的垂线 CF，并且从顶点 B 取 BH 等于半个正焦弦，并令 HF 被 K 平分，令 KL 垂直于轴 BK 并且等于 $\frac{1}{4}CF$．而后，以 L 为中心，过抛物线的顶点 B 作一个圆．它与抛物线相截．设截点是 A，连接 CA．可断言线 CA 与抛物线交成直角．

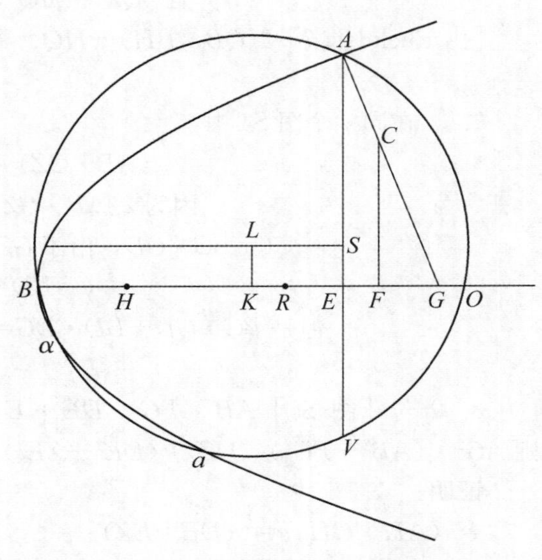

图 5.62**

证明：

令直线 CA 与抛物线的轴交于点 G，并且作 AE 垂直于轴．那么应当证明在轴上的截线 EG 等于半个正焦弦；由此容易看出过 A 并且与 CA 成直角的直线是抛物线的切线．

作 LS 垂直于 AE，并令 AE 再交圆于 V，并且设抛物线的轴截圆于 O．显然，AV 被 S 平分，BO 被 K 平分．但是由作图，KF 等于 KH．因而① FO 等于 HB，它是半个正焦弦．因此，若取 FR 等于 FO，则整个 OR 等于正焦弦．但是由圆的性质，矩形（$BE \cdot EO$）等于矩形（$AE \cdot EV$），$BE : EA = VE : EO$．但是（$BE : EA$）等于 EA 与正焦弦的比．② 因而，EA 与正焦弦（即 OR）的比等于（$VE : EO$）．交换两内项，$AE : EV = OR : OE$．因此 $OR : RE = AE : 2ES$（因为显然 $2ES$ 等于 AE 与 EV 的差或和，如图要求）．因而，取这个比的第二项的二倍，AE 比 $4ES$（即 $4KL$，即 FC），等于 OR 比 $2RE$，即等于 FR 比 RE．但是 $AE : FC = GE : GF$．因而，$GE : GF = RF : RE$，并且 $GE : EF = RF : FE$．因而，$GE = FR$．但是 FR 等于 $\frac{1}{2}OR$，这是半个正焦弦．因而，GE 也等于半个正焦弦．

证完

① $FO = OK - KF$，并且 $HB = BK - KH$．

② 《圆锥曲线论》Ⅰ.11．

文献资料

Anderson, *Exercitationes Mathematicæ*: *Alexandri Andersoni Scoti Exercitationum Mathematicarum Decas Prima. Continens Quæstionum aliquot, quæ Nobilissimorum tum huius tum veteris Æui, Mathematicorum ingenia exercuere, Enodationem.* Paris, 1619.

Apollonius (Balsam): *Des Apollonius von Perga sieben Bücher über Kegelschnitte nebst dem durch Halley wieder hergestellten achten Buche.* Deutsch bearbeitet von H. Balsam. Berlin, 1861.

Apollonius (Commandino): APOLLONII PERGÆI CONICORVM LIBRI QVATTVOR. VNA CVM PAPPI ALEXANDRINI LEMMATIBVS, ET COMMENTARIIS EVTOCII ASCALONITÆ. SERENI ANTINSENSIS PHILOSOPHI LIBRI DVO NVNC PRIMVM IN LVCEM EDITI. QVAE OMNIA NVPER FEDERICVS Commandinus Vrbinas mendis quamplurimis expurgata e Graeco conuertit, & commentariis illustrauit. 2 vols. Bologna, 1566.

Apollonius (Czwalina): *Die Kegelschnitte des Apollonios.* übersetzt von Dr. Arthur Czwalina. München & Berlin, 1926.

Apollonius (Ecchellensis): *Apollonii Pergæi Conicorum Lib. V. VI. VII Paraphraste Abalphato Asphahanensi Nunc primùm editi. Additus in calce Archimedis Assumptorum Liber, ex codicibus Arabicis M. SS. Serenissimi Magni Ducis Etruriæ Abrahamus Ecchellensis Maronita In Alma Vrbe Linguar. Orient. Professor Latinos reddidit. Io: Alfonsus Borellus In Pisana Academia Matheseos Professor curare in Geometricis versioni contulit,* ④ *notas vberiores in vniuersum opus adiecit.* Florence, 1661.

Apollonius (Halley): APOLLONII PERGAEI CONICORUM LIBRI OCTO ET SERENI ANTISSENSIS DE SECTIONE CYLINDRI & CONI LIBRI DUO. [Vol. I:] ΑΓΙΟΛΛΝΙΟΥ ΓΙΕΡΓΑΙΟΥ ΚΩΝΙΚΩΝ ΒΙΒΛΙΑ Δ'. ΤΑ ΓΙΡΟΤΕΡΑ ΜΕΤΑ ΓΙΑΓΙΓΙΟΥ ΑΛΕΞΑΝΔΡΕΩΣ ΛΗΜΜΑΤΩΝ ΚΑΙ ΕΥΤΟΚΙΟΥ ΑΣΚΑΛΝΙΤΟΥ ΥΓΙΟΜΝΗΜΑΤΝ. APOLLONII PERGÆI CONICORUM LIBRI IV. PRIORES CUM PAPPI ALEXANDRINI LEMMATIS ET EUTOCII ASCALONITÆ COM-

MENTARIIS. Ex Codd. MSS. Graecis edidit EDMUNDUS HALLEIUS apud *Oxonien/es* Geometriae ProfetBor *Savilianus.* [Vol. II:] APOLLONII PERGÆI CONICORUM LIBRI TRES POSTERIORES (Sc. Vtus. VItus. & VIImus.) EX ARABICO SERMONE IN LATINUM CONVERSI CUM PAPPI ALEXANDRINI LEMMATIS. SUBJICITUR LIBER CONICORUM OCTAVUS RESTITUTUS. Opera & studio EDMUNDI HALLEII apud *Oxonienes* Geometriæ Profeßoris *Saviliani.* Oxford, 1710 (reprinted Osnabrück, 1984).

Apollonius (Heath): Apollonius of Perga, *Treatise on Conic Sections*. Edited in modern notation with introductions including an essay on the earlier history of the subject by T. L. Heath, M. A. Cambridge, 1896.

Apollonius (Heiberg): *Apollonii Pergaei quae Graece exstant cum commentariis antiquis*. Edidit et Latine interpretatus est I. L. Heiberg. 2 vols. Leipzig (Teubner), 1891, 1893.

Apollonius (Maurolycus): *Francisci Maurolyci Messanensis Emendatio et restitutio Conicorum Apollonii Pergaei*. Nunc primum typis excusæ, ubi primi quatuor eiusdem Apollonii libri mendis... expurgantur, novisque interdum demonstrationibus illustrantur. Messina, 1654.

Apollonius (Memmo): *Apollonii Pergei philosophi mathematicique excellentissimi Opera*, per... Ioannem Baptistam Memum Patritium Venetum... De Graeco in Latinum Traducta et nouiter impressa. Venice, 1537.

Apollonius (Nix): *Das Fünfte Buch der Conica des Apollonius von Perga in der arabischen Uebersetzung des Thabit ibn Corrah*. Herausgegeben, ins Deutsche übertragen und mit einer Einleitung versehen von L. M. Ludwig Nix. Leipzig, 1889.

Apollonius (Ravius): *Apollonii Pergæi Conicarum Sectionum Libri V. VI.* ④ *VII in Græcia deperditi jam vero ex Arabico Manuscripto ante quadringentos annos elaborato operâ subitaneâ Latinitate donati à CHRISTIANO RAVIO Berlinate Oriental. LL. Prof. Reg. Upsal.* Kiel, 1669.

Apollonius (Richard): *Apollonii Pergæi conicorum libri IV*, *cum commentariis R. P. Claudii Richardi*. Antwerp, 1655.

Apollonius (Taliaferro): *Conics.* , *By Apollonius of Perga*. Translated by R. Catesby Taliaferro. In *Great Books of the Western World* Vol. 11 (Euclid, Archimedes, Apollonius of Perga, Nicomachus), Chicago, London, etc. , 1952, pp. 593—804.

Apollonius (Ver Eecke): *Les Coniques d'Apollonius de Perge*. Œuvres traduites pour la première fois du grec en francais avec une introduction et des notes par Paul Ver Eecke. Bruges, 1923.

Apollonius, *Cutting off of a Ratio* (Halley): APOLLONII PERGÆI DE SECTIONE RATIONIS LIBRI DUO EX ARABICO MSto. Latine Versi. ACCEDUNT Ejusdem de SECTIONE SPATII Libri Duo Restituti. Opera & studio EDMUNDI HALLEY. Oxford, 1706.

Apollonius, *Cutting off of a Ratio* (Macierowski): Apollonius of Perga, *ON CUTTING OFF A RATIO*. Translated by E. M. Macierowski. Edited by Robert H. Schmidt. Fairfield, CT (The Golden Hind Press), 1987.

Archimedes, ed. Heiberg: *Archimedis Opera Omnia cum Commentariis Eutocii*. Iterum edidit J. L. Heiberg. 3 vols. Leipzig (Teubner), 1910—1915.

Arshi, Catalogue: *Arshi's catalogue of the Arabic Manuscripts in Raza Library Rampur*. Volume Five, Mathematics etc. Prepared by Imtiyāz ʹAlī ʹArshi. Rampur, U. P. , 1975.

Beeston, A. F. L. , " The Marsh Manuscript of Apollonius's *Conica*". *The Bodleian Library Record* IV, 1952—1953, 76—77.

al-Bīrūnī, *Chronology*: *The Chronology of Ancient Nations*. An English Version of the Arabic Text of the AthârulBâkiya of Albirûni, or " Vestiges of the Past". Translated and edited by C. Edward Sachau. London (Oriental Translation Fund), 1879.

al-Bīrūnī, *Tahdīd al-Amākin*: *The Determination of the Coordinates of Positions for the Correction of Distances between Cities*, a translation from the Arabic of al-Bīrūnī's *Kitāb Tahdīd al-Amākin Nihāyāt āl-Amākin Litash ī h Masāfāt alMasākin* by Jamil Ali. Beirut, 1967.

Bortolotti, Ettore, " Quando, come e da chi ci vennero ricuperati i sette libri delle 《Coniche di Apollonio》" *Periodico di Matematiche*, Ser. IV, 4, 1924, 118—130.

Catalogus rarorum librorum, quos ex Oriente nuper advexit et in publica bibliotheca inclytæ Leydensis academiæ deposuit... Jacobus Golius... Paris (excudebat A. Vitray), 1630.

Clagett, Marshall, *Archimedes in the Middle Ages*. Volume Four: A Supplement on the Medieval Latin Traditions of Conic Sections (1150—1566). 2 parts. Philadelphia, 1980.

Crönert, Wilhelm, " Der Epikureer Philonides". SB kgl. pr. Ak. Wiss. Berlin 61 (1900) 2, 942—959.

Diocles: DIOCLES *On Burning Mirrors*. The Arabic Translation of the Lost Greek Original Edited with English Translation and Commentary by G. J. Toomer. (Sources in the History of Mathematics and Physical Sciences l). Berlin Heidelberg New York, 1976.

Euclid (Heath): *The Thirteen Books of Euclid's Elements*, translated from the text of Heiberg with Introduction and Commentary by Sir Thomas L. Heath. 2nd Edition. 3vols. Cambridge, 1926.

Eutocius, *Commentary on Archimedes*: *Archimedis Operaomnia cum commentariis Eutocii* iterum edidit J. L. Heiberg. Vol. III. Leipzig (Teubner), 1915.

Eutocius, *Commentary on Apollonius*: in Apollonius (Heiberg), Vol. II pp. 168—361.

Fihrist, ed. Flügel: Kitâb alFihrist, mit Anmerkungen herausgegeben von Gustav Flügel. 2 vols. Leipzig, 1871.

Fihrist, tr. Dodge: Bayard Dodge (editor and translator), *The Fihrist of alNadim*. (Columbia University, Records of Civilization: Sources and Studies LXXXIII). 2 vols., New York & London, 1970.

Fraser, P. M., *Ptolemaic Alexandria*. 3 vols. Oxford, 1972.

Fück, Johann, *Die Arabischen Studien in Europa bis in den Anfang des 20. Jahrhunderts*. Leipzig, 1955.

Galileo, *Opere* XII: *Le Opere di Galileo Galilei*. Edizione Nazionale (Direttore: Antonio Favaro). Volume xii. Carteggio 1614—1619. Florence, 1902.

Gallo, Italo, *Frammenti Biografici da Papiri*. Volume secondo, *La biografia dei filosofi*. (Testi e Commenti 6). Roma, 1980.

Giovannozzi, Giovanni, " La Versione Borelliana di Apollonio". *Memorie della Pontificia Accademia Romana dei Nuovi Lincei*, Sess. II, Vol. II (1916), 1—31.

GolchinMa'āni, *Fihrist*: فهرست کتب خطی کتابخانه آستان قدس .رضوی جلد هشتم تألیف احمد گلچین معانی. Meshhed, 1350 (1972).

Graf, G. , *Geschichte der Christlichen Arabischen Literatur*. Dritter Band (Studi e Testi 146). Città del Vaticano, 1949.

Heath, HGM: *A History of Greek Mathematics* by Sir Thomas Heath. 2 vols. Oxford, 1921.

Heiberg, J. L. , " Ueber Eutokios" (Philologische Studien zu Griechischen Mathematikern I), *XI Supplementband der Jahrbücher für classische Philologie*, 1880, 357—384.

Heron, *Dioptra*: *Herons von Alexandria Vermessungslehre und Dioptra*, griechisch und deutsch von Hermann Schöne (Heronis Alexandrini Opera quae supersunt omnia Vol. III). Leipzig (Teubner), 1903.

Heron, *Stereometrica*: *Heronis quae feruntur Stereometrica et De Mensuris* edidit J. L. Heiberg (Heronis Alexandrini Opera quae supersunt omnia Vol. V). Leipzig (Teubner), 1914.

Hill, Donald R. (translator and annotator), The Book of Ingenious Devices (*Kitāb al-Hiyal*) by the Banū (sons of) Mūsà bin Shūkir. Dordrecht/Boston/London, 1979.

Hipparchus: ΙΠΠΑΡΧΟΥ ΤΩΝ ΑΡΑΤΟΥ ΚΑΙ ΕΥΔΟΞΟΥΦΑΙΝΟ ΜΕΝΩΝ ΕΞΗΓΗΣΕΩΣ ΒΙΒΛΙΑ ΤΡΙΑ. HIPPARCHI IN ARATI ET EUDOXI COMMENTARIORUM LIBRI TRES ad codicum fidem recensuit Germanica interpretatione et commentariis instruxit Carolus Manitius. Leipzig (Teubner), 1894.

Hippolytus, *Refutatio omnium haeresium* ed. Paul Wendland (Hippolytus Werke Bd. 3). Leipzig, 1916.

Hogendijk, *Ibn al-Haytham*: J. P. Hogendijk, Ibn alHaytham's *Completion of the Conics*. (Sources in the History of Mathematics and Physical Sciences 7). New'York Berlin Heidelberg Tokyo, 1984.

Hogendijk, Jan P. " Arabic Traces of Lost Works of Apollonius". *Archive for History of Exact Sciences* 35, 1986, 187—253.

Huygens, *Æuvres*: *Œuvres Complètes de Christiaan Huygens*, publièes par la Société Hollandaise des Sciences. 22 vols. The Hague, 1888—1950.

ibn al-Haytham, *Rasāil*: مجموع الرسا ئل للعلامة الفيلسوف أبى على الحسن بن الحسن بن الهيثم البصرى رحمه الله تعالى . الطبعة الاولى. Hyderabad (Deccan), A. H. 1357 [1938/9].

ibn al-Qiftī (ed. Lippert): *Ibn al-Qiftī's Ta'rīh alHukamā'* auf Grund der Vorarbeiten Aug. Müller's herausgegeben von Prof. Dr. Julius Lippert. Leipzig, 1903.

ibn Khorhdâdhbeh: *Kitâb alMasâlik wa'lMamâlik (liber Viarum et Regnorum) auctore Abu'l-Kasim Obaidallah ibn Abdallah ibn Khordâdhbeh et excerpta e Kitâb alKharadj auctore Kodâma ibn Dja'far*, quae cum versione Gallica edidit, Indicibus et Glossario instruxit M. J. de Goeje. (Bibliotheca Geographorum Arabicorum VI). Leiden, 1889.

Itard, Jean, " L'angle de contingence chez Borelli. Commentaire du livre V des Coniques d'Apollonius". *Archives Internationales d'Histoire des Sciences* 14, 1961, 201—213.

Jones, Alexander, "The Development and Transmission of 248 Day Schemes for Lunar Motion in Ancient Astronomy". *Archive for History of Exact Sciences* 29, 1983, 1—36.

Jones, " William of Moerbeke": Alexander Jones, " William of Moerbeke, the Papal Greek manuscripts, and the *Collection* of Pappus of Alexandria in Vat. gr. 218". *Scriptorium* 40, 1986, 16—31.

Kepler, *Astronomia Nova*: Johannes Kepler, *Gesammelte Werke* Band III: *Astronomia Nova, herausgegeben von Max Caspar*. München, 1937.

Köhler, U., " Ein Nachtrag zum Lebenslauf des Epikureers Philonides". SB kgl. pr. Ak. Wiss. Berlin 61 (1900) 2, 999—1001.

Krause, Max, " Stambuler Handschriften islamischer Mathematiker". *Quellen und Studien zur Geschichte der Mathematik Astronomie und Physik*. Abteilung B: Studieh, Bd. 3, 1936, 437—532.

Lejeune, Albert, *L'Optique de Claude Ptolémée dans la version latine d'après l'arabe de l'emir Eugène de Sicile*. Edition critique et exégetique. (Université de Louvain, Recueil de Travaux d'Histoire et de Philologie, 4e série, Fasc. 8). Louvain, 1956.

Maass, Ernestus, *Aratea* (Philologische Untersuchungen XII). Berlin, 1892.

al-Mas'ūdī, *Tanbīh*: Macoudi, *Livre de l'Avertissement et de la Revision*. Traduction par B. Carra de Vaux. Paris, 1896.

Mersenne, *Correspondence*: *Correspondance de P. Marin Mersenne Religieux Minime*, publiée par Cornelis de Waard [et alii]. 14 vols. Paris, 1932—1977.

Mersenne, *Universæ geometriæ synopsis*: VNIVERSÆ GEOMETRIÆ, MIXTÆQVE MATHEMATICÆ SYNOPSIS ETBINI REFRACTIONVM DEMONSTRATARVM TRACTATVS. *Studio ④ Opera F. M. MERSENNI M*. Paris, 1644.

Moller, *Cimbria literata* II: *Johannis Molleri Flensburgensis Cimbria literata sive Scriptorum ducatus utriusque Slesuicensis et Holsatici, quibus et alii vicini quidam accensentur, historia literaria tripartita*. Copenhagen, 1744. Tomus Secundus. *Adoptivos sive Exteros, in Ducatu utroque Slesuicensi ④ Holsatico uel officiis functos publicis, uel diutius commoratos, complectens.*

Nallino, Carlo Alfonso, " II valore metrico del grado di merid-iano secondo i geografi arabi". Raccolta di Scritti editi e inediti. Vol. V, Roma, 1944, 408—457.

Neugebauer, O., " The Equivalence of Eccentric and Epicyclic Motion According to Apollonius". *Scripta Mathematica* 24, 1959, 5—21.

Pappus (Hultsch): *Pappi Alexandrini Collectionis quae supersunt*. E libris manu scriptis edidit Latina interpretatione et commentariis instruxit Fridericus Hultsch. 3 vols. Berlin, 1876—1878.

Pappus (Jones): pappus of Alexandria. Book 7 of the *Collection.* Edited with Translation and Commentary by Alexander Jones. (Sources in the History of Mathematics and Physical Sciences 8). New York Berlin Heidelberg Tokyo, 1986.

Ptolemy, *Almagest* (ed. Heiberg): Claudii Ptolemaei Opera quae extant omnia, Vol. I, *Syntaxis Mathematica* ed. J. L. Heiberg. 2 vols. Leipzig (Teubner), 1898, 1903.

Ptolemy, *Almagest* (tr. Toomer): *Ptolemy's ALMAGEST*. Translated and Annotated by G. J. Toomer. London & New York, 1984.

Ravius, *Discourse*: *A General Grammer For the ready attaining of the Ebrew, Samaritan, Calde, Syriac, Arabic, and the Ethiopic Languages. With a Pertinent Discourse of the Orientall Tongues. Also a Sesquidecury, or a number of Fifteene Adoptive Epistles sent together out of divers parts of the World concerning care of the Orientall Tongues to be promoted*. By Christian Ravis of Berlin. London, 1650.

Regiomontanus, *Opera Collectanea*. Ed. Felix Schmeidler. (Milliaria X, 2). Osnabrück, 1972.

Risner, *Opticae Thesaurus*: OPTICAE THESAVRVS ALHAZENI ARABIS libri septem, nunc primùm editi. *EIVSDEM liber DE CREPVSCVLIS* 0④ *Nubium afcenfionibus*. ITEM VITELLONIS THVRINGOPOLONI LIBRI X... A FEDERICO RISNERO. Basel, 1572.

Rose, Paul Lawrence, *The Italian Renaissance of Mathematics*. Studies on Humanists and Mathematicians from Petrarch to Galileo. Genève, 1975.

Rosenthal, Franz, *The Classical Heritage in Islam*. Berkeley and Los Angeles, 1975.

Ruska, J., article "Banū Mūsā", in *Encyclopaedia of Islam* (original edition). 4 vols., Leyden and London, 1913—1936, Vol. III, 741—742.

Schramm, Matthias, *Ibn alHaythams Weg zur Physik*. (Boethius, Bd. I). Wiesbaden, 1963.

Serenus: *Sereni Antinoensis Opuscula*. Edidit et Latine interpretatus est I. L. Heiberg. Leipzig (Teubner), 1896.

Sezgin, GAS V: Fuat Sezgin, *Geschichte des Arabischen Schrifttums* V, Mathematik bis ca. 430 H. Leiden, 1974.

Smith, *Life of Bernard*: *Admodum Reverendi* ④ *Doctissimi Viri*, *D. Roberti Huntingtoni*, *Episcopi Rapotensis*, *Epistolae*: *et Veterum Mathematicorum*, *Graecorum*, *Latinorum*, ④ *Arabum*, *Synopsis*: *Collectore Viro Clarissimo* ④ *Doctissimo*, *D. Edwardo Bernardo*, *Astronomiæ in Academia Oxoniensi Professore Saviliano. Praemittuntur D. Huntingtoni* ④ *D. Bernardi Vitæ Scriptore Thoma Smitho*, *S. Theologiæ Doctore.* London, 1704.

Steinschneider, *Arabischen übersetzungen*: Moritz Steinschneider, *Die arabischen übersetzungen aus dem Griechischen.* [Reprint in one book of 7 articles originally published under the same title in *Beihefte zum Centralblatt für Bibliothekswesen* V, 1889, 5182; ibid. XII, 1893, 127 — 2. 40; *Zeitschrift der Deutschen Morgenländischen Gesellschaft* 50, 1896, 161—219; *ibid.* 337—417; and *Archiv für pathologische Anatomie und für klinische Medizin* 124 (Folge XII Bd. IV), 1891, 115—136; *ibid.* 268—296; *ibid.* 455—487]. Graz, 1960.

Suidas: SVIDAE LEXICON edidit Ada Adler. 5 vols. Leipzig (Teubner), 1928—1938.

Surer, *Mathematiker*: Heinrich Suter, *Die Mathematiker und Astronomen der Araber und ihre Werke.* Abhandlungen zur Geschichte der mathematischen Wissenschaften mit Einschluss ihrer Anwendungen, X, Leipzig, 1900.

Terzioglu [1] : Das Vorwort des Astronomen Banī Mūsāb. S akir zu den , " Conica" des Apollonios von Perge. Bearbeitet von Nazim Terzioglu. (Publication of the Mathematical Research Institute, Istanbul, No. 3). Istanbul, 1974.

Terzioglu [2] : Kitāb al-Mahrūtāt. Das Buch der Kegelschnitte des Apollonios von Perge, mit Einleitung und Facsimile herausgegeben von Prof. Dr. Nâzim Terzioglu. (Publication of the Mathematical Research Institute, Istanbul, No. 4). Istanbul, 1981.

Toomer, G. J., " Apollonius of Perga". *Dictionary of Scientific Biography* (ed. C. C. Gillispie) I (New York, 1970), 179—193.

Toomer, G. J., " The Mathematician Zenodorus" *Greek, Roman and Byzantine Studies* 13 (1972), 177—192.

Toomer, G. J., " Galen on the Astronomers and Astrologers". Archive for History of Exact Sciences 32, 1985, 193—206.

Toomer, G. J., " Lost Greek Mathematical Works in Arabic Translation". *The Mathematical Intelligencer* 6, 1984, 32—38.

Uti: *Bibliothecae Bodleianae codicum manuscriptorum orientalium, videlicet Hebraicorum, Chaldaicorum, Syriacorum, Æthiopicorum, Arabicorum, Persicorum, Turcicorum, Copticorumque Catalogus*, jussu Curatorum Preli Academiae a Joanne Uri confectus. Pars prima. Oxford, 1787.

van Maanen, Jan, " The refutation of Longomontanus' quadrature by John Pell". *Annals of Science* 43, 1986, 315—352, reprinted in the same author's *Facets of Seventeenth Century Mathematics in the Netherlands*, Proefschrift, Utrecht, 1987.

Viviani, Vincentius, *De Maximis et Minimis. Geometrica Divinatio In Quintum Conicorum Apollonii Pergæi adhuc desideratum*. Florence, 1659.

Wehr, *Dictionary*: Hans Wehr, *A Dictionary of Modern Written Arabic* (*ArabicEnglish*). Edited by J Milton Cowan. Fourth Edition. Wiesbaden, 1979.

Wiedemann, " IBn al Haitam": Eilhard Wiedemann, " IBn al Haitam, ein arabischer Gelehrter", in his *Gesammelte Schriften zur Arabischislamischen Wissenschaftsgeschichte*, Band 1. (Veroüentlichungen des Institutes ffir Geschichte der ArabischIslarnischen Wissenschaften, Reihe B, Band 1, 1). Frankfurt an Main, 1984.

Wiedemann, Eilhard, " Über eine Berichtigung von Ibn al Haitam zu einem Satz der Benu Musa", in his *Aufsätze zur Arabischen Wissenschaftsgeschichte* I, (Collectanea VI/1), Hildesheim & New York, 1970, 532—534.

Wright, *Grammar*: *A Grammar of the Arabic Language* translated from the German of Caspari and edited with numerous additions and corrections by W. Wright. Third edition revised by W. Robertson Smith and M. J. de Goeje. 2 vols. Cambridge, 1896, 1898.

Zeuthen, H. G., *Die Lehre von den Kegelschnitten im Altertum*. Kopenhagen, 1886 (reprinted Hildesheim, 1966).

Zinner, Ernst. *Leben und Wirken des Joh. Müller von Königsberg genannt Regiomontanus*. Zweite Auflage. (Milliaria, X, 1). Osnabrück, 1968.

欧几里得《几何原本》汉译本简介

欧几里得（Euclid，约公元前330—前275）是古希腊第一大数学家，他的最重要的著作《几何原本》(Elements）是用公理化方法建立起数学演绎体系的最早典范．对后世数学与科学思想的发展有着深远的影响，在世界数学史上具有十分重要的地位．

《几何原本》共13卷，第1～4卷讲直线和圆的基本性质，卷1给出23个定义，5个公设，5个公理，48个命题；卷2包括14个命题，用几何的语言叙述代数的恒等式；卷3有37个命题，讨论圆、弦、切线、圆周角、内接四边形及与圆有关的图形；卷4有16个命题，包括圆内接与外切三角形、正方形的研究，圆内接正多边形的作图；第5卷是比例论，25个命题；第6卷是相似形理论，33个命题；第7、8、9三卷是数论，分别有39、27、36个命题；第10卷包含115个命题，主要讨论不可公度量的分类；第11、12、13卷是立体几何和穷竭法，分别有39、18、19个命题．

中国最早的汉译本是1607年（明万历年间）由意大利传教士利玛窦（Matteo Ricci，1552—1610）和徐光启（1562—1633）合译的，他们将汉译本定名为《几何原本》。当时仅译了前六卷。250年后，1857年（清咸丰年间），后9卷由英国人伟烈亚力（Alexander Wylie. 1815—1887）和李善兰(1811—1882）共同译出，1865年李善兰又将前六卷和后九卷合刻成十五卷本，后称“明清本”。《几何原本》“明清本”在国内曾多次修订出版。

1990年陕西科学技术出版社出版了欧几里得《几何原本》汉文白话文译本，兰纪正、朱恩宽译，梁宗巨、张毓新、徐伯谦校订。该译本是以世界上流行的标准的希思（Thomas Little Heath，1861—1940）的英译评注本《欧几里得原本13卷》（1908年初版，1926年再版，1956年新版）为底本进行翻译的。

1992年台湾九章出版社以汉文白话文译本为底本，出版了汉文繁体字版本的《几何原本》，在海外及东南亚各地区发行。

2003年6月，陕西科学技术出版社修订再版了汉译本欧几里得《几何原本》，这次再版，由兰纪正、朱恩宽和张毓新对原文做了较全面的校订。

2004年8月《几何原本》汉译本第二版第2次印刷，2005年8月第3次印刷，2008年6月第4次印刷。先后印刷5次计13000余册。

欧几里得《几何原本》大32开本精装，60万字，定价52.00元。

《阿基米德全集》汉译本简介

阿基米德（Archimedes，公元前287～公元前212）是古希腊最伟大的数学家和力学家，他在继承前人数学成就的基础上完成了圆面积、球表面积、球体积以及一些重要命题的论证。在数学的各个方面做了开创性的工作。他是数学、物理结合研究的最早典范，他用公理方法完成了杠杆平衡理论、重心理论及静止流体浮力理论，成为力学的创始人。

汉译本《阿基米德全集》依据的底本是1912年英国出版的《The works of Archimedes with the method of Archimedes》。这部英文版著作是由英国古希腊数学史研究权威希思（T. L. Heath，1861～1940）根据丹麦语言学家、数学史家海伯格（J. L. Heiberg，1854—1982）的《阿基米德全集及注释》以及有关史料编辑而成。

全书共两部分：第一部分“导论”八章，由希思撰写，是研究阿基米德著作的总结。有阿基米德的轶闻、著作的抄本及主要版本、方言和佚著，与前辈工作的联系，三次方程，对积分的预示和专用名词等。第二部分是阿基米德的著作，共14篇。包括：论球和圆柱Ⅰ，Ⅱ；圆的度量；论劈锥曲面体与旋转椭圆体；论螺线；论平面图形的平衡Ⅰ，Ⅱ；沙粒的计算；求抛物线弓形的面积；论浮体Ⅰ，Ⅱ；引理集；家畜问题；方法等。

汉译本《阿基米德全集》由朱恩宽、常心怡等译，叶彦润、冯汉桥等校，陕西科学技术出版社1998年初版，2010年修订再版，大32开本精装，47万字，定价58.00元。